国家卫生健康委员会"十三五"规划教材
全国高等学校教材
供本科应用心理学及相关专业用

心理评估
Psychological Assessment

第3版

主　编　姚树桥

副主编　刘　畅　李晓敏　邓　伟　许明智

编　者　（以姓氏笔画为序）

马　娟（陕西中医药大学）
王　昭（大连医科大学）
王再超（湖北中医药大学）
邓　伟（四川大学华西医院）
刘　畅（吉林大学第一医院）
刘志芬（山西医科大学第一医院）
刘铁川（赣南师范大学）
刘浩鑫（暨南大学）
闫春平（新乡医学院）
许明智（南方医科大学附属华南医院）
苏俊鹏（牡丹江医学院）
杜夏华（内蒙古医科大学）
李晓敏（承德医学院）
杨　娟（海南医学院）
张　东（北京回龙观医院）
张　蕾（安徽医科大学）
蚁金瑶（中南大学医学心理研究所）
姚树桥（中南大学湘雅医学院）
姬旺华（河南中医药大学）
曹运华（齐齐哈尔医学院）
麻丽丽（长治医学院）

学术秘书　蚁金瑶（兼）

人民卫生出版社

图书在版编目(CIP)数据

心理评估 / 姚树桥主编. —3 版. —北京：人民卫生出版社，2018

全国高等学校应用心理学专业第三轮规划教材

ISBN 978-7-117-26382-5

Ⅰ. ①心… Ⅱ. ①姚… Ⅲ. ①心理测验－高等学校－教材 Ⅳ. ①R841.7

中国版本图书馆 CIP 数据核字(2018)第 071559 号

心 理 评 估

第 3 版

主　　编：姚树桥
出版发行：人民卫生出版社（中继线 010-59780011）
地　　址：北京市朝阳区潘家园南里 19 号
邮　　编：100021
E - mail：pmph @ pmph.com
购书热线：010-59787592　010-59787584　010-65264830
印　　刷：北京铭成印刷有限公司
经　　销：新华书店
开　　本：850×1168　1/16　　印张：23　　插页：8
字　　数：617 千字
版　　次：2007 年 7 月第 1 版　　2018 年 8 月第 3 版
　　　　　2024 年 11月第 3 版第 7 次印刷（总第14次印刷）
标准书号：ISBN 978-7-117-26382-5
定　　价：76.00 元
打击盗版举报电话：010-59787491　E-mail：WQ @ pmph.com
（凡属印装质量问题请与本社市场营销中心联系退换）

全国高等学校应用心理学专业第三轮规划教材

修订说明

全国高等学校本科应用心理学专业第一轮规划教材于 2007 年出版，共 19 个品种，经过几年的教学实践，得到广大师生的普遍好评，填补了应用心理学专业教材出版的空白。2013 年修订出版第二轮教材共 25 种。这两套教材的出版标志着我国应用心理学专业教学开始规范化和系统化，对我国应用心理学专业学科体系逐渐形成和发展起到促进作用，推动了我国高等院校应用心理学教育的发展。2016 年经过两次教材评审委员会研讨，并委托齐齐哈尔医学院对全国应用心理学专业教学情况及教材使用情况做了深入调研，启动第三轮教材修订工作。根据本专业培养目标和教育部对本专业必修课的要求及调研结果，本轮教材将心理学实验教程和认知心理学去掉，增加情绪心理学共 24 种。

为了适应新的教学目标及与国际心理学发展接轨，教材建设应不断推陈出新，及时更新教学理念，进一步完善教学内容和课程体系建设。本轮教材的编写原则与特色如下：

1. 坚持本科教材的编写原则　教材编写遵循“三基”“五性”“三特定”的编写要求。

2. 坚持必须够用的原则　满足培养能够掌握扎实的心理学基本理论和心理技术，能够具有较强的技术应用能力和实践动手能力，能够具有技术创新和独立解决实际问题的能力，能够不断成长为某一领域的高级应用心理学专门人才的需要。

3. 坚持整体优化的原则　对各门课程内容的边界进行清晰界定，避免遗落和不必要的重复，如果必须重复的内容应注意知识点的一致性，尤其对同一定义尽量使用标准的释义，力争做到统一。同时要注意编写风格接近，体现整套教材的系统性。

4. 坚持教材数字化发展方向　在纸质教材的基础上，编写制作融合教材，其中具有丰富数字化教学内容，帮助学生提高自主学习能力。学生扫描教材二维码即可随时学习数字内容，提升学习兴趣和学习效果。

第三轮规划教材全套共 24 种，适用于本科应用心理学专业及其他相关专业使用，也可作为心理咨询师及心理治疗师培训教材，将于 2018 年秋季出版使用。希望全国广大院校在使用过程中提供宝贵意见，为完善教材体系、提高教材质量及第四轮规划教材的修订工作建言献策。

第三届全国高等学校应用心理学专业教材评审委员会

教材目录

序号	书名	主编	副主编
1	心理学基础(第3版)	杜文东	吕　航　杨世昌　李　秀
2	生理心理学(第3版)	杨艳杰	朱熊兆　汪萌芽　廖美玲
3	西方心理学史(第3版)	郭本禹	崔光辉　郑文清　曲海英
4	实验心理学(第3版)	郭秀艳	周　楚　申寻兵　孙红梅
5	心理统计学(第3版)	姚应水	隋　虹　林爱华　宿　庄
6	心理评估(第3版)	姚树桥	刘　畅　李晓敏　邓　伟　许明智
7	心理科学研究方法(第3版)	李功迎	关晓光　唐　宏　赵行宇
8	发展心理学(第3版)	马　莹	刘爱书　杨美荣　吴寒斌
9	变态心理学(第3版)	刘新民　杨甫德	朱金富　张　宁　赵静波
10	行为医学(第3版)	白　波	张作记　唐峥华　杨秀贤
11	心身医学(第3版)	潘　芳　吉　峰	方力群　张　俐　田旭升
12	心理治疗(第3版)	胡佩诚　赵旭东	郭　丽　李　英　李占江
13	咨询心理学(第3版)	杨凤池	张曼华　刘传新　王绍礼
14	健康心理学(第3版)	钱　明	张　颖　赵阿勐　蒋春雷
15	心理健康教育学(第3版)	孙宏伟　冯正直	齐金玲　张丽芳　杜玉凤
16	人格心理学(第3版)	王　伟	方建群　阴山燕　杭荣华
17	社会心理学(第3版)	苑　杰	杨小丽　梁立夫　曹建琴
18	中医心理学(第3版)	庄田畋　王玉花	张丽萍　安春平　席　斌
19	神经心理学(第2版)	何金彩　朱雨岚	谢　鹏　刘破资　吴大兴
20	管理心理学(第2版)	崔光成	庞　宇　张殿君　许传志　付　伟
21	教育心理学(第2版)	乔建中	魏　玲
22	性心理学(第2版)	李荐中	许华山　曾　勇
23	心理援助教程(第2版)	洪　炜	傅文青　牛振海　林贤浩
24	情绪心理学	王福顺	张艳萍　成　敬　姜长青

配套教材目录

序号	书名	主编
1	心理学基础学习指导与习题集（第2版）	杨世昌　吕　航
2	生理心理学学习指导与习题集（第2版）	杨艳杰
3	心理评估学习指导与习题集（第2版）	刘　畅
4	心理学研究方法实践指导与习题集（第2版）	赵静波　李功迎
5	发展心理学学习指导与习题集（第2版）	马　莹
6	变态心理学学习指导与习题集（第2版）	刘新民
7	行为医学学习指导与习题集（第2版）	张作记
8	心身医学学习指导与习题集（第2版）	吉　峰　潘　芳
9	心理治疗学习指导与习题集（第2版）	郭　丽
10	咨询心理学学习指导与习题集（第2版）	高新义　刘传新
11	管理心理学学习指导与习题集（第2版）	付　伟
12	性心理学学习指导与习题集（第2版）	许华山
13	西方心理学史学习指导与习题集	郭本禹

主编简介

姚树桥，现任中南大学医学心理学研究所所长，中南大学湘雅二医院医学心理中心主任，教授，博士生导师，中国心理学会医学心理分会副理事长（前任理事长），教育部大学生心理健康教育专家委员会委员，全国高等学校本科应用心理学专业教材第三届评审委员会副主任委员，《中国临床心理学杂志》主编，《中国心理卫生杂志》副主编，多个国际学术杂志编委。

长期致力于学科发展，是我国临床心理学（医学心理学）领域主要学术带头人。牵头在中南大学创立心理学及临床心理学两个博士点，主编全国医药卫生（五年制）国家规划教材《医学心理学》《心理评估》等10余本，其中编写了我国首部留学生用全英文教材*Psychology for Medical Students*，长期为精神卫生专业本科生及心理学研究生主讲《心理评估》及《医学心理学》课程。已培养研究生120余名，其中博士研究生42名，获全国优秀博士论文一篇，是全国优秀博士论文指导教师。

一直从事临床心理及认知神经科学领域研究，主持国家级项目12项。成功研制了《中华成人智力量表》等100余种心理评估技术，以第一作者或通讯作者共发表学术论文300余篇，其中SCI、SSCI收录论文100余篇。在智力、人格及神经心理评估技术研究方面获国家科技进步二等奖（2001年），获教育部等省部级科研成果奖励7项，并获美国生物精神病学会2013年度Ziskind-Somerfeld杰出研究提名奖1项。2012年获全国优秀科技工作者称号，2013年获“湘雅名医”称号，2016年被授予国务院政府特殊津贴，2017年获中国心理学会学科建设成就奖。

副主编简介

刘畅，教授，主任医师，硕士生导师，现任吉林大学第一医院心理卫生科主任，精神病及心理学系主任。

从事医学心理学和精神病学教学、科研及临床工作 31 年。近 5 年，主持和完成省市重大科学研究课题 4 项，发表 SCI 文章 4 篇，参编国家卫计委规划教材《医学心理学》等 5 部。擅长各种精神障碍的诊断及药物治疗与心理治疗的综合使用。兼任中国高等教育学会医学心理学教育分会委员，中国心理卫生协会理事及心身医学专业委员会常委，吉林省心理卫生协会理事长，中华医学会精神科分会长春市副主委，“东北·天津精神医学论坛”常务委员及抑郁障碍专委会副主委。

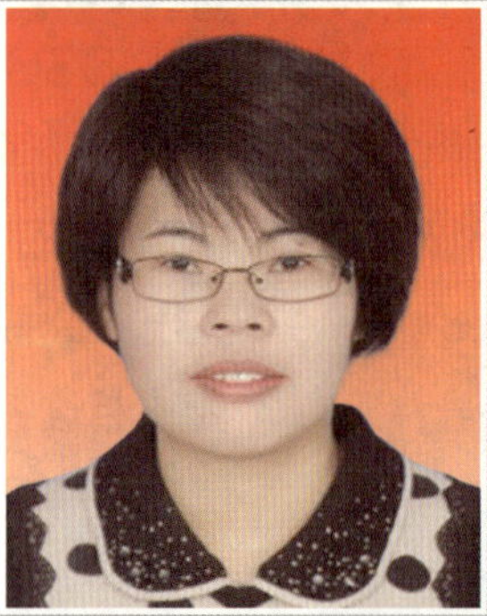

李晓敏，教授，硕士生导师，承德医学院心理学系副主任，河北省心理卫生学会常务理事，河北省医学会心身医学分会委员，河北省医学会行为医学分会委员，河北省“三三三人才”第三层次人选。

主要从事心理评估、心理咨询和治疗以及大学生心理健康教育的教学和研究工作。主持完成省级课题 4 项，参加其他各类课题多项，发表论文 20 余篇，编写教材 6 部(主编 1 部、副主编 2 部，编委 4 部)。获河北省教学成果三等奖 1 项、河北省教育科学研究成果一等奖 1 项、承德市社会科学优秀成果二等奖 1 项。荣获河北省优秀教育工作者、河北省先进德育工作者、承德市新长征突击手、承德市青年志愿者行动优秀组织工作者等称号。

副主编简介

邓伟，四川大学华西医院心理卫生中心主任医师，医学博士，博士后，硕士生导师，中华医学会社会精神病学学组委员，中华医学会心身医学分会青年委员，中国医师协会整合心身医学专委会副主委，国家自然科学基金评审专家。2008—2009 年赴香港大学李嘉诚医学院，接受专业培训。2011 年获第二届亚洲精神分裂症研究大会“青年研究者奖”。2013 年参与筹建全国大型综合性医院首个临床心理评估与治疗中心。获国家自然科学基金面上项目 2 项。共发表 50 多篇 SCI 论著，一篇论文被评为“中国百篇最具影响国际学术论文”(2009 年)。主要研究方向：精神药理学、认知评估，神经影像遗传学、脑非对称性、机器学习及非药物治疗等。

许明智，医学博士，南方医科大学附属华南医院主任医师，教授，硕士生导师。广东省精神卫生中心副主任，省精神卫生研究所副所长，兼任中国残疾人康复协会心理康复专业委员副主任委员、中国心理卫生协会心理评估委员会常务委员、广东省心理卫生协会副理事长、广东省医学会行为与心身医学分会副主任委员、广东省医学会精神病学分会副主任委员、《中国全科医学杂志》编委。

从事临床心理学和精神医学教学、科研和临床工作 30 余年，承担医学心理学、精神医学、临床心理学等本科生、研究生教学工作。副主编《心理评估》(第 2 版)等著作，参编多本教材。在国内外发表研究论文 80 余篇，获得省部级科技进步三等奖。

前　言

随着心理学专业各学科的发展和医学教育改革的不断深入，为了更好地适应新形势的要求和满足应用心理学教学的需要，贯彻教育部、原国家卫生和计划生育委员会等部委下发的《国家中长期教育改革和发展规划纲要（2010—2020年）》等文件精神，人民卫生出版社于2016年底正式启动本科应用心理学专业第三轮规划教材的修订工作。

根据人民卫生出版社《全国高等学校本科应用心理学专业第三轮规划教材编写通知》的精神，为迅速提高医学院校应用心理学本科专业教学质量，完善教材体系建设，我们进行了《心理评估》（第3版）教材的修订工作。本版教材按照涵盖纸质教材、数字资源以及平台功能融为一体的"融合教材"特定编写模式进行修订，并充分考虑本教材以往两个版本发展中所形成的心理评估课程的核心内容，基本保留第2版《心理评估》的框架。同时，为了体现心理评估的新进展和教学改革要求，以及教科书特有的内容和形式，我们将教材内容与数字资源进行了有机融合。

在本次修订工作中，继续强调了教材的特点。首先，特别重视心理评估的基础理论、基本知识、基本技能的介绍；其次，强调教材内容概念清晰，层次分明，深入浅出，融会贯通。同时，在教材内容安排上体现了心理评估课程的特殊性，即充分兼顾了心理评估的科学性与实用性，无论是该教材的整体，还是各章节，均力求心理评估的理论与实践方法的有机结合。本教材共13章，前两章（心理评估绪论、心理测量学的基本原理）专门阐述了心理评估的科学原理，之后各章分别介绍了各类别心理评估方法。由于心理评估方法种类繁多，应用领域十分广泛，本教材不可能全部涵盖。因此，本教材对我国常用的心理评估方法，尤其是在健康领域广泛应用的心理评估方法进行了重点介绍。此外，本教材也适当地吸收了心理评估领域的最新研究成果，以体现教材的时代性，如对部分心理评定量表与部分神经心理测验进行替换与更新。

由于《心理评估》是一门实践性极强的课程，使用该教材的教师不仅要在课堂上讲授心理评估的理论与方法，还要合理安排一定的课时（建议与课堂讲授课时相当）进行评估方法的操作训练，才能使学生真正地掌握心理评估方法，为以后胜任心理评估的实际工作打下扎实的基础。

本教材严格按照教科书特定的内容与形式编写。参加编写的人员均是活跃在我国心理评估教学、实践、科研第一线的中青年专家学者。在编写过程中，分别在杭州和芜湖召开了两次编辑会议，在完成初稿后，进行多轮的互审、互校，充分反映了各位参编专家对此项工作的认真、负责态度。

由于本次修订时间紧、任务重，教材内容或格式难免有不妥或谬误之处，望专家、读者不吝指正，使之日臻完善。

姚树桥

2018年5月

目 录

第一章　心理评估绪论

第一节　心理评估的概述

一、心理评估的概念

日常生活中大凡与人交往，人们会不自觉地打量对方并在许多侧面对对方形成印象和判断，包括人格、能力和行为表现等。医生与病人一开始接触，也会对其步态、面部表情、说话声调等各方面进行观察，以得到对诊断有用的信息，这些可以称为非标准化的评估。心理评估（psychological assessment）是一套标准化的评估技术，应用多种方法获得信息，对评估对象的心理品质或状态进行客观的描述和鉴定。

与非标准化的评估相比，心理评估作为一种有计划的职业行为和技术，须由具有资格的心理学或相关专业的专业人员使用观察、访谈、测量等方法，广泛深入地搜集资料，依据一定的理论分析处理资料，对人的智力水平、人格特点、兴趣偏好等心理品质和情绪状态、意识状态和心理健康状态等心理状况作出正式的心理学评估，进而认识、理解评估对象。心理评估在问题提出、假设形成、资料搜集和解释的各个阶段都会受到理论的指导，如行为主义倾向的心理学家重视了解环境中条件和行为的前后变化过程，精神分析倾向者则注重行为及其潜意识驱动。此外，心理评估必须使用被实证研究证明能够提供准确和真实信息的评估程序和心理测验。

临床心理评估是心理评估在临床上的应用，简称临床评估（clinical assessment）。需要说明的是，临床心理学中的临床不仅限于医学临床，凡是需要解决个人的具体心理学问题，如心理咨询和儿童教育咨询，历来都是临床心理学工作的重要内容。

心理评估有时被看作心理测量（psychological measurement）的同义语，彼此互换使用，严格说两者是有区别的。心理测量是心理评估最为重要的技术，它借助标准化的测量工具将人的心理现象或行为进行量化。心理测量的重点是搜集资料，特别是量化的资料。心理评估比心理测量概念宽泛，它还可通过访谈、观察、调查等方法搜集评估对象的所有相关资料，包括定性的或定量的、现在的或历史的资料。心理评估强调搜集各方面资料、整合资料并解释资料的意义，作出结论。比如，为学科选择进行的心理评估，除了用智力测验、学习能力倾向测验、兴趣量表等获得一般智力、能力倾向和兴趣偏好等信息外，还必须通过访谈、查阅以往学习成绩记录，得到学习动机和学习经验等信息，才能对学生的学科学习有完整的认识。现在，无论是测验编制者还是使用者已达成共识，测验分数和测验中表现出的行为对于全面准确评估被试者的心理特征都非常重要。在许多智力测验和神经心理测验的记录纸中都专门辟出一栏，供主试者记录所观察到的行为表现，如我国龚耀先教授等修订的韦氏智力量表记录纸中就开辟了专栏，供主试者记录被试者在测验中的行为。人格测验如 MMPI-2 也要求主试者了解被试者回答问题时的真实想法，以弄清楚被试者可能赋予的

笔记

特殊含义。国际上临床心理测验报告一般都包括一段对被试者行为观察的描述。

心理测量必须具有心理量表(psychological scale),心理量表是按照一定规则编制、标准化的测量工具,用以在标准情境中抽取评估对象的行为样本。

尽管心理评估领域一般把所使用的测验工具和实施测验的过程均用相同的中文词“心理测验”来表示,但在英文中心理测验工具(psychological tests)与心理测验过程(psychological testing)是有区分的。心理评估工作者通常因心理测量和心理测验没有本质的区别而对它们不加严格区分。有学者认为,心理测量强调数量化,着重于测量学(psychometrics)原理,心理测验则一般着重于测量心理现象的方法和过程。

心理诊断(psychological diagnosis)是指运用心理学方法和技术评定个体的心理功能水平和心理活动状态的过程,主要目的是了解心理异常的程度和性质,以判断有无心理障碍或心理疾病、及其性质和程度。可见,心理诊断侧重于心理异常与否的判断,心理评估的范畴比心理诊断要宽泛。两者相同的是,心理评估和心理诊断都是多途径获得资料,都要对个体某种或某些心理状态作出结论等。因此,心理评估和心理诊断常不作区分。

在心理卫生和临床研究的实践中,常常依据一定的程序和语意定义对个体行为或社会现象进行观察并予以量化,这个过程称为评定(rating),评定也是一种常用的评估手段。评定分为自评和他评,前者由评定对象自己观察、自己评分,后者由评定人员观察评分。他评以自然观察为基础,可以看成自然观察的延伸。评定使用的工具叫评定量表(rating scale),如各种症状评定量表、生活事件量表和社会支持量表等。评定量表和心理测验都能提供量化的结果,二者在性质上越来越接近,之间没有绝对的界限。当然,有些评定量表标准化程度不如测验,其信度和效度没有像心理测验那样经过严格检验。

二、心理评估的特征

心理评估的对象是人,而人的心理状态在不同时间、不同情境可能有很大的变化。因此,相对于自然界物体属性的评估,心理评估具有以下特征:

1. **间接性** 心理评估的对象是人的心理品质或状态,它们都是内在的,必须通过评估对象的既往行为记录、现时外在行为或言语反应等来间接反映。由于利益或观念等原因,被评估者可能故意掩饰甚至刻意扭曲自己的外在行为或言语,进而增加了评估的难度。

2. **相对性** 由于心理现象的复杂性和不稳定性,心理测验分数等评估结果受到来自评估对象、评估者、评估工具、评估过程等诸多方面的偶然因素影响。因此,评估人员只能力求精确,无法确保绝对正确。事实上,任何测量都具有一定程度的误差和主观性,准确性与客观性都是相对的。

3. **互动性** 心理评估的对象不是冰冷的石头,而是会受环境影响的活生生的人,评估过程中评估者的言行举止和喜怒哀乐都可能影响被评估者的后续表现。反过来,评估者也难免受被评估者特殊举动的影响。处理不当,评估过程的互动性会影响结果的真实性。

因此,对心理现象作出科学、准确的评估并不容易,良好的专业知识基础、评估经验、交往技能均有助于提高心理评估的效度。了解心理评估的间接性、相对性和互动性的特征,有助于清醒认识评估结果。

三、心理评估的作用

心理评估在教育、咨询、临床、人事管理等多个领域起着重要的作用,下面就心理评估在各个领域的主要用途加以介绍。

1. **教育方面** 在我国采取科举取士制度的历朝历代,学子们无不通过科举考试以求“功名”;现在从规模庞大的高校招生考试、研究生入学考试到小范围的毕业考试都与心理

笔记

测验有关。在美国也一样，测验在教育领域扮演重要角色，大多数特殊学校与常规学校招生都要参考标准成就测验的成绩，诊断特殊问题也要使用大量的测验。近年来，又出现了一些新的成就测验，即教育合格证书考试。特别是学完高中课程后，学生要接受一种测验来证明他们这些学科成绩达到了国家规定的最低水平，未通过的得不到高中毕业证书。在美国想要进大学或大学毕业后进研究生院深造，必须通过学习能力倾向测验（Scholastic Aptitude Test，SAT）或研究生水平考试（Graduate Record Examination，GRE）等标准测验。根据残疾儿童教育法案，3～21岁的残疾儿童要接受相应的特殊教育，而进入这种特教机构必须经过心理评估并有跟踪评估报告。在我国，教育的目的是培养德、智、体等全面发展，具有健全的人格和创新精神，掌握必要的科学知识，能为社会发展做出贡献的有用人才。由于每个人的生理素质和社会成长环境的不同，为了最大限度地提高教育效果，只有实行因材施教，才能充分发挥每个人的潜能（potentiality）。心理评估在该领域发挥了重要作用，是不可或缺的方法和手段。

在教学工作中，心理评估是检查教学效果的主要方法。教育中应用的测验形式多样，成就测验一方面可用于检查学生对知识的掌握水平及学习问题，另一方面也用于检查教学目标及教学方法的适合性与存在的问题，以便改进教学目标与教学方法，提高教学质量。教育领域中也应用人格测验、智力测验和其他非认知性测验如兴趣测验、态度测验、心理健康等对学生的心理状况进行全面了解，以便根据学生的兴趣爱好、个体特点进行因材施教，或者掌握学生的心理健康情况后提供有针对性的帮助和辅导，使学生们能很好地适应环境，提高学习的自觉性和有效性，维护良好的身心健康。

2. **咨询方面** 心理咨询是咨询人员和来访者就其学习、工作、家庭生活和社会交往等方面的问题进行讨论，给来访者提供帮助的过程。目前不管在学校、政府、监狱还是私人诊所，从事咨询工作都要应用心理测验这一手段来获得来访者的有关信息，如社会或学习方面的技能或能力、人格、兴趣态度和价值观等。前来咨询的来访者各式各样，问题也各不相同，从“这个孩子如何和其他儿童一起学习或玩耍”“什么工作更适合我”到“我退休后怎样做比较好”等。咨询者必须通过心理评估手段，得到来访者相关问题的资料，然后进行综合分析。这样不仅使咨询者了解来访者，而且也使来访者了解自己，进而共同寻找解决问题的办法。因此，心理评估对咨询很重要，事实上，心理咨询是在心理评估有效应用的基础上发展起来的。

3. **临床心理方面** 临床心理工作有两大主要部分：心理评估和心理干预。评估是干预的基础，是干预效果的检查手段。具体来说，临床评估有3方面的作用：①作出决定：临床心理科医生确定诊断、制订治疗方案、向来访者或病人提出忠告或建议等，都只能在心理评估之后进行。②形成印象：评估的第二个意义是使医生形成对来访者或病人的印象。印象的正确与否，取决于评估时获得的信息。第一印象很重要，因其形成后常很牢固。研究表明，3次访谈后形成的印象与第30次访谈时的相关极高。社会心理学家也指出，第一印象往往有“贴标签”作用。这一方面说明第一次印象的重要，同时也说明作出正确评估的意义。③核实假说：通过观察和其他途径将各种渠道来的信息综合成整体，形成一个初步假说，再通过临床心理评估加以核实和修正，以便形成新的假说。例如通过观察和对一般情况的了解，认为某病人可能有神经心理学方面的障碍。有了这一初步假说后，可进行神经心理测验。如测验结果不支持初步形成的假说，可结合进一步观察及测验结果作分析，提出新的假说。最终，根据评估所提出的假说，形成干预方案，进行有针对性的系统干预。

4. **人事方面** 心理评估在人事工作方面主要有两方面作用。①人才选拔（personnel selection）：无论在企业还是在行政部门，选择具有胜任工作的各类人员极其重要。组织者最关心的是如何从众多应聘者中选出最适合的工作人员，而目前较科学的方法是采用

笔记

心理评估结合其他资料作出最终决定。使用心理测验可以帮助组织机构更全面、快速、有效地发现人才，从而极大地提高人事决策的效率与准确程度。②安置（placement）和分类（categorization）：安置是指在职业辅导或人事训练上将学有专长的人分派在适当的工作岗位；分类则是指按照不同性质职业类别如不同范畴或职务的胜任特征，决策适合某一类别职业的工作人员。安置和分类的区别在于：安置方案是序列的，分派的人适合哪一分级水平的工作，如车间主任或一般技术人员，还是一般工人；而分类是只在职业工作性质上考虑，没有序列。比如，录取一个大学生后，选读某个专业是无等级序列的，只是性质不同，属于分类问题。不管是安置还是分类，都是为了所分派的人员能够最好地实现他的理想，发挥他的潜能，同时所在单位也能更好的地利用成员的能力和天资，使他们能以优异的成绩完成工作任务。

在实际人事工作中，心理测验可用于人才选拔和安置等方面。能力倾向测验和成就测验用来评估各种职业人员顺利完成其工作所必需的知识和技能，兴趣、动机测验以及其他测验用来评估他们是否具备成为出色人员的其他品质。当前在我国，心理评估已广泛应用于企业人员的管理和党政领导干部的选拔、航天员和飞行员的甄选、普通公务员和入伍新兵的选拔等，这对提高国家人力资源管理水平有极其重要的作用。

5. **其他方面**　心理评估还用于其他方面，如在司法精神病学领域用来评估病人的行为责任能力，评估刑事罪犯假释和刑满释放后重新作案的可能性；在劳动管理部门，采用各种资格认证考试来评估专业人员的专业资格。

第二节　心理评估的一般过程

心理评估是系统收集评估对象的相关信息以描述和鉴定其心理品质或心理状态的过程，是一种有目的、有计划的过程。用途不同，评估的具体步骤、方法及时间耗费也不同。但大体而言，心理评估过程包括评估准备、资料搜集、分析总结 3 个大的阶段，每个大的阶段可进一步分解为若干个小的步骤。

一、评估准备

在评估准备阶段，要根据来访者或申请评估的人希望解决的首要问题确定评估目的、评估内容和决策标准。然后明确要搜集哪些资料、用什么方法、向哪些人员搜集。作出时间上的流程计划，场地和器材方面的安排准备并与相关人员商定。评估的准备计划事关评估过程是否顺利高效，资料是否完备，结果是否科学可信。具体有以下步骤：

1. **阅读申请**　接到申请（referral）后认真阅读，明确申请人关心的问题。如果必要，向申请人询问不清楚或模棱两可的事情。比如，一位老师要你找出为什么某个孩子在班里有困难，你就应明确老师所指的困难是什么，学习困难还是同学交往困难？或其他困难？以免弄错评估方向。阅读后考虑是否有必要进行正式测验，能否用测验外的手段回答申请人的问题，是否有其他专家能解决相关特殊问题等，最终决定是否接受申请。如一份人格测验的申请书显示，被评估者最近有被动懒散，反应迟缓的问题，同时抱怨头痛、呕吐、突然入睡，则应该推荐他看神经科医生，进行神经系统检查，确定有无神经系统疾病。

2. **确定评估的目的**　在教育、医学、司法和人事管理领域，心理评估被用来诊断、筛查、预测和进程评价，申请者希望用心理评估达成其中某一个或几个目的。

（1）诊断（diagnosis）：在心理评估中，诊断就是通过某些检查程序和测验，对评估对象的心理问题进行分类，如果可能的话，还要解释原因和建议治疗方案。诊断常常是临床评估的最重要目标，因为诊断可能影响许多其他的后续决定。在许多国家，评估对象要申请

笔记

医疗保险金或从某些机构获得经济资助，也必须提供明确的诊断。在我国，诊断性心理评估是司法鉴定的重要依据。诊断评估还要给出严重程度诊断，因为仅仅知道某人符合了哪种心理障碍的标准还不够，即使是同一疾病的病人，病情也可能有很大区别。比如精神发育迟滞，中国精神疾病诊断分类标准第3版（CCMD-3）中就分为4级，各级患儿智力和社会适应功能损害的程度很不相同，他们的行为能力和责任能力水平及要求的监护程度也很不相同。

（2）筛查（screening）：筛查评估针对某一人群而不是个体，用来确认是否现存或将来可能会有这样的个体。第一，达到某种特殊训练的条件；第二，具有某种功能障碍和残疾，需要治疗或康复；第三，需要进一步复杂的评估。比如抑郁症在一般人群发生率高，但寻求治疗的病人比例却很低（少于20%），因此对于抑郁症的筛查工作十分必要，这类筛查工作能找出那些需要治疗的病人，是国家为疾病病人提供基本治疗的第一个环节。与父母无明显心理障碍的孩子相比，重性抑郁障碍病人的子女出现严重心理和行为问题的可能性要大得多。因此，对这类家庭中的儿童问题进行早期筛查与确认，可以有效地促进早期干预工作，预防各种心理问题的进一步发展，这项工作无疑具有十分重要的价值。

（3）预测（prediction）：人们常要求心理学家预测评估对象未来某个时期的行为。预测的时间跨度可能较短，如入学后几周内儿童可能遭遇的心理困扰；也可能时间跨度很长，如一个具有攻击行为的少年成年后是否会发展为反社会人格障碍病人。人事选拔和安置的基本理念是：能通过评估预测评估对象今后的工作表现，并录用有潜力的求职候选人。临床评估有时还要预测心理治疗疗法对评估对象是否有效及可能康复的程度。对于心理学家来说，预测工作的最大挑战之一就是关于暴力行为的预测。在悲剧事件（如校园枪击案）发生以后，人们最希望的是心理学家能预测哪些人可能涉入此类极端暴力行动。不过，尽管这项工作极为重要，但心理学家预测的可靠性有待提高。

（4）进程评价（progressive evaluation）：进程评价关注时间纬度上评估对象的心理状态随时间变化的情况，评估的时间间隔可能是天 - 天、周 - 周、月 - 月或年 - 年。进程评估常用于评估儿童心理和知识技能的发展和干预程序的效果，后者又称为干预评价（evaluation of intervention）。若治疗前就收集了问题严重性和特点的信息，再进行有计划、有步骤的追踪评估，可以评价由治疗带来的变化。值得注意的是，治疗前的评估和追踪评估必须使用相同的工具才能得到可靠的测量信息，保证评估结果准确。另外，所用评估方法应具有良好的区分度，能对具有临床意义的细微变化进行有效的区分。

3. 决定评估的内容 根据希望解决的问题决定评估的具体内容。临床评估常常要求回答的问题有：来访者有明显的心理问题吗？问题的性质是什么？主要是情感问题、思维问题还是行为问题？可能的原因是什么？哪一种治疗方法可能取得最佳疗效？此人具有哪些独特的优势和能力？这些问题部分来自于来访者，即来访者最初希望心理学家帮助解决的问题。要回答各式各样的问题，可以从多种水平来评估，包括生理过程、认知、情绪和行为等方面。生理过程包括心律、血压、皮电、肌肉紧张度、性启动水平、警觉反应和眼动轨迹等；认知过程包括注意、记忆、智力、自我知觉、对意外事件的知觉等；情绪是心理评估的重点，包括目前的心境、情绪水平和情绪反应特征；外显行为的测量则包括成就测验、刺激情境中的行为观察以及在自然环境中的行为观察。除了对来访者的个人特征进行评估以外，对环境因素的评估也十分重要。环境因素按地域范围可以分为近端、中间和远程环境，近端的或直接的环境包括来访者的家庭、学校或工作环境；中间水平包括个人所居住的地理区域环境，而远程的环境包括来访者所处的一般地理环境和社会文化环境。

4. 选择作决策的标准 明确测量的目标和内容以后，评估人员接下来要选择评估标准，这就要求确定比较的参照点，进而明确问题是否存在，严重性如何，或是否有确切的改善等。比较的标准包括常模标准（normative standards）、自身参照标准（self-referent

笔记

standards)和已有的专业标准(criterion)。

(1)常模标准:心理评估时要形成对一个人完整的印象,不仅要根据个人信息如个人史、个性结构、环境条件等确定具有个体特异性的东西,还常常要进行常模参照比较。所谓常模参照就是拿评估对象去跟常模比较,即与同他具有可比性人群的一般情况相比较。在进行常模参照比较时,必须确定个体与常模样本在人口学特征,如年龄、性别、种族、教育水平和经济状况上的相似程度。采用何种人群的常模来做参照,对于心理评估来说十分重要,进行评估应该事先详细了解常模样本的代表性。还必须意识到,大样本数据不可能与单个人的情况完美地匹配。因此,基于大样本数据的预测对一个特殊的个体来说未必十分准确。

(2)自身参照标准:当评估的重点是一个人在不同时间段或跨情境的变化时,采用自身参照标准比较适合。例如,一个来访者抱怨持续性头痛,临床心理学家可能想知道与以前相比,最近头痛发生的频率与严重性如何。如果发生的频率有所增高,与该来访者最近生活、工作、人际关系的变化以及环境的变化是否有关;如果来访者正在治疗头痛,临床心理学家还要评价症状的好转是否就是治疗的结果。从这个例子可以看出,尽管将他的表现与其他类似病人进行比较可能会得到一些有用信息,但最有用的还是了解他在不同阶段的症状变化情况。自身参照标准在确定来访者对治疗效果的满意度时也十分有用。一位睡眠障碍病人可能在最初治疗时整晚都不能入睡,而现在每晚有4～5小时的连续睡眠,他对此结果非常满意,显然这是使用了自身参照标准。不过,这并不意味就可以取消常模参照标准,要评价来访者是否痊愈,就必须采用每晚7～8小时的正常睡眠标准,也就是说,常模参照标准仍然十分重要。

(3)专业标准:有时评估结论要依据一定相应专业领域既有的标准和规范,标准不同,结论可能不同。比如临床评估中,诊断评估对象是否有心理问题及其严重程度时要先确定拟采用的诊断标准体系,是中国精神障碍分类与诊断标准第3版(CCMD-3)还是美国精神障碍诊断与统计手册第5版(DSM-5)。评估学生的学习能力可能要用到教学大纲。有些量表如汉密尔顿焦虑量表(HAMA)规定了各种焦虑程度的划界分数,这种规定与常模有关,但不是常模。

5. **拟定计划** 明确了要搜集资料的内容及允许的资料来源,就可以制订资料搜集计划以设计搜集方法、对象、时间进程、器材和场地。评估过程中可能会出现一些新问题,要求修订原有计划,如增添或改变测验、增加搜集一些必要的信息。比如与评估对象访谈时了解到评估对象去年夏天在神经内科住院一段时间,你也许决定增加神经心理评估、言语能力评估等原来没有计划的特殊评估。

二、搜集资料

采用恰当方法去搜集必要的资料,这是心理评估过程的主体。

1. **资料内容** 评估的正确性有赖于全面而可靠的资料,具体心理评估所需资料多寡、具体内容与评估的问题、目标有关。整体上看,心理评估资料涉及对象本人和环境影响、过去经历和现在状态。比如,心理问题的诊断评估涉及以下几个方面:

(1)求助问题描述,包括问题现在的性质、强度、频率,出现时间,可能诱因,演变和处理经过,对个人工作、生活及社会功能的影响。

(2)既往精神和躯体疾病史、家族史。

(3)个人成长环境和重要事件。

(4)人格特点和社会支持情况。

2. **资料来源** 资料来源大致有如下几个方面:

(1)评估对象:通过观察、测验和访谈直接从评估对象身上获得评估需要的信息。资料搜集直接快捷,但这些信息并非全都可靠,有时评估对象会有意无意地提供虚假信息,评估对象的个性也可能影响信息的可靠性。例如有人喜欢夸大自己的困难和痛苦,有人则加以

笔记

缩小；存在个人需要时，他可能提供虚假信息，例如，为了推卸法律责任或索取赔偿而故意夸大自己障碍的严重程度。因此，必须对这些信息加以分析。

（2）知情人：知情人包括亲属、朋友、老师、领导、同学或同事等，在婚姻咨询时，配偶是最主要的知情人。通过与知情人访谈，获得评估对象历史和现状的信息。同样，知情人与当事人的关系不同，知情人的判断能力不一，以及知情人的个性特点等，都会影响所提供信息的客观性，他们所给资料也不一定都可靠，必须加以分析。有些知情人因为利益关系有故意掩饰或歪曲的主观意图；有些会受到反应倾向性的影响，一般来说，父母溺爱儿女时会夸大其优点，忽视其缺点；智力低的人常常高估别人的能力；有忧郁情绪的人，往往观察不出他人的忧郁情绪；自我中心者对别人的要求过高。

（3）文字记录：评估申请中一般有评估对象的背景资料。此外有关评估对象的文字记录如学籍档案、病历、既往评估报告、日记和公开发表的文章等都可用来评估智力和人格，当然，这些资料也要去伪存真。

3. 评估资料的搜集方法

（1）观察：观察是心理学的研究方法之一，也是心理评估的重要手段。可以与评估对象面对面地接触，进行直接观察，亦可通过单向玻璃或摄录像设备间接观察。观察可以分为自然观察与控制观察两种形式。观察可以单独使用，也可和其他方法合并使用。在访谈和心理测量过程中，评估人员应该同时注意观察评估对象，并将观察结果与访谈、心理测验结果共同分析，以得到准确的评估结果（详见第十二章）。

（2）访谈（interview）：常见的是面对面的语言交流，也可以通过电话或网络进行，访谈是心理评估必不可少的手段。访谈是一种互动的过程，但评估者起着主导和决定的作用。因此，评估者掌握和正确使用访谈技术十分重要（详见第三章）。

（3）心理测验：在心理评估中，心理测验占有十分重要的地位，因为测验可对心理现象的某些特定方面进行系统评定，并且测验一般遵循标准化、数量化的原则，所得到的结果可以参照常模进行比较，避免了一些主观因素的影响。心理测验的应用范围很广，种类也十分繁多，如智力、人格、特殊能力、症状评定等。但人们对心理测验的应用与解释尚有许多分歧，对此应有辩证的认识：一方面，应该承认目前心理测验具有无法取代的作用，但仍有缺陷；另一方面，在实践中，应在一定范围内尽量使用心理测验，但不能滥用，还应结合其他资料正确发挥测验应有的功效（详见第二章）。

（4）其他方法：如档案查阅、作品分析、生理评估等。作品分析是分析评估对象所作的日记、书信、图画、工艺等文化性的创作和他在生活和劳动过程中所做的事情或产品，以评估其心理水平和心理状态。作品分析可以作为客观依据留存。生理评估详见第十一章。

在对案例进行具体评估时，一般同时结合上述方法中的几种来进行。评估顺序通常是：通过访谈获得个人一般信息，并与来访者建立起良好的工作关系，然后进行心理测验、行为观察或生理评估等。例如，要对注意缺陷多动障碍（attention deficit hyperactivity disorder，ADHD）儿童进行评价，既要与父母、儿童、教师进行访谈，又要让儿童的父母和教师完成一系列的儿童行为问卷，还要对儿童进行智力测验、注意力测验及神经心理功能测查。

方法的选择受到许多因素影响。来访者求助的问题不同，所采用的评估方法也就不同。来访者的年龄也是一个重要的影响因素，成人评估一般是实施访谈和测验，而儿童的评估则往往需要从密切相关的人（如父母、教师）那里获得有关儿童行为的信息。当然，方法的选择还会受到心理学家的理论取向以及心理障碍分类方法的影响。

三、资料解释和报告

搜集了评估对象的背景、访谈、观察资料并进行测验之后，要整合资料、解释发现。解

笔记

释决不能单单地依赖测验分数，如判断孩子的言语时，要综合访谈时孩子的声音质量、语言内容、言语动作、表情、体态等表现，以及对问卷和行为检查的反应、个案史以及其他场合的观察结果。结果的解释是评估过程中最有挑战性的一环，它牵涉到测验理论、发展心理学、人格心理学、病理心理学等多学科知识。解释过程要整合各种手段、各种来源的评估资料，判断资料的内在涵义、探索资料对诊断和干预的意义。

分析好资料，不仅要得出评估结论，有时还要提出建议，并写出评估报告，与有关人员交流评估结果，必要时进行追踪性评估（详见第十三章）。

第三节　心理评估者的相关要求和管理

一、心理评估者的职业道德

心理评估会涉及一些伦理学问题，如所获信息的保密，来访者权利保护等，因此评估者必须有意识地恪守职业道德。中国心理卫生协会心理评估专业委员会于 2000 年制定了《心理评估者道德准则》（见本章融合教材附录资料），规定了心理评估者的道德准则。心理评估者的职业道德主要包括以下几个方面：

1. **态度严肃**　心理评估结果常常被当成临床诊断、特殊教育、司法鉴定、计划生育鉴定的重要依据，它既涉及评估对象的切身利益，又涉及执法的公平客观，评估者一定要有严肃认真的工作态度，避免主观歪曲和客观偏差。

主观方面，应不带主观色彩地全面搜集资料，分析数据，谨慎客观地报告结果。评估者切忌与评估对象有情感、利益的关联，避免主观好恶影响评估结果。

客观方面，选用那些已经过严格论证，具有良好信度、效度的测验工具。因为，使用信度太低或信度不详的测查方法，可能会得到一些不可信的信息，并导致错误的判断。而使用缺乏效度的评估方法也同样意味着所得的有关个人心理功能的结果不准确。还要考虑常模的适当性，20 世纪 70 年代，美国加利福尼亚州的州立法院通过了一项裁决：依据美国通用的标准化智力测验给少数民族儿童作出智力发育迟滞的诊断是非法的，因为那些标准化测验缺乏相应的少数民族常模，因而对这些儿童所作出的结论存在偏差。

2. **尊重评估对象**　心理评估者要尊重每一个评估对象及其有关人员，不管他是什么年龄、性别、种族、社会地位、健康状况，不得歧视病残人群。因为工作性质特殊，评估时可能会要了解评估对象生活中的隐私，但不要刻意去探究与评估无关的事情。要妥善保管评估对象的资料，没有被评估者本人的允许，不能将被评估者的信息透露给无关人员。但是，有的情况可以例外，如与评估者同事、申请人交流，讨论案例，向评估对象的监护人通报被评估者可能进行的危险举动，以及不透露信息就会触犯法律的其他情形。当被评估者流露出对其他人不利的动机时，要用适当方式让他们知道自己行为的后果，同时在保护其隐私的前提下提醒相关人员采取预防措施。

3. **管理好心理评估工具**　心理评估尤其是心理测验从某种意义上相当于国家考试，内容不得公开。标准化心理测验如智商测验是受管制的测量工具，只有具有相应资格的人才能独立使用和保存，不允许向无关人员泄露测验内容。

二、评估者应具备的条件

好的评估者应具备两方面的主要条件，即专业知识和心理素质。

1. **专业知识和技能**　心理评估大致可分为能力评估、人格评估、精神症状评估等，要对这些内容进行评估，就要对它们有充分的认识。例如，要评估能力，就要对其组成部分如智

笔记

力、记忆能力等知识有足够的了解。以智力为例，要对它的性质、结构、发展以及智力与疾病的关系等有充分的了解；而对记忆来说，在未了解记忆的性质、种类、机制以及记忆障碍的各种形式与疾病的关系前，既不能正确评估，也无法解释结果。还要掌握评估技术，要精通多种测验手段，并具有对结果的分析能力和应用结果的能力。

2. 心理素质 良好的评估者要具备适合该项工作的一些心理品质，包括：

（1）人格特点：评估者要愿意助人，尊重人，乐于并善于与人交往，情绪积极稳定，自信独立，有自知之明。心理评估有很多主观的成分，因此更应力求做到客观。在这项工作中，评估者首先应能正确（客观）地看待自己，只有正确地认识自己才有可能正确地认识他人、评估他人。否则很难在评估中去除“偏见”的成分。

（2）智力水平：心理评估者应具有较高的智力水平。应善于察言观色，具备敏锐的观察能力。面部表情能传递大量信息，有人喜形于色，有人喜怒不露，评估者要善于捕捉评估对象的细微表情变化。除面部表情外，姿势、声调等的表情作用也不可忽视，在某些病理情况下会出现特殊的表情。在评估中不仅要观察，而且能根据被评估者的外部行为表现推测其内部的心理活动。评估中还要善于记忆、善于思考。在心理评估中常常要涉及与认知或智力评估有关的内容，如形成概念、理解抽象意义、利用线索和经验等，如果评估者自身的智力水平有限，则很难对较高水平的被评估者作出准确判断。此外，对心理现象的评估，其本身就是一项高智能活动，因此，不能不对评估者的智力水平有所要求。

（3）社交技能：心理评估是在与人打交道。缺乏沟通能力或技巧则很难使对方敞开心扉，得到评估所需要的内容。沟通能力除一部分是个性方面的因素外，有很多需要经验的积累和训练。此外，对被评估者的基本态度也是很重要的。所谓“精诚所至，金石为开”，对人有兴趣、诚恳，受人欢迎方能成为好的心理评估者。在沟通的过程中，有一个原则，也是技巧，称之为共情（empathy），指能分享他人的情感，或者说能设身处地去理解和“分享”他人的情感。只有做到这一点，才有可能使沟通步步深入。

三、心理评估人员的管理

随着心理评估工作的迅速发展，应用范围的不断拓宽，心理评估领域的从业人员的培训、资格认定和职业行为的规范和管理已引起重视。1991 年，中国心理卫生协会心理评估专业委员会成立；1994 年该会出台了《心理评估质量控制规定》（试用本），内容包括心理评估工具的修订、编制及登记注册、出版、管理的相关规定，关于心理评估者的资格、责任、义务及道德准则，以及心理评估技术的使用、结果解释及保密问题等。2000 年又发布了《心理评估质量控制规定》和《心理评估者道德准则》（修订本），这对于专业人员的培训、资格考核等各个方面均作出了明确规定，并在全国开始推广心理评估与咨询从业人员的职业培训工作，这一举措无疑对提高我国心理评估专业人员的职业化水平，提高心理评估从业人员的素质及专业水平具有极其重要的意义，详见附录一与附录二。

第四节 心理评估简史和展望

一、中国古代有关心理评估的思想

心理评估的发展历史可以追溯到古代先哲对人类个体差异的观察和思考。我国古代教育家孔子将人按“智力”分为上智、中人和下愚 3 种，并提出因材施教的观点。孟子指出人的心理特征可知可测，他说：“权然后知轻重，度然后知长短，物皆然，心为甚。”诸葛亮更是在《心书》中提出 7 种观察人格特点的方法：问之以是非，以观其志；穷之以辞辩，以观其变；

笔记

咨之以计谋，以观其识；告之以祸难，以观其勇；醉之以酒，以观其性；临之以利，以观其廉；期之以事，以观其信。我国在公元前的夏朝时就有文官考试，隋唐之际形成了完善的文官科举考试制度，后者被视为心理测验的萌芽。

二、西方心理测验的兴起和发展

现代科学意义的心理评估是伴随科学心理学的诞生而出现。英国学者高尔顿（Galton F）对测验的诞生起了重要的推动作用，1869 年他出版的《天赋的分类》引起了人的个别差异的研究；为研究智力和遗传的关系，他编制了一个“智力量表”，测量视觉和听觉的敏锐性、肌力、反应时及其他一些简单的感觉运动功能；1884 年他在英国国际博览会上建立了人类测量实验室，测试近万人的各种生理和心理的指标，为人的个别差异研究积累了大量资料；高尔顿的另一贡献是将统计学方法用于心理测验。现代科学心理学之父冯特（Wundt W）的学生、高尔顿的心理测验助手——美国心理学家卡特尔（Cattell JM）于 1890 年发表了《心理测验程序》一文，率先使用“心理测验”这一术语。1905 年法国心理学家比奈（Binet A）和助手西蒙（Simon T）为甄别入学儿童的智力编制了一个包括 30 个条目的智力量表，即著名的比奈 - 西蒙量表，它引起了全世界的注意并很快被多种文字出版或修订，其中 1916 年版的斯坦福 - 比奈智力量表最负盛名。比奈 - 西蒙量表被认为是世界上第一个科学的智力量表，它的诞生标志着人们对智力的鉴别进入了数量化的阶段。

20 世纪早期，心理测验进入全面发展期，拓宽了测验靶的范围，完善了测验方式和施测方法，诞生了一批重要的心理测验，如桑代克成就测验、陆军甲种测验和乙种测验、罗夏墨迹测验、斯特朗兴趣测验、韦克斯勒智力量表、明尼苏达多相人格问卷等。20 世纪后半叶，能力倾向测验和临床用的量表发展很快。近二十年来著名的经典测验进行了全面的修订，不仅在内容上而且在结构上都有了很大的变化，并且重新制定了全国性大样本的常模，例如韦氏成人智力量表第 3 版、第 4 版，斯坦福 - 比奈智力量表第 4 版、第 5 版，明尼苏达多相人格问卷第 2 版、韦氏记忆测验第 3 版、第 4 版等。

随着心理测验不断编制和应用，测验编制理论和策略也在发展。在测验发展的早期阶段，一个测验的诞生大多是为了某种实用目的，以便能将某种或某类心理行为特征以量化的形式表达，因此，在编制测验时并没有一个与所测心理特征相关的理论作为测验构建的基础。但是测验的产生和应用却常常促进了有关心理特征的理论研究，另一方面，理论研究的深入又促使许多具有较好理论基础的新量表的诞生，这方面最好的例子就是智力理论研究与智力测验研制的关系和互动。早期的智力测验比如比奈智力量表、韦克斯勒智力量表并没有系统的智力理论作为自己的编制基础，但后来 Luria AR 的神经心理学理论的产生和发展已成为 Kaufman 儿童智力成套测验和 Luria-Nebraska 神经心理成套量表的理论基础；Das JP 在 Luria AR 理论的基础上提出了 PASS 理论，该理论成为他和 Naglieri JP 编制认知评价量表的理论基础；而 Woodcock-Johnson 的心理教育成套测验则是以 Cattell-Horn 的流体 - 晶体智力理论为基础，其后续的 Woodcock-Johnson-Ⅲ则依据更新的、更为广泛接受的 Cattell-Horn-Carroll 智力模型修订；Wagner RK 和 Sternberg RJ 编制的经理人员战术知识问卷则采用了 Sternberg RJ 的智力理论，用来评价管理人员应用、解决问题的知识和能力；近 10 年来，有关人格特质研究的大五因素人格理论也成为一些人格量表编制的理论基础，例如 Costa PT 和 McCrae RR 编制的 NEO 人格问卷（NEO-PI-R）等。

同时，心理测量学（psychometrics）理论也不断发展。心理测量理论的发展主要概括为两个阶段。第一阶段在 20 世纪 50 年代之前，经典测验理论占据主导地位。经典测量理论是历史上的初期测量理论，也是最基本的理论，目前仍具有强大的生命力。但因其信度估计精度不高，误差指标单一而且不精确，各种参数的估计对样本的依赖性大，参数指标之

笔记

间的配套性较差等问题的存在，在一定条件下难以满足编制高质量测验的需求。第二阶段是50年代之后经典测量理论与项目反应理论、概化理论等现代测量理论并存阶段，现代心理测量理论包括：针对经典测量理论中项目参数指标的变异性问题发展出的项目反应理论（item response theory，IRT），利用方差分析的技术改善了测量精度即信度估计的概化理论（generalizability theory，GT），元分析（meta-analysis）、题目差异功能分析（differential item functioning，DIF）、决策理论（decision theory）等。这些新的理论又衍生出更新的理论，如从项目反应理论的基本模式出发，又形成了多维模式、多变量模式、多等级模式和多成分模式。理论的发展促进了西方国家标准参照测验的编制、题库的建设、计算机自适应测验、测验等值分析等工作的发展。近年来有人将混沌状态理论用来预测那些非线性的多变的行为特征，例如用这种理论测量灵感的方法可以评估个体在一段时间（时间系数列）内的矢量（普通的刺激引发几种力量）与一个分支点（指行为发生明显改变的那一点）的关系，因为人的许多行为是不稳定的和难以预测的，现有的许多统计方法（直线分析方法）常常不能有效地分析出它们内在的联系，而混沌状态理论可用来建立不同事件的内在关系模型，因此，该理论的应用在未来可能促进心理评估乃至临床心理评估的发展，使得临床心理评估更具科学性。

三、我国现代心理测验的发展

现代心理测验于20世纪初开始传入我国。我国心理学家在1915年就开始使用记忆测验，1918年清华大学开始使用英语原版的斯坦福-比奈量表。其后翻译、修订和自编测验工作都迅速开展，如心理学家陆志韦于1924年、1936年先后两次修订了斯坦福-比奈量表，1931年还成立了中国测验学会。据不完全统计，从1915—1940年的25年间国内编制测验多达74种。抗日战争后新编测验减少，到20世纪中期，在我国很少用心理测验。

20世纪70年代末以来，我国心理测验事业得到逐渐复苏并进入快速发展阶段。首先，部分高校开设了心理测量学课程，恢复了对专业人才的培养。其次，不仅修订了一些国际上著名的标准化纸笔测验，如《韦氏儿童智力量表》《韦氏成人智力量表》《艾森克人格问卷》《卡特尔16种人格因素问卷》和《明尼苏达多项人格问卷》等。而且编制了本土的具有知识产权的标准化测验，如中国儿童发展中心主持编制的《中国儿童发展量表》、张厚粲等编制的《高中生职业兴趣测验》、王登峰和崔红编制的《中国人格量表》、姚树桥等编制的《中华成人智力量表》、程灶火等编制的《儿童青少年心理健康量表》等。再次，心理测量的使用范围逐渐扩大。目前，心理测量已广泛应用到教育、医疗、卫生、军事、人事、经济、管理等多个领域，心理测量在国家大型考试、人事选拔、航天员和飞行员选拔、心理健康诊断、大学生就业指导、人力资源配置和开发中起到了十分重要的作用。最后，项目反应理论、概化理论等现代测量理论引入后，被国内学者研究和吸收，并逐步应用到测验编制与修订工作之中，出现了一批高水平和针对复杂测量问题的研究报告，研究水平已逐渐接近国际先进水平。

四、心理评估工作的新趋势

进入21世纪以来，在心理评估领域又出现了两个新的发展趋势：一是加强心理评估工具对各种潜在认知加工成分的评估；二是心理评估的计算机化。

随着认知神经科学的飞速发展，人们越来越不满足于只观察被试的行为表现，而是对其潜在的心理过程及神经加工机制产生了浓厚的兴趣。一些无创性脑成像技术的出现和逐步成熟，为人们对认知活动的神经机制研究提供了有力的手段，如功能性磁共振（fMRI）、正电子发射断层扫描术（PET）及单光子发射断层扫描术（SPECT）等脑代谢功能成像技术，事

笔记

件相关电位（ERPs）等脑电生理成像技术。运用这些高科技手段，人们在分析感知客体、形成和使用表象、阅读、语言加工及记忆等基本认知过程及其神经机制等各个方面均取得了一些研究成果，而且相关文献还正在以几何速度飞速增长。在心理评估工具的编制过程中，如能结合认知神经科学的最新研究成果，运用测验分离不同的认知成分，并增强对某些特异性认知损伤的检测灵敏度，必将使心理评估工作迈上一个新的台阶。

20世纪后半叶出现的计算机技术在许多方面改变了人们的工作和生活方式，对临床心理评估也产生了一定影响。计算机可以辅助分析解释测验结果，替代手工进行各种复杂的分数转换，对差异的显著性进行统计学检验，甚至形成初步的测验结果报告；在计算机上，测验者可以直接进行操作、评分和结果分析，从而取代某些纸 - 笔测验；计算机技术还促进了新的测验方法的产生，如将项目反应理论方法与计算机结合编制而成的计算机化自适应测验，计算机会根据被试的前后回答自动给出相应难度的问题，从而达到在最短的时间内，准确地测量被试者心理特征的目的。虽然目前计算机辅助临床心理评估尚属于起步阶段，但不难预测，今后计算机在心理评估领域的用途会越来越广，扮演的角色也将越来越重要。

（姚树桥）

思考题

1. 心理评估与非正式评估有哪些区别？
2. 心理评估有哪些目的？
3. 收集心理评估资料的方法主要有哪些？
4. 心理评估者应遵守的职业道德的主要内容是什么？
5. 举例说明心理测验编制理论与实践的相互关系。

笔记

第二章　心理测量学的基本原理

心理测量学的基本理论和方法至今已经历了先验期和科学期两个发展时期，先验期主要为20世纪以前，其特点是重视实用，主观性强而缺乏理论指导；科学期则是在20世纪以后，不仅测验工作变得更加系统化，而且测验理论日见成熟与完善。科学期主要有经典测验理论和现代测验理论两大理论。经典测验理论（classical test theory，CTT）以20世纪50年代古利克逊（Gulliksen HO）发表的《心理测量和测验导论》为成熟标志，50年代后测量学家针对经典测量理论存在的不足提出了以项目反应理论（item response theory，IRT）等为代表的现代测验理论，以提高测验的可靠性和有效性。本章主要介绍经典测验理论和项目反应理论这两大理论体系编制测验的基本原理。

第一节　测量与量表的基本概念

一、测量与心理测量

测量可以分为物理、社会、生理和心理测量4种。完成一次测量过程，譬如称重量、量长度，必须具备3个条件，即测量对象、测量工具和测量结果。测量对象具体指所测物与人的属性和特征，譬如在物理测量中测量物体的重量、长度、体积等，在心理测量中测量人的能力、个性等各种心理状态和特质等。测量工具又称法则，是对事物的属性分派数字的依据，它既包括制定测量用具时所遵循的标准，又包含测量实施的过程所遵守的规则。测量结果是用数字来表示的，即表示事物属性和特征的数字和符号。虽然不同的学科领域具体的测量对象不同，但是却有着共同的特性。因此，对于物理、社会及心理等领域的测量而言，测量就是人们根据一定的法则，对客观事物的属性进行某种数量化确定的过程。不同的学科领域在测量中所遵循的理论与方法是各异的，对心理测量来说，则是依据一定的心理学理论，并采用一定的操作程序，对人的行为做出的某种数量化确定。

人们对物理属性的可测性通常不会产生异议，而对人的心理属性是否具有可测性往往会产生疑虑，因为人的心理是对客观现象的主观反映，是看不见，摸不着的。心理学家桑代克（Thorndike EL，1918）曾提出“凡物之存在必有其数量”，不仅物质世界存在着量，而且人的心理世界也存在着量，这种量既有大小多少的区别，也有程度的不同，譬如记忆快慢与多少，思维敏捷与缓慢，想象丰富与贫乏，观察仔细与粗心等。测量学家麦克尔（MoCall WA，1923）则提出“凡是有数量的东西都可以测量”，因此，对心理属性的量也是可以测量的。

二、测量的要素

任何测量都必须具备两个基本要素：一是要有一定的参照点；二是要有良好的测量单位。

笔记

参照点是量的计算起点，有绝对零点与相对零点之分。绝对零点表示事物处于一种“全无”状态，所谓“全无”就是什么也没有或什么也不存在的意思，譬如在物理测量中，当重量为0时表明没有一点儿重量，长度为0时则表示没有一点儿长度。相对零点却不表示“全无”状态，它是人们为了比较事物的方便，参照一定的标准而确定的零点，如摄氏温度0度时并不说明没有一点温度。虽然优良的测量工具是以绝对零点作为计算起点的，但是，在心理测量中没有像物理测量那样的绝对零点，它只有相对零点，因此它所得到的分数是相对的，仅具有相对意义。换句话说，心理测量中的测验分数的“0”是人为划定的，因此若某个个体在一次心理测验中得分为“0”时，不能说他没有任何的心理特质，因为在测验量表中并未包括所有的心理特质。譬如，某个初中生在一次语文知识测验中得分为“0”时，我们不能说他没有任何的语文知识，因为在初中的语文测验中不包括小学已学过的简单知识。

单位是计量事物标准量的名称，没有单位，事物数量的多少与大小就无法表示。好的单位必须满足两个条件：一是具有确定的意义，即单位在所有人的心目中具有同一意义，不允许有不同的解释；二是要有相等的价值，即单位与单位之间的距离是相等的。这两点在物理测量中很好解决，譬如1米（m）、1公斤（kg）、1小时，所有人的理解都是一致的。但是，在学业成就测验中问题就不那么简单了。虽然人们用“分”作为测验结果的单位，但是“分”却没有严格的定义，即“1分”所表示的意义是什么，其价值有多大，都没有科学的界定，从而导致“1分”在人们的心目中的价值是不同的。这种不同不仅表现在相同的测验之中，而且还表现在不同的测验之间。譬如，在同一个测验中，从10分到11分之间的“1分”和从99分到100分之间的“1分”，在心理上的难度是不相等的；在不同的测验中，如选拔性测验中的“1分”和达标性测验中的“1分”因测验性质不同也是不相等的。因此，心理测量的单位不够完善，既无统一的单位，也不符合等距的要求。

三、测量的量表

要对某个事物进行测量，必须有一个定有参照点和单位的连续体，将要测量的事物放在这个连续体的适当位置上，依据它距离参照点的远近把事物的属性描述出来，这个连续体就叫量表（measurement scale）。史蒂文斯（Stevens SS）根据对测量结果数量化描述的不同水平，将测量从低级到高级分成4种水平，即称名量表、顺序量表、等距量表和比率量表。

称名量表是表示事物属性或类别的一种量表，其特点是对事或人进行分类或描述，如将人分为男女，或分为职员、农民、教师、公务员等。顺序量表是对事物进行排序所形成的量表，其特点是既没有计算时的绝对零点，又没有相等的测量单位，譬如人的能力分为优、良、中、差时，不仅没有0等级的说法，而且各等级之间是不等距的。等距量表顾名思义是一种具有相等的测量单位的量表，但是它却没有计算时的绝对零点，只具有相对的零点。因为等距量表没有绝对零点，其测量结果就不能用诸如“几倍”或“几分之几”之类的方式来表示各个实测分数之间的关系。例如，在某次智力测验中，甲生得分为90，乙生得分为45，我们不能由此认为甲生的成绩是乙生成绩的2倍。比率量表则是一种既具有绝对零点，又具有相等的测量单位的一种测验量表，像测量长度、重量、投资等，都属于这类量表。那么，心理测量属于哪个水平的量表呢？

心理测量从实质上讲是一种顺序量表。心理测量的结果一般是以“分”为单位的，“分”这种单位是不等距的，因为“1分”没有一个确定的意义，什么情况下是“1分”，不同的人有不同的理解，而性质不同测验的“1分”其意义也不相同，如数学测验中的“1分”与语文测验中的“1分”意义就不相同。虽然如此，在实际使用中，我们却常把心理测验转换为等距量表来使用，其原因有二：一是在统计上我们可以用一定的方法对实测分数或原始分数进行处理，譬如用标准分数法对其进行转换，使其成为以标准差为单位，以平均数为参照点的量表

笔记

分数；二是在测验编制上，可以采用各种标准化的方法，尽可能地控制各种影响测量结果的因素，编制出优良的测验，以使测量误差减小到最低程度。

四、心理测验及其要素

人们经常在同一语义上使用着心理测量（psychological measurement）和心理测验（psychological test），严格地说，它们是有区别的。心理测验为心理测量的工具，心理测量是以测验为工具来了解人类心理的活动，因此心理测量的意义更为广泛一些。心理测验是测量一个行为样本的程序，或是由一定数量的题目组成用于测量人的某项品质或学生掌握程度的工具，通俗来讲心理测验就是由有关领域的专家经过长期的编制、试用、修订、完善而逐渐形成的标准化测量工具。从上述定义我们可以看出，心理测验的对象是人的行为，测验的内容是一个行为样本，测验的方法是一种系统程序。心理测验包括行为样本、标准化、客观性3个要素。

（一）行为样本

行为样本是反映个体行为特征的一组代表性的行为。反映个体某一心理特质的行为是多方面的，而在一次测量中我们却无法将其全部测量出来，为此而选取一些具有代表性的行为来进行测试，对人的相应心理特质进行说明或解释。在心理测验中，我们往往用一些测试题来进行测试，这些测试题与我们欲测的行为是有关的。譬如，小学一年级学生要求会写350个生字，而在一次期末考试中我们不可能将所有生字都测试一遍，只能选取其中有代表性的生字来测试，以判断学生生字量的掌握情况。又如，测量人的内向性格时，反映内向性格的行为有许多，无法全部纳入测量之中，只能选取那些典型的、具有代表的部分行为来进行测试，以这一部分的行为对个体的内向性格做出解释。凡此种种，我们将其称之为行为样本，因此可以说，行为样本就是从个体众多的行为中抽取出来的具有代表性的部分行为。

（二）标准化

在经典测验理论中，编制一个标准化的心理测量工具，需要按照标准化的程序进行。所谓标准化是指测验编制与实施等所遵循的一套标准程序，其目的是确保测量结果的准确性和客观性。标准化的内容主要包括测验材料的标准化、测验实施的标准化、测验评分的标准化和测验解释的标准化。

心理测验是由众多试题构成的，试题质量的优劣制约着整个测验质量好坏，因此标准化的首要前提是测验材料的标准化。材料标准化的过程是根据测验目的所定义的范围选取具有代表性的行为样本，即具有代表性的试题，这种试题的选取应是丰富多样的、具有普遍性且能鉴别个体的差异。

测验实施的标准化是指被试需在相同施测条件下接受测验，其中包括测验指导语的一致，测验时间和时限的统一以及施测情境的相同。

测验评分的标准化是要求测验结果的评定具有客观性和可比性。为此，要拟定评分的标准答案，制定评分的规则，使不同的评分者的评分结果保持最大程度的一致性。值得注意的是标准答案并非固定答案或唯一答案。

测验解释的标准化就是对测验所得结果给予客观的解释。因为测验所获得的分数缺乏绝对零点作为参照标准而无法与他人的分数进行比较，所以需要对测验分数建立相应的参照点，即常模来进行解释。常模（norm）是指某一标准化样组在某一测验上的平均水平，它的功用在于给测验分数提供比较的标准，从而对个体的测验分数加以解释（有关常模详见本章第二节）。

（三）客观性

客观性是衡量科学性的一个重要标准，对于心理测验非常重要，是决定一个心理测验

笔记

能否存在的必要条件。行为样本的代表性和测验程序的标准化都是为了确保心理测验的客观性。反映个体心理特质的行为是客观存在的，心理测验的标准化使测验的实施、记分和解释都是客观的，确保了测量结果具有可重复性和有效性，这些都很好地确保了心理测验的客观性。

五、心理测验的特性

心理测验的特性是多方面的，不同的学者所提出的观点有所不同，但是定量性、间接性、客观性和相对性则是其中最基本的特性。

从定义中我们可以知道，心理测验是对人的心理属性进行数量化，因此它具有定量性的特点。心理测验与某些物理现象的直接测量不太相同，它只能通过测量人的外显行为来推测人的心理特质，因而具有间接性的特点。为了准确地测量人的心理行为，客观地反映人的心理属性，心理测验的实施必须遵循一定的标准程序，并对测验工具的信度和效度、测验试题的难度和区分度进行分析，保证其符合测量学的要求，因而又具有客观性的特点。通过测验所获得测量结果进行人的行为差异比较时，并没有绝对的标准，也就是说没有绝对零点，我们所拥有的只是一个连续的行为序列，因此又具有相对性的特点。

第二节　测验常模

一、常模的意义

俗话说：要比较，就要有标准。心理测验重在结果对个体的意义而并非只提供给个体一个分数，因此需要对测验结果做出恰当的解释。由于测验分数是一种既缺乏明确的参照点，又没有相等测量单位的分数体系，因而无法评估其优劣。为此需要对测验分数建立相应的标准，而常模就是用来解释测验结果的标准之一，它是一种参照系。譬如，确定人的平均智商为100，我们才能决定个体在团体中的相对地位。

常模是指标准化样组在某一测验上的平均水平，可以用它来反映个体分数在团体中相对位置的高低。譬如在能力测验中，若某个人的测验分数高于常模，则表明其能力水平高于一般人的平均水平；相反，若某个人的测验分数低于常模，则表明其能力水平低于一般人的平均水平。

二、常模团体的获得

常模是心理测验的必备条件之一，没有常模，我们就不能从测验的结果中获得有价值的信息，因而常模是否可靠、是否有效就成为非常重要的问题。在制定常模时，首先要确定一个较好的常模团体。常模团体是由具有某种共同特征的人所组成的一个群体，或者是该群体的一个样本。常模团体必须能够代表该总体。

（一）常模团体的条件

保证常模质量的关键在于常模团体的质量，即在建立常模时所抽取的常模团体一定要具有代表性。所谓的代表性就是说从今后施测的总体中所抽取的样本能够代表该总体的特征，这样的样本称为标准化样本。例如，编制一种3～5岁儿童的智力测验，拟在全国使用，那么全国3～5岁的儿童是总体，如果从中只选取5000人施测，并计算出测验结果的平均数和标准差作为常模，那么这5000人的样本就是标准化样本。当然这并不是说随便找5000个儿童就算是标准化样本，而是要经过科学化的取样才行。所以，作为一个标准化样本，应当具备以下4个条件：

笔记

1. **样本要明确** 样本明确是指标准化样本中的每一个个体都必须满足该测验的要求。假设某一个测验是为了测量城市初二学生的外语水平，那么，首先就要对该测验的对象作出明确的规定。例如，这些对象必须是城市的，县城是否也包括在内？对象必须是初二的，那么是指才升入初二的学生，还是即将升入初三学习的学生？对年龄和性别有没有限制？测验中所指的“外语”究竟是指哪一语种？所有这一切，都必须定义得很清楚，才能由此选取标准化样本的成员。

2. **样本要有代表性** 获得有代表性样本的理想方法是随机抽样，但在实际工作中往往很难做到这一点，因此，一般采用分层抽样的方法。例如，韦克斯勒成人智力量表的常模是根据一组有代表性的美国成人制定的。在确定这一标准化样本时采用了分层取样的方法，各层次取样是根据1950年美国人口普查所报告的分配比例决定的，其中，年龄上抽取16～64岁的人口，年龄组的选择符合人口调查局的报告；性别上各年龄组的男女人数相等；地域上东部、北部、南部、西部各区都有相应的比例；城乡上要包括城市与农村的人口；民族上按照人口普查的比例决定样本中白人和有色人的比例；职业上根据人口普查的职业分类和比例；教育上按正式教育年限分为8年以下、9～11年、12年、13～15年、16年以上或更多种等。

3. **取样过程要有详细说明** 这是为了保证样本有足够的代表性。韦克斯勒儿童智力测验（修订版）用了5页（32开纸）的篇幅来对取样的过程作详细的说明。例如，取样的技术、样本的规模、取样的时间、与测量有关的变量（性别、年龄、种族、地理、区域、家长职业、城市和农村），以及其他有关问题。

4. **样本大小适当** 因为样本越大，取样误差越小，所以样本要越大越好。如韦克斯勒成人智力量表的常模是通过对2175人的标准化样本的测验而得到的，韦氏儿童智力量表的标准化样本由2200人组成。值得注意的是，这里关键问题是看样本能否代表总体，若样本大而样本代表性差也是不好的。

此外，还应注意一般常模与区域常模的结合。因为全国性常模建立时所用人员多，工作繁重，需要较长时间，而且还存在掩盖地区特点的倾向，一个研究者或一个研究单位是难以独立完成的。地方性常模，可以是一个省或一个市的，常模建立时间短，经济，而且结果也较实用。

根据上述要求抽取人员，组成标准化样组，然后按正式测验的要求，对该样组成员进行测试，就能得到常模。

（二）常模团体抽取的方法

为了保证所抽取的常模团体具有优良的代表性，必须根据心理统计中随机抽样的原则从总体中随机抽取常模团体，即代表性样本。抽样方法很多，常用方法主要有4种，即简单随机抽样、系统抽样、分层抽样和整群抽样。

1. **简单随机抽样**（simple random sampling） 简单随机抽样是按随机原则直接从总体中抽取研究个体作为样本的方法，又称纯随机抽样，它是最基本的抽样方法。具体操作上有抽签法和随机数字法。抽签法的操作方法是先将总体的全部对象编号做成签，再充分地混合这些签，最后每次随机地从中抽取一个签，直至抽到所需的样本容量，与这些签对应的个体即为所抽取的样本。随机数字法既可以使用随机数字表，也可以利用计算机软件来进行。

2. **系统抽样**（systematic sampling） 系统抽样是以某个随机数字为起点，间隔一定单位抽取样本，又称机械抽样。系统抽样的间隔值（k）可由总体容量与样本容量的比值来确定，即 $k=N/n$。

3. **分层抽样**（stratified sampling） 分层抽样是先按照有关标志把总体分为若干层次，再在每一层抽样的方法。

笔记

4. **整群抽样**（cluster sampling） 整群抽样是指以群为抽样单位进行抽样的方法，譬如，以班级、学校等为单位进行抽样。

在同一个研究中，可以使用多种抽样方法进行抽样。例如某研究者建立学业能力倾向测验常模时，他可能先将国家分为省、市、自治区等地理上的小区域，再利用整群抽样法将每个层次划分为一些更小的地区（如学校所在地），最后再使用简单随机抽样或系统抽样法，从每个群中抽取学生组成样本。

三、常模类型

常模通常是将测验所得的原始分数通过一定的数学模型转换而来的分数，也称导出分数、常模分数或量表分数。进行分数转换的目的有二：一是提供个体与个体之间的差异比较的依据，以说明具体的某种心理特质处于常模团体中的相对位置；二是提供个体内的差异比较依据，以便用相同的尺度衡量个体在两种或两种以上测验所得结果的相对位置。常模从选用范围上可分为全国常模、区域常模和特殊常模，从解释方法上可分为发展常模、百分位常模和标准分数常模。

（一）发展常模

发展常模（developmental norm）是指儿童的身心特质按照正常途径发展所处的发展水平。包括发展顺序常模、年龄常模和年级常模。

发展顺序常模是在婴幼儿行为发展观察中建立的量表，其发展变化与年龄密切联系。最早的发展顺序量表是1925年盖塞尔（Gesell）研制的婴儿早期行为发展顺序量表。如4周时可以控制眼睛运动，能追随一个对象等；16周时能保持头的平衡等。北京师范大学郑日昌教授研制的婴儿身体智能正常发育转盘表明1～2个月俯卧时，头微微抬起，视线能短暂注视和跟随物体走动。

年龄常模是指个体在某个年龄组的平均发展水平，以心理年龄表示发展水平。心理年龄的确定是以每一年龄组通过的题目数量来确定的，并以通过率或平均数作为指标。譬如每个年龄组有6个试题，每通过1个试题为2个月的心理年龄。假设一个实际年龄刚满6岁的儿童，现不仅通过了6岁组的所有试题，而且还通过了7岁的3个题和8岁组的1个题，那么他的心理年龄则为6岁8个月。

年级常模，也叫年级当量，是指某年级全体学生一般水平的一个分数，主要用于教育成就测验之中。年级常模通常以平均数为指标，譬如一个刚升入四年级的学生，在准备性测验中，语文的年级分为4.7，数学的年级分为3.8，表示其语文水平达到了在四年级学习了7个月的水平，数学则只为在三年级学习8个月的水平。

（二）百分位常模

百分位常模（percentile norm）包括百分等级常模和百分位数常模。百分等级常模是指一群分数中低于某分数所占的百分比，即把群体分成100个等份，看每个考生处于第几个等份，通常用百分等级表示，记作P_R。譬如某个考生成绩的百分等级为90，则意味着在该团体中分数低于他的人占90%，而高于他的人只占10%。百分等级的计算公式因资料性质而不同，其基本计算公式为

$$P_R = 100 - \frac{100R - 50}{N}$$

式中R为排名等级，N为团体人数。假设某班有60人，则第3名的百分等级约为$P_R = 100 - \frac{100 \times 3 - 50}{60} \approx 96$。

除了用计算法外，还可用百分等级的统计图来进行，即利用相对累积次数分布图，在横

笔记

轴上的某一个分数处做横轴的垂线，交于相对累积次数的某一点，再以该点向纵轴引垂线，垂足处就是该分数的百分等级。例如，我们在 20 分处做横轴垂线，交曲线于 A 点，从 A 点再做纵轴的垂线，交纵轴于 10% 处，这说明测验分数 20 分的百分等级是 10。也就是说，在整个团体中成绩低于 20 分的人占 10%。用同样的方法，可求得 80 分的百分等级为 70，见图 2-1。

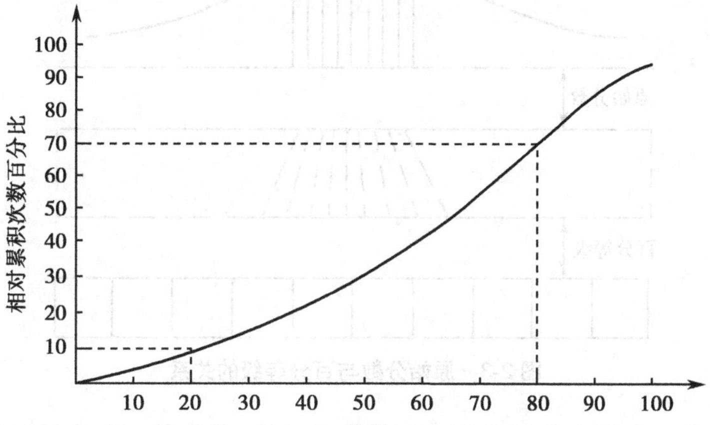

图 2-1　百分等级图

上述各种计算百分等级的方法对于各种分布形态的原始分数都能适用。如果原始分数是呈正态的，那就很简单，只要先计算出原始分数相应的标准分数 Z 值，通过查正态分布表，得到低于 Z 值的累积面积 *P* 值，就可以推算出百分等级。例如，韦氏智力测验的 *IQ* 平均数 μ=100，标准差 σ=15，那么，我们可以得到分布（图 2-2）。

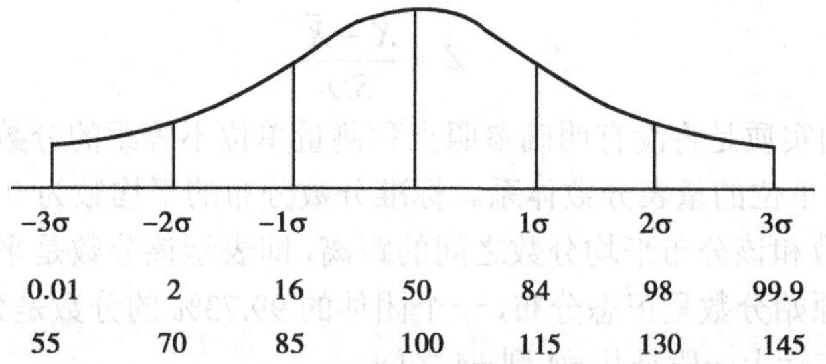

图 2-2　正态分布曲线与百分等级、智商的关系

根据正态分布曲线下的面积，可知有 2% 的分数低于 $\mu-2\sigma$，于是，*IQ*=70 的百分等级就是 2，有 2% 的分数高于 $\mu+2\sigma$，于是 *IQ*=130 的百分等级就是 98。如果我们规定智力缺陷的标准是 *IQ*<70，那么，大约有 2% 的人属于智力缺陷者。

百分等级是用于解释测验分数相对地位的一种常模，其优点主要有三个：一是它以中位数作为参照点，意义比较明确，容易为人们所理解；二是它不受原始分数分布的影响，即使原始分数不是正态分布，也不会改变百分顺序量表的解释能力；三是它可以对各种不同的测验结果进行比较。但是也存在着不足，首先，它只是一个顺序量表，不能进行四则运算，也不能计算平均数、标准差和相关系数，大部分统计方法对它也不适用，这就使得进一步的数学处理非常困难。其次，它的单位是不等距的。因为百分等级的分布是呈矩形的，而测验的原始分数通常是趋于正态分布的，所以，当将原始分数转换为百分等级时，在原始分数分布的中央部分的微小差异将产生很大的百分等级差异，相反地，在原始分布的两端部分的很大差异只会产生微小的百分等级差异。如图 2-3 所示。因此，在对百分等级作解释时，应该注意到原始分数和它的这种关系，以避免对中央百分等级的巨大差异做出过分

笔记

的解释。三是在运用百分等级常模时，应注意到该常模是建立在什么类型组的基础上，对于不同年龄和年级的人，需要有不同的常模组。所以，如果要使用百分常模，通常需要很多套常模，以适合运用测验的不同类型组，这在具体运用时就不太方便。

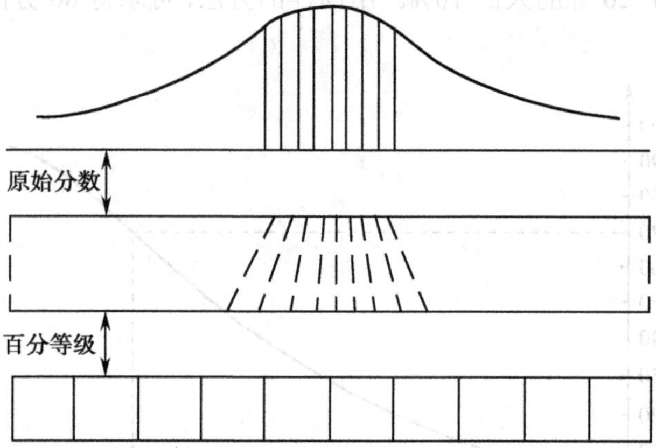

图 2-3　原始分数与百分等级的关系

百分位数常模中的百分位数是百分等级的逆运算，是指某一百分等级所对应的原始分数。譬如，在某一个团体中学生甲的数学分数为 88，其百分等级为 94；反过来，该团体百分等级为 94 位置上对应的数学分数则为 88 分。

（三）标准分数常模（standard score norm）

1. **Z 标准分数**　百分位常模的不等距使它的应用受到很大的限制，而标准分数常模则可以解决这一问题。标准分数是以标准差（SD）为单位所表示的观测分数（X）与其平均数（$\bar{X}$）的偏差，用符号 Z 表示，公式为

$$Z=\frac{X-\bar{X}}{SD}$$

Z 标准分数的实质是将没有明确参照点和测量单位不等距的分数转换成以平均数为参照点，以标准差为单位的量表分数体系。标准分数分布的平均数为 0，标准差为 1。其绝对值表示某原始分数和该分布平均分数之间的距离，即表示该分数是平均水平之上还是在平均水平之下。若原始分数呈正态分布，一个团体的 99.73% 的分数是分布在 $\pm 3\sigma$ 范围内的，因此 Z 标准分数实际上一般是从 −4 到 +4 之间。

Z 标准分数是一种等距的量表分数，可以进行代数运算。因此 Z 分数不仅可以用来比较同一个人在不同测验中的分数优劣，而且还可以用来比较不同的人在不同的测验中的分数高低。

2. **Z 标准分数的线性转换**　由于 Z 分数不仅有小数，而且也有负值，在使用中不太方便，为此在不同的情形下需依据线性模型做进一步的转换。转换时既能消除小数和负数的表现形式，又不改变 Z 分数各个值之间的关系，其公式为：

$$Z'=AZ+B$$

式中，A、B 为常数，A 为总标准差，B 为总平均数。譬如，学科测验中若标准差取 10，平均数取 50，则有：

$$Z'=10Z+50$$

不同的测验其总体的平均水平与标准差取值不同，也就有不同的线性转换公式，譬如托福等选拔性考试的标准差取 100，平均数取 500，则有：

$$Z'=100Z+500$$

3. **非线性转换——正态化标准分**　对 Z 标准分数做线性转换虽然能够克服其表现形

笔记

式上的缺陷，但是却不能改变测验分数的分布形态，也就是说当观测分数为正态分布时，转换后的 Z 标准分数也为正态分布；而观测分数为偏态分布时，转换后的 Z 标准分数仍为偏态分布。然而在心理测验的许多情形下要求分数的分布为正态，这时就需要对观测分数做非线性的转换，即以正态分布模型进行转换而成为正态化的标准分，常见的如 T 分数，其一般公式为：

$$T=10Z+50$$

T 标准分的转换过程是：当原始分数不呈正态分布时，则需要对观测分数作“次数分布表”，并求出相对累积次数，然后查“正态分布表”获得与每一个相对累积次数对应的 Z 分数，最后再代入 T 公式。

正态化的标准分不仅形式很多，而且应用也颇多。譬如，标准 9 分是以标准差为 2，平均数为 5，最高分为 9，最低分为 0 的正态化分数体系。

四、常模分数的表示方法

常模计算出来以后可以用转换表和剖析图来具体呈现。

（一）转换表

转换表一般是由观测分数、导出分数或对常模团体的具体描述等要素所构成的表格，有简单转换表和复杂转换表。简单转换表是将单项测验分数（X）转换成一种或几种常模分数，如表 2-1 所示，假设某生在测验上的得分为 73 分，则其百分等级为 97，正态化的 T 分数为 68，表明团体中有 97% 的人成绩比他或她低，他或她处在团体平均水平以上 1.8（$Z=\dfrac{68-50}{10}$）个标准差的位置上。复杂转换表则是列出多个分测验或各种常模团体的测验分数（X）与常模分数的对应关系，为我们提供不同团体间的比较。如表 2-2 所示，列出了大学生、中学生、工人和干部在戈登人格问卷中“谨慎性”上的测验分数和百分等级，测验分数为 34 分时，其不同团体的百分等级不同。

表 2-1　X 的 P_R 和 T 转换表

X 分组	P_R	T 分数
75～79	99	75
70～74	97	68
65～69	91	63
60～64	82	59
55～59	67	54
50～54	44	48

表 2-2　各团体戈登问卷“谨慎性”P_R 转换表

分数	大学生	中学生	工人	干部
38				99
37			99	98
36	99		98	97
35	98		96	95
34	97	99	93	91
33	96	98	89	88

（二）剖析图

剖析图是以图形的方式表示测验分数转换关系的，其特点是直观性很强，既能给出量的

笔记

描述，又能给出质的描述（图 2-4 给出了智力测验各分量表量表分 Z' 和百分等级 P_R 以及心理学与教育学方面的质的描述），甚至还可以给出可信区间（图 2-5）。

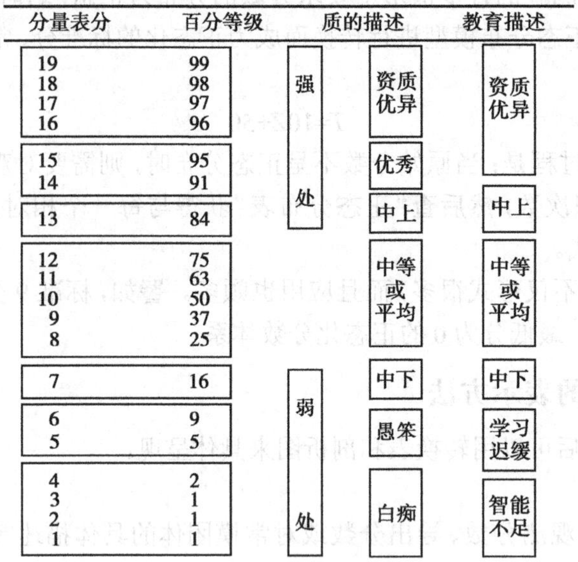

图 2-4　Z'、P_R 与质的描述

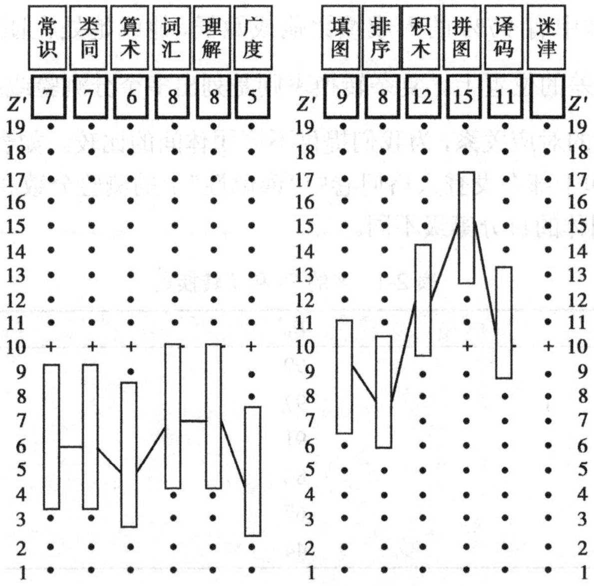

图 2-5　某生智力测验分数的可信区间

第三节　信度、效度与项目分析

当人们为了评估某个个体的行为而选择某些心理测验时，常常会思考一些问题，譬如我们选择的这些测量工具有用吗？是否能准确地测出我们所要了解的情况？应以什么标准来判断个体行为是正常的或异常的？这些针对一个测量工具的准确性和正确性及其程度如何所提出的问题，经典测验理论和项目反应理论给出了不同的解决办法。本节讲授的经典测验理论，主要通过标准化来保证测验质量。测验标准化工作的内容大致可分为两大部分：一是对测量工具本身质量的分析，包括信度分析、效度分析及常模建立等；二是对构成测量工具的项目进行的质量分析，如测验难度、区分度及猜测度的分析。

笔记

一、信度

（一）信度的理论

在物理测量中，如称东西的重量，不同的人或同一人在不同时间所称的结果可能有出入，这些结果与真实的重量也存在差异，称为误差。在测量世界中，误差是客观存在的、不可避免的。由于心理现象的复杂性和测量的间接性等原因，心理测量中的误差一般要大于物理测量，但通过对误差的深入研究和测验的标准化工作，可以在一定程度上减少误差。

1. 误差种类与误差分数 误差是指与测量目的无关的因素所引起的测量结果的不一致或不准确。测验结果是否可靠，与其受到误差影响的大小密切相关。误差越大，测验分数与真实分数的差异越大，其可靠性就越低。在心理测量中，人的行为会因各种原因，在不同时间、不同情形下变化，随时可能产生误差。根据误差产生的原因，可分为随机误差和系统误差两类。随机误差（random error）是由偶然的、无法控制的因素所引起的误差，如测验环境的变化、被试身心状态的改变等因素，这种变化在大小和方向上是无规律可循的（图 2-6A）。系统误差（systematic error）是由一些恒定的、有规律性的因素所引起的误差，如评分者的偏见、测验的操作程序不当等因素，它们所引起的变化是有规律可循的。实际的测量结果中既有随机误差，也有系统误差（图 2-6B）。经典测验理论将随机误差导致的测验分数与真实分数的差异称为测量误差（measurement error），用 E 表示。

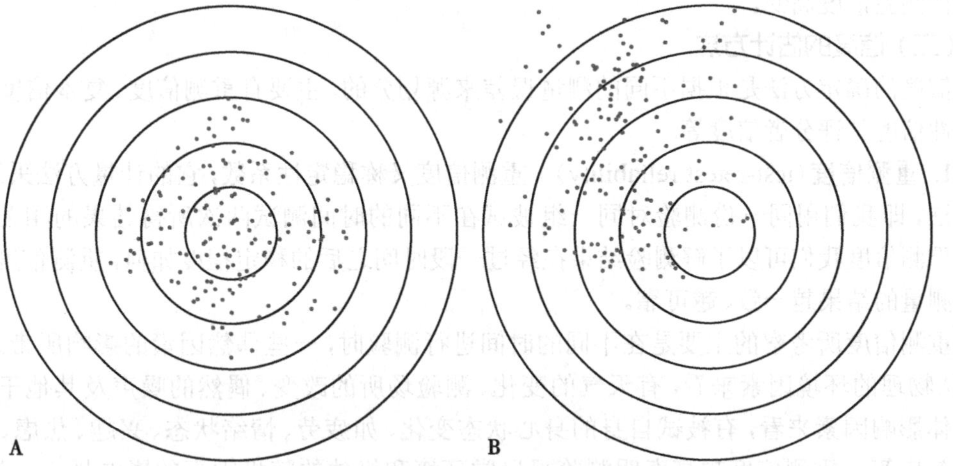

图 2-6 测量过程中的两类误差
A. 随机误差；B. 随机误差和系统误差

2. 真分数与基本假设 在完成一次心理测试后实际得到的是原始分数，即根据评分标准评出的未经过任何加工的分数，也称为观察分数（observed score）或实得分数，用 X 表示。心理测量的目的是了解个体真正的心理特质水平，但由于测量误差 E 的存在，观察分数与个体心理特质的真实水平并不一致。理论上，如果测量误差已知，就可以从观察分数中消除随机误差，得到个体在测验上的真实得分，称之为真分数（true score），用 T 表示。经典测验理论认为观察分数、误差分数和真分数三者为线性关系：

$$X=T+E \text{ 或 } T=X-E$$

经典测验理论认为，如果可以用某一测验大量（理论上是无限的）的相等形式（平行测验）对某一个体施测，测量误差相互抵消后（平均值为零），就可用观察分数 X 的平均值估计个体的真分数。当然，实际工作中不太可能对同一个体大量重复施测，可以采用本节后面介绍的基于信度的方法估计真分数的置信区间。

笔记

因为每一例测验分数、真分数和误差分数都存在其变异，因此在讨论一组测验分数的特性时，可用方差分析的方法来表示这些具体分数。根据"随机变量"方差的性质，在假定真分数 T 与误差分数 E 独立的条件下，测验分数的方差 S_X^2 可分解为真分数的方差 S_T^2 和误差分数的方差 S_E^2，其公式为：

$$S_X^2=S_T^2+S_E^2 \text{ 或 } S_T^2=S_X^2-S_E^2$$

3. **信度的定义** 信度(reliability)所要解释的问题主要是测量工具的稳定性或可靠性，表示为 r_{XX}。从理论上就是看一次测量中测到的真分数的程度有多大。根据基本假设，我们可以将信度定义为在一组测量分数中真分数方差 S_T^2 占测验分数方差 S_X^2 的比值，即：

$$r_{XX}=\frac{S_T^2}{S_X^2}$$

经典测验理论将信度定义为两个方差的比值，所以必定为非负数；而且真分数方差为观察分数方差的一部分，所以信度的上限为 1。根据 $S_T^2=S_X^2-S_E^2$，信度的定义式可转化为：

$$r_{XX}=\frac{S_X^2-S_E^2}{S_X^2}=1-\frac{S_E^2}{S_X^2}$$

由上式可看出，误差分数方差 S_E^2 占观察分数方差 S_X^2 的比例越小，则信度越高。

由于真分数和误差分数的方差是不能直接测量的，因此上述信度公式只是一个理论上构想的定义式，无法依据它判断具体测验的信度高低。经典测验理论中证明了平行测验测量结果的一致性与上述信度定义等价，因此根据此等价定义可以选择不同的具体估计方法来评估测验信度高低。

（二）信度的估计方法

信度的确定方法是根据不同的测量误差来源划分的，主要有重测信度、复本信度、内部一致性信度与评分者信度等。

1. **重测信度**(test-retest reliability) 重测信度又称稳定性系数，它的计量方法采用的是重测法，即我们用同一份测验对同一组被试在不同的时间测试两次所得结果的相关系数。通过重测信度我们可以了解测验结果在经过一段时间之后的稳定程度如何，重测信度越高，说明测量的结果越一致、越可靠。

重测信度所考察的主要是在不同的时间进行测验时，一些偶然因素的影响所带来的误差，从物理的环境因素来看，有天气的变化、测验场所的改变、偶然的噪声及其他干扰等；从机体影响因素来看，有被试自身的身心状态变化，如疲劳、情绪状态、兴趣、焦虑、态度、练习效应等。重测信度越高表明测验受日常环境和机体的随机因素的影响越小。解释重测信度时必须具体说明重测间隔的时间长短。通常，测验时间相隔过短，容易因练习效应造成假性的高相关；时间间隔过长又可能会受到个体身心特质改变的影响，导致相关系数降低。重测信度最适宜的时距随测验目的、性质和被试特点而有所不同，一般是 2～4 周较好，最好不超过 6 个月。

2. **复本信度**(alternate form reliability) 复本信度又称等值性系数(coefficient of equivalence)，它是对同一组被试在最短的时间内测试两个等值测验所得的相关系数，认知测验较为常用。计算复本信度最基本的假设是这些测验是平行的，即它们不仅在测验内容、题目类型、测验长度等方面是等值的，而且在难度、分数变异程度等方面也是相同的，所不同的只是试题取样上的差别。因此影响复本信度的测量误差主要是内容取样或试题取样问题。复本信度不仅避免了重测信度的记忆效应和练习效应，而且一定程度上还可以降低辅导或作弊的可能性。

复本信度也要考虑两个复本测试的时间间隔问题。当两个复本几乎在同一时间施测时，其相关系数所反映的才是不同复本之间的关系，这时基本上没有时间的影响。在实际

笔记

施测中，为了能够避免顺序效应的影响，可以采用一半被试先做其中的一个复本，另一半被试先做另一个复本。有时我们也利用不同的时间来施测两个复本，这时所得到的信度系数称为稳定性与等值性系数（coefficient of stability and equivalence）。在稳定性与等值性系数中，一方面考虑了测验跨时间的一致性，另一方面又考察了跨形式的一致性，因此是一种更为严格的信度考察方法，也是应用较为广泛的一种信度方法。不论时间间隔如何，使用复本信度时应同时报告两个复本测验的分数分布情况，以考察两个复本在难度等方面是否相似。

3. **内部一致性信度**（internal consistency reliability） 虽然复本信度考察了测验内容取样的问题，但是它反映的是两个复本之间的内容一致性，并未反映同一个测验内部的一致性问题，加之，在测验的编制过程中，编制两个等值的测验实属不易，且时间、财力等方面都不是十分经济。因此，人们又采用了间接评估不同项目样本效果的方法，即内部一致性的检测方法。内部一致性信度主要是反映测验项目之间的关系，表示测验能够测量到相同内容或特质的程度，其测量的误差来源主要是内容取样和所取样的行为变量的异质性（heterogeneity）。内部一致性信度的计算方法主要有分半法、库德 - 理查逊（K-R）法和克龙巴赫（Cronbach L J）α 系数法。

（1）分半法：分半信度（split-half reliability）是按照一般的程序施测一个测验，再把全部项目分成对等的两半（如按项目编号的奇偶性分半），分别计算每一个被试在两半测验上的总分，并求出两半测验得分的相关系数。测验分成两半后所计算的信度系数只是一半测验的信度，因此还需要使用斯皮尔曼 - 布朗修正公式（Spearman-Brown prophecy formula）予以校正，才能得到整套测验的信度。

斯皮尔曼 - 布朗公式是建立在两半测验的平均数、标准差、项目组间相关、分布形态及内容都类似的假设上，其公式如下：

$$r_{nn}=\frac{2r_{hh}}{1+r_{hh}}$$

式中，r_{nn} 表示原测验信度的估计值或校正值；r_{hh} 表示两半测验的相关系数。如表 2-3 数据，奇数一栏为第 1、3、5、7 题的分数和，偶数一栏为第 2、4、6、8 题的分数和，奇偶项目的相关系数为 0.854，则原测验的估计信度为：

$$r_{nn}=\frac{2\times 0.854}{1+0.854}=0.921$$

表 2-3 一个 8 题测验的原始数据

被试	题号 1	2	3	4	5	6	7	8	奇数	偶数	d	总分
1	1	1	0	0	0	0	0	0	1	1	0	2
2	1	1	1	1	1	0	0	0	3	2	1	5
3	1	1	1	1	1	0	0	1	3	3	0	6
4	1	1	1	1	1	1	1	0	4	3	1	7
5	1	1	1	1	1	1	0	0	3	3	0	6
6	1	1	1	0	1	1	0	0	3	2	1	5
7	1	1	1	1	1	0	1	0	4	2	2	6
8	0	0	0	0	0	0	0	0	0	0	0	0
方差	0.125	0.125	0.214	0.268	0.214	0.268	0.214	0.125	1.982	1.143	0.554	5.696

笔记

事实上，斯皮尔曼 - 布朗公式要求两半测验各方面均类似，如此苛刻的条件往往难以满足，为此弗拉南根（Flanagan JC）和卢伦（Kulon PJ）分别提出了一个允许两半测验方差不同的方法来计算分半信度。其中，弗拉南根公式如下：

$$r_{XX}=2\left(1-\frac{S_1^2+S_2^2}{S_X^2}\right)$$

式中，S_1^2 表示奇数项目的方差，S_2^2 表示偶数项目的方差，S_X^2 表示全部项目的方差。如使用弗拉南根公式计算表 2-3 数据的分半信度：

$$r_{XX}=2\times\left(1-\frac{1.982+1.143}{5.696}\right)=0.903$$

卢伦公式更为简便，只需知道所有项目的方差及差异分数的方差即可计算，其公式如下：

$$r_{XX}=1-\frac{S_d^2}{S_X^2}$$

式中，S_d^2 表示两半测验分数之差的方差。如使用卢伦公式计算表 2-3 数据的分半信度：

$$r_{XX}=1-\frac{0.554}{5.696}=0.903$$

分半信度的三种估计方法中，斯皮尔曼 - 布朗公式对两半测验相似性的要求最为严格，弗拉南根和卢伦公式的要求更为宽松，其假设条件更容易满足。其中，弗拉南根和卢伦公式的计算结果相同，但后者更容易计算。不论采用哪个方法，计算分半信度时都无法回避一个问题，即如何将测验项目分成两半？常见的做法是按项目的奇偶序号分半，但如果测验中不同项目的难度、分值等特征差异较大，在分半时也应考虑使项目难度、分值等在两半测验上分布均衡，否则可能低估信度。

（2）Cronbach's α 系数：测验分半的方法很多，不同的分半方法有着不同的分半信度系数，从而使得用分半法估计的内部一致性系数不太准确，且不知道何种分半方法是最优的。为了解决这一问题，有时人们用所有可能分半方法所获得的信度系数的平均值来估计信度，但完成这样的计算需要大量时间，太不经济。克龙巴赫（Cronbach LJ，1951）提出了用 α 系数来计算信度。α 系数适用于各种记分形式的项目，其公式如下：

$$\alpha=\frac{k}{k-1}\left(1-\frac{\sum_{i=1}^{k}S_i^2}{S_X^2}\right)$$

式中，k 为测验包含的项目总数；S_i^2 表示某一个项目分数的方差；$\sum_{i=1}^{k}S_i^2$ 表示从第 1 个项目分数方差到第 k 个项目分数方差的总和，即所有项目的方差之和；S_X^2 表示整个测验分数的方差。如计算表 2-3 中数据的 α 系数，首先计算出所有题目方差和为 0.125 +……+ 0.125 = 1.554，再代入公式：

$$\alpha=\frac{8}{7}\times\left(1-\frac{1.554}{5.696}\right)=0.831$$

使用 α 系数计算测验信度时需要注意其使用条件，只有当各题目中的真分数方差相同时，计算出的 α 系数值才反映了测验信度水平；不满足使用条件时，此时 α 系数代表的是测验信度的下限，测验的真实信度可能更高。另外，α 系数并不代表测验只测量了一个特质，它并不能代替测验维度分析，因为一个多维度测验的 α 系数也可能很高。

笔记

（3）K-R 法：当测验中仅包括 0、1 记分的项目时，可以使用库德（Kuder GF）和理查逊

(Richardson MW)提出的 KR20 和 KR21 两个公式计算信度。其中，KR20 公式用于测验的各个项目难度不同时的信度计算；KR21 公式则适用于测验的各个项目难度相近的情形，KR21 在信度估计时比 KR20 公式保守一些，其公式如下：

$$KR20=\frac{k}{k-1}\left(1-\frac{\sum_{i=1}^{k}p_i q_i}{S_X^2}\right)$$

$$KR21=\frac{k}{k-1}\left(1-\frac{k\overline{pq}}{S_X^2}\right)$$

$$=\frac{k}{k-1}\left(1-\frac{\overline{X}\left(k-\overline{X}\right)}{kS_X^2}\right)$$

式中，k 和 S_X^2 的含义与 α 系数计算公式中相同，p_i 表示某一项目的通过率，q_i 表示某一项目的未通过率；$\overline{p}$表示项目的平均难度，$\overline{q}=1-\overline{p}$，$\overline{X}$表示整个测验分数的平均数。

对同一测验，KR20 的计算结果与 α 系数完全相同，可以看作 α 系数的特例。KR21 公式仅使用了项目数和测验总分的描述统计量，计算上更为简便，但是若测验中各项目的难度差异较大，则得到的信度估计值会有较大误差。

4. **评分者信度**　在心理测验中不仅存在测验时间、测验内容取样等随机因素影响出现的测量误差，而且更多的是不同的评分者因学识、经验、态度、偏好、情绪等原因对同一个被试者给出不同的测验分数。评分者信度(inter-rater reliability or consistency)就是分析评分者评分是否一致的信度估计方法。研究评分者信度的最简单方式就是随机抽取若干份测验试卷，让两个或两个以上的评分者对每份试卷评分，然后求出试卷得分之间的相关系数来判断评分者信度高低。相关系数越大，表明评分者信度越高，反之则越低；当相关系数为 1 时，表明评定结果的大小顺序是完全一致的。

评分者信度的分析方法因评分者个数的不同而有所不同。当只有两个评分者时，可直接用 Pearson 相关法计算积差相关系数或用 Spearman 法计算等级相关系数；当评分者为 3 个人或 3 个人以上时，则需用肯德尔和谐系数(Kendall's coefficient of concordance，W)来分析各个评分者之间评分的一致性。

使用 Pearson、Spearman 或 Kendall 相关系数计算评分者信度时，前提是评分变量为顺序量表以上的数据。如果评定结果为称名量表数据时，应使用 Cohen 的 Kappa 统计量。使用上述几种相关系数时需要注意的另一个问题，相关程度高不代表评定结果完全一致。例如，两个评定者对 4 名来访者抑郁程度的评分结果分别为(1、2、3、4)和(3、4、5、6)，直观上两名评定者对标准把握的宽严程度不同，但如果用 Spearman 相关，则得到的相关系数为 1。由此例可见上述几种相关系数的局限，只能用于判断结果的大小趋势或顺序的稳定性(consistency)，而无法判断评分结果的绝对一致性(agreement)。

组内相关(intraclass correlation，ICC)是分析评分结果绝对一致性常用方法，其基本思路是根据随机效应模型分解各方差成分，然后计算评定对象方差占总方差的比例。组内相关有多种模型，当评定对象和评分者均为随机选出，而后评分工作由一名评分者评定分数时，其公式如下：

$$ICC=\frac{\sigma_{subject}^2}{\sigma_{subject}^2+\sigma_{rater}^2+\sigma_{residual}^2}$$

式中，$\sigma_{subject}^2$为评定对象的方差，σ_{rater}^2为评分者的方差，$\sigma_{residual}^2$为残差方差。上式用于测

笔记

量评分结果的绝对一致性，若去掉式中分母的评分者方差（σ^2_{rater}），则可用于测量评分结果的稳定性。

我们已经介绍了经典测验理论中的多种信度检测方法，不同的方法反映着不同的测量误差，这些主要信度的类型、误差来源及主要的统计方法见表 2-4。

表 2-4　几种信度类型的特点总结

信度类型	测验次数	版本次数	误差来源	统计方法
重测信度	2	1	时间间隔	Pearson 相关
复本信度 （连续施测）	1	2	项目取样	Pearson 相关
复本信度 （时间间隔）	2	2	时间间隔、项目取样	Pearson 相关
分半信度	1	1	项目取样	Pearson 相关 Spearman-Brown 校正
内部一致性信度	1	1	项目取样，测验异质	0、1 记分：K-R 法 多级记分：α 系数
评分者信度	1	1	评分者	Pearson 相关 Spearman 相关 Kendall 和谐系数 组内相关

（三）信度的指标与解释

我们已从理论与操作层面对信度作了介绍，并且从误差来源上对信度进行了归类，那么在应用中测验的信度可用以下指标表示。

1. **信度系数**　根据信度的定义，任何信度系数都可以直接解释为各种方差的百分比。例如，若 r_{XX}=0.90，即可以认为所得分数的变异中有 90% 的变异来自真分数的变异，10% 的变异来自测量误差的变异。

在测验编制中要了解测验的可靠性需要对各种信度系数作出分析和说明，以考察测验对真实心理特质水平测量的程度。譬如，在两个平行的标准化成就测验中，间隔 2 周施测于 2000 人，其稳定性与等值性系数是 0.94，α 系数值是 0.96，随机抽取 10 份试卷由 7 个评分人进行评分的一致性是 0.95，则此测验的测验分数中各变异来源如图 2-7 所示。

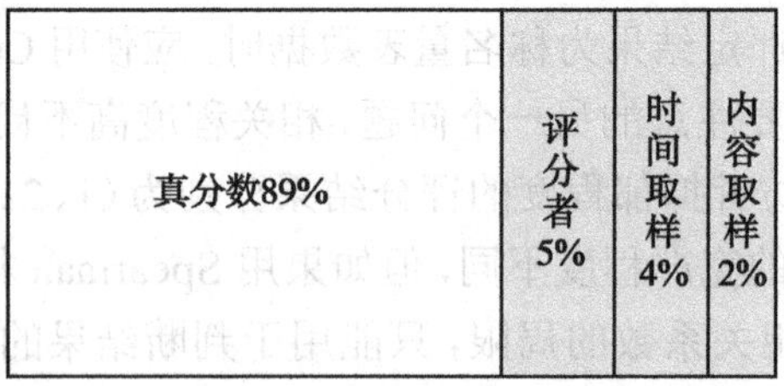

图 2-7　测验分数中各类变异来源

其中，评分者误差所占比例为 1−0.95=0.05，项目内容取样误差所占比例为 1−0.96=0.04，来自时间与项目内容取样的误差所占比例为 1−0.94=0.06，所以时间取样误差所占比例为 0.06−0.04=0.02；求和可得各种误差所占比例为 0.04−0.02+0.05=0.11，则真分数方差所占比例为 1−0.11=0.89。该测验的真实方差占了总方差的 89%，这一结果不仅代表着该测验在时间上的稳定性，而且也代表着复本之间及评分者之间的一致性。

信度系数要多高才表明测验可用呢？这并非简单一个数字所能确定的，应视测验的性质而定。研究结果表明，标准化认知测验的信度在 0.90 以上，非认知测验的信度一般在

笔记

0.80～0.85或更高，非标准化测验的信度在0.60以上。一般原则是：当 r_{XX}<0.70时，测验不能用于对个人作出评估或预测，而且不能做团体比较；当 0.70≤r_{XX}<0.85时，可用于团体比较；当 r_{XX}≥0.85时，才能用于鉴别或预测个体成绩。另一原则是：新编测验的信度高于原有的同类测验或相似测验。Charter RA（2003）分析了各类测验的内部一致性信度，可参考用于评价测验信度水平，具体见表2-5。

表2-5　不同心理评估工具的内部一致性信度

测验类型	*M*	*SD*	四分位数		
			Q_1	Q_2	Q_3
临床测验（成人）	0.86	0.10	0.82	0.87	0.93
临床测验（儿童）	0.82	0.15	0.72	0.87	0.94
能力倾向测验	0.85	0.06	0.79	0.87	0.89
人格测验	0.77	0.13	0.71	0.78	0.86
职业测验	0.84	0.09	0.81	0.87	0.90
态度测验	0.81	0.12	0.77	0.85	0.90
神经心理测验	0.82	0.16	0.79	0.86	0.92
智力测验	0.85	0.11	0.80	0.86	0.94
成就测验	0.91	0.05	0.86	0.91	0.95

2. 测量标准误　信度系数虽然表示了在一次实际测量中测验分数与真分数的符合程度，但却没有反映出个体测验分数的变异性，即测量误差的大小。理论上测量误差是对一个个体施测无数次测验所得分数的标准差，因为实际上不可行，所以用一组被试两次测量结果来代替对同一个人的反复施测，由此可借用一组被试的测量结果的误差分数的标准差来反映测量误差的大小，称之为测量标准误（standard error of measurement），记作 SE_m。其计算公式如下：

$$SE_m = S_X\sqrt{1-r_{XX}}$$

式中，S_X 为测验分数的标准差，r_{XX} 表示信度。例如，某一测验的标准差为15，信度系数为0.95，则测量的标准误为：

$$SE_m = 15\times\sqrt{1-0.95} = 3.35$$

一个测量工具的测量标准误与信度之间存在互为消长的关系，即信度越高，测量标准误越小；反之，信度越低，测量标准误越大。

测量标准误的作用是用来衡量实际测量值（X）与被试的真值（T）的偏离程度，具体可用 $X \pm Z \cdot SE_m$ 来估计个人真分数的范围，其中Z为确定概率下正态分布的临界值。假设某人在一测验中实际得分为70分，测量标准误为3.35，则此人在该测验上的真分数有95%可能落在63分和77分之间（$X \pm 1.96SE_m$）。

在心理评估中，对于个体在某一测验上的得分都是用一个标有测量标准误的分数范围来表示的，同时还标明被试获得该分数范围的可能性。因为测量误差是客观存在的，因此只有对误差作出说明，才能更好地反映被试分数的真实意义，测量的误差越小，真分数与实测分数接近的机会越大，当测量误差为0时，真分数就等于实测分数了，不过在心理测量中误差分数为0的情况是罕见的。

测量标准误也可以用于比较两个分数的差异情况。假设某被试在韦氏成人智力测验中，言语量表智商为106，操作量表智商为110。已知言语与操作量表的分半信度分别为0.97和0.94，能否认为该被试的操作能力优于言语能力？比较这类问题需借助差异分数的测量标准误。两个测验的差异分数的测量标准误（SE_D）公式如下：

笔记

$$SE_D = S_X\sqrt{2-r_{XX1}-r_{XX2}}$$

式中，r_{XX1} 和 r_{XX2} 分别表示两个测验的信度，S_X 表示总量表的标准差。与 SE_m 的使用方法类似，可以用 $Z \cdot SE_D$ 来判断差异分数的统计意义。

对于前例，有：

$$SE_D = 15\times\sqrt{2-0.97-0.94} = 4.50$$

因为差异系数 110−106=4，操作与言语测验的智商之差没有超过 1 个标准误，所以不能认为该被试的操作能力优于言语能力。一般来说，同一个人在两个不同测验上的分数差异或两人在同一个测验的分数差异至少要≥1.96 个标准误才有意义。

（四）影响信度的因素

在信度分析中，应当对影响信度的各种因素有透彻的了解，这有助于对信度系数的解释和提高测验结果的可靠性。

1. **测验长度** 测验长度是指测验的题目数量。一般而言，测验越长，信度越高，原因有两个：一是测验越长，测验内容的分布范围越广，试题取样越恰当，代表性越强。假设测量五年级学生汉语词汇水平，若只要求学生默写一个词，结果必然不可靠，因为能默写出这个词的学生全部得满分，默写不出的全部得 0 分，无法可靠地评估学生真正的词汇水平；二是测验越长，被试测验分数受猜测的影响越小。例如，在一个只有 5 个是非题的测验中，若学生知道其中 4 题的正确答案，另外 1 题则完全有可能猜对，即用猜测方法可获得 20% 的分数。若是 50 个题，学生即使知道其中 40 题的正确答案，另外 10 题则不太可能全部猜对，在这个较长的测验中用猜测方法很难得到剩下 20% 的分数。测验长度与信度的关系，可用斯皮尔曼 - 布朗公式导出。其公式为：

$$r'_{XX} = \frac{Kr_{XX}}{1+(K-1)\,r_{XX}}$$

式中，K 为题量的倍数，r_{XX} 为原测验的信度，r'_{XX} 为长度增加后的测验信度。假设有一测验，原来有 20 题，信度为 0.60，现增加至 60 题，则 K=3，其信度系数会提高到 0.82，即：

$$r'_{XX} = \frac{3\times 0.60}{1+(3-1)\times 0.60} = 0.82$$

若已知测验的长度与信度，要将信度提高到某个更高的水平，需要增加多少题目，则可根据上式导出其公式：

$$K = \frac{r'_{XX}(1-r_{XX})}{r_{XX}(1-r'_{XX})}$$

假设一个由 30 题构成的测验其信度为 0.80，现要将其信度提高到 0.90，由至少需要的题量倍数为：

$$K = \frac{0.90\times(1-0.80)}{0.80\times(1-0.90)} = 2.25$$

即需要增加 30×2.25−30≈38 个题。

2. **样本特征** 信度是以相关系数来表示的，而相关系数的大小受样本性质及其分数分布范围的影响。样本越异质，分数的分布范围越分散，相关系数就越大，其信度系数也越高；反之样本越同质，分数的分布范围越集中，相关系数就越小，信度系数也越低。譬如一个学习能力倾向测验的信度在一至六年级的异质性团体和六年级同质性团体中研究结果是不同的，前者的信度值高于后者。因此，实际应用时需了解测验的信度来自什么性质的团体，是否需要校正。当信度来自异质性团体而相应测验却用于同质性团体，或者信度来自同质性团体而相应测验却用于异质性团体时都需进行信度的校正。

笔记

信度不仅受团体中个别差异的影响，也会因不同团体间平均能力水平的不同而有所不同。不过这种差异很难用一般的统计公式来预测评估，只能通过对各种年龄及能力水平的团体的检验来确定。例如在斯坦福 - 比奈量表中，不同年龄和不同难度水平的信度值从0.83 到 0.98 不等。可见，测验编制时，应把常模团体按年龄或年级、性别、职业、文化程度、民族等因素分成更为同质的亚团体，分别报告各个亚团体的信度系数，测验才能更好地适用于各种团体。

3. **测验难度** 难度对信度的影响只存在于最高行为测验中，如智力测验、成就测验等，而对人格、态度等典型行为测验却无难度可言。

难度与信度之间虽然没有简单的对应关系，但是当测验难度比较极端时，测验分数的分布范围也相应缩小，其信度也会降低。因此一个测验对某个团体太易或太难时，测验的结果都会变得不可靠。显然，只有难度适合，使测验分数分布范围最大时，测验的信度才可能最高。从理论上看，只有当平均难度为 0.50 时，才能使测验分数分布范围最大，其信度也最高。事实上，上述规律只适合于主观性试题，对于客观性试题因为猜测因素的影响，其真实难度水平一般高于由作答数据计算出的结果。

二、效度

心理评估工具不仅讲究信度，而且更需讲究效度，它是心理测量工具必备的条件之一。效度（validity）是指一种评估工具测到所需测验特质的程度，也就是测验工具的有效性、准确性。对于物理测量工具来说，效度问题并不十分突出，因为其工具测什么是十分清楚的。然而由于心理评估对象的复杂性、不确定性及评估过程的间接性，使得心理评估工具不像物理测量工具那样确定。为此需要研究测验效度，以提供证据来说明使用测验分数决策的合理性。

（一）效度概述

1. **效度的定义** 根据经典测验理论，测验分数方差（S_X^2）由真分数方差（S_T^2）和随机误差分数方差（S_E^2）构成。其中的真分数方差还可进一步分解为两部分：其一是与测量目的有关的分数的方差，称有效方差（S_V^2）；其二是与测量目的无关的但稳定的方差，称系统误差方差（S_I^2），其公式为：

$$S_T^2=S_V^2+S_I^2$$

因此，测验分数方差可分为三部分：

$$S_X^2=S_V^2+S_I^2+S_E^2$$

在测量理论中，效度是指与测量目的有关的有效方差与测验分数方差的比值（r_{XY}^2），即：

$$r_{XY}^2=\frac{S_V^2}{S_X^2}$$

式中 r_{XY} 为效度系数。

2. **效度与信度的关系** 根据信度与效度定义可知，它们的区别在于所涉及的误差类型不同，信度只反映了随机误差的影响，效度同时考虑了随机误差和系统误差的影响，所以效度的要求更高。下面进一步说明两者之间的关系。

（1）信度高是效度高的必要非充分条件。由效度公式我们不难发现，当 S^2_V 增大时，效度会提高，其信度也必然提高，所以效度高时，信度必然高。但是，当信度高时（即 S_E^2 降低），S_V^2 是否增加还需看 S_I^2 的增减情况，因此信度高时，效度不一定高。所以说，信度高是效度高的必要条件，而非充分条件。

（2）效度受信度的制约。信度系数的最高值是 1，而效度系数的最高值却受信度的影响，是信度系数的平方根，即：

效度的最大值≤$\sqrt{信度}$

笔记

根据效度与信度的定义可知：

$$r_{XY}^2 = \frac{S_V^2}{S_X^2} = \frac{S_T^2 - S_I^2}{S_X^2} = r_{XX} - \frac{S_I^2}{S_X^2}$$

由于$S_I^2 / S_X^2 \geqslant 0$，$r_{XY}^2 \leqslant r_{XX}$

所以有$r_{XY} \leqslant \sqrt{r_{XX}}$。

上式表明一个测验与外在效标的相关不会超过与它的信度的平方根，说明一个测验的效度总是受其信度的制约。

3. 效度的性质

（1）相对性：每一种测验都有其功能与限制，任何测验的效度都是针对某种特殊的用途而设计的，测验的应用与其设计的目标和场合一致时才会有效。因而测验的效度不具有普遍性。例如，天平只对测量重量有效，对测量温度就没有任何效度。在心理测量中，某种言语测验可能对词汇的理解有很高的效度，对写作能力只有很低的效度，而对数学能力则没有任何效度。因此，在描述和评价某一测验的效度时，需要考虑该测验的特殊用途，而不能笼统地讲该测验的效度如何。

（2）连续性：测验的效度只有程度上的不同，而没有“全有”或“全无”的区别，因此对效度的评价不能采用“非此即彼”的二值逻辑来判断。在评价测验效度时，应当尽量避免说某一测验的结果是“有效的”或“无效的”，而采用高效度、中效度和低效度等词。

（二）效度的类别与估计方法

估计测验效度的方法很多，最常见的是将效度分为内容效度、结构效度和效标效度3种。目前，心理测量学家倾向于认为测验效度是统一的概念，上述分类仅是便于组织测验有效性的证据，并不意味着测验有多种不同的效度。

1. 内容效度（content validity） 内容效度是指一个测验对所需测验内容的覆盖程度，目的主要是探讨测验题目取样的恰当性问题。因为测验是通过被试回答一些代表性试题来估计其心理特质的，因此测验的价值取决于测验的测值在多大程度上代表了我们想要测量的那些已规定好了的整个内容。

内容效度是编制任何测验必须考虑的基本内容。对于成就测验的编制，人们首先总是考虑它的内容效度如何。在成就测验中，内容效度评估主要关注测验内容与教学目标的相符程度，即将测验内容与所授课程编制一个提纲或表格进行比较，如果它们符合，则测验就测量了所要评估的知识和技能。在具体操作上，成就测验通常使用双向细目表来分析测验内容的代表性。制表时可根据课程内容和教学目标两个维度对测验题目进行归类，其中课程内容是指具体的教学内容，教学目标是指预期学生行为改变的水平，一般由低到高排列。由命题双向细目表可以很清晰地看出题目在内容和考核难度上的比例分布。如小学高年级语文测验双向细目表，见表2-6。

表2-6 小学高年级语文成就测验命题双向细目表

课程内容	教学目标					合计
	记忆	理解	应用	分析综合	评价	
拼音	6		4			10
单字	2	4	3	2		11
词汇	5	8	10	5		28
语言表达			2	7		9
阅读理解	3	20	8	8	3	42
合计	16	32	27	22	3	100

笔记

与成就测验不同，能力倾向测验与人格测验不是根据标准的课程内容来抽取题目，这类测验往往是依据一定的能力或人格理论来设计测验的内容框架，如依据大五人格理论设计一个完整的人格测验，则测验应包括外向性、宜人性、尽责性、情绪稳定性、开放性五个方面的题目。在考虑职业测验的内容效度时，测验编制者需要观察具有丰富经验的熟练工作者，找出顺利、成功工作的必需行为，并设计这些行为的有代表性的样本。

不论何种类型的测验，确定内容效度的方法主要是一种逻辑分析过程，通常采用专家判断法来评定假设的测验内容与代表性样本（测试题）的符合程度，并计算其符合率。可以让每位专家对几个测验项目进行评定，如评定每一项目所测量的技术或知识技能对该工作或学习是：必要的、有用但非必要的、不需要，然后统计对每个项目回答为“必要的”的专家数目。项目被评定为必要的人数越多，则内容效度越高。Lawshe CH（1975）提出了一个统计指标来量化题目的内容效度，称为内容效度率（content validity ratio，CVR）。其公式如下：

$$CVR = \frac{n_e - N/2}{N/2}$$

式中，n_e 表示专家们指定为“基本的”数目，N 表示专家数目。内容效度率（CVR）可为正值、负值和零。当评定为“基本的”专家数大于一半时，CVR 为正值；当评定为“基本的”专家少于一半时，CVR 为负值；当评定为“基本的”专家数等于一半时，CVR 为 0。在分析一个测验的内容效度时，每一个项目 CVR 都要逐一计算，项目 CVR 要达到 P=0.05 的显著水平时才能保留，否则该项目要被删除。CVR 达到的显著水平与专家人数有直接关系。表 2-7 是专家人数与显著水平的最低 CVR 值。如 10 个专家评定时，P=0.05 的显著性水平临界值为 0.8，若 10 人中有 9 人评定为“必要的”，该项目 CVR 为 0.8，则该项目应予以保留。

除专家判断法外，还有统计分析法和经验推测法。统计分析法是借用评分者信度、复本信度和重测信度评估测验的内容效度。评分者信度越高越能反映测验的内容效度；两个复本的相关高可推论测验有内容效度，若相关低说明至少有一个复本缺乏内容效度；学生在学习新内容前后施测某一测验，若后测成绩有较大的提高，说明测验测量了课堂所学的知识，表明测验有较高的内容效度。经验推测法是以实践方法检验效度的方法，将测验施测于不同年龄或年级时，若测验总分和项目得分随年龄或年级增加而提高，则可推测测验具有内容效度。

表 2-7　P=0.05 时 CVR 的显著性水平临界值

专家组人数	CVR 临界值	专家组人数	CVR 临界值
5	1.000	13	0.538
6	1.000	14	0.571
7	1.000	15	0.600
8	0.750	16	0.500
9	0.778	17	0.529
10	0.800	18	0.444
11	0.636	19	0.474
12	0.667	20	0.500

在内容效度研究中，有人常常将其与表面效度混为一谈，因此在考虑内容效度时要注意避免两者的混淆。所谓表面效度（face validity）是指测验的使用者主观上觉得测验有效的程度，譬如测验印制精美与否、测验组织严密与否等影响着被试对测验的认识与重视程度。事实上，表面效度并不是效度的一种，但是为了取得被试的配合和信任，注意测验的表面效度对提高测验的信度也有一定的帮助。

笔记

2. **结构效度**(construct validity) 结构或构想是解释心理行为理论框架或心理特质的抽象概念，结构效度是指心理学理论对所测行为的解释程度，也就是说一种测验分数能够根据某种心理学结构来解释的程度。在证明一个新编制测验的结构效度时，可以先确定哪些人在该量表上的分数高，哪些人分数低，然后看高分人群是否表现得像理论上设想的一样。证明一个测验的结构效度的过程有三：首先是建立理论框架，以便解释被试在测验上的表现；其次是根据理论框架，提出各种有关测验成绩的假设；最后用逻辑和实证的方法来验证所提出的假设。若假设逐一被证实，则结构效度良好。对于结构效度的检验，没有较为简单的逻辑分析方法和统计分析方法，而需要搜集各种不同来源的资料，逐步积累检验结构效度的证据，然后根据这些证据进行逻辑的和统计的分析。

检验结构效度资料的方法如下：

(1) 测验内方法：此类方法是以研究测验的内部构造来证明测验的结构效度。测验内方法的证据来源于三个方面：一是内容效度法，即先确定取样内容的范围，然后再利用这些资料来定义测验所需测量的结构性质，若内容相符则说明有一定的结构效度；二是内部一致性，可通过各项目与总分或分测验的相关来判断测验内容是否同质，目前在数据量较大的条件下，广泛使用因素分析方法来检查测验分数的内部结构和题目与所测特质的因素负荷，此时也称为因素效度；三是分析被试的解题过程或反应特点。

(2) 测验间方法：这种方法以两个或两个以上测验关系的分析作为结构效度证据。目前普遍认为，Campel DT 和 Fiske DW 提出的多质多法矩阵(Multi-Trait Multi-Method，MTMM)是用来分析测验结构效度的可行方法。多质多法矩阵使用多种不同方法测量多个心理特质，便可得到所得数据的相关矩阵。为便于说明，以两种方法(1，2)、两种特质(a，b)为例，可得到的相关矩阵如表 2-8 所示。其中，$r_{a1,a1}$、$r_{b1,b1}$、$r_{a2,a2}$ 和 $r_{b2,b2}$ 为使用相同方法测量相同特质得到的相关，如果只测一次则这些相关为 1，如果为间隔施测，则这些值代表了测量方法的重测信度，这些相关值在表中应该是最高的；其次是 $r_{a1,a2}$ 和 $r_{b1,b2}$，为使用不同方法测量相同特质得到的相关，称之为会聚效度(convergent validity)；再次是 $r_{a1,b1}$ 和 $r_{a2,b2}$，为使用相同方法测量不同特质的相关，称之为区分效度(discriminant validity)；最低的是 $r_{a2,b1}$ 和 $r_{a1,b2}$，为使用不同方法测量不同特质得到的相关。

表 2-8 多质多法矩阵

		方法 1		方法 2	
	特质	a	b	a	b
方法 1	a	$r_{a1,a1}$			
	b	$r_{a1,b1}$	$r_{b1,b1}$		
方法 2	a	$r_{a1,a2}$	$r_{a2,b1}$	$r_{a2,a2}$	
	b	$r_{a1,b2}$	$r_{b1,b2}$	$r_{a2,b2}$	$r_{b2,b2}$

此外，结构效度还可以用效标效度法、实验法或观察法来证实。若一个测验具有理想的效标效度，则该测验所预测的效标性质和种类可作为结构效度的证据。譬如可以根据效标将被试分为高分组和低分组，然后比较两组被试的心理特质与理论构想是否吻合，若吻合则说明其结构效度较好。通过观察被试实验前后测验分数的变化，也可以证明结构效度。

3. **效标效度** 效标效度或效标关联效度(criterion-related validity)又称统计效度或实证效度，主要通过研究某个测验与某些效标变量之间的相关程度以检验测验的有效性。效标是衡量测验有效性的外在标准，亦即检验测验效度的参照标准。效标的构成并无硬性的规定，既可以是某种特殊行为，也可以是一组行为。可以用作效标的事物会因测验的用途的不同而

笔记

各异，且随着测验情境、时间及方法的不同而有所不同。如测验分数、学习量、时数、等级评定、精神疾病的诊断、训练效果、工作表现、缺席指数、酒精中毒指数等均可作为效标使用。

效标效度又分为同时效度和预测效度。如果效标分数与新编测验的分数能同时获得就称为同时效度(concurrent validity)，实际操作上则是求同一组被试新编测验得分与现有测验得分(效标得分)之间的相关系数，这种相关系数即为同时效度系数。如果新编测验分数与效标分数不能同时得到，效标分数需在一段时间以后获得则称为预测效度(predictive validity)，其作用在于说明一个测验对被试心理特质或未来绩效所作预测的准确程度，实际操作时往往将新编测验先行施测，经过一段时间后再搜集效标测验的分数，然后求两者之间的相关系数，即为预测效度系数。

不同的测验其效标的选择不大一样。譬如，要了解大学入学测验的预测效度，可选择大学一年级的各科目平均分数为效标，然后求出两者的相关系数，若相关高且有意义，则说明大学入学测验具有良好的预测效度；若相关无意义，则表明该大学入学测验的预测效度较差。成就测验的常见效标有年级平均分、教师的评定等级、学习量、对所学知识的应用能力、自学能力及对知识评判能力等；智力测验的效标可以是学科成绩、教师的评定等级或学生的总成绩等；能力倾向测验的常用效标有特殊课程或特殊训练的成绩、工作业绩或学习成绩；职业能力倾向测验的效标可以是职员一段时间后的工作业绩，如营业额、工作效率、保险额等；人格测验往往用被试今后的行为或临床资料作为效标。另外在临床诊断测验中，效标可能是训练成绩、治疗效果或行为矫正效果等。选择一个好的效标对效标效度的分析尤为重要，因为效标不仅会随着测验的类型和测验的目的而不同，而且还会随时间的变化而发生改变，效标不是一成不变的，因此所选择的效标有可能现在是一个好的、成功的指标，将来却不一定仍是一个好的、成功的指标。

一个好的效标必须具备的条件有四：一是能最有效地反映测验的目标，即效标测量本身必须是有效的；二是具有较高的信度，稳定可靠，不随时间等因素而变化；三是可以客观测量，即可用数据或等级来表示；四是测量方法简单，省时省力，经济实用。

效标效度估计的方法有很多，其中效度系数、组的分类、预期表、命中率及功利率等都可以为测验的效标效度提供数量化的指标。

(1) 效度系数：效度系数是测验分数和效标分数间的相关系数，是评估测验效度的基本方法，它可以用多种相关方法求得，如积差相关法、点二列相关法、二列相关法、品质相关法等。效度系数在实际应用中主要是以测验分数来预测效标成绩。譬如，我们可以根据一元回归方程导出直接利用效标效度进行预测的公式：

$$\hat{Y} = bX + a$$

$$\hat{Y} = r_{XY}\left(\frac{S_Y}{S_X}\right)(X - \overline{X}) + \overline{Y}$$

只要知道效度系数(r_{XY})，效标分数的标准差(S_Y)，预测源分数(即测验分数)的标准差(S_X)及预测分数(X)和效标分数的平均分($\overline{Y}$)，就可以求出预测的效标分数了。假设某一被试在一个标准化成就测验上的得分是 90 分，已知相应团体在该测验的平均分为 95 分，标准差 10 分；在效标(学习能力倾向测验)上的平均分 58 分，标准差 11 分，测验的效标效度为 0.65，则该被试的效标成绩预测值为：

$$\hat{Y} = 0.65 \times \left(\frac{11}{10}\right)(90 - 95) + 58 = 54.43$$

理论上，效度系数的最大值为$\sqrt{r_{XX}r_{YY}}$，r_{XX} 和 r_{YY} 分别为测验和效标的信度，这意味着只有测验信度和效标信度都比较高时，测验的效度系数才能达到较高水平。此外，效度还会

笔记

受到效标自身有效性的影响。如果被试的效标成绩因评定者知道预测分数而受影响，导致错误估计测验与效标的关系，这种情况称为效标污染（criterion contamination）。譬如，通过检验四至六年级学生学习能力倾向测验以估计四至六年级学生学业成绩的预测效度时，若负责编制相应年级学业成绩测验的教师事先知道了学习能力倾向测验的主要内容，而在其测验内容设置上模仿能力倾向测验来出题，使得学业测验的内容与学业能力倾向测验的内容雷同。此时，我们说学业成绩测验受到了污染，引入了与学生真实表现无关的系统误差，从而造成两个测验间的虚假高相关。

（2）组的分类：组的分类是检验测验分数是否能有效地区分由效标所定义的团体的一种方法，又称区分法，它是根据被试在效标上的分数分为成功组（H）和失败组（L），然后检验两组的测验分数有无显著差异。若存在显著差异则说明测验的效标效度较高。其公式为：

$$t=\frac{\bar{X}_H-\bar{X}_L}{\sqrt{\frac{S_H^2}{N_H}+\frac{S_L^2}{N_L}}}$$

不过，检验值受样本容量的影响，当团体较大时，较小的平均数之差也会具有统计意义，为了避免这一点，同时还应分析成功组和失败组分数分布的重叠量。重叠量表示有两项指标：一是计算成功组和失败组的得分超过（或低于）另一组平均数的人数百分比；二是计算两组分布的共同区域的百分比。重叠量越小，两组分数的差异越大，测验效度越好。

（3）命中率：当测验用于决策时，决策的结果会出现 4 种情况，即正确接受、正确拒绝、错误接受和错误拒绝。命中率是正确决策的比率，即正确接受和正确拒绝人数占总人数的比例。譬如高考作为录取标准，接受进入大学的人中，一部分人获得成功（正确接受），也有一部分人未完成学业（错误接受）；而被拒绝进入大学的人中，有一部分人通过其他方式取得学历（错误拒绝），另一部分人则未取得学历（正确拒绝）。一般而言，命中率越高，说明测验的预测效度越好。

基于测验的决策有时还关注选出合格者占真正合格者比例的高低，称为敏感性。需要注意的是，预测效度并非影响敏感性的唯一因素。Taylor H 和 Russell T（1939）分析了影响敏感性的三个因素，其一是测验效度；其二是整个人群在效标上的合格率，称为基础率；其三是基于测验决策的选择率。实际评估工作中，有些心理现象在整个人群中出现的比例并不高，表 2-9 给出的是基础率为 0.05 时的泰勒罗素表。可以看出，测验效度与选择率都会影响决策敏感性；其他条件不变时，效度越高，敏感性也越高；效度不变时，选择率越高，敏感性则越低。

表 2-9　基础率为 0.05 时的 Taylor-Russell 表

预测效度	选择率				
	0.05	0.25	0.45	0.65	0.85
0	0.05	0.05	0.05	0.05	0.05
0.1	0.07	0.06	0.06	0.06	0.05
0.2	0.10	0.08	0.07	0.06	0.05
0.3	0.14	0.10	0.08	0.07	0.06
0.4	0.19	0.11	0.09	0.07	0.06
0.5	0.24	0.13	0.09	0.07	0.06
0.6	0.31	0.15	0.10	0.08	0.06
0.7	0.39	0.17	0.11	0.08	0.06
0.8	0.50	0.19	0.11	0.08	0.06
0.9	0.64	0.20	0.11	0.08	0.06
1.0	1.00	0.20	0.11	0.08	0.06

笔记

（三）效度的指标与解释

1. 决定系数 效度系数的平方称为决定系数（coefficient of determination），它表示由测验正确预测或解释的效标方差的比例。假设某一测验的效度系数为 0.79，其决定系数则为 $r_{XY}^2=0.79^2=0.62$，这表示效标分数中有 62% 的方差来自该测验分数的差异，或者说有 62% 的方差可由测验分数来正确预测，而还有 38% 是无法正确预测的。测验的决定系数越大，测验的预测效度越好。

2. 预测标准误 与信度系数一样，决定系数也未反映出个体分数的变异性，为此除了用决定系数表示效度外，还需用预测标准误来说明。预测标准误（SE_{est}）是指所有具有某一测验分数的被试在效标分数分布上的标准差，即预测误差大小的估计值。其公式为：

$$SE_{est}=S_Y\sqrt{1-r_{XY}^2}$$

式中，S_Y 为效标分数的标准差。当效标系数为 1 时，预测标准误为零，预测会完全准确。因此效度系数越大，预测越准确。

如前例中已知某测验效度系数为 0.6，效标分数标准差为 10，则该测验的预测标准误为：

$$SE_{est}=S_Y\sqrt{1-r_{XY}^2}=10\times\sqrt{1-0.6^2}=8$$

对于所有测验分数为 70 分的被试，其效标成绩的预测值为 50；若效标成绩呈正态分布，则可解释为所有测验得 70 分的被试中，有 95% 的人其效标分数会在 50±（1.96×8）之间，即 34.32～65.68。

（四）影响效度的因素

影响效度的因素很多，凡是能产生随机误差和系统误差的因素都会影响效度，但主要有以下五个方面：

1. 测验的组成 项目是构成测验的要素，因此项目性能是影响测验效度的因素之一。项目性能包括测验的取材、长度、区分度、难度以及编制方式等。如果测验材料经过审慎选择，测验长度恰当，项目具有优良的区分度且难度分布适当，并对项目作出合理的排列，就能提高测验的效度。

2. 测验的实施 一个测验的效度要得到保证，主试应适当控制测验情境，如场地的布置、材料的准备、回答方式的说明、时间的限制等，并严格遵照测验手册的规定实施测验。反之必会降低测验的效度。

3. 被试的状态 被试的身心状态，如被试的动机、兴趣、情绪、态度、身体健康状况以及是否充分合作与尽力而为等，都能影响测验结果的可靠性和真实性。无论是能力测验还是人格测验，只有在被试真实反应的情形下才能正确地推断其心理特性。

4. 效标的性质 选择适当的效标是保证效标效度的先决条件，如若所选效标不当，会导致测验因采用的准则不同而使其效度大相径庭。效标效度主要受测验的信度、效标变量的信度以及测验变量和效标变量之间相关程度的影响。

5. 样本的特征 效度所依据的样本必须能代表该测验所应用的全体对象。一个测验用于不同的对象时，会因性别、年龄、教育程度、经验背景的差别而使测验功能不一致，效度也随之不同。所以确定效度的样本必须具有代表性。而样本规模的大小，对效度也有一定的影响，当样本规模增加时，测量误差有相互抵消的趋势，因而所得的结果较为稳定。此外，与信度一样，样本的异质性也会影响测验的效度，样本越异质，测验分数的分布范围越广，效度越好。

三、项目分析

（一）难度

1. 难度的定义 项目难度（item difficulty）是指项目的难易程度，是反映最高行为测验

笔记

难度水平的一个指标。难度计算中最基本、最简单的方法是项目通过率，即以答对或通过某一项目的人数百分比作为难度指标，即：

$$P=\frac{R}{N}$$

式中，R 为答对或通过的人数，N 为参加测验的人数。通过率与难度成反比，通过率越大，表示项目越容易；通过率越小，表明项目越难。

需要指出的是，对典型行为测验而言无所谓难度，类似的指标是“通俗性”，其计算方法与难度相同。

2. **计算的方法** 对于心理测验中的0、1记分项目，可直接用基本公式计算其难度。对非0、1记分项目的难度，需先计算被试的平均得分（$\bar{X}$），再除以该题的满分值（B），即：

$$P=\frac{\bar{X}}{B}$$

但是通过率是一种顺序量表值而非等距量表值，若要转换成一种具有相等单位的等距量表值，则需借助正态分布的数学模型，即先利用正态分布曲线表将项目难度值 P 转换为 Z 标准分数，再将其转换为平均难度为13，标准差为4的标准分数量表，并以 Δ 表示，即：

$$\Delta=4Z+13$$

因为 Z 标准分数的取值范围一般在 -3～$+3$ 之间，所以 Δ 的取值范围在1～25之间，Δ 值与难度成正比关系，即 Δ 值越大，项目越难，反之则越容易。例如，一个测验中的5个题目的通过率分别为0.46、0.72、0.36、0.2、0.89，首先将题目通过率视为正态分布曲线下的右尾概率，通过查正态分布表可得到这5题对应的标准分：0.1、−0.583、0.358、0.842、−1.227，再将标准分数乘以4，加上13，即得到各题相应的标准难度系数：13、11、14、16、8；其中，标准难度值最大的是第4题（16），其通过率为0.2，是这5题中难度最大的。

在测验编制中，项目难度水平的选择取决于测验的目的、性质及项目形式等。通常，在最高行为水平的测验（如能力测验）中，都能通过的项目（通过率为1）或都不能通过的项目（通过率为0）不宜选择，因为这些项目不是太难就是太易。为了使测验具有最大的区分能力，理想的项目难度为0.50，然而项目难度均为0.50时，则被试团体的分布会出现两极现象，即该团体中有50%的被试答对所有的项目而得满分，另50%的被试则无法答对任何项目而得0分。因此，选择项目难度的一般原则是项目的平均难度接近0.50，所有项目的难度分布则视测验性质而定。譬如，在标准化的能力测验中，其项目难度在0.30～0.70之间比较适宜；在选拔性测验中，项目难度应接近录取率。而在效标参照性测验中，有的项目可以不考虑难度问题。例如，在学业成就测验中，重要的原理作为必考的内容，即使有百分之百的通过率也可以选择，这时只要课程标准所要求的必需内容，都可以选作测验项目。整个测验的难度水平，会影响测验分数的分布形态。因为人的心理特性基本上是呈正态分布的，所以大多数的心理测验结果应当符合正态分布的数学模型，尤其是标准化的心理测验。但是，有些效标参照性测验则允许出现偏态分布（图2-8）。譬如，在学校的学科成就测验中，有可能项目较难，造成大多数的学生得分集中在低分端而形成正偏态的分布形式（图2-8A）；也有可能项目较容易而使大多数学生的得分集中在高分端而形成负偏态的分布形式（图2-8B）。

（二）区分度

项目区分度（discriminating power）是用于分析项目对所测心理特质的区分程度或鉴别能力，即区分项目优劣的指标，亦即衡量项目有效性的指标，又称项目鉴别力。项目区分度优良时，特质水平高的人通过该项目的概率较高，特质水平低的人通过该项目的概率较低。理想情况下，计算区分度应使用能反映被试特质水平高低的客观标准，然而在心理测验领域这一标准很难找到，一般用测验总分代替。

笔记

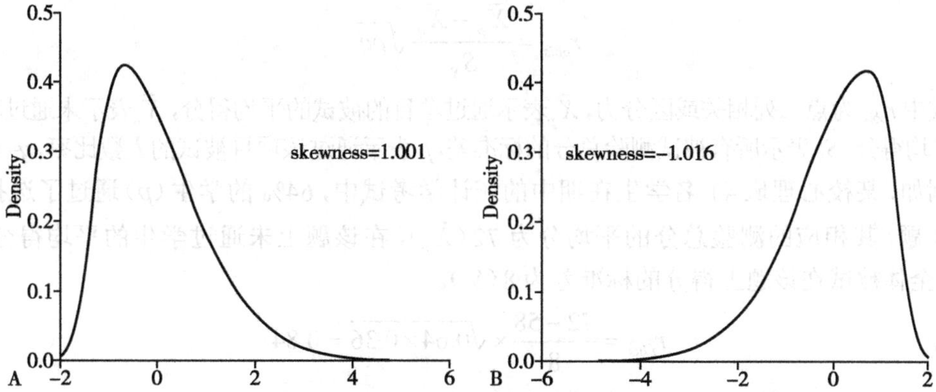

图 2-8 偏态分布

A. 正偏态分布图；B. 负偏态分布

区分度的估计方法有很多，下面介绍几种常用方法。

1. 鉴别指数 区分度指数是采用极端组的方法，通过计算高分组被试与低分组被试通过率的差值来分析项目的区分能力。区分度指数的具体计算过程如下：①将全体被试的总分由高到低排列顺序；②按照一定的比例划分高分组与低分组，即选出最上位27%的优秀群和最下位27%劣等群组成高分组和低分组；③分别求出高分组和低分组在该项目上的通过率；④求出两个组通过率之差，即为区分度指数D值。

$$D=P_H-P_L$$

例如，有100人参加某项心理测验，在某一项目上高分组的通过率为0.89，低分组的通过率为0.78，则该项目的区分度为：

$$D=0.89-0.78=0.11$$

D值在0与1之间，当项目区分指数D值为1.00时，高分组被试全部通过该项目，低分组被试在该项目上全部失败。判断鉴别指数的高低可参考Ebel RL的经验标准，见表2-10。

表 2-10 测试题鉴别指数与优劣评鉴

鉴别指数（D）	评鉴
0.40 以上	非常优良
0.30～0.39	良好，如能修改更好
0.20～0.29	尚可，仍须修改
0.19 以下	劣，必须淘汰

2. 项目与总分的相关 项目与总分的相关是求出项目分数与整个测验总分之间的相关系数。项目与总分的相关高，说明项目与整个测验的作用具有内在一致性，意味着该项目能把不同水平的被试区分开来，区分度高。反之，项目与总分的相关低，则说明项目的区分度低。根据题目类型不同，具体计算方法有积差相关法、点二列相关法和二列相关法。

(1) 积差相关法：当项目与测验总分均为连续性变量时，应采用积差相关法运算。积差相关的计算公式为：

$$r=\frac{\sum XY-\sum X\sum Y/n}{\sqrt{\sum X^2-(\sum X)^2/n}\sqrt{\sum Y^2-(\sum Y)^2/n}}$$

式中r为积差相关系数，X为被试的项目得分，Y为被试的测验总分，n为被试总人数。

(2) 点二列相关法：若项目为客观题型（即0、1记分题型）时，测验总分为连续性变量，可使用点二列相关法。点二列相关法的公式为：

笔记

$$r_{pbis}=\frac{\bar{X}_p-\bar{X}_q}{S_X}\sqrt{pq}$$

式中 r_{pbis} 为点二列相关或区分力，$\bar{X}_p$表示通过项目的被试的平均得分，$\bar{X}_q$表示未通过项目被试的平均得分，S_X表示所有被试测验总分的标准差，p 表示通过该项目被试的人数比率，q=1−p。

例如，某校心理班 41 名学生在期中的统计学考试中，64% 的学生（p）通过了选择题中的第 4 题，其相应的测验总分的平均分为 72（$\bar{X}_p$），在该题上未通过学生的平均得分为 58（$\bar{X}_q$），全体被试在该题上得分的标准差为 8（S_X）。

$$r_{pbis}=\frac{72-58}{8}\times\sqrt{0.64\times0.36}=0.84$$

事实上，点二列相关是积差相关的特例，对于题目为真正二分变量、总分为连续变量的两列数据，使用积差相关公式的计算结果与之完全一致，只是点二列相关的计算更为简单。

（3）二列相关法：当两个变量都是正态连续性变量，其中有一个被人为分成两个类别时，宜采用二列相关法。若某项目也是正态连续变量，但被人为分成答对和答错两种情况，就应采用二列相关法。二列相关法的公式为：

$$r_{bis}=\frac{\bar{X}_p-\bar{X}}{S_X}\times\frac{p}{Y}$$

式中 r_{bis} 为二列相关系数，$\bar{X}_p$表示通过了某项目并与该项目对应的测验总成绩的平均分，$\bar{X}$表示所有被试在整个测验分数的平均数，S_X 表示所有被试在整个测验分数上的标准差，p 表示通过该项目被试的人数比率，Y 表示与 p 对应的正态分布曲线的纵线高度（密度）。

例如，某校心理班 50 名学生在期末的心理测量考试后，教师对其在某一论述题上的得分按照一定的标准划分为合格与不合格两种情况，其中划分为合格的学生有 58%（p），其相应的测验得分的平均数为 61 分，所有学生在整个测验中的平均得分为 53，标准差为 18 分，由 p 查正态分布表可得 Y 值为 0.39，则该题的区分度为：

$$r_{bis}=\frac{61-53}{18}\times\frac{0.58}{0.39}=0.65$$

（三）猜测度

猜测度用于分析学生对试题猜测的可能性程度，主要是针对选择题、判断题。对于一个高质量的测验来说，测验作答应反映其真实水平，猜测度越小越理想。然而实际测验中却是避免不了的。其原因主要有 5 点：第一，采用了有利于猜测的命题方式，譬如选择题、判断题。而且一般的成就测验及能力倾向测验中采用选择题的方式较多。对于选择题猜测度的处理，经典测验理论采用校正公式$CP=\frac{KP-1}{K-1}$加以修正（式中 K 表示选项数，P 表示通过率）。第二，测验的计分方式有利于猜测，譬如测试时不采取校正猜测的公式计分，或不用倒扣分的方式，被试对不会做的试题便会采取猜测的策略。第三，题目太难或者是被试的能力偏低，造成猜测的概率变大。第四，某一题目本身为另一题目提供线索，也就为另一题的猜测提供了机会。第五，对误导项缺乏分析，导致选项质量不高，由于很容易排除一些选项而增加了猜测成功的概率。

第四节　项目反应理论

本章第三节主要介绍了以经典测验理论为指导的测验信度、效度和项目分析，当前经典测验理论无论在心理测量理论研究还是实践指导方面都占据着非常重要的地位，但由于基本假设的合理性不足和对题目作答关注不够等原因导致其在理论和应用上存在一些局限。项目反应理论（item response theory，IRT）是一种先进的测量理论，它是针对经典测量

笔记

理论的不足而提出来的。下面首先讨论经典测量理论的几点局限，然后简要概述项目反应理论的假设和常见的数学模型。

一、经典测量理论的局限性

（一）各参数估计的样本依赖性太大

经典测量理论中，项目的难度、区分度和测验的信度、效度等参数的估计对样本的依赖性是很大的。如项目的难度，对于同一题目，若样本的群体水平较低，就有较高的难度估计值；若样本的群体水平较高，又会有较低的难度估计值。测验的信度和效度采用相关分析法，所以测验的质量评价同样受到样本的影响。相同的题目，样本全距越大，相关系数越大；样本全距越小，相关系数越小。

（二）信度估计精确性不高

经典测量理论中的信度和测量标准误的估计依赖于平行测验（又称复本）假设，但是严格的平行测验是不存在的，等值测验也很难获得，在此基础上估计的测验信度精确程度就比较差。α 系数不要求测验严格平行，但当题目间的真分数方差不同时也会低估测验信度。

（三）相同测量标准误差难做到

经典测量理论假定对不同能力水平的被试来说，测验的测量误差是相同的。这一假设并不符合事实，因为测量误差的大小与测验难度和被试水平都有关系。一份测验只有在施测于能力水平与测验难度相当的被试时才容易获得比较高的测量精确度，当测验难度高于或低于被试的能力水平时就容易产生较大的测量误差。而且测量误差值会随着被试水平与测验难度距离的增加而变大。

（四）能力量表与难度量表不配套

在经典测量理论中，被试能力量表是卷面总分，项目的难度量表是题目难度。被试卷面总分的参照系是测验的全部项目，被试卷面总得分 80 分表示被试在此特定试卷上的得分率为 80%，项目难度量表的参照系是被试群体，难度 0.2 表示该试题有 80% 的被试得分。可见由于能力量表与难度量表没有定义在同一个参照系上，就无法判断某个难度为 0.80 的项目是否就与得分 80 的被试水平相匹配。因而经典测量理论不能提供不同能力水平的被试如何对项目进行反应的预测信息，失去了精确指导测验编制的作用。

二、项目反应理论的基本假设

（一）潜在特质空间假设

潜在特质空间是指由心理学中的潜在特质组成的抽象空间。如果被试在一个测验项目上的反应是由他的 K 种潜在特质所决定的，那么这些潜在特征就定义了一个 K 维潜在空间，被试的各个潜在特质分数综合起来，就决定了该被试在该潜在空间的位置。如果影响被试测验分数的所有重要的心理特质都被确定了，那么该潜在空间就称为完全潜在空间。

目前比较成熟的一些项目反应模型比如逻辑斯蒂模型假设完全潜在空间是单维的，即只有一种潜在特质决定了被试对项目的反应，也就是说组成某个测验的所有项目都是测量的同一个心理潜在特质，例如智力、学业成就、人格等。当然，这一假设往往不可能得到严格的满足，因为总有其他因素会影响到被试在测验上的反应，这些因素包括认知的、人格的和施测时的客观条件，以及被试的动机水平、焦虑程度、反应速度和考试技巧等。因此，在项目反应理论中，只要欲测量的心理特质是影响被试对项目作出反应的主要因素，那么就认为这组测验数据是满足单维假设的。

近年来，项目反应理论在实际工作中应用越来越多，研究者发现心理测验数据往往是多维的，这与完成一项测验任务时需要多种能力共同配合的认识是相符的，很少有测验只

笔记

测量单一维度能力或特质。所以，一些常见项目反应模型的单维性假设在实际工作中有时难以满足，为此相关研究者已将单维项目反应理论（unidimensional IRT，UIRT）拓展为多维项目反应理论（multidimensional IRT，MIRT），力图开发适合多种不同类型测验数据的测量模型，以满足实际工作需求。

（二）局部独立性假设

所谓局部独立性假设是指某个被试对于某个项目的正确概率不会受到该测验中其他项目反应的影响，也就是说只有被试的特质水平和项目的特性会影响到被试对该项目的反应。局部独立性是建立在统计的意义上的，用统计学的语言，局部独立性是指对每一个被试来说，对整个试卷作出某种反应的概率等于对组成试卷的各项目反应的概率的乘积。当题目之间相互提示时，就违反了局部独立性假设。近年来提出的题组反应模型已突破了局部独立性假设，可允许部分题目间作答有关联。

（三）项目特征曲线假设

项目反应理论的一个关键就是在被试对项目作出反应的概率与被试的潜在特质之间建立某种函数关系。项目特征曲线（item characteristic curve，ICC），就是相应函数关系的图像。项目特征曲线是以反映被试的潜在特质水平（通常用 θ 表示）作为横轴，以被试在某个项目上正确作答的概率［通常用 $P(\theta)$ 表示］为纵轴的一条回归曲线，见图 2-9。

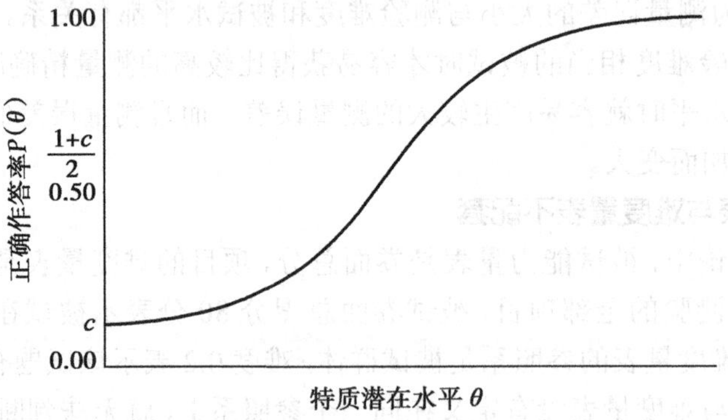

图 2-9　项目特征曲线

项目特征曲线有三个特点：一是人的潜在特质量表应定义在正负无穷的区域内；其次，被试在项目上正确作答的概率 $P(\theta)$ 取值在［0，1］区间之内；第三，若题目质量好，则被试的正确作答概率应随被试的特质水平的提高而提高，项目特征曲线应是一条从负无穷到正无穷的递增曲线，称为单调性。需要指出的是，有研究者认为对于人格、态度等测验项目，作答概率并不随着特质水平增加而提高，此时可使用基于非单调关系假设的项目反应模型（如展开模型）。

三、项目反应模型

测验的记分方式不同，需选用不同的项目反应模型，若测验项目属 0、1 评分，可选用单、双、三参数逻辑斯蒂模型、正态肩形模型等；若测验项目为多级评分时，可选用等级反应模型。

（一）逻辑斯蒂模型

逻辑斯蒂模型应用非常广泛，由伯恩鲍姆（Birnbaum A）于 1958 年提出。根据模型中涉及题目参数数量，可分为单参数、双参数和三参数 3 种模型，它们的数学表达式分别为：

单参数逻辑斯蒂模型（one-parameter logistic model）公式：

$$P(\theta)=\frac{1}{1+e^{-D(\theta-b)}}$$

双参数逻辑斯蒂模型（two-parameter logistic model）公式：

$$P(\theta)=\frac{1}{1+e^{-Da(\theta-b)}}$$

笔记

三参数逻辑斯蒂模型（three-parameter logistic model）公式：

$$P(\theta)=c+\frac{1-c}{1+e^{-Da(\theta-b)}}$$

式中，θ 为被试特质水平值；$P(\theta)$ 为特质水平为 θ 的人答对此项目的概率；e 为自然常数；D 为使模型结果更接近正态肩形模型（normal ogive model）的常数，取值为 1.702；参数 a 为项目的区分度，参数 b 为项目的难度；参数 c 为题目的伪猜测度，它并不完全是凭猜测答对该题的概率，因为 c 参数值往往小于凭借完全随机解答题目的正确概率，例如对于包括四个选项的选择题，c 值往往小于 0.25。

参数 θ 是个体潜在特质的表征值，在特征函数中是一个自变量，其取值范围为 $-\infty$ 到 $+\infty$。逻辑斯蒂模型中的概率 $P(\theta)$ 随 θ 值的增大而增大，就是说随着个体潜在特质水平的提高被试在该项目上的正确作答概率越来越高。

参数 a 作为区分度，是项目特征曲线拐点处的斜率的函数值，若记过拐点的切线夹角为 A，则 $a=\sqrt{2\pi}\cdot tgA$。参数 a 表示曲线的陡峭程度，曲线越陡，答对概率 $P(\theta)$ 对特质水平的变化就越敏感，即项目区分被试者水平的能力越强。

参数 b 作为难度，是项目特征曲线拐点在横坐标上的投影。参数 b 值确定，项目特征曲线在横轴上的位置也就确定了。题目越难，b 值越大，所需能力越高，项目特征曲线越偏右，一般能力的被试答对该项目的概率会降低。相反题目越容易，b 值越小，项目特征曲线越偏左，一般能力水平的被试答对该项目的概率也提高。

参数 c 作为伪猜测度，是项目特征曲线的下渐近线，c 值越大，说明不论被试能力高低，都容易猜对该项目，意味着题目质量不高，题目数据不能准确反映被试水平。

单参数模型只考虑项目难度，双参数模型考虑了项目的难度与区分度，而三参数模型则考虑了项目的难度、区分度和猜测系数三者，三参数模型见图 2-10。当测验项目可以通过猜测等因素而作出正确答案时，选用三参数模型比其他两个模型更适宜。

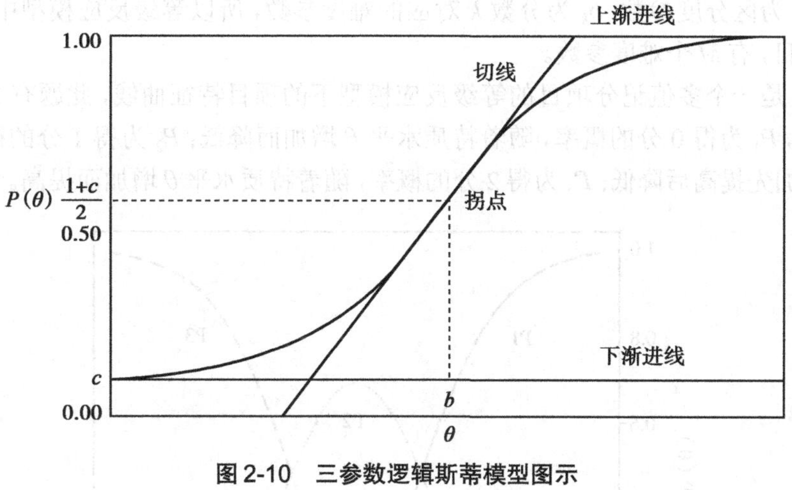

图 2-10　三参数逻辑斯蒂模型图示

图 2-11 是 3 条项目特征曲线，分别对应 3 个不同的测量数学推理能力的项目。项目 1 的项目特征曲线拐点偏左，拐点在横坐标上的投影偏左，难度指标 b_1 较小，项目相对而言比较容易；项目 2 和项目 3 的项目特征曲线拐点交于一点，拐点在横坐标上的投影偏右，b_2 和 b_3 相等，因而项目 2 和项目 3 的难度相同，且项目 2 和项目 3 的难度比项目 1 的难度大。项目 2 和项目 3 虽然难度相同，但项目 2 的项目特征曲线的陡峭程度比项目 3 大，曲线越陡，表明答对概率 $P(\theta)$ 对特质水平 θ 的变化就越敏感，即项目区分被试者水平的能力越强，所以项目 2 的区分度比项目 3 好。

笔记

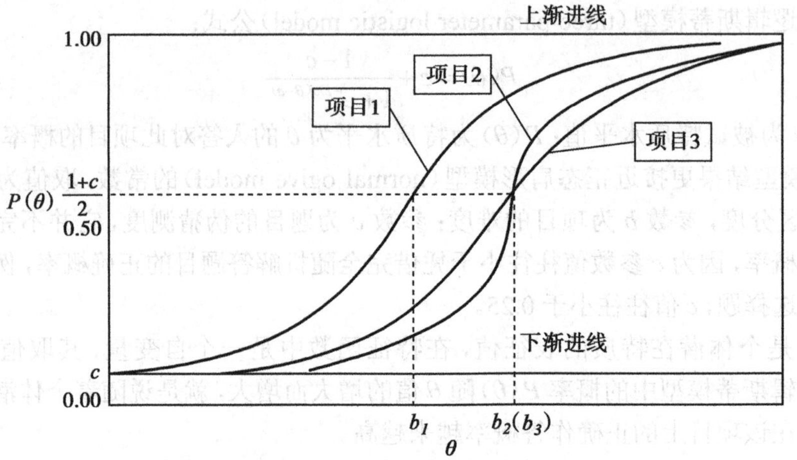

图 2-11　三个数学推理能力项目的项目特征曲线

（二）等级反应模型

心理评估量表题目经常采用 Likert 格式，得到的多值记分题目的数据通常是一组有序数字，如 0、1、2……M。对于多值记分的题目数据，可使用等级反应模型（graded response model，GRM）来分析。等级反应模型是双参数逻辑斯蒂的直接扩展，其公式如下：

$$P_k(\theta)=P_k^*(\theta)-P_{k+1}^*(\theta)$$

式中，$P_k(\theta)$ 为特质水平为 θ 的被试得分为 k 分的概率；$P_k^*(\theta)$和$P_{k+1}^*(\theta)$分别为特质水平为 θ 的被试得分不低于 k 和 $k+1$ 分的概率；对于作答反应最大值为 M 的题目，k 的取值范围为 0～M。等级反应模型中定义$P_0^*(\theta)=1$，另外 M 个$P_k^*(\theta)$的计算使用前面介绍过的双参数逻辑斯蒂模型，公式如下：

$$P_k^*(\theta)=\frac{1}{1+e^{-Da(\theta-b_k)}}$$

式中，a 为区分度参数，b_k 为分数 k 对应的难度参数，所以等级反应模型中对有（M+1）个类别的题目，有 M 个难度参数。

图 2-12 是一个多值记分项目的等级反应模型下的项目特征曲线，此题有 3 个分值（0、1、2）。其中，P_1 为得 0 分的概率，随着特质水平 θ 增加而降低；P_2 为得 1 分的概率，随着特质水平 θ 增加先提高后降低；P_3 为得 2 分的概率，随着特质水平 θ 增加而提高。

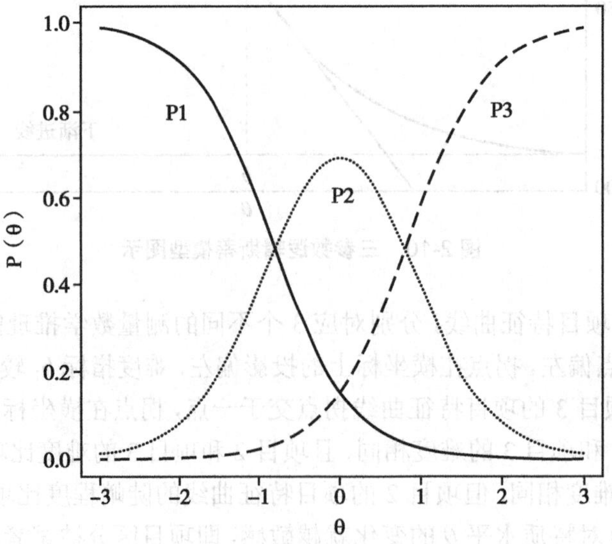

图 2-12　一个多值记分项目的项目特征曲线

笔记

应用项目反应理论编制测验，需估计题目参数。如果被试能力参数已知，根据这些被试的作答反应矩阵可以很容易地估计出题目参数，但实际情况往往是被试能力和题目参数均未知，需要根据被试的作答反应矩阵同时估计所有新编测验项目的参数和所有参测被试的潜在特质水平参数，其中最为普遍使用的方法是极大似然估计。项目反应理论的很多功能在 SPSS 等统计软件中无法实现，应使用一些专门软件进行分析，如 R 语言中的 ltm 等程序包。

四、题目与测验信息量

与经典测验理论中的信度估计方法不同，项目反应理论用统计学中的信息函数（information function）来描述项目或测验的质量。如，双参数逻辑斯蒂模型下的题目信息函数：

$$I(\theta)=a^2P(\theta)[1-P(\theta)]$$

式中，$I(\theta)$为项目对特质水平为θ被试的信息函数值；a是项目的区分度；$P(\theta)$是特质水平值为θ的被试的作答概率。

在经典测验理论中，基于测试数据计算项目的质量指标，这些指标取值与所测被试的具体特质水平没有关系。但在项目反应理论中，项目信息函数值随特质水平θ变化而存在差异，这为有针对性地依据被试特质水平挑选项目提供了有效的工具。

在项目反应理论中，整个测验的质量与项目的质量有非常明确的关系，测验信息函数即所有项目的信息函数之和。公式如下：

$$T(\theta)=\sum_i I(\theta)$$

式中，$T(\theta)$为测验对特质水平为θ被试的信息函数值。在项目反应理论中，测验的测量标准误为测验信息函数平方根的倒数，即$1/\sqrt{T(\theta)}$，可见其会根据被试特质水平不同而给出更合理的测量误差估计值。

五、项目反应理论的应用——计算机自适应测验

计算机自适应测验（computerized adaptive testing，CAT）是近年来发展起来的一种新的测验形式，它以项目反应理论为基础，以计算机技术为手段，在题库建设、选题策略等方面形成了一套理论和方法，其最吸引人的特性在于能够针对每个被试不同的能力水平匹配一套适合其水平的测验，从而达到节省测验时间、高效准确地估计出被试能力水平的目的。

与一般的计算机化测试有所不同，在计算机自适应测验中，计算机在测试过程中不仅是呈现题目、输入答案、自动评分、得出结果，而且要根据被试对试题的不同回答，自动选择最适宜的下一测试试题，最终达到对被试能力作出最适当的估计。具体程序是，首先计算机自适应测验软件从测验题库（根据项目反应理论编制）选择一组中等难度的问题开始测验，在被试作出反应之后，计算机便根据这些反应资料，估计出考生的初步能力估计值；然后，计算机会根据这些初步能力估计值，从现有的题库中挑选出最能对其能力水平的估计发挥最大贡献力量的试题，再呈现这些试题给被试作答；这样，随着被试做的题目增多，计算机对他能力的估计精度越来越高。这种施测过程一直继续下去，直到确定被试的特质水平，此时测验结束，具体流程见图 2-13。

计算机自适应测验是测验发展的新方向，最初是在能力或成就测验如美国研究生入学考试（GRE）、托福考试（TOEFL）等中应用，近些年来已逐渐用于人格测验、临床评定量表等方面，如明尼苏达多项人格问卷第 2 版（MMPI-2）、艾森克人格问卷（EPQ）等成熟量表已发展出相应的计算机自适应测验，也有研究者采用这种方法直接编制计算机自适应测验，如应征公民计算机自适应化拼图测验等。

笔记

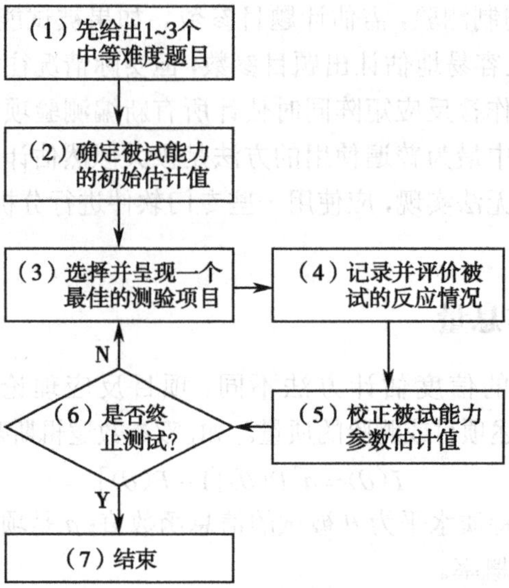

图 2-13 计算机自适应测验的流程图

第五节 量表编制的一般程序

编制测验的方法，因测验的性质而异。如编制智力测验的方法和编制教育测验的方法不尽相同，其他如能力倾向测验和人格测验的编制方法也各有其特点，但不管它们有多大的差异，还是有许多共同原则，因此，可以找到一个比较通用的编制测验的程序。编制测验一般要经过确定测验目的、编制试题、测验编排与预测、标准化、编写测验手册等步骤。

一、确定测验目的

测验目的的确定包括明确测验用途、对象以及目标。

（一）测验用途

编制测验首先要解决的问题是为什么测，即确定测验的性质，也就是要明确所编的测验是选拔性测验还是达标性测验，是目标参照测验还是常模参照测验，是难度测验还是速度测验，是调查性或安置性测验还是诊断性或形成性测验。

（二）测验对象

编制的测验用于什么样的团体是编制者首先要考虑的问题之一，被试团体的年龄范围、文化程度、地理区域、阅读水平等如何，只有做到心中有数，才能有的放矢地编制测验。

（三）测验目标

确定测验目标是解决测什么的问题，就是确定测验的内容，是智力测验还是人格测验？是学业成就测验还是学业能力倾向测验？无论提出的是认知测验还是非认知测验，都是一个抽象的概念，需要将其分解为可操作性内容。所谓“可操作化”就是可以测量。例如“日常心算应用题的解答速度和对错作为人们心算能力的具体指标”就是一个操作性术语。测验目标只有转化为可操作化的术语，才对测验编制有意义。智力、人格等测验目标一般是根据相关的理论结构进行目标的分析，而成就测验则依据教育目标进行分析。

二、编制试题

笔记

试题编制也称测验项目（item）的编制，是整个测验编制中最重要的一环。好的试题是保证测验质量的关键，它包括试题编写、编排、预测、修改等内容，是一个不断循环的过程，直到获得一套令人满意的测试题为止。

（一）拟定项目编制计划

每种行为特征都有其不同的层面或构成因素，因此，在具体分析测验目标时需要设计测验的计划，而最为简易的方法就是编写“命题双向细目表”。所谓命题双向细目表是由测验目标、测量内容及相应比例构成的表格，如表 2-11 所示，该表是按布鲁姆的认知目标分类所制定的小学自然常识的命题双向细目表（表内数字为假想数字）。这仅仅是一个蓝图，在具体编制测验时，还需将其具体化。如生物世界中包括哪些知识点，这些知识点中，哪些属于知识，哪些属于理解……，把相应的测试题与它们一一对应。

表 2-11　小学自然常识测验双向表

教材内容	知识	理解	应用	分析	综合	评价	合计
	基本知识获得	了解原理原则	应用原理原则	分析因果关系	综合成系统见解	建立判断标准	
生物世界	3	5	6	3	2	1	20
资源利用	2	3	3	1	1	0	10
动力机械	2	3	4	2	0	1	12
物质特性与能量	5	6	8	3	2	1	25
气象	2	4	3	2	2	0	13
宇宙	2	5	4	1	0	0	12
地球	2	2	2	1	1	0	8
合计	18	28	30	13	8	3	100

（二）试题来源

试题来源有三个渠道：一是直接从正式出版的标准测验及相关资料中选择合适的项目。例如 MMPI 简化本的项目来源精选于 MMPI 完整测验，斯坦福 - 比奈智力量表第 1 版的 90 题中有 51 题源于比奈 - 西蒙智力量表，成就测验的项目则可来自所测学科的教科书、参考书及各类同步测查试卷等，这是项目编制最简单、最直接的方法；二是由测验编制者和专家自行编写，如智力或人格测验等由相应的测验专家和理论者根据对智力或人格理论结构的描述转换成试题或具体例子，成就测验则由学科专家和测验专家共同编制；三是依据临床观察和记录形成项目，心理测量中各种观察量表（observer scale）或检核表（checklist）大多来源于观察到的行为表现，如 MMPI 的项目就是从病历记录中筛选出来的。

（三）命题的一般原则

虽然不同的测验，其项目种类繁多、功能各异、性质不一，但是在编制过程中仍有其遵循的一般原则。

1. **内容选取方面**　在内容上首先考虑项目内容符合测验目的，避免贪多而乱出题目；其次，要求测试题的内容取样要有代表性，符合命题计划，且比例恰当，譬如一个测验若是测量某学科知识的多寡，则测试题应当包括该学科全部重要的教材内容；第三，要求各项目间彼此独立，互不牵连，切忌项目间的相互暗示；第四，要注重原理的应用，而非纯粹的知识记忆，即使考查知识方面的内容，也不宜直抄课本，应当把句子重新组织。

2. **文字表述和理解方面**　文字表述上应力求浅显简短，且不可遗漏必要的条件；措

笔记

辞时不应模棱两可，不用生僻的字和过于专业化的术语，字句要简单明了，适合所测团体的阅读理解水平；每一项目应有确定的答案且不应引起歧义或争议（除创造力和人格测验外）。

3. **难度分布方面** 项目的难度要有一定的分布范围，既不能过难也不要过易，各种难度都要有一些，且项目的排列要由易到难排序。

4. **项目数量方面** 编制测验时，首先要建立测验的项目库（item pool），项目库中的项目数量应当是计划题量的几倍，以备项目分析时删除或淘汰。一般而言，编制一个测验项目库的项目数量与 3 个因素有关：一是题型，主观性题目不应太多，客观性题目则可以较多；二是时限，测验时间长，题量可以多些，测验时间短，题量可以少些；三是与所欲达到的信度和效度有关，若对测验的信度和效度要求较高，则应选择区分度较高的题目，此时备选题目数量要更大一些，根据测验学者的经验，每 3 个选择题中经过试测筛选之后，大概只能保留一个，若正式测验中需要 100 题，则编制题目时需准备 300 个左右的测试题。

5. **社会敏感性方面** 人格和态度等测量中，经常会涉及诸如性关系与性观念、自杀、政治及民族等敏感性的问题，由于这些问题易获得符合社会规范的答案，难以反映真实的情况，且会引起麻烦，因此应当尽量避免编制涉及社会禁忌或个人隐私的社会敏感性的题目。

三、测验编排与预测

（一）试题的审定

测验的项目库建立之后，编制者和有关方面的专家还须对试题反复审核和修订，其审定的内容主要有 3 个方面：一是修改题意不清、用词不适、逻辑不当、内容重复的试题；二是检查试题内容与计划内容是否吻合；三是审核试题难度是否符合测验目的。

（二）试题的编排

对经过审定的试题进行组卷，试题的编排必须根据测验的目的和性质、被试作答时心理反应方式、试题格式和难度进行。试题的编排方法有以下两种：

1. **并列直进式** 是将整个测验的试题按照其性质分为若干分测验，同一分测验的试题再按难度由易到难排列，韦克斯勒系列智力测验就是这种编排，例如韦氏成人智力测验的言语与操作量表，言语量表包括分测验知识、领悟、算术、相似性、数字广度和词汇，操作量表包括分测验译码、填图、木块图、图片排列和图形拼凑，每一个分测验的试题都是由易到难排列的。

2. **混合螺旋式** 是将各类试题依据难易程度分成若干不同层次，再将不同性质的试题予以组合，做交叉式排列，其难度则逐渐升高。采用此方式编排，主要是让被试不至于在一段时间内只对同一性质测试题进行作答，保持被试作答的兴趣。例如比奈 - 西蒙智力测验。

对于依据项目反应理论编制的计算机自适应测验，试题的难度顺序和选择取决于对当前被试特质水平估计值的动态变化，未必遵循由易到难的固定顺序。

（三）预测与项目分析

这一步骤的任务是筛选和修改项目，测验编制者将初步筛选的测试题结合成一种或几种预备测验形式，而后把这些预备测验向一组人实施，从而对测量性能的优劣获得客观性资料，而不是凭测验编制者主观的臆测决定。在预测中应注意的事项如下：

1. 预测的一组被试应取自将来正式测验拟应用的全域（总体）中，即在将来使用测验的被试总体中抽取对象。取样时应注意其代表性，人数不必太多，也不可过少。

2. 预测应力求按正规的要求进行，使其与将来正式测验的情况相近似。

笔记

3. 预测的实施，应使被试有足够的完成作业的时间，以便搜集完整的资料，使统计分析结果可靠。

4. 在预测过程中，应就被试反应情况随时加以记录，如一般的被试完成预测所花费的时间，题意有哪些不清楚之处，被试对哪些测试题产生误解等方面，都要一一加以记录。

预测后对试题进行难度、区分度及作答选项分析，为选择合适的试题提供依据。近年来，随着对测验公平的重视，项目的测试分析中也要检验特质水平相同、组群归属不同（如民族）的被试的作答概率是否一致，称为项目功能差异（differential item functioning，DIF）。如果测验中较多项目存在项目功能差异方面问题，则会降低测验的有效性。

（四）测试题性能的复核

由于被试样组本身有抽样误差，所以据此进行的测试题分析的结果不一定完全正确可靠。为了检验挑选出的测试题的性能是否真正符合要求，通常须抽取另一个适当的样组再测一次，再根据其结果进行第二次的测试题分析，以复核前后两次测试题分析所得的难度、区分度是否一致。这就是测试题性能的复核或称交叉效度。

如果两次分析结果相当接近，则确定这些测试题具有测量该特征的功能。假如某测试题两次的数据相差很大，则应考虑将该题删除或作适量的修正，然后再进一步分析。因此，编制一套测验，只依据一次预试的结果作为测试题分析是不够的，需再选取来自同一总体的另一独立样组，做另一次测试题分析，以复核测试题的性能。

四、标准化

以上工作，只是使我们获得了一组良好的题目，为了获得一个真正有效的、可信的测验，还需要做一些工作。因为有了一组好的测试题，还不能说就是一个好的测验。一个测验的好坏，还取决于它的标准化水平。所谓标准化是指测验编制与实施等所遵循的一套标准程序，就是尽可能控制与测验无关的因素，对所有被试实施同样的测量和以同样的方式解释结果。标准化的工作包括试题编制标准化，测验实施标准化，测验的信、效度以及建立常模等。

（一）测验标准化

1. **测验内容标准化**　在经典测验理论中，测验内容的标准化是指对于所有被试都给予相同的测试题，否则就无法对测验结果进行比较。而在现代测验理论中，以项目反应理论为基础的计算机自适应测验则根据被试水平给予适合其水平的试题进行测试，不同被试的测试题目虽不相同，但只要题库中的题目在同一量尺上，得到的被试水平估计值便具有可比性。

2. **施测条件标准化**　所有被试都要在尽可能相同的条件下接受测验。有些因素，如测验的时间、地点，主试者是很难做到相同的，只有通过事先规定统一的施测指导语和标准时限的方法，尽可能排除各种无关因素，或使无关因素都相同。具体要做到四个一致，即指导语一致；测验时限一致；评分标准一致；测验环境要求一致。

实施的指导语一个是对被试的，一个是对主试的。对被试的指导语应力求清晰和简单，应向被试解释如何对测验作出反应。如果测试题格式对被试是生疏的，则应该有一个例题，以便让被试容易理解解题方式。

测验的时限是根据被试年龄，测验的性质及试题题量而定的，一般来说，测验不要太长，控制在1小时左右，能力测验时间长一些，人格测验时间短一些。

3. **测验记分标准化**　标准化的第三个要素是客观记分。所谓客观性意指在两个或两个以上有能力的记分者之间有一致性。不同的记分者之间取得完全一致似乎是理想的。

笔记

但实际上，特别是对论文式测试题的评分，就很难完全一致。一般情况下，如果在成对的受过训练的评分者之间平均一致性达到 0.90 以上，就认为记分是客观的。只有当记分是客观的时候，才能够把分数的差异完全归于被试的差异。

客观记分的程序可归结为 3 个步骤。第一步，及时、清楚地记录被试的反应，要避免由于主试者遗忘造成记分混乱，从而为将反应加以分类提供了准确的资料。第二步，用记分键记分。记分键是一张标准反应表或正确反应表，对于客观题来说，记分键包括每一题答案的号码或数目；对主观题来说，记分键包括一系列正确答案；对作文题来说，记分键包含着评分的要点；对人格调查表来说，记分键规定了行为具有某种特征或特点的反应结果。第三步，将被试的反应和记分键进行比较。

对于客观题来说，这个程序是明确的。当记分者主观判断成为影响因素时，需要根据记分的规则所详细说明的内容来比较被试的答案。如中国修订韦氏儿童智力量表的手册所提供记分规则就是很好的范例。手册提供了可接受的反应和可容许的变异说明。记分者将每个反应与手册上提供的样例相比较，然后按最近似的例题来给分。虽然这种程序并不确保不同记分者之间完全一致，但它确实使记分能保持客观。

（二）测验信度和效度的鉴定

按照上述程序编制完成某一测验后，为了考核该测验是否是一个优良的测量工具，还必须对其信度和效度作出鉴定。编制好的测验可以先在小范围内施测，对其可靠性和有效性进行初步鉴定，以确定测验是否具有可用性。之后再在更大的范围内施测，进一步检验其信度和效度。信度和效度的检验方法和要求见本章第三节。

（三）常模的建立

测验分数必须与某种参照标准比较，才能显示出其意义。测验使用者应使用一致的标准解释测验分数，这是测量结果相互比较的基础，可称为测验分数解释的标准化。心理测验大多数是将个人所得分数与同龄团体或一般团体的同类行为分数相比较来判别其分数的高低，这种表示一般人同类行为的分数即为常模。建立常模的方法和步骤已在本章第二节详细介绍。

五、编写测验手册

测验编制的最后一步是编制测验指导手册，其主要目的是向测验使用者说明测验的全面情况和实施方法等，以保证测量结果的信度和效度。指导手册的内容包括测验目的与功用、选材依据、测验的基本特征、实施方法、标准答案和评分以及常模资料等。

测验目的与功用主要是说明工具的性质，如测验用于选拔还是诊断、可用来测量哪种心理特征等。选材依据需说明测验编制的理论背景，选择测验材料的依据、原则与方法。测验基本特征要表明抽样方法，获取资料的条件、情境、时间以及难度、区分度、信度和效度等分析资料。实施方法必须用简明易懂的文字对测验操作的方法作出具体说明，譬如说明该测验的内容分几部分，每部分有多少分测验，每一分测验如何做，对不熟悉的方法要给出 1～3 个例题，直至被试会做为止等。必要时提示被试不要在每道题上停留太久的时间以及做测验时应注意的事项。至于标准答案和评分标准，应对每一题给出正确答案、最佳答案、可接受的答案以及评分标准，说明何种情况评 0 分，何种情况评 1 分或 2 分等。常模表主要说明如何应用常模来解释测验的结果。

测验编制过程用流程图（图 2-14）来概括有 4 个主要阶段，即试卷设计、试测、测验实施、建立常模，每个阶段又有若干重要环节，其中图 2-14（a）是实现标准化测验的整个流程，图 2-14（b）则是试题设计阶段的几个重要环节。

笔记

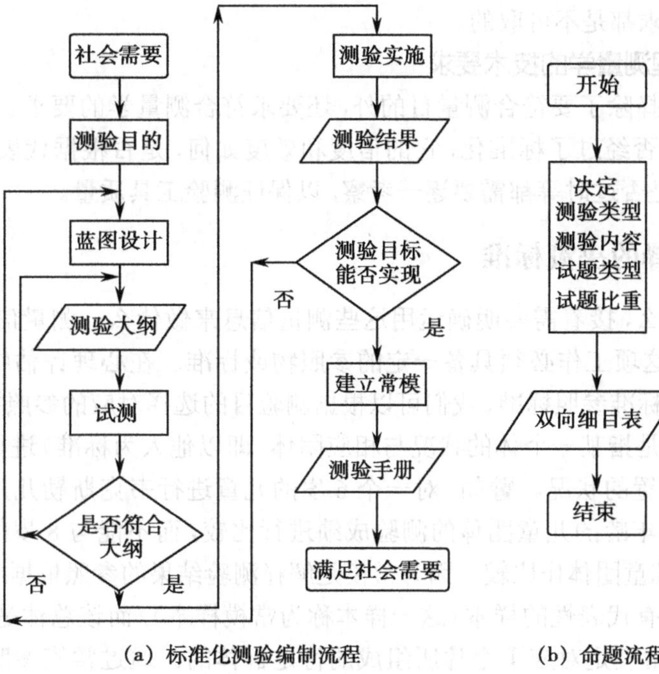

图 2-14 测验编制流程图

第六节 测验的选择及其注意事项

一个测验工具不管制作得多么精良，若选择不当，不仅无法发挥其效用，而且还可能因错用而导致严重的不良后果。

一、测验的选择

测验的选择主要从是否符合测量目的、测验的实际因素以及测验技术质量这 3 个方面加以考虑。

(一) 符合测量目的

选择测验时，测验者首先要考虑的问题就是测量的目的是什么，因为每一个测验都有其自身的特殊用途和应用范围，为此测验者必须了解各种测验的功用、特点以及不足。譬如，都是测量人的智力，韦克斯勒智力测验与斯坦福智力测验就有不同的功用，前者主要用于临床，后者则主要用于教育；又如人格量表，明尼苏达多项人格问卷（MMPI）主要用于临床，辅助诊断精神障碍，而卡特尔 16 种人格因素问卷（16PF）主要用于正常人的人格测量，一般的人格测验工具在特定情景（如职业招聘、升学考试）中就不太适用。因而选择测验不能只根据测验的名称盲目地进行选择，而必须详细地了解所选测验真正的应用范围和功效，否则就会造成测验使用上的不当。

(二) 考察测验的实际因素

考察测验的实际因素主要从测验成本、实施难易程度、评分与结果解释等方面进行。选用测验工具并非成本越低越好，亦非越高越好。对实际因素的考察，可从以下几个方面进行：一是考虑测验成本，既包括首次购买测验题本的费用，也包括再次购买测验题本的费用。譬如，学生可在答题纸上作答的测验题本可反复使用，可降低成本。不过，低年级儿童一般适用于直接在答卷上进行答题的测验题本，成本稍高一些。二是考虑实施的难易程度。三是了解测验的时限。选择成套测验往往用时较长，但其可靠性较好，而一个经济便利、用时较少的测验其信度可能较低，因此一个测验用起来无论怎样方便，花费多么少，但只要信

笔记

度达不到测量学要求都是不可取的。

（三）达到心理测量学的技术要求

测验工具的选择除了要符合测量目的外，还要求符合测量学的要求。所谓测量学的要求就是测验工具是否经过了标准化，它的信度和效度如何，是否根据代表性样本建立了测验常模，常模资料是否过时等都需要逐一考察，以保证测验工具质量。

二、量表选择的决策标准

确定了测量什么，接着需要明确运用这些测量信息来做什么。测量信息主要用于做判断和决策，而进行这项工作必须具备一定的参照物或标准。在心理评估中，常用的参照物有常模参照标准和标准参照标准，我们可以根据测验目的选择对应的参照标准形式测验。

常模参数标准是指某一个体的状况与相应团体（即以他人为标准）进行比较，以确定其在该团体中相对位置的状况。譬如，对一个 6 岁的儿童进行韦克斯勒儿童智力测验，其测验结果只与其相当年龄的儿童团体的测验成绩进行比较，而不能与 8 岁的儿童团体比较，更不能与 14 岁的儿童团体作比较。因为常模是解释测验结果的参照依据或标准，它是评价所适用总体的一个有代表性的样本（这一样本称为常模样本），而该总体是由具有共同特征的人组成的，因此常模是对应于个体所组成的特定群体的。通过常模参照，即个体与常模团体进行比较，确定个体是正常的，还是异常的。

标准参照标准则是以自我为参照点或标准进行的比较。例如，标准参照的成就测验是测量学生对学科内容掌握了多少，测验分数的解释是根据测验编制预设的及格标准水平，被试是否及格完全依赖于自身的行为表现，而不是与其他人进行比较。

三、被试误差及其控制

一个经过精心编制的测验其选材、实施、评分等过程都是标准化的，但因为被试身心的变化，仍会对测验结果产生影响而导致测量被试误差，常见的被试误差主要有 3 大类：反应定势、应试技巧与练习效应、动机与焦虑。

（一）反应定势

反应定势（response set）是指被试在测验中因某种心理定势所引起的反应倾向，它使被试做出与测验要测的特性无关的歪曲反应。在能力测验、个性测验、兴趣测验和态度测验等心理测验，以及采用问卷法进行的心理研究中，反应定势均是普遍存在的，其常见类型如下：

1. **默认** 默认指不管测验项目内容如何，被试对每个项目只做出“是”的肯定回答或只做出“否”的否定回答的倾向，它常见于人格、兴趣和态度调查中。例如对“我很容易轻信别人的话”和“我不轻信别人的话”两个相反的项目，有人都答“是”，也有人都答“否”。这种反应定势会降低测验的效度，模糊对测验分数的解释。

2. **装好和装坏** “装好”又称社会期望趋向，指被试选择那些可以得出社会认可的良好自我形象的答案的倾向，它在与就业和升学等有关的人格测验中普遍存在。一些被试为给他人留下好的印象，或是为了增加被选中的机会，往往选择那些符合社会期望的回答，尽管其真实情况并非如此。“装坏”又称社会非期望趋向，指被试选择那些可以得出社会所不期望的不良自我形象的答案的倾向。这在司法鉴定中常有发生，为了增加治疗机会或逃避某种责任，在人格调查表中的回答可能比实际的更显得有精神疾病。“装好”和“装坏”的反应定势与测验项目的内容存在直接关系，容易引起被试出现这两种反应定势的测验，其效度是很低的。

笔记

3. **推诿** 推诿是指被试喜欢选择“不一定”、“不置可否”等不确定答案的倾向。当备选答案为“是—否—不一定”时，被试喜欢避开两个确定的答案而选择不确定的答案，不确定答案选择太多会降低测验效度，因此应提醒被试尽可能不做这种选择。

4. **极端性** 极端性是指被试特别喜欢用量表的两个端点作答的倾向。一般情况下，这种反应定势较为稳定，但在过长的问卷中，随着问卷长度的递增，被试总体上存在由极端反应定势转为以量表中点作答的趋向，如果 Likert 7 点量表自评时，被试有选择“4”分的趋向。

5. **求“快”与求“精”** 快速和匆忙作答也是一种比较普遍的反应定势，求“快”是指被试作答时图快而不求准的倾向，求“精”者则相反。在能力测验、特殊能力测验中经常可以看到这种反应定势。这些测验对项目的反应都有一定时间限制，这可能促使受测者匆忙作答。项目太多、问卷太长也可能成为被试匆忙作答而忽视项目内容的原因。

6. **猜测与谨慎** 猜测是指被试对正确答案不能确定而任意猜想和推测的倾向。能力测验比个性测验更容易发生这种反应定势。如果被试都大量猜测，就会使所有被试得分趋于随机分布，从而增加误差变异。谨慎是指被试丢开一些项目不回答的倾向。特别在能力测验或特殊能力测验中对正确答案拿不准时容易出现。这种反应定势刚好与猜测相反。

反应定势总会降低测验效度，因此应当予以控制。一般来说，可以根据具体情况选用一定的方法进行控制。如建立“情感协调”的关系，因为在任何人格测验中，被试若情绪不安或者感到自己处于一种不友好的情境之中，就可能不按真实情况作答。掩蔽测验的主要目的，在被试不知道测验的真正目的时，虽然可能产生更多的怀疑和防御心理，但同时他们也难以作假。采用恰当的项目形式，测验项目的形式对被试的反应定势有着直接影响，编制测验时，应当选用能控制被试的反应定势的项目形式，如采用 5 点量表或 7 点量表代替备选答案为“是—否”等固定应答项目，在一定程度上控制默认和推诿两种反应定势。运用强迫选择法，一些心理学家采用强迫选择法来控制“装好”“装坏”这类社会期望性反应定势，即要求被试在两个或多个社会期望程度相当的题目（陈述、短语、词汇）之间做出选择，每对项目可能都是社会所期望的，也可能都是社会所不期望的，但每对项目中只能选择一个最符合自己情况的陈述。给以适当的指导，测验中对被试的指导直接影响其反应的态度和方式，对于容易引起反应定势的测验项目，应当予以专门的指导。设立测量反应定势的指标，可以对被试的反应定势进行检查，并据此对测验结果做出较为恰当的评价和校正，常用的方法是在测验项目中加进一些测谎题，检查被试作假的情况。如 MMPI 中，为了识别不同的反应定势，专门设置了 4 个效度量表：Q 量表、L 量表、F 量表、K 量表。

虽然这些控制误差的方法在一定程度上可以对被试反应定势加以控制，但其作用是相对的，各自的适用范围有一定限制，在实际应用中应当根据具体问题灵活处理，相互配合。

（二）应试技巧与练习效应

被试的测验经验多少对测验成绩有着直接的影响，一般来说，被试对测验的熟悉程度不同，所得的分数是不能直接比较的。另外，在认知能力的测验中，因被试练习次数的多寡，其成绩也有所不同。一般来说，教育背景较差、经验较少和智力较低者的被试受影响较大，速度测验及重复测试受此影响也较大，例如同一测验第二次成绩一般会高于第一次。

（三）动机与焦虑

被试的应试动机与焦虑水平直接影响着测验成绩，尤其是对最高行为测验的影响更大。一般来说，应试动机、焦虑水平与测验成绩呈倒“U”型关系，即动机和焦虑适度时，人的兴奋性提高，注意力增强，反应速度提高，从而提高测验成绩，而过度时则会使思维变得狭窄和刻板，导致测验成绩下降。

测验实施的过程中，要注意控制这些被试误差，使测验结果更客观的反映被试的心理特性。

（刘铁川 闫春平）

笔记

思考题

1. 心理测量与心理测验的区别与联系有哪些？
2. 常模团体应具备什么样的条件？常模的种类有哪些？
3. 信度的估计方法主要有哪些？
4. 影响测验效度的因素有哪些？
5. 试比较项目反应理论与经典心理测量理论。
6. 心理测验编制的一般程序包括哪些步骤？

笔记

第三章　临 床 访 谈

第一节　临床访谈概述

一、临床访谈定义

临床访谈(clinical interview)也称为临床晤谈或临床会谈，是访谈者与来访者之间有目的地进行信息沟通的手段之一，是临床心理学家与来访者沟通的一个重要过程，也是收集信息、诊断评估和治疗干预的重要方法，是临床心理学工作必须掌握的基本功。

作为沟通的专门技术，临床访谈与日常交往中的一般交谈有本质差别。首先，访谈不是随意的，而是有目标的，特定的情景规定了谈话的目标和范围。例如，谈话的中心是针对来访者的问题，目的是了解来访者，帮助其认识和解决问题。其次，访谈需要按照一个有意义的访谈结构进行，需要了解和掌握沟通技巧和规则，否则访谈不仅浪费时间，达不到预期目的和效果，还有可能对来访者或病人造成不良影响。

二、临床访谈分类

根据不同的分类方法，访谈可分为以下不同的类别：

（一）根据访谈目的分类

根据访谈目的，可分为收集资料性访谈、心理诊断性访谈和心理治疗性访谈。

1. 收集资料性访谈　目的在于获得来访者的病史及其相关资料，通常包括以下各方面：

(1) 来访者基本情况：包括姓名、年龄、教育程度等。

(2) 现在和近期的情况：包括日常活动情况、精神状况、饮食睡眠等。

(3) 婚恋或家庭情况：包括婚姻状况、家庭关系等。

(4) 出生成长情况：包括是否顺产、发育是否良好等。

(5) 健康情况：包括既往和现在的健康状况、有无躯体或精神疾病、外伤等。

(6) 个人嗜好：包括有无烟酒、赌博、毒品等特殊嗜好。

(7) 工作情况和生活事件：包括所从事职业、经济状况、社会压力等。

(8) 人际关系和社会支持：包括与家人、同事、朋友之间的关系如何等。

2. 心理诊断性访谈　心理诊断性访谈主要围绕诊断所需要的资料进行，包括病史采集和精神状况检查的内容。初学者可以根据常见精神症状的类别系统询问。

在感知觉方面，可以问：“有没有一些平时没有的特殊感觉？”或者“独自一个人时，能听到有人与你说话吗？”，如来访者说“有”，可继续询问：“声音从哪里来？”“是耳朵听到的吗？是什么人的声音？”“讲些什么？次数多吗？”“一天当中什么时候出现？”从而了解来访者有无幻觉及其性质。

在思维方面，可问：“周围的人，如你的同事或家人对你的态度怎样？”“有没有人对你不

笔记

友好？针对你暗中使坏的？”“有没有觉得有人在议论你？”“有没有觉得心里想的事情被别人知道了？”“外界有没有东西能影响或控制你的思维或行动？”

在意识、注意、记忆和智力方面，可通过询问现在是何时、在何地、旁人是谁来判断其时间空间及人物定向力，还可以通过“能集中精力做事或学习吗？”“记得住事情吗？”等问题来判断其注意力和记忆力，也可进行简单的记忆和智力测试，如心算100－7，连续递减至2为止。

在情绪方面，可问：“最近你感觉心情如何？”“感到生活有意义吗？”或“会不会觉得活得很累？”

有关自知力方面，可问：“你对自己目前的状况是如何看的？”“你认为自己有问题（病）吗？”如果回答“有问题”，进一步询问有什么样的问题。还可进一步询问“你认为自己需要治疗吗？”

3. **心理治疗性访谈**　心理治疗性访谈是指对来访者问题进行干预或治疗的谈话，如认知治疗时常用的诘问技术等。本教材不涉及这部分内容，可参阅有关心理治疗方面教材。

（二）根据访谈形式分类

根据访谈形式，可分为非结构式访谈、结构式访谈和半结构式访谈。

1. **非结构式访谈**　非结构式访谈的问题不固定，因人而异，不同的评估者提问重点不同。有人关注现在的症状，有人关注与症状有关的因素，有人关注病人的感受。非结构式访谈具有方便、灵活、深入、个体化的特点，但其缺点在于不同的评估者使用的评定内容和获得的结果不一致，缺乏可比性。

2. **结构式访谈**　结构式访谈有统一的形式，由一致的问题组成，可以量化评估结果，具有操作标准化、结果数量化和可比性强等特点。但其缺点为不灵活、费时、不能针对个体某个问题进行深入了解等。

3. **半结构式访谈**　半结构式访谈是非结构式访谈和结构式访谈的结合，既有一定的灵活性，也有一定的标准化和可比性。

专栏3-1

结构式访谈项目举例

例1：幻觉评价

评价说明：幻觉指在缺乏相应客观刺激下出现的感知觉。综合评估幻觉坚信程度、频率、持续时间和对行为的影响。存在多种幻觉时，在本项选最重的评定。

问：你是否看到不存在的或其他人看不到的东西？听到或闻到不存在的或其他人听不到闻不到的声音或气味？有多久了？

评分：0. 无；2. 难说；3. 轻；4. 中；5. 偏重；6. 严重；7. 极重。

例2：思维障碍－关系妄想评价

评价说明：关系妄想指异乎寻常地将看上去无关的人或事，或无意义的记号都被认为是针对自己的。

问：你是否有别人不理解的想法，有多久了？你怀疑过有人在监视你吗？有些事情（如广播、电视、报纸）好像是故意冲着你安排的吗？是否有人在背后议论你、讥笑你？

评分：0. 无；2. 可疑；3. 不能以当时的实际情况说服其怀疑；但仅偶尔出现，自己也感到可能是多心，这种观念很轻微，但临床意义已可肯定；4. 显然是一种异常观念；5. 明显持续的异常观念或部分妄想；6. 完全妄想；7. 妄想明显影响行为。

（说明：部分妄想是指妄想尚未完全形成，主要表现为对妄想内容尚没有完全确信，可以这样询问，“你真的认为这都是真实可信的吗？一点疑问也没有？”）

笔记

第二节 临床访谈的基本过程

一、一般的3个阶段

临床访谈一般包括初期阶段、中期阶段、总结阶段。

访谈初期阶段，来访者不熟悉访谈环境，对访谈者有不确定感，内心存不舒适感。因此，在访谈初期，必须给来访者解释心理访谈的特点和如何建立咨询目标等，减轻来访者不舒适感，使其能够对不适感进行自我控制。经验丰富的访谈者开始并不急于询问来访者寻求帮助的原因，而是告诉来访者有关心理访谈的基本常识，比如访谈的基本过程，以及如何制定和实施一系列的访谈目标。进入实质性访谈阶段之前，也鼓励来访者提问，便于建立协调关系和收集资料。

中期阶段主要是收集资料。访谈者经常采用开放式和封闭式提问与来访者进行讨论，开始时广泛采用开放式提问，便于更全面地挖掘来访者的特殊问题。访谈者与来访者讨论过程中不宜过早地作出结论，这是一个非常重要的原则，需要长期坚持这一原则。访谈开始后要以来访者为中心，而不是访谈者滔滔不绝地说教。接着访谈者提出不同的问题，来访者回答，访谈者记录。访谈者的倾听技巧强化训练是提高访谈效果的主要措施之一。

访谈的总结阶段包括访谈者是否对来访者产生影响以及来访者对访谈是否满意的总结。一般来说，每次会谈结束时，访谈者将提供一份总结材料以及下一次会谈的计划。由于访谈的初期评估常常需要采用心理测验、行为观察或其他评估手段，所以访谈评估结束时常常需要对心理测验或其他评估方法的结果作一个总结，用通俗的语言解释给来访者听，使来访者明白这些评估结果的意义。评估结果的意义在于说明问题，并计划下一步干预措施，这些工作始终贯穿于每次访谈评估过程之中。

二、Shea的5个阶段

对于初学者，可以将访谈过程具体划分为几个阶段，便于学习在适当的时间采取适当的步骤。Shea（1988）将临床访谈划分为以下5个阶段：介绍阶段、开始阶段、主体阶段、结束阶段、终止阶段。Shea五分法的特点在于其通用性和非理论流派性，不涉及访谈者的背景，适用于所有的访谈。以下列出每一个阶段的任务和实施过程，可以作为访谈方法的基础。

（一）介绍阶段：适当称呼，表示关注

访谈者和来访者的初次接触宣告了访谈的开始，进入介绍阶段。在介绍阶段中，访谈者应该向来访者说明关键的事项，例如保密性和访谈的目的。对于访谈者来说，事先准备好如何与来访者进行第一次接触是很重要的，应让来访者感受到访谈者的平和、热情，使来访者放松情绪，降低戒备心。以下行为可以作为见面时的一种基本仪式：

（1）打招呼，适当的称呼和握手。

（2）自然地引导来访者坐下。如果条件允许的话，最好由来访者自己选择座位。

（3）询问来访者是否需要茶水或饮料。

（4）访谈者进行简明的自我介绍，开始简单的闲谈，使来访者放松。另外，简单介绍一下咨询的过程，使来访者对评估有了解，重点介绍评估的保密性。在介绍后应该短暂的停顿，便于来访者的询问。

（5）引导来访者介绍他的一般情况，如年龄、工作、家庭基本状况等。

（6）按照会话程序开始会谈。

一些访谈者习惯按照某种固定的方式，如表3-1所列出的标准化介绍提纲。标准化是

笔记

心理评估原则之一，可使观察具有可比性。从某种意义上来说，最好对所有来访者都使用标准化的介绍。因为你的方式越一致，你就越能识别出来访者表现出的个体差异。如果你因为自己的情绪或其他原因更改你的介绍方式，那么来访者表现出的差异可能是由你的变化引起的，而不是由他们自身的差别所导致的。但是，过度标准化也许会显得牵强、不自然，会让来访者有疏远感。因此，既要保持一贯的稳定性，又要注意适度的灵活性，对每个来访者都采取符合人性的反应方式。此外，还要注意来访者独特的个性气质，更要考虑他们不同的文化、种族背景。

表 3-1　介绍阶段的任务提纲

访谈者的任务	目的意义
1. 安排合适的会面时间见面	积极关注，工作联盟
2. 介绍你自己	积极关注，专业性
3. 确定来访者所喜欢的称谓	积极关注，授权
4. 简短的交谈	建立情感协调，共情
5. 说明保密性	取得信任，工作联盟
6. 核查来访者对访谈的目的和你们之间目的的一致性和相容性	工作联盟，专业性，相互性

（二）开始阶段：初步询问，建立关系

开始阶段以访谈者就来访者现在所关注的事情提出问题为标志。该阶段一般包括以下几项任务：访谈者的开场白、来访者对开放式问题的反应，以及访谈者对来访者表述能力的评估。开始阶段大概持续 5～8 分钟。在这一过程中，访谈者主要运用基本的关注技巧和非指导性倾听来鼓励来访者诉说，访谈者的主要任务就是倾听来访者的自由表达，关注来访者对于问题的看法。开始访谈的问话有多种方式。通常可以通过开放式问题（关于“什么”、“如何”的问题）开始，或是以比较温和的命令句开始。例如，“请告诉我你这次来（访谈或求助）的原因”就是以温和的命令句开始。通常这种命令句是以“请告诉我”开始的，这样的问话包含的要点有：

（1）告诉我：访谈者表现出倾听的兴趣。另外，访谈者也借此说明来访者有责任说明情况。

（2）来这里的原因：这要比“告诉我关于你的情况”更具体，因为这让来访者可以更明确应该告诉访谈者哪些生活中的事情。

（3）寻求访谈：明确了来此求助是不同寻常的一件事，来访者应该讲出促使他来访谈的事件。

（4）这次：这有助于来访者明确使他们下定决心前来访谈的原因。访谈者应该明白作出访谈的决定不仅取决于诱因，也取决于时间。有时候，一个问题已经困扰了好几年，但是直到最近才觉得应该寻求帮助。

当你问话时，最好想一想来访者会怎么回答？会如何反应？是跟着你的思路走，还是犹豫、斟酌合适的用词？是否需要更多的提示呢？可能会出现以下情况：

首先，有些来访者的回答会让人感到他们在访谈前已经想好要怎么讲了。比如，你听到来访者这么回答：“好吧，我先来谈谈我的童年。”“最近一段时间，我有如下症状……”“我觉得我没有办法应付这些事。”“我感到沮丧，因为……”Shea（1988）将来访者的这种开头方式称为“排练过的访谈”。对这种来访者进行访谈，明显的好处是这种来访者仔细考虑过自己的问题且希望能尽快谈及重点，求助动机较强，如果他们对问题看得很通透，也的确抓住了问题关键，那么访谈将会很顺利。但是，这类来访者也许只是能客观讲述问题，且能提供

笔记

一些具体信息，却不能深入地分析问题，访谈会遇到较大阻碍。

其次，由于这样的开场白没有明确给出方向，有些来访者可能不知道该怎么回答。比如，来访者也许会陷入沉默，一副无助的表情，并且问："我该讲什么呢？"或者"我不知道你想让我说什么。"面对这种来访者，可以先给他们一定的思考时间，对他们所感到的困难提供情感上的支持，或提供更多的提示。

给来访者一段时间思考、作出反应是评估来访者表达能力的一个非常好的机会。如果来访者作出的反应是："我该说什么呢？"你可以温和地回答："说你想说的。"这样可以给来访者选择的权利和自由，有利于他们克服内心的恐惧和畏缩，有力量选择可以开始交谈的合适内容。同时，访谈者从中可以了解到来访者需要多少外界的引导帮助才能表露出自己，进一步考查来访者的表达能力。如果太快提示或支持，来访者没有足够的时间去放松和主动选择话题、集聚力量表达，可能会使得访谈结果有偏差。

再者，如果来访者再次作出退缩行为，并且对这种非结构性的开始表现出明显的焦躁，访谈者就应该提供支持，比如告诉来访者，在访谈的一开始他的确会感到困难，但以后的过程会越来越容易，给来访者一些信心：

来访者："哦，我真的不知道该怎么说。"

访谈者："有时候要讲出来这里的原因的确很困难，但是一旦你找到一个开始点，一切就变得容易了。"

最后，如果来访者还是不能对自己和他们的问题进行描述说明，这时访谈者可以提供额外的提示：

来访者："我还是不知道该说什么。"

访谈者："或者可以先说说你在家里（学校或单位）的情况怎么样？"

将来访者的任务具体化，会降低对来访者的要求。在某些案例中，访谈者甚至需要提供更为具体的提示来帮助来访者继续表露自己。例如，"或许你可以先讲讲今天你来之前发生了什么"。

有时，某些来访者可能会问一些奇怪的问题，比如："你是医生，你来告诉我，我有什么问题？"这就需要访谈者有很好的临床判断能力来应对。

当访谈进入开始阶段后，访谈者应该评估来访者的反应，并且对自己的反应方式作出相应的调整。比如，对于滔滔不绝、不着边际的来访者，访谈者就需要把握住每个能够插入的机会。在开始阶段的结尾，访谈者应该考虑一下如何才能对来访者的长篇大论取得控制权。对于过分健谈的来访者可较多使用封闭式问题。

有些来访者用自己的内在感受、内在评价标准来描述问题，他们被称为"内部归因者"。这部分来访者总认为是由于自身原因导致了问题的出现，所以他们总是责备自己，甚至会一直自责到访谈终止。内部归因者习惯说："我做错了……"或是"我肯定有……问题"。他们会说："我不知道是哪里出了问题。我总是很紧张……就好像有人在监视我并且指指点点。当然我知道没有这么回事，但我还觉得沮丧。每件事都不对头，我没有全职工作，我和别人处不好关系。我娶了不适合我的妻子，我不知道为什么那些成功的人都不想理我。"

有些来访者总把事情的原因习惯性归到自身之外，称为"外部归因者"。他们会说："我身边的人都有问题！""我的问题是我有个不可理喻的上司，他粗鲁、愚蠢、傲慢自大。实际上，人是没有感情的，如果我不用和其他人打交道，我想我的生活会好得多。"尽管外部归因者的抱怨可能有一定真实性，但是认为问题都是由别人引起的，很难让他们用建设性的眼光关注自己的感受、想法和行为。

实际上，来访者的问题通常是由环境（外部）和自身（内部）两部分共同导致的。在访谈中，尤其在开始阶段，注意来访者对他们的问题承担了过多还是过少的责任是非常有帮助的。

笔记

正如以前所讲的，对来访者的反应，即使是作出暂时的判断也需要多种线索。对来访者在开场阶段的反应进行认真分析，对了解来访者的归因方式、人际互动模式，甚至性格特点还是很有意义的。

当来访者充分表达了他寻求专业帮助的原因之后，开始阶段就终止了。表 3-2 总结了开始阶段的任务、对应的意义及可能运用到的技巧。

表 3-2　开始阶段的任务提纲

访谈者的任务	目的意义和运用的技巧
1. 继续建立情感协调	非指导性倾听
2. 关注来访者对于生活和问题的看法	开放式问题、温和的引导
3. 在必要的时候提供提示和支持	情感反映、澄清开始阶段的目的、缩小开放式问题的范围
4. 在必要的时候帮助来访者采取内在而非外在的参照体系	非指导性倾听、温和的面质
5. 评估访谈的进程并且考虑在主体部分采取哪种方法	解述、总结、角色引导

（三）主体阶段：深入交流，评估问题

该阶段是面谈的重点，主要工作是收集信息，而收集哪些信息则由访谈目的决定。其重要部分是对心理问题或障碍的诊断与评估，例如：如果访谈的目的是为了评估来访者沮丧、不适的程度和状况，以便确定适当的治疗方案，那么就应该将收集信息的重点集中在诊断性的症状和标准上。当然，访谈的目的和重心会随着收集到的信息发生变化，例如，在谈话中你得知来访者曾经尝试自杀，那么访谈目的就有可能变成衡量自杀企图的等级。表 3-3 罗列了主体阶段的主要任务及对应的访谈技巧。

表 3-3　主体阶段的任务提纲

访谈者的任务	访谈技巧
1. 从非指导性的倾听转到指导性的倾听	角色引导：如果必要，对来访者解释这种变化
2. 收集信息	开放式和封闭式的问题
3. 获得诊断信息	使用诊断标准，如 DSM-5，ICD-10 等
4. 从收集信息过渡到结束阶段的准备	对总结主要问题的需要作出说明和讨论

在此阶段，作为一名访谈者，必须获取足够的信息来分析案例并提出建议，运用各类问题来引导来访者，从非指导性倾听转而使用更具指导性的倾听。此阶段主要的访谈内容及问题举例如专栏 3-2，访谈者根据主体阶段访谈所获得的信息，分析案例后作出临床评价并提出建议或进行干预。

专栏 3-2

临床访谈主体阶段的主要内容和问题举例

1. 解释评估会谈的目的

“我将提些问题，以便知道究竟发生了什么。你所提供的信息很重要。准确描述出你的问题将有助于我们决定帮助你的具体内容。”

注意来访者是否确实理解了评估的目的。

2. 确定问题的范围（如果你在病史中没有获得这方面的信息）

“今天你想谈些什么？”“你有什么事情不顺心吗？”“是什么事情烦扰着你？”“你怎么描述现在困扰着你的事情？”“有什么其他的问题你还没有提到吗？”

笔记

注意来访者是否说出其他的问题。

3. 发现最主要的或最迫切的问题，以便优先解决

“你来这里最主要的原因是什么？”“在所有的这些担心中，什么使你最紧张或最痛苦？”“在这些问题中，你认为哪些是你能够最容易处理得好的？”“在我们讨论的所有问题中，哪个问题的解决会对其余问题产生最大影响？”

注意来访者是否选择了焦点问题。

4. 明确目前的问题，主要关注以下几个组成部分：

(1) 问题的情感方面：感受，情绪，心态

“你对你的人际关系感觉如何？”“这些发生时你有何感受？”“你与此人在一起时，安全感如何？”

注意来访者能否明确其感受。

(2) 问题的躯体方面：包括躯体感觉，生理性反应，躯体障碍和疾病

“你的身体有什么变化？”“这事发生时你感觉到了什么反应？”“这事发生时，你感到身体不舒服或难受吗？”“问题发生时，你发现自己的身体有什么不适？”

注意来访者能否明确躯体感觉。

(3) 问题的行为方面：外显行为/活动（过度或不足）

“请描述一下最近几次事情发生时你在做什么？”“这件事发生时你正在做什么？”“你说‘没有交流’指的是什么？”

注意来访者是否明确其外显行为。

(4) 问题的认知方面：包括自动的、有帮助的、没帮助的、理智的或非理智的想法和信念，内心独白，知觉和错觉

“当这件事发生时，你对自己说了什么？”“当这类事情发生时，你通常想些什么？”“什么样的想法会让你有这种感觉？”

注意来访者是否明确其想法、信念。

(5) 问题的关联情境：时间，地点，或引发事件

“请描述一下这个问题最近发生时的一些情境。你在哪里？那是什么时候？”“这通常发生在什么时候？”“在什么地方发生？”“是一直持续还是在某段时间内发生？”“同样的事有没有在其他时间或地点发生？”“在什么时候它不会发生？或其他地点、其他情况下不会发生？”“你的文化/民族背景对这个问题有什么影响？”

注意来访者是否明确事情发生的时间、地点、其他关联事件。

(6) 问题的人际关系：其他人

“还有其他人涉及这个问题吗？”“此人如何影响到你的生活？”“你生活中的什么人对此事有最积极的影响？谁有最消极的影响？”“这个问题对你身边的关系亲密的人有什么明显的影响？”“你认为你是从谁那里学会这种行为或反应的？”

注意来访者是否能明确人物。

5. 确认后续事件，注意来访者是否明确下述后续事件的来源

(1) 情感方面

“这件事之后你感觉如何？”“在问题发生之后，你有没有什么特殊的感觉或反应，会加强或削弱它？”“你什么时候不再有这种感觉的？”

(2) 躯体感觉方面

“在问题发生之后，你有无出现什么身体感觉或疾病？如果有，它又如何影响着这个问题？”“在此事发生之后，你体内有什么特殊的感觉吗？”“在事情发生之后，你有没有任何特

笔记

殊的感觉强化或削弱了问题？”

(3) 行为反应方面

“在此发生之后你做了什么？你做的事情使问题缓和还是加重？”“在此发生之后，你通常有什么反应？”“在此之后，你是否发现自己有一些特殊的行为方式？”

(4) 认知方面：思想，信念，内心活动

“在这件事情发生之后，你有什么想法？这对问题有什么影响？”“在这件事情发生之后你对自己说了什么？”“你能找出什么特殊想法（信念、自言自语）会使这个问题变好些或变糟些吗？”

(5) 关联情境方面：时间，地点，其他事件

“这个问题通常何时停止或消失？变糟或变好？”“问题结束时你在哪里？”“你能否指出有什么特殊时间、地点或事件似乎可以使问题持续进行？变糟或变好？”

(6) 人际关系方面

“问题变糟或变好时，你是否通常与某些人在一起？”“你能指出在问题发生之后从其他人那里获得的任何特殊反应吗？”“他们的反应怎样影响问题的？”“你与这人接触之后发生了什么？”“你能指出有什么特殊的人会使这个问题变糟或变好吗？使其停止或维持原状吗？”“在你生活中有权力的人是如何使你的问题一直存在的？”

6. 确认已经尝试过的解决方法

“你怎样尝试解决这一问题呢？”“你以前如何处理这种事情或其他事情？效果如何？”“为了改善这种状况，你做过什么？”“你做了什么使问题变好了？变糟了？保持原状？”“别人是如何帮你的？”

注意来访者是否明确自己以前的解决办法。

7. 明确来访者的应对技巧、力量、对策

“描述一下当这个问题没有干扰你时的情境。”“你有什么力量或资源可以帮你解决这个问题吗？”“你什么时候不这样做？”“什么样的想法或行为会让你对这个问题处理得好些？”“你有什么技巧可能对这个问题有帮助吗？”“在处理一个困境时你对自己说些什么？”“在没有其他人促使你或刺激你的情况下，你能在多大程度上为自己做些什么？”

注意来访者是否明确其所具有的特质或应对技巧。

8. 明确来访者对问题的描述 / 评价（要注意那些被来访者强调或忽略的方面）

“对这一问题你是怎样理解的？”“你是如何解释这一问题的？”“这个问题对你意味着什么？”“你怎样分析这个问题？”“请你用一句话概括这个问题。”

注意来访者是否解释了问题。

9. 明确问题行为的发生频率、持续时间和严重程度（如果有必要，布置监测作业）

“你一天会……多少次？一周呢？”“它一天 / 一周内发生几次？”“这种感觉会伴随你多久？”“它对你生活的干扰有多大？是如何干扰的？”“你说有时感到很焦虑，如果用1～10级来形容其程度，你会选择哪一级？它如何影响你生活中的其他方面？”“如果这个问题一年内没有解决，那会怎样？”

注意：来访者能否估计出问题的发生次数或严重程度。

（四）结束阶段：总结问题，给予指导

一次临床心理访谈的时间通常为50分钟，在访谈还剩5～10分钟时，应该停止提问和收集信息，为结束阶段留出充分的时间。由于时间越来越少，而信息还有很多，因此，来访者和访谈者在结束中都会感到压力。在该阶段，访谈者应该从信息收集过渡到终止阶段，对谈论的话题进行总结，对来访者表示安慰和支持，给予来访者积极的希望，约定后面的访

笔记

谈。例如："非常感谢你如此坦白，并且愿意向我讲述。""今天你真的谈到了很多事情。""第一次总是很困难，因为时间很短，又有太多的事要讲，考虑到我们只相处了这么短的时间，我觉得你已经提供了很多情况。"这样的言语指出访谈是件困难的事情，并且肯定了来访者在表达自己情况时所作出的努力，夸奖来访者的表达能力，使来访者对自身在访谈中的表现有更好的感觉。

另外，大多数来访者在第一次访谈时都很犹豫，他们对于访谈和心理治疗既期待又担心。因此，访谈者应该肯定来访者寻求专业帮助的决定，并说明这种决定所带来的希望。例如说："我很高兴你今天能来这里。向他人寻求帮助是件困难的事，能来也是一种力量的表示。"这表明寻求专业帮助是件困难的事，来访者作出如此艰难的决定应该得到支持。向来访者提供支持能够使他们觉得这个决定是正确的。

在某些案例中，来访者表现出过于防御，在访谈中回避表达自己。但是，作为一名专业的访谈者，一定要注意不要对那些抵触、戒备、拒绝坦露的来访者表现出愤怒和失望。访谈者这些情绪的表露只会使来访者再次寻求专业帮助的可能性大幅下降。如果来访者表现得很戒备，访谈者要尽量保持乐观，譬如说："我知道对你来说，要在今天和我展开谈话很困难。这并不奇怪，毕竟我们还是陌生人。通常，当我们开始了解彼此的时候，谈话会变得容易一些。"

结束阶段最重要的任务是坚定来访者进行第二次访谈或按照访谈者的意见去做的信心。由于很多来访者自己都不太清楚来访谈的真正原因，促使来访者再次前来访谈的最好方法就是在结束阶段清楚明确地指出来访者寻求专业帮助的原因。像"根据你所描述的情况，我觉得你来这里是因为你想知道如何使你的生活更顺利，尤其是你希望能在社交场合中变得不那么小心翼翼，你希望能更自信一些。你说过'我想相信我自己'，并且你还谈到了你很希望能表达出自己的内心感受，又是多么希望能向你关注的人表露你的情感。"这种说法或者稍加变动可能都是很有用的。

在访谈的结束阶段，有意识地将重心转移到来访者身上是非常有益的。像"你觉得有没有什么问题我们刚才没有谈到，你还希望能详细谈一下？"或"我想知道，你觉得我在访谈中还应该做些什么，能让你觉得更自然（或者更自由地表达）？"这会使得来访者感到对于访谈自己具有一定权利和控制。

访谈的最后一项正式任务是细节安排，探讨是否还需要更深一步的专业接触。这包括安排以后的会面、讨论费用问题和布置其他相关的指导性事项。表3-4罗列了结束阶段的任务及对应的访谈技巧。

表3-4　结束阶段的任务提纲

访谈者的任务	访谈技巧
1. 安慰、支持来访者	感受上的反应、证实——明确地表示对来访者努力的赞赏
2. 总结关键的主题和内容	总结——诠释来访者的内在感受、整合主体和事件的能力
3. 给予希望	建议——说明治疗过程以及通常它是如何起作用的
4. 引导并向来访者授权	提问——向来访者询问意见或是问题
5. 安排细节	说明是否需要更进一步的访谈，如果需要，安排下一次访谈

（五）终止阶段：明确约定，友好告别

在访谈终止阶段中，访谈者的做法可以多种多样。比如，可以陪来访者走出去，友善地作出告别的手势或姿势，可以是说"下次见"以确定下一次访谈，还可以在来访者告别时说"慢走"。终止阶段并没有固定的终止语，只要表达出温暖和自在即可。在该阶段，来访者可能会因为面谈的终止而表现出对分离和丧失的态度。此阶段的主要任务及访谈技巧见表3-5。

笔记

表 3-5 终止阶段的任务提纲

访谈者的任务	访谈技巧
1. 注意时间	在方便的地方摆块钟表，在终止前说明时间快到了
2. 注意来访者明显的行为	作出情感反应
3. 引导或控制访谈的终止	使用标准的终止方式，终止语要温暖而自在。与来访者讨论访谈终止以及时间界限
4. 面对终止	评估来访者对于终止的反应。在时间限度内终止访谈

初学的访谈者有时候会因为严格遵守终止时间而感到负疚。他们可能会允许来访者继续说下去，没有严格遵守时间规定。这样做对来访者并无好处，甚至会让他们觉得自己是特殊的，或者是占了便宜。但实际上，也许他们真正需要面对、解决的问题就是他们对特殊化的过分要求。终止访谈或治疗都是不容易的，但是当访谈者以亲切、准时、专业的态度终止时，他就将这样的信息传递给来访者："我是按照规则办事的，我相信你也能做到这一点。下周我们会进行下一次访谈的，我会很热情地接待你和帮助你。"

第三节　临床访谈的基本技巧

成功的访谈总是依赖于访谈者与来访者的有效沟通。通过言语和非言语沟通，积极参与技术的使用，访谈者不仅了解来访者，而且传达对来访者困难处境的关怀、温情和理解，使来访者放松，吐露心声，以便进一步评估与干预。以下是一些基本原则和技巧。

一、建立良好的信任与合作关系

与来访者建立良好的信任与合作关系是访谈的基础。尊重、温暖、真诚及通情是建立良好关系的主要技巧。

（一）尊重

尊重又称为接纳或无条件积极关注。著名心理学家罗杰斯非常强调尊重对心理咨询的意义，"我使用尊重一词来指对来访者作为一名具有无条件的自我价值的人的一种温暖关注，即无论他的条件、行为或情感如何，他都具有价值。"尊重来访者，意义在于可以给来访者创造一个安全、温暖的氛围，使其可以最大程度地表达自己。尊重来访者，可使来访者感到自己受尊重、被接纳，获得自我价值感。特别是对那些急需获得尊重、接纳、信任的来访者来说，尊重具有明显的助人效果。尊重体现在以下方面：

1. 尊重意味着完整地接纳一个人：把每一个来访者都视为有人权、有价值、有情感、有独立人格的人，充分尊重对方的价值观。

2. 尊重意味着彼此平等：虽然访谈者可能在专业知识和某些经验方面的水平高于来访者，但这决不能说明访谈者比对方高明、高尚或优越。访谈者不能居高临下，以救世主的姿态出现；应当以平等商量的口吻和来访者交流，而不要卖弄自己的学识，罗列一大堆的术语，使对方陷于"无知"的尴尬境地；不能因对方的某些过失或片面的想法或某方面知识的欠缺而流露出不屑一顾的神态；也不可把自己的想法、观念和行为模式强加于人，更不能板起面孔教训人。

3. 尊重意味着以礼待人：无论来访者相貌美丑、地位高低、经济贫富、脾气好坏、年龄大小、性别为何，访谈者都应一视同仁，以礼待之。访谈者要克制自己的情绪，不对来访者发脾气，不嘲笑、不贬抑、不惩罚。即使来访者的言行举止有些失礼，访谈者也应始终以礼相待。

笔记

4. 尊重意味着信任对方：没有信任也就很难有尊重。来访者在涉及某些敏感问题时会有些顾虑，因此会有所掩饰或犹豫，访谈者应尊重和理解来访者的这种心理，不应认为来访者故意在隐瞒什么，并借助于尊重、理解、温暖来消除来访者的顾虑。只有信任才能让来访者更坦诚、更真实地反映自己的情况。

5. 尊重意味着保护隐私：每个人都可能有或多或少的秘密、隐私。访谈者应该对来访者讲述的秘密、隐私严格保密。

如何表达尊重呢？访谈者通过守时、敏感而通情的倾听，给予来访者自由谈论的空间。另外，访谈者通过重述的方式来表明自己听到并理解了来访者所讲的具体内容，这也可以表现出尊重。

（二）温暖

温暖是对来访者充满爱心和关切，从来访者进门就让来访者感到自己受到了友好的相待。温暖体现在访谈时热情、友好和耐心、认真、不厌其烦。与尊重相比，温暖可以使得来访者和访谈者之间的心理距离更近一些，只有访谈者对来访者充满关切之情，且怀有一颗诚挚的助人之心，才能最大限度地表达出温暖。当访谈者对来访者具有积极或关爱的情感时，可以使得来访者感到足够的安全，进而探索其自我怀疑、不安全感和缺点。已有研究表明，当访谈者对来访者存在积极情感时，能够提高来访者的改善程度。

（三）真诚

真诚是指在访谈过程中，访谈者与来访者的互动是自然和诚实的，以“真正的我”出现，想法、情感与行为相符，不戴假面具，不是在扮演角色或例行公事。真诚要求“不虚伪”，真诚让来访者知道自己可以表露自己的软弱、失败、过错、隐私等而无需顾忌，让来访者切实感到自己被接纳、被信任、被爱护，坦然地表露自己的问题；另一方面，遇到不赞同来访者言行的情况，访谈者也会表明自己的意见，表达对来访者的不足、缺点的反馈，但以不伤害为原则。

真诚是内心的自然流露，不是靠技巧所能获得的。真诚要建立在对人的乐观看法、基本的信任和对来访者充满关切和爱护的基础之上。然而，真诚的表露并不是完全顺其自然的事情。在表露之前，访谈者需要自我检查动机，即这种表露是否以来访者的利益为出发点。然后，需要考虑这种表露是否有助于来访者。特别要注意不宜说那些有损咨访关系的话，比如“你有这种性格，难怪大家都不喜欢你”。

（四）通情

“通情”也叫“共情”（empathy），是理和情的协同运作过程。根据罗杰斯的观点，通情意味着访谈者能够准确体验来访者的精神世界，有如亲身体验的了解，就如同那是访谈者自身的精神世界一样。通情涉及两个方面，其一，访谈者能够设身处地地进入来访者的内心世界，感受到来访者的情绪体验；其二，访谈者能够用理性去考虑和回答来访者的问题，如“是什么？”、“怎么样？”和“怎么办？”等。访谈者必须运用其智力和情绪构成来推断来访者的情绪、体验和想法，所以通情过程包含情感和智力两种成分。

通情有助于访谈中良好关系的建立。访谈者对来访者的陈述仅有肤浅的理解时，来访者的反应是：“当然我正是这样说的”。显然，这无助于来访者作进一步的自我探索。当建立起有效的通情时，来访者的反应可能是：“正是这样，没有想到有人竟会理解我的真正想法，现在我想再进一步告诉你，……”。当访谈者有卓越的技巧，已接触到来访者问题的实质时，来访者可能先沉默片刻，然后逐步承认：“是的，我想你是对的，以前我从来没有想到这一点，但这确实是我曾经有过的情感和体验，现在我了解得更多了。”至此，访谈者已帮助来访者对自己有了更进一步的认识。

通情的主要作用有：一是可以把自己的关切理解传达给对方，增进访谈者与来访者之

笔记

间的情感协调和信任；二是能使来访者感到自己被接纳被理解，提高其动机水平，促进其自我表达、自我探索，更加自由地探究个人问题，从而达到更多的自我了解和更深入的沟通，使得来访者更好地意识到原本无意识的材料，增强其自我意识。因此，通情亦被认为是一种治疗因素。

值得注意的是，通情与普通的了解(understanding)不同。普通的了解是指访谈者对一些事物主观的认识，通情则并不仅仅是访谈者对来访者有一定认识，还要能够体会到他的感受，观察他的思想，了解他如何看待自己，如何看待周围的世界。通情的了解不从客观或外在的参照标志来看事物，而是要设身处地从来访者的参照标准来看事物。在访谈中，通情的了解确实十分重要，因为在通情的过程中，访谈者不但尝试了解来访者、与他产生同样的感受与体验，也在协助来访者进行自我表达、自我探索和自我了解。当访谈者的回应具有通情的时候，来访者感受到被理解，从而有一种舒畅和满足感，而这种感受会促进他继续作表达和剖白，形成更有默契的会谈。

另外，通情与同情也不同，同情指施与受双方往往处于不同的位置。如：我对他们的遭遇表示同情，一方面我是认同和分享了他们的苦难，而同时，我又处于一个较优越的地位。而通情出现时，给与受的地位是相等的，并无高低之分，所以在访谈中更应该培养通情，而绝对不要有同情出现。

二、参与技术

“参与”的英文原词是attending，国内有很多书籍将之翻译为“倾听”。但是在使用“倾听”一词指代attending时容易令人将之局限为“聆听”，即用耳朵倾听，由于attending的意思包含“注意的、倾听的、专心的”等多重意义，所以并非单纯的倾听，而是包含了很多其他的反应。因此，使用“参与技术”似乎更能全面地反映这一技术的内涵。

参与技术是心理咨询的第一个步骤，可以表达对来访者的尊重，建立良好访谈关系，让来访者知道访谈者关心他的情况和经历，使对方在比较宽松和信任的氛围下诉说自己的烦恼。从而可以让访谈者充分地了解情况，帮助来访者自我认识，甚至有时耐心、通情的倾听就能极大地帮助来访者。因此，该技术是每个访谈者都需要掌握的基本功。参与可以区分为身体参与和心理参与，这意味着访谈者不仅要用耳朵和心聆听，还要有合适的身体姿态和适当的反应。

身体参与是指访谈者的姿态传递出对来访者的关切以及愿意聆听。其表现有身体稍微倾向来访者、放松而注意的身体姿势、良好的目光接触、符合来访者情绪的面部表情以及适度的反应，这些表现都传达了对来访者的兴趣与关注。当非言语行为使用无效或不恰当时，它的影响就会是负面的、消极的。例如，当访谈者不与来访者进行眼神交流，而是眼神从来访者面前移开，或是懒洋洋地躺在椅子上，这些都传达了一个信息，即有距离感和不感兴趣。当访谈者皱着眉头、噘着嘴时，表示一种愤怒和敌对的感觉，不能够使来访者感到舒适。反之，微笑、愉快、关注的表情引起合适的情感和言语交流。访谈者的身体反应既可以表明认真倾听的态度，还起到鼓励作用，同时也是为了澄清问题。对于初学者而言，最简便易学的反应动作是点头，以及和点头动作连在一起的“嗯”。这些言语动作向来访者提供了这样一种信息：“我在听你说”、“我对你说的内容很感兴趣”、“请继续说下去”，等等。不过，一定要注意，点头、说“嗯”时应认真专注、充满兴趣，并且要常配合目光的注视。另外，切勿过多地点头或说“嗯”，因为这会对来访者的注意力产生干扰，且容易显得访谈者不耐烦。可以变化使用某些词或句子，比如“是的”、“噢”、“确实”、“我明白了”、“你再说得详细些”等。

心理参与并非仅仅是用耳朵听，更重要的是要用心去听，去设身处地地感受。访谈者要善于体会来访者对问题的看法，把握来访者的思维模式，从来访者的角度看问题，先理

笔记

解，再顺着他的思路，主动引导，澄清问题。在这个过程中，不但要听懂来访者通过言语、行为所表达出来的东西，还要听出来访者在交谈中所省略的和没有表达出来的内容。比如，在中国文化背景下，性问题是许多人羞于启齿、极为敏感的问题，因此，来访者常常东拉西扯，回避主题，这就需要我们透过表面问题去听。听的过程中还要注意对方如何表达自己的问题，如何谈论自己及自己与他人的关系，以及如何对所遇问题作出反应。此外，还要注意来访者在叙述时的犹豫停顿、语调变化以及伴随言语出现的各种表情、姿势、动作等，这些都可以提供有意义的信息。参与过程中要以理解的心态去对待来访者所遇到的困难、相应的感受和出现的反应，如表示理解地说："你目前遇到的问题使你很为难。"来访者会情绪激动地讲述自己的苦恼、委屈，甚至出现如骂人、拍桌子等行为，发泄心中强烈的情绪。此时应耐心地倾听，鼓励来访者适当释放出不良的心情，对对方的心情或某些失态表示理解。

言语沟通是心理参与技巧的重心，主要包括：开放式提问（open questions）、封闭式提问（closed questions）、稍加鼓励（minimal encouragement）、重述（paraphrasing）、总结（summarization）及情感反映（emotional reflection）。

1. **开放式提问** 常用于推动来访者的自我剖析，使讨论更深入。与封闭式提问相比较，开放式提问常以"什么"（what）、"怎样"（how）或"为什么"（why）开始，要求更详细、更广泛的回答。例如，"当事情发生的时候，你感觉如何？""为什么你认为每次回家都会产生这种感受？"

2. **封闭式提问** 常用于收集和解释资料信息。封闭式提问常常用"是不是"、"对不对"、"要不要"、"有没有"等词提问，而回答则为"是"、"否"式的简单答案。例如，"你是不是第一次与人谈这个问题？"这种询问常用来收集资料并加以条理化，澄清事实，获取重点，缩小讨论范围。

3. **稍加鼓励** 是指访谈者作出一些反应使得来访者更加愿意透露信息，这些反应能进一步促进他们的讨论，鼓励来访者继续表达类似的想法和感受。其方式包括简短的表达形式（如"嗯……""所以……"），或是准确地重复来访者使用过的词汇，或是直接对来访者说"多告诉我一些"，或者用重述的方式鼓励来访者继续表达。例如，长时间吐露工作中的相关事件后，来访者特别感到挫折和愤怒，访谈者可以重述来访者的一些话。值得注意的是，访谈者不要简单地重复来访者吐露的所有内容，而是要强调其主要观点和感受（比如"看起来你感到备受打击"）。

4. **重述** 也称释义，即简述语意，属于内容反映技术。指访谈者重复来访者在刚才交谈中重要和突出的方面，完整而扼要地叙述来访者已谈过的事、原因和感受。访谈者把来访者言谈中的主要内容与思想，加以综合整理后，再反馈给来访者，即"言语重新组织或复述的行为或过程"。最好是引用来访者言谈中最有代表性、最敏感、最重要的词语。重述的作用包括几个方面，首先，能提供来访者状态的直接感受，使得来访者有机会再次剖析自己的困扰，重新组合那些零散的事件和关系，深化谈话的内容。其次，可以推动进一步会谈并检验访谈者是否理解来访者所说的内容。只有当访谈者认真倾听来访者时，重述才可能是准确的，这也可以提供给来访者一个信息，那就是访谈者在认真地听。再次，如果重述不准确，来访者会马上给访谈者正确的反馈，确保自己的信息被正确听到。

5. **概述** 也称总结，是指在经历一段时间的面谈过程之后，访谈者回顾之前的整个过程，将所获得信息的不同内容或多个不同类型信息联系起来，并且重新编排整合，去除多余的陈述，把多个元素连接形成一个共同的主题或模式。其本质与重述类似，但要总结的内容比重述更加丰富。概述的目的在于提取或精练来访者所提供信息的背后含义，增进来访者及访谈者对主要内容的记忆，并且将注意力集中于相对重要的问题。

6. **情感反映** 情感反映与重述（即内容反映）很接近，区别在于内容反映着重于对来访

笔记

者言谈内容进行反馈，而情感反映则着重于对来访者的情绪进行反馈，情绪往往是思想的外露，经由对来访者情绪的了解可进而推测出来访者的思想、态度等。情感反映就是对来访者的感受或信息中的情感内容重新解释。情感反映最有效方式是针对来访者现在的情感而不是过去的。比如，“你此时的情绪似乎是对你的现状非常不满”。

事实上，访谈者对来访者的情感反映与内容反映常常是同时的。比如，“你说你的同事在背后挑拨是非”，这是一句“内容反映”，而“你似乎对他的行为感到非常气愤”是一句“情感反映”。若是“你的同事在背后挑拨是非，你为此感到非常气愤，是这样吗？”，则综合了内容反映和情感反映两种技巧。

三、影响技巧

影响技巧常用于引导来访者，使得来访者产生具体的改变，即改变他们思考、感受或行动的方式。通常包括以下方面：

1. **暗示** 是访谈者直接或间接地暗示或预测来访者的生活中将发生某种现象，例如，暗示某位来访者会就某一个困扰自己的问题做个梦，这个梦会提供解决问题的答案；或是暗示某个自认为在老板面前自己是个绝对弱者的来访者，“*接下来的这个月里，如果你仔细观察你和老板之间的互动，也许你会发现自己比他更强大的方面*。”可见，暗示技术可以使来访者有意识或无意识地去从事某种行为、体验某种情绪、改变某种思维方式。

2. **建议** 是对来访者作特殊命令或指示，指的是访谈者直接告诉来访者应该做什么或不应该做什么。给出建议的好处在于，某些来访者缺乏足够的判断力或能力进行选择和自我调整，需要访谈者提供明确答案指明方向。但建议也存在缺陷，那就是访谈者扮演了一名权威专家角色，这就变成了一种以访谈者为中心的技术。因此，有不少专家都不赞成使用建议，因为来访者有自己的价值系统和判断体系，所以访谈者无权也无法代替来访者做决定。目前，较为一致的观点是，在面谈的初期，最好避免给出建议，访谈者给出建议的前提是先全面了解来访者已经尝试过哪些解决方案，对其具体情况了解得比较清楚。

3. **影响性概述** 当来访者对自身具体情况和感受都有了相当程度的暴露后，访谈者选择重点进行相关总结，此时可采用影响性概述技巧。与概述及重述相似，但它的侧重点更加明显，显示出访谈者具有偏向性的信息选择，且这种选择也在不知不觉中影响来访者更为关注某种信息。

4. **自我暴露** 包括访谈者自身的情感表达和个人信息提供，访谈者适当利用个人情感和信息的透露来帮助建立与访谈者之间的协调、信任关系，使来访者更愿意分享个人体验和情感，透露更多的信息。不过，自我暴露不能过度，否则可能损害访谈者的权威形象，且可能会导致访谈者与来访者的角色互换。

5. **敦促** 是指促进来访者尽快采取某一具体行动，适用于某些危机情境中。例如，某位有自杀倾向的来访者欠缺主观能动性，迟迟不愿寻求帮助和支持，访谈者敦促其尽快将真实情况告知家人，积极求助降低风险。此外，敦促还可以应用于犹豫不决的来访者，促使其尽快采取某种行动来改变其境况。例如，某位深受不良室友困扰的来访者称“*我将于半年后搬离那个住所*”，此时，访谈者通过“*为什么要半年后，而不是现在？*”来促使其立即行动。

6. **解释技术** 也称解译，即运用某一种理论来描述出来访者的思想、情感和行为的原因、过程、实质等。解释使来访者从一个新的、更全面的角度来重新面对自己、自己的周围环境以及自己的困扰，并借助于新的观念、系统化的思想来加深了解自身的思想、情感和行为，产生领悟，提高认识，促进变化。解释以访谈者所持有的理论取向为基础。精神分析取向的访谈者所提供的解释更强调有关基本人格动力学的行为意义，多基于无意识过程影响

笔记

行为的假设，正如Fenichel所述，“解释是指在某些意念正在力图浮现出来的时候指出它，使它从无意识变成有意识”。因此，精神分析取向的访谈者通过解释技术，可帮助来访者获得更多的自我意识和更高的功能水平。而行为主义取向的访谈者所提供的解释则更强调与行为有关的现实环境因素、可能性及其影响程度。行为主义取向访谈者的解释常用于分析和综合刚刚获取的资料，并尝试改变来访者自身的观察方式。

需要特别注意，访谈者不能生搬硬套地使用上述沟通技巧。与不同文化背景的来访者进行临床访谈时，应考虑不同文化与习俗的影响，考虑个体在种族、经济、政治和法律等方面所持的特殊观点，应因人而异地建立协调信任关系和应用各种技巧，避免呆板的沟通形式。

第四节　临床访谈的应用

一、临床访谈在成年人精神障碍诊断中的应用

适合成年人使用的诊断性访谈工具有许多种。Helzer（1983）认为，标准化的诊断性访谈方法尤其要确定以下几个方面：①获得来访者资料的基本方式（包括症状和障碍的外在表现）；②访谈的形式（面谈、电话联系、网上访谈）；③问题的排列顺序；④提问的措辞；⑤在对来访者的反应记分之前，还需要提出哪些附加问题以获得更多信息。下面介绍几个成人诊断访谈工具。

1. **情感障碍和精神分裂症访谈问卷**（Schedule for Afective Disorders and Schizophrenia，SADS）　情感障碍和精神分裂症访谈问卷由Endicott，Spitzer和Robins等人于1978年为一项抑郁症大型协作研究项目而编制的，该问卷首次采用诊断式结构。SADS的第一部分主要是收集在访谈前一周内来访者的现实问题和功能情况，该部分项目有详细描述。第二部分涉及已发生的精神紊乱状态的基本资料，以研究用诊断标准（research diagnostic criteria，RDC）为基础，每个问题的记分参照Likert量表的方法，按症状的严重程度记分。访谈者使用的所有资料（包括图表提示和其他有意义资料），以及许多普通或特殊问题项目均有准确的评分标准。SADS项目描述了症状的持续时间、过程、严重程度，以及社会功能受损的情况。访谈一般需要1.5～2小时才能完成，主要取决于来访者心理障碍的严重程度和复杂程度。Endicott J和Spitzer RL（1978）强调，临床访谈工作的评定者需要具备扎实的精神病学知识，所以评定者应由接受过系统培训的精神病学家、临床心理学家和精神卫生社会工作者担任。

2. **诊断性访谈问卷**（Diagnostic Interview Schedule，DIS）　诊断性访谈问卷是一个结构化程度很高的访谈问卷，使用该问卷进行访谈，可对访谈对象进行诊断，而其诊断是以《美国精神疾病诊断和统计手册（第3版）》DSM-Ⅲ的标准为基础。DIS是为美国首次全国心理障碍流行病学研究而编制的访谈问卷（Robins，Helzer，Croughan，&Ratcliff，1981），因为当时参与该项研究的访谈者很多，所以采用高结构化的问卷方式——访谈者统一读出问卷的问题，并记录来访者的阳性回答及其他特殊回答，而不需要对访谈对象是否存在心理障碍作出任何决定。该问卷对精神症状访谈和辨别过程的每一步骤规定得十分清楚，访谈者按要求操作即可。由于问卷操作指南十分清晰，可以最大限度地减低访谈误差、减少临床误诊。此外，已有的研究结果也表明，训练有素的访谈者与非专业访谈者使用DIS访谈结果具有可比性。

DIS操作与内科医师检查病人、作出疾病诊断、推测发病原因的过程很相似。首先，访谈者要鉴别来访者是否存在某些症状；其次，这些症状是否具有临床意义，即弄清这些症状是否属于病理范畴、是否需要药物或其他方法治疗、症状是否严重影响了来访者的社会功能（工作、生活与学习等）；最后，完成访谈后，将访谈数据输入到计算机，DIS编有专门的项

笔记

目计分和诊断程序计算机系统，访谈者将资料输入到计算机后对应程序可自动给出来访者的诊断。

3. **DSM 结构式临床访谈问卷**（Structured Clinical Interview for DSM，SCID） DSM 结构式临床访谈问卷是一个与《美国精神疾病诊断和统计手册》（DSM）配套的，在成人中广泛使用的结构式临床访谈工具，是目前诊断精神障碍的"金标准"。与 SADS 一样，SCID 访谈者必须经严格训练才能使用，要求在问卷访谈过程中能够熟练地作出心理障碍的诊断。SCID 具有良好的信效度，在住院病人、门诊病人和正常人中使用时，其访谈内容稍有不同。SCID 既编制了开放 - 封闭（open-ended）式问题，又设置了"跳跃式结构"（skip structure），这种跳跃式结构指根据来访者在某领域前面问题的回答情况，访谈者可终止该领域后面问题的提问，而进入另一新的领域开始访谈。在 SCID 访谈中，一旦明确来访者不符合某类别心理障碍的诊断后，访谈者即终止该类别心理障碍的访谈提问，并转移至下一个类别心理障碍的检查。例如某些来访者在重性抑郁类别检查中，对前 5 个症状的提问均给予否定式回答，则无必要对后面 4 个症状继续提问，因为重性抑郁的诊断至少要符合 5 个症状。因此，临床判断在 SCID 访谈中非常重要。

由于美国精神病学出版社 2013 年发行了《美国精神疾病诊断和统计手册（第 5 版）》（DSM-5），与之对应的 SCID-5 也于 2014 年 11 月由美国精神病协会出版发行。相比于先前的版本，SCID-5 版本更丰富、功能更全面。目前，美国精神病协会出版社提供了四种不同的 SCID-5 版本：① SCID-5-CV（Clinician Version）临床医生版；② SCID-5-PD（Personality Disorders）人格障碍；③ SCID-5-RV（Research Version）研究版；④ SCID-5-CT（Clinical Trials Version）临床实验版。SCID-5 可以用作以下用途：①确保主要的 DSM-5 诊断是经过系统评估所获得的；②选择研究人群。如利用 SCID-5 可以用来确保所有研究被试符合 DSM-5 抑郁症的诊断标准等；③用来描述某个研究人群当前和既往的精神诊断特征。如用于获得特定人群某些精神障碍的患病率和发病率的诊断数据；④提高心理健康相关专业（包括精神病学、心理学、社会工作和精神科护理等）学生的访谈技能，降低不同访谈者之间的诊断偏差。目前，SCID-5 在我国尚未得以标准化，其中文版尚未发行，因此，我国目前仍然沿用与 DSM-IV 配套的 SCID-IV。国内的中文版本多采用的是由华西医院和北京回龙观医院共同修订的 SCID-IV 中文版。表 3-6 为 SCID 重性抑郁分量表访谈内容及某个被访谈者的结果记录。

表 3-6　SCID 重性抑郁分量表访谈内容及某个被访谈者的结果记录

<table>
<tr><td colspan="4">A. 心境部分
该单元用于评估重性抑郁、躁狂、轻躁狂发作、心境恶劣障碍、由躯体疾病所致的心境障碍、物质所诱发的心境障碍、物质所致心境障碍以及发作特征。重性抑郁障碍、双相情感障碍在 D 单元中诊断。
？资料不充分　1 不存在或不真实　2 阈下　3 阈上或真实存在</td></tr>
<tr><td colspan="4">目前重性抑郁发作重性抑郁发作诊断标准</td></tr>
<tr><td>现在我将问您许多情绪方面的问题</td><td>A. 在过去 2 周内存在 5 个（或更多）下列症状，且功能较以前有所改变；至少符合（1）抑郁心境，或（2）愉快或兴趣丧失</td><td></td><td></td></tr>
<tr><td>过去 1 个月中……
您有没有一段时间几乎每天的大部分时间都感到忧郁或情绪低落？
（情况是怎样的？）
如果是：持续多长时间？（有 2 周吗？）</td><td>（1）抑郁心境占据一天中的大部分时间，持续许多天，几乎每天都存在。不仅有主观报告（如感到悲伤或空虚），而且有客观的观察指征（如流泪）
注意：儿童青少年表现为易怒情绪</td><td>？1　2　③</td><td>A1</td></tr>
</table>

笔记

续表

您是否对曾经喜欢的事情失去了兴趣或愉快感？ 如果是：是不是每天都这样？持续多长时间（有2周吗？）	（2）几乎或所有兴趣或愉快感丧失，发生了许多天，几乎整天都存在（**主观叙述或由其他人观察所见**）	？1　2　③ 如果既不符合项目（1），也不符合项目（2），而符合项目（3），可直接转到“重性抑郁发作”A12	A2 提示：当评定下列项目时，编码：（1）是否由躯体疾病所致，或者存在与心境不一致的妄想与幻觉 在下列提问时，注意过去1个月当中有无最严重的两周（或者已过去的2周中，是否与整月一样抑郁）
以下问题着重于最近一个月中情况最差的两周（如在整月里都同样抑郁，则评定最近的两周）			
在这期间（2周时间）…… 您体重是否下降或增加？（多少） （您是否试图减轻体重？） 如果否：你食欲如何？ （与您平时食欲相比如何？） （您是否自己去吃？） （比平时吃得多或少？） （每天都差不多吗？）	（3）在没有节食情况下体重下降或增加（在1个月内体重变化了5%），差不多每天下降或增加 **注：此条不适用于儿童** 逐项打“√” √体重下降或食欲减退 体重增加或食欲增加	？1　2　③	A3 A4 A5
您睡眠怎样？ （入睡困难，经常易醒，持续睡眠困难，早醒或睡得过多？与平时相比每晚睡几小时？差不多每晚都这样吗？）	（4）几乎每天失眠或贪睡 逐项打“√” √失眠 贪睡	？1　2　③	A6 A7 A8
您是否因为烦躁或心理不平静，以至于不能静坐？（其他人是否注意到您的情绪不佳？他们观察到什么？差不多每天都这样吗？） 如果否：与平时相比，你是否说话和活动都比较慢？（是不是严重到其他人也注意到？他们观察到什么？差不多每天都这样吗？）	（5）几乎每天精神运动性兴奋或迟滞（由其他人观察，坐立不安或行动迟滞，不是主观报告） **注：会谈时行为表现** 逐项打“√” √精神运动性迟滞 精神运动性兴奋	？1　2　③	A9 A10 A11
您的精力怎么样？（整天都觉得疲倦吗？差不多每天都这样吗？）	（6）差不多每天感到疲劳或活动缺乏	？1　2　③	A12
您自己的感觉如何？（价值感？差不多每天都有这种感觉吗？） 如果否：您是不是对自己做过的事情或未做完的事感到内疚（差不多每天都这样？）	（7）感到无价值，或过分内疚或不恰当自责（达到妄想程度）；差不多每天都存在（不仅有自责和内疚，而且还有身体不适） 逐项打“√” 无价值感 不恰当内疚	？1　②3	A13 注：仅仅自我评价过低记“1”或“2” A14 A15
您是否感到思考困难或注意力不集中（对您哪些事情存在干扰？差不多每天都这样？） 如果否：是否对日常事情难于作出决定？（差不多每天都这样？）	（8）思维能力或注意力减退；优柔寡断；差不多每天（既要主观叙述，也要其他人观察到） 逐项打“√” √思维能力下降 优柔寡断	？1　2　③	A16 A17 A18

笔记

续表

您是否经常想到死？感觉死了会更好？您是否想过自杀？ 如果是：您是否曾经自杀过？	(9)不断重现死亡想法(不惧怕死亡)，无持续的自杀意念或自杀企图或自杀计划 逐项打"√" √死亡的想法 自杀意念 自杀计划 自杀企图 至少A(1)～(9)中有5项记"3"分，和至少包括项目(1)或(2)	? 1 2 ③ 1 3 如记1，转到"既往重性抑郁发作"A12	A19 注：自伤和/或自杀意图，记"1" A20 A21 A22 A23 A24
抑郁发作导致您工作困难？料理家务事困难？与其他人交往困难？	B. 症状导致有临床意义的痛苦或社会、职业或其他重要领域的功能损害	? 1 2 ③ 如记1，转到"既往重性抑郁发作"A12	A25
在此之前，您有躯体疾病吗？ 如果回答"是"：哪科医生告诉过您？怎么说？ 在此之前，您是否服过药物？ 如果回答"是"：您感觉药物效果如何？剂量有变化吗？ 在此之前，您是否饮酒或使用一些成瘾药物？	C. 症状并不是物质滥用或一般躯体疾病的直接生理效应。 如果躯体疾病或物质滥用与抑郁发生的原因有关，直接转接"躯体疾病/物质滥用"A43，并且回到这里评定是"1"或"3" 躯体疾病包括：神经元退行性病变(如Parkinson病、Huntington病)、脑血管疾病、代谢内分泌疾病(如维生素B_{12}缺乏、甲状腺功能减退)、自动免疫性疾病(如全身性红斑狼疮)、病毒或其他感染(如肝炎、传染性单核细胞增多症、艾滋病)和某些癌症(如胰腺癌) 物质滥用包括：酒精、苯异丙胺、可卡因、致幻剂、吸入药、鸦片类物质、苯环己哌啶、镇静药、催眠药、抗焦虑药和其他未被证实的物质(如类固醇)	? 1 ③ 如记？或1，由于物质滥用或躯体疾病，转到"既往重性抑郁发作"A12； 如记3，提示原发性心境障碍发作 然后继续下面部分	A26
是不是在您亲近的人去世后不久，您就开始有这些症状？	D. 症状不能用居丧反应来解释，如失去爱人之后，症状持续超过2个月，或以明显的功能损害、病态地沉浸在无价值感、自杀意念、精神病性症状、精神运动性迟滞为特征 **重性抑郁发作标准A、B、C和D均记"3"**	1 ③ 如记1，提示简单哀伤，转到前面"重性抑郁发作A12" 如记3，不是简单哀伤，继续下面部分 1 ③ 如记1，转到"既往重性抑郁发作A12"； 如记3，目前重性抑郁发作	A27 A28
您感到抑郁和孤独的时间有多长？差不多每天都存在，抑郁至少持续2周？	重性抑郁发作的总数量，包括当前存在的(如果有大量或难于辨别的数量时记99) **注：详细记录过去发作情况，转到J.9**		A29

笔记

二、临床访谈在儿童青少年精神障碍诊断中的应用

儿童青少年的临床访谈与成年人不同，具有一定的特殊性。因为儿童的认知、语言及人际关系能力均在发展之中，例如从具体思维向抽象思维发展，社会认知从单维的、刻板的好坏思维、非黑即白思维向自发多维思维发展，考虑问题从着眼于现在向考虑未来发展，因此在成年人中有效的访谈技术，未必适用于儿童和青少年。总的来讲，与儿童和青少年访谈具有以下特点：①集中具体的、此时此地的问题。所提出的问题允许儿童作简单的、单维的回答。②加强非言语沟通，儿童年龄越小，越习惯于通过非言语手段来表达自己的思想。常用的方法包括绘画和游戏，尽管有研究者认为采用绘画和游戏手段进行访谈，其结果的信度、效度可能达不到测量学要求，这些材料的使用仅仅只是作为与儿童沟通的手段，很难反映儿童内在的心理品质。但是也有最新的研究结果表明，采用图片和木偶剧的方法，可以有效地提供儿童心理障碍的诊断信息。③对儿童的父母进行访谈，可以提供儿童心理特征的重要补充信息，尤其是儿童表达不清的或不愿说出的资料，采用这种手段更有帮助。与儿童及其父母同时进行访谈或分开单独访谈，可能会获得不同信息，访谈者要仔细加以区别，或许会发现对临床判断更有价值的信息。下面介绍两种有代表性的儿童青少年诊断性访谈问卷。

1. 儿童青少年诊断性访谈问卷（Diagnostic Interview for Children and Adolescents，DICA） 儿童青少年诊断性访谈问卷由 Herjanic 及其同事在 Helzer 等编制的 RDI 基础上发展而来。后来的 DICA 版本则是在 DSM-Ⅲ和成年人 DIS 的基础上建立的。就像 DIS 一样，DICA 具有良好的访谈结构，适用年龄范围为 6～17 岁。采用 DICA 进行访谈，首先要对父母与儿童进行联合访谈，以便获得相关的既往史资料；接着要与父母和儿童分别进行访谈，对父母与儿童提出相同的问题，然后用 DSM 标准进行评估；最后，访谈的第三部分为父母问卷，包括儿童成长和既往就医的情况。

表 3-7 DICA 特征总结

形式	半结构化；终身诊断
适用年龄	6～17 岁
诊断范围	注意缺陷多动障碍；对立违抗性障碍；品行障碍；尼古丁的使用；酒精和其他物质的使用、滥用和依赖；上瘾；重度抑郁症；恶劣心境；躁狂症；轻躁狂；分离焦虑障碍；广泛性焦虑障碍（包括 DSM-Ⅲ-R 里的过度焦虑障碍）；惊恐发作；惊恐障碍；社交恐惧症；强迫症；创伤后应激障碍；厌食症；贪食症；遗尿；大便失禁；性身份障碍；躯体化；确定有无精神病性症状的非诊断性版块；围生期的心理模块，风险因素、保护因素以及功能障碍的评估。
访谈者的特点	训练有素的访谈者（专业的）
可获得的版本	目前文献报告的版本包括 1982、1984、1988、1992 和 1997 几个版本。当前多应用 1997 版，该版本可与 DSM-Ⅲ-R 和 DSM-IV 的诊断相匹配。该版本也可与 ICD-10 诊断模式相对应，进而按 ICD-10 来做诊断。DICA 的电脑版本可以自我实施评估，也可被用作研究工具，电脑版的所做的诊断是基于 DSM-Ⅳ的诊断标准。
实施时间	父母、青少年、儿童访谈：1～2 小时； 电脑版所耗时间稍短些
培训时长	2～4 周
费用（以美国为准）	父母、青少年和儿童的电脑版本价值 1000 美元。版本可以单独购买。纸笔访谈价格根据具体情况而定。

笔记

2. **学龄期儿童情感障碍与精神分裂症访谈问卷**（Schedule for Affective Disorders and Schizophrenia for School-Age Children，kiddie-SADS 或 K-SADS） 学龄期儿童情感障碍与精神分裂症访谈问卷是 Chambers 等（1985）在成人 SADS 基础上改编而来，适用于 6～17 岁儿童和青少年。尽管 SADS 和 K-SADS 均采用了 RDC 重性抑郁诊断标准，但 K-SADS 仍与 DSM-Ⅳ诊断标准相匹配，熟练的访谈者可用 K-SADS 来评估情感障碍、焦虑障碍、品行障碍及精神病性障碍的发生、病程、近期严重程度、过去发作的情况等。K-SADS 有几个版本，有些适用于评估新近发作情况，有些可评估过去一次最严重的发作情况，也有些可同时评估这两种情况。

K-SADS 采用半结构式形式，对儿童 / 青少年及其父母访谈将分别费时约 1 小时，所提的问题如"你是否感到悲伤、沮丧、闷闷不乐……?"，"你对将来发生的事情，有什么想法?"，接着进一步提问，评估症状的严重程度和持续时间。如果访谈者发现来访者在刚开始的几个问题询问中确实不存在所检查的症状，则停止该症状的提问，直接跳到下一个部分（症状）进行提问，以节省访谈时间。当完成访谈时，访谈者采用临床判断对两种来源的资料进行总结，确定来访者的诊断。如果父母和儿童青少年的资料存在明显差异，访谈者可同时与儿童 / 青少年和其父母面谈，尽可能降低这些差异，并判断哪些资料可用于儿童的诊断。表 3-8 为 K-SADS 重性抑郁分量表访谈内容。

表 3-8 K-SADS 抑郁分量表访谈内容

当前 / 过去的抑郁发作	评分标准
现在我要问你一些有关你情绪的问题 **在过去的 6 个月中……** ……是否有一段日子，几乎每一天的大部分时间都感到忧郁或情绪低落？ 如果是：这种情况持续了多长时间？	**A. 症状标准** （1a）抑郁心境既可以是主观报告的（如感到伤心），也可以通过他人的观察（如表现出伤感）获得 ? 不确定 1. 没有或少于每周 1 次 2. 可疑：每周有 1～6 天，一天中有不到一半时间感到伤心 3. 确定：1 周中每天有一半或一半以上的时间，或 1 周中有 4 天 80% 的时间都感到伤心 **注意：持续时间**
……是否有一段日子，你几乎每一天的大部分时间都会为一些小事而心烦，易怒或脾气暴躁？ **如果是：**这种情况持续了多长时间？	（1b）激惹心境既可以是主观报告的（如感到生气），也可以通过他人观察（如表现出脾气暴躁）获得 ? 不确定 1. 没有或少于每周 1 次 2. 可疑：每周有 1～6 天，一天中不到一半的时间感到生气或易激惹，而这种状况并不是由周围环境引起的 3. 确定：1 周中每天有一半或一半以上的时间，或 1 周中有 4 天 80% 的时间都感到易激惹 **注意：持续时间**
在过去的 6 个月中…… ……是否有一段时间，对平时喜欢的事物都失去兴趣或提不起劲，无精打采？ **如果是：**是否每天都是，持续了多长时间？	（2）或是通过主观报告或是通过他人观察表明，对曾经从事并喜爱的活动的愉悦感或兴趣明显减少 ? 不确定 1. 没有出现或少于每周 1 次 2. 可疑：每周有 1～6 天，一天中不到一半的时间，少于一半的活动减少 3. 确定：1 周中每天有一半或一半以上的时间，活动减少一半以上，1 周中有 4 天，每天有 80% 的时间活动减少 80% 检查是否： 兴趣和快感缺乏（失去愉悦感） 情感迟钝（失去兴趣） **注意：持续时间**

笔记

续表

当前/过去的抑郁发作	评分标准
下列问题关注过去6个月中感受最糟糕的那一段日子(最好是2周)	
在这段时间里……	(3a)没有控制饮食却有明显的体重改变。注意:对小孩而言,要考虑到难以获得预期的体重增加 ? 不确定
……你的体重是否有所减轻或增加?	1. 体重没有变化 2. 可疑:体重有4%或更少的变化 3. 确定:体重有5%或更多的变化
如果有:是多少?你当时在减肥吗?	检查是否: 体重减轻 体重增加
如果没有:你的食欲如何?	(3b)几乎每天食欲都有明显的变化 ? 不确定 1. 食欲没有变化 2. 可疑:每周1~3天,食欲有轻微的变化(零食或饭量比平时稍微吃得多一点或少一点) 3. 确定:每周有4天或超过4天,食欲有中等程度的变化(零食或饭量比平时明显多一些或少一些) 检查是否有: 食欲增加 食欲减少
……你晚上是否有入睡困难?	(4a)较多晚上出现难以入睡的问题(初期失眠症) ? 不确定 1. 没有出现 2. 可疑:每周有4个或超过4个晚上,每晚入睡时间少于2小时 3. 确定:每周有4个或超过4个晚上,每晚入睡时间要2小时或超过2小时
……是否有频繁醒来或睡眠维持困难的情况?	(4b)较多晚上出现入睡后频繁醒来的问题(中期失眠症) ? 不确定 1. 没有出现 2. 可疑:每周有4晚或4晚以上,每次入睡后醒来时间少于30分钟,每晚醒来时间不足2小时 3. 确定:每周有4个晚上,每次入睡后醒来时间超过30分钟,或每晚醒来时间为2小时或2小时以上
……过早醒来的情况如何?	(4c)早醒出现的时间较多(终期失眠症) ? 不确定 1. 没有出现 2. 可疑:每周有4晚或4晚以上,每次入睡后醒来时间少于30分钟,每晚醒来时间不足2小时 3. 确定:每周有4个晚上,每次入睡后醒来时间超过30分钟,或每晚醒来时间为2小时或2小时以上
……你是否比平时睡得更多?或在白天打瞌睡?	(4d)较多时间出现睡眠过多的情况 ? 不确定 1. 没有出现或比平时需要的睡眠时间更少 2. 可疑:每周有4晚或4晚以上比平时至少多睡1小时 3. 确定:每周有4晚或4晚以上至少比平时多睡2小时

笔记

续表

当前/过去的抑郁发作	评分标准
……你是否感到烦躁或焦虑，以至于坐立不安？ **如果是**：情况是否严重到别人也能觉察到？他们怎么说？	(5a)精神运动性激越出现时间较多(不仅是个体主观的不安的感受，也是他人观察的结果) ？不确定 1. 没有或者是与躁狂综合征伴随的激惹症状 2. 可疑：每周有1～3天偶尔不能安静地坐着，或者坐立不安和(或)有拖拽或摩擦等多余动作 3. 确定：每周有4天或更多时间经常无法坐在教室，出现烦躁不安等情况，几乎达到紊乱的程度
……你说话或动作是否比平时缓慢？ **如果是**：情况是否严重到别人也能觉察到？他们怎么说？	(5b)精神运动性迟滞出现时间较多(不仅是个体主观的迟缓感受，也是他人观察的结果) ？不确定 1. 没有 2. 可疑：每周有1～3天言谈明显迟缓，和(或)身体运动缓慢，而这些症状并非紧张所致 3. 确定：每周有4天或更多时间，言谈有些难以持续，和(或)行动非常缓慢
在这期间…… ……你的精力如何？	(6)常常感到疲乏或失去精力 1. 没有或比平时更有精力 2. 可疑：每星期每周有1～3天，肯定感到比平时更为疲倦或精力减少 3. 确定：每周有4天或更多时间，经常感到疲倦没有精力，白天必须休息(不是睡觉)
……你的自我感觉如何？	(7a)经常感到无价值感 ？不确定 1. 没有 2. 可疑：偶尔感到略有欠缺，或希望改变自己的某一方面(如长相、智力、个性)。每周有1～3天，可以识别一些积极的个人特质 3. 确定：每周有4天或更多的时间常感到像个失败者或想要改变自己的2个方面 检查是否有： 无价值感 低自尊
……有没有对自己做过或没能做到的事感到内疚？	(7b)过度的或不恰当的内疚感 ？不确定 1. 没有 2. 可疑：偶尔对过去的行为感到很内疚，这一症状的重点是夸大，而大多数小孩通常都会忘记这些事情 3. 确定：经常感到有一种莫名的内疚感，或对一些客观上不能控制的事物产生内疚感[对父母分居和(或)离婚产生的内疚感除外] 检查是否有： 过度的/不恰当的内疚感 自责
……思考或集中注意力有困难吗？	(8a)经常出现思维能力和注意力减退(既可以是个体的主观看法，也可以是他人的观察所得) ？不确定 1. 没有 2. 可疑：每周有1～3天肯定感到注意力难以集中，但是通过更努力学习，不会对学业产生影响 3. 确定：每周有4天或更多时间，明显感到注意力难以集中，影响学业，使成绩较平时下降

笔记

续表

当前/过去的抑郁发作	评分标准
……是否对日常事务难以作出决定？	(8b)常常表现出犹豫不决（既可以是个体的主观看法，也可以是他人的观察所得） ？不确定 1. 没有 2. 可疑：每周有 1～3 天，感到难以作出决定，对日常生活产生中等程度的影响 3. 确定：每周有 4 天或更多时间感到难以做决定，对日常生活产生影响
……情况是否糟糕到令你时常想到死亡或觉得生不如死？有没有想到过要伤害自己？ **如果是：**你曾做过伤害自己的事情吗？	(9a)反复思考死亡（并不害怕死去） 注意：用“1”表示自我伤害 ？不确定 1. 没有出现 2. 可疑：曾经一度在情绪低落的时候，想到过死亡 3. 确定：曾经在情绪低落的时候，有 2 次或 2 次以上想到死亡，“我还是死了的好”或“如果我死了该多好”
……你曾经一度想到过自杀吗？ **如果是：**你有具体的计划吗？	(9b)反复出现的自杀观念伴有或不伴有自杀的具体计划 ？不确定 1. 没有出现 2. 可疑：曾经一度在情绪低落的时候，想到过死亡，但是没有具体方法和计划 3. 确定：曾经有 2 次或 2 次以上想到死亡，而且想到了具体方法
如果不清楚 这些情况（抑郁发作/用被访谈青少年自己的描述语）是否令你在学业、活动或者与人相处时出现困难？ 在此次检查之前，你的身体有何疾病吗？	C. 这些症状引起了有临床意义的痛苦或者社会、职业或其他重要领域的社会功能损害
如果有：医生说你得了什么病？ 在此次检查之前，你是否服用了任何药物？ **如果是：**你的服药量有改变吗？ 在此次检查之前，你是否嗜酒或服用违禁药物？	D. 这些症状不是直接由于存在生理效应的成瘾物质所致（如药物滥用、药物治疗）或由一般躯体疾病所致 **注意：如果有任何证据表明抑郁是继发的（也就是躯体疾病或物质滥用直接引起的生理后果），可进入“躯体疾病/成瘾物质”部分进行访谈，再回到这里作出“1”或“3”的评定**
	病因学的躯体疾病包括： 神经退行性病变（如帕金森病），脑血管疾病（如脑卒中），代谢疾病（如维生素 B_{12} 缺乏），内分泌疾病（如甲状腺功能亢进、肾上腺皮质功能减退），病毒或其他传染病（如肝炎、单核细胞增多症、艾滋病）和某些癌症（如胰腺癌） **病因学的成瘾物质包括：** 酒精、安非他命、可卡因、致幻药、类罂粟碱、鸦片、天使粉、镇静药、安眠药、抗焦虑药 治疗躯体疾病药物包括：抗高血压药、口服避孕药、皮质激素、合成代谢类固醇、抗癌药、止痛药、抗胆碱能药、强心剂

笔记

续表

当前/过去的抑郁发作	评分标准
这是否是在你某位亲近的人去世后开始的？	E. 这些症状不能用“居丧反应”较好地解释，即亲人去世后2个月后症状仍然持续，或者具有明显的社会功能损害、病态无价值感的先占观念、自杀观念、精神病性症状或精神运动性迟滞
检查当前发作的年龄： 你多大了？	
明确的重性抑郁发作： 至少有以下5个症状评为“3”分，而且这5个症状中至少有一个是症状(1)或症状(2)，并且持续时间达到2周或2周以上。 (1)抑郁心境 (2)兴趣和快感缺乏 (3)体重或食欲减轻/增加 (4)失眠或睡眠过多 (5)精神运动性紊乱 (6)疲乏 (7)无价值感或内疚感 (8)注意力难以集中或犹豫不决 (9)死亡的念头或自杀观念	
可疑的重性抑郁发作： 有以上4个症状评为“3”分，而且这4个症状中至少有一个是症状(1)或症状(2)，并且持续时间达到2周或2周以上。 或者： 至少有以上5个症状记“3”分，而且这5个症状中至少有一个是症状(1)或症状(2)，并且持续时间为1～2周。	
明确的轻性抑郁发作： 有以下2个或3个症状评为“3”分，而且这些症状中至少有一个是症状(1)或症状(2)，并且持续时间达到2周或2周以上。 (1)抑郁心境 (2)兴趣和快感缺乏 (3)体重或食欲减轻/增加 (4)失眠或睡眠过多 (5)精神运动性紊乱 (6)疲乏 (7)无价值感或内疚感 (8)注意力难以集中或犹豫不决 (9)死亡的念头或自杀观念	
可疑的轻性抑郁发作： 有以上2个、3个或4个症状评为“3”分，而且这些症状中至少有一个是症状(1)或症状(2)，并且持续时间为1～2周。	

(蚁金瑶)

思考题

1. 临床访谈主体阶段的主要内容是什么？
2. 简述访谈的基本过程。
3. 如何与来访者建立良好的关系？
4. 简述通情的内容与效应。

笔记

第四章　智力理论与评估

第一节　智力理论

一、智力的定义

“智力”这个词是由 intelligence 翻译而来，其词源为拉丁语中 inter legere，意思是“合起来”，现在通用英语字典将其解释为“quickness of understanding”，译为“聪颖，悟性”。从字面意思来看，智力就是指一个人的聪明程度和理解领悟能力，但这能作为智力的定义吗？实际上智力的研究已由来已久，有关智力的定义有很多种，但是要给智力下一个确切的、大家能达成一致的定义确实是一件不容易的事情。1921 年，美国《教育心理学杂志》特辟专栏，邀请 13 位著名心理学家来讨论智力，希望对“智力”的性质和含义做出比较全面和明确的解释，结果他们给智力下了 13 种不同的定义。有的定义强调智力是帮助个体生存或适应环境的能力；有的定义从智力的起源出发，认为智力来自遗传，是先天遗传的学习能力；有的定义涉及智力的结构，他们将智力划分为多种特质或能力。这些定义无所谓对错，从本质上说他们只是从不同的角度出发，用不同的方式阐述了智力的含义。下面就是 20 世纪以来一些具有代表性的观点：

Binet A &Simon T（1905）将智力定义为：作出明确的决定，并使之最终能够实现和进行自我反省的能力。1918 年他们重新将智力定义为：判断，或称之为正确的、切合实际的感知，主动地适应环境的能力。要作出准确的判断，就须有很好的理解能力，善于推理，这些都是基本的智力活动。

Terman LM（1921）将智力定义为：进行抽象思维的能力。

Spearman CE（1923）给智力下的定义是：能摒除特殊现象，演绎出事物内在的关系和相关特征，是推断关系或者关联的能力。

Freeman FS（1955）认为智力包括 3 个方面：①适应和调整周围环境的能力；②学习能力；③抽象思维能力。

Wechsler D（1958）认为：智力是个体有目的地行动、合理地思维和有效地与环境交往的整体能力。

Gardner H（1983，1993）认为智力是：在某一特定文化情境或社群中，所展现出的解决问题或制作、生产的能力。

Sternberg RJ（1986，1988）认为：智力是人们有目的地适应、塑造和选择其生活的现实环境的心理活动。

这些定义反映了研究者认同的一般趋势和理论。著名学者 Sternberg RJ 指出，智力概念具有“约定性”，即在不同的时代、不同的历史文化背景中具有不同的内涵。由此可见，对智力概念的内涵的争论仍然会随着相关学科的发展和社会的发展不断进行。泰罗尔（Taylor

04章

笔记

TR，1994）将人类智力的研究分为三个不同的取向：心理测量、信息加工和认知。心理测量取向考察测量的基本结构（Barenbaum NB&Winter DG，2003；Taylor TR，1994），通过评估测验的相关因素和潜在特征来检验测验的特性（Larson JH，Parks AA，Harper JM&Heath VA，2001）；信息加工取向则探讨学习和解决问题的潜在过程（Sousa DA，2001）；认知取向则着重于研究人类如何适应现实世界需要的能力（Bourmenskasa GV，2002；Ruisel I，2001）。心理测量在这三个研究取向中历史最为悠久（McGrew KS&Flanagan DP，1998）。

总之，无论研究者选择何种方法定义智力，评估智力的程序和方法都与这个定义有关。如果你将智力定义为一种“遗传而来的学习能力”，那么你就要选择能测量遗传能力的方法来测量智力，即定义决定了评估的方法和目的。

二、智力理论的发展

智力理论对编制智力评估工具非常重要，任何一个智力评估工具都是在编者的智力理论指导之下进行的。智力评估工具的使用者，也一定要根据此理论来解释此工具的结果。因此，在此有必要讨论和学习以下几种具有代表性的智力理论。

（一）传统智力理论

传统智力理论，以心理测量学为基础，认为智力由不同因素构成，通过统计定量分析可以探索这些因素，从而认识智力的本质。传统智力理论经由比奈（Binet A）、西蒙（Simon T）、斯皮尔曼（Spearman C）、瑟斯顿（Thurstone LL）、吉尔福特（Guilford JP）、卡特尔（Cattell JM）、弗农（Vernon PE）等心理学家的一系列发展，形成了智力理论中最具影响力的流派。

比奈、西蒙制定了一种等级量表，在儿童智力测量方面作出了开创性的工作，为之后的因素论、特质论的智力理论的发展和智力测量构建出了大致的理论框架。斯皮尔曼提出的智力理论能够较好地解释为什么儿童在某一智力领域中会表现出才能，又能在其他方面表现出类似才能。这进一步支持了比奈、西蒙认为存在一般智力的想法，同时也能看到个体在特殊的能力倾向方面的确有所不同。瑟斯顿的智力理论对于人的心理能力能够进行更细致的测量。卡特尔发展了瑟斯顿智力分析的方法，在倡导一种“文化公平”的测验上作出了有益的尝试。吉尔福特的智力理论的突出优点是有广度，能更好地说明人的创造性能力。

1. Binet 的智力理论 Binet A 主张智力可以从多种任务的完成过程中显示出来，因此可以通过测量个体在这些任务上的反应进而测量智力。比奈编制出的第一套智力测验，主要目的在于为巴黎的学校系统鉴别智力落后儿童，所以他选择的测验内容大部分是学校教育中的任务。

2. Spearman 的两因素理论 Spearman C 在 1904 年创立因素分析方法，因素分析技术迅速与测验式测量技术相结合，并成为智力研究的基本方法。Spearman C 提出智力由一个基本因素（g）和多个特殊因素（$s_1, s_2, \cdots s_n$）构成，并且用未旋转的因素分析方法证明 g 因素的存在。Spearman C 认为 g 因素是总智力或心理活动的指征，在认知活动中与其有关的是归纳推理（确定两个或多个概念之间的关系）和演绎推理（从已存在的一个概念找出与其相关联的第二个概念）。后来的研究证明 g 因素在人类能力中是重要的，但并不意味它是一种单独的成分。

3. Thurstone 的群因素理论 Thurstone LL 采用旋转的统计方法对多个智力测验的初始因子矩阵进行转轴处理，结果得到多个公共因子。与 Spearman C 的观点相反，他认为智力是由 7 种相互独立的基本能力所构成，他们是言语理解、知觉速度、一般推理、数字运算、空间关系、语词流畅性和机械记忆。Thurstone LL 编制了基本能力测验来测量这 7 种因素，但其他研究者和他本人都发现这些测验得分之间均存在低到中等程度的相关。后来 Thurstone LL 也承认在这 7 种基本因素之外，还存在类似于 g 因素的次级因素。

笔记

4. **Vernon 的智力层次结构理论** Vernon PE 将 Spearman C 和 Thurstone LL 的理论结合在一起，他认为智力呈一个层次结构模型，其最高水平是 *g* 因素，次级包括言语 - 教育和空间 - 机械两个主因子，再次级各个主因子之下又分别包括若干次因子，最低层为一些特殊因子，见图 4-1。

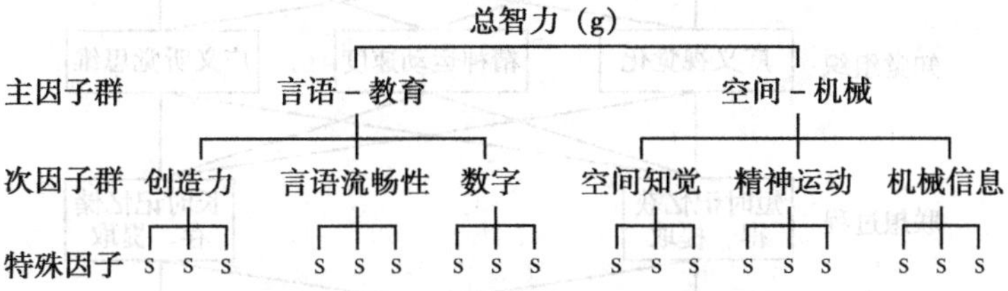

图 4-1 Vernon 的智力层次结构模型

5. **Guilford 三维智力结构模型** Guilford JP 认为智力像一个由操作、内容和产品 3 个维度组成的立方体。他将智力活动理解成一个动态的过程，不同类型的心理活动（操作）对各种对象（内容）进行加工处理，并产生了不同的结果（产品）。

在 Guilford JP 的模型中，操作有认知、记忆、发散思维、聚合思维和评价 5 种方式。4 种内容包括：①图形（如形状、颜色等）；②符号（字母、数字、单词）；③语义（如词、句子的意义和概念）；④行为（包括本人和他人的行为）。产品从简单到复杂共有 6 种：①单元（如一个词、一句话）；②类别（对事物的归类）；③关系（认知两个事物间的关系）；④体系（认知多个事物间的关系）；⑤转换（从一种关系、一种概念转换到另一种）；⑥含义（了解事物更深层所隐含的方面，如隐喻）。这样，吉尔福特的智力模型就包括 5（操作）×4（内容）×6（产品）共 120 个因素，如图 4-2 所示。

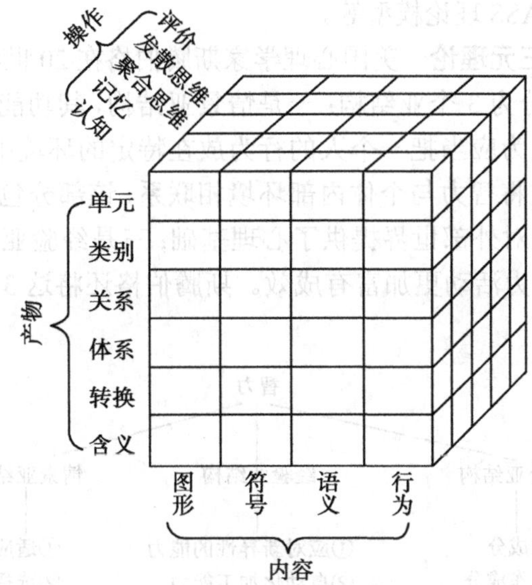

图 4-2 吉尔福特的三维智力结构模型

6. **Cattell 和 Horn 流体 - 晶体智力模型** 首先，Cattell JM 提出人的智力可分为流体智力（fluid intelligence）和晶体智力（crystallized intelligence）。流体智力指那些非言语的、受文化背景影响较小的能力，包括人们对环境的适应性和学习新知识的能力，它与心理过程和操作有关；而晶体智力指与生活环境有明显关系、获得性的知识和技能，包括人们已掌握和建立起的认知功能，它与心理活动的结果和成就有关。20 世纪 80 年代，Horn 在此基础上提出了一个包括 4 个水平的流体 - 晶体智力结构模型，认为智力的发展与人的发育过程有关。他认为从婴儿到成人，首先发育的是感知觉功能，然后是联想过程，之后知觉组织功能逐步发育完善，

笔记

最后到青少年和成人期，关系推理能力得到发展，即理解事物间的关系和描述这种联系的能力，这被称为智力中的主要成分，见图4-3。

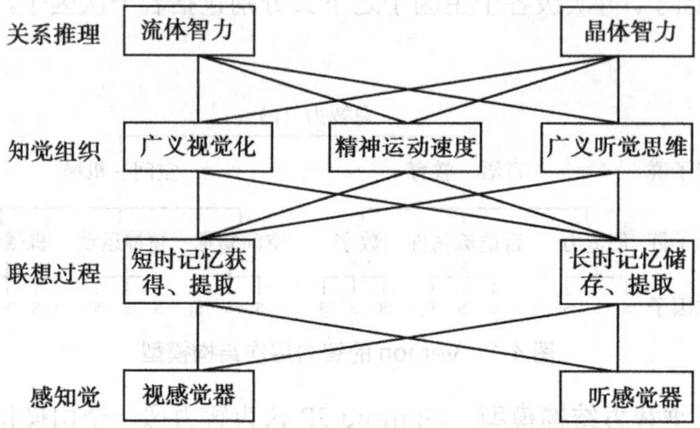

图4-3　Cattell和Horn的流体-晶体智力结构模型

（二）智力的认知理论

20世纪60年代以来，随着认知心理学的兴起，智力研究领域也迅速地引入了认知的观点。以认知过程研究为基础的智力理论认为传统的智力理论只注重智力的产物而忽视智力活动的内部过程。因为传统智力测量理论的实质仅仅关注于分析智力的外部行为表现，其结果只能得出外部智力行为的因素结构，而不是支配这种外部行为的内部心理结构。所以，智力的认知理论试图通过对智力的内部心理过程进行定量分析和定性描述从而更进一步揭示智力的本质。

有代表性的以认知过程分析为基础的智力理论有斯腾伯格（Sternberg RJ）的智力三元理论、戴斯（Das PP）的PASS理论模型等。

1. **斯腾伯格的智力三元理论**　美国心理学家斯腾伯格在20世纪80年代中期提出智力的三元理论。他将智力分为3个亚结构：一是情景亚结构，其功能是将智力与个体的外部环境相联系，斯腾伯格认为应当把一个人的行为放在特定的环境中才能判断是否聪慧；二是成分亚结构，其功能是将智力与个体内部环境相联系，该部分包括了通常智力测验所评估的那些特质，为个体应对外部世界提供了心理基础；三是经验亚结构，它同时应用于内、外部环境，使得个体的智力活动更加富有成效。斯腾伯格还将这3个亚结构进一步分为更小的子结构，见图4-4。

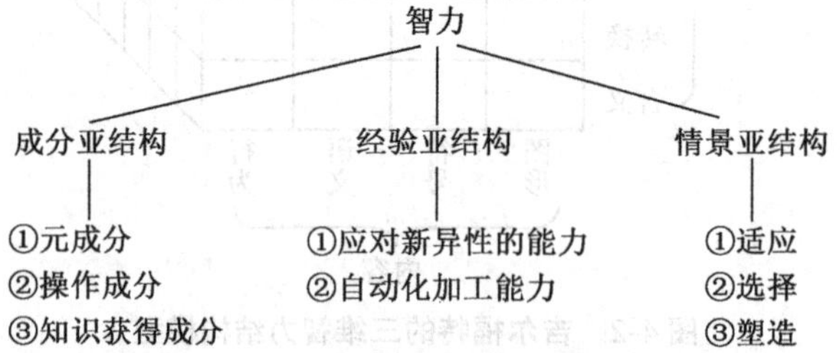

图4-4　Sternberg的智力三元结构

2. **PASS理论模型**　加拿大心理学家Das PP和美国心理学家Naglieri以鲁利亚的高级神经功能学说为基础，在1988年提出智力的PASS理论模型。其中“P”代表计划（planing），“A”代表注意（attention），两个“SS”分别代表同时性（simultaneous）加工和继时性（successive）加工过程。鲁利亚认为：人类的认知加工包括3个相互协调的功能系统或单元，第一个功能单元负责调整皮层的觉醒状态和维持注意，这是人类心理过程的基础；第二个功能单元负责对同时性和继时性的信息进行编码、加工和储存；第三个功能单元负责制定、调节和控制心

笔记

理活动，要求个体形成行动的计划、执行并证明计划的有效性。Das PP 等认为这 3 个功能单元彼此之间有一种动态联系，在这种动态联系中它们对个体的经验作出反应，服从于发展的变化，并形成相互联系的系统。图 4-5 显示了注意、信息编码和计划之间的相互作用和影响的特点。

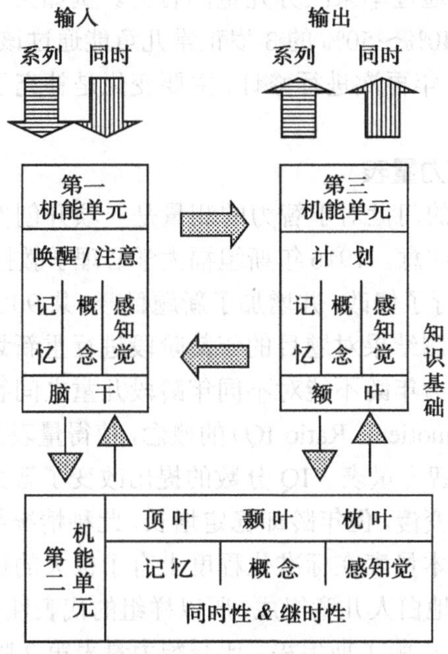

图 4-5　能力的 PASS 模型

（三）智力的认知神经科学理论

智力的认知理论从认知角度研究智力的发生过程，用信息加工的一般机制来说明人的智力过程，有意避开智力活动的大脑神经机制，但离开人脑的神经生理机制，不可能完全说明人的智力过程。诞生于 20 世纪 90 年代的认知神经科学，则是在研究认知活动的基础上，进一步研究其脑机制，为进一步了解智力提供了新的视角。

认知神经科学理论主要围绕着在具体的认知活动中个体动作电位、皮肤电反应、脑皮层电位、脑成像等生理学指标的变化来揭示个体的智力本质。随着脑神经科学、认知神经科学以及脑成像技术等的不断完善，这一智力研究分支渐渐成为研究的热点。但通过这种研究得到的有用证据并不多，而且研究基础还受到了个体遗传机制的限制，对于说明在教育干预或者环境的影响下如何达到或者达到何种程度还难有令人信服的证据。

第二节　个别智力测验

一、比奈智力量表

（一）比奈智力量表简述

比奈智力量表（Binet Intelligence Scale，BIS）被认为是现代心理测验中第一个智力测验。受法国公共教育部委托，比奈（Binet A）及其助手西蒙（Simon T）于 1905 年编制了“比奈 - 西蒙智力量表”，它包括 30 个由易到难排列的题目，主要从智力的表现上对智力进行测量，如记忆、理解、言语等。作为第一个智力测验量表，比奈 - 西蒙 1905 年量表具有重要的历史意义。但比奈 - 西蒙 1905 年量表也存在较大的不足，如缺乏充分的测量单位来表述测量的结果。同时，对于测验的效度也缺少相应的实证证据。

笔记

针对 1905 年量表的缺陷，比奈和西蒙于 1908 年对其进行了第一次修订。修订前的量表仅是简单的根据项目难度排列题目，而修订后的量表则根据年龄水平来对测验项目进行分组。比奈 - 西蒙 1908 年量表是第一个标准的年龄量表，并引入了智龄的概念来衡量被试的智力。该版本中，测验题目增加到了 59 个，并在 300 名正常儿童中进行施测，以相同题目在不同年龄段儿童中的通过率来区分儿童的智力。例如某一道题目，80%～90% 的 4 岁正常儿童能通过，而只有 40%～50% 的 3 岁正常儿童能通过该题目，则根据测验要求，该题目放入 3 岁水平组。1911 年再次进行修订，主要变化是补充了一些题目，并将适用年龄范围扩展到成人。

（二）斯坦福 - 比奈智力量表

比奈 - 西蒙智力量表的问世对于智力的测量是一项开创性的工作，其发展更是引起了全世界心理学家的广泛的注意。1916 年斯坦福大学心理学教授推孟（Terman LM）及其同事对比奈 - 西蒙原有题目进行了修改，并增加了新题目，一共 90 道题目。他们根据 1000 名儿童和 400 名成人样本的施测结果对题目的年龄阶段进行重新划分，并编写了详细的施测指导语和评分标准。针对智力年龄不能对不同年龄段儿童之间智力进行比较的缺陷，引入比率智商（ratio intelligence quotient，Ratio IQ）的概念，使得量表具备了标准化测验的特征，这个量表称为斯坦福 - 比奈智力量表。IQ 分数的提出改变了智力结果报告的单位，但智力在某一定年龄之后增长速度变慢，但年龄却稳定增长，此种情况导致使用 IQ 分数表述智力存在先天的缺陷。尽管该版本量表在标准化程度上有了极大的提升，但由于整个标准化样组几乎由加利福尼亚州的当地白人儿童组成，所以样组的代表性仍然存在较大的缺陷。

1937 年推孟及其同事出版了斯坦福 - 比奈智力量表第 2 版，他们将量表编成 L 式和 M 式两个等值量表，该量表适用的年龄范围由 1916 量表的 3～13 岁扩充到 1.5～18 岁。这个版本在针对较小年龄阶段的测试内容中增加了较多的操作测验，但操作性测验在测验中的比例仍仅在 25% 左右。在标准化样组方面，根据美国的人口构成资料对 3184 名被试进行了调查，重新建立了常模。该版本量表也存在一定的缺陷，最突出的问题在于每一个年龄组中 IQ 分数的标准差不同，导致在不同的年龄组中得到同样的智力分数会具有不同的价值。

1960 年，推孟去世之后，心理学家 Merrill MA 等进一步从 L 式和 M 式中挑选出最优的一些题目，组成了 LM 型单一量表，并在 4498 人的新样本中施测以重新确定题目的难度。第 3 版最显著的变化是在量表中采用了离差智商（deviation IQ）来表示被试的智力水平（平均值为 100，标准差为 16）。离差智商的概念比较圆满地解决了比率智商的诸多问题，例如智力年龄的停止问题、智龄单位不等、各年龄组的标准差不相同等。斯坦福 - 比奈 1960 年版量表并没有提供新的标准化样组，也没有对测验重新进行标准化，常模仍采用 1937 年的版本。

1972 年，对第 3 版量表重新修订了常模，并据此进行了标准化。常模包括 2100 名被试，其他方面没进行任何修改，仍称为斯坦福 - 比奈智力量表第 3 版。

斯坦福 - 比奈智力量表发表后，在美国乃至世界各国得到了广泛的应用。调查统计结果显示，直到 20 世纪 60 年代初，它的使用频率都遥遥领先于其他智力量表。60 年代中期以后，由于心理学家在使用智力测验时越来越重视对受测者的能力结构以及各方面能力的强弱点进行分析和评估，以便从教育上进行因材施教或从医学上进行针对性处理，反对根据智力测验结果给被试贴上一个“标签”的做法。而斯坦福 - 比奈智力量表上述版本却因为采用的是年龄量表形式，而没有采用点量表的形式，导致仅仅根据被试是否通过各年龄组的题目来判定被试的整体智力，而没有对题目进行个别分析。同时，各年龄组使用的分测验的项目是不完全相同的。各年龄组题目的内容也是包含多个方面，如记忆、言语、操作等，并不能够形成单一的某一个方面的分数。所以，在应用价值上，不能很好地进行多重能力的分析，因此使用

笔记

者日趋减少。

（三）斯坦福-比奈智力量表第4版

1986年，RL·桑代克（Thorndike RL）等人对斯坦福-比奈智力量表进行了一次全面修订，放弃了年龄量表的格式，而是将同类条目归在一起构成分测验。该版本保留了原量表一些分测验形式并增加了一些新测验，形成了一个全新的斯坦福-比奈智力量表第4版（Stanford-Binet Intelligence scale：Fourth Edition，SB4）。SB4保留了原来早期版本的优点，所修订的内容反映了智力理论和测验编制方法学两方面的进展。

1. **量表的结构与功能** 之前的斯坦福-比奈量表仅侧重于测量智力的g因素，而且多是言语方面的相关测验题目。SB4在测量智力的g因素基础之上，进一步结合了多重智力理论并将其应用于测验的编制。根据多重智力理论，认为存在两种基本智力：流体智力与晶体智力。流体智力被认为是那些能使我们推理、思考以及获得新知识的能力；晶体智力则指我们已经获得的知识和理解能力。为体现智力多重理论，SB4增加了操作方面的题目，并将测量内容领域相同的题目放到同一个分测验中，共包括15个分测验。量表结构分为3个层次。模型最上层为g因素；第2层有3个因素，分别是流体智力、晶体智力和短时记忆能力；第3层为言语推理、数字推理和抽象空间推理。作者将第2层的短时记忆能力与第3层的3个因素视为量表的4个能力区域（简称能区），分别以能区标准分来表示，见表4-1。

表4-1 斯坦福-比奈量表第4版各分测验的功能与适应年龄段

	能区与分测验	适用年龄	主要功能
流体智力	**抽象空间推理能区**		
	模型分析	2～23岁	测量空间逻辑推理和抽象概括能力
	复制图形	2～13岁	测量视觉运动能力和眼-手协调性
	矩阵推理	7～23岁	测量感知觉推理能力
	纸的折剪	12～23岁	测量视觉空间感知、综合能力
晶体智力	**言语推理能区**		
	词汇测验	2～23岁	测量词汇量，言语发展水平
	领悟测验	2～23岁	测量所掌握的实用知识，评价和应用既往经验能力，社会成熟性
	找错测验	2～14岁	测量视觉观察、注意和社会理解能力
	词分类测验	12～23岁	言语抽象概括能力
	数字推理能区		
	数量分析	2～23岁	测量数概念和心算能力
	数字系列	7～23岁	测量数理推理和注意力
	等式建立	12～23岁	测量数理推理、数字操作和计算能力
短时记忆能力	**短时记忆能区**		
	串珠记忆	2～23岁	测量短时视觉记忆
	句子记忆	2～23岁	测量短时听觉记忆、回忆和注意力
	数字记忆	7～23岁	测量短时听觉记忆和心理转换能力
	物体记忆	7～23岁	测量短时视觉记忆、回忆和注意力

2. **各分测验内容及实施方法** 下面的举例并非原测验的题目，只是内容相似的举例。

（1）词汇测验（14张图片，32个词）：该分测验前面14题要求被试对图片上的物体命名，15～46题由主试念出一个词，并向被试呈现该词，要求其解释词的意义。例如：火车、

笔记

一角钱、紧张等。

(2) 领悟测验(42 题):该测验要求回答一系列难度不同的问题,从指出身体的某个部位到涉及社会理解的问题。例如:

请指出玩具人的脚。

为什么需要护士?

飞机与汽车相比有什么优点?

(3) 找错测验(32 题):要求被试指出图片上错误的地方。例如:

用汤勺写字

骑缺少一个轮子的自行车

(4) 词的分类(18 题):每题有 4 个词,其中 3 个是属于同一类的,1 个属于另一类。要求被试分类并解释理由。例如:

狗、牛、猪与鸟有什么不同?

轿车、卡车、摩托车与自行车有什么不同?

(5) 模型分析(42 题):前面 6 题要求被试在一个形板上完成镶嵌积木的任务。其他题目要求被试用 2、3、4、6 或 9 块半红半白的塑料立方积木按照刺激图的式样摆出来。

(6) 复制图形(28 题):1～12 题要求被试用木块拼成图形,其他题目要求例如被试按照图卡临摹图形。例如:线条、三角形、半圆等。

(7) 矩阵推理(26 题):要求被试在给出的备选答案中挑选一个最合适的填入空格内。例如:

X	X
X	

•	Y	A	X	Ⅱ
A	B	C	D	E

(8) 纸的折剪(18 题):刺激图是由一张纸折叠,然后用剪刀剪去某个部位。备选图为 5 个展开的纸样,其中也包括刺激图展开的式样。要求被试在备选图中选出刺激图的纸样。

(9) 数量分析(40 题):要求被试解决一些与计数有关的问题。例如:

计数图片上的立方体。

可以被 1、2 和 3 整除的最小数是什么?

(10) 数字系列(26 题):要求被试观察一系列数字的变化规律,在后面的空格处填入 2 个数字。例如:

5, 4, 3, ,

14, 13, 12, 11, ,

10, 2, 11, 2, 12, ,

(11) 等式建立(18 题):要求被试将给出的数字和算术符号调整顺序,完成一个正确的等式。例如:

4 2 6 + =

7 4 2 1 + = ÷

(12) 串珠记忆(42 题):要求被试构造出主试先前呈现过的图片或实物模型。

(13) 句子记忆(42 题):要求被试复述主试念出的句子。例如:

请说:“小牛。”

请说:“高空云出现在地平线上。”

请说:“科学能帮助人类发现许多有用的东西。”

(14) 数字记忆:要求被试先听主试念一组数,然后复述。该测验包括顺背和倒背两部

笔记

分，顺背有 7 组（从 3 位数到 9 位数）14 个系列数字，例如 3-9-5；倒背有 6 组（从 2 位数到 7 位数）12 个系列数字，例如 5-8-9-4。

（15）物体记忆（14 题）：先给被试看一张画有物体的图卡，然后呈现另一张含有刺激物体和其他干扰物体的图卡，要求被试按顺序指出刺激物。例如：首先呈现一张画有小刀和小狗的图卡，然后再呈现一张画有小刀、小狗、汤勺、小猫、房子的图卡。

斯坦福 - 比奈智力量表第 4 版的实施过程分两步走：第一步是找出被试的进入水平，给被试实施词汇测验，根据被试的年龄在相应的题目开始词汇测验，然后依据其词汇测验的成绩并结合年龄可查到进行其他测验的进入水平；第二步从进入水平开始实施测验，主试必须确定被试在每个测验中的基础水平和上限水平，被试在 2 个连续水平上通过 4 个题目就达到了基础水平，否则必须往下一级水平继续进行，直到达到为止。被试向上测试时，在连续 2 个水平的 4 个题目中 3 个或 4 个没有通过则不再继续，这就是该被试的上限。

3. 量表的标准化

（1）常模：常模样本共 5013 名被试，按照 1980 年美国人口统计资料分层采样，分层的变量有地域、社区大小、人种、年龄、性别、社会经济状况。样本年龄覆盖范围从 2 岁 0 个月至 23 岁 11 个月，共分成 17 个年龄段。

（2）标准分转换：斯坦福 - 比奈智力量表第 4 版的原始分可转换成 3 种不同的标准分：第 1 种是各分测验原始分转换成（年龄）量表分（平均值 =50，标准差 =8）；第 2 种为能力区域标准分（平均值 =100，标准差 =16）；第 3 种是标准成分分（平均值 =100，标准差 =16）。

（3）信度和效度：斯坦福 - 比奈智力量表第 4 版分测验内部一致性信度（中位数）：标准成分分的信度为 0.97，分测验为 0.73（物体记忆）～0.94（纸的折剪），言语理解因子、非言语推理 / 视觉化因子和记忆因子的信度分别为 0.95、0.96 和 0.91。5 岁组重测信度：标准成分分为 0.91，分测验为 0.56（串珠记忆）～0.78（句子记忆）；8 岁组重测信度：标准成分分为 0.90，分测验为 0.28（数量分析）～0.86（领悟测验）。

斯坦福 - 比奈智力量表第 4 版的效度研究主要分两部分：一是对各年龄组分测验进行因素分析。由于各年龄组的分测验数目和性质不完全相同，因此分别有 2～4 个公共因子，但修订者认为言语理解、非言语推理 / 视觉化和记忆这 3 个因子最能代表本量表的因子结构，因此建议使用这个因子模型；另外，还进行了一系列的效标关联效度研究，例如早期斯坦福 - 比奈智力量表（L-M 式）离差智商与第 4 版标准成分分的相关为 0.81；与 WISC-R 全量表智商的相关，在一个特殊教育样本为 0.88，而在另一个天才儿童样本中为 0.55；而一个 18 岁的样本研究结果显示，标准成分分与 WAIS-R 的全量表智商之间的相关达到 0.91。它保留了原适应性测验的特点，被试只需做难度适合自己的操作水平的项目，但由于采用分测验形式，主试也可以跨年龄组对被试进行智力结构特征分析。

（四）斯坦福 - 比奈智力量表第 5 版

2003 年，Roid 等对斯坦福 - 比奈智力量表进行了再次修订，并形成了斯坦福 - 比奈智力量表第 5 版（Stanford-Binet intelligence scale: Fifth edition，SB5）。这一版本在很大程度上秉承了第 4 版的传统，也吸取了有关测量和认知能力的最新研究成果。SB5 是年龄量表与点量表的精巧整合。

1. 第 5 版与第 4 版的比较 两者主要区别体现在 5 个方面：

（1）第 5 版增加了第 5 个能区即知识能区。5 个能区分别为流体推理能力、知识能区、数量推理能区、抽象 / 视觉推理能区以及短时记忆能区。

（2）改变了施测者对被测者反应的回应方式，特别是在那些为了更方便儿童使用的分测验中。

（3）第 5 版的另一个特色在于增加了大量的非言语材料内容，非言语材料内容在第 5 版

笔记

测验中占到了50%的分量。

(4) 第5版扩大了测验的内容范围与年龄跨度范围。内容范围的扩大，可以使测验更好地测量智力发育缓慢以及智力超常被试。年龄范围扩大到2～89岁。

(5) 提升了测验的可用性。与之前的版本相比，第5版能够更方便地使用以及能够提供丰富的分数以及一个简短的分数说明。

2. 量表的结构与功能 SB5主要应用于对个人进行智力测验，包括10个分测验，每一个分测验都由开放式的问题或任务所组成。SB5主要的测量领域包括：一般智力*g*因素、言语智力因素、非言语智力因素以及5个能区。

SB5的分数主要包括总量表智力分数(FSIQ)、2个领域分数(NIQ、VIQ)以及5个因素的分数。

3. 测验的计分 SB5主要包括5个能区，每个能区包括言语与非言语分测验。因此，SB5共有10个分测验。各个分测验服从平均分为10、标准差为3的分数分布，量表的总分服从平均分为100，标准差为15的分数分布。这与之前的版本不同，这个细微的区别可以使斯坦福-比奈量表的智力分数可以与其他著名的智力测验的分数相比较，如韦氏智力量表。

4. 量表的标准化 SB5的样本主要来源于4800位年龄范围在2～85岁的美国人。样本的分布非常接近于2000年美国人口普查数据，采用分层采样的方式，分层的变量有年龄、性别、种族、地理位置、社会经济地位等。

(1) 信度：SB5的信度高，FSIQ，NVIQ以及VIQ的跨年龄内部一致性信度在0.95～0.98。对于5个能区分数，内部一致性信度在0.90～0.92。对于10个分量表，内部一致性信度在0.84～0.89。

(2) 效度：SB5的测验指导手册提供了4种测验效度，分别为：内容效度、结构效度、经验项目分析以及效标效度。

(五) 中国-比奈智力量表修订本

1924年我国心理学家陆志韦引进并修订了斯坦福-比奈1916版本的智力量表，建立了江浙地区常模。1936年他与吴天敏对该量表进行了修改，并使之可用于京津地区。1982年吴天敏教授将该量表再次进行了修订，此次修订将适用对象的年龄范围扩大为2～18岁，并采用离差智商来表示被试的智力水平。1992年范存仁教授组织全国17个单位对斯坦福-比奈智力量表进行了第四次修订，将其适用范围扩展至成人，并且增加一倍多的题目。根据全国第三次人口普查的资料采样1988例，建立起标准化的全国常模，但该量表是在早期量表的基础上修订，与斯坦福-比奈智力量表第4版不同。

1. 量表的结构与功能 中国-比奈智力量表第四次修订本仍沿用早期的斯坦福-比奈智力量表的智力理论，主要测量智力的*g*因素。测验共有120个题目，适用范围从2岁儿童开始，直至成人，共20个年龄组，每个年龄组6个题目。采用比率智商来反映被试的智力水平。

2. 测验内容及实施方法 中国-比奈智力量表第四次修订本的测验内容包括理解、拼图、临摹、词汇、背数、记忆、类推、剪纸等多种形式。每个题目包含1项或多项，测验指导手册上有实施指导语和实施方法，并明确列出通过或失败标准。心理年龄的计算方法如下：

(1) 确定起始年龄：① 起点：从实际年龄低1岁组开始测验；② 回头测试原则：若被试在某类型条目失败时，需回头做低年龄组的类似条目，直至成功通过为止。

(2) 确定最高年龄：①某年龄组6个条目均失败时停止；②继续原则：尽管已确定止点，但该年龄段不含某类型条目，此时应继续做高年龄组的类似条目，直至失败为止。

(3) 确定心理年龄：①2岁～6岁组的条目，每通过1条获得1个月心理年龄；②7～11岁组的条目，每通过1条获得2个月心理年龄；③12岁～14岁组的条目，每通过1条获得5个月心理年龄；④15岁～17岁组的条目，每通过1条获得6个月心理年龄；⑤起

笔记

始年龄以下的条目，假定被试完全通过，获得相应的心理年龄。

下面是一位4岁儿童计算心理年龄的例子：在该例中，起始年龄（3岁）以下的测验假定已全部通过，而最高年龄（7岁）以上的测验假定全未通过。在起始年龄的基础上计算得分，作为额外的得分，6岁以前通过每项测验为1个月的得分，从6岁起通过每项测验得2个月的分，见表4-2。

表4-2　4岁儿童中国-比奈智力量表第四次修订本心理年龄（MA）的计算

测验年龄水平	通过的测验数目	每项测验得到的月数	全部得分	
			年	月
3岁	6（起始年龄）	—	3	—
3岁半	5	1	—	5
4岁	3	1	—	3
4岁半	2	1	—	2
5岁	2	1	—	2
6岁	1	2	—	2
7岁	0（最高年龄）			0
总分			3	14
	心理年龄（MA）分数：		4岁2个月	

3. 比率智商的计算　中国-比奈智力量表第四次修订本仍然采用比率智商来表示被试的智力发展水平。比率智商计算公式如下：

$$比率智商=\frac{心理年龄（MA）}{实足年龄（CA）}\times 100$$

前面4岁儿童在中国-比奈智力量表第四次修订本中获得的心理年龄为4岁2个月，即相当于心理年龄为4.17岁（4岁+2/12）。将心理年龄与实足年龄代入上述公式，则得到：IQ=4.17 / 4×100≈104。

该儿童经中国-比奈智力量表第四次修订本测定的智商为104。

4. 量表的标准化　中国-比奈智力量表第四次修订本根据我国1982年全国第三次人口普查的资料采样，首先制定了城市常模。常模团体年龄范围为2～16岁，2～5岁每半岁为一个年龄组，6～16岁每岁为一个年龄组，共18个年龄组。每个年龄组采样100人左右，总样本1988人。样本中男、女人数相等，均为994人。采样注意地域、城市大小适当分配，同时还注意被试家庭文化背景和职业分布的情况。

信度包括两个研究：179名3～6岁儿童间隔1～2周后进行重测，重测信度从0.69（4岁组）到0.86（3岁组），总体为0.82；另外，在给119名7～9岁儿童实施测验时，另一名测验者在旁边同时观察并做记录，然后计算主试与观察记录者之间的相关系数为0.93。

效度研究也包括两个效标关联效度：在83名6～8岁儿童研究样本中，中国-比奈智力量表第四次修订本智商与韦氏儿童智力量表中国修订本（WISC-CR）言语、操作和全量表智商的相关系数分别为：0.65、0.65和0.73（$P<0.01$）；在另一个142名9～11岁儿童的研究中，中国-比奈智力量表第四次修订本与瑞文标准推理测验智商之间的相关系数为0.43（$P<0.01$）。

二、韦氏智力量表

（一）韦氏智力量表简述

韦氏智力量表（Wechsler Intelligence Scales）是指美国心理学家大卫·韦克斯勒（David

笔记

Wechsler）编制的适用于学龄前儿童、学龄期儿童和成年人的一系列智力量表的统称。韦克斯勒在临床中发现比奈量表对于成人进行智力评估存在较大的缺陷，智龄的概念并不能够适用于成年人。同时，他对比奈量表使用比率智商来对智力进行描述也持反对的态度。针对比奈智力测验的缺陷，韦克斯勒根据对智力的理解，编制了一系列适用于不同年龄的智力测验。

1. 韦氏成人智力测验（Wechsler Adults Intelligence Scales，WAIS）

（1）发展历程：从1934年，韦克斯勒开始致力于智力测验的研究工作。在1939年韦克斯勒编制了第一套Wechsler-BellevueⅠ型智力量表（简称W-BⅠ）。W-BⅠ是第一个针对成人编制的智力量表，并且测量了与智力相关的多种能力。

由于W-BⅠ在常模样本的代表性及分测验信度上存在一定的不足，在1946年韦克斯勒编制了Wechsler-BellevueⅡ型智力量表（简称W-BⅡ）。W-BⅠ与W-BⅡ测量的被试年龄范围为10～60岁。

1955年，韦克斯勒对W-B两型进行了修订与标准化，形成韦克斯勒成人智力量表（WAIS）。1981年，对WAIS再次进行了修订，命名韦氏成人智力量表修订本（WAIS-R）。在1997年，对韦氏成人智力量表进行了第三次修订，形成韦氏成人智力量表第3版（WAIS-Ⅲ）。相比较于广为所知的韦氏成人智力量表（WAIS）以及韦氏成人智力量表修订本（WAIS-R），韦氏成人智力量表第3版（WAIS-Ⅲ）的创新点在于采用了指数的概念。当两个或两个以上的分测验与一种基本能力相关时，就产生了指数。在韦氏成人智力量表第3版（WAIS-Ⅲ）共提出了4大指数，分别是言语理解（verbal comprehension）、知觉推理（perceptual reasoning）、工作记忆（working memory）和加工速度（processing speed）。2008年，对韦氏成人智力量表进行再一次的修订，形成韦氏成人智力量表第4版（WAIS-Ⅳ），为当前最新的版本，适用于对16岁以上的成年人进行认知能力评估。

（2）新版本特色：韦氏成人智力量表第4版（WAIS-Ⅳ）在第3版的基础上，将分测验分成了核心分测验与补充分测验，为低能力端和高能力端设计了许多新条目，在常模样本中加入精神发育迟滞、超常智力等特殊被试，提高了常模样本的代表性。

2. 韦氏儿童智力量表（Wechsler Intelligence Scale for Children，WISC）

（1）发展历程：韦氏在1949年发表了WISC，WISC是W-BⅠ型量表向较低年龄水平的拓展。

1974年，韦克斯勒对韦氏儿童智力量表进行了修订，成为韦氏儿童智力量表修订版（WISC-R）。该版本量表适用于6～16岁的儿童。

韦氏儿童智力量表修订版也存在一定的缺陷，如常模样本全是白人，有的题目并不十分适合儿童被试等。针对这些问题，韦克斯勒在1991年对量表又一次进行了修订，形成韦氏儿童智力量表第3版（WISC-Ⅲ）。

在2003年，对量表进行了第四次的修订，形成了韦氏儿童智力量表第4版（WISC-Ⅳ）。该版本吸收了现代智力测验理论的相关知识，更新了量表结构和部分测验内容。从该版本起不再使用言语量表与操作量表的划分方法，而是使用言语理解、知觉推理、工作记忆和加工速度四大分量表的得分以及全量表得分来描述被试的智力。其中言语理解是用于评估被试对言语信息，言语推理和个人生活环境中必需的知识的掌握程度；知觉推理是用于评估知觉的推理能力，空间加工过程，以及视觉运动能力的融合程度；工作记忆包括注意、关注、头脑控制和推理过程；加工速度主要用于评估被试快速正确扫描、排序或区分简单视觉信息的能力，包括短时视觉记忆、注意和视觉运动协调能力等。

2014年，韦氏儿童智力量表第5版（WISC-V）在北美公开发行。第5版在设计上大大加强了与卡特尔-赫恩-卡罗尔（Cattell－Horn－Carroll）的智力理论的统一性，是其

笔记

在智力理论应用上的一大改进。该版本还提供了一般能力指数（general ability index）和认知流畅性指数（cognitive proficiency index）等，其设计的改进更适合临床使用，增加了智力得分结果解释过程中自主使用不同指数的灵活性。

（2）第5版新特色：跟第4版相比，原来的知觉推理量表被进一步分类为视觉空间量表和流体推理量表，因此WISC-V提供了言语理解、视觉空间、流体推理、工作记忆、加工速度五大分量表的指数和全量表得分。WISC-V所采用的五个分量表（因素）的结构得到了不少因素分析研究的支持，表明其具有较高的结构效度。

3. **韦氏幼儿智力量表**（Wechsler Preschool and Primary Scale of Intelligence，WPPSI）

（1）发展历程：1967年发表的韦氏幼儿智力量表，主要的适应对象为4～6岁的儿童。在1989年，对WPPSI进行了修订，形成了韦氏幼儿智力量表修订版（WPPSI-R）。WPPSI-R中，采用了与儿童量表相同的结构，即由常识、词汇、类同、理解和算术构成言语分测验，并组成言语智商，由动物家园、填图、拼图、积木和迷津构成非言语分测验，并组成操作智商。这样的结构，一方面不能对智力的结构给出有很强说服力的证据；另一方面，言语智商和操作智商的划分也不能很好地刻画出幼儿智力活动的情形。在2003年，对韦氏幼儿智力量表进行了第三次修订，形成韦氏幼儿智力量表第3版（WPPSI-Ⅲ）。WPPSI-III对上述不足进行了修正，更新了量表的结构和部分分测验。采用言语智商和操作智商这两个原有的合成分数，并增加了新的合成分数：一般言语综合分数。在2012年，对韦氏幼儿智力量表进行了第四次修订，形成韦氏幼儿智力量表第4版（WPPSI-IV）。

（2）新版本特色：韦氏幼儿智力量表第4版（WPPSI-IV）与之前相比有了较大的变化。根据幼儿的不同年龄段施测不同的分测验，并且用不同的合成分数对幼儿的智力进行评估。2岁半至3岁11个月的幼儿的除了用总智商评估总体智力表现外，还提供言语理解、视觉空间和工作记忆三个合成分数，而4岁至7岁半幼儿除了有总智商外，还提供言语理解、知觉推理、流体推理、工作记忆和加工速度五个合成分数。此结构更加符合幼儿阶段的认知能力发展特点，因而是对幼儿认知能力的最佳测验。

（二）韦氏智力量表的特色

1. **分量表及合成分数的提出**　韦氏智力量表与比奈量表的主要不同在于对非言语性测验题目的侧重，以及从多角度对智力进行评估。韦克斯勒从1939年编制第一套智力测验开始，就认为智力包含多种不同能力，反对比奈智力测验使用单一的测验分数来反映智力。韦克斯勒智力量表经历了两次发展：①韦氏智力测验将操作测验与言语测验并重，包含了测量非言语智力的量表即操作量表，为对个体的言语与非言语能力进行对比提供了可能性；②根据当代智力理论、认知过程理论及神经心理学研究成果，韦氏智力量表在测验结构上有所变化，提出用多个合成分数来反映一般智力，替代了原来的操作-言语二分法，使得测量与智力相关领域的分区更为细化。韦克斯勒的这一做法，创建了后来智力测验的主要模式，即由不同的分量表分数对智力进行多元和全面测量，并且采用合成分数对智力进行综合评估。

2. **离差智商的应用**　智商概念被用于智力测验中作为描述被试智力水平的指标，始于1916年发表的由斯坦福大学Terman LM修订的“斯坦福-比奈量表”。在当时的“斯坦福-比奈量表”中采用的是比率智商。但比率智商描述的是智力的发展速率，因而在使用中有局限。韦克斯勒在他的智力量表中，采用了离差智商，即采用与同龄被试组的平均数相比较的标准分数作为基本分数来描述智力水平。这一智商的概念描述的是被试在实际人群中的相对水平处于什么位置，因而在更多智力测验中被广泛应用。目前主要的智力测验，多采用离差智商作为描述智力水平的指标。

（三）韦氏智力量表的结构、内容及实施

1. **韦氏智力量表的结构**　韦氏第1版到第3版，一直采用了言语能力和非言语能力两

笔记

大分量表的方法，分别评价被试与言语发展及与空间知觉有关的智力功能，它们也被认为反映了大脑优势半球和非优势半球的功能。智商的平均值设为100，标准差为15。韦氏智力量表的言语和操作分量表各自含有5～7个分测验，每个分测验均测量了智力的不同侧面，韦克斯勒用平均值为10，标准差为3的标准分（Z分）表示各分测验操作水平。韦氏智力量表的这种结构是为了临床应用，并非他认为智力是由这些能力所组成（表4-3）。韦氏第4版跟前面三版的最大区别在于其不再采用言语量表和操作量表的划分，而是提供了言语理解、知觉推理、工作记忆和加工速度四个合成分数，实现了对认知功能的全面测量。研究者对测验结构进行了较大调整和修正。突出了大脑对信息的加工，而降低了较多依赖动作的任务的比重，拓展了分数区间和年龄范围；为低能力端和高能力端设计了许多新题目；增加了评估流体智力、工作记忆和加工速度的分测验，使量表整体更符合当代认知理论的模型。韦氏成人智力量表第4版（WAIS-Ⅳ）包括积木、类同、背数、算术、矩阵推理、词汇、符号检索、拼图、译码、常识十个核心分测验（表4-3）。

表4-3　韦氏成人智力系列量表结构一览表

	旧架构			新架构
	WAIS	WAIS-R	WAIS-Ⅲ	WAIS-Ⅳ
				所属合成分数
常识（IN）	√	√	√	言语理解
词汇（VA）	√	√	√	言语理解
类同（SI）	√	√	√	言语理解
理解（CO）	√	√	√	—
背数（DS）	√	√	√	工作记忆
算术（AR）	√	√	√	工作记忆
字母-数字（LN）	—	—	√	工作记忆
填图（PCm）	√	√	√	知觉推理
矩阵推理（MR）	—	—	√	知觉推理
积木（BD）	√	√	√	知觉推理
拼图（OA）	√	√	√	知觉推理
图片排列（PA）	√	√	√	—
数字符号（DS）	√	√	√	—
符号检索（SS）	—	—	√	加工速度
译码（CD）	—	—	—	加工速度

韦氏儿童第5版将言语理解、视觉空间、流体推理、工作记忆和加工速度五大分量表作为主要指数量表。具体的10个子测验参见表4-4。与第4版相比，知觉推理分量表被视觉空间和流体推理两个分量表所取代。韦氏儿童智力量表各个测验的结构如表4-4所示：

表4-4　韦氏儿童系列智力量表结构一览表

	旧架构			新架构	
	WISC	WISC-R	WISC-Ⅲ	WISC-Ⅳ	WISC-V
				所属合成分数	所属合成分数
类同（SI）	√	√	√	言语理解	言语理解
词汇（VA）	√	√	√	言语理解	言语理解
理解（CO）	√	√	√	言语理解	—

笔记

续表

	旧架构			新架构	
	WISC	WISC-R	WISC-Ⅲ	WISC-Ⅳ	WISC-V
常识(IN)	√	√	√	言语理解	—
字母-数字(LN)	—	—	—	工作记忆	—
背数(DS)	√	√	√	工作记忆	—
算术(AR)	√	√	√	工作记忆	—
数字广度(DP)	—	—	—	—	工作记忆
图画广度(PS)	—	—	—	—	工作记忆
图画概念(PCn)	—	—	—	知觉推理	—
填图(PCm)	√	√	√	知觉推理	—
矩阵推理(MR)	—	—	—	知觉推理	流体推理
图形重量(FW)	—	—	—	—	流体推理
划消(CA)	—	—	—	加工速度	—
符号检索(SS)	—	—	√	加工速度	加工速度
译码(CD)	—	—	—	—	加工速度
积木(BD)	√	√	√	—	视觉空间
拼图(OA)	√	√	√	—	视觉空间
图片排列(PA)	√	√	√	—	—
数字符号(DS)	√	√	√	—	—
迷津(MA)	√	√	√	—	—

WPPSI-R 中，采用了与 WISC-R 相同的结构，即由常识、词汇、类同、理解和算术构成言语分测验，并组成言语智商，由动物家园、填图、拼图、积木和迷津构成非言语分测验，并组成操作智商。这样的结构，一方面不能对智力的结构给出有很强说服力的证据，另一方面，言语智商和操作智商的划分也不能很好地刻画出幼儿智力活动的特征。WPPSI-III 对上述不足进行了修正，更新了量表的结构和部分分测验。采用言语智商和操作智商这两个原有的合成分数，并增加了新的合成分数：加工速度和一般言语综合分数。最新的版本 WPPSI-IV 中，根据幼儿的不同年龄阶段施测不同的分测验，并且用不同的合成分数对幼儿的智力进行评估。

2 岁半至 3 岁 11 个月的幼儿的测量结果包括总智商，以及言语理解、视觉空间和工作记忆三个主要指数，还包括语言接收指数、非言语指数和一般能力指数等三个辅助指数。4 岁至 7 岁半幼儿的测量结果除了提供总智商，还包括言语理解、视觉空间、流体推理、工作记忆和加工速度五个主要指数。此外，还有四个辅助指数：语言接收指数、非言语指数、一般能力指数和认知效率指数。

这样的结构更加符合幼儿阶段的认知能力发展特点，能较科学地测量幼儿的认知能力。韦氏幼儿智力量表各个测验的结构如表 4-5 所示：

表 4-5　韦氏幼儿智力系列量表结构一览表

年龄亚组	旧架构					新架构		
	WPPSⅠ	WPPSⅠ-R	WPPSⅠ-Ⅲ			WPPSI-Ⅳ		
	2~6	3~7	小龄组*	大龄组*		小龄组*	大龄组*	
言语分量表								所属合成分数
常识(IN)	√	√	—	√	言语智商	√	√	言语理解

笔记

续表

年龄亚组	旧架构					新架构		
	WPPS I	WPPS I -R	WPPS I -Ⅲ			WPPSI- Ⅳ		
	2～6	3～7	小龄组*	大龄组*		小龄组*	大龄组*	
类同（SI）	√	√	—	√	言语智商	—	√	言语理解
词汇（VC）	√	√	—	√	言语智商	—	—	—
理解（CO）	√	√	—	√	言语智商	—	—	—
词语推理（WR）	—	—	—	√	言语智商	—	—	—
指认图片（RV）	—	—	√	—	—	√	√	言语理解
图片命名（PN）	—	—	√	—	—	√	√	言语理解
算术（AR）	√	√	—	—	—	—	—	—
句子（SE）	√	√	—	—	—	—	—	—
操作分量表								
填图（PCm）	√	√	—	√	操作智商	—	—	—
积木（BD）	√	√	√	√	操作智商	√	√	视觉空间
拼图（OA）	—	√	√	√	操作智商	√	√	视觉空间
矩阵推理（MR）	—	—	—	√	操作智商	—	√	流体推理
图画概念（PCn）	—	—	—	√	操作智商	—	√	流体推理
迷津（MA）	√	√	—	—	—	—	—	—
动物家园（ZL）	√	√	—	—	—	√	√	工作记忆
图片记忆（PM）	—	—	—	—	—	√	√	工作记忆
几何图形（GD）	√	√	—	—	—	—	—	—
译码（CD）	—	—	—	√	加工速度	—	—	—
符号检索（SS）	—	—	—	√	加工速度	—	—	—
指认图片（RV）	—	—	—	√	一般言语综合	—	—	—
图片命名（PN）	—	—	—	√	一般言语综合	—	—	—
找虫（BS）	—	—	—	—	—	—	√	加工速度
随机划消（CA）	—	—	—	—	—	—	√	加工速度
动物译码（AC）	—	—	—	—	—	—	√	加工速度

*小龄组：2岁6个月～3岁11个月；大龄组：4岁～7岁3个月

笔记

为了更直观地理解中国韦氏全系列智力量表，现将最新修订版智力量表的结构对比作一总结，见表4-6：

表4-6　中国最新修订韦氏系列智力量表结构对照表

分测验名称（简称）		WAIS-IV	WISC-IV	WPPSI-IV
言语理解	常识（IN）	√	√	√
	类同（SI）	√	√	√
	词汇（VC）	√	√	—
	理解（CO）	—	√	—
工作记忆	背数（DS）	√	√	—
	算术（AR）	√	√	—
加工速度	符号检索（SS）	√	√	—
	译码（CD）	√	√	—
知觉推理	拼图（OA）	√	—	√
	矩阵推理（MR）	√	√	√
	积木（BD）	√	√	√
	字母-数字（LN）	—	√	—
	找虫（BS）	—	—	√
	图片记忆（PM）	—	—	√
	图画概念（PC）	—	√	√
	动物家园（ZL）	—	—	√
	图片命名（PN）	—	—	√
	划消（CA）	—	—	√
	指认图片（RV）	—	—	√
	动物译码（AC）	—	√	√
	填图（PC）	—	√	—

2. 中国修订韦氏智力量表新加的几个分测验

（1）图画概念：主要测量视知觉的认知与加工，非言语的抽象概念形成，分类推理能力。

（2）字母-数字：主要测量工作记忆、持续注意力和心理操作能力。

（3）矩阵推理：主要测量部分与整体关系的知识，同时性加工，非言语的概念形成，抽象思考推理，问题解决及知觉组织能力。

（4）划消：主要测量心理动作的速度与准确度、知觉扫描和辨别、知觉分辨和选择性注意力。

（四）韦氏智力量表的标准化

1. 中国修订韦氏成人智力量表第4版（WAIS-IV）

（1）常模：根据我国人口常模，以年龄、性别、受教育程度为主要变量按比例分层采样在全国16岁以上人口中的实际总采样有效样本1757人。

（2）信度和效度：内部一致性信度：不同年龄组和全样本的平均信度系数范围在分测验上为0.82～0.94，过程分数为0.79～0.83，合成分数为0.90～0.98。84名被试间隔22天后接受重测，重测信度系数在分测验为0.68～0.86，过程分数为0.61～0.72，合成分数上是0.78～0.91。结构效度：内部相关性研究在言语理解各分测验间为0.65～0.71，知觉推理各分测验为0.49～0.57，工作记忆各分测验为0.61，加工速

笔记

度各分测验为0.61。4个指数分数与全量表智商分数的相关系数为0.76～0.88。表明WAIS-IV中文版具有良好的信度和结构效度。

2. 中国修订韦氏儿童智力量表第4版（WISC-IV）

（1）常模：根据全国人口普查资料建立常模，在我国7个大区16个省市，按地区、年龄、性别、民族、父母教育水平、学业成绩等进行分层取样，年龄样本从6岁0月0日起，每4个月作为一个分段，取样人数计1100人，每个年龄组100人，另外取300人，按超常组、智力落后组、学习障碍组、再测信度组及效度检测组各分配60人，组成常模样本人数。

（2）信度和效度：分半信度：总智商达到0.97，量表各合成分数的平均信度系数介于0.87～0.97，各核心分测验的平均信度系数介于0.78～0.92。评分者间的一致性信度系数大于0.98。58名被试间隔1月重测信度系数介于0.80～0.88。这些信度系数的质量均达到了美国原版的标准。因素分析的结果和特殊样本的测验结果都表明量表有着非常好的效度。

3. 中国修订韦氏幼儿智力量表第4版（WPPSI-IV）

（1）常模：依据2010年中国的人口特征和人口普查数据，同时考虑幼儿的年龄、性别、家长受教育程度及居住地域4个关键自变量，采取分层采样的方法得出。样本共有756名幼儿。

（2）信度和效度：分半信度：总智商的信度为0.96，各个分测验的信度系数介于0.74～0.91，量表各主要合成分数的信度系数为0.85～0.94，而各个辅助指数合成分数的信度系数为0.92～0.95。这些信度的质量均达到美国原版的标准。

（五）韦氏智力量表在临床诊断中的价值

韦氏智力量表在临床诊断中具有重要价值，可以数量化描述个体智力发展水平并预测教育成就，是目前评估个体智力发展水平和诊断智力低下的最快速、有效的工具。该量表对智力研究的贡献大，能被专业和非专业人员所接受。其中，智商范围及智力等级如下：

≥130 → 超常；

120～129 → 优秀；

110～119 → 高于平常（聪明）；

90～109 → 平常；

80～89 → 低于平常（愚钝）；

70～79 → 临界状态；

<70 → 智力缺陷。

三、考夫曼儿童成套评定测验

考夫曼儿童成套评定测验（Kaufman Assessment Battery for Children，K-ABC）是由美国心理学家Kaufman AS和Kaufman NL（1983）编制。考夫曼以鲁利亚（Luria AP）的高级神经机能学说为理论指导，将评价的重点放在信息加工方式上，因此该测验在20世纪80年代出版时具有一定的新意。

（一）测验的内容与实施

K-ABC主要包括两大部分，心理加工部分用于评价儿童信息加工方面能力，它又包括同时性加工（simultaneous processing）和继时性加工（sequential processing）两个方面，前者由7个分测验组成，后者包含3个分测验；另一部分为成就量表，包括6个分测验，但从实际内容来看该部分显然不是测量学校中所教授的实际知识，更像是传统智力测验所测量的能力；此外还有一个附加非言语量表，但它并没有自己的分测验，实际上是由同时性加工和继时性加工分量表中的6个不需言语操作的分测验再组合而成（见表4-7）。虽然K-ABC总共有16个分测验，但是不同年龄段的儿童只做其中一部分（7～13个）分测验（表4-7），因此所需时间也长短不一，学龄前儿童平均约45分钟，学龄期儿童平均70～75分钟。

笔记

表 4-7 K-ABC 的结构及功能

量表	分测验	主要功能	适用年龄
心理加工量表			
同时性加工	1. 魔窗测验	测量注意、短时视觉记忆和大脑整合能力	2.5～4 岁
	2. 面孔再认	测量注意、短时视觉记忆	2.5～4 岁
	3. 完形测验	对视觉信息的关注，将零散信息换为整体事物的能力	2.5～12.5 岁
	4. 三角拼图	非言语概念形成，知觉的组织、分析与综合	4.0～12.5 岁
	5. 矩阵分析	测量空间知觉、逻辑推理能力	5.0～12.5 岁
	6. 空间记忆	测量视觉空间的瞬间记忆	5.0～12.5 岁
	7. 照片排列	测量非言语推理能力，行动的计划性	6.0～12.5 岁
继时性加工	1. 手动作模仿	测量短时视觉记忆，知觉组织、视－运动协调能力	2.5～12.5 岁
	2. 背数测验	测量短时听觉记忆	2.5～12.5 岁
	3. 系列记忆	测量短时记忆	4.0～12.5 岁
成就量表			
	1. 词汇表达	测量儿童的词汇、语言表达能力	2.5～4 岁
	2. 人地辨认	测量一般知识的广泛性	2.5～12.5 岁
	3. 算术测验	测量心算、数字推理能力	3.0～12.5 岁
	4. 物件猜谜	测量言语推理能力	3.0～12.5 岁
	5. 阅读测验	测量儿童的阅读技能，长时记忆	5.0～12.5 岁
	6. 阅读理解	测量阅读理解能力，用动作来表达的能力	7.0～12.5 岁
非言语量表（附加）			
	1. 面孔再认	（功能同上）	
	2. 手动作模仿		
	3. 三角拼图		
	4. 矩阵分析		
	5. 空间记忆		
	6. 照片排列		

（二）测验的标准化

1. 常模 K-ABC 常模样本以 1980 年美国人口资料为参照，根据年龄、性别、地域、社会经济状况（父母受教育程度）、人种和社区大小这些变量分层按比例采样。年龄从 2 岁半至 12 岁半，共分成 9 个年龄组，每组 200～300 人，总样本 2000 人。

2. 计分方法 K-ABC 的心理加工量表标准分转换方式与韦氏智力量表相似，首先由原始分转换成量表分（平均值 =10，标准差 =3）；然后再转换成同时性加工和继时性加工分量表标准成分分，以及心理加工标准成分分，这些转换公式中平均值均为 100，标准差为 15。构成心理加工的总分中，同时性加工测验成绩的权重显然大于继时性加工测验。成就量表的分测验不参加计算心理加工标准成分分的计算，其转换公式中的平均值为 100，标准差为 15。

3. 信度研究 内部一致性信度：平均同时性加工、继时性加工和非言语分量表的信度介于 0.86～0.93；学龄前儿童心理加工量表和成就量表的信度分别为 0.91 和 0.93，学龄期儿童则分别为 0.94 和 0.97；3 个样本间隔 4 周的重测信度为 0.70～0.92，显示该测验具有良好的信度。

笔记

4 效度研究　测验编制者及其同事在测验出版的同时发表了大量的效度研究结果，因素分析结果支持将 K-ABC 分成 3 个量表（同时性加工、继时性加工和成就量表）这样的假设。

内容效度研究表明：综合 13～18 个研究样本的结果，K-ABC 的心理加工量表与 WISC-R 或 WPPSI 言语分量表的相关为 0.50（中数），与操作分量表相关为 0.65（中数），而与全量表的相关为 0.70（中数）。与斯坦福 - 比奈智力量表的相关为 0.63（6 个样本中数）。心理加工量表与成就测验的相关为 0.56（12 个样本中数），而成就量表与成就测验的相关为 0.68（13 个样本中数）。

四、麦卡锡儿童能力量表

麦卡锡儿童能力量表（McCarthy Scales of Children's Abilities，MSCA）是美国心理学家 D.A. McCarthy 在 1972 年编制的一套用于测量 2 岁半至 8 岁半儿童认知能力的测验。1992 年，李丹和陈国鹏引进修订了麦卡锡儿童能力量表，并建立中国常模。

（一）测验的内容与实施

麦卡锡儿童能力量表共有 18 个分测验，组成 5 个分量表，分别是言语、知觉 - 操作、数量、记忆和运动分量表，见表 4-8。前 3 个分量表组成一般认知能力量表（General Cognitive Scale），评价儿童的一般智力功能。

（二）测验的标准化

1. **常模**　麦卡锡儿童能力量表常模样本按照 1970 年美国人口资料结构，根据年龄、性别、地域、城乡和父亲职业等变量分层按比例取样，从 2 岁半至 8 岁半共分为 10 个年龄组，每组 100～106 人，共取样 1032 名。

中国常模样本来自城市，2 岁半至 8 岁半 10 个年龄组，每组约 100 人，共取样 918 名。取样注意到地域、城市大小等因素，男、女性比例相等。

2. **计分方法**　每个分测验只计算原始分，将构成分量表的相应分测验原始分相加得到各分量表原始分。5 个分量表采用的标准分为 T 分（平均值 =50，标准差 =10）。一般认知能力量表的原始分由言语、知觉 - 操作和数量 3 个分量表的原始分相加而成，经过转换成标准分（平均值 =100，标准差 =15），作者称其为一般认知能力指数（general cognitive index，GCI）。GCI 的意义与智商相当，麦卡锡儿童能力量表中国修订版则采用了智商这个名称。

3. **信度研究**　麦卡锡儿童能力量表全量表平均分半信度为 0.93，5 个分量表的分半信度为 0.79～0.88；125 名儿童间隔 30 天后重测，其 GCI 的重测相关为 0.90，分量表为 0.69～0.89；还有研究者报告间隔 1 年后重测，GCI 的重测相关也达到 0.85，说明其稳定性是相当好的。

表 4-8　麦卡锡儿童能力量表的结构

量表	分测验	功能
（一）言语分量表		评价儿童言语表达能力和词语概念理解能力
	1. 图画记忆	测量早期语言发展，短时记忆、注意能力
	2. 词语知识	测量词概念形成、早期言语发展、言语表达能力
	3. 词语记忆	测量言语理解和表达能力，短时记忆和注意
	4. 词语流畅	测量言语概念形成，逻辑分类、创造性思维
	5. 反义类推	测量言语概念形成和言语推理能力

笔记

量表	分测验	功能
(二)知觉-操作分量表		评价儿童的视觉运动协调能力和非言语推理能力
	6. 积木建构	测量视觉运动的协调性，空间关系
	7. 拼图测验	测量视知觉、空间关系和非言语推理能力
	8. 连续敲击	测量视觉运动的协调性，短时记忆和注意
	9. 左右定向	测量定向、非言语推理、空间关系和言语概念形成
	10. 图形临摹	测量视知觉、空间关系和视觉运动的协调性
	11. 画人测验	测量非言语概念形成、视觉运动的协调性
	12. 概括归类	测量非言语推理、逻辑分类和言语概念形成
(三)数量分量表		评价儿童的数概念和计算能力
	13. 数的问题	测量数字推理、计算能力、注意和言语表达能力
	14. 数字记忆	测量短时记忆、注意，倒背还测量了转换能力
	15. 计数和区分	测量数概念、数字推理
(四)记忆分量表		评价儿童对视觉和听觉刺激的短时记忆
	包括前3个分量表中的图画记忆、连续敲击、词语记忆和数字记忆4个测验	
(五)运动分量表		评价儿童的大运动、精细运动和协调性
	16. 腿的协调性	测量粗运动协调和平衡能力
	17. 手臂协调性	测量粗运动协调和精确运动
	18. 动作模仿	测量粗、精细运动的协调性
	知觉-操作分量表中的图形临摹和画人测验	测量精细运动的灵活性和协调性

麦卡锡儿童能力量表中国修订版分半信度：相关3岁半组为0.96，5岁半组为0.91，分量表信度3岁半组为0.88（运动）～0.94（言语），5岁半组为0.82（运动）～0.92（数量）。重测信度（间隔两周）：3岁半组为0.88，5岁半组为0.91；分量表3岁半组为0.71（运动）～0.84（记忆），5岁半组为0.73（运动）～0.91（数量）。

4. 效度研究 麦卡锡儿童能力量表GCI与斯坦福-比奈智力量表L-M式、WISC-R、WPPSI和K-ABC的相关为0.45～0.91，中数为0.75。但有研究发现在一组较聪明的儿童中，其平均GCI较斯坦福-比奈智力量表L-M式的IQ低10分，而在一组智力发育迟滞的儿童中，其平均GCI比斯坦福-比奈智力量表L-M式的IQ更低了20分。

李丹、陈国鹏等发现，麦卡锡儿童能力中国修订版智商与WPPSI（上海修订本）的VIQ、PIQ和FIQ的相关分别为0.72、0.56和0.74，而且MSCA的平均智商与WPPSI的平均FIQ之间的差异无显著性。

五、达斯-纳格利里认知评定系统

达斯-纳格利里认知评定系统（Das-Naglieri Cognitive Assessment System，CAS）是由加拿大心理学家Das JP和美国心理学家Naglieri JA在20世纪90年代末发展起来的一个智力量表。它最大的特点是将评估的重点放在认知活动的过程，而不像传统智力测验那样将评估重点放在认知的内容方面。CAS的结构包括3个部分4个分量表。

（一）注意唤起过程

达斯认为唤醒与警觉是学习和记忆的共同前提，注意状态和选择性保持是辨别和概括的基础。注意通过与学习和问题解决的联系而成为智力行为的本质成分，而且他还认为，在区分特殊儿童群体时，对选择性注意的评估比维持性注意的评估更重要。CAS设置了一个注

笔记

意分量表，包括两个分测验：听觉选择注意和表达性注意。

（二）信息加工过程

达斯认为信息加工对于PASS模型而言是至关重要的，大多数实际的活动发生在加工系统中，新输入的信息被接收，与储存在知识库中的原有知识联合起来，根据原有的知识和操作计划进行转化，储存起来以备后用。信息加工过程以两种不同形式的编码方式进行，它们构成了CAS两个分量表。

1. **同时性加工** 在特定的时间同时感知到事物各个部分的特征，这种信息加工方式具有准空间性质。该分量表包括图形设计和图形记忆两个分测验。

2. **继时性加工** 在某一时刻只感知到事物的一种特征，然后随着时间的推移陆续感知到事物的各部分特征，这种信息加工方式具有准时间性质。该分量表也包括两个分测验：背数测验和背词测验。

（三）计划过程

计划过程（planning process）是一个能把注意-唤醒和同时性与继时性加工过程联合起来的核心过程，它包含了计划和策略的形成、选择和执行，以及作出决断等过程，是智力中相对较高级的部分。该分量表包括4个分测验：解码测验、数字匹配、计划连线和计划搜寻。

CAS适用于5～17岁的人群，尤其值得提出的是它把评定和干预联系在一起，更加突出了它的实用性，是一个值得人们期待的新型智力测评工具。

第三节　团体智力测验

一、长-鞍团体智力测验

长-鞍团体智力测验（Changsha-Anshan Intelligence Test in Group，GAITG）是由龚耀先和赵声咏于1991年开始编制、1997年完成的一套用于评价精神正常的12、13岁儿童至成人的智力水平的团体测验，适用于有6年以上教育程度的汉族或略懂汉文和听得懂一些汉语的其他民族的被试者。

（一）测验的内容与实施

该测验包括6个分测验，有文字和非文字的，分别测量不同的智力功能，见表4-9。其中，分类测验包含词语分类（25题）和图案分类（24题）形式，而接龙测验包含数字接龙（25题）和图案接龙（18题）两种形式，故6个分测验共包含8个分量表，将8个分量表得分相加即为总量表分。

根据总量表分可计算出总智商，智商是用标准分来表示，也属于离差智商。8个分量表可以提取出3个因子成分，分别是①知觉推理因子：测量知觉组织、分类和推理思维能力，包含补缺测验、图案分类、数字接龙和图案接龙；②言语理解因子：由常识测验和词语分类共同负荷，这两个测验都属于言语方式，且都与理解有关；③注意/记忆因子：测量注意集中和短时记忆能力，包括校对测验和编码测验。

表4-9　长-鞍团体智力测验的结构

分测验	主要功能	分测验	主要功能
常识测验（28）	测量知识面与兴趣范围	接龙测验（43）	测量词语和形象中的推理能力
补缺测验（20）	测量视知觉的整合能力	校对测验（56）	测量注意集中能力和持久能力
分类测验（49）	测量词语和形象思维过程中的概括能力	编码测验（5）	测量手与眼的配合能力，以及注意集中、持久能力

注：括号内为题目数

笔记

该量表除校对和编码分测验外，其他都是单选题型，每个分测验均有时间限制。可采用小团体方式实施测验，一般40～50人比较合适。这套测验包括甲、乙两个平行版本。

（二）测验的标准化

长 - 鞍团体智力测验只建立了区域性常模，如长沙市中学生常模、北方（东北三省、内蒙古等地区）中学生常模。下面介绍的是1995年完成的长沙市中学生常模。

1. **常模** 12～18岁的中学生1223名，男女比例为1∶0.89，按受教育年限，从初一到高三。实施甲、乙式的人数基本相等。

2. **计分方法** 长 - 鞍团体智力测验采用年级量表分，分测验原始分转换量表分时平均值取10，标准差为3；量表分转换成智商和各因子成分分时平均值为100，标准差为15。

3. **信度研究** 各分测验的分半信度为0.51（补缺测验）～0.86（数字接龙）；160名学生间隔2周的重测信度为0.16（补缺测验）～0.68（知识测验），其中补缺测验和文字分类的重测信度未达显著水平，总量表分和总智商的重测信度均为0.60。信度研究结果显示该测验的重测信度偏低。

4. **效度研究** 长沙常模的学生测验成绩与C-WISC全量表智商的相关为0.50，与学习成绩的相关为0.39。有22名学生在做C-WISC一年半后再实施本团体智力量表，两智力测验的智商相关系数为0.50，呈中等相关。此外，因素分析结果显示该测验与设计构想相吻合。

二、团体儿童智力测验

团体儿童智力测验（the Group Intelligence Test for Children，GITC）是金瑜于1996年编制的一套适用于9～18岁儿童青少年的团体智力测验，其结构和编制方法均参照韦氏儿童智力量表。

（一）测验的内容与实施

团体儿童智力测验共包含292个题目，分为言语和操作两个分量表，每个分量表又分别包括5个分测验，见表4-10。该团体测验采用纸笔测验的方式，所有的题目均为多项选择题的格式，从5个选项中选出最恰当的那个答案。

表4-10 团体儿童智力测验的结构

量表	分测验	题目数	量表	分测验	题目数
言语分量表		172	非言语分量表		120
	常识测验	38		辨异测验	26
	类同测验	32		排列测验	13
	算术测验	20		空间测验	30
	理解测验	32		译码测验	34
	词汇测验	50		拼配测验	17

实施时以20～25人的小团体较合适，应配备2名主试，一人负责实测和掌握时间，另一人协助检查和监督。如果人数为30～50人，应增加一名主试。实施时应严格掌握时间，每个分测验的时限是6分钟，在主试对每个测验进行指导时严禁被试看正式的测验题目，所有被试在统一时间开始做测验。当一个测验操作时限到，主试者叫“停”时，所有被试都必须停止。做完整套测验的时间大约2小时。

（二）测验的标准化

1. **常模** 在全国6大地区的20个城市采样3916人，从9～18岁共分为10个年龄组，每组362人（18岁）～412人（13岁），男女比例大致相等。

笔记

2. **计分方法** 每题正确记1分，错误记0分，各分测验做对的题目数即为该测验的原始分。原始分转换成量表分和量表分转换成智商的方法与韦氏智力量表相同，分测验原始分转换为标准分公式中平均值为10，标准差为3；量表分转换为智商公式中平均值为100，标准差为15。

3. **信度研究** 各分测验的分半信度为0.61（排列）～0.96（译码），言语IQ、非言语IQ和全量表IQ的分半信度为0.97、0.95和0.98。对44名11岁儿童间隔2周进行重测，相关系数为言语IQ 0.87、非言语IQ 0.92、全量表IQ 0.90。

4. **效度研究** 对100名12岁儿童先后实施儿童团体智力测验和WISC-CR（时间间隔12周），言语智商的相关系数为0.62，儿童团体智力测验非言语智商和WISC-CR的操作智商相关系数为0.46，全量表智商相关系数为0.60。智力测验成绩与班主任教师的评价的相关系数在0.56（非言语智商）～0.64（全量表智商）之间。因素分析结果表明，所有分测验均负荷较高的g因子，在两因子模型中，所有言语分测验均负荷较高的第一公共因子，除辨异外的4个非言语分测验均负荷较高的第二公共因子，而辨异测验却负荷较高的第一公共因子。

第四节 其他种类的智力测验

一、文化公平智力测验

由于社会文化背景会影响个人的智力，所以对不同文化背景的被试实施测验，都需考虑到文化因素的影响。心理学家为了排除社会文化的影响，力图设计一种公平的或接近公平的测验，以捕捉不同文化人群里的共同的智力因素。文化公平智力测验应运而生，可适用于不同文化背景的被试。下面将先详细介绍两种国内外比较著名的文化公平智力测验，再简单介绍其他几种国外常见的文化公平智力测验。

（一）瑞文测验

瑞文测验原名瑞文渐进矩阵测验（Raven's Progressive Matrices，RPM），因为它主要测量空间分析和逻辑推理能力，因此国内心理学家更偏向将其翻译成瑞文推理测验或瑞文测验。

瑞文测验是由英国心理学家J.C. Raven基于Spearman CE关于智力的两因素理论于1938年编制，主要目的是测量一般智力（*g*因素），并在20世纪40年代和50年代进行了修订。由于该测验采取非文字的几何图形的测验形式，被认为是一个较少受到文化背景影响的"文化公平"测验。20世纪80年代瑞文测验被引进我国，张厚粲为标准型制定了国内常模，而李丹等将彩色型和标准型改编为联合型，并分别建立了适用于城市和农村的常模。

1. **测验的内容与实施** 瑞文测验包括3套难度不同的测验，适用于不同的测试对象。最先编出的一套称标准型，由A、B、C、D和E 5个单元组成，每个单元有12个项目，共计60个项目。适用于6岁以上直至成人。作者1947年又编制了一套彩色型和一套高级型，彩色型是将标准型的A、B两个单元着色，并增加一个彩色的A_B单元，共36个项目，适用于5～7岁的儿童和智力发育迟滞的成人；高级型共有12项练习题和36项正式题，内容难度加大，适用于智力水平较高者。

标准型引进我国时未做改变。1989年李丹和陈国鹏等人将彩色型与标准型的C、D和E 3个单元合并构成联合型，共包括6个单元72项，使得这套测验可以从5岁儿童一直用到70岁成人。

瑞文测验的条目是由一张抽象的图案或一系列无意义图形组成一个方阵，方阵内的右下位置缺失一块，要求被试从方阵下面的另外6或8小块备选图片中挑选正确的一块补进

笔记

缺失部位，使得方阵成为一个完整的图形，见图 4-6。项目按从易到难排列，前面的内容主要测量被试的空间感知觉和分析能力，后面的内容则涉及抽象思维和逻辑推理能力。

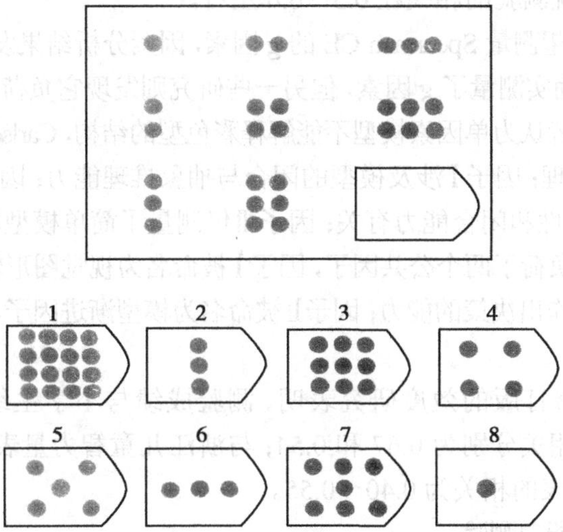

图 4-6　瑞文测验举例

瑞文测验可以作为个别测验也可用于团体测验，测验原则上没有时间限制，一般能在 30～40 分钟内完成。每个项目答对记 1 分，答错记 0 分。

2. 测验的标准化

（1）常模：瑞文测验英国常模有多个。其中，儿童常模包括 1407 名被试；第二次世界大战中的常模包括 3665 名军人和 2192 名文职人员。1986 年 Raven JC 及其同事建立了瑞文测验的美国常模，包括 5～11 岁的彩色型常模，6～16 岁的标准型常模，高级型的常模的样本来自加利福尼亚大学伯克利分校 300 名学生。

1989 年张厚粲为瑞文标准型建立中国常模。李丹、陈国鹏等（1987）为瑞文联合型建立中国城市儿童常模，年龄从 5～16 岁共 12 个年龄组，每组采样 240 人（男、女各半），共计 2880 人。王栋、李丹等（1988）建立农村儿童联合型常模，取样年龄从 5～14 岁每半岁一个年龄组，20 个年龄组共采样 4212 名，男、女人数大致相等。陈国鹏、李丹等（1989）建立联合型成人常模，样本为上海地区 17～75 岁成人，每 5 岁一个年龄组（除 17～19 岁组外），共 12 组，总样本 886 人。1997 年，钱明、王栋等进行了瑞文联合型测验第二次修订（CRT-C_2），年龄为 17～64 岁，共分为 11 个年龄组，各年龄组采样 224～232 人，总样本量 2526 人。2006 年王栋等人对联合型瑞文测验进行了第三次修订，城市组年龄为 7～16 岁，农村组年龄为 7～14 岁，每一岁为一个年龄组，每一年龄组样本量为 240 名（男女各半），故城市 10 个年龄组总样本 2400 名，农村 8 个年龄组总样本 1920 名，分别建立城乡、不同年龄组常模。

（2）计分方法：瑞文测验采用百分位方式来表示测验的成绩，由原始分（粗分）通过分年龄组的转换表直接查出被试测验成绩所对应的百分位。李丹等修订的瑞文测验联合型手册中除了附有原始分对应百分位转换表外，还附有百分位对应 Z 分和离差智商转换表（平均值 =100，标准差 =15）。

（3）信度研究：Raven JC 等（1983）报告瑞文标准型第 3 版的分半信度 0.86，1986 年他们发表的包含了美国常模的彩色型第 2 版手册中显示，分半信度范围从 0.65～0.92；不同类型瑞文测验的重测信度为 0.71～0.93，年龄越小信度越低。

李丹等报告瑞文联合型中国城市儿童常模间隔 10 天的重测信度为 0.93；农村常模分半信度 0.97，间隔 30 天的重测信度为 0.93；上海成人常模分半信度为 0.95。王栋等人第三次修订联合型瑞文测验中国儿童常模时报告了农村儿童间隔半个月的重测信度为 0.88；分半

笔记

信度0.91。

（4）效度研究：关于瑞文测验3种类型的效度研究较多，与其他智力测验的相关在0.5～0.8左右，而与成就测验的相关在0.3～0.6左右。

瑞文测验设计时希望测量Spearman CE的g因素，因素分析结果发现它的结构并不总是很清晰，有些研究提示它确实测量了*g*因素，但另一些研究则发现它负荷了2个、3个甚至更多公共因子。例如许多研究者认为单因素模型不能解释彩色型的结构，Carlson JS和Jensen CM（1980）认为三因素模型比较合理：因子Ⅰ涉及模型的闭合与抽象推理能力；因子Ⅱ为复杂的模型填充，与儿童保持模型的同一性和闭合能力有关；因子Ⅲ仅测量了简单模型填补能力。Dillon RF等（1981）认为高级型主要负荷了两个公共因子，因子Ⅰ被命名为视觉图形转换因子，它测量了感知部分与整体关系时迅速作出决策的能力；因子Ⅱ被命名为模型渐进因子，它测量了与机械技能包括心理旋转有关的能力。

瑞文联合型中国修订版的效度研究表明，测验成绩与小学生统考综合成绩的相关达0.73，与数学和语文的相关分别为0.67和0.54；与浙江儿童智力量表的相关为0.60；农村样本与中国-比纳智力量表的相关为0.40～0.55。

（二）龚氏非文字智力测验

1995年龚耀先等人编制了一套非文字智力测验，并先后建立了适用于我国少数民族（3岁～成人）和3～16岁汉族儿童的常模。

1. **量表的结构与实施** 该量表包括6个分测验，见表4-11，采用个别实施的方式。

表4-11 龚氏非文字智力测验的结构

分测验	主要功能	分测验	主要功能
编码测验	测量手-眼协调、注意能力	填图测验	测量知觉组织能力
认数辨色	测量反应数目词、颜色名称的速度	接龙测验	测量逻辑推理能力
分类测验	测量抽象和概括能力	填数测验	测量序列化和空间能力

2. **常模** 该量表最显著的特点是拥有少数民族的全国常模，他们来自蒙古、回、土家、苗和白族5个少数民族，共1796人。年龄从3～70岁共16个年龄段，男女比例大致相等。汉族常模样本为1591人，来自7大行政区的8个省。年龄从3～16岁，男女比例接近。

3. **计分方法** 分测验原始分转换成量表分时平均值取10，标准差为3；量表分转换成智商时平均值为100，标准差为15。

4. **信度研究** 少数民族常模填图、分类、接龙和填数4个分测验的分半相关分别为0.90、0.89、0.92和0.95，间隔2～3周的重测相关为0.28（填数）～0.57（编码）。汉族儿童常模间隔1～2周的重测相关为0.45（认辩）～0.68（填图），总标准分为0.78。

5. **效度研究** 少数民族被试非文字智力测验总标准分与C-WISC全量表智商的相关为0.65，与分测验的相关为0.22（常识）～0.62（算术）。汉族儿童非文字智力测验总标准分与C-WISC言语、操作和全量表智商的相关分别为0.47、0.64和0.60。

（三）其他测验

1. **雷特国际操作量表**（Leiter International Performance Scale，LIPS） 由Leiter RG编制，初版诞生于1927年，最后修订于1948年。该量表适用于2～18岁的所有儿童，包括聋儿、脑损伤者和母语非英语者。其内容包括颜色、明暗、形状及图画的匹配、积木图案、图像指缺、数目估计、类比、图序完成、年龄差异的辨认、空间关系、足印辨认、类同、图序记忆、动物归类等。测验采用个别实施方式，但是无时间限制。它的突出特点是不使用语言或手势等指导语，每个测验都是从相当简单的问题开始。雷特国际操作量表的分半信度为0.91～

笔记

0.94，它与斯坦福-比纳智力测验和韦氏儿童智力测验分数的相关系数为0.56～0.92。

2. 古迪纳夫-哈里斯绘人测验（Goodenough-Harris Drawing Test，GHDT） 最初是由美国明尼苏达大学的Goodenough FL编制，发表于1926年。1963年美国人Harris DB在做了大量研究的基础上发表了这个测验的修订本，被称为古-哈绘人测验。后来日本的小林重雄和城户氏也做了大量的研究工作，提出了50项评分法，标准比较明确，被广泛推广。在我国，20世纪20、30年代引进翻译了该量表。1979年上海第二医科大学又将小林重雄所修订的版本引入我国。1985年首都儿科研究所作为全国儿童智能研究协作组成员之一，发表了该测验（命名为绘人智能测验）在北京地区的修订报告。1995年，浙江大学傅根跃教授对该测验重新标准化，制定杭州城市常模，形成了14大类75项评分项目。国外研究者报告的间隔1周的重测信度为0.68，分半信度为0.89；不同评分者评定同一幅画的信度系数为0.90；与其他智力测验的相关研究的结果虽有争议，但是相关系数大多超过0.50。国内杭州常模提供的重测信度为0.56～0.68，评分者内及评分者间相关分别为0.97和0.93，与韦氏智商的相关为0.59。该测验的适用年龄一般认为是5～12岁，尤其适合于那些对更传统的智力测验因紧张、害怕而有抵触的儿童，也可用于听觉障碍儿童、弱智儿童、语言障碍或由于各种原因而不愿开口说话的儿童。

二、残疾人的智力测验

（一）希-内学习能力测验（Hiskey-Nebraska Test of Learning Aptitude，H-NTLA）

希-内学习能力测验是Hiskey MS为3～17岁听力有障碍的儿童编制的一个智力测验。山西医科大学曲成毅教授等人对该量表进行了修订，并于1996年发表了中国聋人常模。2011年，杨晓娟、曲成毅和孙喜斌等人对希-内学习能力测验小年龄组（3～7岁）的常模进行了第二次修订，建立了小年龄组新的中国常模。

1. 量表的结构与实施 该测验由12个分测验组成，见表4-12，采用个别实施方式。小年龄组（3～7岁）共包括8项分测验，分别是：穿珠（手眼协调和伴随记忆）、记颜色（辨色和色彩记忆）、辨认图画（知觉辨别和图形比较）、看图联想（认识环境、思维联想）、折纸（手眼协调和伴随记忆）、短期视觉记忆（注意力和短期记忆力）、摆方木（空间定向和手眼协调）、完成图画（分析综合、知觉想象）。

表4-12 希-内学习能力测验的结构

分测验	功能	分测验	功能
穿珠测验	测量手-眼协调及伴随记忆	木块模型	测量空间定向及手眼协调
颜色记忆	测量辨色能力及色彩记忆	完成图画	测量分析综合、知觉想象能力
辨认图画	测量知觉辨别、图形比较	数字记忆	测量数字记忆能力
看图联想	测量认知环境、思维联想能力	迷方测验	测量距离知觉、实物测量
折纸测验	测量手-眼协调及伴随记忆	图画类同	测量类推、比较级概念联想
视觉注意广度	测量注意力及短时记忆	空间推理	测量图形组合、抽象推理

2. 常模 H-NTLA的美国常模包括1079名聋人和1074名正常人，正常人样本根据1960年美国人口资料分层采样，聋人样本主要来自聋哑人学校，其代表性不详。中国常模为1758人，基本为城市人口，区域分布和儿童父亲的职业分布符合1990年全国人口资料的比例。小年龄组（3～7岁）常模1560人，男女性别比例、城市农村地区比例接近1∶1。

3. 计分方法 美国版本采用离差学习商数来表示被试的学习能力水平（平均值为100，标准差为16）；中国版本除采用离差智商（平均值、标准差同美国常模）外，还采用了比率智商的方法来表示。

笔记

4. **信度研究** 美国常模学习商数的分半信度为0.95(3～10岁组)和0.93(11～17岁组),间隔1年、3年和5年的重测信度分别为0.79、0.85和0.62。中国常模智商的分半信度为0.93(3～8岁组)和0.85(9～17岁组),间隔1个月的重测信度为0.84。小年龄组(3～7岁)间隔两周的重测信度约为0.82。

5. **效度研究** 美国研究发现H-NTLA与WISC-R操作智商的相关为0.78～0.86;但是与成就测验的相关为-0.09～0.72(中位数0.49)。中国研究表明聋校学生智商与学习成绩的相关为0.21(P<0.01),41名正常儿童H-NTLA中国修订版与WISC-CR智商的相关为0.77。小年龄组(3～7岁)测验和儿童神经心理诊断量表的相关系数约为0.56(P<0.01)。

(二)聋人智力量表

孟宪章等人于1995年在龚氏非文字智力测验的基础上发展出一套专门用于评价聋人智力水平的测验。

1. **量表的结构与实施** 共由7个分测验组成,其中分类、填图、填数型、编码和接龙5个分测验与龚氏非文字智力测验完全相同,并增加了木块图和面孔记忆两个分测验。实施方法为个别测验。

2. **常模** 区域性常模的样本来自湖南省和内蒙古自治区3个城市的5所聋哑人学校,年龄8～18岁,共418名被试。

3. **计分方法** 按手册的评分标准获得原始分,然后通过查相应年龄组换算表转换成分测验量表分(平均值为10,标准差为3)。量表分转换为智商时,平均值为100,标准差为15。

4. **信度研究** 分测验分半信度系数为0.78(分类)～0.93(填数型);间隔1～6个月的重测信度为0.83,分测验为0.28(分类)～0.86(木块图)。

5. **效度研究** 智商与学习成绩的相关0.29(P<0.01),与教师评价的相关为0.52(P<0.01);32名听力正常儿童分别用该量表和中国-韦氏儿童智力量表进行测试,本量表与C-WISC的FIQ、PIQ和VIQ的相关分别为0.78、0.75和0.63。

第五节 发展量表与适应行为量表

一、发展量表

大脑是心理反应的器官,智能是一种心理活动,婴幼儿的心理活动是在神经系统逐渐发育成熟的基础上,在环境作用下,逐步产生和发展起来的。就3岁以下婴幼儿而言,主要通过观察婴幼儿的发育情况加以判断其发展水平。发展量表就是通过对婴幼儿的行为发展进行经验观察,描述诸如运动、感觉辨别能力、语言交流、概念形成等功能的随年龄发展的典型行为来评价婴幼儿的发展水平。半个多世纪以来,国际心理学界对婴幼儿心理发展的一般进程进行了大量、大样本的长期追踪研究,取得了丰富的常模资料,并制定出了许多著名的婴幼儿发展量表,如盖塞尔发展量表(Gesell A,1940,1974)、丹佛发展筛查量表(DDST,Frankenberg WK &Dodds JB,1967)、贝利婴幼儿发展量表(Bayley N,1969,1993)、新生儿行为评定量表(Brazelton T,1973,1984)等。

(一)盖塞尔发育诊断量表

盖塞尔发育诊断量表(Gesell Development Diagnosis Scale,GDDS)是目前临床使用最广泛的发展量表。20世纪20年代,儿科医师盖塞尔(Gesell A)等人开展了关于人类婴幼儿时期发育的系列研究,他们通过家庭记录、日志、母亲观察、临床儿童行为报告,记录了不同年龄阶段婴幼儿行为发育的现象,找出了特殊发育阶段的里程碑似的特征。如婴儿第一次

笔记

用双手去抓握一个东西，第一次说出一些词语，第一次学会走路等不同行为模式。结果发现，随着婴幼儿年龄的增长，其大运动、精细动作、适应能力、语言和社交行为这5个方面都具有不等速发展的特征，每一阶段代表一个成熟水平，盖塞尔开拓性地发现了婴幼儿在先后抵达4周、16周、28周、40周、52周、18个月、24个月、36个月阶段时，在行为上显示出特殊的飞跃进展。这些新的行为反映出这些小儿在生长发育上已达到了阶段的和有代表性的成熟程度，盖塞尔称这些年龄阶段为"关键年龄"以此作为常模的年龄界定，便有可能比较婴儿或儿童的发展速度。

盖塞尔于1925年提出行为是发育的结构性单位，将年龄看作是行为变化的原始机制，而且年龄是成熟理论中人类发育成熟度的一个核心变量，把这些年龄阶段新出现的行为作为检查项目和诊断标准，设计出著名的行为发育测量方法《Gesell发育诊断量表》。该量表第1版出版于1925年，以后经过多次修订（1940、1974年），1974年版本（Knoblock等，1974）将儿童行为分成5个领域：粗大运动、精细动作、适应、语言和个人-社会，适用于4周到60个月的儿童。2008—2010年的修订版将年龄延伸至9岁，2012年又延伸至16岁。GDDS可提供一个标准的行为观察框架，应用十分广泛，是世界上公认的经典智力发育诊断量表。儿科医生与婴幼儿发展心理学家经常使用该量表，可以深入了解婴幼儿的行为发展情况，并可进一步鉴定婴幼儿是否有神经系统的障碍，以便对婴幼儿的发展提供诊断与早期治疗。

1981年，林传家教授引进美国修订的Gesell量表（1974年版），领导北京智能发育协作组对0～3岁部分量表进行了修订，删掉了其中不适合我国育儿方式及国情的项目，增加了一些适合我国小儿实际情况的项目。他们对60名北京城区正常婴幼儿采用纵向系统观察法，观察了3年。同时，对884名儿童进行了横断面的检查，获得了北京城区正常婴幼儿发育进程数据，建立了北京地区常模（1985年），于1986年在我国推广应用。1990年-1992年张秀玲等又对Gesell量表的3岁半至6岁部分在北京地区进行了修订，测查了北京常住户口3岁半至6岁的正常儿童501人，制定了3岁半至6岁的常模，并与0岁～3岁部分衔接成一体，使之成为了完整的0～6岁儿童智力发育诊断量表。这是我国目前应用的Gesell量表，由于版权关系，我国未引入最新修订后的量表。

Gesell发育诊断量表包含适应性、大运动、精细动作、语言和个人-社交行为5个分量表，检查程序按婴幼儿成熟的规律。0～3岁分8个关键年龄，即：4周、16周、28周、40周、52周、18月、24月、36月，发育程序检查表将其分成23个年龄组。3岁半至6岁量表分42月、48月、54月、60月、72月5个年龄组。量表内容举例见表4-13。

表4-13 Gesell智能发育程序检查表

36周	40周	44周
适应性	适应性	适应性
方木、杯：用方木击打杯 方木、杯：从杯中取出方木 小丸、瓶：握瓶拾小丸 铃：抓住铃柄 铃：自动地摇	方木：握住两块、比配 小丸：用示指拨弄小丸 铃：注意铃舌，用手拨弄铃舌 环与绳：看环拉绳	方木、杯：将方木拿到杯中，但不松手 方木：揭开纸见到方木 小丸、瓶：先接近小丸 小丸、瓶：隔着玻璃指小丸 形板：能从洞里拿出圆木块 形板：拿圆木敲或放在洞边 图画书：看书中图画

笔记

续表

36周	40周	44周
大运动	大运动	大运动
坐：稳定 坐：从坐到俯卧能控制 爬：用手和膝盖爬 俯卧：从俯卧到坐 站：拉栏杆站起	围栏：用双手扶栏杆，挪动脚 围栏：从地上拾起东西 围栏：自己能坐下 围栏：会抬起一只脚又放下	坐：左右转自若 走：拉着两手走 围栏：用一只手扶栏，挪动脚
精细动作	精细动作	精细动作
小丸：平剪式抓握	小丸：低级钳式捏 小丸：立即拿起 绳：剪式抓握	方木：笨拙地放下 绳：立即拿起
语言	语言	语言
词汇：说任何一个字 发音：发妈妈音（无所指） 发音：听音乐时跟着唱	词汇：爸爸有所指 词汇：任何2字 理解：表演一个幼儿游戏 理解：对“不行”有反应 理解：听到妈妈在哪儿，爸爸在哪儿“转头找”	词汇：叫妈妈有所指 词汇：任何3个字 发音：开始出现难懂的话 理解：表演2个幼儿游戏
个人-社交	个人-社交	个人-社交
哺喂：自己握住奶瓶吃奶 社交：模仿2个幼儿游戏 社交：玩躲猫猫游戏	社交：模仿3个幼儿游戏 社交：招手表示”再见” 社交：伸手把玩具给别人，但不松手 把玩具放在台上或旁边的围栏里 穿衣：手进袖后会伸	社交：用手势或语言要求时，给人玩具 穿衣：穿裤时伸脚 对镜：手握球击镜面 哺喂：会用杯子喝水

（二）贝利婴幼儿发育量表

贝利婴幼儿发育量表（Bayley Scales of Infant Development，BSID）是由美国加州伯克利婴儿发育研究所的儿童心理学家Bayley N所编制（最早版本形成于1933年，发表于1969年；第2版发表于1993）。BSID是根据它之前编制的加利福尼亚儿童心理量表、加利福尼亚学前心理量表、加利福尼亚婴儿运动发展量表的方法上及Gesell量表等扩充和改进而来。贝利量表在测验编制方法上优于Gesell量表，Anastasi A（1997）认为它是一个十分出色的、用于最小年龄水平的测验。1993年发表了BSID第2版（BSID-Ⅱ），其适用的年龄范围扩大到3岁半儿童。2006年发表了第3版（BSID-Ⅲ），更换和新增了BSID-Ⅱ的部分条目，形成了更加全面的评估体系，可用于评估3岁半以下幼儿的认知、语言、运动、社会-情感和适应性行为等。

贝利婴幼儿发育量表评定年龄从1～30个月之间儿童发展状况，它包括智力量表、运动量表和行为评定量表3个分量表。智力量表（Mental Scale）测量感知敏锐性、记忆、学习、问题解决、发音、初步的言语交流、初步的抽象思维等功能；运动量表（Motor Scale）测量坐、站、走、爬楼梯等大运动能力以及双手和手指的操作技能，也包括评定感觉和知觉-动作统合的项目；婴儿行为评定量表（Infant Behavior Record，IBR）评定个性发展的各个方面，例如情绪行为和社会行为、注意广度和唤醒、持久性、目标定向等。对于每个项目和所评定的具体行为，采用五级评分，主试在施测智力和运动量表后进行行为评定，根据主试测试过程中的观察，也根据带养人提供的信息，最后得出百分位等级分数，结果分为“不理想”、“有问题的”、“在正常范围内”。

贝利婴幼儿发育量表内容举例见表4-14和表4-15：

笔记

表 4-14 贝利婴幼儿发育量表（智力量表）

项目	年龄	情景	项目名称	记分
1	0.1	A	对铃声反应	
2	0.1	B	抱起时安静	
3	0.1	C	对摇鼓声反应	
4	0.1	C	对尖声反应（电灯开关）	
5	0.1	D	短暂注视红环	
6	0.2	E	短暂注视人	
7	0.4	D	较长时间地注意红环	
8	0.5	D	眼的水平协调活动（红环）	
9	0.7	F	眼的水平协调活动（光）	
10	0.7	E	眼睛追随移动的人	
11	0.7	E	对说话声反应	
12	0.8	F	眼的垂直协调活动（光）	
13	0.9	G	发声一至两次	
14	1.0	D	眼的垂直协调活动（红环）	
15	1.2	F	眼的旋转协调活动（光）	

注：情景编码，A 对铃声反应；B 对抱起反应；C 对摇鼓反应；D 红环 - 视觉反应；E 对人的社交反应；F 红光 - 视觉反应（光）；G 发声

表 4-15 贝利婴幼儿发育量表（运动量表）

项目	年龄	情景	项目名称	记分
1	0.1	A	抱起靠肩时抬头	
2	0.1	A	抱起靠肩时调整姿势	
3	0.1	B	侧头	
4	0.4	B	爬动	
5	0.8	C	保留红环	
6	0.8	C	伸臂玩耍	
7	0.8	C	踢腿玩耍	
8	0.8	A	头部竖起垂直位	
9	1.6	A	头部稳定地竖起	
10	1.7	C	抬头（背悬位）	
11	1.8	CI	由侧卧转向仰卧	
12	2.2	B	在俯卧位时用双臂撑起自己	
13	2.2	D	支撑下坐起	

注：情景编码，A 竖抱小儿；B 俯卧 - 床或桌面上；C 仰卧于有栏卧床内 - 四肢活动；CI 仰卧于有栏卧床内 - 转身；D 坐在坚固表面上

贝利中国城市修订版（BSID-CR），由原湖南医科大学易受蓉教授根据 Bayley 1969 年版本进行修订和标准化，目前已广泛用于国内临床发育检测。中国贝利婴幼儿发育量表常模在全国十二城市取样，共采取正常婴幼儿样本 2409 例；从 2～30 个月，每 1 个月为一年龄组，共计 29 个年龄组，各组样本数量从 40～146 例不等，男女比例大致各半。

中国修订版常模 14 个年龄组智力分量表的分半信度为 0.79～0.93，运动分量表的分半

笔记

信度为 0.69～0.95，而智力分量表与运动分量表的相关变化范围较大，在 0.20～0.65。不同测试者之间评分一致性 Kappa 值为 0.86（$P<0.01$）。对 18 名 8 个月和 24 名 24 个月的儿童间隔 1 周后进行重测，智力分量表重测信度为 0.90 和 0.73，运动分量表重测信度为 0.94 和 0.83。中国修订版手册中报告与 Gesell 量表发育商数的相关为 0.70。

2011 年，上海交通大学医学院附属新华医院徐姗姗、黄红和张劲松等人发表了 BSID-Ⅲ在我国上海地区试用的研究结果。457 名 0～42 个月的正常婴幼儿参加了测试，数据显示，BSID-Ⅲ间隔一周的重测信度为 0.71～0.83，Cronbach's α 系数为 0.96～0.99，评分者信度为 0.91～0.95，显示其信度较好。但是 BSID-Ⅲ与 Gesell 发育量表相关系数为 0.12～0.37，有待进一步研究验证。

贝利婴幼儿发育量表可以用来评估婴幼儿的心理发展状况，有助于早期发现婴幼儿的感觉、神经系统障碍、情绪困扰与生长环境等问题。

（三）丹佛发育筛查测验

丹佛发育筛查测验（Denver Developmental Screening Test，DDST）是由美国丹佛的儿科医师弗兰肯伯格（Frankenberg WK）和心理学家道兹（Dodds JB）等在 GDDS、BSID 等 10 余种量表基础上，筛选部分项目而来，并在丹佛和全美国 1 万多名儿童中进行了标准化研究，1967 年正式出版了该量表，用以发现 0～6 岁儿童发育方面潜在的问题，在世界各国得到了广泛应用。1990 年，弗兰肯伯格（Frankenberg WK）等人对 DDST 进行了修订，出版了丹佛Ⅱ发育筛选试验（Denver Ⅱ Developmental Screening Test，Denver-Ⅱ）。编者修订了 DDST 中有问题的项目，补充了语言项目，减少了家长汇报可以通过的项目，增加了主观行为评估量表。随后，Denver-Ⅱ在 12 个国家进行了标准化，并被美国儿科协会作为儿童发育筛查的推荐工具。

我国上海、北京先后在本地（1980 年）及北方 6 市（1982 年）的正常儿童中进行了标准化工作。国内修订的 DDST 测验共 104 个项目（原著 105 个项目，删去了"会用复数"），其测查方法、测查用具、记录、评价均按原 DDST 标准。2002—2008 年，上海市儿童保健所陈佳英等人对 Denver-Ⅱ进行了重新的标准化并制定了上海市的常模，新修订的中文版灵敏度为 89.5%、特异度为 93.2%、假阳性率为 6.8%、假阴性率为 10.5%、正确诊断指数为 0.83、符合率为 92.7%。

DDST 测查对象为出生到 6 岁正常或基本上正常的儿童，它能把发育上可能有问题的儿童筛查出来，临床上常用于：①筛查出一些可能有问题，但临床上无症状的儿童；②对感受到有问题的儿童可用 DDST 客观上加以证实或否定；③对高危儿童可进行监测。DDST 的目的是作智力筛查，而非诊断，筛查出来的可疑或落后者，再进行诊断性检查，可提高诊断效率。

DDST 标准测查工具包含了：①红色绒线团（直径约 10cm）；②葡萄干若干粒（或类似葡萄干大小的小丸）；③细柄拨浪鼓；④ 11 块每边 2.5cm 长方木（红色 8 块，蓝、黄、绿各 1 块）；⑤无色透明玻璃小瓶（瓶口 1.5cm）；⑥铃；⑦花皮球 2 个（直径 7cm 1 个、直径 10cm 1 个）；⑧红铅笔。主要用来评估以下 4 种功能：①个人 - 社会：评估儿童对周围人们应答能力和料理自己生活能力；②精细动作 - 适应性：评估儿童看的能力和用手取物和画图能力；③语言：评估儿童听、理解和用语言的能力；④大运动：评估儿童坐、行走和跳跃的能力。

每次筛查时根据迟缓项目数将筛查结果分为正常、可疑、异常、无法解释 4 种。如果第一次为异常、可疑或无法解释的，于 2～3 周后应予以复查，如果测查结果仍为异常、可疑或无法解释，而家长亦同意测查结果和儿童平日的行为基本符合，此时应作诊断性检测，以确定儿童是否发育异常。

笔记

（四）0～3岁婴幼儿发育量表

0～3岁婴幼儿发育量表是中国科学院心理研究所与中国儿童发展中心（Child Development Center of China，CDCC）合作，由范存仁教授牵头，以盖塞尔发育量表、贝利婴幼儿发展量表和丹佛发育筛查测验等为蓝本，发展起来的一套婴幼儿发展量表，适用于2个月至3岁婴幼儿智能发育状况的评估。

全量表包括智力和运动两个分量表，智力量表共121个项目，运动量表共61个项目。其测验内容及测验方法、评分方法基本上同贝利量表，在此不详细介绍。

1984年开始按照我国1982年人口普查的资料在全国十二个大、中、小城市分层按比率取样，1987年完成全国常模制定，共计1600名儿童。年龄覆盖范围2～36个月，半岁以前每个月为一个年龄组，半岁至1周岁每2个月为一个年龄组，1～3周岁每3个月为一个年龄组，共16个年龄组，每组采样100名。

智力分量表16个年龄组的分半信度为0.35～0.99，运动分量表为0.82～0.98。两个分量表得分之间的相关为0.38～0.66。测验者与观察者评分间的一致性为0.97～0.99。191名24～36个月的儿童间隔1周后进行重测，智力和运动分量表的重测信度分别为0.96和0.97。

对101名30～36个月儿童应用CDCC婴幼儿发育量表和Gesell发育诊断量表同时进行测试，CDCC发育指数与Gesell发育商数之间的相关为0.5。

二、适应行为量表

美国精神发育迟滞协会（American Association on Mental Deficiency，AAMD）将适应行为定义为："符合个人所处自然环境和社会环境所要求的行为"。适应行为的评价主要集中在两个方面：一是个体保持独立生活的能力；二是个体能在多大程度上符合文化环境和社会责任对他的要求。评估适应行为发展水平与特征通常包括适应行为评定量表和行为检查表，前者在评价精神发育迟滞方面起着重要的作用，后者则广泛地用于各类型行为障碍的评估。本节主要介绍适应行为评定量表，异常行为的评定方法将在第十一章详细介绍。

（一）AAMD适应行为评定量表

AAMD适应行为评定量表（AAMD Adaptive Behavior Scale，AAMD ABS）是由Nihira RC等人（1974）编制，用于评价3～69岁智力残疾、情绪适应不良和发育障碍的个体。

量表包括两部分：第一部分是沿着个体发展这条线设计，包含10种行为维度，主要测量人们的基本生存技能和维持个人独立生活的重要习惯；第二部分则关注不适应的行为，涉及14个与人格和行为障碍有关的适应不良行为，详见表4-16。

表4-16 AAMD适应行为评定量表的结构

第一部分：适应行为		第二部分：人格和行为障碍
1. 自理能力	（1）吃	1. 暴力和破坏性行为
	（2）大小便	2. 反社会行为
	（3）个人卫生	3. 反抗行为
	（4）外表	4. 不可信赖
	（5）衣服整理	5. 退缩
	（6）穿衣脱衣	6. 刻板行为和古怪的癖性
	（7）出行	7. 不恰当的人际交往方式
	（8）总体自理能力	8. 不可接受的发声习惯

笔记

续表

第一部分：适应行为		第二部分：人格和行为障碍
2. 身体发育	(1)感觉发育	9. 不可接受或怪异的习惯
	(2)运动发育	10. 自发辱骂行为
3. 经济能力	(1)掌握钱和预算能力	11. 多动倾向
	(2)购物能力	12. 性越轨行为
4. 语言发育	(1)表达	13. 心理混乱
	(2)理解	14. 药物滥用
	(3)社会语言发育	
5. 数字和时间		
6. 家务劳动	(1)打扫卫生	
	(2)做饭菜	
	(3)其他家务劳动	
7. 职业活动		
8. 自我定向	(1)主动性	
	(2)坚持性	
	(3)空间、时间定向	
9. 责任心		
10. 社会化		

一般而言，完成ABS大约花费15～30分钟，有3种评定方法：一种方法是由知情者填写，这要求他必须熟悉被评价者的情况，而且也掌握了评定方法，可以作出准确的评定；第二种方法是专业人员通过访谈进行直接评定；第三种方法是从多个知情人如被评价者的父母、护士、病房看护人员那里获得信息进行评定。

ABS常模样本约4000人，来自居住在68个智力残疾机构的人群，但是研究者既未报告这些人的智力水平，也没有说明他们智力低下的严重程度。原始分按11个年龄组转换成百分位。

量表使用手册显示，第一部分不同评定者之间的评分一致性为0.86，但第二部分仅0.57。其他研究者发现第一部分的内部一致性和重测信度是满意的，而第二部分不理想。效度研究发现，该量表能够敏感地反映康复训练的变化。Salagaras和Nettelback（1983）认为，第一部分能有效地区分精神发育迟滞儿童适应行为障碍的亚型。Roszkowski和Bean（1980）报告第一部分的分数与IQ的相关为0.77。

（二）Vineland适应行为评定量表

Vineland适应行为评定量表（Vineland Adaptive Behavior Scales，VABS）于1953年由Doll EA编制，1984年进行了修订。该量表评定对象年龄范围从出生后至19岁。

VABS包括研究本、扩展本和教师本3种版本，每个版本都是从交往、生活技能、社会化和运动技能4个方面来评价被试的适应行为，前两个版本还包括不良行为维度，而教师版本没有这个维度。交往维度包括接受、表达和书写技能；生活技能维度评价个人生活的习惯、家务劳动和社区行为；社会化维度着重在人际交往方面，例如玩耍、自由时间支配、对别人的敏感性和责任心；运动维度评价粗和精细运动，运动的协调性；不良行为维度主要涉及不适应的社会行为。

研究和扩展版的标准化样本是根据1980年美国人口资料采样，根据年龄、性别、人种、地域、社区大小和父母受教育水平分层按比例采样3000人。年龄分组是：从出生婴儿到1岁每个月为一组，2～5岁每2个月为一组，6～8岁每3个月为一组，9～18岁每4个月为一

笔记

组。教师版常模样本包括3～12岁的儿童3000人，采样设计方法与研究版和扩展版相同。

研究版分半信度：交往为0.73～0.93，生活技能为0.83～0.92，社会化为0.78～0.94，运动技能为0.70～0.95，总适应行为为0.84～0.98。扩展版的分半信度：交往为0.84～0.97，生活技能0.92～0.96，社会化为0.88～0.97，运动技能0.83～0.97，总适应行为为0.94～0.99。研究版的重测信度（间隔2～4周）为0.8～0.9。

对研究版的效度研究发现，适应行为总分与K-ABC心理加工量表和成就量表的相关为0.32和0.37；各种障碍儿童的研究发现：适应行为总分与WISC和WISC-R的相关，情绪障碍组为0.52，视觉障碍组为0.70，听觉障碍组为0.47。

（三）婴儿-初中学生社会生活能力量表

原北京医科大学左启华和张致祥教授1988年修订了日本“S-M社会生活能力检查表”，修订后的量表称为婴儿-初中学生社会生活能力量表（the Adaptive Scale of Infant and Children），并建立了我国的常模，可用于评价6个月至14岁儿童的社会适应能力。该量表采用个别测验的方法，由儿童的父母、教师或其他监护人回答主试者提出的问题。

原量表内容涵盖6个基本行为领域，共130个项目。修订后的量表保留原来的全部6个领域，共有132个项目。具体为删减了1个项目，增加3个新项目，并对13个项目进行了适当的修改。下面简单介绍6个行为领域：

（1）独立生活能力：涉及进食、衣服脱换、穿着、料理大小便、个人和集体卫生等方面。例：能脱袜子（不借助父母的手，只要提示就可以脱）。

（2）运动能力：包括走路、上阶梯、过马路、串门、外出玩耍、上学、认识交通标志、利用交通工具等。例：能和大人拉着手外出（基本上能自己走二、三十分钟的路）。

（3）作业：包括抓握东西、乱画、倒牛奶、准备和收拾餐具、使用浆糊、剪图形、开启瓶盖、解系鞋带、使用螺丝刀、电器、煤气炉、烧水、做菜、使用缝纫机、修理家具等。例：能打开小瓶的螺旋样盖子。

（4）交往：包括叫名转头，说话、懂得简单指令，说出自己的姓和名、所见所闻，打电话，交谈，看并理解简单文字书、小说和报纸，写便条、写信和日记，查字典等。例：能写自己的姓和名。

（5）参加集体活动：涉及做游戏、同小朋友一起玩、参加班内值日、校内文体活动、组织旅游等方面。例：可以放心让其照顾或照管年幼的孩子。

（6）自我管理：例如希望自己独自行动、理解“以后”、能忍耐、不随便拿别人的东西、不撒娇、独自看家、按时就寝、控制自己不提无理要求、不说不应该说的话、不乱花钱、有计划买东西、关心幼儿和老人、注意避免生病、独立制订学习计划等。例：一次得到许多零花钱也不乱花（自己有计划地使用获得的压岁钱、贺礼钱等）。

国内常模情况如下：

（1）年龄：从6个月至14岁，划分为12个年龄组。6个月至3岁，每半岁为一个年龄组；3～6岁，每1岁为一个年龄组；6～14岁，每2岁为一个年龄组。每个年龄组取样200人，共计2400人。

（2）性别：各年龄组样本中男女均各占一半。

（3）地域：按我国的行政划区，在东北、华北、西北、华东、中南和西南6大区域根据经济发展水平各抽取一个城市的中等水平区和一个中等水平县作为采样地区。

（4）城乡：各年龄组中，城、乡样本各占50%。经统计学检验，城、乡儿童社会生活能力差异不显著（$P>0.05$）。

（5）家庭经济状况和父母受教育程度：在采样时注意各种比例分配，尽量保持与全国人口资料一致。

两名测验者对一个20人的城市样本先后进行独立评定，其评定结果的相关系数为

笔记

0.98。有研究者在一个小学请老师对其班上20名学生的社会生活能力进行评价（分好、差两等），同时根据测验成绩将这些学生也分为好和差两组（高于平均值为好，低于平均值为差），总体符合率为95%。其他研究者通过线索调查选择120名正常儿童进行测试，测验结果表明117人（97.5%）属于正常范围，3人（占2.5%）被划为边缘范围。还有研究者对34名临床诊断为智力低下的儿童进行测试，其中32名属于社会生活能力低下范围，2名属于边缘状态，符合率为94.1%。

（四）儿童适应行为评定量表

儿童适应行为评定量表是20世纪90年代初姚树桥和龚耀先编制的一套用于评价3～12岁儿童适应行为发展水平的量表。

该量表采用分量表结构方式，共包括3个评定因子8个分量表，共59个项目。具体结构见表4-17。

表4-17　儿童适应行为评定量表的结构

独立功能因子		认知功能因子		社会/自制因子	
分量表	项目数	分量表	项目数	分量表	项目数
感觉运动	6	言语发展	9	个人取向	10
生活自理	10	时空定向	4	社会责任	9
劳动技能	7				
经济活动	4				

儿童适应行为评定量表是一种他评量表，可以由经过正规训练并且熟悉被试情况的人（如教师、在福利院工作的心理学家等）自己评定，也可以由测验者通过询问知情人（如儿童的父母、教师和其他监护人）进行评定。所有儿童均从第一项开始，全部项目均需逐一评定。

常模情况如下：

（1）年龄：对象从3～12岁，每1岁为一个年龄组，共10个年龄组。城市常模每个年龄组102～172例，农村常模88～108例。

（2）性别：城市常模包括男性720例，女性706例；农村常模男性493例，女性478例。每个年龄组男、女比例大致相等。

（3）城乡：该量表包括城市和农村两个常模，城市常模1426人，农村常模971人。

（4）地域：样本来自湖南、四川、广西、云南、山东、北京、山西、天津、广东、吉林、河北和陕西等省、市、自治区。

（5）父母受教育程度和职业：采样尽量注意父母受教育程度和职业的分布，但样本中父母受教育程度显然偏高，而且科技人员和干部的比例也偏大。

对20名儿童平均间隔15天后再次评定，重测相关在0.96至0.99之间。两名评定者对同一群儿童进行评定，计算他们之间的相关。结果表明：除感觉运动量表为0.80外，其他分量表和总量表均在0.93以上。

在一个75例的儿童样本中，除感觉运动分量表得分与婴儿-初中社会生活能力量表标准分的相关为0.70外，其他分量表的相关在0.93～0.98之间，适应能力商数（adaptive quotient，ADQ）的相关为0.98。在一个幼儿和儿童样本中，ADQ与中国-韦氏幼儿智力量表全量表智商相关为0.94，与WISC-CR全量表智商的相关为0.48。3个因子T分和ADQ与学习成绩的相关在0.23～0.50左右。其中认知功能与学习成绩的相关较高（0.44～0.50），独立功能与学习成绩的相关较低（0.23～0.31）。分析每个年龄组儿童平均因子和总分（粗分），均随着年龄的增大而升高，组间差异显著。用主成分分析加方差极大正交旋转方法对8个分量表进行因素分析，结果将它们很好地分为3类，证明了原来的构想。

笔记

第六节 智力测验的应用

一、智力测验结果的分析与解释

智力测验结果的分析包括定性和定量分析，前者指对被试在测验过程中的行为进行观察、描述和解释；后者指对被试所得到的分数进行转换、归类比较，并且利用心理统计和测量学方法进行分析，发现被试智力的相对水平以及相对的强点和弱点。

（一）测验过程中的行为分析

对被试在测验过程中的行为表现进行分析，通常有两个目的和意义：一是评价本次测验的有效性，测验结果是否反映了被试的真实水平；二是对被试在测验过程中的反应方式、解决问题的过程和方法、思维的逻辑性等方面进行分析，有助于准确、全面地评估被试的智力特点和水平。另外，对于被试在测验过程中的一些特殊行为和某些回答的特殊含义也有必要进行分析和解释。

测验过程中行为分析的效果与测验者的观察技巧有直接的关系，国外学者指出在给儿童进行测验时应注意观察以下方面：

1. 身体健康状况、衣着等；
2. 对测验情景的态度；
3. 合作、努力、关注的程度；
4. 对测验、施测者的态度，对自己能力的态度；
5. 语言的流畅性、用词表达的能力；
6. 思维方式；
7. 主动性、自然性；
8. 一般情感和社会能力；
9. 一般反应模式；
10. 对成功或失败的反应；
11. 焦虑水平；
12. 活动水平；
13. 从一项活动转向另一项活动时的可塑性；
14. 解决问题的方法；
15. 冲动的控制能力；
16. 精细运动控制能力；
17. 分心程度。

（二）测验分数与常模总体比较

将被试在测验中所得分数与常模进行比较，可以评估被试在同龄人群中的相对水平。

1. 各分测验量表分与常模比较 将被试各个分测验的量表分与相应的年龄常模进行比较，用于评价被试各种能力的发展水平。以韦氏智力量表为例，使用年龄量表分，韦氏儿童智力量表和幼儿智力量表的《粗分等值量表分转换表》是按年龄组编制，因此可以用于直接比较。韦氏成人智力量表的《粗分等值量表分转换表》是所有年龄组共享一张，所以不能直接使用，应当先根据测验手册所附的《粗分等值年龄量表分转换表》换算出各分测验的年龄量表分，然后再进行比较。

2. 智商的比较及评价 运用智商转换百分位表，可查到智商对应的百分位，这样可以评估被试在同年龄人中所处的位置（百分位）。百分位是心理测验结果报告中用来表示某

笔记

被试成绩在常模中所处水平的一个常用指标，例如某人的测验成绩相当于常模群体成绩70的百分位，表明他的成绩比常模样本70%的人高，而比30%的人低。例如韦氏智力量表IQ的平均值为100，标准差为15。若某人的言语智商为87，查表对应的百分位为19%，即他的成绩比19%同年龄人高，而比81%同年龄人低。进一步我们可以推论这位被试与言语有关智力发展水平比大约81%的同年龄人差。

韦氏智力量表及其中文修订版手册中一般均提供了部分智商与相应百分位的等值表备查，但常常不够详细，使用者需要了解被试各种智商详细、精确的百分位水平时，最好还是通过查正态分布表获得。

关于智商高低的分类方法，不同的研究者之间会略有差异，韦氏智力量表的常用划分方法详见本章第二节内容。

有的研究者将智商145或以上者（高于平均值3个标准差及以上）称为天才。智商在69及以下，并伴有社会适应能力的明显缺陷者，则可诊断为智力障碍。其中智力障碍发生在18岁以前，称之为精神发育迟滞（mental retardation），发生在18岁以后则称为痴呆（dementia）。对于IQ低于70的人，根据他们智力受损的程度又可以进一步分类，世界卫生组织（WHO）和美国精神发育迟滞协会（AAMD）的分类标准见表4-18。

表4-18　WHO和AAMD智力发育迟滞的分类标准

分类	智商	占智力缺损者的比例（理论）
轻度智力缺损	50～69	75%～80%
中度智力缺损	35～49	12%左右
重度智力缺损	20～34	7%～8%
极重度智力缺损	19及以下	1%～2%

3. **智商和测验分数的可信区间**　心理测验也像其他测量工具一样，或多或少都会存在一定的误差。因此，被试从标准化心理测验中实际得到的分数只是他的“真实分数”的一个估计值，为了判断被试“真实分数”的波动范围，需要计算被试实际测验得分的可信区间（具体计算公式详见第二章）例如：某10岁儿童（城市）在C-WISC中FIQ为112，问95%的可信区间是多少？从C-WISC手册中查到城市10岁组FIQ的测量标准误是3.45，当概率水平为95%时，Z值为1.96，代入$X_T=X\pm ZSEm$计算。真分数波动下限$=X-ZSEm=112-1.96\times3.45\approx105.2$，真分数波动上限$=X+ZSEm=112+1.96\times3.45\approx118.8$。因此，有95%的把握说用中国修订韦氏儿童智力量表（C-WISC）进行智力评定时，该儿童的“真实”全量表智商落在105.2～118.8范围内。

（三）智力结构特点的分析

在现代智力测验中，心理学家越来越重视对被测对象的智力结构特点进行分析。无论是智力水平高于平常还是智力水平一般的人，甚至精神发育迟滞者，他们各方面能力发育的程度可能存在差异，某些方面可能发展得相对好些、快些，另一些方面可能发展得相对缓慢、差些。清楚地了解被试智力结构方面的差异，能为心理咨询工作提供许多信息和帮助。智力结构分析具体作用主要有：①帮助老师和家长了解儿童智力发展的特点，以便于在教育过程中因材施教；②让被试了解自己的智力结构特点，在求职时可以扬长避短，寻找适合自己能力特点的工作；③分析发现智力结构的特点，有助于某些疾病如智力发育迟滞、老年痴呆、学习困难等的临床诊断；④可以作为制订教育干预、康复治疗方案的依据和疗效评价的客观指标。

在对韦氏智力测验结果进行分析时，被试自身智力结构特点的分析常包括V-P（言语智商与操作智商）差异分析、分测验量表分两两比较、某一测验分数与分量表或全量表平均分比较等方面。

笔记

由于心理测验工具本身存在着一定的误差，测验使用者不能单凭各测验成绩之间的差异就判断存在能力差异，例如某17岁被试在WAIS-RC（城市）中得到的言语智商为105，操作智商116，是否说明他的操作能力发展的比言语能力更好？要得到准确的结论必须运用心理统计方法来分析这个差异，看这两个智商之间的11分差异是否达到统计学显著水平。我们通常所用的普通统计学方法，如t检验、方差分析是用来比较两组或多组平均值间的差异显著性检验方法，而这里是同一个体的两个分数（也可以是同一个体的多个分数或不同个体的两个分数），因此不能用这类普通统计学方法来检验。心理测量学有一些特殊的方法用来解决这类问题，称之为离散分析（scatter analysis）。

1. V-P差异分析 V-P是比较被试言语智商和操作智商之间的差异是否具有统计学意义上的显著性。

（1）分析方法：以前面的例子来说明分析过程，先从测验手册中查到该年龄组言语智商和操作智商的分半信度分别是0.94和0.88，当显著性水平取P=0.05时，Z为1.96，代入最小差异分（DS）$=Z\times SD\sqrt{2-r_{11}-r_{22}}$公式（详见第二章），最小差异分（$DS$）$=1.96\times 15\sqrt{2-0.94-0.88}\approx 12.5$。本例言语和操作智商实际差异为11，小于最小差异分（12.5），因此P>0.05，差异不显著。尽管如此，但我们不能排除被试的实际差异是由测验误差所造成，据此也不能做出被试操作能力发展得比言语能力更好的结论。

（2）分析V-P差异的意义：自韦氏智力量表诞生后，使用者就非常重视分析V-P差异以及探讨其在临床和实际工作中的意义，不但一些神经精神科疾病可能影响V-P差异，许多文化、职业等社会因素也有不可忽视的影响。表4-19总结了可能影响V-P差异的原因。

表4-19 影响V-P差异的可能原因

	VIQ>PIQ	PIQ>VIQ
发育性原因		
	言语技能发育比操作技能好	操作技能发育比言语技能好
	听觉加工模式发育比视觉加工模式好	视觉加工模式发育比听觉加工模式好
	运动协调发育问题	语言能力缺陷
脑损伤		
	右侧脑损伤（平均高9分）	左侧脑损伤（平均高4分）
	弥漫性脑损伤（WAIS、WAIS-R）	
其他疾病原因		
	精神分裂症	孤独症
	躁狂抑郁症、抑郁症	学习困难
	阿尔茨海默病	智力发育迟滞
	亨廷顿病	
	多发性硬化症	
社会文化原因		
	专业和技术职业	双语人群（西班牙裔、印第安儿童、青少年）
	高教育背景	蓝领工人（半技术、非技术）
	FIQ在110或以上者	
其他原因		
		犯罪人员
		变态人格者

笔记

2. **各分测验之间的比较** 运用计算最小差异分的公式，也可以分析任意两个分测验量表分之间的差异是否达到了统计学意义上的显著性水平。例如已知某5岁城市儿童在C-WYCSI中算术分测验量表分为13分，知识分测验量表分为9分，从手册中查到5岁组（城市）这两个分测验的分半信度分别为0.85和0.78，量表分标准差为3，代入最小差异计算公式。P=0.05时的最小差异分$=1.96\times3\sqrt{2-0.85-0.78}\approx3.6$，该儿童实际差异为4分，大于最小差异分，因此$P<0.05$，说明他的心算能力发展得比一般知识的丰富性要好。

各分测验之间两两比较的用途主要是分析被试各种能力的差异是否达到统计学显著性，以便发现被试各种能力的特征。

3. **相对强弱点分析** 相对强弱点分析是通过比较某个分测验量表分与分量表或全量表平均量表分之间的差异来实现的。

（1）分析方法

$$最小差异分\ (DS)=Z\times SE_{m(T/m-X_i)}$$

式中：Z为显著性水平所对应的Z值，当$P=0.05$时，$Z=1.96$；当$P=0.01$时，$Z=2.58$。

$SE_{m(T/m-X_i)}$为某分测验量表分与分量表或全量表若干分测验（包括其本身）平均量表分之间差异的测量标准误，它从前面介绍的公式导出下式。

$$SE_{m(T/m-X_i)}=\sqrt{\frac{SE_{mT}^2}{m^2}+\left(\frac{m-2}{m}\right)SE_{mX_i}^2}$$

式中：m为构成分量表或全量表分测验的数目；

SE^2_{mT}为m个分测验测量标准误的平方之和；

SE^2_{mXi}为进行比较的分测验测量标准误的平方。

运用这两个公式可以计算出每一分测验与分量表或全量表分测验平均量表分的最小差异分。例如已知某5岁城市儿童在C-WYCSI中言语分测验量表分为：I=5、PV=12、A=5、PG=11和C=13，言语平均量表分为9.4分，分析知识测验与平均言语量表分之间的差异是否具有显著性。分析步骤如下：

第一步：先从C-WYCSI手册中查出该年龄组5个言语分测验的测量标准误，分别为：1.41、1.17、1.17、1.53和1.72。

第二步：计算5个言语分测验测量标准误的平方和（SE^2_{mT}），$SE^2_{mT}=1.41^2+1.17^2+1.17^2+1.53^2+1.72^2=10.03$。

第三步：计算测验数目（m）为5。

第四步：计算知识测验测量标准误的平方（SE^2_{mXi}），$SE^2_{mXi}=1.41^2=1.99$。

第五步：计算$SE_{m(T/m-X_i)}=\sqrt{\frac{10.03}{5^2}+\left(\frac{5-2}{5}\right)\times1.99}\approx1.26$。

第六步：计算P=0.05时的最小差异分，DS=2.58×1.26≈3.26。注意这里选用了P=0.01时的Z值，因为此处是一个多重比较（每个分测验都将分别与平均量表分比较），为了避免家族倾向误差，需用Bonferroni的校正方法校正，即将所选显著水平除以准备比较的次数后作为实际取值标准，0.05是原准备确定的概率水平，因为要比较5次，所以概率水平应取0.01（0.05/5）水平的Z值，为2.58。而求0.01水平最小差异分时则应取0.002（0.01/5）水平的Z值，为3.10。

第七步：结论：本例知识与言语量表平均分的实际差异为4.4分，大于最小差异分（3.26分），差异显著。说明一般知识的丰富与否是该儿童言语智力中的一个弱点。

（2）相对强、弱点分析的种类和意义：相对强、弱点分析包括言语分量表、操作分量表和全量表相对强弱点分析3种类型。言语分量表相对强、弱点分析是将构成该分量表的每

笔记

个言语分测验量表分与平均言语量表分进行比较，计算出5%和1%显著性水平的最小差异分，从而判断被试与言语有关的智力中哪些能力发育得相对较好或较差；操作分量表相对强、弱点分析则用于判断被试与操作有关的智力中哪些能力发育得相对较好或较差；而全量表相对强、弱点分析则用于被试的整个智力结构中，什么能力发育相对较好，什么能力发育相对较差。应当强调的是，所有这些分析中发现的智力方面强点或弱点是相对被试本人而言，而不是与他人比较的结果。换句话说，即使是一个智力水平较高的人，也可能某方面的能力发育得相对其他方面落后，其他方面的能力则发育得更好；另一方面，即使被诊断为精神发育迟滞者，也可能某方面能力比其他方面发育的相对较好。

相对强、弱点分析能为临床心理学家提供更多的有关被试智力结构特点方面的信息，为实施教育、心理干预、职业咨询、康复治疗等方面提供有用的参考。

二、智力测验的应用

（一）应用领域

目前，智力测验已被广泛用于教育、医学临床、司法鉴定、心理学研究等众多领域。

1. **教育领域** 智力测验用于正常儿童的智力特征分析，以便于家长和教师因材施教。在特殊教育中用于智力落后儿童的诊断与评价，有助于进行针对性干预和教育辅导。

2. **医学临床** 智商是精神发育障碍、孤独症、学习困难、各种脑器质性损害引起的痴呆、老年与早老性痴呆等许多疾病诊断时的重要指征，治疗前后智商的变化也是观察许多脑器质性疾病康复疗效的指标。

3. **司法鉴定** 智力测验经常被用于司法精神病鉴定之中。

4. **心理学研究** 心理学研究常常将智力测验作为一种研究工具和手段。

5. **职业咨询和人才选拔** 在职业咨询和指导工作中，可用于评价来访者的智力特征，并提出相应的建议；在招聘和人才选拔过程中，招聘方可用它来评价应聘者的智力水平和特点。

（二）应用举例

案例

谭某某智力测验结果分析与报告——用于交通事故所致颅脑损伤的智力综合评估报告举例

心理评估报告

一、一般情况

姓名：谭某某　年龄：22岁

性别：女　城乡：城市

文化：大专　出生日期：1994/05/12

职业：导游　报告日期：2017/08/17

测验：中国修订韦氏成人智力测验　报告人：李某某

二、申请理由

谭某某，车祸致颅脑损伤，当时诊断为颅内多发性血肿，手术后出院回家休养三个月。其父母发现她车祸后做事没有条理，讲话容易跑题。

三、背景资料

谭某某，家中独女，23岁，大专毕业后在一家旅游公司当导游两年，经常带团出国旅游。三个月前遭遇车祸，头部受伤，没有其他重大躯体疾病历史。

四、行为观察

笔记

谭某某由母亲陪同前来评估，衣着整洁，少语，但还是能合作完成测验，中途有短暂的停顿休息。她言语表达的逻辑性不是很强，对一些常识性问题的回答有困难，反应较慢。总之，她的行为与她的年龄、文化程度不太相称。

五、测验结果

1. 各分测验得分及分析

分测验	粗分	量表分	年龄量表分	百分位
知识	8	5	5	4.70
领悟	7	3	3	1.00
算术	9	7	7	15.90
相似性	8	6	6	9.20
数字广度	12	10	10	50.00
词汇	24	5	5	4.70
数字符号	35	9	7	15.90
图画填充	9	7	6	9.20
木块图案	26	8	7	15.90
图片排列	8	4	2	0.40
物体拼凑	20	8	7	15.90

2. 智商及其百分位和可信区间

量表	量表分	智商	百分位	可信区间		
				90%	95%	99%
言语量表	36	73	3.70	67～79	65～80	63～82
操作量表	36	71	2.90	64～78	62～80	59～83
全量表	72	69	2.20	64～74	63～75	62～77

六、评估结果解释

测验分数与常模总体比较：谭某某在《中国修订韦氏成人智力量表（WAIS-RC）》中所获得的言语、操作和全量表智商分别为73、71和69，总智商95%的可信区间是63～75，处于智力缺损边界范围。

智力结构特点分析：言语和操作智商实际差异为2分，不能排除被试的实际差异是由测验误差所造成，据此也不能做出被试言语能力比操作能力更好的结论。就总体智力而言，被试的逻辑联想和社会适应能力较差。就言语智力而言，被试对实用知识的掌握、评价和应用既往经验的能力较差。就操作智力而言，被试对行动的计划性，逻辑联想及知觉部分与整体关系的能力较差。

参照谭某某车祸前的职业和文化程度，车祸后她的智力水平明显下降。

七、建议

目前，谭某某能掌握基本的社交与职业技能，达到低水平的生活自理，对于复杂的任务需要有指导和帮助。后期的康复训练要围绕生活自理能力、职业能力和社会适应能力，提高其生活质量。

八、小结

谭某某，22岁，女性，大专毕业，从事导游工作，因车祸致颅脑损伤被推荐进行智力测验。无其他重大躯体疾病史，虽反应较慢，但测验合作，结果可信有效。她的言语智力、操

笔记

作智力功能处于智力受损边界范围，总智商95%的可信区间是63～75，也处于智力缺损边界范围。她在观察因果关系、社会计划性、综合判断、运用实际知识解决新问题等方面均有显著缺陷。参照谭某某车祸前的职业和文化程度，车祸后她的智力水平明显下降。建议后期的康复训练要围绕生活自理能力、职业能力和社会适应能力，提高其生活质量。

九、签名

报告人：李某某

（蚁金瑶　李晓敏　邓　伟　杨　娟）

思考题

1. 智力是什么？智力的实质是什么？
2. 智力的理论有哪些？
3. 如何测量智力？
4. 瑞文测验的内容有哪些？

笔记

05章

第五章　人格理论与评估

第一节　人 格 理 论

人格是研究个体差异的领域，有着异常复杂的心理结构。关于人格的心理学研究，学派众多，理论并不统一。下面仅就与人格评估关系密切的人格理论做简要介绍。

一、人格特质理论

特质是决定个体行为的基本特性，是人格的有效组成元素，也是测评人格所常用的基本单位。关于人格特质的研究起源于 20 世纪 40 年代的美国和英国，主要代表人物是奥尔波特、卡特尔和艾森克等。

（一）奥尔波特的特质理论

奥尔波特（Allport GW.，1897—1967）是美国心理学家，人格特质理论的创始人。他把人格特质分为两类：一类是共同特质（common traits），指在某一社会文化形态下，大多数人或一个群体所共有的、相同的特质，它没有具体性，只供测定个人具有的特质多少和强弱的差异之用；另一类是个人特质（individual traits），指个体身上所独具的特质。人和人之间，在共性上尽管相同，在个性上却有差异，个人特质表现个人倾向，是真实存在的特质。

个人特质依据其在生活中的作用分为 3 种：首要特质、中心特质、次要特质，见图 5-1。首要特质（cardinal traits）是一个人最典型、最有概括性的特质，它影响到一个人的各方面的行为。中心特质（central traits）是构成个体独特性的几个重要的特质，在每个人身上大约有 5～10 个。次要特质（secondary traits）是个体的一些不太重要的特质，往往只有在特殊的情况下才会表现出来。

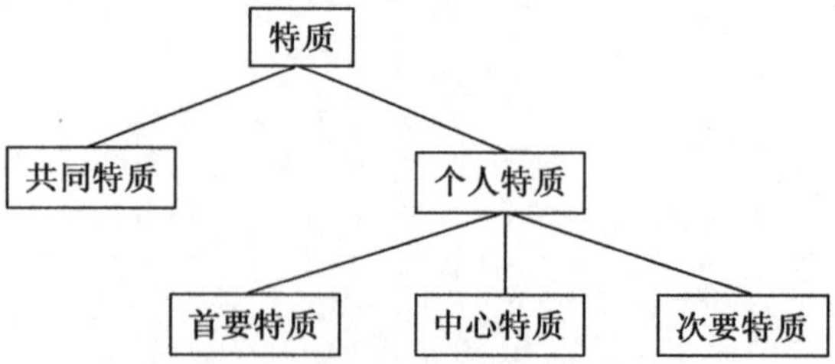

图 5-1　奥尔波特的人格特质分类

（二）卡特尔的特质理论

卡特尔（Cattell RB.，1905—1998）用因素分析的方法对人格特质进行分析，提出了基于人格特质的一个理论模型。模型分成 4 层，即①个别特质和共同特质；②表面特质和根源特质；③体质特质和环境特质；④动力特质、能力特质和气质特质。各层之间用连线表示它们的关系，见图 5-2。

笔记

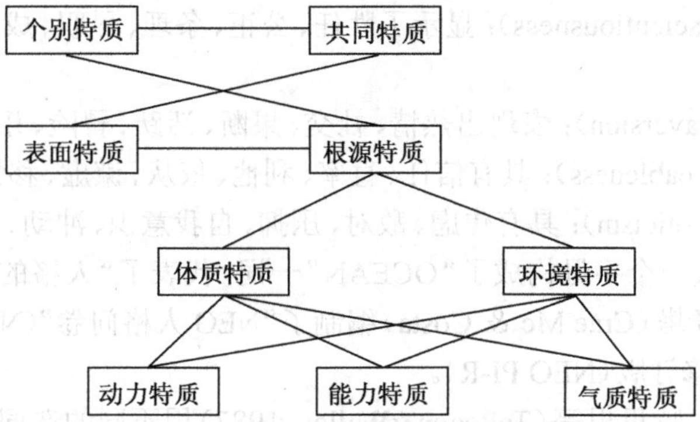

图 5-2　卡特尔的特质结构网络

1. **个别特质与共同特质**　个别人所具有的特质是个别特质，某一地区、某一集团中各成员共有的特质属于共同特质。但共同特质在各个成员身上的强度是不同的，甚至在同一个人身上其强度在不同时间也不同。

2. **表面特质和根源特质**　表面特质（surface traits）是指一群可以观察到的各种看上去是关联的特征或行为，但不一定会一起变化，也非源于共同的原因。根源特质（source traits）是指行为之间成为一种关联，会一起变动，从而成为单一的、独立的人格维度。根源特质是行为的最终根源和原因，表面特质是根源特质的表现形式。每一个根源特质控制着一簇表面特质，透过对许多表面特质的因素分析便可找到它们所属的根源特质。

1949 年卡特尔用因素分析方法提出了人类 16 种相互独立的根源特质，据此编制了“卡特尔 16 种人格因素问卷”（16PF）对人格进行量化分析。

3. **体质特质和环境特质**　在根源特质中又可区分为体质特质和环境特质两类。体质特质（constitutional traits）由先天的生物因素所决定，如兴奋性、情绪稳定性等。而环境特质（environmental traits）则由后天的环境因素所决定，如焦虑、有恒性等。卡特尔提出了“多元抽象变异分析”来确定各种特质中遗传与环境分别影响的程度。

4. **动力特质、能力特质和气质特质**　处于模型的最下层，同时受到遗传与环境两方面的影响。动力特质（dynamic traits）是指具有动力特征的特质，它使人趋向某一目标，包括生理驱力、态度和情操。能力特质（ability traits）是表现在知觉和运动方面的差异特质，包括流体智力和晶体智力。气质特质（temperament traits）是决定一个人情绪与反应的速度及强度的特质。

（三）现代特质理论

近年来，一些研究者在人格的理论建构上形成了比较一致的共识，提出了几种有代表性的现代人格特质理论。

1. **三因素模型**　艾森克（Eysenck HJ，1947，1967）依据因素分析方法提出了人格的三因素模型（three factor model）。这 3 个因素是：①外倾性（extraversion），它表现为内、外倾的差异；②神经质（neuroticism），它表现为情绪稳定性的差异；③精神质（psychoticism），它表现为与社会适应性有关的人格特征。并依据这一模型编制了艾森克人格问卷（EPQ，1975），其应用广泛。

2. **五因素模型**　塔佩斯等（Tupes EC&Christal RE，1961）运用词汇学的方法对卡特尔的特质变量进行了再分析，发现了 5 个相对稳定的因素。以后许多学者进一步验证了“五种特质”的模型，形成了著名的大五因素模型（big five factors model）。这 5 个因素是：

（1）经验开放性（openness to experience）：具有想象、审美、情感丰富、求异、创造、智能等特质。

笔记

(2) 责任心(conscientiousness):显示了胜任、公正、条理、尽职、成就、自律、谨慎、克制等特质。

(3) 外倾性(extraversion):表现出热情、社交、果断、活跃、冒险、乐观等特质。

(4) 宜人性(agreeableness):具有信任、直率、利他、依从、谦虚、移情等特质。

(5) 神经质(neuroticism):具有焦虑、敌对、压抑、自我意识、冲动、脆弱等特质。

这 5 个特质的头一个字母构成了“OCEAN”一词,代表了“人格的海洋”(John,1990)。1989 年麦克雷和考斯塔(Crae Mc & Costa)编制了“NEO 人格问卷”(NEO PI),1992 年修订后称 NEO 人格问卷修订版(NEO PI-R)。

3. 七因素模型 特里根等(Tellegen&Waller,1987)用不同的选词原则,获得了 7 个因素,构成了七因素模型。这 7 个因素是:正情绪性(positive emotionality)、负情绪性(negative emotionality)、正效价(positive valence)、负效价(negative valence)、可靠性(dependability)、宜人性(agreeableness)、因袭性(conventionality)。人格特征量表(the inventory of personal characteristics,IPC-7,1991)是“大七人格模型”的有效测量工具。

4. 6 种美德 24 种品格优势模型 由于积极心理学的兴起,20 世纪 50～60 年代开始,心理学家开始探索和研究人的积极层面,好的人格是积极心理学最基本的假设。目前的研究,主要集中在积极的情绪和体验、积极的个体特性、积极的情绪对生活健康的影响以及培养天才等方面。

在积极心理学领域,为了对人类的积极心理品质进行的分类与测量,且避免区域性使之具有普适性;彼特森(Peterson C)等研究了整个世界横跨 3000 年历史的各种不同文化,提出人的积极心理品质包含 6 种美德和每种美德所具体体现的共计 24 种品格优势。6 种美德和 24 种品格优势是:①智慧与知识(好奇心、热爱学习、开放思想、创造力、社会智慧、洞察力);②勇气(勇敢、毅力、正直和诚实);③仁慈(友善、爱);④ 正义(团队精神和公民精神、公平、领导能力);⑤节制(自我控制、谨慎、谦虚);⑥精神卓越(对美和卓越的欣赏、感恩、希望和乐观、幽默、灵性与目标感和宗教信仰、宽恕、热情)。

“VIA 优势量表”(Values in Action Inventory of Strengths,VIA-IS)被用来测量美德和优势系统,它是在一个连续体上描述品格优势的个体差异,而不是把它们描述为不同的类别。

二、人格类型理论

人格类型理论是 20 世纪 30—40 年代在德国产生的一种人格理论,主要用来描述一类人与另一类人的心理差异,即人格类型的差异。人格类型理论包括单一类型理论、对立类型理论和多元类型理论。

(一) 单一类型理论

认为人格类型是依据一群人是否具有某一特殊人格来确定的。美国心理学家法利(Farley F)提出的 T 型人格,就是单一类型理论的代表。

T 型人格(T type personality)是一种好冒险、爱刺激的人格特征。依据冒险行为的性质(积极性质与消极性质),又将 T 型人格分为 T+ 型和 T– 型两种。当冒险行为朝向健康、积极、创造性和建设性的方向发展时,就是 T+ 型人格。当冒险行为具有破坏性质时,就是 T– 型人格。在 T+ 型人格中,又可依据活动的特点进一步分为体格 T+ 型和智力 T+ 型。

(二) 对立类型理论

1. A-B 型人格 福利曼和罗斯曼(Friedman MJ &RosenmanRH,1974)描述了 A-B 人格类型,近年来,人们在研究人格和工作压力的关系时,常使用这种人格类型。

A 型人格(A-type personality)的主要特点是时间紧迫感和敌意。也被称为冠心病易感人格。

笔记

B 型人格(B-type personality)的主要特点与 A 型相反：性情不温不火，举止稳当，对工作和生活的满足感强，喜欢慢步调的生活节奏。

2. **内 - 外向人格** 荣格(Jung CG，1875—1961)依据“心理倾向”来划分人格类型，最先提出了内 - 外向人格类型学说。荣格认为，当一个人的兴趣和关注点指向外部客体时，就是外向型(extroversion)；而当一个人的兴趣和关注点指向主体时，就是内向型(introversion)。任何人都具有外向和内向这两种特征，但其中一种可能占优势，因此，依据优势类型来判断人格类型。

(三) 多元类型理论

这种理论认为，人格类型是由几种不同质的人格特性构成的。

1. **体形类型论** 德国精神病学家克雷奇默尔根据对精神病病人的临床观察，于 1921 年出版了《体格和性格》一书，提出了体形类型说。他把人分为 4 种类型：即瘦长型(或虚弱型)(asthenic type)、矮胖型(pyknic type)、强壮型(或健壮型)(athletic type)和发育异常型(dysplasia type)。

他认为体形与患某种精神病有一定的关系，而精神病病人与正常人只有量的差别，没有质的区别。

2. **气质类型论** 古希腊医生希波克里特(Hippocrates)提出体液说，认为人体内有 4 种液体：黏液、黄胆汁、黑胆汁、血液，这 4 种体液的配合比率不同，形成了 4 种不同类型的人。约 500 年后，罗马医生盖伦(Galen CG)进一步确定了人的 4 种气质类型，即胆汁质、多血质、黏液质、抑郁质。

巴甫洛夫(1927)用高级神经活动类型说解释气质的生理基础。他依据神经过程的基本特性，即兴奋过程和抑制过程的强度、平衡性和灵活性，划分了 4 种类型，见表 5-1。

表 5-1 高级神经活动类型与气质类型表

高级神经活动过程	高级神经活动类型	气质类型
强、不平衡	不可抑制型	胆汁质
强、平衡、灵活	活泼型	多血质
强、平衡、不灵活	安静型	黏液质
弱	抑制型	抑郁质

3. **性格类型说** 德国心理学家斯普兰格(Spranger E，1928)依据人类社会文化生活的 6 种形态，将人划分为 6 种性格类型。不同的性格类型具有不同的价值观成分。这 6 种类型是：

(1) 经济型：注重实效。

(2) 理论型：对探究世界有兴趣，力图把握事物的本质。

(3) 审美型：以感受事物的美作为人生的价值。

(4) 权力型：倾向于权力意识和权力享受，支配性强。

(5) 社会型：以奉献社会为人生追求的最高目标。

(6) 宗教型：把信仰视为人生的最高价值。

4. **认知类型理论**

(1) 场独立型和场依从型：威特金等(Witkin HA，et al，1940)在垂直视知觉的一系列研究中，发现了认知方式的个体差异，即场独立型和场依从型的差异。场独立型(field independent style)的人在信息加工中对内在参照有较大的依赖倾向，他们的心理分化水平较高，处理问题时主要依据内在标准或内在参照，与人交往时也很少能体察入微。而场依从型(field dependent style)的人在信息加工时，对外在参照有较大的依赖倾向，他们的心理

笔记

分化水平较低，处理问题时往往依赖于场，与人交往时较能考虑对方的感受。

(2) 冲动型和沉思型：卡根等人(Gagon J，et al，1964)区分了冲动与沉思两种不同的认知风格，它们的差异主要表现在对问题的思考速度上。冲动型(impulsive style)的特点是反应快，但精确性差，他们面对问题时总是急于求成，不能全面细致地分析问题的各种可能性，不管正确与否都急于表达出来。沉思型(reflective style)的特点是反应慢，但精确性高，他们总是把问题考虑周全以后再做反应，看重解决问题的质量，而不是速度。

(3) 同时型和继时型：达斯等人(Das PP，et al，1975)根据脑功能的研究，区分了同时型和继时型两种认知风格。他们认为，左脑优势的个体表现出继时型的加工风格；而右脑优势的个体表现出同时型的加工风格。继时型认知风格(successive cognitive style)的特点是，在解决问题时，能一步一步地分析问题，每一个步骤只考虑一种假设或一种属性，提出的假设在时间上有明显的前后顺序。同时型认知风格(simultaneous cognitive style)的特点是，在解决问题时，采取宽视野的方式，同时考虑多种假设，并兼顾到解决问题的各种可能性。

三、心理动力学理论

最早而又系统的心理动力学理论是弗洛伊德的心理分析学说。其中，人格结构观、人格动力观以及人格发展观是其理论的中心理念。

(一) 人格结构

按照弗洛伊德的理论，人格是一个整体，包括了本我、自我与超我 3 个部分。人格中的 3 个部分，彼此交互影响，对个体行为产生不同的支配作用。

(1) 本我：是人格中最原始、最模糊和最不易把握的部分，是由一切与生俱来的本能冲动所组成的。

(2) 自我：是从本我分化出来的、社会化了的本我；自我在人格结构中代表着理性和审慎，它在同外界现实的相互作用中成长。

(3) 超我：是从自我发展起来的一部分，是道德化的自我。

弗洛伊德本人把他的人格结构以图说明，图中表示的是浮在水面上的冰山。露在水面上的就是意识部分，水下是无意识部分。本我占据无意识的最下层，体积最大；超我也大部分在无意识之中，仅小部分进入意识；自我在意识和无意识中约各占一半，见图 5-3。

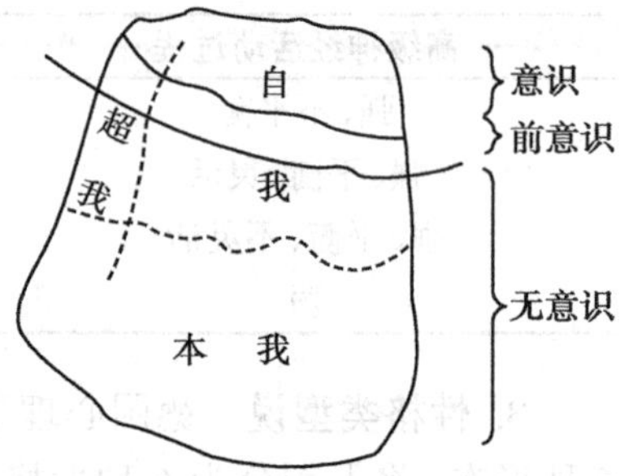

图 5-3 弗洛伊德的人格结构示意图

(二) 人格动力

弗洛伊德把人看作是一个复杂的能量系统。该系统的能量源泉均来自于本能。而本能总是寻求立即解除紧张，求得满足，求得快乐。但是现实世界不可能让本能立即获得满足，因而便产生了焦虑。在弗洛伊德看来，人格动力过程的核心概念是本能和焦虑。

(1) 本能：是来自生物体内部的一种固有的驱力，并通过心理器官决定着人的心身活动的态势。本能是人的所有活动的最终原因。

(2) 焦虑(anxiety)：是一种由担心、紧张、不安、焦急、忧虑、惊恐等感受交织在一起的情绪体验。

根据弗洛伊德的理论，婴儿出生时与母体分离，从一个非常安全与满意的环境突然进入一个对需要的满足很少能预知的环境，是人类体验到的最大焦虑。这种体验被称为出生创伤(birth trauma)，是一切后来出现的焦虑的基础。

依据对自我造成威胁的根源来自外界环境、本我和超我 3 种情况，弗洛伊德把焦虑分为 3 类：即现实性焦虑(reality anxiety)，神经性焦虑(neurotic anxiety)和道德性焦虑(moral

笔记

anxiety)。

(3)自我防御机制：是个体潜意识渴望保护自我的统一性不受到威胁，并且使自己从未解决的挫折和冲突之中得以解脱的手段。应该说，所有的人都或多或少地使用过这种自欺的手段，以求保护自尊或缓和失败的痛苦。但是，自我防御机制毕竟不能代替问题的根本性解决。所以，适度的应用防御机制，可能有助于个体焦虑和痛苦的暂时缓解；但如果过度应用防御机制，则可能导致病态的适应模式，甚至可能因此而导致精神障碍的发生。

按照出现的先后及与心理障碍间的联系，可以将防御机制分成4大类：①精神病性防御机制；②不成熟的防御机制；③神经症性防御机制；④成熟的防御机制。

(三)人格发展

按照弗洛伊德的观点，人格的发展即是性心理的发展，分为5个阶段。即①口欲阶段(oral stage，0～1岁左右)；②肛欲阶段(anal stage，1～3岁左右)；③性器欲阶段(phallic stage，3～6岁左右)；④潜伏期阶段(latency stage，6～12岁左右)；⑤生殖期阶段(genital stage，12～18岁左右)。弗洛伊德强调6岁以前儿童期的性欲快感变化对人格发展的持续影响，即个人早期生活经验影响人格发展。

四、人格评估概述

人格评估表示一种程序，即系统地获得有关某个人或许多人的人格资料或对人格进行全面系统的描述，在心理诊断、心理治疗和咨询、司法鉴定、人事选拔以及人格研究等多个领域有广泛的用途。

人格评估有多种评估手段，包括晤谈、观察、作品分析和测量。晤谈就是直接和评估对象谈话，通过评估对象的言语内容分析和行为观察去评估人格。观察可以自然观察，也可以设置特殊情境观察评估对象反应，进而评估对象的人格特质，诸如决策的独立性、情绪的稳定性等。作品分析是从评估对象的作品内容和形式去了解其人格特点，例如"诗言志"、"言为心声"，作品内容能反映人格，另外文章大到结构形式，小如用词风格都会有人格特点的流露。

与观察法、晤谈法和作品分析法相比，测量法更加客观、深入、全面。人格测量方式有三种：①主观评定，是评估人员在观察和晤谈的基础上用人格核查表(checklist)或评定量表来评估人格；②客观评定，之所以称为客观评定，是指未加入评估人员的主观成分；③投射技术，运用投射测验，由评估对象自由反应，评估人员依据其反应去分析被试人格。

人格量表用于主观评定和客观评定，其内容和形式繁多，所测量的内容广泛，难以按内容和形式作出统一的分类。心理测量年鉴(MMY)-10收录的人格量表名称包括核查表、评定量表、调查表和问卷几种，其中人格调查表和人格问卷数量多，使用频率高，国内常用人格量表有：明尼苏达多相人格问卷(MMPI)、艾森克人格问卷(EPQ)、卡特尔16种人格因素问卷(16PF)、NEO人格问卷(NEO-PI)、中国人个性测量表(CPAI)等；随着积极心理学思潮的兴起，有关对心理弹性和品格优势等测量正方兴未艾。

与人格量表相比，投射测验具有以下特征：测验所用的刺激材料是无结构的；测验方法是间接的，被试不知测验目的，至多对目的有一些猜测；回答是自由的，开放式的；对回答的解释按多个变量进行。投射测验的反应形式主要有5种：①联想；②构造；③填补；④偏好选择；⑤表露。投射测验的优点是被试不知测验目的，其回答不受社会赞许的影响。缺点在于施测远不及量表简便，分析手续复杂，结果不能定量，不如某些量表确定。

人格量表甚多，能够被广泛使用的数量有限。本章第二节、第三节仅就在我国常用的人格量表和投射测验方法进行介绍。

笔记

第二节　常用人格量表

人格量表是我国临床心理学工作者所偏好的人格测评工具。本节我们将介绍一些国际和我国常用的人格量表，主要包括 MMPI、16PF、EPQ、CPI、NEO 和 CPAI 及心理弹性量表、述情障碍量表、24 种品格优势量表。

一、明尼苏达多相人格问卷

明尼苏达多相人格问卷（Minnesota Multiphasic Personality Inventory，MMPI）问世于 1943 年，由明尼苏达大学教授哈特卫（Hathaway SR）和麦金利（Mckinley JC）合作编制而成。该测验的问世是人格量表发展史上的一个重要里程碑，对人格测验的研究进程产生了巨大影响。到目前为止，它已被翻译成各种文字版本达 100 余种，广泛应用于人类学、心理学和医学领域，是世界上最常引证的人格自陈量表。我国宋维真等人于 1980 年开始 MMPI 的修订工作，1984 年完成修订并建立了中国常模。

（一）编制方法

MMPI 是根据经验效标法建立起来的自陈量表。在选择调查表的每个问题时，哈特卫和麦金利二人进行了深入细致的工作，共选取了 566 个题目（实际是 550 个题目，因为有 16 题是重复题），每一题目都是通过两组被试的实际反应确定的，因而在以后测量其他人群时自然有辨别作用。题目内容包括躯体各方面的情况、精神状态、家庭、婚姻、宗教、政治、法律、社会等方面的态度和看法。

在 MMPI 之前的人格测验，只能测量很少的人格特征。哈特卫和麦金利希望编制一个能同时对人格作出“多相”评价的工具。为此，他们在编制此测验时不只采用一个异常组，而是根据当时流行的精神疾病分类，每种疾病确定为一个异常组，通过重复测验、交叉测验，最后确定出 8 个临床量表。后来增加的“男子气 - 女子气”量表的题目，是根据男女被试的反应选择的；而“社会内向”量表的题目是根据大学生内向和外向两组的反应选择出来的。为了克服被试的态度和反应倾向的影响，在测验中还设定了 4 个效度量表。

10 个临床量表是：

（1）Hs（Hypochondriasis）疑病量表。

（2）D（Depression）抑郁量表。

（3）Hy（Hysteria）癔症量表。

（4）Pd（Psychopathic deviate）精神病态量表。

（5）Mf（Masculinity-femininity）男子气 - 女子气量表。

（6）Pa（Paranoia）妄想狂量表。

（7）Pt（Psychasthenia）精神衰弱量表。

（8）Sc（Schizophrenia）精神分裂症量表。

（9）Ma（Hypomania）轻躁狂量表。

（10）Si（Social introversion）社会内向量表。

4 个效度量表是：

（1）Q（Question）不能回答的问题，或用“?”代表。

（2）L（Lie）说谎分数。

（3）F（Validity）诈病量表。

（4）K（Correction）校正分量表。

1966 年编制者对 MMPI 作了修订，称修订版，即现在的通用本。修订版的内容无改变，

笔记

只是对题目的顺序作了重新排列，把与临床有关的题目集中在前399题，后面的题目主要用于研究工作。如果只是为了辅助精神疾病的临床诊断，仅做前399题便可以了。

（二）测验的施测与记分

1. 施测方法 有两种主要形式：第一种为卡片式，即将测验题目分别印在小卡片上，让被试根据自己的情况，将卡片分别投入贴有“是”“否”及“无法回答”标签的盒内；第二种为手册式，通常都是分题目手册和答题纸，让被试根据题目手册按自己的情况在答题纸上逐条回答。

卡片式适于个别施测，手册式既可个别施测也可团体施测。被试一般为年满16岁，具有小学毕业及以上的文化水平。所需时间一般是45分钟，但与病情和受教育的程度有关。

填写此测验是一个需要较长时间而又枯燥的任务。如果被试焦虑或情绪不稳定，经常表现出对完成这个任务不耐烦，这时可将测验分成几次完成。如果被试比较慌乱，不能按指导语要求去做，可以由固定一个人将题目读给被试听，并由主试记录反应，这样结果会更有效。

2. 记分方法 记分方法有两种：一种是计算机记分，将特制的答题纸放入光电阅读器内，结果便可计算出来；另一种是模板记分，需借助14张模板，每张模板上均有一定数量的与记分键相应的记分圆洞。具体步骤如下：

（1）将答题纸上被试对同一题目上划上两种答案的题号用颜色笔划去，与“无法回答”的题数相加，作为Q量表的原始分数。

（2）将每个量表的模板依次覆盖在回答纸上，数好模板上有多少个圆洞里画上了记号，这个数目就是此量表的原始分数。

（3）在下列5个量表的原始分数上分别加上一定比例的K分：Hs+0.5K、Pd+0.4K、Pt+1.0K、Sc+1.0K、Ma+0.2K。

（4）由于每个量表的题目数量不同，各量表的原始分数无法比较，因此需要换算成T分数。转换分数的方法采用如下公式：

$$T = 50 + \frac{10(X - \overline{X})}{SD}$$

式中X表示某一被试在某一量表上所得的原始分数，$\overline{X}$表示被试所在样本组原始分数的平均数，SD表示该样本组原始分数的标准差。在测验说明书中附有换算表，可通过查表将原始分数直接换算成T分数。

根据公式计算结果，如果T分在70以上（按美国常模），或T分在60分以上（中国常模），便视为可能有病理性异常表现或某种心理偏离现象。

（5）将各量表T分数（Hs、Pd、Pt、Sc、Ma为加K后的T分数）登记在剖析图上，各点相连即成为被试人格特征的剖析图，见图5-4。

随着计算机的普及，现在国内外很多心理测验已经运用了人机对话，不再用纸笔测验的方式。即将MMPI的测试题、操作方法、记分程序及两点编码的资料输入计算机，被试面对荧光屏，在键盘上做“是”或“否”的反应。当整个测验进行完毕，打印机即将该被试的测验结果全部打印出来，其工作效率也会大大提高。

（三）测验结果的解释

对于MMPI结果的解释是一项专业性很强的工作，必须由经过专门训练和具有一定经验的心理学家和精神科医生来进行。一般来说，分数越高，异常的可能性越大。

1. 效度量表的解释 在MMPI测验中，被试对各个问题作出直接而诚实的回答，结果的解释才能有效。但由于种种原因，有些被试往往会偏离测验的要求。为了发现被试受检态度的偏离，特地设计了4个效度量表（validity scales）。

笔记

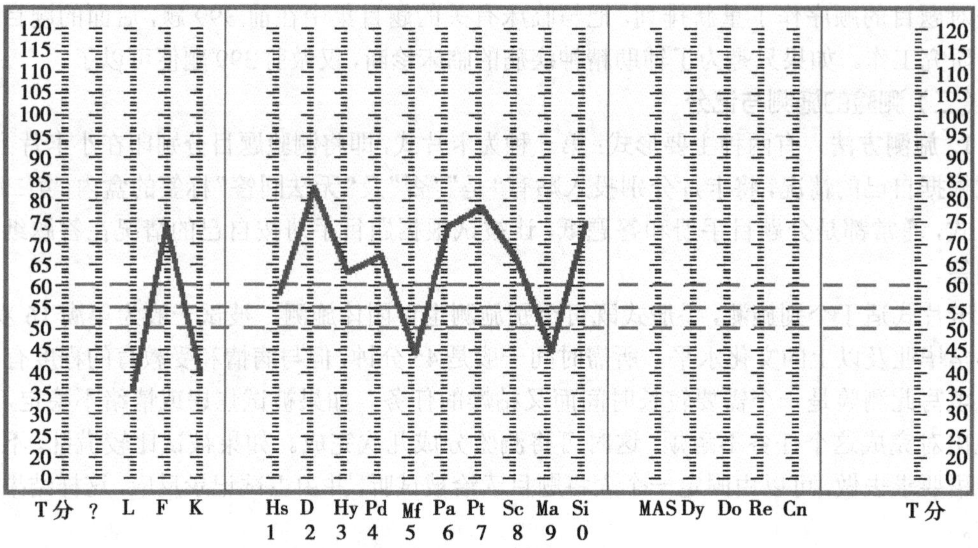

	?	L	F	K	Hs	D	Hy	Pd	Mf	Pa	Pt	Sc	Ma	Si
粗分		2	24	8	14	45	30	26	34	22	41	38	14	54
T分		35	75	40	58	83	63	67	44	74	78	66	45	75

图5-4 某被试MMPI得分剖析图

(1) 疑问(Q):对问题无反应及对“是”和“否”都进行反应的项目总数,或称“无回答”的得分。高得分者表示逃避现实,若在566题中原始分超过30分或前399题中超过22分,则提示量表结果不可信。

(2) 说谎(L):共15个题目,是追求过分的尽善尽美的回答。高分者总想让别人把他看得要比实际情况更好,他们连每个人都具有的细小短处也不承认。L量表原始分超过10分时,就不能信任MMPI的结果。

(3) 诈病(F):共64个题目,多为一些比较古怪或荒唐的内容。分数高表示被试不认真、理解错误,表现出一组互相无关的症状,或在伪装疾病。如果测验有效,F量表是精神病程度的良好指标,其得分越高提示着精神病性程度越重。

(4) 校正(K):共30个题目,是对测验态度的一种衡量,其目的有两个:一是为了判别被试接受测验的态度是不是隐瞒,或是防卫的;二是根据这个量表修正临床量表的得分,即在几个临床量表上分别加上一定比例的K分。

F-K指数:F得分与K得分的关系是被试防卫态度高低的指标。在F-K值为正,而且高于11分的情况下,预示为被试有意冒充坏;在F-K值为负,而且低于−12分的情况下,则可能为被试故意要让别人把自己看得好些,并想隐瞒、否认情绪问题及各种症状。

2. 临床量表的解释 临床量表(clinical scales)高得分的定义,依文献而异。有些研究者把T>70作为高得分,有的把百分位在高分端的25%作为高得分,也有的使用者用其他一些划界分形式。国内宋维真等认为T60作为区分健康人与偏离者的个性较为恰当,也就是说T分超过60即属异常范围。当然,得分越高的被试,后面所要叙述的个性特征可能越适合于他,在测验之外所能推测的症候和行为的特征也就越显著。

(1) 疑病(Hs):共33个题目,它反映被试对身体功能的过分关注。得分高者即使身体无病,也总是觉得身体欠佳,表现疑病倾向。量表Hs得分高的被试,往往有疑病症、神经衰弱、抑郁等临床诊断。

(2) 抑郁(D):共60个题目,它与忧郁、淡漠、悲观、思想与行动缓慢有关,分数太高可能有自杀观念或行为。得分高者常被诊断为抑郁性神经症或抑郁症。

(3) 癔症(Hy):共60个题目,评估用转换反应来对待压力或解决矛盾的倾向。得分高

笔记

者多表现为依赖、天真、外露、幼稚及自我陶醉，并缺乏自知力。

(4) 精神病态(Pd)：共50个题目，可反映被试性格的偏离。高分数者为脱离一般的社会道德规范，蔑视社会习俗，常有复仇攻击观念，并不能从惩罚中吸取教训。在精神科的病人中，多诊断为人格异常，包括反社会人格和攻击性人格。

(5) 男子气-女子气(Mf)：共60个题目，主要反映性别色彩。高分数的男人表现敏感、爱美、被动、女性化，他们缺乏对异性的追求。高得分的妇女被看作男性化、粗鲁、好攻击、自信、缺乏情感、不敏感，在极端的高分情况下，则应考虑有同性恋倾向和同性恋行为。不论男女如果分数过低则提示该性别特征过于突出。

(6) 偏执(Pa)：共40个题目，高分提示具有多疑、孤独、烦恼及过分敏感等性格特征。如T分超过70分则可能存在偏执妄想，尤其是合并F、Sc量表分数升高者，极端的高分者极可能被诊断为精神分裂症偏执型和偏执性精神病。

(7) 精神衰弱(Pt)：共48个题目，高分数者表现紧张、焦虑、反复思考、强迫思维、恐怖以及内疚感，他们经常自责、自罪，感到不如人和不安。Pt量表与D和Hs量表同时升高则是一个神经症剖图。

(8) 精神分裂症(Sc)：78个题目，高分者常表现异乎寻常的或怪异的生活方式，如不恰当的情感反应、少语、特殊姿势、怪异行为、行为退缩与情感脆弱。极高的分数(T>80)者可表现妄想、幻觉、人格解体等精神症状及行为异常。几乎所有的精神分裂症病人T分都在80～90之间，如只有Sc量表高分，而无F量表T分升高，常提示为类分裂性人格。

(9) 轻躁狂(Ma)：46个题目，高得分者常为联想过多过快、活动过多、观念飘忽、夸大而情绪高昂、情感多变。极高的分数者，可能表现情绪紊乱、反复无常、行为冲动，也可能有妄想。量表Ma得分极高(T>90)可考虑为躁郁症的躁狂相。

(10) 社会内向(Si)：70个题目。高分数者表现内向、胆小、退缩、不善交际、屈服、过分自我控制、紧张、固执及自罪。低分数者表现外向、爱交际、富于表情、好攻击、健谈、冲动、不受拘束、任性、做作，在社会关系中不真诚。

3. **两点编码的解释**　病人的MMPI剖析图中往往出现两个或两个以上的高峰，依据临床实践及症状的内在联系，经过有关专家反复验证，进一步提出了两点编码(two point codes)的解释。所谓两点编码就是将出现高峰的两个量表的数字号码联合起来，其中分数较高的写在前面，例如，在量表2(D)上得了第一个高分，在量表3(Hs)上得了第二个高分，这张剖析图(也称剖图)的编码即为“23”或“23/32”。如各临床量表的高分点很多，则应逐个配对解释，尤其要对最高点特别重视。现将经常遇到的两点编码形式的意义介绍如下：

12/21：出现这种剖图的病人常有躯体不适，并伴有抑郁情绪。这组高分者常常诊断为疑病症或抑郁性神经症。如为127剖图则常诊断为焦虑性神经症；如为128剖图并伴有F量表高分者则常诊断为精神分裂症未分化型。

13/31：这种组合的病人，往往被诊断为疑病症或癔症，尤其是在量表2比量表1和3得分低许多的情况下，可作出典型转换性癔症的诊断。

18/81：这种组合的病人，有时被诊断为焦虑性神经症和分裂样病态人格，但按严格的临床标准，如同时伴有F量表分数升高，提示为精神分裂症。

23/32：这种组合者通常诊断为抑郁性神经症，如有F量表高分或量表8高分则可能为重性抑郁症。这类病人对心理治疗反应欠佳。

24/42：具有这种剖图的人常有人格方面的问题，有的可诊断为反社会人格。当合并量表8与量表6同时高分时，这种人具有严重的攻击性，有破坏性或伤害他人的倾向。

26/62：此种剖图者常有偏执倾向，可能的诊断有抑郁性神经症、被动专横人格(尤其为Pa、Pd、D量表分明升高显著)、偏执状态或早期的偏执型精神分裂症，少数病例为更年期偏执。

笔记

28/82：此类剖图常见于精神病病人，如F量表T分高于70，可诊断为重性抑郁症、更年期抑郁或分裂情感性精神病。如这种剖图者临床上不符合精神病的诊断标准，可诊断为分裂性人格伴抑郁或抑郁性神经症（287剖图）。对这种人要预防他的自杀企图。

29/92：常见的诊断为双相情感障碍躁郁性精神病与循环性人格。

34/43：这种人以长期严重的易怒情绪为特征，提示有癔症性人格、混合性人格障碍、被动专横人格和暴发性人格。

38/83：具有这种剖图的人有焦虑与抑郁感，有时表现出思维混乱。可能为精神分裂症或癔症（尤其在F量表、Sc量表T分都不超过70时）。

46/64：这种组合的人是不成熟、自负和任性的，对别人要求过多，并责怪别人对他提出的要求。量表4高于量表6可能诊断人格问题，反之可能是偏执型精神分裂症和更年期偏执。

47/74：这种人对别人的需求不敏感，但很注意自己行为的后果，极易发生自怨自责。可能诊断为焦虑性神经症或病态人格，心理治疗效果甚微。

48/84：有这种剖图的人，行为怪异，很特殊，常有不寻常的宗教仪式动作，也可能干出一些反社会行为。这些人一般诊断为精神分裂症（偏执型）、不合群人格、分裂样病态人格、偏执人格。

49/94：这种组合者最显著的特征是完全不考虑社会的规范和价值，常有违反社会伦理道德规范的行为。常见的诊断为反社会性人格。

68/86：这种人表现多疑，不信任，缺乏自信心与自我评价，他们对日常生活表现退缩，情感平淡，思想混乱，并有偏执妄想。如Pa、Sc量表T分均升高，F量表T分也超过70，可以说是一个偏执型精神分裂症剖图。如F量表T分未升高，Pa、Sc量表T分稍高提示为偏执状态或分裂性人格。

69/96：有这种剖图的人可表现极度焦虑、神经过敏，并有全身发抖等特征，当其受到威胁时易退缩到幻想中去。典型的诊断是双相情感障碍，如Pa、Ma剖图伴F量表和Sc量表高分，则可能为偏执型精神分裂症或分裂情感性精神病。

78/87：这种人常有高度激动与烦躁不安等表现，缺乏抵抗环境压力的能力，并有防御系统衰弱表现。其诊断应结合临床，一般Sc、Pt量表的T分高的剖图提示可能诊断为焦虑性神经症、强迫性神经症、抑郁性神经症以及人格异常。如量表Sc的T分明显高于量表Pt，则可能诊断为精神分裂症。

89/98：这种剖图倾向于活动过度、精力充沛、情感不稳、不现实及夸大妄想者，具有精神分裂症与躁郁症，分裂情感性精神病的可能。

以上两高点分析解释系国外资料，仅供我国使用者参考。另外，以Mf为界限，图形左低右高，提示精神病性的问题；图形左高右低，提示非精神病性的问题；左右都高需要详细精神科检查。

（四）MMPI的新发展

MMPI是国际上广泛使用的人格量表。但是，几十年来，由于各种原因使得MMPI在应用时存在种种不适合临床的情况。美国MMPI标准化委员会对MMPI进行了重大修订，并于1989年明尼苏达大学出版了《MMPI-Ⅱ施测与计分手册》，标志着MMPI修订工作的完成和MMPI-Ⅱ的诞生。我国研究者于1991年10月成立了以中国科学院心理学研究所宋维真等人为首的全国协作组，开始了对MMPI-Ⅱ的引进、研究和对中国版的修订及常模制定工作，并于1992年底基本完成了这一工作。

MMPI-Ⅱ排除了测验题目中已经过时的内容、容易让人反感的主题以及含有性别歧视的语言；提供了新的常模；引进了新的量表；各临床量表（除临床量表5和10是双向量表）

笔记

均采用T分计算法，使得量表间利于比较。

另外，在项目设置上及具体实施时：① MMPI 有 566 个项目，其中有 16 项是重复的。MMPI-Ⅱ包括 567 个项目，394 个条目与 MMPI 相同，新增 107 个条目，其中没有重复项目。前 370 题为 4 个效度和 10 个基本的临床量表，371 题及以后为补充条目和研究项目。② MMPI 包括 4 个效度量表：Q、L、F、K。MMPI-Ⅱ又增加了 3 个效度量表：Fb（后 F 量表）和两个反应一致性量表，VRIN（反向答题矛盾量表）和 TRIN（同向答题矛盾量表）。③ MMPI 在被试答题时允许忽略一些题目，因而，许多被试“不能回答”的分数很高。在 MMPI-Ⅱ中则鼓励被试对所有项目都作答。④虽然 MMPI 与 MMPI-Ⅱ都将 T 分作为标准分数，但两者的临床分界点是不同的。MMPI 美国常模的临床分界点定位在 70 分，MMPI-Ⅱ的美国常模则改为 65 分，但 MMPI 和 MMPI-Ⅱ的中国常模的区分点是一致的。

我国研究者（宋维真等 1992 年）还通过对我国正常人进行 MMPI 的测查结果的每个项目进行统计分析后，将区分度较高的项目选出，组成简短式的 MMPI，为了避免与 MMPI 混淆，而将其称为心理健康测查表（Psychological Health Inventory，PHI）。该量表只有 168 个题目，由更适合中国情况的 7 个临床分量表组成，成功地保留了原 MMPI 中常用的临床量表的功能。这些临床分量表是：①躯体失调（Somatic Disorder，SDM）；②抑郁（Depression，DEP）；③焦虑（Anxiety，ANX）；④病态人格（Psychopathic Deviate，PSD）；⑤疑心（Hypochondria，HYP）；⑥脱离现实（Unrealistic，UNR）；⑦兴奋状态（Hypomania，HMA）。该量表具有题目少、适合中国情况、功能接近 MMPI 等特点，经检验，具有较高的信度、效度。

二、卡特尔 16 种人格因素问卷

卡特尔 16 种人格因素问卷（Sixteen Personality Factor Questionnaire，16PF）是美国心理学家卡特尔教授（Cattell RB）研制，发表于 1949 年。与其他类似的测验相比较，它能以同等的时间（约 40 分钟）测量更多方面主要的人格特质，并可作为了解心理障碍的个性原因及心身疾病诊断的重要手段，也可用于人才的选拔。适合于 16 岁及以上人群。我国华东师范大学戴忠恒和祝蓓里于 1988 年对 16PF 进行了修订。

（一）测验的结构

16PF 英文原版共有 5 种版本：A、B 本为全版本，各有 187 个题目；C、D 本为缩减本，各有 106 个题目；E 本适合于文化水平较低的被试，包括 128 个题目。1970 年经刘永和、梅吉瑞修订，将 A、B 本合并，发表了中文修订本。合并本共有 187 个测试题，分成 16 个因素，每个因素包括 10～13 个测试题。为防止被试勉强作答或不合作，每个测试题有 3 个可能的答案，这就使被试在回答时能够有折中选择，避免“二选一”不得不勉强回答的弊病。而且，被选用的测试题有许多表面上似乎与某种人格有关，但实际上与另外一种人格因素关系密切。如此，被试不易猜测每一题目的用意而作出如实回答。

题目举例：

(1) 我喜欢看球赛

a. 是的　　b. 偶尔的　　c. 不是的

(2) 金钱不能使人快乐

a. 是的　　b. 介于A与C之间　　c. 不是的

(3)“妇女”与“儿童”就像“大猫”与

a. 小猫　　b. 狗　　c. 男孩

(4) 我所喜欢的人大都是

a. 拘谨缄默的　　b. 介于A与C之间　　c. 善于交际的

笔记

（二）测验的施测与记分

1. **施测方法** 测验时，每个被试一本试题，没有时间限制，但被试应以直觉性的反应，依次作答。

应当记住的是：①每一测试题只能选择一个答案；②不可漏掉任何测试题；③尽量不选择中性答案；④有些题目被试者可能从未思考过，或者感到不大容易回答。对于这样的题目，同样要求被试者作出一种倾向性的回答。

2. **记分方法** 每一测试题有 a、b、c 三个答案，分别对 a、b、c 记为 0、1、2 分或 2、1、0 分。聪慧性（因素 B）量表的题目有正确答案，每题答对得 1 分，答错得 0 分。测验一般用模板记分，模板有两张，每张可为 8 个量表记分。未记分前，应先检查答案有无明显错误及遗漏，若遗漏太多或有明显错误，则必须重测以求真实可信。

使用记分模板只能得到各个量表的原始分数，尚需要通过查常模表将其换算成标准分数（标准 10 分，见下面公式）。然后按各量表标准 10 分在剖析图上找到相应圆点，将各点连接成曲线，即可得到被试的人格剖析图。

$$标准10 = 5.5 + \frac{1.5(X - \overline{X})}{SD}$$

（三）测验结果的解释

1. **人格基本因素的解释** 本测验的 16 种人格因素中，每一因素的标准分 1～3 分为低分，8～10 分为高分。根据被试者在各因素上的得分，对照表 5-2 中所列的 16PF 高低分特征，即可了解被试者的人格特征。

表 5-2 16PF 的因素、名称、特征

因素	名称	低分特征	高分特征
A	乐群性	缄默、孤独、冷淡	外向、热情、乐群
B	聪慧性	思想迟钝、学识浅薄、抽象思维能力弱	聪明、富有才识、善于抽象思维
C	稳定性	情绪激动、易烦恼	情绪稳定而成熟、能面对现实
E	恃强性	谦逊、顺从、通融、恭顺	好强、固执、独立、积极
F	兴奋性	严肃、审慎、冷静、寡言	轻松兴奋、随遇而安
G	有恒性	苟且敷衍、缺乏奉公守法的精神	有恒负责、做事尽职
H	敢为性	畏怯退缩、缺乏自信心	冒险敢为、少有顾虑
I	敏感性	理智的、着重现实、自恃其力	敏感、感情用事
L	怀疑性	信赖随和、易与人相处	怀疑、刚愎、固执己见
M	幻想性	现实、合乎成规、力求完善合理	幻想的、狂妄、放任
N	世故性	坦白、直率、天真	精明强干、世故
O	忧虑性	安详、沉着、通常有自信心	忧虑抑郁、烦恼自扰
Q1	实验性	保守的，尊重传统观念和行为标准	自由的，批评激进，不拘泥于成规
Q2	独立性	依赖、随群附和	自立自强、当机立断
Q3	自律性	矛盾冲突、不顾大体	知己知彼、自律谨严
Q4	紧张性	心平气和、闲散宁静	紧张困扰、激动挣扎

2. **次级人格因素与特殊应用演算公式的计算及解释**

（1）次级人格因素：除了以上 16 种人格因素外，还可以根据实验统计的结果所得的公式，推算出许多种能够描述人格类型的双重因素，如适应与焦虑性、内向与外向性、感情用事与安详机警性、怯懦与果断性。

1）适应与焦虑性 = $(38+2L+3O+4Q_4-2C-2H-2Q_3)/10$

笔记

式中字母分别代表相应量表的标准分（以下同），由公式求得的最后分数即表示“适应与焦虑性”之强弱。低分者生活适应顺利，通常感觉心满意足，但极端低分者可能缺乏毅力，事事知难而退，不肯奋斗与努力。高分者并不一定有神经症，但通常易于激动、焦虑，对自己的境遇常常感到不满，高度的焦虑不但减低工作效率，而且也会影响身体健康。

2）内向与外向性＝（$2A+3E+4F+5H-2Q_2-11$）/10

低分者内向，通常羞怯而审慎，与人相处多拘谨不自然；高分者外向，通常善于交际，不拘小节，不受约束。内外向性格无所谓利弊，须以工作性质为准，例如，内向者较专心，能从事较精确的工作；外向者适合于从事外交和商业工作，而对于学术研究却未必有利。

3）感情用事与安详机警性＝（77+2C+2E+2F+2N-4A-6I-2M）/10

低分者感情丰富，情绪多困扰不安，通常感觉挫折气馁，遇到问题经反复思考才能决定，平时较为含蓄敏感，温文尔雅，讲究生活艺术。高分者安详机警，果断刚毅，有进取精神，但常常过分现实，忽视了许多生活的情趣，遇到困难有时会不经考虑，不计后果，贸然行事。

4）怯懦与果断性＝（$4E+3M+4Q_1+4Q_2-3A-2G$）/10

低分者常常人云亦云，优柔寡断，受人驱使而不能独立，依赖性强，因而事事迁就，以获得别人的欢心。高分者独立、果断、锋芒毕露、有气魄，常常自动寻找可施展所长的环境或机会，以充分表现自己的独创能力。

（2）特殊应用演算公式：卡特尔及其同事搜集了7500名从事80多种职业及5000名有各种生活问题者的人格因素测验答案，详细分析他们人格因素的特征和类型，并以此拟定了其他一些演算公式用于心理咨询及升学就业指导。

1）心理健康者的人格因素：其推算公式为C+F+（11-O）+（11-Q4）

按此公式得到的总和分数通常介于0～40分之间，均值为22分，一般不及12分者情绪很不稳定，仅占人群的10%。担任艰巨工作的人都应该有较高的心理健康标准分。

2）专业有成就者的人格因素：其推算公式为$2Q_3+2G+2C+E+N+Q_2+Q_1$

通常总和分数介于10～100之间，均值为55分，60分约等于标准分7分，63分以上者标准分大于8分，67分以上者一般应有所成就。

3）创造力强者的人格因素：其推算公式为$2(11-A)+2B+E+2(11-F)+H+2I+M+(11-N)+Q_1+2Q_2$

由上式得到的因素总分可换算成相应的标准分，标准分越高，其创造能力越强。一般因素总分在88以上，即标准分在7分以上者为创造能力强的个性。

4）在新的环境中有成长能力的人格因素：其推算公式为$B+G+Q_3+(11-F)$

总分介于4～40分之间，均值为22分。17分以下者（约占10%）不太适应新环境，27分以上者，则有成功的希望。

（四）16PF的评价

16PF的优点是高度结构化，实施方便，记分、解释都比较客观。为了克服动机效应，减少回答偏差，尽量采用中性词句，避免含有一般社会所公认的“对”或“不对”、“好”或“不好”的题目。此外，每一项目只出现在一个量表中，回答是或否的项目平衡，可避免定势选择回答的倾向。16PF也有以下缺点：被试可能因情境的改变而作出不同的反应，测验的信度不如智力测验等认知性测验；缩减本（C和D）由于项目太少，测验的信度和效度低于A和B的结果。还有人提出，16PF对人格的描述采用了不少生涩难认的字句，为读者的理解带来了困难。

三、艾森克人格问卷

艾森克人格问卷（Eysenck Personality Questionnaire，EPQ）是英国伦敦大学心理系和精神病

笔记

学研究所艾森克（Eysenck HJ）教授和其夫人编制的，其理论基础是艾森克所提出的人格三维度理论，分儿童（7～15岁）和成人（16岁以上）两种类型。经过多次修订，在不同人群中测试，已经获得可靠的信度和效度，在国际上广泛应用。这一问卷于20世纪40年代末已开始拟定，1952年正式发表，称Maudstey医学问卷。随后又于1959年及1964年进行增改和修订，最后于1975年再次修订并命名为艾森克人格问卷（EPQ）。

（一）测验的构成

英文原版的艾森克成人问卷中有101个项目，儿童问卷中有97个项目。1983年，由龚耀先主持修订的中国版EPQ儿童问卷和EPQ成人问卷各由88个项目组成；每种问卷都包括4个分量表，即内向-外向（E）、神经质（N）、精神质（P）和掩饰性（L），前三者分别代表艾森克人格结构的3个维度。艾森克认为，E维度与中枢神经系统的兴奋、抑制的强度密切相关；N维度与自主神经的不稳定性密切相关。P量表发展较晚，其中的项目是根据正常人和病人具有的特质筛选的。L量表是效度量表，测量说谎和掩饰，与其他量表的功能有联系，但它本身也代表着一种稳定的人格功能，提示着被试的社会纯朴性和幼稚程度。与此同时，北京大学的陈仲庚也建立了EPQ的成人北京常模，共85个项目。

（二）测验的施测与记分

1. **施测方法** EPQ既可以团体施测，也可以个别进行。施测时，先给每个被试者发一张答卷纸，填上自己的姓名、性别、年龄、文化程度等，然后发给测试题。每个项目都有“是”和“否”两个选项，供被试根据自己的情况进行选择，然后按内向-外向（E）、神经质（N）、精神质（P）和掩饰性（L）4个量表计分。

2. **记分方法** 采用正反向计分，正向计分的项目答“是”记1分，答“否”记0分，反向计分的项目答“是”记0分，答“否”记1分，按P、E、N、L 4个量表分别计分得到各分量表的原始分。

EPQ的常模采用T分数。根据被试者的性别和年龄将被试者各量表的原始分对照常模表分别转化成T分数，然后在剖面图上找到各维度的T分点，将各点相连，即成为一幅表示被试者人格特征的曲线图。

（三）测量结果的解释

在中国修订版的报告单上一般有两个解释图：① EPQ剖析图，见图5-5；② E、N关系图，见图5-6。

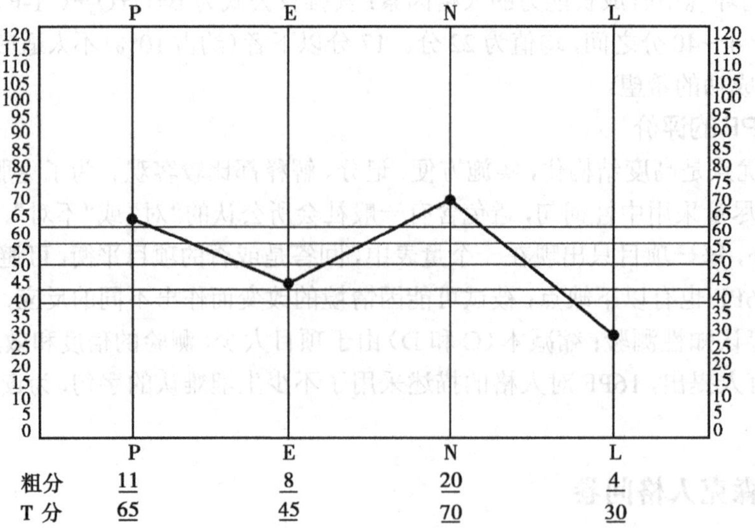

图5-5 EPQ量表剖析图

笔记

1. 剖析图解释 剖析图中两侧纵轴的T分数在38.5、43.3、50、56.7和61.5的5个点上各有一条横线。居中的一条横线为各常模群体的T分均值线（T=50）。在T分均值线上下各0.67个标准差的范围内，亦即在43.3至56.7的两条线之间，约有相应常模群体50%的人数。在均值线上下各1.15个标准差的范围内，即在38.5至61.5的两条线之间，约有相应常模群体75%的人数。分析时，将T分数落在±0.67个标准差之内的点作中间型解释，将T分数落在±0.67个标准差之外、±1.15个标准差之内的点作倾向型解释，将T分数落在±1.15个标准差之外的点作典型解释。

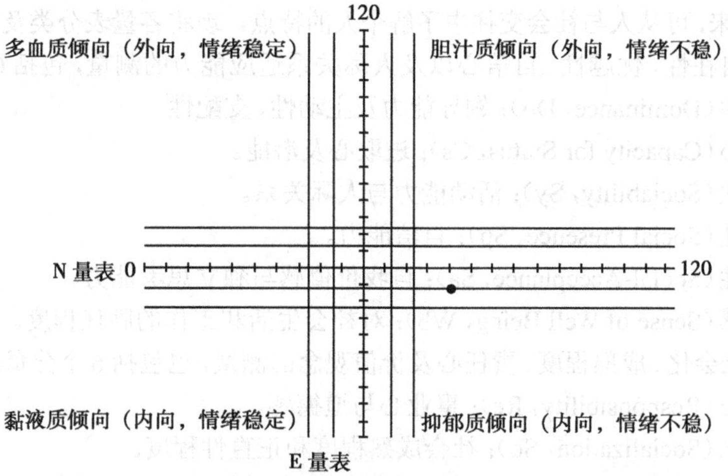

图5-6 E和N的关系图

各量表得分的意义简要解释如下：

（1）内向-外向（E）：分数高表示心理活动倾向于外，可能是好交际，渴望刺激和冒险，情感易于冲动。分数低表示心理活动倾向于内，可能是好静，富于内省，除了亲密的朋友之外，对一般人缄默冷淡，不喜欢刺激，喜欢有秩序的生活方式，倾向悲观，踏实可靠。

（2）神经质（N）：反映的是正常行为，并非指神经症。分数高者常常焦虑、担忧、郁郁不乐、忧心忡忡，遇到刺激有强烈的情绪反应，以至出现不够理智的行为。分数低者情绪反应缓慢且轻微，很容易恢复平静，他们通常是稳重、性情温和、善于自我控制。

（3）精神质（P）：反映个体的社会适应性行为或特点，它在所有人身上都存在，只是程度不同。高分者可能是孤独、不关心他人，不近人情，感觉迟钝，与他人不友好，喜欢寻衅搅扰，喜欢干奇特的事情，并且不顾危险，难以适应外部环境。低分者能与人相处，态度温和、不粗暴、善从人意，能较好地适应环境。

（4）掩饰性（L）：测量被试的掩饰、假托及自身隐蔽，以识别被试者回答问题时的诚实程度。

2. E、N关系图解释 在E、N二维关系图（图5-6），将E和N量表联系起来，就被试两量表T分落在图中的坐标点的象限进行分析。图中画出的中间型、倾向型和典型型的划界线，其含义与EPQ剖析图中的含义相同。得知某人的E分和N分后，在二维图上找到E和N的交点，便可得知其气质特点，分为胆汁质、多血质、黏液质和抑郁质4种。

此量表的项目较少，易于测查，项目内容较适合我国的情况，被认为是较好的人格测定方法之一。

四、其他人格量表

（一）加州心理问卷（California Psychological Inventory，CPI）

加州心理问卷是由美国加州大学心理学家高夫（Gough HG）1948年编制，最新修订本

笔记

出版于1987年。该问卷有一半题目来自MMPI，另一半反映正常青少年和成人的人格。不同于MMPI的特点，该问卷更着重于正常人格的测查。当今，CPI在美国是使用最广泛的测查正常人人格特点的量表之一。

作者最初编制CPI的目的有两个：其一是理论性的，希望发展出一套能描述人与社会相关联的概念，其重点放在可以广泛应用到人类正常的社交行为上而非病态性格特征上；其二是实用性的，企图通过此测验预测一个人在某些特殊场合下会作出什么反应。从国内外多年应用的情况来看，CPI已经成功地达到了这两个目的。

该问卷由480个题目组成，分为18个分量表，其中有3个量表兼有效度量表的作用。18个量表加起来，可从人与社会交往中了解个人的特点。现将各量表分类及内容介绍如下：

第一类：自在性、优越性、自信心以及人际关系适应能力的测量，包括6个分量表。

（1）支配性（Dominance，Do）：领导能力及主动性、支配性。

（2）上进心（Capacity for Status，Cs）：进取心及潜能。

（3）社交性（Sociability，Sy）：活动能力与人际关系。

（4）自在性（Social Presence，Sp）：自信能力。

（5）自尊性（Social-Acceptance，Sa）：自我价值感与独立思考能力。

（6）幸福感（Sense of Well Being，Wb）：对社会生活和工作的胜任程度。

第二类：社会化、成熟程度、责任心及价值观念的测量，也包括6个分量表。

（7）责任心（Responsibility，Re）：事业心与道德感。

（8）社会化（Socialization，So）：社会成熟程度和正直性程度。

（9）自制力（Self-Control，Sc）：自我调节和自我控制能力。

（10）宽容性（Tolerance，To）：对人宽容、接纳的程度。

（11）好印象（Good Impression，Gi）：辨别测量的可靠程度和社会认可性。

（12）从众性（Communality，Cm）：辨别个体反应符合本量表所建立的常模的程度。

第三类：获得成就的潜能及智能效率的测量，有3个分量表。

（13）遵循成就（Achievement via Conformance，Ac）：对追求目标的努力程度。

（14）独立成就（Achievement via Independence，Ai）：思维的灵活性与创造性。

（15）智能效率（Intellectual Efficiency，Ie）：智能水平。

第四类：个人兴趣、生活态度的测量，有3个分量表。

（16）心理性（Psychological-Mindedness，Py）：了解别人，同情他人的能力。

（17）灵活性（Flexibility，Fx）：思维、气质的适应程度。

（18）女性化（Femininity，Fe）：兴趣男性化、女性化的程度。

CPI的施测与记分方法均与MMPI相同，其常模分数也以50为平均数，10为标准差的T分数表示。在检验答卷的可靠性时，不像MMPI那样有独立的效度量表，而是根据Gi、Wb、Cm 3个量表来评定。如果Gi分数过高，则可能是被试企图在给别人留下一个良好印象。Wb分数过低，则要怀疑被试是不是夸大了他个人的忧愁，或者完全在作假。Cm的分数表示一个人在做测验时是否小心尽力，当分数非常低时，被试随便作答的可能性就升高了。

在分析测验结果时，首先要注意整个剖析图的高度。如果几乎所有的分数都高于平均标准分数线的话，可能表示此人是一个在社交和智力两方面都良好的人。相反，如果多数量表的分数都低于平均分数，此人很可能在人际关系的适应上存在困难。其次要注意4类量表间的不同高度。例如，第一组的6个量表（从Do到Wb）的分数要比第三组各量表（Ac、Ai、Ie）的分数高的话，可以认为这个人的社交技能发展的比较好，而他的智能和学业动机就比较弱。此外，还应注意量表的交互作用。当两组以上的极端分数所描述的行为是很类似的，则它们越可能相互强化；如果这些行为是相反的或对立的，则它们可能会相互中和。

笔记

1983年中国科学院心理研究所宋维真曾将CPI问卷译成中文并在北京地区试用，中文最新版CPI于1989年开始由杨坚、龚耀先等修订。两地应用的结果均证实，量表有一定的信度和效度，基本达到人格测验的要求。

（二）NEO人格问卷（NEO Personality Inventory，NEO PI）

NEO人格问卷问世于1985年，由麦克雷和考斯塔（McCare RR & Costa PT）编制，最新版本于1992年修订，称NEO人格问卷修订版（NEO personality inventory-revised，NEO PI-R），是一个以大五人格模型为理论基础编制的著名人格测验，该量表的产生体现了麦克雷和考斯塔数十年来在临床和正常人格研究中的成果。

NEO PI-R共有两个复本，总题数为240，另有3题作为效度量表的题目。NEO PI-R有自称量表式（S式）和他人评定式（R式）两种形式，前者由被试进行自我报告，后者则由同伴、配偶或其他人进行评价。每一题目采用5点量表评分，分别是非常同意、同意、中性、不同意、非常不同意。NEO PI-R还有一个包括60个题目的简化本，即NEO五因素问卷（NEO five-factor inventory，NEO FFI）。

NEO PI-R共有5个维度，分别为大五人格模型的神经质（N）、外倾性（E）、经验开放性（O）、宜人性（A）和认真性（C），每一维度构成一个范畴，每个范畴又从6个方面进行测量，构成6个层面。其中神经质维度包括焦虑、恼怒性敌意、抑郁、自我意识、冲动性和脆弱层面；外倾性维度包括热情、乐群、自我肯定、活跃、刺激寻求和正性情绪层面；经验开放性包括幻想、审美、情感、行动、观念和价值层面；宜人性维度包括信任、坦诚、利他、顺从性、谦虚和温和维度；认真性维度包括胜任感、条理性、责任心、事业心、自律性和审慎性维度。有关大五人格因素及其高、低分特征见表5-3。

表5-3　大五人格因素及其高、低分特征

高分者特征	特质量表	低分者特征
烦恼、紧张、情绪化、不安全、不准确、忧郁	神经质（N） 评鉴顺应与情绪不稳定，识别那些容易有心理烦恼、不现实的想法、过分的奢望式要求等	平静、放松、不情绪化、果敢、安全、自我陶醉
好社交、活跃、健谈、乐群、乐观、好玩乐、重感情	外倾性（E） 评鉴人际间互动的数量和强度、活动水平、刺激需求程度和快乐的容量	谨慎、冷静、无精打采、冷淡、厌于做事、退让、话少
好奇、兴趣广泛、有创造力、有创新性、富于想象、非传统的	经验开放性（O） 评鉴对经验本身的积极寻求和欣赏，喜欢接受并探索不熟悉的经验	习惯化、讲实际、兴趣少、无艺术性、非分析性
心肠软、脾气好、信任人、助人、宽宏大量、易轻信、直率	宜人性（A） 评鉴某人思想、感情和行为方面在同情至敌对这一连续体上的人际取向的性质	愤世嫉俗、粗鲁、多疑、不合作、报复心重、残忍、易怒、好操纵别人
有条理、可靠、勤奋、自律、准时、细心、整洁、有抱负、有毅力	认真性（C） 评鉴个体在目标取向行为上的组织性、持久性的程度，把可靠的、严谨的人与那些懒散的、邋遢的人作对照	无目标、不可靠、懒惰、粗心、松懈、不检点、意志弱、享乐

研究表明，NEO PI-R的心理测量学特征是令人满意的，其5个维度量表的内部一致性信度系数在0.86～0.95之间，超过了一般的人格量表，其层面量表的内部一致性在0.56～0.90之间，也在接受的范围内。NEO PI间隔3年、6年和7年的稳定性信度系数在0.51～0.83之间。其结构效度、与效标的相关以及S式和R式的相关表明NEO PI-R的效度也较高。种种资料表明，NEO PI-R是一个出色的人格测验，在心理学的不同领域有着广泛的应用。

笔记

（三）中国人个性测量表（Chinese Personality Assessment Inventory，CPAI）

CPAI是中国科学院心理所与香港中文大学心理系于20世纪80年代开始合作，编制中国人自己的个性测量表。经过十几年的努力，编制成中国人个性测量表。这是中国人自己拥有全部知识产权的大型个性测量工具。实际上，CPAI现在已成为西方社会之外编制的最大规模的多相人格测验之一，它既可以用于测量正常人的个性特征，又可以用于异常人格的测评诊断。

CPAI的第1版共有22个个性量表、12个临床量表（其中有一个临床量表与个性量表是重叠的）和3个效度量表。除效度量表外，平均每个量表有15个测验项目，项目数总计为510个。CPAI的常模建立在一个有代表性的样本基础之上，该样本包括中国不同地区的2444名成人。中文版CPAI现已翻译成英文版，并在新加坡进行了测验。新加坡550名成年华人样本的测验结果显示，英文版CPAI与中文版在测验的结构上是一致的。CPAI各量表中、英文名称及英文缩写一并列在表5-4中，以便了解其结构。

表5-4　CPAI量表的中、英文名称及英文缩写

编号	中文名称	英文名称	缩写名称
个性量表（personality scales）			
1	自我-社会取向	self vs. social orientation	S-S
2	宽容-刻薄	graciousness-meanness	G-M
3	内向-外向	introversion-extraversion	I-E
4	和谐性	harmony	HAR
5	领导性	leadership	LEA
6	面子	face	FAC
7	人情	ren qing（relationship）orientation	REN
8	亲情	family orientation	FAM
9	乐观-悲观	optimism-pessimism	O-P
10	灵活性	flexibility	FLE
11	理智-情感	logical vs. affective orientation	L-A
12	现代化	modernization	MOD
13	情绪性	emotionality	EMO
14	节俭-奢侈	thrify-extravagance	T-E
15	责任感	responsibility	RES
16	冒险性	adventurousness	ADV
17	严谨性	meticulousness	MET
18	阿Q精神	defensiveness	DEF
19	老实-圆滑	veraciousness-slickness	V-S
20	务实性	practical-mindedness	PRA
21	内-外控制点	external-Internal locus of control	E-I
22	自卑—自信	inferiority vs Self-acceptance	I-S
临床量表（clinical scales）			
23	躯体化	somatization	SOM
24	抑郁	depression	DEP
25	身体症状	physical symptoms	PHY
26	反社会行为	antisocial behavior	ANT
27	焦虑	anxiety	ANK
28	性适应问题	sexual maladjustment	SEX
29	脱离现实	distortion of reality	DIS

笔记

续表

编号	中文名称	英文名称	缩写名称
30	猜疑	paranoia	PAR
31	需要关注	need for attention	NEE
32	兴奋状态	hypomania	HYP
33	病态依赖	pathological dependence	PAT
效度量表(validity scales)			
34	低频率量表	infrequency	INF
35	好印象量表	good Impression	GIM
36	答题一致性	response consistency index	RCI

在该个性量表中，我们将重点介绍CPAI中几个本地化人格构念的测验量表，以使读者能更深入地了解CPAI的特点以及编制者们意欲加以深入探究的华人个性之人格构念。

(1)“和谐性”: 测量一个人内心的安宁、自我满足感以及与他人和谐的人际关系。这与中国文化主张避免冲突，维持各方面平衡是一致的。

(2)“人情”: 测量一个人在与他人交往时遵循华人社会人际交往规范的程度，这些规范包括礼仪、回报、经营及利用各种关系，以及裙带关系等。

(3)“现代化”: 测量个人在家庭、物质享受、服从权威、礼仪及贞洁等方面对中国传统信念及价值观的态度。

(4)“节俭 - 奢侈”: 是一个双向量表，高分表示被试愿意多储蓄、花钱时倾向十分仔细考虑；低分显示被试花钱大方，肯为娱乐和享受花钱。

(5)“阿Q精神”: 或称防御性，由十分著名的鲁迅小说《阿Q正传》中的主角阿Q得名，借用它测量中国人常用的自我防御机制，如：自我保护性的合理化机制，将责任推卸给他人或外部环境的机制，自我夸大，以及贬低他人成就等。从另一个角度讲，具有一定程度的“阿Q精神”可能正是中国人抵御挫折、失败等自我保护心理机制。

(6)“宽容 - 刻薄”: 也是一双向量表，高分表示被试具有耐心，能作出自我牺牲；低分则相反，显示被试刻薄，工于心计，对他人常冷嘲热讽，报复心重等。

(7)“老实 - 圆滑”: 两端分别描述一个人值得信赖或不值信赖的人格特点，高分显示其人忠诚、本分，脚踏实地，工作不遗余力，坚持原则，可为集体牺牲个人利益，当然若分数过高亦表示其人可能过于僵硬、死板，对外界变化难以适应。低分表示该被试八面玲珑，但亦可为自己的目的而取悦他人，并放弃自己的原则。

(8)“面子”: 是中国文化中理解及规范社会行为的一个重要概念。虽然面子有泛文化的一面，但在中国文化中它有与人际关系十分密切的特殊性，更反映出中国社会权威等级特性。CPAI中的“面子”测量个人通过各种社会行为来维护或增光自己脸面，并避免“丢脸”的倾向。自然，过分强调脸面会导致虚假、浮夸。

(9)“亲情”: 涉及家庭在个人生活中的地位，高分者注意家庭气氛的和谐，亲子之间有足够爱心，彼此相互尊重、信任谅解，沟通良好。

以上几种本地化的人格构念量表，为在华人社会中研究中国人个性提供了重要的手段，这是由西方引进的人格测验无法完成的。

对CPAI正常人格测量部分的22个量表进行因素分析，可得4个主要因素，分别为可靠性、领导性、个人性及中国传统性，共可解释约60%的总体方差。考察上述各本地化人格构念在因素结构中的位置，更能表明CPAI采用这些人格构念的合理性。如中国传统性因素主要由本地化构念构成，含有“和谐”、“人情”、“节俭”，以及负向的“现代化”量表，这表明，研究中国人的个性时，仅仅使用引进之西方人格测验是不完全的，会因此而忽略许多重要

笔记

的中国人个性特征。再比如“可靠性”因素含“宽容 - 刻薄”、“老实 - 圆滑”和“亲情”3 个本地化量表。确实，在华人社会中，宽容的人容易与他人维持良好的人际关系，老实的人容易为他人所信赖，是长期合作的伙伴，而讲亲情的人则重情感、良心及对他人的责任感。这些特点在讲究人际关系、注重家庭的中国文化里都是不可欠缺的。

（四）心理弹性量表

心理弹性是影响应激条件下个体心理健康状况的重要心理品质。指个体在面对生活逆境、创伤、悲剧、威胁或其他重大生活压力时良好的适应能力，它意味着面对生活压力或挫折时的“反弹能力”(Luthar，Cicchetti&Becker，2002)。心理弹性是个体在危险环境中良好适应的动态过程；它表示一系列能力和特征通过动态交互作用而使个体在遭受重大压力和危险时能迅速恢复和成功应对的过程。

目前，有基于不同文化背景和理论框架编制的心理弹性量表对个体心理弹性进行评估。简介如下：

1. 儿童与青少年应用量表 介绍三种目前较常用的。

（1）儿童与青少年心理弹性量表（the Child and Youth Resilience Measure，CYRM）：用于测量 9～23 岁个体的自身素质以及从亲属、社会和文化习俗中得到的支持。量表共 28 个条目，包括个体水平、亲属水平、社会和文化水平 3 个维度。Cronbach's α 系数为 0.65～0.91。采用 Likert5 级评分，得分范围为 28～140，得分越高，心理弹性水平越好。

（2）发展优势评估问卷（the youth resilience：assessing developmental strengths questionnaire）：主要测量保护因素、内部发展力量（自尊、自我效能等）和外部发展支持（家庭、学校等）的作用以及家庭、学校和社区相互作用的系统问题。问卷共 94 个条目，包括父母支持、同伴关系、社区凝聚力、学习信仰、学校文化、文化敏感度、自我控制、激励自主、自我概念和社会敏感度 10 个维度，Cronbach's α 系数分别是 0.96，0.85，0.92，0.88，0.86，0.80，0.82，0.75，0.82，0.89。量表采用 Likert5 级评分。将各个分量表得分相加即为总分，得分越高，心理弹性水平越好。

（3）青少年心理韧性量表：由胡月琴等人编制，由 27 个条目组成，包括目标专注、情绪控制、积极认知、家庭支持和人际协助 5 个维度，Cronbach's α 系数分别为 0.81，0.73，0.81，0.74，0.71，总量表内部一致性系数为 0.85，重测信度为 0.83，与未成年人版（resilience scale，RS）的相关系数为 0.53，与中学生生存质量的相关系数为 0.49，均达到显著水平，说明外部效度好，量表采用 Likert5 级评分，得分范围 27～135 分，得分越高心理弹性水平越好。该量表已在我国人群得到广泛运用。

2. 成人应用量表

（1）Conner-Davidson 心理弹性量表（Conner-Davidson resilience scale，CD-RISC）：Conner 等于 2003 年编制，将心理弹性作为人格特质进行测评。由 25 个条目组成，包括个体能力、忍受消极情感、接受变化、控制感和精神信仰 5 个维度，Cronbach's α 系数为 0.89，重测信度为 0.87。采用 Likert5 级评分，得分范围在 0 分～100 分，得分越高，表示心理弹性水平越好。

（2）心理弹性量表：Wagnild 等人于 1993 年基于丧偶老年妇女的心理状况研究结果编制而成。用于测量增强个体压力适用的个体特质，共 25 个条目（简称 RS-25），包括坚持性、自信心、有意义的生活体验、自在感和镇定性 5 个维度。由于 RS-25 的结构不够稳定和清晰，Wagnild 等对其进行修订，形成 14 个项目的单维量表（简称 RS-14）。RS-25 内部一致性 Cronbach's α 系数为 0.90，各条目与量表的相关性为 0.37～0.75。RS-14 内部一致性 Cronbach's α 系数为 0.93，与 RS-25 相关系数为 0.97，与焦虑、抑郁呈负相关，与自我实现、压力管理呈正相关。两种版本均采用 Likert7 级评分，从非常不符合到非常符合，RS-25 分值为 50～170 分，分值越高心理弹性越强，高于 146 分视为高心理弹性。RS-14 分值为 14 分～98 分，高于 82 分视为高心理弹性。

笔记

（3）成人心理弹性量表（the Resilience Scale for Adults，RSA）：该量表由 Friborg 等人于 2003 年制定，用于测量心理失衡时提高或维持适应能力的个体内在和外在保护因素。共有 37 个条目，包括个人能力、社交能力、家庭凝聚力、社会支持和个人结构 5 个维度。2005 年 Friborg 等对原量表进行修订并形成了由 33 个条目组成的 RSA-33。RSA-33 内部一致性信度为 0.67～0.90。杨立状等对此量表进行翻译，形成自我认知、未来计划、社会能力、家庭凝聚力、社会支持计划和风格 6 个维度。其 Cronbach's α 系数为 0.87，除社会能力因子信度为 0.54 外，其余 5 个因子的信度在 0.7 左右。RAS-33 量表采用 Likert5 级评分，得分范围在 0～132 分，得分越高心理弹性水平越好。

（4）中国成年人心理弹性量表：梁宝勇等通过对 285 名成年人和 457 名大学生测试编制而成，用于中国成年人弹性特质的测量。量表由 30 个条目组成，包括内控性、应对、乐观性、支持和接纳性 5 个维度。量表内部一致性 Cronbach's α 系数 0.87，分半信度 0.87，重测信度 0.88。量表采取 Likert4 级评分方式，其中 19 个条目反向计分。

（5）“VIA 优势量表”（Values in Action Inventory of Strengths，VIA-IS）：克里斯托弗•彼特森（Peterson C）等提出人的积极心理品质包含 6 种美德和 24 种品格优势。

美德比较抽象，不好去测量。但是这些美德可以通过叫做优势的途径来实现；由于优势是一种心理特质，应该在不同的环境中长期存在，并且这个优势本身有价值，能够带来好的结果。因此，优势是可以测量的，也可以学会，通过对自己优势的了解由此构建自己的优势与美德。6 种美德和 24 种品格优势的具体内容参见本书第五章第一节。

这个美德和优势系统的测量工具是“VIA 优势量表”。它被设计用来在一个连续体上描述品格优势的个体差异，而不是把它们描述为不同的类别。

VIA-IS 目前版本在识别成人的优势方面具有信度和效度。24 个量表之间的相关比预期的要高。VIA-IS 的第 6 版是可以在线使用的。下面节选部分简表供读者了解，详见表 5-5。

表 5-5　品格优势问卷

说明：每个优秀品质均有两个相应问题，回答问卷时选择与你最接近的答案，回答完毕后将答案选项的数字相加，得出的数字即是你这一优秀品质的得分。最后，将得分从最高至最低按顺序排列就可以看出你在哪个品质上最突出。

例如美德之一：智慧和知识

（1）好奇心

A“我总是对世界很好奇”这句话

5. 非常符合我	4. 符合我
3. 既没有符合也没有不符合	2. 不符合我
1. 非常不符合我	

B“我很容易变得无聊”这句话

1. 非常符合我	2. 符合我
3. 既没有符合也没有不符合	4. 不符合我
5. 非常不符合我	

总分

（2）热爱学习

A“当我学到新东西时我非常兴奋”这句话

5. 非常符合我	4. 符合我
3. 既没有符合也没有不符合	2. 不符合我
1. 非常不符合我	

B“我从来不会特意去参观博物馆或其他有教育性质的场所”这句话

1. 非常符合我	2. 符合我
3. 既没有符合也没有不符合	4. 不符合我
5. 非常不符合我	

总分

笔记

续表

(3)开放的思想 **A"不管是什么主题，我都可以很理性地去思考它"这句话** 5. 非常符合我　　4. 符合我 3. 既没有符合也没有不符合　　2. 不符合我 1. 非常不符合我 **B"我容易做仓促的决定"这句话** 1. 非常符合我　　2. 符合我 3. 既没有符合也没有不符合　　4. 不符合我 5. 非常不符合我 总分
(4)创造力 **A"我喜欢琢磨新颖的做事方式"这句话** 5. 非常符合我　　4. 符合我 3. 既没有符合也没有不符合　　2. 不符合我 1. 非常不符合我 **B"我的朋友大多数都比我有想像力"这句话** 1. 非常符合我　　2. 符合我 3. 既没有符合也没有不符合　　4. 不符合我 5. 非常不符合我 总分
(5)社会智慧 **A"不论什么样的社会场合我都能融入进去"这句话** 5. 非常符合我　　4. 符合我 3. 既没有符合也没有不符合　　2. 不符合我 1. 非常不符合我 **B"我不容易感觉到别人的感受"这句话** 1. 非常符合我　　2. 符合我 3. 既没有符合也没有不符合　　4. 不符合我 5. 非常不符合我 总分
(6)洞察力 **A"看事情时我总可以看到大局"这句话** 5. 非常符合我　　4. 符合我 3. 既没有符合也没有不符合　　2. 不符合我 1. 非常不符合我 **B"其他人不经常来问我的意见"这句话** 1. 非常符合我　　2. 符合我 3. 既没有符合也没有不符合　　4. 不符合我 5. 非常不符合我 总分

如果某项得分9～10，或排在24种品格优势前五位的可以视为该个体的优势品格。

青少年优势量表（VIA- Youth）包括198个条目（24种优势中的每一种各包含6～12个条目，采用Likert5级评分），此量表的内部一致性是足够的。

该量表不是用于雇员或心理健康筛查，反馈的目的是鼓励个体内的发展，不提倡用于个体间的比较。只是给父母或教育工作者提供指南，让他们能够帮助青少年发展自己的积极特征。

（6）多伦多述情障碍量表（Toronto Alexithymia Scale-20，TAS-20）：1973年，Sifneos首先提出述情障碍（alexithymia）一词，又称"情感难言症"或"情感表达不能"，以不能适当认知、加工和调节情感为其特征。它并非一种独立的精神疾病，也不构成一种心理特质，是一种较易发生某些躯体或精神疾病的心理特点或风格或状态，它与某些疾病的预后和治疗

笔记

有关。当然，也有学者认为述情障碍是情绪认知加工、调节过程受损的一种人格特质。心身疾病及神经症、物质依赖、躯体化障碍、精神性疼痛、创伤后应激障碍、隐匿性抑郁、性变态、神经性呕吐和人格障碍等精神障碍病人有述情障碍的可能性会大些；这类病人可能对分析性心理治疗悟性差，而对行为治疗、松弛治疗、自我训练和暗示治疗等容易见效。因此，对这类人进行述情障碍评估有一定的临床实用意义。

Taylor GJ 等编制多伦多述情障碍量表（以下简称 TAS-20），有 20 个条目，经测试，具有较高的信度和效度，可以较全面而准确地评估述情障碍是否存在以及它的严重程度，是目前世界上公认的最好的述情障碍测量工具。TAS-20 是一种自评量表，需有初中以上文化程度，对评估能合作，在受评者不受环境因素干扰下一次完成。各题回答按程度分为 1～5 级：1 代表完全不同意；2 代表基本不同意；3 代表不同意也不反对；4 代表基本同意；5 代表完全同意。分为 3 个因子：因子Ⅰ表示描述情感的能力；因子Ⅱ表示认识和区别情绪和躯体感受的能力；因子Ⅲ表示外向型思维即缺乏透露内在的态度、感受、愿望和欲念的能力，执着于外界事物的细枝末节。

TAS-20 中文版由姚树桥等在国内修订，在大学生样本和临床样本中进行信效度检验，并且和原编制者共同发表了有关信效度文章。目前，TAS-20 中文版在中国人群中应用广泛，其适用性在国内外得到公认。2 周重测信度学生组达 0.79，临床组达 0.84；学生组的效度达 0.67～0.84，临床组的效度达 0.67～0.88。

另外，Haviland 所编制的述情障碍观察量表（Observer Alexithymia Scale，OAS）是一个最新的述情障碍他评量表，具有良好的信、效度，使用方便，可弥补自评量表的缺陷，姚树桥等也对该量表的中文版进行了修订，使其可应用于我国人群。

（7）人格障碍诊断问卷（Personality Diagnostic Question，PDQ-4+）：人格障碍诊断问卷是美国 Hyler SE 博士根据 DSM-III 编制的用于筛查人格障碍的自陈式问卷，PDQ 随着 DSM 诊断系统的不断修订和发展也在不断修订。目前为第 4 版，即 PDQ-4+，包含 107 个项目，12 个分量表：偏执型、分裂性、分裂型、表演型、自恋型、边缘型、反社会型、回避型、依赖型、强迫型、抑郁型、被动攻击型，如表 5-6 所示。阳性划界分为 4～5 分。2002 年，杨蕴萍初步制订了中国常模，重测信度为 0.50～0.80，分半信度系数经 Spearman-Brown 公式矫正所得结果为 0.50～0.77，一致性信度 α 系数为 0.56～0.78；效度分析显示，精神障碍组的各分量表及总分均明显高于普通人群组，差异有统计学显著性，PDQ-4+ 的各效度和信度指标均达到了统计学要求，对人格障碍的诊断有较高的灵敏度，适合作为筛查问卷使用。

表 5-6　人格障碍诊断问卷（PDQ-4+）

指导语：此问卷的目的是让您自己来描述您是哪种类型的人，在回答问题时，想想您在过去的几年内所常有的感受，思考和活动方式。在每一项的上方可见有“在过去的几年中”的指示语句。请将回答标在另附的答题纸上。

“是”指该句子一般符合您的情况，“否”是指该句子一般不符合您的情况，即使您不能完全确定怎样回答，请仍对每个问题都标明“是”或“否”。

例如：	是	否
×× 我有些固执	○	○

如果您的确在过去几年中表现为固执，则请回答“是”（在答题纸相应题号“是”下面的圆圈打“√”）；如果它一点也不符合您的情况，则请回答“否”（在答题纸相应题号“否”下面的圆圈打“√”）。

没有正确答案可言您可以任意花多长时间来回答这些问题

在过去的几年中……

1. 我尽量避免与可能批评我的人一块儿工作
2. 没有得到别人的建议或再三宽心，我难以作出决定
3. 我常常将功夫花在细节上面忽略了大目标
4. 我希望能引人注目

笔记

续表

5. 我所做出的成绩远比别人所认为的要多
6. 为了使我所爱的人不离开我，我会走极端
7. 别人抱怨我没有能够完成我的工作任务或所承诺的事情
8. 我曾几次遇到过法律上的麻烦（或如果我当时被抓住，我将会有这类麻烦）
9. 与家人或朋友一起消磨时间并不使我感到有趣
10. 我从周围所发生的事中接收到特殊的信息
11. 我知道如果我任别人怎样待我，他们将会从我身上趁机得利或试图欺骗我
12. 我有时心情不好
13. 只有当我确信对方喜欢我时，我才会与他们交朋友
14. 我通常心情抑郁
15. 我让我的家人和朋友为我生活中的重要事情作出决定
16. 我做事过分追求完美，因此花费不少时间

第三节　常用投射测验

一、投射测验的理论基础、现状与分类

投射测验（projective test）是指那些相对缺乏结构性任务的测验，包括测验材料没有明确结构和固定意义，以及对反应的限定较少。投射测验所要求完成的任务与其目的没有直接的联系，因此，被试一般并不知道测验的目的，如此便又可减少来自被试的掩饰和伪装。投射测验可以对人格的多个维度进行评估，可以对人格作出较为整体性的分析，获得较为全面完整的人格印象，特别对揭示人格中隐蔽的、潜在的和无意识的方面更为有效。

将投射测验用于人格的评估是基于投射假设。投射这个概念在不同的心理学领域具有不同意义。在投射测验出现之前，弗洛伊德（Freud S）便提出了投射的概念。在精神分析理论中，投射指一种防御机制，弗洛伊德（1913，1955）将其描述为把自己不能接受的愿望转移到他人身上，结果是在别人而不是自己身上看到了这个愿望。作为防御机制，投射的目的是消除由不能接受的愿望引发的内心冲突，而且是无意识的。在心理测验领域，对投射概念的考察要晚一些，Murray HA（1938）基本采纳了弗洛伊德的投射概念，认为投射是一个自然的过程，是一种个人倾向，即个人的需要、兴趣和整体心理组织对知觉或解释刺激（不论刺激是否是模糊的）具有的影响倾向。换句话讲，对刺激或情境的组织和建构需要个人的心理成分，比如个人的知识、愿望和兴趣等，这样个人的心理特征便随着对刺激或情境的组织加工附加在刺激或情境上。刺激或情境的模糊性或结构性越差，建构和组织它们就越需借助个人的心理组织，个人的心理特征附着就越多，投射也就越突出。Murray HA 特别指出，这个过程与防御可以有关，也可以无关，这与精神分析中投射的防御功能概念有所不同。Murray HA 的投射概念后来被 Frank L（1939）称为投射假设（projective hypothesis），成了投射测验的理论基础。Frank L 将用于激发这种投射行为的各种技术统称为投射技术（Projective Technique）。罗夏测验和主题统觉等具有这种特性的测验被迅速的和广泛的使用，在接下来的近三十年是投射测验的全盛时期，当然，这也跟当时精神分析不断普及和日益兴盛有关。

在 20 世纪 40～50 年代，学界习惯于将测验分类为结构化和非结构化测验。非结构化测验对被试反应的种类基本不作限制，也不容易让被试意识到对其反应所做的解释属于哪种类型。不过，在 20 世纪 50 年代，渐渐开始将心理测验分为客观测验和投射测验。这个分类使得投射测验带有这样的含义：缺乏某些或全部测量学特征，收集的资料是解释性的而非预测性的，对资料的解释是主观性的而非客观性的。这容易让人们认为投射测验相对于

笔记

客观测试是缺乏科学性的。然而，投射测验中的句子完成测验有标准化的记分、代表性的常模和可靠的信效度，罗夏测验的Hertz和Beck系统都有常模数据，Exner综合系统有良好的测量学基础和多种人群的常模，这些既是投射测验也带有客观测验的某些特征。另外，值得注意的是，在客观性测验中也可能存在投射。所以，用二分法分类测验既有其科学的合理性，但也过于简单化而容易将所有投射测量和客观测量整体对立起来。寻找人群的心理普遍规律和研究个体的心理独特性，对心理活动的精准量化和对个体特殊心理活动的定性解释的重视，本来就是心理测量的对立问题。标准化的定量分析容易满足心理测验的信效度要求，但定性的解释更有深度和丰富的内涵。另外，由于投射概念与精神分析有直接的关系，容易让人片面的将投射测验和精神分析等同或混为一谈。当然，投射测验的测量学特征不如客观测验理想这是毋庸置疑的。如果片面的以经典测量学的特征来要求投射测验，那是对投射测验特性的和原本意图的忽视。投射测验反应自由度高、收集信息更全面和深层以及对被试的理解更动力学和整体性等特点深深吸引了评估人员。如果将投射测验和客观测验、被试背景资料及行为观察资料结合起来，相互佐证，能得到更为准确和全面的评估。

Piotrowski C（2015）对1995—2015这二十年间投射测验的应用做了一次全面回顾。其调查显示，投射测验在实际应用上，尤其是在心理健康工作者中仍占有一席之地。当然，比起50年前要使用得少了。在Piotrowski C的元分析抽取的所有测量应用报告中（共28份），有一半的报告（14份）都显示至少有一种投射测验是占据在最常用测验的前5名中的。而在这一半的报告中（14份），有85%的报告显示罗夏测验是排在前5的，其次常见的还有句子完成测试和主题统觉测验等。

根据测验的刺激性质和反应要求，有4类常见的投射测验，见表5-7。其中，罗夏测验历史最久，使用最广泛，也是投射测验争议的主要对象，算得上是投射测验的典型代表，它与TAT深刻地影响了投射测验的发展和人格评估。在所有投射测验的实测过程中，被试要谨记保持中立的态度和坚持非引导的回应，避免“期待”影响了被试的反应，尽可能地保证测验情境的非结构性和不确定性，让被试的反应仅是反映他们自己。

表5-7　4种常见的投射测验类型及例子

类型	例子	基本要求
视觉知觉技术	罗夏墨迹测验（Rorschach Inkblot Test，RIT）	呈现10张墨迹图，要求被试说出墨迹图看起来像什么
情境图片技术	主题统觉测验（Thematic Apperception Test，TAT）	呈现模棱两可的社交情境图片，要求被试讲一个有关图片中人物的故事
	罗森茨韦格图片挫折研究（The Rosenzweig Picture-Frustration Study，P-F）	呈现给被试不同挫折情境的卡通，要求他们对每个情境作出口头回答
句子完成技术	罗特句子完成测验（Rotter Incomplete Sentences Blank，RISB）	呈现许多未完成句子的词干（如：“我喜欢…”）然后要求完成句子
绘画技术	画人测验（Draw-A-Person，DAP）	要求被试在一张空白纸上画两个性别不同的人

二、罗夏测验

罗夏测验产生于瑞士，在美国得到广泛的研究，其发展历史曲折且充满争议，同时也在不断地完善中。罗夏测验可以收集到一系列心理特征的信息，使用者依据这些信息可对个

笔记

体的心理状况做出较为全面的描述。

（一）测验的发展与特征

罗夏测验由瑞士 Rorschach H 发明，起初是测量个体的知觉过程以诊断精神分裂症等。Rorschach H 认为被试面对墨迹图所进行的自由反应取决于知觉组织，测验是测量知觉过程的，而且相信知觉过程，即组织和构建我们所看到的过程，与被试的其他心理活动，例如联想、情绪、认知风格等，有密切的关系。因为有这样的关系，才可以借助这种工具区分不同人群的反应，从而评估不同人的人格和诊断疾患。Rorschach H1921 年出版了《心理诊断法》（Psychodiagnostics），首次公开介绍了他实验性地使用墨迹图建构的测验，当时称墨迹图和测验为偶然形式（form）和形式解释测验（Form Interpretation Test）。不幸的是，Rorschach H 于 1922 年因病逝世了，使得这个实验性的伟大测验留下太多的未解之谜，这也是罗夏测验发展曲折的一个重要原因。

采用墨迹图作为测量工具并非 Rorschach H 首创，此前已有学者使用墨迹图研究视觉想象力、创造力和精神障碍诊断。墨迹图一般的制作是将墨水滴到纸上，然后将纸对折挤压，便在纸上形成图形。有学者认为，Rorschach H 所挑选使用的 10 张墨迹图是经过他精心制作、修饰从而含有更多和更明显的构图特征，例如物体的轮廓和颜色，并反复进行测试和检验的，而不是简单制作的墨迹（图 5-7）。这样制作出来的墨迹图含有许多与个体记忆的物体明显相似的特征，从而能够容易被辨别出来并引起特定反应。他的测验假设就是基于视觉知觉，被试根据墨迹图的特征，将墨迹图看作某种类似的物体，例如大多数被试会根据轮廓形状将图 5-7 看作两个人。当然，这十张墨迹图并不是某些物体的写真，除了含有某些明显的物体特征外，也是模棱两可的，且测验过程中被试的自由反应的范围很大，因此很容易引起被试的“投射”。罗夏测验情境对被试有这样一个要求：将有着明显构图特征却又模棱两可的墨迹图确认为某种物体，对刺激做出“错误”的辨认，也可以对报告出来的对象进行修饰、联想，这将导致非常复杂的心理操作，个体的认知、决策、风格、动机和欲望等信息会体现在对图卡的反应中。在罗夏测验产生之后，投射概念才被正式引入测验的解释中，罗夏测验在产生大约二十年后才变为一种重要的投射测验。有两种类型的反应最能体现出被试的投射。一是，非由神经生理损伤引起的对墨迹图歪曲的知觉。因为每一张或每一个部位的墨迹图的构图特征，限定了它能被识别为某种或某些物体，但不是识别为任何物体。因此，这种歪曲便可被认为是一种心理投射取代了客观刺激。二是，对物体过度的修饰或精细化，例如描述物体在运动、物体受伤或是带有某种情感等。这些修饰性的反应脱离了刺激区域，可以被认为是被试的心理投射。

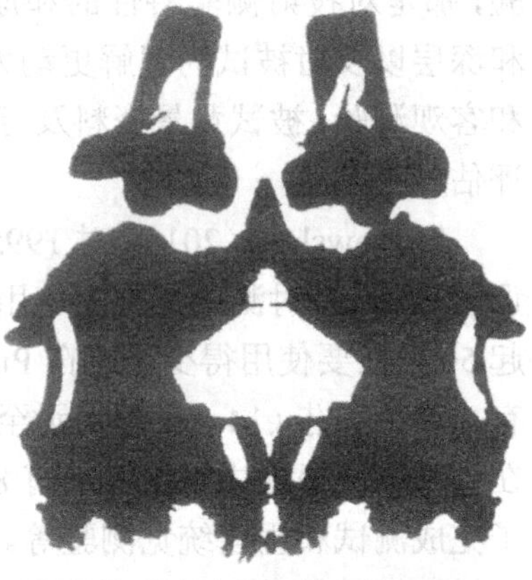
图 5-7　类似的罗夏测验墨迹图

罗夏测验发表后到 20 世纪 50 年代，在美国陆续出现了 5 种不同的记分系统：Hertz（1934）、Beck（1937）、Klopfer（1937）、Rapaport（1946）和 Piotrowski（1951）系统，在欧洲出现了 Bohm（1957）系统。正是众多学者的投入，使得 Rorschach H 留下来的实验性测验得到巨大的发展，但也导致测验的使用和解释出现很大混乱。这些系统虽然都使用了 Rorschach H 创造的测试图，也继承了 Rorschach H 创立的大部分记分和基本的解释假设，但它们之间在施测、编码、记分和解释上存在很大差异。例如，Beck&Hertz 系统更偏向于基于测量学基础和实证资料，寻找被试反应与其他心理特征或效标的经验性的联系，而 Rapaport&Piotrowski 系统就更偏向于解释性和基于动力学的象征意义。结果，很多使用者主观性地综合多个系统的施测和记分程序，主观性地使用多个系统的解释假设，可以说，有

笔记

多少个使用者就有多少个“罗夏测验”。而且，在这些系统中有多个变量和很多解释都没有被实证研究验证过。这导致针对罗夏测验的各种批评意见日渐增多。

在罗夏测验的这段发展过程中，其与精神分析学的关系值得注意。Rorschach H 虽然比较看重测验对知觉过程的测量，在 1921 年出版的《心理诊断法》明确指出测验不能用于探索无意识，但随后在一篇准备向瑞士精神分析学会提交的文稿中较详细地阐述了精神分析理论与其测验的关系，例如认为运动反应能深刻洞察到无意识而形状反应则较少，并用精神分析理论对测验结果进行解释。Klopfer&Rapaport 系统更是带有明显的精神分析倾向。在 20 世纪 40～60 年代，在美国精神科临床医生的培训中，精神分析学是一个重要内容，这也让很多医生使用动力学模型来解释人格测验。这就使得偏向于客观测验的或是批评精神分析学的人很容易会批评罗夏测验。当然，不可否认，过于偏向使用动力学模型解释罗夏测验结果，确实导致测验偏离了测量学基础和原则。

20 世纪 60 年代末和 70 年代初，Exner J 带领的罗夏测验工作室（Rorschach Workshop）在对美国现存的 5 个系统进行深入的分析后得出结论：一是每个系统确实包含许多经得起实证检验的内容；二是系统间在程序方面的差异导致不同的测量记录；三是每个系统都存在一些没有被实证所支持的记分标准和解释假设。随后，Exner J 带领的团队收集了大量的、代表性广泛的样本，对施测、指导语、反应的记录、对反应的询问、编码和记分进行实证研究并作出了明确的操作规范，将各系统中已有的那些重要的、价值比较大的解释假设进行逐一考察，也发展了一些新的编码和记分方法，增加一些新的解释，从而形成了一个新的记分系统，称为罗夏综合系统（Rorschach Comprehensive System）。综合系统是在面对罗夏测验缺乏科学性和测量学基础的批评指责中发展起来的，因此，Exner J 在制定这套系统时就将其牢牢地扎在测量学的基础上。到目前为止，综合系统先后已出了 4 版（1974，1983，1993，2003），综合系统不断得到完善，例如人际知觉单元、自我知觉单元、特殊分数、自我中心指数等变量和解释陆续被加入，也包含了更多新的研究成果。另外，不同变量和不同人群的常模逐步被建立。2007 年人格评估杂志（*Journal of Personality Assessment*）出版了一本增刊，专门介绍罗夏测验在包括丹麦、比利时、芬兰等 14 个国家的常模研究成果。可以说，罗夏综合系统现在已经成为一种标准化的测量工具，评分者间一致性相当高，解释建立在合理的效度资料上。下文介绍的施测、编码、记分和解释就是基于罗夏综合系统。

罗夏测验自诞生后，在国外就被广泛地使用于临床和研究，1995 年 Watkins CE 等人对 400 名临床医生进行了调查，结果显示他们中有 82% 的人在使用罗夏测验。在所有测验使用的频率中，罗夏测验是排在第 4 位。2015 年 Piotrowski C 等的调查认为在 1995—2015 年罗夏测验是最常用的投射测验。2005 年美国心理学会人格测量分会发布了一份关于罗夏测验在临床及法证实践中应用状况的官方报告。报告中明确肯定了罗夏测验具有与其他被广泛接受的人格量表相似的信度与效度，并表示在人格测量方面负责任地运用罗夏测验是恰当、合理的。心理学国际顶级期刊 *Psychological Bulletin* 2013 年的一篇关于罗夏测量变量的效度元分析报告再一次印证了其可靠的效度，并认为它比内省类测量指标（introspectively assessed criteria），如自我报告（self-report）有更高的平均效度。

早在 20 世纪 40 年代末，湘雅医学院的凌敏猷就将罗夏测验带回国内。20 世纪 50 年代初湘雅医学院龚耀先开始将其应用于临床并于 60 年代初编写了《罗夏测验》手册，后因“文革”而终止。直到 20 世纪 80 年代，罗夏测验的应用才重新出现。1985 年，龚耀先修订了综合系统，建立了中国常模。凌文辁 20 世纪 80 年代曾与日本罗夏测验的专家滨治世共同研究罗夏测验，在他们合著的《心理测量法》中，对 Klopfer 系统做了比较全面的介绍。1997 年袁军将罗夏的《心理诊断法》翻译出版。2005 年孟宪璋在《实用心理测量》一书中介绍了 Lerner 的精神分析导向的计分系统。2013 年孟宪璋等翻译出版了 Exner 的《罗夏测验综合

笔记

工作手册》和《罗夏测验解释入门》。罗夏测验在国内尚无全国性常模，相关科研文献为数不多。

(二) 施测程序

1. **工具** 使用罗夏在1921年设计的墨迹图，共十张图卡。保证图卡干净，没有任何斑痕。准备若干记录纸和部位记录表。成年人完成测试一般需要40～50分钟，儿童通常需要30～45分钟，因此需要选取合适的时间点进行测试。测试室整洁、安静、舒适，备有一张写字桌（或是写字板）和两把椅子。

2. **座位** 主试与被试并排就座，不能使用面对面的方式。测验材料放在主试的旁边，远离被试。

3. **介绍测验** 简单的向被试介绍测验，例如"我们要进行的是墨迹图测验，我会给看一系列墨迹图片，你看后告诉我，对你来说它们像什么。"避免使用"投射"、"无结构"等专业术语来解释测验，而是要明确界定为墨迹图，必要时可简单描述一下墨迹图是如何制作的。要让被试明白，测验不是测想象力的，而是报告他们从图卡中看到的东西，不然他们会去讲联想到的内容而不是报告他们所看到的。

4. **施测** 开始施测前，包括整个施测过程，要注意与被试建立和谐的和中立的工作关系，降低被试的焦虑和减少被试的阻抗。施测分两个阶段：自由反应阶段和询问阶段。

在自由反应阶段，主试将图卡逐一递给被试并给出指导语，被试根据要求对10张图卡逐一作出反应，报告他们看到的内容。基本指导语是"它可能是什么。"被试一般会在一张图卡上报告多个内容，每一个内容称为一个反应或回答。有效的测试的反应总数不能少于14个。

在询问阶段，主要的目的是明确了解被试在自由反应阶段所看到的事物在墨迹图的哪个部位和被试依据墨迹图的什么特征看出事物的。参考指导语是"现在我们重新看一遍全部的图卡，我会将你刚才所说过的读一遍，然后你在图卡上指出给我看，告诉我在哪里，还有是什么让你把它看出那样的，帮助我像你一样看到它。"对被试的每一个反应都要进行询问。询问阶段最容易犯的错误是在提问中出现明显的提示或暗示，如"颜色起作用了么？"因此，切记提问一定不能有引导性、暗示性。

主试要谨记，测验是要去了解被试"看到什么"和"如何看出来的"。罗夏测验的反应是指被试报告所看到的内容及如何看到的。主试逐字逐句记录被试的反应。

举例：

自由反应阶段

主试：它可能是什么？

被试：看起来像两只熊。

询问阶段

主试：这里你说"看起来像两只熊"。

被试：是，看这里，这里（用手在指），就像它们在做什么。

主试：做什么？

被试：对，或许它们在打架。

(三) 编码

施测完成后，便要对被试的每个反应进行编码（coding），将被试的报告转化为罗夏语言。编码也被称为记分，但不是直接的进行计算分数，而是将被试反应中有价值的特征找出来并进行分类和标识，以便进一步统计出频率、百分数和指数等各种量化指标。从八个方面，部位（location）、发展质量（developmental quality，DQ）、决定因子（determinants）、形状质量（form quality，FQ）、内容（content）、常见反应（popular responses，P）、组织活动

笔记

(organizational activity)和特殊分数(special score),对被试的报告进行分析和编码。具体编码可详见数字教材。

1. **部位** 指反应使用了墨迹图的哪个部分,分为四类:W,整体反应(whole response);D,常见部分反应(common detail response);Dd,不常见部分反应(unusual detail response);和S,空白反应(space response)。

2. **发展质量** 指反应内容的组织程度,涉及反应的形态质量和内容的组织程度。分为四个等级:①+,组合反应;②v/+,模糊组合反应;③o,普通的反应;④v,模糊反应。

3. **决定因子** 指决定反应形成的墨迹图特征属性,包括形状(form)、色彩(color)、运动(movement)、阴影(shading)和成对-镜像(pairs and reflections)。

4. **形状质量** 指反应所包含的内容在形状上与所用墨迹图的形状符合的程度。形状质量编码记录在形状因子右下角,如Fo,分为4个等级:+,普通-精细化(ordinary-elaborated);o,普通(ordinary);u,不寻常(unusual)和–,歪曲(minus)。

5. **反应内容** 即反应所描述的事物或物体,比如"一只猫"、"一幅抽象派画作"等。内容的编码是依据对内容的分类进行的,包含26个类别:H,人物整体;(H),虚构的或神话的人物整体;Hd,人物部分;(Hd),虚构的或神话的人物部分;Hx,人物经验;A,动物整体;(A),虚构的或神话的动物整体;Ad,动物部分;(Ad),虚构的或神话的动物部分;An,解剖;Art,艺术;Ay,人类学;Bl,血;Bt,植物;Cg,衣服穿戴;Cl,云;Ex,爆炸;Fi,火;Fd,食物;Ge,地理;Hh,家庭用品;Ls,风景;Na,自然;Sc,科学;Sx,性;和Xy,X线片。

6. **常见反应** 指出现频率非常高的反应,即多数人都会作出的反应,编码为P。出现P反应的一个重要原因是罗夏在设计这些墨迹图时每一张都包含了特定的构图特征。综合系统确定了出现频率非常高的13个反应为普通反应,可以通过查表来确定被试的反应是否是普通反应。

7. **组织活动** 指将墨迹图进行组织并形成有意义的反应,编码为Z。组织活动与发展质量的区别在于后者仅涉及反应内容的形状和意义联系,而没有涉及使用墨迹图的区域,前者则将形状、意义联系及使用墨迹图区域全部考虑在内。综合系统给出了10张图卡Z的值,可以通过查表来确定反应的Z值。

8. **特殊分数** 用来对反应中的某些不寻常的特征进行编码,一共有15个:6个异常言语(unusual verbalizations),1个持续语言(perseveration)、4个特殊内容(special content)、2个人物形象(human representational)、1个个人化(personal)以及1个颜色投射(color projection)。特殊分数是被试所有反应中最具投射色彩的。例如:这是一个悲伤的男人,因为他的胡须是向下垂的;"这里又是那两个人,但没打架了";对非彩色的墨迹图说"一只彩色的蝴蝶"。综合系统对特殊分数的解释依然是基于常模的,而不是"自由联想式"的动力学模型解释。

(四)编码的计分和整理

罗夏测验完整性概念(the Concept of Total Rorschach)认为,不管是被试的单个反应,还是测验的单个编码,都没有或者很少有解释的价值,也就是没有或很少与任何内部或外部行为有持续的高相关性。这个概念不管是在综合系统还是之前的系统都强调过。对个体某个人格特征的理解,要将其与其他特征联系起来才有意义。不能只单独使用被试测验的某个反应或某个编码来解释。因此,对反应进行编码之后,要对编码进行计分和整理,得到编码的频率、比率、百分数以及某些指数等,形成结构化表。罗夏测验的编码和计分是解释的依据,同样对施测也有重要影响,因此便成了学习掌握罗夏测验至关重要的环节。遗憾的是罗夏测验的编码和计分非常复杂,实属不易掌握。对被试人格特征的解释是基于这些结构化的数据。由于计分系统十分复杂,篇幅限制,这里不作详细介绍,可借助相关软件进行

笔记

计分。

（五）解释

综合系统解释建立在常模基础之上，并要求主试具有丰富的人格结构、心理动力学和精神病理学方面的知识以及在罗夏测验方面得到高水平的训练。综合系统从 8 个单元对被试的心理状态进行分析，分别为控制、情绪、信息加工、认知中介、概念化、人际知觉、自我知觉和情境性压力，最终整合成一个全面的人格描述。前 7 个单元与被试的基本特征有关，第 8 个单元仅在测验中有情境相关压力的证据时才进行分析。

解释工作的一开始需要评估测验的两个效度指标 R（反应总数）和 L（反应中纯 F 反应的出现频率）和自杀分数（S-Con）。解释大致可分 3 个步骤：首先，根据常模的临界分数标出效度指标和 8 个单元所包含的各种指标，并对超过临界值的指标作出假设性解释；第二，将上述各单元的解释假设进行整合，去除假设中相互矛盾的结论；第三，结合病史、临床晤谈及其他心理测验的材料，对罗夏测验的解释进行整合，得出最后的解释。

1. 测验的效度 R 和 L 可以作为鉴别测验效度的指标。R 过低时，多数的比率和百分数的有效性将变得不可靠，Exner 建议 R 低于 14 可以考虑为无效测验。L 表示在所有反应中纯 F 反应的出现频率，分数过高说明被试可能过于谨慎或防御过强，存在情绪压抑或缺乏解决问题的策略；分数过低表示被试受情绪困扰较大，反应更多是情绪化的而非适应性的。

2. 自杀指数 自杀指数（suicide constellation，S-CON）中的主要分数及其他情绪变量反映被试有强烈的负性情绪和痛苦体验，这些情绪成为个人的主导情绪，对其他心理活动如思维、行为等有严重的影响。自杀指数包含 12 个变量，出现 8 个或以上表明有自杀倾向。

3. 单元解释 综合系统对从哪一个单元开始分析和单元顺序给出明确的策略，对每一个单元的具体分析也都给出明确的步骤。某些罗夏变量会涉及多个解释单元，因而在多个单元中出现，遵循 Exner 的解释原则——测验变量不能孤立地进行分析——在分析每个单元时都要加以考虑。每个单元都提供了人格的某方面的特征。下面对每个单元进行简要说明，由于具体的步骤和解释十分复杂，篇幅限制，这里不作详细介绍，可详见数字教材。

（1）控制：控制是指心理保持有组织和有指向的状态，具体体现在恰如其分的情绪表达和连贯、理性的思维过程。控制减弱或失控的具体表现有两方面：过分强烈地或非常戏剧化地，不适合当时情境的情绪表达；毫无规则、漫无目的的思维过程。失控不一定就是自身能力局限性的后果，也可能是一种释放、获得快感的需要，例如"白日梦"可以让人暂时从充满压力、单调枯燥的工作中逃离。

该单元提供了关于控制能力、心理资源、耐受力及刺激需要等的信息，以评估被试的控制状态和倾向性。控制能力取决于个体使用可利用心理资源，形成和实施有意行为以应对情境的能力。心理资源指的是成熟的认知能力的集合，包括情绪识别和使用方式。心理资源与行为控制能力有直接的联系。可用心理资源越多，个体越容易形成和选择行为，不论这些行为是否是有效的或适应的。下面两种情况容易让个体出现控制减弱或失控：个体的控制能力有限，难以应对复杂的日常刺激需要；刺激需要过于急剧或强烈，个体无法应对。心理资源增加，个体的耐受力也会增强。相反地，心理资源有限或变少，个体的耐受力也随之减弱。如果个体本身的耐受力不足，那容易因为日常生活中复杂的刺激需要而处于超负荷的状态。尽管个体本身的耐受力正常，但如果刺激需要急剧增加，同样会处于超负荷状态。这时，当新的需求出现时，他们的生活会很容易变得失控。可以说，如果刺激所需要的资源超过了可用资源的水平，那个体就会出现控制减弱甚至失控。特别注意，这里所说的失控并不等同于冲动，另外，受控行为也不一定是有效的行为。

（2）情绪：该单元主要评估情绪在个体形成和实施决策中扮演什么角色，是核心要素还是次要因素；个体是内向型还是外向型，内向型的人喜欢在决策前进行充分的理性思考；

笔记

外向型的人更直接的利用感觉，倾向于尝试各种方法；个体是否有长期的负性情绪，例如痛苦、愤怒、抑郁、焦虑等；个体如何处理情绪，例如积极处理、理智化、抑制、回避等；个体情绪表达的方式和情绪调控能力。

(3) 认知三联体(cognitive triad)：罗夏测验有三个单元是评估个体认知活动的三个相互影响的独立过程，分别为：信息加工，指信息输入时所必需的加工；认知中介，指对已输入的信息进行转换或识别的认知操作；概念化，指对转换或识别后的信息进行思维。

信息输入时要对图卡进行扫描并在短时记忆中形成图像，涉及信息加工努力程度、信息输入处理质量和效率的问题。一个对每张图卡都给出W反应的被试和一个都给出D反应的被试对信息的加工就显然是不一样的，而这种差异性受个体注意力、动机、成就需要、态度等多种人格特征的影响。注意转移是否有困难、是否存在完美主义倾向、对环境是否过度警惕、是否倾向草率地处理模糊刺激和抱负水平等问题都是该单元会聚焦的。

在转换或识别阶段，个体要对前阶段形成的图像和个人记忆中的可利用的事物名称进行某种协调，从而辨认图卡某个区域或整体看起来是什么。如果大多数人会将某个区域看作“蝴蝶”，而某个被试将此区域看作“房子”的话，那该被试对输入信息的转换或识别就具有特殊性。这里涉及一个非常重要的问题，现实检验。是否遵循常规、是否存在现实检验问题和是否存在歪曲现实的倾向等问题是该单元所关心的。

对转化或识别后的信息进行思维，以某种对人有意义的方式对这些信息进行组织。假设，面对同一个区域，某位被试的反应是“一只蝴蝶，这是翅膀，这是尾巴”；另外一位被试的反应是“这是一只蝴蝶，这是翅膀，这是尾巴，它正在飞行，看起来很愉悦”。那么，会认为前者的反应还只是认知中介的产物(概念化有发生，但没有在反应中体现出来)，而后者的反应包含了概念化的产物。要特别注意的是，这里关注的不是投射，而是思维的特征。该单元评估的问题有：个体倾向于从内部获得基本满足感还是在与环境的相互作用中获得基本需要的满足；是否有程序化的幻想倾向并以此作为防御手段以缓解现实压力；是否有压抑情绪和爱好的倾向以及是否存在异常思维等。

(4) 自我知觉：该单元主要涉及自我意象(self-image)、自我卷入(self-involvement)和自我价值(self-worth)。自我意象是个体对自己的特征的印象，可能来自以现实经验也可能来自对歪曲现实的经验。自我投入指与关注外界相比一个人对自己关注的程度，意即自我中心的程度。高自我投入未必是高自我价值，因为自我价值还受自我意象的积极性和消极性的影响。该单位主要评估的问题有：自我意象的积极面和消极面；自我意象的现实性；自我关注和自我价值的水平；使用防御策略维系自我价值的情况等。

(5) 人际知觉：个体的人际知觉受其一般交往行为模式和对环境知觉的相互影响。良好的人际交往的必要条件是在社交情境中有足够的灵活性。个体内在的某种社交特征过于突出和强有力的话，就容易导致其人际交往方式程序化。这就限制了个体在多种社交情境中的灵活反应。该单元聚焦的问题有：被试的人际敏感度；是否倾向于把人际关系视为相互协助和合作的；是否把人际交往视为具有威胁和攻击性的；有没明显的社会退缩和人际隔离的倾向；是否缺乏社交技能；对他人兴趣有多大；有没明显的交往风格等。特别注意，对人际知觉的评估要紧密考虑自我知觉情况，对被试自我知觉的了解有助于理解其人际知觉。

(6) 情境性压力：情境性压力是指从新近发生的某些特殊事件发展而来的压力。在解释其他单元时，需要考虑情境性压力的作用，以免得出错误的结论。例如，情境性压力会对控制和耐受力造成负面影响；情境性压力会加剧持久的情绪困扰，增加心理崩溃的可能性。

三、主题统觉测验

主题统觉测验(thematic apperception test，TAT)，是由美国心理学家 Murray HA 和

笔记

Morgan CD 首创。测验向被试依次呈现一系列图片，要求被试看图讲故事。Murray HA 等认为故事的内容隐含了被试某些人格特征。TAT 没有标准化的施测程序，临床上常以被试的年龄、性别等特征调整指导语，施测的图片的数量与种类常由主试决定，莫瑞曾提出过分析原则，但不能作为评分标准使用。TAT 已经发展出多种版本。

（一）测验简介

TAT 以 Murray HA 的需要 - 压力（needs-press）人格理论为基础，所以又叫需求测量工具。Murray HA 的人格理论属于动机论，而动机的最主要来源就是更深层次的需要，需要是人格的基本单元，可看作是个体潜能及在某种条件下进行反应的准备状态。Murray HA 归纳了 15 种基本需要，谦卑、成就、联系、攻击、自主、回避责备、抗拒、防卫、顺从、支配、展示、回避伤害、回避尴尬、养育、有序、休闲、拒绝、感觉、性、求助和理解。满足需要涉及如何应对环境压力，需要与压力之间互动和结果便是人们要面对的主题（theme）。需要可以是有意识的也可以是无意识的，个体会对真正的需要产生防御。所以，对需要这样一种隐蔽在个性系统深层的结构，要借助间接的手段并同时考虑其所处的环境才可加以测量。Murray HA 等就设计了一系列意义模糊的情景图片，让被试根据联想进行讲故事，并依据其人格理论分析被试的故事，以此来发现被试的人格特征。测验的基本假设是：个体依据情景图片所编造的故事与其自身经验有密切的关系。虽然故事内容有一部分会受当时知觉的影响，但其想象部分却包含着个人有意识的与无意识的反应。也就是说，被试在编故事时常常会不自觉地把自己的需要、期待、情绪和冲突等投射进故事和人物中。Murray HA 认为测验可以外显被试的深层人格特征，最重要的就是需要。

目前最广泛使用的是 Murray HA1943 年发表的第三套 TAT。整套共有 31 张卡片，30 张黑白图片和 1 张空白卡片，黑白图片为由人物和背景组成的生活中常见和不常见的情景。Murray HA 认为每一张图片都可以引出某种主题，并会隐含被试的需要、压力、冲突、情绪和解决方法等。Groth-Marnat G（2009）归纳了每张卡片最常出现的故事类型（可详见数字教材）。例如，1 号卡片画了一个男孩坐在桌前看着桌上的小提琴。这张卡片引出的典型故事主要有两种，要么就是说一个有上进心的男孩正幻想着自己成为一名出色的小提琴家，要么就是说一个叛逆的男孩被父母或其他权威人物强迫学习小提琴。这张卡片所引发的主题就是看个体如何处理控制与冲动的问题，或者更宽泛一点说，是看个体如何处理自我需求与外部控制间的冲突的问题。这张卡片也通常能反映出个体与父母的关系，以及个体对成功的需求的信息。

针对不同文化和不同年龄人群，研究人员设计了多种不同的 TAT 版本。例如，Bellak L1948 年设计了儿童主题统觉测验（Children's Apperception Test，CAT），共 10 张动物类型的卡片，适用 3～10 岁儿童，1973 年设计了年长者主题统觉测验（Senior Apperception Test，SAT），共 16 张主题为老人关心的情景的卡片，适用 65 岁以上老人；罗伯特儿童统觉测验（Roberts Apperception Test for Children，RATC）适用于 6～15 岁的小孩。1993 年张同延等根据我国本土特征，对 TAT 进行了修订，发表了 TAT 中国修订版。

（二）施测与分析

虽然有研究人员发表了常模资料，也提出了量化记分，但并没有被大多使用者重视和利用。临床上分析主要依据分析参考框架，结合自身的理论、经验和对被试的观察等进行，多受精神分析理论的影响。

1. **材料** 每张卡片背后都标明了适用的年龄和性别，B 表示男孩，M 表示成年男性，G 表示女孩，F 表示成年女性，没有标注表示适用任何年龄和性别，数字表示顺序。依此，31 张主题统觉测验的卡片可分组为 4 套，每套 20 张，分别适用于成年男性（14 岁以上）、成年女性（14 岁以上）、男孩和女孩。Murray HA 建议根据性别和年龄使用对应的 20 张卡片进

笔记

行施测，分两次进行，按卡片顺序每次用 10 张，每张图片视为一题。每一组图片的后 10 张都比较奇特，容易引起被试的情绪反应。但是，在实际应用中，1、2、3BM、3GF、4、5、6BM、6GF、7GF、8BM、8GF、9GF、10、13MF 等，是最常用的一些卡片。评估人员可根据评估目的（例如，探索对父母的态度、了解家庭关系）和被试的特征，挑选组合卡片，一般为 8～12 张。

2. **施测** 主试与被试并排就座，逐一把卡片呈现给被试。参考指导语是："请你看一些图片，并根据每张图片讲一个故事，说明图片中正发生什么事情？为什么会发生这些事情？图片中的人物此刻有什么想法？图片中的人物此刻有什么感觉？事情的结果是什么？你想到什么就讲什么，故事越生动越好。（空白卡片让被试想象卡片上有一幅画）"要使被试明确 4 方面的要求：①图片中发生了什么事情；②事情发生的原因；③角色的想法和情绪；④结果是怎样。施测过程中可进一步询问与澄清这四个问题。每张图片回答限时 5 分钟。主试记录被试的回答、每张卡片的反应时间（从呈现卡片到被试做出反应之间的时间）以及其他特殊的信息。

3. **分析** 在 TAT 的发展过程中流行进行定性分析。TAT 的分析方法有多种，一般来说，主题、主角、需要、压力、冲突和结果是大多数使用人员都会关注的。主题就是被试所讲的故事类型，例如个体与父母的关系、两性关系、婚姻。故事的主角是被试认同的故事中的某个角色，被认为代表了被试，反过来，可以通过研究主角推测被试的人格特征。压力指的是阻碍或促进主角（被试）满足需要的情景因素，例如面临的危险、被攻击、被批评、被爱和被认可等。

结合 Murray HA 的人格理论、Murray HA（1943）的分析原则和 Bellak L 等（1997）的观点，可参考以下框架对每一个故事进行分析，然后归纳相同或相关的信息，标出特殊的信息，再综合起来分析被试可能在某些主题上遇到困难或是在各主题的现状，需要与压力、冲突与感受、应对与结果等。

（1）故事主题。

（2）故事主角的身份：被试往往认同故事中的主角（通常故事中的人物总有一个与被试的年龄、性别、身份地位相仿），进而把自己内心的欲望或冲突等人格特征投射到主角身上。分析主角的人物特征，包括年龄、性别、职业、能力、特质、自我形象和自我评价等。

（3）主角的需要和动机：分析时除了注意主角的需要，例如亲和、成就和攻击等，还应注意主角的行为，行为是否有异常的特点，甚至仅仅是提到的次数多，就可以反映某种动机倾向特别强烈。

（4）主角的情感体验：包括正性的（例如，满足、安逸、被接纳等）和负性的情感（例如，被否定、孤单、没有安全等），以及强度（轻、中、重）。

（5）应对冲突与负性情绪的防御机制：包括类型和使用频率。

（6）超我和自我的问题：例如对错误的惩罚过于严重可能存在超我过于严格的问题；处理冲突的能力如何，是否有效，对自己和他人心理的理解程度等，可评估自我的整合能力。

（7）存在的冲突：例如现实与幻想的冲突、亲密与敌对的冲突、自我想法与他人要求的冲突等。

（8）主角如何看待环境：例如机会、危险、恐怖等。

（9）主角如何看待和对待他人：例如不善解人意的父母、讨好他人、嫉妒等。

（10）结局：主角本身的力量和环境力量的对比，经历了多少困难和挫折、结果是成还是败，是悲还是喜等。

在分析过程中，需要特别注意：多次出现的主题、需要、情感和防御机制等信息需要给予更多的注意；不寻常的故事或特征可能更重要；故事反映出的被试的特征可能是情境性的也可能是内在持久性的；被试所讲的故事可能只是曾经看到过的事件，但也是可能反映

笔记

其本身的特征；被试如果在某张卡片上的反应时间太长（相对于其他卡片），提示被试可能在与这张卡片相对应的主题上遇到困难。

主题统觉测验能够区分一些异常被试，如精神分裂症病人对图片的异常反应就比正常人多得多，如奇异的主题、不正常的情绪反应、较差的故事结构、内容支离破碎等；具有攻击性的青少年及青少年罪犯讲的故事有较多的攻击内容，而且对那些毫无攻击情境的图片也会产生攻击性的内容；情绪不稳定的被试对图片会有过分的情绪反应，如解释、批判、充满情感的描述、任意编造故事的内容，他们过于重视故事的情感，哭泣，因情感而中断故事等；抑郁者在讲故事时表现出反应迟缓，通常他们会表现出观念性活动受阻，即故事讲得不很顺畅，大多数时候要询问才能了解其故事的内容，他们讲的故事往往很简短，有时甚至只有个别单词；有强迫倾向的被试在描述图片时很详细，详细得出奇甚至古怪，极其关注细节，在将图片的某一部分或某方面进行分割时非常刻板，或是过于理智化，在意识中出现过多的可能解释、怀疑、卖弄学问，往往限于故事叙述；偏执性格的人见到的主题常是猜疑、偷偷摸摸、从背后袭击等。当然，要注意这些都是经验的积累，故事特点提示可能会存在相应的心理特征，但不能作为诊断的依据。在分析测验时，应当结合被试的背景资料、临床观察和其他量表的结果，相互佐证，也可两位及以上同行分别进行分析后再做讨论，总之应避免过于主观。

四、罗森茨韦格图片挫折研究

由 Rosonzweig S 等编制，分成人、儿童和青少年 3 种形式。每一形式有 24 张卡通式图片，每张图片上有两位人物。其中一人所讲的几句话足以使另一个人生气而陷入挫折情境。要求被试按后者当时的感受，写出他将回答的话。如一张儿童用的图片上有这样的一个情境，见图 5-8：儿子在外面玩耍，父亲（用带有训斥的口气）说：“安静点，妈妈要睡觉。”在这一例子中，被试扮演儿子，对训斥作出反应。

图 5-8　罗森挫折测验的图片举例

测验要求被试去构造自己的言语反应。这一方法假定，被试作出反应时，是将自己的想法投射到图片中受挫人身上，替被试自己说话。计分时根据被试的攻击方向和所表达的攻击类型计分。攻击方向的分类有：外向攻击，即指向外界环境；内向攻击，即指向自己内部；不攻击，即试图掩饰或逃避挫折情境。攻击的类型则包括：障碍 - 控制，强调引起挫折的物体；自我 - 防御，重点在于受挫者的自我保护；需要 - 坚持，重点在于建设性的解决引起挫折的问题。这样被试的反应就分成 3×3=9 类。Rosonzweig S 在他的测验手册上对每一类的反应列出了范例，作为评分的参考，而后算出每类的百分比，与团体常模作出比较后进行

笔记

解释。

由于图片挫折测验研究涉及的范围有限，结构性强，计分方法相对客观，所以它比多数其他投射技术更适合于统计分析。从一开始，研究者就系统地收集常模资料并做信效度检验。到目前，关于图片挫折测验已经积累了相当多的成果。这些研究文献涉及这个工具的心理测量学特性和临床诊断、发展变化、性别差异、文化差异、幽默和攻击的关系等。

五、句子完成技术

句子完成（sentence completions）技术已有将近百年的历史，其前提假设是被试的愿望、动机、情感和态度等信息会体现在其完成的句子中。该类测验主要的形式是，采用一些未完成的句子，要求被试填上几个词后使句子变得完整。句子完成测验可以是选择式的，即让被试从若干备选答案中选择一个能表达其情感的选项作答，也可以由被试自由构造答案。句子完成测验属于半结构化，在投射技术中属于最具有一般测量学特征的形式，在设计、格式和客观性上最为接近客观量表。但是，句子完成测验在隐藏测验目的、收集信息的丰富性与深度上不如图片技术和绘画技术。句子完成技术不但被应用于临床评估上，在心理科学研究尤其是社会心理学的研究中也被广泛使用。研究人员可以针对不同的目的，根据理论和经验设计不同的句子完成测验，例如了解被试关于某种社会现象的态度等，它属于一种开放性的提问。下面介绍在人格评估中经常被采用的一种句子完成测验。

罗特句子完成测验（Rotter Incomplete Sentences Blank）

罗特（Rotter JB）句子完成测验是这一类测验中标准化程度最高的。第 1 版产生于 1950 年，第 2 版产生于 1992 年。该测验有高中生、大学生和成人 3 种形式。每种形式都是由 40 个题目组成，题干简单，被试填写时有更多的自由，测验前告诉被试要按自己的真实感受作答。例题如：我喜欢；大部分的女孩子。罗特假定被试的希望、欲望、恐惧和态度都可以从完成的句子内容中反映出来。计分时分 3 种类型：①冲突或不健康的反应，例如“最好的都消失了”“读书让人感到很痛苦”，记为 C；②积极或健康反应，例如“我喜欢身边的人”“最好的值得期待”，记为 P；③中性反应，例如“读书是所有学生的任务”、“大部分的女孩都比男孩矮”，记为 N。对于过于简单而没有任何意义的或没填写的题目列为缺乏反应。按照反应强度从低到高，对 C 和 P 反应进行权重计分，C 的计分为 C1=4，C2=5，C3=6；P 的计分为 P1=2，P2=1，P3=0。将所有 C 和 P 的分数相加，得到总体适应（Overall Adjustment）分数，范围为 0～240，分数越高表示适应越差。该测验在评估情绪适应不良方面信效度都不错，但对人格功能全面、深层的分析就难以胜任了。

六、绘画技术

绘画技术（drawing techniques）一开始用于评估儿童的智力，后来被扩展到评估被试的人格特征。绘画的形式有画人、画树、画房子，可以只画其中一样，也可以进行组合，形式多种多样，对画怎样的人、树和房子也有多种不同的要求。该技术适用年龄范围广泛，从儿童到成人。该技术的基本假设是：被试会将自己的人格特征投射到绘画的内容中。绘画的分析带有很强的经验性、主观性，存在多种解释系统，解释指标不一，在进行分析时切记不可过度推断。鉴于绘画分析的是非标准化、解释直觉性等特征，有学者建议将绘画技术作为一种在互动中深入了解被试的方式，而不是一个严格意义上的测验，更不能作为正式的诊断工具。另外，对于儿童被试，分析时要考虑其认知发展水平，了解各年龄段的儿童一般能画出哪些内容。例如，5 岁以下的儿童没有画完整一个人或一棵树是正常的，而对于 10 岁的小孩来说就是异常表现了。下面介绍常见的画人测验（Draw-A-Person，DAP）和房 - 树 -

笔记

人测验（House-Tree-Person Technique，HTP）。

（一）画人测验

从 Goodenough F 在 20 世纪 20 年代正式将绘画技术发展为绘画测验算起，画人测验已有近百年历史。画人测验一开始是用于评估儿童的智力，后来才被扩展到用于测量人格。Machover K 于 20 世纪 40 年代根据投射测验理论，首次将画人技术用于测量人格，例如认为图画大小与自尊有关，图画在纸张上的位置与情绪状态有关。

画人测验施测和分析都有不同方式。施测时，可以要求被试在一张白纸上画一个人，完成后再要求被试画一个不同性别的人；也可以一次性告诉被试画一个男生和一个女生，顺序不做要求。画好后可以要求被试根据所画的两个人讲一个故事；也可以依据提前准备好的问卷进行提问，包括年龄、教育水平、兴趣爱好、家庭情况和社交情况等；也可以什么都不提问。

对图画的分析可以从图画大小、图画整体品质、人物装饰、笔触轻重、人物是否怪异、性别形象是否不清楚、各部位比例、人物关系和完成速度等方面进行分析。对测验结果的解释多依据精神分析理论。

一般认为，被试有这样一种倾向，即在同性人身上投射自己能够接受的冲动，在异性身上投射自己不能接受的冲动。人像的特点有人格和精神病学的意义。如长睫毛联系癔症；双眼扩大提示多疑；对衣着描写详细提示为神经症；过大的画提示被试有冲动的倾向；黑、深阴影提示强烈的攻击性冲动；过小的画、很少的面部表情或沮丧的面部表情提示抑郁；身体周围细节不多提示有自杀倾向；少身体属性提示精神病或脑损伤等。这些指标都是经验性的，且存在不完全一致的看法，有多名研究人员提出了多种分析指标系统。

（二）房-树-人测验

Buck JH 在 1948 首次公开系统论述了 HTP。测验要求被试随意画出一间房子，一棵树和一个人，然后让被试对所画图形及背景作描述和解释，甚至联想。测验形式有多种变通，例如有要求给图画上色的，有要求画性别不同的人，有要求只画自己或画一家人，有要求分别在三张纸上画房、树、人，也有要求在一张纸上画全部的对象。测验解释一般是定性分析。

HTP 测验建立于两个假设之上：①任何一种作品都与被试的人格特点或多或少的有些关系。绘画被认为是被试对个人和个人环境的知觉。人像的解释类似于画人测验，常代表有意识的自我形象和与人相处的情形。房屋代表他的家及家庭，树的形态则反映了被试对社会生活及自身有意识或无意识的态度。比如，一棵死树代表情绪冷漠，垂柳则表示虚弱，一棵茂盛的树则反映生活充满活力等。②通过图画及被试的语言资料，提供了有特殊意义的细节因素。通过对这些有意义的细节的解释可以获得被试人格的重要信息。测验可以测量的人格变量有情感、内驱力、需要、性心理、人际关系等。

第四节 人格评估的应用

人格评估的程序和工具可广泛应用于心理咨询、人才选拔、教育评价和心理健康档案等领域，评估的结果有助于作出相关决策。需要说明的是，尽管人格评估所应用的领域不同，但评估所涉及的内容却有很大的相似性，故以下所述的功用，它们都是相互联系的，实际上很难截然分开。我们作如下区分，某种意义上只是为了说明的方便。

一、在心理咨询中的应用

当代社会心理咨询这一行业越来越热门，因为随着社会的快速发展，人们的心理适应

笔记

性无法跟上时代飞速发展的节奏。另外，经济和社会的发展给人带来的压力也越来越大，人们无法凭己之力解决心理上的问题，现代越来越多的人求助于心理咨询，通过专家的帮助来缓解压力、理顺内心的各种冲突关系、解开矛盾症结。其中人格测验既可以在自我认识、人生规划咨询中应用，也可以在心理障碍的咨询中应用。人格测验在心理咨询中的作用主要是诊断与效果评估，尤其以诊断用得最多。需要注意的是，在精神疾病的诊断中，无论哪种测验其作用都是辅助性的，都应以临床精神症状为第一依据。

1. **在自我认识、人生规划咨询中的应用** 从评价自己的心理特性方面讲，人们感兴趣的主要是性格、价值观和气质类型等。一个人能较好地认识自己，比较客观地对待自己的短长，扬长避短，对自己有好处，对社会也有价值。假如某人发现自己在性格上乐群、外向、情绪稳定，但权宜敷衍、缺乏恒心和负责的精神，那么在以后的学习、生活和工作中便要保持优势，克服权宜敷衍的不足。这方面的测验，比较常用的有16PF、CPAI和CPI等，其中16PF的使用较为广泛。

2. **在心理障碍等咨询中的应用** 心理障碍主要是一个人的人格特征与环境不能达成有效的统一。人格并无好坏之分，但如不能与环境和谐相处，那就会引发心理障碍。性格内向还是外向本身并无不妥，各种气质类型都有出类拔萃之人，但如不能与环境和谐相处，那任何一种性格或气质的人都可能会有心理障碍的发生。于是，了解一个人的人格特点，判断其适合于怎样的环境就显得尤为重要，由此来预防某些心理障碍的发生。目前许多人格量表都有这样的功能，即对一个人的人格特点加以评定，早期发现那些与环境不相匹配的因素，进行介入和干预，把心理障碍消灭在萌芽状态。在人格测验中还专门有一类测量心理健康的量表，可以对一个人目前的心理是否处于健康状态加以评价。比较常用的诊断和评估工具有MMPI、EPQ、CPAI以及众多的心理病理学症状评定量表。其中，MMPI是在临床诊断中比较权威的自陈量表，由于它是按照经验法编制，故在对咨询对象的症状与严重程度方面的评估比较准确。

二、在人才选拔中的应用

各行各业都需要能产生高效率的人，那么怎样才能知道一个人是具有高效率的呢？即使本人也不一定清楚自己在哪些方面具有特长，自己的个性特征从事哪一行业比较合适。就个体而论，对自身差异性的了解，可以避免个体行为选择的盲目性，在发挥个人潜能的同时，客观上有利于推动社会进步；对社会而论，对社会个体的认识了解，无疑可以促进知人善任、用人所长、职能相符，避免人力资源的浪费，真正体现“以人为本”的精神。

在人格测验中，人格量表及投射测验均可以用于人才的选拔，特别是在军事及工业领域。不同工作对人格的要求是不同的，有些工作是单调重复的，要有忍耐力；有些工作要与人打交道，需要外向的人；有的工作在整个生产中十分关键，压力大，要求人能忍受压力；有的工作有很大的风险，要求人有冒险性。在人格量表中，常用的选拔工具包括16PF、EPQ、CPI和CPAI等，其中应用最为广泛的是16PF测验。投射测验主要有罗夏墨迹测验和主题统觉测验，但由于过程复杂、要求高，所用不多。

在人才选拔中，高度结构化的访谈的预测效度最高，如果能结合使用各种证书和人格量表，那么预测效度将会更高。证书资料与工作熟练程度的相关仅为0.20，不过加入访谈后，相关值会大大提高。然而，大笔的花销使访谈的价值受到了质疑。为此，多数心理学家建议只将访谈法用于其他方法所不能澄清的问题。

三、在教育评价中的应用

在教育上，只有对一个人进行准确的评价才能实施最有效的措施，如个体化或有针对

笔记

性的教育，因为通过评价可以找到其长处和缺陷所在，由此为其制定恰当的目标，并采用相应的方法。目标应该是因人而异，如千篇一律，不分对象，那我们的教育肯定不会对所有的人都产生应有的效果。人格测验中与教育评价有关的可分成两个方面：一是正常人格的评价；二是不健康人格的评价，但以正常人格的评价为主。从正常人格测验方面看，目前主要有16PF、CPI；从诊断心理不健康或病态人格方面看，主要EPQ（儿童版）、心理健康诊断测验（MHT）。

除MHT外，其余的测验前面都介绍过，这里简要介绍一下这个测验。这个测验是根据日本铃木清等人编制的“不安倾向诊断测验”修订而成的，适用于我国中小学生心理健康状况的诊断。该测验由8个分量表构成，分别为学习焦虑、对人焦虑、孤独倾向、自责倾向、过敏倾向、身体症状、恐怖倾向和冲动倾向。

四、人格测验应用的其他领域

（一）婚姻和家庭评估

大量的人格测量工具在婚姻和家庭问题的鉴别、诊断和预测上具有非常高的实用价值。目前，有许多的调查表、投射技术、评定量表和其他的一些工具，可用于婚姻前咨询、鉴别家庭不和与家庭问题的原因和可能的解决途径，以及帮助离异的家庭成员包括父母和儿童重新继续自己的生活。MMPI、16PF、罗夏测验和主题统觉测验（TAT）等传统的调查表和投射技术经常被用于分析婚姻和家庭问题。其他可供使用的工具包括婚姻评价核查表（marital evaluation checklist）、婚姻态度评价（marital attitude evaluation）、婚姻满意度调查表（marital satisfaction inventory）和特殊投射技术，例如，家庭关系测验（family relation test）和家庭统觉测验（family apperception test）。另外一个有价值的心理测量学工具是家庭环境量表（family environment scale），编制该量表的目的是用于评估家庭系统的社交氛围和家庭互动的特征。该量表也可以用于鉴别家庭的优点、问题以及家庭治疗需要重点探讨的内容。在实践中，上述工具所提供的信息还需要得到访谈资料，以及对家庭成员互动的观察资料的补充。

（二）健康心理学

在健康心理学领域，心理学家们不仅需要鉴别与不同医学状态有关的心理因素，协助诊断具体的障碍，还需要协助制订治疗计划或其他干预方案。

在制订全面的成年病人的治疗计划时，有一些与健康相关的人格调查表可供使用，例如评估个体酒精滥用模式的酒精使用调查表（Alcohol Use Inventory），评估与厌食症有关的行为特质的进食障碍调查表-2（Eating Disorder Inventory-2），可以协助制订全面的成年病人的治疗计划的米隆行为健康调查表（Millon Behavioral Health Inventory）。近年来，与健康有关的商业性核查表、评定量表和其他问卷的发展非常之快。这些工具可用于鉴别一般和特殊领域的健康问题，了解与健康有关的信念和观点，测量焦虑、抑郁、药物滥用和自杀倾向。

健康心理学领域的另一个重要变量是应激，也称为压力（stress）。名字中带有压力一词的测量工具有日常压力调查表（Daily Stress Inventory）和养育压力指数（Parenting Stress Index），其他与压力有关的工具有应对资源调查表（Copying Resources Inventory）和困扰与情绪激动量表（Hassles and Uplifts Scale）。行为毒理学（Behavioral Toxicology）也涉及了压力或应激反应的测量，它主要关注的是对处于敌对情境中的表现的评估。

（三）司法心理学

在法庭审判中，心理学家既可以作为控方人员，也可以作为辩方人员，以探查被告是否具有受审能力，是否患有精神障碍，是否具有危险性或容易出现暴力行为，是否具有责任能力或是否能够控制自己的行为，鉴别当事人是否有能力做一个合格的抚养者。

心理学家在评估受审能力时，最常用的程序和工具有访谈指南和受审能力筛查工具，

笔记

如乔治敦嫌疑犯出庭受审能力筛选调查表（Georgetown Screening Inventory for Competency to Stand Trial）、受审能力筛查测验（Competency Screening Test）和受审能力评估工具（Competency Assessment Instrument）。此外，MMPI 和罗夏测验也是司法领域最常使用的两个测验。在法律领域，MMPI 还可以用于鉴别当事人的防御状态，提供法庭所关注的与个人行为有关的一些信息。但在法律事务上，MMPI 和罗夏测验都不能提供绝对的答案。

虽然并没有一个测验是为了专门预测暴力行为而设计的，但 MMPI 在预测危险或暴力行为上却发挥着重要作用。此外，应用广泛的海尔精神病态核查表-修订版（Hare Psychopathy Checklist-Revised）在这方面也是非常有用的。大量的行为指标，如近期是否出现过暴力行为、物质滥用、婚姻或恋爱关系的破裂、工作中受到惩戒或被停职以及容易获得武器如枪支等，在预测暴力行为上均具有较高的价值。在评估暴力行为发生的概率时，需要将个人历史和测验数据结合起来分析。

（刘　畅　刘浩鑫）

思考题

1. 人格评估的含义及评估的主要手段有哪些？
2. 人格测量的方式有哪些？
3. 简述明尼苏达多相人格问卷（MMPI）的结构。
4. 简述卡特尔 16 种人格因素问卷的结构。
5. 投射测验的常见类型是什么？

笔记

第六章　能力倾向测验

第一节　能力倾向测验概述

能力倾向测验（Aptitude Tests，AT）是心理测验中发展较快、应用最广泛的种类之一。20世纪以来人们认识到：国家、民族间的竞争和力量对比其实质是人才的竞争，是人的素质的竞争和对比。而对人才的选拔和鉴别不仅需要凭经验，更需要借助于科学的手段和方法。不仅需要判断人的能力优势，更需要估计未来人在从事此项活动时的成功和适应可能性大小。能力倾向测验就是基于此需要而出现并发展起来的。

一、能力倾向的概念及评估

（一）能力倾向的概念

能力倾向又称性向（aptitude），是指一个人经过适当训练或置于适当的环境下完成某项任务的可能性。换言之，能力倾向是指一个人能够学会做什么，或他（她）获得新的知识、技能的潜力如何，而不是他（她）已具有的知识或技能。Super认为，能力倾向是一些对于不同职业的成功在不同程度上有所贡献的心理因素。它们是各自比较稳定的、单一的独立因素。根据Super的观点，能力倾向在某种程度上可能受遗传因素的影响，虽然在成长过程中会受到知识和经验的一定影响，但到了成年期则比较稳定。因而可以根据个体目前的能力倾向，来推测其潜在的能力及预测将来经过进一步的训练和实践锻炼后可能取得的成就。换言之，能力倾向测验只能预测一个人将来在某方面的“可能”成就，并不能保证他在某方面的“必然”成就。此外，能力倾向还具有独立性、多样性等特点。

能力倾向与智力以及知识、技能有着密切联系，它们都是人的认知能力的组成部分，但在人的认知能力结构上却处于不同层次。一般认为，智力处于认知能力结构的核心部位，它是人的最基本的认知能力，影响着一个人从事各种活动的效率。智力是一种潜能，具有较大的稳定性；能力倾向处于智力的外围，介于智力与知识和技能之间，它影响到一个人在某一方面的活动效率。能力倾向具有相对稳定性；而知识和技能主要靠后天环境的影响，可通过学习和训练获得。三者之间虽有区别，但也互相影响，有时难以严格区分。

（二）能力倾向的评估和测验

能力倾向评估（Aptitude Assessment）是通过有效的观察、晤谈及心理测验等测评方法和手段，对人的能力倾向现状及其水平进行全面、系统和深入地客观描述、分类、评价、鉴定的过程。其中能力倾向测验是能力倾向评估的主要手段。所谓能力倾向测验（Aptitude Tests，AT）是用来测量个体从事某种职业或活动的潜在能力的评估工具，是一种高度标准化的素质测评方法，其目的不在于总结过去习得的水平，而在于所测个体在将来的学习和工作中可能达到的成功程度。

从评估和测量的角度看，能力倾向性测验不同于智力测验。Anastasi认为，能力倾向

笔记

测验测量的是能力中同质性较高且定义明确的部分，而智力测验则是对基本的能力倾向或学习的能力倾向的测量，大部分智力测验只测量了言语能力和数目及抽象符号的关系能力，无法测得一些具体的能力。因此，也有人将智力测验称为一般能力倾向测验（General Aptitude Tests，GAT）。

从实践的角度看，社会对各种人员测评要求逐步提高，一般的智力测验也难以胜任这种要求。一方面，俗话说“尺有所短，寸有所长”，有必要深入评定不同个体能力倾向的差异；另一方面，不同的工作对个体拥有的专长有不同要求，因此有必要根据职业要求筛选具有相应能力倾向的个体。

早在20世纪初，一些心理学家就开始编制一些特殊性向测验用于职业咨询以及工业和军事部门的人员选拔及分类。其理论依据源自于特质理论（trait theory）的提出及对特质的研究。通过因素分析的方法，心理学家发现了多种能力因素的存在并着手编制了多重能力倾向测验（Multiply Aptitude Tests），这些测验被广泛应用于教育和职业两大领域，其中应用于职业领域的性向测验又可分为一般性向测验和特殊性向测验。前者主要用于职业指导和咨询，而后者主要用于人事选拔。应用于教育领域的能力倾向测验主要用于测量被试的潜在成就或预测将来的作为水平，它可用于学术和职业咨询、职业安置等，这种测验的分数可以帮助决策者和被试自己选择合适的训练程序或职业。

专栏 6-1

能力倾向测验的功能

能力倾向测验是为了判定一个人能力倾向的有无和程度。具体针对人才选拔考试和人事管理工作，能力倾向测验的作用主要体现3个方面：

1. 某个人适合从事什么样的职业（职业选择和指导）。

2. 为了胜任某个岗位工作，应选择什么样的人最合适（人员的录用和选择配置）。

3. 为了使个人-岗位相匹配，在工作本身的哪些方面进行改善为好（合适岗位的开发和职务的再设计）。

尽管目前能力倾向测验尚没有广泛地应用到人才录用考试中，但由上述作用不难看出，它应用价值极广，它可以为人才的录用考试实现如下职能：

1. 有针对性的录用符合条件、具有某种能力的人选，使之人尽其才。

2. 可以配置与被录用者个性、能力结构相符合的岗位，使之才尽其用。

3. 通过对在职人员进行测验，诊断一个部门（单位）人才队伍能力结构状况，从而有目的进行能力开发和组织开发。

4. 通过测验掌握受测者的能力特征，为个人职业指导，发展方向指导或人才提拔、晋升提供参考依据。

值得指出的是，能力倾向测验对受测者本人也颇有益处。首先，通过测验可以使受测者获得有关自己能力倾向的客观信息，帮助其正确地理解和认识自身的能力特点以及自己更适合的工作领域。其次，测验结果往往揭示出受测者以前全然不知或没有充分注意到的自己某些能力倾向。通过测验将有助于促进其本人正确地选择职业、并激发其自我开发的积极动机。

二、能力倾向测验的分类

能力倾向测验按测量的能力数量可分为多重（成套）能力倾向测验和特殊能力倾向测验两大类。多重能力倾向测验是由测各种不同能力的分测验组成，可以一般地了解人的潜能方向，而特殊能力测验只能了解能力的某一特殊方面的情况。

笔记

（一）多重能力倾向测验

多重能力倾向测验又称多元性向测验，是多种能力倾向测验的复合体，主要测量一个人可能具有的多方面的特殊潜能。它强调的是对能力的不同方面的测量，测量的结果不是得到单一的IQ分数，而是产生一组不同的能力倾向分数，从而提供表示个体特有长处和短处的能力轮廓。要了解人的多种能力，当然可以分别实施单独的特殊能力测验，但这样做非常费时；更重要的是，各个测验往往是在不同的团体中标准化的，常模不同，因而很难将被试在一个测验上的分数与另一个测验上的分数进行有意义的比较。这样，就有必要实施多重能力倾向成套测验。测验的结果经常是职业咨询、分类和安置决策中最有效的信息。

多重能力倾向测验主要适用于具有特定能力组合的人员和特定工作之间的合理配置，因此，其比单纯挑选最佳者的做法更具有潜在价值。此外，多重能力倾向测验一般不使用仪器，而主要采用纸笔测验形式，因而实施起来有更大的效率。由于多重能力倾向测验的这些特点，其应用范围较单项的特殊能力倾向测验更为广泛。

从应用的角度看，多重能力倾向测验大体上可分为：

（1）学业能力倾向成套测验：该类测验以学生为对象进行标准化和实施，用以预测学术成就，以差异能力倾向测验（DAT）、学术能力测验（SAT、ACT）、研究生水平考试（GRE）、学校和大学能力测验（SCAT）为主要代表。

（2）职业能力倾向成套测验：多用于各类职业能力倾向的测评。包括工业能力倾向测验、军事能力倾向测验及行政能力倾向测验。①工业能力倾向成套，用于商业和工业的选择和安置，主要有一般能力倾向成套测验（General Aptitude Test Battery，GATB）、弗兰那根能力倾向分类测验（Flannagan Aptitude Classification Tests，FACT）和弗兰那根工业测验（Flanagan Industrial Tests，FIT）等。②军事能力倾向测验，用于对入伍新兵的筛选及军队不同职能部门的人员选派。代表的测验主要有军队一般分类测验（Army General Classification Test，AGCT）、军队服役职业能力成套测验（Armed Services Vocational Aptitude Battery，ASVAB）等，这些测验测量的内容主要集中在言语理解、一般推理、数学运算、知觉速度和准确性、机械推理、文字拼写、文书速度、空间定向和空间形象等方面。③行政能力倾向测验（Administrative Aptitude Test，AAT），这类测验主要担负着为各行政管理部门选拔相应行政人员的作用。由于选拔对象特殊，责任重大，因此采用的测验保密要求极高，往往很难采用标准化的测验反复使用。测验题目多为一次性使用，所以测验更像是考试。各国所采用的AAT测验内容不尽相同，多集中在逻辑推理和判断能力、言语的理解和运用、资料的分析、及数量关系和运算等方面。也有的测验强调基础知识的掌握和理解，或侧重于知觉速度和操作能力等方面。

专栏6-2

管理人员的能力测验

1. 逻辑推理测验

对管理人员来说，分析问题、解决问题的能力十分重要。该测验可以帮助企业选拔具有很强语言分析能力，能迅速深入地加工信息，找到问题关键，基于事实而非主观臆断作出判断的优秀管理人员。测验主要测查被试思维的准确敏锐程度，逻辑推理的严密性和连贯性。

管理人员逻辑推理测验包括若干组逻辑推理题，每组逻辑推理题内包含一段描述性文字及1～5道单项选择题，每道选择题有5个选项，共23道选择题。要求被试在20分钟内完成。允许被试对不能完成的题目进行随机的猜测，测验不进行倒扣分。本测验为难度测验，有时间限制，每题只有1个正确答案。测验中每道逻辑推理题内包含一段对前提假设

笔记

的描述，要求被试根据假设推出合理的结论；或者提供一段对某一事件的结论，要求被试在各选项中找出使结论成立的前提假设。为使被试熟悉测验题型，正式测验前安排有练习时间。

管理人员逻辑推理测验适用于有一定学历水平的管理人员的测试。

2. 敏感性与沟通能力测验

敏感性与沟通能力测验是为鉴别有潜力的营销人才，以及选拔和培训营销人员而编制的。

本测验分为两个部分：敏感性测验与沟通能力测验。敏感性测验测查被试对人际事物的洞察、分析和预见能力，特别是在认识和把握问题的实质并进行分析处理时敏锐地捕捉人际信息、利用人际关系有效地解决问题的能力；沟通能力测验侧重于对被试的营销情境中运用人际沟通技巧和策略方面的考察。测验题项的内容与形式结合测验目的进行具体设计，根据生活或工作中的难题、任务等事件，设计成一些情境性案例，并提供4种见解或处理方式作为备选答案供选择，需要被试作为问题的解决者对所述情况加以分析、评述，从备选答案中选择自己认为最适宜的做法。这种出题形式灵活有趣，能够引起被试的兴趣，可充分调动其思维能力，体现真实水平，同时也有相应的难度可区分出个体间的水平差异。测验由90道题组成，敏感性测验和沟通能力测验各有45道题，每个问题有4个答案供选择。沟通能力测验部分包括两个分测验：沟通倾向和营销常识。因此，整个测验得分有3个维度：敏感性得分、沟通行为倾向得分和营销常识得分。

（二）特殊能力倾向测验

特殊能力，是指为了有效地进行某种特定活动所必须具备的能力。特殊能力测验可以说是测定智能的特殊因素的一种测验。它具有两种职能：一是判断一个人具有什么样的能力，即所谓诊断职能；二是测定其在所从事的活动中，成功和适应的可能性，即所谓预测的职能。最早出现的特殊能力倾向测验是机械能力倾向测验。由于职业选拔与咨询的需要，各种机械、文书、音乐及绘画能力倾向测验纷纷出现，同时视力、听力、运动灵敏度方面的测验也广泛应用于工业、军事上的人事选拔与分类。目前，特殊能力倾向测验主要包括感知觉和心理运动能力测验、机械能力测验、文书能力测验、艺术和音乐能力测验等形式。

虽然现在某些多重能力倾向测验中包含有特殊能力倾向测验，但特殊能力倾向测验还是很有独立存在的必要，原因有两个：一是多重能力倾向测验很少涉及视力、听力、运动技能及艺术才能等领域，因为它们的情况较特别，即使在多重能力倾向测验中包含有特殊能力倾向，如机械、文书等，但有时需要与其他能力倾向测验如学业能力倾向测验相结合使用；二是特殊能力倾向测验具有很大的弹性，既可以结合使用，也可以单独使用。

特殊能力测验对于选拔特殊需要的人员是有效的，并且可为科学管理提供决策的信息。国际上通用的特殊能力倾向测验有：明尼苏达能力测验、明尼苏达文书测验、西肖尔音乐才能测验、梅尔艺术测验、美国飞行员心理选拔测验等。

三、能力倾向测验的编制与发展

能力倾向测验的编制起源于20世纪20年代对智力的研究，在早期主要采取因素分析的方法，以Thurstone编制的基本心理能力测验和Guilford和Zimmerman编制的能力倾向检查为主要代表。Thurstone首先根据大量资料研究和因素分析的方法提出了基本能力（Primary Mental Abilities，PMA）学说，提出人有7种基本能力：言语能力（V）、数字能力（N）、空间知觉能力（S）、知觉速度能力（P）、记忆能力（M）、推理能力（R）、词汇流畅能力（W），并在此基础上编制了“基本心理能力测验”（Primary Mental Abilities Test，PMAT）这一

笔记

著名心理测验，此测验有适用于不同年龄阶段的几个版本，而这几个版本的分测验均是围绕着这7种基本能力进行设计和编制的。

在以后的测验编制中，编制者更多地考虑到实际应用，但在编写题目和定义测验变量时通常也要考虑由因素分析研究提出的理论构架。如由本纳特（Bennett）等人编制的差异能力倾向测验（DAT），在设计时除考虑到基本的能力倾向外，还加入了机械能力倾向和文书能力倾向等内容。DAT的每一个分测验测量的并不都是“纯”的因素，而是受到经验影响的复杂的复合能力，并且，同一分测验内的题目之间均具有较高的一致性（相关），不同的分测验之间则呈较低的相关。

此外，许多编制者还采取工作分析的方法对某些特定的活动进行分析，找出从事该项活动所需要的能力倾向，然后围绕这些能力倾向来确定测验的结构。如明尼苏达职业稳定化研究所（Minnesota Employment Stabilization Research Institute）的研究人员对一些公司和工厂等不同职业团体的人员（职员、商人、机械工人等）的活动及所需要的能力进行了分析，编制了包括一般智力及数字、知觉、机械和心理运动能力的测验，对上述人员进行测评后得到了不同职业团体的平均分数，然后绘制出剖析图作为可供比较的职业能力模式（Occupational Ability Patterns，OAP）。

自1935年以来，美国劳工部就业服务局制订了一个性向测验研究计划。该研究计划包括测验的编制、对特定职业的效标关联研究，以及因素分析等内容。根据这一计划的研究结果，该机构于1947年发表了“一般能力倾向成套测验”（General Aptitude Test Battery，GATB）。该测验的技术路线分为两个方面：工作分析和因素分析。进行工作分析时，共分析了美国2万个企业中7万5千个职务，结果发现所有职务可分为20个OAP，涉及不可缺少的9种能力倾向；同时，通过对当时应用于士兵选择、雇员招聘等领域的50多种测验的因素分析，归纳确定了9种与职业关系密切并有代表性的能力因素。综合上述两类分析结果，最终开发出15种测验以测量9种能力倾向因素，其中11种为纸笔测验，4种为操作测验。此后，许多专业人员对GATB进行了大量研究和使用，通过对其结构的因素分析，又提出了许多修改意见，推出了新的改进版本。1995年1月份，美国劳工部完成了GATB的修订；1995年，加拿大成功研发了GATB计算机版。新测验包括12个分测验（8个纸笔测验，4个操作测验）以评定9种不同的能力因素。

我国对能力倾向测验的应用和开发开始主要集中在人力资源部门，特别是国家对公务员的录用和选拔工作中。自20世纪90年代初开始，国家人事部就明确规定对新录用的公务员要进行考试和考核，而其中的一个主要内容就是行政职业能力倾向测验。这项测验的内容主要包括了言语理解和表达，判断推理、数量关系和资料分析等。此外，在一些特殊的单位和部门，如飞行员、宇航员、运动员的选拔和训练等，能力倾向测验也得到了不同程度的使用。

专栏6-3

新版GATB测验的变化

新版GATB与旧版相比而言，在测验的形式、内容及施测过程都有所改变，主要表现为：

（1）形式改变：主要表现在美观、答题卡等改变。

（2）内容改变：内容上的改变主要表现在项目数减少，时间相应减少，对现在不太重视的能力进行了删除，比如删除了形状匹配测验；更加关注种族性别的差异，并在这方面做了一定的修改。首先修改了指导语以免其中的词语带来性别差异，其次增加了一些非传统职业以及企业中使用的少数民族关于女性的项目，这样对于职场中需要掌握的知识对少数民

笔记

族与非少数民族的人同时测量，以达到公平的效果。当然也对生活中不常用的日耳曼民族的名词数量进行了缩减。

(3)施测过程改变：在施测过程上的改变首先表现在分测验的顺序上，由以前的螺旋式排列即难度测验速度测验穿插排列，变为分类排列即先难度测验后速度测验。这样使指导语的书写更加方便，只需要两处指导语，也更方便被试的理解。

另外，新版的测试更加灵活了，主要表现在，可以只施测九种能力倾向中的六种能力倾向，而不用测量难度测验，仍然能了解一个人的能力倾向。这样，对不需要了解的能力倾向就不用浪费人力物力了。

第二节 常用的能力倾向测验

能力倾向测验包括特殊能力倾向测验和多重能力倾向测验两类。

一、特殊能力倾向测验

特殊能力倾向测验有时也称特殊能力测验。该测验历史悠久，在将智力分成一般智力和特殊智力时就已出现。下面分别介绍常见的4种特殊能力倾向测验：感知觉和心理运动能力测验、机械能力测验、文书能力测验、艺术和音乐能力测验。

(一)感知觉和心理运动能力测验

从严格意义上来说，感知觉和心理运动技能测验不能归为心理学的测验。但这些测验能提供有关个体机能的重要信息，特别是当工作任务成绩的高低依赖于感知觉和心理运动等生物学特征时，所以，非常有必要以此类心理运动技能测验作为人员筛选、安置，咨询及诊断的重要依据。

1. 感知觉测验 某些工作任务的成绩受个体听觉和视觉的影响，在此情况下，有必要采用视觉和听觉测验筛选出视力或听力不足的个体予以排除。另外，有些情况下，视觉和听觉测验可作为其他测评工具的有效补充。

感知觉测验又分为单一目的测验和多重目的测验。前者指每种测验只测量一种功能，后者指测量综合的感知觉能力的测验。

单一目的测验又可分为：视觉敏锐度测验、听觉敏锐度测验和颜色视觉测验。

(1)视敏度测验：最古老而又使用最普遍的视敏度测验是大家熟悉的视力检查表。它要求被试站在某一标准位置，检查其看清表中字母的能力。视敏度采用一种比率关系表示。在较早的视力表中(如snellen chart)，通常要求被试站在20码(1码=0.9144米)远，如果被试能够看清大多数被试所能看清的行数，则其视力为20/20=1.0；如果他只能看清较大字母，而这个字母是大多数被试在40码处就能看清的，则其视力为20/40=0.5；如果他能看清大多数被试在15码处才能看清的字母，则其视力为20/15=1.3。由此可见，比率在1.0以下表示视敏度低于正常水平，在1.0以上表示高于平均水平。

(2)听敏度测验：最常用的测量听敏度的测验工具为听力计，它能发出正常听力范围内不同强度和频率的纯音。在测量过程中，主试不断变化声音的频率和强度，最后确定其阈限。这种结果可以绘制成听力图，它表示被试每个耳朵在每一种频率下的听觉敏锐度。由于人耳对2000Hz左右的声音感受性最高，因此这种听力图将会是一U形曲线，最低点位于2000Hz附近，其范围将从20～20 000Hz。但是具有某种程度听力减弱的被试对某种频率的声音相对不敏感，因此其听力曲线的形状就会与其他正常被试不同。

(3)颜色视觉测验：能够区别不同色彩的能力对于许多职业来说是个基本要求，例如，飞行员和化学实验员等。颜色视觉检查中最熟悉的莫过于色盲检查测验，这套测验由许多

笔记

卡片组成，每张卡片上的图案由不同颜色的彩点构成。一个具有正常颜色视觉的被试将会从中看到一个数字或某个形状图形，而一个色盲被试，则只会看到不规则的彩点。

综合的感知觉能力测验通常是给成套刺激以确定视觉能力，需要大约 3～6 分钟。例如，B－L 视觉测验共分 4 类：双眼肌肉平衡、左右眼和双眼视敏度、深度知觉、立体感和颜色辨别。弗劳斯蒂格（Frostig M）编制的视知觉发展测验（Developmental Test of Visual Perception，DTVP），是测量幼儿感知觉发展的一套纸笔测验，特别适合于有学习困难或有神经障碍的儿童。DTVP 已在全球范围内施测了 3 亿多儿童。DTVP 包括 5 个领域：眼动协调、图案背景恒定性、形状知觉、空间位置和空间关系。

2. **心理运动能力测验** 心理运动能力测验测量的是受个体意识支配的精细动作能力。这类测验专门测量速度、协调和运动反应等特性，大多与手的灵巧性有关，也有一些涉及腿或脚的运动。它属于较早设计出来的特殊能力测验，许多测验在 20 世纪 20～30 年代广泛应用于工作和职业成绩的预测。以后，美国空军人事和训练研究中心编制了心理运动能力的综合分析方法，有些技能包括到飞行员训练和空战模拟之中。自 20 世纪 50～70 年代，弗莱施曼（Fleishman EA）及其助手对心理运动能力测验进行了认真的研究，结果表明，心理运动能力测量具有很高的特殊性，这种能力的操作测验和纸笔测验之间的相关、运动的速度和质量之间的相关都很低。从各种测验的相关形态分析中，弗莱施曼发现了 11 种心理运动因素，它们是：瞄准、手 / 臂稳定、准确控制、手指敏捷、手工操作敏捷、四肢协调、速度控制、反应时、反应倾向、手臂运动速度和腕 / 手速度。他还发现，心理运动测验的信度一般比其他特殊能力测验要低（0.70～0.87 之间）。信度较低的原因可能是心理运动能力测验的成绩易受练习或实践的影响。此外，从初级练习到被试基本熟练的过程中，这种测验在心理运动因素上的负荷有显著变化。因此，心理运动测验的分数及其意义都会受到练习的影响。

除了受实践的影响之外，心理运动能力测验的效度也比那些机械和文书能力测验的效度低。心理运动测验在预测训练计划中的成绩时更有用，而在预测工作成就时预测力相对较差。另外，在预测重复性工作（如某些事务性工作和机器操作）的成功方面，心理运动测验会更有效，而对预测某些需要较高级的认知和知觉能力的复杂工作的成功方面相对较差。一般来讲，综合的运动能力测验效度比简单运动测验的效度高。不管情况怎样，用心理运动能力作为选择的依据时，确定它在具体情境下的效度总是明智的。

心理运动能力测验又分为：大幅度运动测验、精细运动测验和二者结合的测验。大多数这类测验的分数都要考虑完成任务的时间，因此具有速度测验的性质，对于青少年和成人都是合适的。现举例如下：

（1）大动作运动测验：大动作运动测验指测量手指、手和手臂大幅度运动的速度及准确性的测验。例如，斯特拉姆伯格敏捷测验（Stromberg Dexterity Test），该测验要求被试尽可能迅速地将 54 个饼干大小的彩色圆盘按指定顺序排列；另一个常见测验是明尼苏达操作速度测验（Minnesota Rate of Manipulation Test），这是一种手工敏捷测验，包括一个有 60 孔的上有红黄两色的木板，分成 5 种分测验，即安装测验、翻转测验、撤换测验、单手翻转和安放测验、双手翻转和安放测验。在这些分测验中，分别要求将木块按指定方式翻转，移动和安放，如安放测验要求被试将木块放进木板的孔中，翻转测验则要求将木块颜色掉转并重新安放在孔中。计分按完成的时间进行考虑。

（2）小动作运动测验：小动作运动测验指测量被试手指小动作的运动速度及准确性的测验。经典的小动作运动测验较多，现以两个测验为例，欧康诺（O'Connor）的手指灵活测验（Finger Dexterity Test）和镊子灵活测验（Tweezers Dexterity Test）要求被试用手指或一对镊子将很小的铜钉放入一个纤维板的小孔中。克洛福德小动作敏捷测验（Crawford Small Parts Dexterity Test）要求被试展示几种简单的动作技能。测验的第一部分，被试要

笔记

使用镊子将钉子插入孔内并给每个钉子套放一个小环；第二部分要求被试将小螺丝放入螺纹孔内并用改锥拧紧。测验成绩以完成每个部分所花费时间来计算。测验的分半信度为 0.85 左右，但第一部分和第二部分之间的相关仅有 0.40。虽然可以预料测验分数会与某些要求精细动作敏捷性的职业（如排版、刻字等）的工作业绩有关，但还没有关于这些测验的效度证据的报告。

（3）大小动作运动：这方面的测验同时测量手和手臂的大动作运动与手指敏捷性两个方面的能力。例如，宾夕法尼亚双重动作工作样本（Pennsylvania Bi-manual Work Sample，由 Robert JR 编制）和本纳特手 - 工具敏捷性测验（Bennett Hand-tool Dexterity Test，由 Bennett GK 编制），这两个测验都要使用螺母和螺栓，前者要求被试将 100 个螺母拧入 100 个螺栓中，然后将它们插入 20.32cm×60.96cm 的孔中；后者则要求被试先将工具箱左板上的 3 种不同规格的螺母共 12 个从螺栓上拧下，然后将它们安装到右板上。测验分数以完成测验的时间进行计算。而普渡木钉板测验（Purdue Pegboard Test）则不使用工具，仅要求被试运用双手完成任务。第一部分要求被试分别用右手、左手和两手把钉子插到孔中；第二部分要求把钉子、铜圈一起放在孔中，可以同时使用两手。

（二）机械能力测验

心理运动能力可以看作是大多数工业职业的基本要求，但空间知觉、机械知识和其他心理能力在决定工作成功方面更为重要，其中机械能力是被最早利用并经常测量的一种能力。有证据表明，存在着一种不明显的机械能力的一般因素，但大多数机械能力测验测量的能力很广泛，例如，知觉运动和认知能力等。同样，有些心理运动能力测验如速度和肌肉协调测验，空间关系知觉和机械关系理解等也都包括在机械能力测验中。组成测验的各种机械能力彼此的相关都较低。然而，不同机械能力测验的总分彼此间还是有较高的正相关的。

有意义的是，在机械能力测验分数上发现了性别差异，男性通常在空间和机械理解题上得高分，而女性通常在要求精细的动作敏捷性任务和知觉鉴别的方面得高分，而且这种差异与年龄成正比。这种性别差异的原因十分复杂，可能与教育方式有关，也可能与家庭期望有关，还可能与生理方面有关。

1. 空间关系测验 在 20 世纪 20 年代后期，帕特森（Paterson DG）及其同事在明尼苏达大学对机械能力作了严格的分析，结果产生了 3 个测验：明尼苏达机械拼合测验（Minnesota Mechanical Assembly Test）、明尼苏达空间关系测验（Minnesota Spatial Relation Test）和明尼苏达书面形状测验（Minnesota Paper form-board Test）。第一个为工作样本测验，要求被试拼排随机排放的机械物体，测量动作敏捷性、空间知觉和机械理解。后两种测验为空间知觉测验。在机械职业中已经发现，空间知觉是非常重要的因素，这种测验主要测量立体视觉及操作产生某种具体形状的能力。

（1）明尼苏达空间关系测验：由特拉布（Trabue MR）等修订，测验包括 A、B、C、D 四块板，两套几何形状的木块，一套插在 A 板和 B 板的凹陷处，另一套插在 C 板和 D 板的凹陷处。测验开始时，这些木块是零散摆放的，被试的任务是捡起木块并尽可能快地放入板中的特定凹陷处。完成所有木块所需时间为 10～20 分钟，成绩按完成时间和错误次数计分。该测验特别适用于训练工种要求高视觉空间速度能力和准确性的人员使用。

测验的内部一致性和重测信度高达 0.80。就效度来说，测验与特定工作成绩的相关在 0.50 左右。可以说明尼苏达空间关系测验是一个很好的、有效的个别空间、视觉能力测验。

（2）明尼苏达书面形状测验修订本：由里克特（Likirt R ）和夸沙（Quasha WH）修订，为明尼苏达空间关系测验的纸笔形式，共 64 道题目。每道测验题目会给出包括 1 个分解几何图案题和 5 个拼凑成整体的选项图案的多重选择，要求被试在 5 个选项图案中选择出一个图案，正好为由分解图案拼凑成的整体形状，见图 6-1。

笔记

这里每一长方格的左上角有一图形分开成两块或两块以上。在它们右边和右下有A、B、C、D、E五格，每格也有一图分开后恰好同左上角的图一样，你把这个图选出来，并将这图的字母写在下面的小方格内。

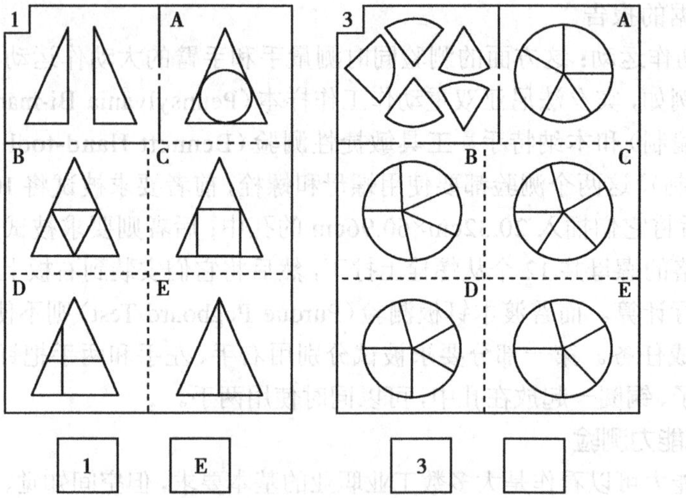

图6-1　修订明尼苏达书面形状测验的项目例子

测验的复本信度为0.80～0.89。该测验在预测工厂工作和工程课程成绩、上级评定及在检验、包装、机械操作等工业职业的实际成就方面很有用处。虽然编者原意是设计出一个比明尼苏达空间关系测验更能有效实施的一种修订形式，但结果发现二者的相关相对于它们自身的复本信度要低。

2. 其他机械能力的纸笔测验　空间关系当然不是被测量的唯一机械能力，还有一种主要的机械能力测验是以机械知识、机械理解或机械推理为主。所谓机械理解即指被试理解实际生活情境中的机械原理的能力。早期这类测验往往给被试一堆零件，要求他们拼成常见的物体。但为一般目的而用的该类测验，目前大多采用纸笔形式。

(1) 本纳特机械理解测验(Bennett Mechanical Comprehension Test，BMCT)：由Bennett GR等人编制。BMCT测量对实际情境中的机械关系和物理定律的理解能力。测验时间为30分钟。测验题目包括一些有关各种关系和定律操作的图画和问题，见图6-2。题目的难度范围大，适用于高中生、工业与机械工作的应征者和在职者及欲进职业学校的人。常模资料根据教育程度、专业训练或工作类别各有不同。

如例题：两人用一长条木板担一重物，问"哪个人承担更重的份量？"因为重物距B更近，所以B担的更重；所以应将答案纸上B下面的圆涂黑。

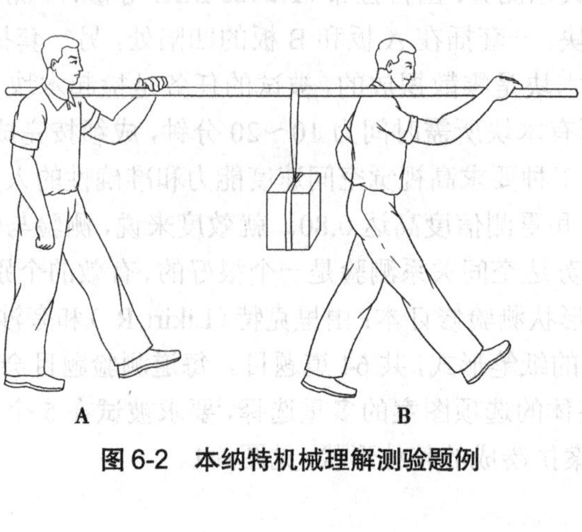

图6-2　本纳特机械理解测验题例

笔记

测验有两种形式（S 和 T）。信度在 0.80～0.89。由于女性的平均分数及测验信度都低于男性，因此需根据性别分别报告常模。BMCT 的效度居中（0.30～0.60），即测验与各种需要机械能力的职业业绩的相关在中等水平。研究结果表明此测验在机械贸易与工程方面具有很高的同时效度和预测效度。二次世界大战期间，这个测验是对飞行员的表现最有预测力的测验之一。因此该测验在特殊能力测验中属于编制较好的一种。

（2）SRA 机械概念测验（SRA Test of Mechanical Concept）：由斯坦纳德（Stanard SS）和鲍德（Bode KA）编，测量对机械和机械关系的基本了解能力。测验包括 3 个分测验：机械关系、机械工具及使用、空间关系。测验有 A、B 两种形式，无时间限制。小样本的研究发现测验对机械操作员、机器维修员和其他机器操作的学员是有效的。

（三）文书能力测验

在文书工作中必须具有动作敏捷性和察觉异同的快捷速度，但言语和数学能力也同样重要，因此文书能力不能认为是区别于智力的一种单一能力。因此，许多文书能力测验既包括与智力测验类似的题目，也包括测量知觉速度和准确性的题目。

文书能力测验又分为文书能力的一般测验及其他测量速记能力，学习复杂文书及编制解决问题的计算机程序与操作能力的测验。

1. 一般文书能力测验 这类测验在内容上，既有简单形式也有复杂形式。前一种为简单的数字和姓名检查，后一种既包括知觉运动的任务，也包括一般智力测验的任务。

（1）明尼苏达文书测验（Minnesota Clerical Test）由 Andrew DM 和 Patterson DG 编制。测验主要用于选拔职员、检验员和其他要求知觉和操纵符号能力的职业的人员。测验包括两个部分，数字比较和姓名比较，要求被试检查 200 对数字和 200 对姓名的匹配正误。现以这两种类型的题目为例说明：

提示：如果下面每一对中的 2 个数字和姓名完全相同，请在中间线上作 √；如果不同，则不用作任何记号。例如：

7954279524　　JohcC. LinderJohnC. Lender

5794367 √ 5794367　　InvestorsSyndicate √ InvestorsSyndicate

测验以正确题数减去错误题数计分，其重测信度为 0.70～0.89，测验分数与教师和上级评定之间存在中等相关。

（2）一般文书测验（General Clerical Test）是由美国心理公司发行的一种综合的文书能力测验，测验包括 9 个部分，按 3 种不同能力计分。这 3 种能力是：

1）文书速度和准确性：由校对和字母排列两个分测验组成，目的在于测量一般的文书才能。

2）数字能力：由简单计算、指出错误、算术推理 3 个分测验组成，目的在于测量被试的算术潜能。

3）言语流畅性：由拼字、阅读理解、字词和文法 3 个分测验组成，目的在于测量语文的流利能力。

整个测验时间约需 50 分钟，测验结果除得到总分外，还有 3 组能力的分数。

2. 计算机程序编制与操作能力 随着计算机在办公室自动化中的作用日渐重要，相应地也要求文书人员必须具有一定的程序编制和计算机操作能力。国外已经开始有对被试是否具有学习计算机的能力倾向实施测验的活动。

例如，帕洛摩（Palermo JM）编制的计算机程序员能力倾向成套测验（Computer Programmer Aptitude Battery），包括 5 个分测验：言语意义、推理、字母系列、数字能力和制图能力，主要用于评估和选择学习计算机课程的申请者。在题目编制时，主试对初学者和有经验的程序员的测验结果进行统计分析，选择出合适的测试题编成测验，常模以百分位

笔记

表示。我们认为，由于计算机程序编制任务的性质在不同情况下是千差万别的，因此在编制我国的程序员测验时有必要形成具体的特殊常模。此外也必须注意，这方面的知识更新率是极高的。

另外一个测验是计算机操作员能力倾向测验（Computer Operator Aptitude Battery），由赫罗威（Holloway AJ）编制，包括3个分测验，用以评估在学习计算机操作时重要的能力倾向。这3个分测验是：序列再认、格式检查（察觉字母和数字所遵从的特定格式）和逻辑思维。

（四）艺术和音乐能力

艺术情趣在不同个体、不同文化和不同年龄之间存在着很大差别，因此艺术能力的判断标准也是很难确定的。尽管在寻找可靠的标准和使用测验预测方面存在着许多问题，但从20世纪20年代起仍有许多视觉艺术能力和音乐能力测验相继产生。

1. 艺术能力测验 许多年前，明尼苏达大学的一些研究者发现，艺术能力与某些空间知觉测验，如明尼苏达书面形状测验的分数有正相关。但是，空间能力并不是艺术能力的唯一因素，其他像判断力、动作敏捷性、创造想象力等其他因素也都是相当重要的方面。此外，除了创作艺术作品的能力之外，艺术能力往往还包括鉴赏、批评、价值判断等方面的活动。通常，一个具有较高艺术鉴赏能力的个体并不意味着他就一定会创造出较好的作品，因此我们有必要区分艺术欣赏力测量和艺术创造力测量。

（1）艺术判断和知觉测验：此中较有代表性的是梅尔艺术测验（Meier Art Tests）和格拉伏斯图案判断测验（Graves Design Judgment Test）。

1）梅尔艺术测验：由Meier NC编制，旨在测量学生的审美能力，而不是测量学生的艺术技巧的表现能力。测验分为艺术判断和审美知觉两个分测验，一个出版于1929年，另一个出版于1963年，它们都与艺术欣赏力测量有关。

艺术判断测验包括100对不着色的著名艺术品的图片，内容有风景、静物、木刻、东方画、壁画等，每对中有一张是名画的复制品，另一张是对名画稍稍改动的模拟名画，但在技巧或结构方面稍加修改，比原作差。要求被试从两者中挑选出自己认为更好的一幅图。这些图画的好坏标准是根据25位艺术专家的意见决定的。其中有些较难判断，其得分比其他的多。被试选择正确的图画所获得的分数即为其成绩。测验的常模分为初中、高中、成人3组，采用百分位数，常模团体是上美术课的学生。测验分半信度为0.70～0.84，评分者信度不高，艺术判断测验的分数与艺术课程的成就和艺术创造力评定的相关在0.40～0.69之间。

审美知觉测验包括50道题目，每题为一件艺术作品的4种形式，每一种形式相对于另外3种在比例、整体性、形状、设计及其他特征上有所不同，要求被试按其优劣排出等级。不过目前还未见到关于这一测验用途的研究。

2）格拉伏斯图案判断测验：由M. 格拉伏斯编制，它由被试对美学基本原则的认识和反应来判断其美术能力，认为其包括美术欣赏力和美术创作能力。

与梅尔艺术判断测验不同，它不使用名家作品，而是用90套二维和三维空间的抽象图案，每题包括2～3个同一图案的变式，图案有线条的、平面的或立体的，它们在整体性、平衡性、对称性及其他艺术特性上有所不同。每题只有一个图形符合美学基本原则，其他图形则违反一个或数个原则。要求被试判断出他自己认为最好的一种形式。

测验在图形的编选上尽量避免了个人主观的看法或感情因素，只注重相当纯粹的审美上的选择。因此，根据被试的选择可得知其对美学知觉和判断的能力。测验的分半信度的估计值为0.80～0.90，但没有足够的效度研究。

(2) 艺术能力操作测验：以霍恩艺术能力倾向问卷（Horn Art Aptitude Inventory）为代表，由霍恩等编制，是艺术能力的工作样本测验，需要高度的创造力，适用于大、中学生和成人，对艺术学校的新生有相当的鉴别力。测验由3部分组成：第一部分要求被试绘出20种常见

笔记

物体，以判断被试作品的线条品质与画面布置的技能；第二部分要求被试用指定的图形画成简单的抽象图案，以判断被试的随意画能力；第三部分给被试12张卡片，每张卡片上印有几条线条，被试根据这些线条画成一幅草图，由这些草图来评判被试的想象力和作画技巧。测验的记分采用等级评量法，给出了分为优秀、普通、低劣3个等级的评分图样，评分者参考这些图样对被试的作品给出判断。

有关霍恩问卷的效度研究发现，测验分数与艺术院校的专家评定之间相关为0.53，与高中艺术课教师评定的相关为0.66。结果表明问卷较为有效，但在计分方法上仍存在问题。

当然，无论是艺术欣赏还是艺术创造测验的效度都是很难确定的，即使是专家，在审美判断上也不会完全一致。此外，艺术家和音乐家的成功也不完全由才能决定，许多个人和社会因素（如气质、机会、意外事件等）都起着相当重要的作用。

2. 音乐能力测验 如同其他审美能力，音乐能力测验和音乐造诣的标准之间相关并不很高，所测量的音乐能力的一般因素也并不很明显。虽然测验分数与智力测验分数间有正相关，但较高的智力水平并不一定是音乐能力的基础。有些幼儿甚至智力落后者都可能具有相当强的音乐能力。

(1) 音乐能力的分析评估：在20世纪20～30年代，爱荷华大学的西肖尔（Seashore CE）及其同事对音乐能力进行了开创性的研究，从而产生了最早的也是最为突出的音乐能力测验（1939年）。与后来发展出的音乐测验比较，西肖尔测验的刺激材料主要是一系列音乐调式或音符刺激，而后来的测验多采用有意义的音乐选段。

西肖尔音乐才能测验（Seashore Measures of Musical Talents）的刺激由唱片或磁带呈现，每一项目共有两个音或两个音阶，主要评估被试听觉辨别力的6个方面：音高、响度、节拍、音色、节奏和音调记忆。西肖尔及其同事经过研究认为，这些能力是获得音乐全面发展的基础。6个测验的实施方式为：呈现两个音符或两种音乐形式，要求被试判别两个音符的相对高低、强弱、长短，判断两个音调的音色是否相同，两种节奏的异同，或某种音符在两种音调顺序中有所不同等。每一项目的音阶差别开始时显著，随后越来越细微，没有音乐才能的人，仅能区分显著的差别，不能区分细微的差别。这个测验偏重于听知觉方面。唱片共有两套，分别用于测量专攻音乐和非专攻音乐的人。测验成绩不以总分计算，而以6种能力的剖析图作为取舍的根据。西肖尔测验适用于小学生到成人，每个测验约需10分钟。分半信度为0.56～0.85。研究还发现，测验与音乐训练的标准有0.30～0.40的正相关。但总体来看，其效度材料还不够。值得一提的是，西肖尔测验中的音高辨别测验已经作为某些军事及民用职业的听觉筛选测验。

(2) 使用有意义音乐的测验：西肖尔音乐测验所代表的分析方法后来被批评为原子主义（atomistic）的研究。结果使后期的音乐测验多采用更复杂的内容，现以两个代表性测验为例加以说明。

1) 温格音乐能力标准化测验：由温格（Wing HD）编制，该测验适用于8岁以上儿童，以有意义的钢琴音乐为材料，按8个方面计分：和弦分析（和弦中音调数目）、音高变化（在一个重复和弦中音符变化的方向）、记忆（哪个音符改变了）、节奏重音（哪个节奏较好）、和声（一个特定旋律哪个和声更好）、强度（哪部分适合被强调）、短句（哪种短句形式更合适）和总体评价。测验由录音磁带呈现。除"音乐年龄"外，常模还以A、B，C……等级表示。信度系数在幼儿组为0.70，在较大年龄儿童组为0.90。效度研究很少，对11岁儿童的音乐能力的教师评估与温格测验分数有0.60左右的正相关。显然，它还需更多的效度证据。

2) 音乐能力倾向测验（Musical Aptitude Profile，MAP）：由戈登（Gordon E）编制，通过录音机实施，包括250个原版的小提琴和大提琴短曲选段。不要求被试有音乐知识或任何音乐方面的个人经历，所测量的3种基本音乐因素为：音乐表达、听知觉和音乐情感动觉

笔记

(kin esthetic musical feeling)。测验包含有3个分测验：T测验——音调形象（旋律、和声）；R测验——节奏形象（速度、节拍）；S测验——音乐感受（短句、平衡、风格等）。前两个分测验都有正确答案，要求被试比较两个测验相同或相异；后一个分测验采用多重计分，要求被试回答两个录音带的音乐哪个更具韵味。戈登对MAP的预测效度进行了为期3年的追踪研究（1967），因此可以算是音乐能力测验编制者中最认真的一位。他对8个班的241名四至五年级学生施测MAP，然后给他们每周上一次乐器演奏课。结果发现，MAP的最初成绩与儿童音乐演奏水平的判断评分的相关，在音乐教育1年后为0.59，3年后为0.74。

二、多重能力倾向测验

（一）职业能力倾向测验

1. 工业能力倾向成套测验

（1）一般能力倾向成套测验（GATB）

一般能力倾向成套测验（General Aptitude Test Battery，GATB）主要用于测量各种职业的能力倾向，多用于工业和商业人员的选择和安置。美国劳工署开发的GATB主要用在政府机构的人员录用中。它测量的能力倾向非常广泛，从一般智力到手工灵活性，并且还有动作协调性、形状知觉和操作性知觉。

GATB自编制并发表以来，几经改编和修订，最新一套GATB测验共包括12个分测验，对9种不同的能力因素进行评定。它们的构成如表6-1。

表6-1　GATB对9种不同能力因素测量评定的测验构成

代号	名称	测验构成（编号）	能力分类
G	一般智慧能力	3，4，6	学习能力
V	文字能力	4	
N	数字能力	2，6	
S	空间能力	3	知觉能力
P	形状知觉	5，7	
Q	书写知觉	1	
K	运动知觉	8	操作能力
M	手工知觉	9，10	
F	手指灵巧	11，12	

GATB的12个分测验是：

①名称比较：通过对简单知觉任务的反应速度，来测量书写知觉能力。要求学生指出给予的两个名称是否完全一样或者它们的某些细节有所不同。

②算术：通过快速进行简单运算，来测量计算能力。要求学生迅速和准确地进行加减乘除的算式运算。

③三维空间：测量学生对空间图形的判断和推理能力，在一个平面图上标出虚线，要求学生指出按折叠线可以折成4个三维形状中的哪一个。

④词汇：通过快速找出同义词或近义词，检查学生对词的理解能力。

⑤工具相配：检查学生对形状知觉的能力。给学生一个工具图形作为刺激物，要求他们从几个差别很小的图形中把与刺激物相同的图形选出来。

⑥算术推理：通过学生解答应用题来检查学生的数字推理的能力。

⑦形状相配：检查学生形状知觉能力。

⑧作记号：鉴定学生手眼协同性及其反应速度。

笔记

⑨放置：有两块钉板，上面有若干孔，其中一块上插满栓子，要求学生用双手把栓子移到第一块上去。

⑩转动：仍用第9个分测验的两块钉板，要求学生用他的手从一块钉板上拔出一个栓子，在手中旋转180°，然后把这个栓子的另一端重新插到孔内。

⑪装配：一块板分成两头，每一头都有50个孔，在其中一头的每一孔里放有一个小铆钉，在一个转轴里放有十垫圈。要求学生用一只手拿起一枚铆钉，另一只手拿起一个垫圈，并把垫圈套在铆钉上，然后把它们放置到这块板上另一头相应的孔上，在90秒。看完成件数的多少。

⑫拆卸：在90秒钟内，要求学生拆卸第11个分测验装配好的铆钉和垫圈，然后再把它们放回最初的位置，看拆卸件数的多少。

在GATB中，1～8个书面测验，9～12为器具测验。GATB着重实际操作，全部测验在很大程度上属于速度测验。GATB适用于初三以上年级的中学生以及成年人，为团体测验，共需120～130分钟，主要用于职业指导和就业咨询。

（2）弗兰那根能力倾向分类测验（FACT）和弗兰那根工业测验（FIT）

由弗兰那根（Flanagan JC）编制的弗兰那根能力倾向分类测验（Flanagan Aptitude Classification Tests，FACT）和弗兰那根工业测验（Flanagan Industrial Tests，FIT）也是较为有效的工业能力倾向测验。

FACT是历史最悠久、内容最长的测验，也是用时最长的测验。最初是为了测验工业化、机械化水平较低的职位所需要的能力倾向而设计的。弗氏根据工作分析发现，有14种特殊工作技能影响许多种职业的成功，于是设计了包括14个分测验的性向测验。该测验已由孙敬婉女士主持修订。FACT的14个分测验是：

①检验测验：测量被试是否具有能迅速准确地指出一系列细小物件的缺点和瑕疵的能力；

②代号测验：测量被试把各种名称变换为代号的速度及正确性；

③记忆测验：测量被试记忆上一代号测验中各种代号的能力；

④精确性测验：测量被试以单手或双手合作，从事绕细小圆圈的细密动作的速度与正确性，也就是测量被试精密处理细小物体的能力；

⑤装配测验：测量被试无须根据实际模型，仅凭想象力去组合机械零件的能力，目的在于测量被试由一物体的许多分散部分看出其全貌的能力；

⑥坐标测验：测量被试阅读和了解坐标与图表的速度及正确性；

⑦协调能力测验：测量被试协调其手与手臂的运动的能力，看是否能维持手与手臂的运动，是否能维持手与手臂动作的平稳性；

⑧判断和理解能力测验：测量被试能否根据某一情况作逻辑推理、正确判断；

⑨算术测验：测量被试迅速而正确地从事数字计算的能力；

⑩图样模仿能力测验：测量被试能否精细并正确地模仿绘制已有的图样的能力；

⑪组成测验：测量被试是否能由一个复杂的图形中辨认出各重要的组成部分；

⑫表格阅读能力测验：测量被试阅读表格的速度与正确性，一种为纯数字的，另一种表格以文字为主；

⑬机械测验：测量被试了解机械原理和分析机械运动的能力；

⑭表达能力测验：测量被试用字及词组句的能力以及对各种正误句的直觉和认识，其中一部分是确定每一句话是否合乎语法习惯或有错别字，另一部分是采用三种不同结构的语句来表达同一事件，按其通顺简洁的程度，指出哪句最优，哪句最差。

被试要了解自己的职业能力倾向可以接受全体14种分测验，也可接受其中几种职业所

笔记

需的因素测验。测验的结果是将几种分测验的分数综合起来，以判断被试所具有的能力适于从事哪一类职业。不同职业所需要的能力不同，因此所需要施测的分测验种类也不同。

测验的结果要转化成标准九分。测验的信度较高，但有关的效度资料还不够。FACT的最大缺点是费时，整个测验需要6小时施测。

FIT对FACT作了部分修改，FIT包括18个分测验，其中15个是根据FACT的分测验改编而成，另将推理分测验修改为数学推理分测验，并新增了电子分测验和词汇分测验。相较于FACT，FIT的施测时间较少，但其常模相对小，各测验的信度系数是从0.50到0.90，效度资料不足。

2. **行政职业能力倾向测验**（AAT） 行政职业能力测验（Administrative Aptitude Test，AAT）是目前我国用于选拔、录用报考国家公务员考生的一项测验，由国家人事部负责组织和编制题目。与其他能力倾向测验的功用相同，行政职业能力倾向测验（以下简称行测）主要测查报考者在将要从事的行政职业工作方面的素质和能力。当然，对从事这方面工作人员的素质和能力的要求是多方面的，而行测并不能涵盖所有这些能力，只是对其中与认知及解决问题有关的一些基本能力进行测查，主要包括：

（1）言语理解与表达：言语理解与表达主要测查报考者运用语言文字进行思考和交流、迅速准确地理解和把握文字材料内涵的能力，包括根据材料查找主要信息及重要细节；正确理解阅读材料中指定词语、语句的含义；概括归纳阅读材料的中心、主旨；判断新组成的语句与阅读材料原意是否一致；根据上下文内容合理推断阅读材料中的隐含信息；判断作者的态度、意图、倾向、目的；准确、得体地遣词用字等。常见的题型有：阅读理解、逻辑填空、语句表达等。

1）阅读理解：给出一段语言文字，要求报考者根据对这段文字的理解或运用一定的语言文字知识，选出最符合要求的答案。例如：

“微创新”，这个概念正在成为中国企业尝试的新方向。今天的技术革新在很多时候已经不再是颠覆性的更新换代，任何针对用户体验的微小改变，都可能引爆整个市场。微博就可以看作是在博客基础上的微创新，用140个字拉低了用户门槛，迅速引发了全民微博潮。对于习惯了模仿的企业来说，如何不让微创新成为“山寨”的代名词，是问题的关键，特别是在互联网领域，像团购这样的一窝蜂现象屡见不鲜，然而其中很难看到“微创新”在发挥作用。这段文字用“团购”来说明（ ）

A. 盲目从众的现象　　B. 更新换代的趋势

C. 复制与模仿的做法　　D. 集体相约采购的行为

（答案：C。由“像团购这样的一窝蜂现象屡见不鲜”可知，团购形容的是“一窝蜂现象”.“一窝蜂”形容很多人同时说话或行动，与前文“对于习惯了模仿的企业”相呼应，可知“团购”是为了说明复制与模仿的做法，本题答案为C）

2）逻辑填空：要求被试者从所给的4个选项中选出一个填空，使句子的意思表达得最准确。例如：

现代人对微信______不已，及至几乎不能有一朝一夕的分离，与其说是微信的功能强大，不如将之理解成空虚寂寞冷的人们，需要某种精神层面的______。

A. 崇拜　皈依　　B. 痴狂　抚慰

C. 眷恋　寄托　　D. 痴迷　慰藉

（答案：D。从上下文的意思及词语本身的含义，可知选项D更为贴切。）

3）语句表达：要求被试者从语气、词序、语法结构等方面对有关语句作出判断。例如：

从给出的几句话中选出没有语病的一句：

A. 阅读理解与否，是衡量阅读能力好坏的重要标志

笔记

B. 阅读与理解，是衡量阅读能力好坏的重要标志

C. 阅读是否理解，是衡量阅读能力的重要标志

D. 阅读能力好坏的标志是理解

（答案：A。从给出的4句话来看，只有A没有语病。）

（2）数量关系：主要测查报考者理解、把握事物间量化关系和解决数量关系问题的能力，主要涉及数据关系的分析、推理、判断、运算等。常见的题型有：数字推理、数学运算等。

1）数字推理：每题给出一个数列，但其中缺少一项，要求报考者仔细观察这个数列各数字之间的关系，找出其中的排列规律，然后从4个供选择的答案中选出最合适、最合理的一个来填补空缺项，使之符合原数列的排列规律。例如：

1　　2　　4　　8　　16　　（　　）

A. 16　　B. 24　　C. 32　　D. 36

（答案：C。原数列是一个等比数列，后一项是前一项的2倍，故正确答案为C。）

2）数学运算：每道题给出一道算术式子，或者表达数量关系的一段文字，要求报考者熟练运用加、减、乘、除等基本运算法则，利用基本的数学知识，准确、迅速地计算出结果。例如：

某单位有50人，男女性别比为3∶2，其中有15人未入党，如从中任选1人，则此人为男性党员的概率最大为多少（　）

A. 3/5　B. 2/3　C. 3/4　D. 5/7

（答案：A。根据题意可知某单位共有男生30人，女生20人，要求随机抽出1人，满足此人为男性党员的概率最大，即可使未入党的15人均为女性，故最大概率为30/50=3/5，故答案选A。）

（3）判断推理：判断推理主要测查报考者对各种事物关系的分析推理能力，涉及对图形、语词概念、事物关系和文字材料的理解、比较、组合、演绎和归纳等。判断推理能力是人类智力的核心成分。它的强弱往往反映一个人对事物本质及事物间联系的认知能力的高低。国家公务员所担负的行政管理工作面临的任务十分复杂，要处理好这些复杂的关系，必须具备较强的判断推理能力。常见的题型有：图形推理、定义判断、类比推理、逻辑判断等。

1）图形推理：每道题给出一套或两套图形，要求报考者通过观察分析找出图形排列的规律，选出符合规律的一项。例如：

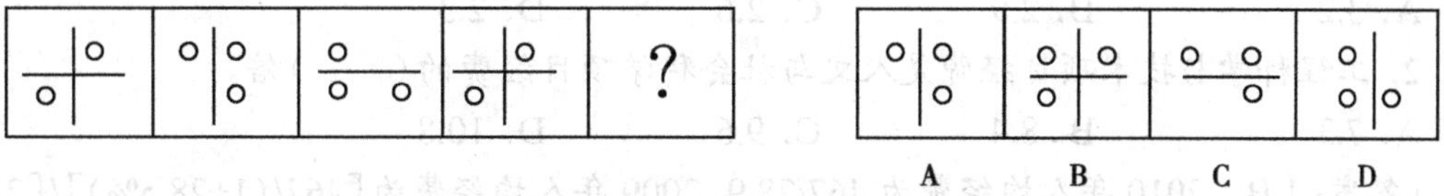

（答案：A。前两个图形叠加，去同存异则得到第三个图形，依此规律，第三、四个图形叠加并去同存异即得选项A）

2）定义判断：每道题先给出一个概念的定义，然后分别列出4种情况，要求报考者严格依据定义选出一个最符合或最不符合该定义的答案。例如：

任意两个命题，如果它们不能同时为假，但可以同时为真，则称为“下反对关系”。

根据上述定义，下列属于“下反对关系”的是（　　）。

A.“天不下雨”和“地上不湿”　B.“不一定及格”和“不一定不及格”

C.“不可能通过”和“可能不通过”　D.“允许携带字典”和“禁止携带字典”

（答案：B。解析：A论述的不是同一个主题，两个命题无关；C是推出关系，D是矛盾

笔记

关系。)

3) 类比推理：给出一组相关的词，要求通过观察分析，在备选答案中找出一组与之在逻辑关系上最为贴近或相似的词。例如：

费尽心机：弄巧成拙

A. 神通广大：八仙过海　　B. 装聋作哑：蒙混过关

C. 自吹自擂：丢人现眼　　D. 宽宏大量：小肚鸡肠

(答案：C。费尽心机得到相反的结果是弄巧成拙，自吹自擂得到相反的结果是丢人现眼。)

4) 逻辑判断：每道题给出一段陈述，这段陈述被假设是正确的，不容置疑的。要求报考者根据这段陈述，运用一定的逻辑推论，选择一个最恰当的答案。例如：

《论语》中“知之为知之，不知为不知，是知也”，意思是对待知识，知道就是知道，不知道就是不知道，只有这样才是智慧。

据此可以推出(　　)。

A. 智慧意味着承认自己有所知，有所不知

B. 智慧就是勇于承认自己有不知道的知识

C. 对于自己不知道的知识，却说自己知道，是愚笨的

D. 对于自己知道的知识，就承认自己知道，是智慧的

(答案：A。根据题干中“只有……才……”得其中蕴含推出关系：智慧→知道就是知道，不知道就是不知道，只有A选项与此推出关系一致。)

(4) 资料分析：资料分析主要测查报考者对各种形式的文字、图表等资料的综合理解与分析加工能力，这部分内容通常由统计性的图表、数字及文字材料构成。现代信息社会中，大量的信息往往是以统计资料来反映的，要正确、准确地作出决策，必须能对信息进行综合分析与加工。公务员在日常工作中有大量的工作任务涉及这方面的能力。

针对一段资料一般有1～5个问题，报考者需要根据资料所提供的信息进行分析、比较、推测和计算，从4个备选答案中选出符合题意的答案。例如：

根据以下资料回答问题：

2010年高等学校投入R&D课题的人员为28.9万人，R&D课题经费为467.0亿元，分别比2009年增长5.2%和28.5%。从学科分布来看，自然科学项目经费78.0亿元；农业科学项目36.7亿元；医药科学项目49.9亿元；工程科学与技术项目273.6亿元；人文与社会科学项目28.6亿元。

1. R&D课题人员2010年人均经费比2009年人均经费增加(　　)万元。

A. 3.2　　B. 2.9　　C. 2.6　　D. 2.3

2. 工程科学与技术项目经费是人文与社会科学项目经费的(　　)倍。

A. 7.3　　B. 8.4　　C. 9.6　　D. 10.8

(答案：1.B。2010年人均经费为467/28.9，2009年人均经费为[467/(1+28.5%)]/[28.9/(1+5.2%)]，二者相减，经运算为2.9，故正确选项为B。2.C。已知工程科学与技术项目经费273.6亿元；人文与社会科学项目经费28.6亿元，故求273.6/28.6得9.6，选C)

(5) 常识判断：常识判断主要测查报考者应知应会的基本知识以及运用这些知识分析判断的基本能力，重点测查对国情社情的了解程度、综合管理基本素质等，涉及政治、经济、法律、历史、文化、地理、环境、自然、科技等方面。要求报考者通过分析、判断和推理，选出最符合要求的一项。例如：

匾额是中国古建筑的重要组成部分，显示建筑物的性质。下列匾额与建筑物对应正确的一组是：

A. 明镜高悬——贡院　　B. 万世师表——关帝庙

笔记

C. 还我河山——武侯祠　　　　D. 正大光明——乾清宫

（答案：D。关于匾额的具体内容可能很多人都没有系统的知识，但是仔细考察4个选项，你可以依据有关历史常识，判断出A、B、C3个选项的对应关系都不准确，只有D选项中的匾额与建筑物能够对应，故正确答案为D。）

3. **军事机构职业能力倾向测验**（Armed Services Vocational Aptitude Battery，ASVAB） 是美国目前施测最广泛的多重能力倾向测验，也是美国军方正式的选拔和分类测验。其结果用于帮助识别具有可进入军队潜质的学生，以及推荐安排各种军队职业培训计划。

ASVAB包含10个分测验：普通科学（GS）、算数推理（AR）、词汇知识（WK）、段落理解（PC）、数字操作（NO）、译码速度（CS）、汽车与商场信息（AS）、数学知识（MK）、机械理解（MC）、电子信息（EI）。这10个分测验还可以形成不同的组合分数，包括3个学术组合——学术能力、言语和数学，4个职业组合——机械和手工、商务和秘书、电子和电力、健康和社会，还有1个反映一般能力的综合组合。

ASVAB有很好的心理测量学指标，10个测验的内部一致性信度在0.7～0.9之间，复本信度基本都为0.7～0.8。美国国防部出版的技术手册中给出了大量关于ASVAB在军用和民用职业上的效度数据。

另外，ASVAB还引入了自适应测验方法的计算机施测版（CAT-ASVAB），使得开始时间变得灵活，施测时间更短，测验安全性更强，能更准确的测量极端能力，并可以直接给予操作反馈。

（二）学业能力倾向测验

学业能力是指学生为了完成学校课业学习所必须具备的能力，这些能力与学生未来的学习密切相关。学业能力倾向测验多以学生为对象进行标准化和实施，用以预测学生在未来的学业中可能取得的学术成就。这类测验比较多，应用广泛，也受到普遍关注。常用的测验有：

1. **差异能力倾向测验**（Differential Aptitude Test，DAT） 由本纳特（Bennett GK）等人编制的《差异能力倾向测验（DAT）》是应用非常广泛的学业能力倾向成套测验。主要用于初、高中学生的教育和职业咨询，也可用于基础成人教育、职业技能和矫正计划。

DAT包括8个单独施测、单独记分的分测验：

（1）言语推理（VR）：测量理解、概括和运用各种语词进行创造性思维的能力。

（2）数学能力（NA）：测量对数概念及其相互关系的理解及计算能力。

（3）抽象推理（AR）：测量不依赖于特殊的语言、数或其他文化经验而用抽象符号达到理解、概念化和概括化的能力。

（4）文书速度和准确性（CSA）：测量对各种字母组合的相似性和差异性的精确感知速度。

（5）机械推理（MR）：测量对机械和物理原理的理解力。

（6）空间关系（SR）：测量空间想象能力。

（7）拼写（SP）：指出拼写错误，测量英文水平。

（8）语言运用（LU）：找出句子中的文法、标点和词语的错误，用以测定语文水平。

有研究表明，DAT具有较好的预测效度和一定的区分效度。特别是言语推理和数学能力两个分测验的合成分对所有的学科都有比较好的预测作用，因此被看作是基本学习能力。其他不同分测验对不同的学科有不同预测功能，如机械推理测验预测自然科学学科比预测英语学科更为有效。由于DAT具有完善的常模和较高的信效度，因此被许多学者视为多重能力倾向成套测验的典范。

2. **学术能力倾向测验**

（1）学业评估测验（Scholastic Assessment Test，SAT）

SAT是美国大学录取中的一个标准化测试，主要用于评估和预测高中生是否具备

笔记

了大学学习的能力以及倾向于在哪些专业领域更具优势，与高中课程学习无直接关联。SAT 考试隶属于由非营利性机构美国大学理事会（college board），由美国教育考试服务（Educational Testing Service，ETS）负责运作。自 1926 年第一次施测以来，SAT 被不断改进，发展到今天已属于在技术上最完备的测验之一。在《心理测验年鉴（MMY-12）》中写道：“SAT 是技术上最完美的测验，它达到了当今心理测量艺术的顶峰”。Wallace WL 评价说：“SAT 在系统地对题目进行预测和分析方面，在对每一份新试卷的标准化方面为现代心理测量的成熟技术作出了一个典范。”

早期的 SAT 主要测量了与大学学习密切相关的言语推理能力和数学推理能力。测试内容分为言语和数学两大部分。言语部分以类比、句子补全及关键性阅读问题的方式考察考生对语言的理解及推理能力；数学部分则以多重选择题、数量比较等方式考察考生的数学推理能力。

2005 年新版的 SAT 面世，SAT 考试分为两部分：SAT Ⅰ推理测验（reasoning test）和 SATⅡ学科测验（subject test）。SAT Ⅰ主要测验考生的阅读、数学能力和写作能力；SATⅡ测量具体学科知识以及对这种知识的应用能力，涉及数学、物理、化学及生物等科目，主要采用多重选择问题方式，要求在 1 小时内完成。SAT Ⅰ成绩是各大学统一要求的，即 SAT Ⅰ成绩达到一定标准，才能有机会迈入大学的校门。SATⅡ的成绩则要看相关院校要求，通过后方才被录取。

习惯上所称的 SAT 考试实际指 SAT I，测验内容主要为：

1）批判性阅读（critical reading）：主要考察学生阅读和完成句子的能力，主要题目类型包括阅读理解、段落阅读和完成句子，要求 70 分钟完成。

2）数学（math）：考察考生的各种数学计算和思维能力，内容涉及算术及应用题、代数及函数、几何及度量衡、数据分析、统计学及基础概率论等知识，主要题目类型包括五选一的选择题和要求填写步骤过程的运算题，时间亦为 70 分钟。

3）写作（writing）：考察考生的写作能力，关注考生对语法，习惯用法和词汇的恰当选择。主要题型包括选择题和一篇作文，选择题主要是挑错之类考察考生是否能够改进句子和文章，一篇作文要求有头有尾并且有自己的观点看法，时间为 60 分钟。

2016 年 SAT 考试再次改革，试题从三大必考部分：批判性阅读、数学和写作、满分 2400 变为两大必考部分：循证读写（evidence-based reading and writing）和数学，每部分满分 800 共计总分 1600，外加一个独立给分的选考部分：话题作文（essay）。循证读写部分关注考生对大学、工作的理解，并加入了图表以考察学生对文章和图表信息的阅读分析及分析性写作这种整合能力，这与之前的批判性阅读有所不同；而数学部分则强调对数学概念的充分理解和实际应用，关注数据分析与问题解决、核心代数知识以及高等数学入门知识。essay 部分要求根据文章的主线思路，一以贯之的做出评价。考察学生是否看懂文章及理解作者的写作意图、写作手法。

（2）美国大学考试（American College Testing，ACT）：ACT 也是由国家统一管理的，用于帮助高校评估申请人的考试，由四个部分测验构成：旨在测量考生书面英语的理解与分析能力的英语测试（English）；旨在测量考生定量推理能力的数学测试（Math）；旨在测量考生理解、分析、评价性推理和解决问题能力的阅读测试（Reading），内容涵盖自然科学、社会科学、人文科学甚至文学和艺术；旨在测量考生运用图表、表格和研究总结等方式处理科学概念的能力的科学推理测试（Science Reasoning）。还有一个非必选的 30 分钟英语写作是测试学生的写作能力。ACT 考试直接测量考生分析、解决问题和批判性评价书面材料等高校学习所必需的能力与技能。

笔记

ACT 考试侧重于对中学知识的掌握程度的测试。全套 ACT 考试，共计 215 道题，其中英语测试有75题，数学测试60题，阅读测试40题，科学测试40题，考试时限为175分钟。写作部分是选作部分，通常位于考试的最后，考试时间30分钟，要求写一篇作文。作为一种标准化学术能力测试，每一道ACT考题都经历了12个步骤的研发和命题过程，确保测量的准确性和可靠性。许多高校接受两个测试中的其一或两个考试都要。

除了检测考生的智力因素而外，ACT考试还十分关注考生的非智力因素。ACT考试附有中学所学课程和等级问卷、学生个人信息资料和学生兴趣问答等三份资料，从而可以比较全面地了解考生的教育需要、兴趣与能力。

ACT考试与SAT考试均被称为“美国高考”，它们既是美国大学的入学条件之一，又是大学发放奖学金的主要依据之一及对学生综合能力的测试标准。但ACT和SAT是两个非常不同的大学入学标准考试，SAT基本上是能力倾向测验，而ACT介于能力倾向测试与成就测试之间，不同于以往检测学生对所学习知识掌握程度的终结性考试，它是一种着眼于对学生学习能力、性向和适应性测验的配置性考试。从时间上看，ACT考试比SAT紧张；从难度上看，ACT考试比SAT更容易一些。

效度研究表明，所有这些考试在预测大学中的学习表现方面，均不如高中成绩总评。但是，如果用考试与高中成绩总评一起来进行预测，则可以比单独用高中成绩总评达到更好的预测效度。

3. **学校和大学能力测验**(School and College Ability Tests，SCAT)　SCAT的使用频率仅次于SAT。它是一个考察中学生和大学低年级学生的学习能力倾向测验，旨在测量学校习得的能力以及个人承担其他学业的潜能。包括多种水平，不同水平的试卷具有不同的难度。SCAT可以产生言语，数量和总成绩3个分数。

言语分数主要基于一个词汇类比测验，这一测验通过词汇类比来了解受测人对言语的理解程度。其形式如：

(1) 工具——铁锤相当于：

A. 桌——椅　　B. 玩具——布娃娃

C. 武器——金属　　D. 自行车——气筒

(2) 吹嘘——谦虚相当于：

A. 预兆——展望　　B. 根本——枝节

C. 叛变——忏悔　　D. 狡猾——偏见

数量测验是基于一种大小比较测验之上，这一测验通过要求受测者比较每一对数字的大小来了解学生的基本数学运算能力，其形式如：

在下面的每一道题中给出了甲乙两个量，试比较两个量的大小，并在“A：甲、乙一样大；B：甲大；C：乙大；D：所给条件不足以判断”这4个答案中作出选择。

(1) 甲 10与20间的一个数

乙 10与30间的一个数

(2) 甲 1/1000

乙 1/1001

SCAT是一个40分钟的测验，言语、数量两个分测验各占20分钟。

SCAT的题目取自不同年级的学校教学内容，它反映一个受测者在学校中接受教育的情况。它与一般的智力测验的区别在于它的成绩与以往受教育条件有密切联系，而不像智力测验的表现与以往所处环境关系并不明显。

SCAT的言语、数量和总成绩3个分数被同时以百分位数的形式报告在一张图表之上。不是报告一个点，而是报告一个区间，这一区间的范围相当于加减一个标准误，相当于68%的置信区间，即我们有68%的把握推测真分数在这一区间之内。

笔记

SCAT的常模样本包含10万个中学生和大学低年级学生。SCAT根据不同的年级计算了信度，总分信度达0.90以上，言语和数量分测验的信度在0.83～0.91之间。效度研究表明此测验具有一定的预测效度。在效度研究中包括对几十个班的学生的跟踪研究，总分与学生学年成绩总评之间的相关在0.59～0.68之间，语言分测验成绩与学生的英语课成绩的相关在0.41～0.69之间，数量分测验与学生的数学课成绩的相关在0.40～0.65之间。

4. 研究生水平考试（Graduate Record Examinations，GRE） 在美国，GRE相当于我国的研究生统一考试，它由ETS负责编制和施测，且每年在世界各地举行若干次。GRE旨在测量一般学术能力，其成绩是研究生院录取研究生、提供奖学金或助学金、决定专业方向、提供助教位置的重要依据，GRE在1936年首先由卡内基基金会主办并被用于东部4所大学的研究生录取，目前已经被大多数美国大学所采用。

GRE包括能力倾向测验和成就测验两部分，多数大学的多数专业只要求提供能力倾向测验的成绩，只有那些竞争激烈的热门专业和名牌大学才要求考生提供GRE成就测验成绩。GRE的能力倾向测验包括言语部分和数量部分，标准分平均分是500分，标准差为100分。言语部分包括推理、反义识别、类比和段落理解，数量部分包括算数推理、几何和代数。2002年增加了分析推理部分，它放弃了多选形式，改为短文形式，包括2篇短文，要求测验者根据所提供的证据分析一项辩论，明确表达并支持论证。

自2011年8月起，GRE一般考试在全球范围内同步改革，改革后的GRE考试（GRE Revised General Test，以下简称“新GRE”）在内容和考试形式上都发生了变化。新GRE考试更加注重对学生实际运用语言能力的考察。新GRE取消言语部分的类比和反义题，代之以阅读理解与生活场景题，减少了对单纯词汇意义的考察，但强调“高级认知能力”，更多地要求学生基于语境理解，强调推理和分析能力。考生不必再像以前那样死记硬背大量的生僻单词，但在填空方面加大了理解的难度，强调根据上下文理解词汇的含义。

多年来，GRE积累了许多样本的信度和效度研究资料。研究表明，能力倾向测验的信度均在0.90以上。效度研究表明GRE具有较好的预测效度，效度标准主要包括：研究生阶段学习成绩，导师的等级评定，获取博士学位的比例。与本科阶段的学习评定成绩的联合预测效度在0.40～0.45之间。考虑到研究生中获取的效度研究样本的同质性，这一效度系数已表明GRE具有相当高的预测效度。

三、其他能力倾向成套测验

（一）员工能力倾向测验（EAT）

员工能力倾向测验（the Employee Aptitude Test，EAT）与能力倾向区分性测验（DAT）在内容上十分相似。该测验20世纪80年代首次出版，旨在辅助选拔销售人员、文秘和生产工人。测验包括10个分测验：言语理解、数字能力、视觉追踪、视觉速度与准确性、空间想像力、数字推理、文字推理、单词流畅性、手部速度与准确性，以及符号推理。10个分测验均属快速反应类型，要求作答尽量快速，每个分测验只有5分钟施测时间。EAT还具有较多的言语、数字和推理成分，这使得该测验不仅有益于职业咨询与选拔，还有益于学习咨询。

（二）多维能力倾向成套测验（MAB）

多维能力倾向成套测验（Multidimensional Aptitude Test Battery，MAB）最初出版于1984年，是韦克斯勒成人智力测验修订版（WAIS-R）的一个纸笔型、团体施测的版本。MAB同样分为言语部分和操作部分两大块，一本小册子包括5个言语分测验（V）：常识、理解、算术、类同、词汇，另一本小册子包括5个操作分测验（P）：数字符号、图画补缺、空间关系、图片排列、物体拼配。每个小册子一开始有1～3道例题供被试熟悉测验的作答方式与要求。手册中给出了每个分测验的一般指导语和具体指导语，每个分测验限时7分钟完成，在单

笔记

独的答卷上或在计算机上记录反应。参照常模表，能够把10个分测验的原始分数分别转换成量表分数（平均数为50、标准差为10的标准分数）。从16岁至74岁分为9个年龄组，使用言语量表、操作量表和全量表分数，可以查出每个年龄组的离差IQ（平均数为100，标准差为15）。也有单独的常模表，可以查出每个年龄组的等值的量表分数；使用这些量表分数，能够绘制合适的年龄剖面图。

第三节 能力倾向测验的应用

能力倾向测验关注个体潜在特质，主要用来测试个体能力倾向的有无和程度。虽然起步较晚，但在西方国家发展迅速，常用的编制方法有理论法、工作分析法或理论和实践相结合的方法等。随着社会的发展，能力倾向测验在教育评价、职业选择和人才选拔、军事领域等方面的应用越来越多，功能越来越凸显。美国心理学家吉赛利（Ghiselli EE）依据相关研究总结了能力倾向测验的主要功能：一是分类功能（又称诊断功能），即通过能力倾向测验将已具有某些专业特长的人区分开来，如工程专业的学生与法律专业的学生在GATB的结果中就表现出明显不同的特征。运用回顾性的思路，找到特定专业与其所需特定能力倾向的关系模式后，进一步的预测：在什么样的专业中有发展前途，并取得较大成就。二是预测功能，即着眼于对特定职业范围内成就的测量，强调“前瞻性”，把注意力放在个体在未来发展中适应的可能性和可能取得的成就，包括发展潜能的预测上。因此，对于某种工作而言，人才的使用者（或挑选者）更关心谁是更适合于这项工作（预测功能）；而当有多项工作要做，并存在多个候选者时，人才的使用者（或挑选者）更关心如何能合理、有效地分配（派）人力（分类功能）。所以，能力倾向测验在不同的需要中发挥着不同的功能。

一、在教育评价中的应用

（一）评估学生的学习能力

学习能力倾向测验被广泛应用于教育领域，以其独特的诊断和预测功能在学生的学业辅导和学生发展咨询中发挥着重要作用，目的在于通过对学生基本学习能力的测量来评估其学习能力的优劣，预测学生的学业成绩或在新的学习情境中成功的可能性，美国常见的学习能力倾向测验有DAT、SAT、认知能力测验（Cognitive Ability Test）等，我国学者对多门学科的能力结构做了大量研究，但相关测验较少，如林传鼎和张厚粲改编而成的少年儿童学习能力测验、张月娟和龚耀先编制的中学生学习能力倾向测验（简称AATMS）等。

2013年天津市卫生局所属事业单位使用自行研发的《医学职业能力倾向测验》作为考试的一项内容，来考查医学专业毕业生的职业素养和发展潜能。其内容涵盖交流理解能力、判断推理能力、信息处理能力及医学常识四个方面，题目形式包括片段阅读、短文阅读、逻辑判断、定义判断、图形推理、编码识别、资料分析和医学常识等。通过对总体、不同题型、不同群体的测试结果进行分析，我们可以看到考生医学常识和推理能力欠缺，促进对医学专业技术人员的培养和教育的反思和调整，对能力的评估替代了对记忆为主的知识的评估。

通过这些测验，一是为学习和就业咨询提供指导，即为学生提供一个自我能力的轮廓，使学生了解自己不同能力的优劣程度，在学习和就业时作为重要参考；二是可以鉴别出有特殊教育需要的学生，对不同能力优势的学生进行针对性教学，同时也能够最大限度地增强学生学习兴趣，激发成就动机；当然，这也为学习障碍的诊断提供依据，例如将学习能力倾向测验和成就测验联合进行大规模施测，短时间内可以取得两者的联系，从而使学习障碍的判定更有针对性和客观性；三是成为高考录取的依据，比如说大学生学习能力以及在哪些专业上更具有优势，成为高考录取的重要参考。美国自1926年以来，一直将SAT作为

笔记

大学学习能力倾向评估的工具，其成绩是决定是否录取的重要指标。

（二）评估教师教学能力

能力倾向测验在教师教学能力评估中发挥着重要作用。例如，在中学毕业时使用测验去评估学生在基本技能方面的能力和要求是否达到确定的最低分数线。一方面体现了教学活动在多大程度上实现了学生的能力发展，为调整教学模式、有效提升教学绩效提供依据，如在美国要求按州和地方报告全国教育进步评估（NAEP）的测验分数的同时，要采取措施充分发挥这种评价在制定教育决策和资源分配方面的作用。另一方面也为个别或个性化教育提供参考，提示教师如何在教学中因材施教，给予每个学生不同的期望和指导，充分发挥学生的强项，弥补或避免弱项带来的不利影响。

能力倾向测验在教师录用和晋升评聘中的作用不容忽视。在美国，差不多50个州都应用了一定形式的教师评估体系，很多州都要求教师在录用测验系统达到一定标准后才能接受进一步的培训。国家教育协会和美国教师联合会也都支持对新教师进行测试，但是教师能力测验的通过标准却很难统一，甚至引发法律纠纷。随着科技的进步，权威人士认为未来将使用计算机技术、直接观察的课堂表现、教学活动档案内容等组成的测验，再加上标准化的纸笔测验，应该可以评价未来教师是否可以雇佣，也用于有经验的教师进行再次确认资格、晋升、确定终身教师的级别和发送奖金等领域。

二、在职业选择和人才选拔中的应用

随着经济的快速发展，我国职业化水平不断提高，职业岗位对人才的要求也会更加专业化和区别化。人们在从事某职业或专业时必须具有相应的能力或特质，才能胜任工作或学习。这就使得各种职业能力倾向测验，包括音乐、机械、文书、艺术等方面的特殊能力倾向测验，在个体职业选择和单位人才选拔中发挥着重要的作用。例如用于测量各种职业能力倾向的GATB，多用于工业和商业人员的选择和安置，以达到人职匹配。

在各国的公务员录用考试的总体方案中，具有行政职业能力倾向测验性质的考试也都作为重要的筛选工具，具有否决权。例如，英国文官考试的程序中包含有11项分测验的认知测验，就属能力倾向测验，内容包括直接考查一个行政官员所必须具备的文字和数字方面的能力，还有一些是考查其逻辑推理能力。在美国的文官考试中，由芝加哥大学为政府设计的"基础能力倾向测验"测查的内容包括空间能力、数量关系理解能力、观察力、记忆力、文字表达能力、语言关系理解能力、知觉速度和归纳能力8项。在加拿大公务员选拔考试中，这方面的测试则更为具体。例如，在行政和外交类初级水平人员的录用考试中，有一般的认知能力测验，也有普通行政能力考试，用于考查完成基本行政任务的潜在能力，如规划、决策、分析和解决问题、评估信息等能力。此外，还有更为具体的能力倾向测验，如了解报考人员学习计算机的程序编制、计算机的操作、数据处理等方面的能力倾向测验。根据加拿大公务员委员会项目开发局提供的资料显示，认知能力测验在人员选拔中与评价中心的其他技术手段相比具有相近的高效度，与被录用人员录用后的表现间的一致性达0.51，而工作试用和面试的选拔效度只是0.44和0.39。在日本的公务员选拔考试中，能力倾向测验被置于称之为"教养测验"的内容中。所谓"教养测验"包含了相当于到高中阶段学过的各种文、理科知识，如政治、经济、文学艺术、地理、历史、伦理、社会学、数、理、化、外语等，也包括了判断推理和资料分析等内容。

中国自1988年开始研究开发行政职业能力测验，1989年首次使用以来题型逐渐稳定且不断发展完善，从2002年开始，根据招考职位的不同，把行政职业能力倾向测验分为两类，题目全部客观化，考试更加规范化、透明化。2007年，不再分类，内容框架和题型基本稳定。截止目前，行政职业能力测验主要由知觉速度与准确性、数量关系、言语理解、判断

笔记

推理和资料分析五部分组成，在公务员录用考试笔试部分所占比重由最开始的10%逐步提升至50%，甚至更重，其科学性和实效性凸显。据国家公务员考试网统计，2016年，成功报考公务员的人数超过28.3万，竞争比达46∶1，行政职业能力测验在公务员录用考试选拔中发挥着重要作用，且已经成为公职人员选拔考试的一个基本模式。行政职业能力测验作为早期筛选的手段，具有单独否决权，有利于提高公务员录用考试的严肃性和权威性，有利于预测考生在行政管理职业领域里的多种职位上取得成功的可能性，达到"人适其职，职得其人"。也就是说，行政职业能力测验在一定程度上体现了对国家公务人员的最低限度要求，通过行测考试是进入国家机关工作的必要条件。

三、在军事领域中的应用

能力倾向测验在军事领域中，主要用于新兵筛选和军队工作安排。其研究和应用始于一战时期美国的陆军甲乙种测验，继之，又出现了文书测验、手指灵活性测验等特殊能力倾向测验。1939年，美军编制了陆军普通分类测验（Army General Classification Test，AGCT），并于第二次世界大战期间广泛应用于官兵的测试。1941年美国的空军学员分类成套测验（Aviation Cadet Classification Battery），在实践中有效地应用于飞行员、海员和炮兵的选拔，也促成了许多能力倾向成套测验的发展，美国的空军学员分类成套测验预示着职业能力倾向成套测验的成熟。现测量文书能力和其他特殊能力倾向测验使用最多，其中较有代表性的比较完善的能力倾向成套测验是军队服务职业能力倾向测验（ASVAB），其中不同分测验的分数组合成为陆军资格测验，被所有军队采纳，成为是否可入伍的一般训练能力的衡量指标；而且不同的组合还可以适用于人事选拔和分类。除此之外，美国军事部门施测的其他技能测验已多达900多种。在实践中，当测量目的清晰时，特殊能力倾向测验的预测更有效，因而得到更深刻的研究和更广泛的应用，能力倾向测验的精度不断提高。

在我国，能力倾向测验在军事领域的研究和使用起步较晚。在飞行员选拔中，20世纪50年代陈祖荣主持空军航空医学研究所设计出30余项纸笔测验方法；80年代筛选出注意广度、视觉鉴别、运算能力、地标识别等测验；90年代，李良明根据飞行人员认知结构设计了12项纸笔测验式心理素质测量方法。1994年胡文东、苗丹民研制了DXC-3型心理测评仪，能用仪器做11项认知测验并在招飞中应用。同年，空军组织了北京大学心理系、北京师范大学心理系等10多个院校和科研单位、上百名专家开展招飞心理选拔测评系统工程课题研究。在海军选拔中，《水兵职业能力倾向测验》（SVST）已被验证可以作为选拔安置水面舰艇专业军士、淘汰水面舰艇不合格现役义务兵的测评工具。此后，在陆军和武警部队方面的研究开始增多，其中迟冬青、胡文东等编制了《高原军人心理健康调查问卷》，王进礼、龚耀先编制的《多项能力倾向测验》已经在武警部队试用。总体上讲，能力倾向测验的研究和应用在我军还相对滞后，但近些年发展比较迅速。

不仅如此，能力倾向测验在军队的独立发展对整个能力倾向测验的发展起到关键作用，在特殊能力倾向的效度研究，能力理论的验证，对发现新的能力和测验手段上的创新等均有重要贡献。

四、应用中需要注意的问题

（一）能力倾向测验的预测性问题

能力倾向测验只是测量某些方面的潜在能力，但是个体的成功除了所需的能力倾向以外，还有动机、态度以及环境条件等多种因素在起作用。因此，能力倾向对于成功来说只是一个必要条件，而非充分条件，对于预测一个人在某些方面的成功有一定的局限性。相反，如果一个人缺乏某些方面的能力，则可以说他（她）在这方面成功的可能性微乎其微。从这

笔记

个意义上说，能力倾向测验预测失败比预测成功更为准确。

能力倾向测验在一定程度上体现了对被评价者的最低限度的要求，高于这一限度，可将其评分与其他方面的评价结构综合考虑，低于这一限度则不能被录用。所以，它需要和其他测评手段一起使用，相互补充，才能更好地发挥预测作用。例如我国公务员考试中，将行政职业能力倾向测试和《申论》考试（主要考察搜集、分析和处理各类日常信息的素质与潜能，解决实际问题和文字表达的能力）结合起来预测个体从事公务员工作的成功性，以此初步决定是否录用。

此外，将能力倾向测验用于预测时需要非常慎重。主要基于以下两方面考虑：一是有些能力倾向对于一些青少年来说尚未得到充分发展，将测验用于这些被试可能会出现误导，特别是在临床和教育背景下以诊断为目的对儿童施测的测验尤其要小心；二是对于某些能力倾向测验来说，尚缺乏一定的预测性研究，如果以这样的测验去做预测，所冒的“风险”会更大。因此，有时各种研究资料齐全的旧测验反而比新测验更可靠。

（二）能力倾向测验分数的处理和解释问题

对能力倾向测验分数的处理和解释需要慎重。

首先，我们要对测验结果进行负责任的处理，在未涉及违法和危机等特殊情况下，测验分数必须经过被试本人或法律上负责该个体的成年人知情同意后，才能为其他人所用。对特殊群体的解释尤其要注意，如对中小学生进行分数解释时，要注意全面、客观，不随意下结论，更不能随意贴标签，要本着有利于学生发展的原则，采取鼓励性的、委婉的方式。

其次，能力倾向测验的标准化样本常不相同，尤其是从事特殊职业的团体取样，因此测验分数也许只是标准或职业团体的差异，而不是能力差异。例如被试A做了水兵职业能力倾向问卷，B做了高原军人职业能力倾向问卷，两者分数的差异也许只是水兵和高原军人职业能力标准的差异，或者水兵和高原军人职业的能力差异，而不仅仅是A和B的能力差异。

再次，要把个体测验分数和从事这种活动的职业团体的常模进行比较。对于特殊能力倾向测验来说，如果仅同一般人的测验结果相比，则没有实际意义，因此需要建立一个特殊团体的常模。换句话说，一个做了美术倾向能力测验的人，应该将其分数与从事美术工作的个体在该测验上的分数进行比较，以判断他是否适合从事美术工作。

（三）辅导对于测验分数的影响问题

考生感兴趣的是如何在考试中提高自己的分数，这导致了辅导教材的出版和各种培训班的举办，同时也提高了能力测验的得分。在美国，辅导对于SAT和其他入学考试的分数是否有显著影响已经争论了很多年。因为如果能证明辅导确实可以提高分数，那么不能负担辅导费的年轻人就被剥夺了与那些比较富有的伙伴同等的机会。在我国，公务员考试人数众多，催生了从考试辅导材料、网络微课、视频课程、面授课再到各种考试服务的一条利润丰厚的产业链，甚至成为了一种产业化、长期的过程。许多培训机构还设立了专门的机构来研究考试题型，甚至出现了相关的研究成果，例如《行政职业能力测试中数字推理的答题技巧》、《关于行政职业能力测试中数量关系与资料分析的一些方法》等。在应试辅导的冲击下，公务员考试的信度和效度都受到影响，部分题型的效度已经大不如前。如何应对应试辅导和强化备考已成为测验无法回避的现实问题。因此，学术界一方面需要研究培训对各个题型效度的影响，另一方面需要研发新题型来破解应试辅导对已有题型的冲击。

（四）能力倾向测验的公平性问题

公平性问题一直是心理测验面对的一个重要问题，在教育与心理测量领域，主要是指在测验设计开发、实施计分及结果解释和使用等各环节，不论参加者所属何种群体，测验都应对参加者一视同仁、公平对待，使测验结果只反映出测验拟测量的构念，而不受与测验构念无关的诸多因素的影响，但现实中做到完全公平基本不可能，能力倾向测验也不例外。

笔记

我国金燕、马春兰等通过对汉、藏两族学生施测《公务员行政职业能力测试》，结果显示从内容上来看，造成两族学生成绩差异的主要是少数民族语言文字、社会生活环境和民情风俗，而不是能力的差异，测验的公平性需要引起重视。传统观点认为不论两个群体在测验的平均分数上有怎样的差异，只要该测验能够对所有申请者作出同样良好的预测，那么这样的测验应该是公平的，特别是对于职业选拔测验来讲。科尔（ColeNS）于1973年提出了另一个测验公平性定义，她建议对于两个或更多的申请者群体设立不同的及格分数，其目的是使每一个群体中可能的成功申请者入选的概率相同。

从宏观上看，并没有绝对的公平。公平性也不仅仅是心理测量学的问题，而更多的是一个社会政策的问题。我们在构建测验的公平性框架时，也没办法达到一个绝对公平的状态，所以，只能是整体上保持相对的公平，尽可能地消除或减少一些可能影响全局的、人为的、操作层面上的不公平因素，进而使测验编制和使用过程中的公平因素不断增长。

（马　娟　姬旺华）

思考题

1. 什么是能力倾向测验？它与智力测验有何关系？
2. 简述能力倾向测验的常见种类。
3. 请对比分析4种特殊能力倾向测验的异同。
4. 试比较特殊能力倾向测验和多重能力倾向测验的异同。
5. 简单介绍几种多重能力倾向测验。
6. 简述使用能力倾向测验时要注意哪些问题。

笔记

07章

第七章 兴趣与态度测验

第一节 兴趣与态度的理论基础

一、兴趣与兴趣测验的理论基础

（一）兴趣的概念

林崇德等主编的《心理学大字典》把兴趣界定为：兴趣（interest）是指个体力求认识、探究某种事物或从事某种活动的心理倾向，它表现为个体对某种事物或从事某种活动的选择性态度和积极的情绪反应。其基础是个体的需要，是一种带有情绪色彩的表现，兴趣的形成既取决于客体和活动的特点，也取决于个体的特点，是客体的特征和个体的特点相结合的产物。张春兴认为兴趣的概念体现在以下5个方面：①个体对事物的正面态度；②由人、事物引起的注意倾向；③个体在从事某种活动时所体验到的愉快感受；④在动机性行为活动中逐渐接近目标时的心情；⑤个体所追求的目标达成之后的满足。

综上所述，我们可以看到兴趣是一种重要的心理倾向，它具有认知和情绪的两重特征，从认知特征上讲，兴趣表现为个体对认识某种事物或从事某种活动的主动选择和探究的倾向和态度。从情绪特征上讲，兴趣伴随着愉悦的情绪体验，是一种积极的情绪反应。

兴趣主要是在后天社会实践中逐渐形成的。个体的认知兴趣在几个月大的婴儿身上就已经出现，体现在对环境中出现的新事物表现出惊奇和兴奋的反应。年龄稍大的儿童会对新玩具表现出长时间注视、抚摸、摇晃、敲打甚至毁坏等行为。正是在个体生命早期具有的这种定向探究活动的基础上，才逐渐形成了个体对事物和活动的兴趣与爱好。稳定的兴趣是建立在社会性需要基础上的，社会性需要的满足又会使这种兴趣得到进一步强化。

兴趣对个体来说具有重要的作用和意义。兴趣是推动个体认识事物和从事活动的心理动力因素，凡是个体感兴趣的活动，就能提高人们的积极性，使人愉快积极地从事该种活动。正如孔子所述，“知之者不如好之者，好之者不如乐之者。”兴趣对个体活动的作用可表现为对未来活动的积极准备、对正在从事活动的推动以及对活动的创造性态度的促进等多个方面。

人类的兴趣是多种多样的，可以从不同的角度进行不同的分类。根据兴趣的内容，可以把兴趣分为追求某种物质或条件的物质兴趣和指向对事物认识的精神兴趣；根据兴趣指向的目标，又可把兴趣分为直接兴趣和间接兴趣，直接兴趣是指对活动过程本身的兴趣，间接兴趣是指对活动结果的兴趣。另外，个体兴趣的品质可以从兴趣的稳定性、兴趣的广度以及兴趣的效能等方面来评价。

兴趣是完整人格的一个有机组成部分，它不仅与其他人格因素有密切关系，而且对人的活动有重要的影响，因此兴趣研究对教育和专业指导具有重要价值。目前，人们对兴趣的研究主要集中在职业兴趣方面，限于篇幅，下面介绍的理论和测验也围绕职业兴趣展开。

笔记

所谓职业兴趣(vocational interest)是指个体表现在职业活动中的兴趣。也就是说,一个人对某种职业活动表现出肯定的态度,并积极探索和追求。职业兴趣是兴趣在职业选择活动方面的一种表现形式,它体现了职业与从业者之间的相互影响。

职业兴趣在人的职业活动中起着重要的作用,它不仅影响着个体的职业定向和职业选择,也影响个体在职业活动中潜能和创造力的发挥及个体的职业适应性和职业的稳定性等。自从迈纳(Miner J)对职业兴趣进行系统研究,并于1915年编制了一个兴趣测量的问卷以来,职业兴趣受到了教育学家、心理学家、管理学家等的重视和研究,产生了许多职业兴趣的理论和评估工具。

(二)兴趣的理论

1. 职业兴趣发展理论 兴趣来源于哪里?它如何随时间发展而变化?精神动力学家认为,兴趣不是个体由偶然经验而获得的,而是个体深层次需要和人格特质的表征。他们非常强调升华和认同对个体职业兴趣形成的重要作用。例如,有强烈虐待倾向的人通过升华作用,可能对外科医生、屠夫等职业感兴趣;性冲动受到挫折的人通过升华作用,可能会成为浪漫诗人,或者对模特儿、演员等与装饰和身体有关的职业感兴趣。但是升华与职业兴趣、职业选择的关系,尚缺乏实证研究的支持。但是,不少研究证实了个体的兴趣发展和职业选择与儿童对父母或重要他人的认同作用有密切相关。例如,根据安妮•罗(Roe A,1969)等人的观点,职业兴趣和职业选择都源于儿童与家人的关系及儿童对家人的认同。温暖而接纳的积极家庭氛围使儿童倾向于形成偏重于"人"的取向;冷漠而疏远的消极家庭氛围则可能导致儿童偏向于"物"的取向。根据班杜拉社会学习理论的假设,职业兴趣是儿童对重要他人示范行为进行模仿的结果。

萨帕尔(Super D,1957)认可认同和角色扮演在兴趣发展中的作用,但他更强调自我概念的变化与职业兴趣发展的关系。萨帕尔把通过职业成熟而个体寻求自我认同的过程分为3个阶段:探索阶段、确定阶段和保持阶段。在职业成熟的过程中,个体在不同的年龄阶段要完成5个发展性任务:职业偏好的成形(14～18岁)、职业偏好的具体化(18～21岁)、职业偏好的践行(21～24岁)、职业偏好的稳定(25～35岁)以及职业偏好的稳固和提高(35～45岁)。

金兹伯格(Ginzberg E,1951)等人则将个体职业选择过程分为3个主要时期:幻想期、尝试期和现实期。幻想期主要在儿童早期(11岁之前),这一时期的儿童对职业的选择是充满幻想的、不现实的,也常常是不稳定的,易受环境中的事件和权威人物的影响而发生变化。尝试期年龄阶段在11～18岁之间,这个时期又分为兴趣、潜能、价值和转化4个阶段。在尝试期,个体通过尝试各种实践活动,开始通过思考自己喜欢做什么,对什么活动感兴趣来考虑可能的职业,也开始考虑职业所需要的能力,以及职业的内在和外在价值等。现实期的年龄阶段在19～21岁之间,这个时期又分为探索和成形两个阶段。在现实期,个体通过积极的现实探索,在不断总结失败与成功经验的基础上兴趣逐步指向某些确定的职业,最终根据自己的实际情况选择特定的职业。

2. 职业兴趣类型理论 关于职业兴趣的分类一直是一个有争议的问题,不同的学者对职业兴趣有着不同的种类划分。比如霍兰德(Holland J)将职业兴趣类型分为6类:现实型(realistic)、研究型(investigative)、艺术型(artistic)、社会型(social)、企业型(enterprising)、常规型(conventional)。而罗(Roe A)将职业兴趣分为8类:艺术与娱乐类(arts and entertainment)、服务类(service)、商业接触类(business contact)、组织类(organization)、技术类(technical)、户外类(outdoor)、科学类(science)、一般文化类(general culture)。库德(G. F. Kuder)则将职业兴趣分为10个领域:户外的(outdoor)、机械的(mechanic)、计算的(computational)、科学的(scientific)、劝说的(persuasive)、艺术的(artistic)、文学的(literary)、

笔记

音乐的(musical)、社会服务的(social service)、文书的(clerical)。在众多职业兴趣类型理论观点中，罗的职业兴趣理论和霍兰德的职业兴趣理论影响较大，下面将重点介绍。

(1) 罗(Roe A)的职业兴趣理论：罗通过对物理学家、生物学家和社会学家等不同领域的专家进行人格研究发现，不同领域的专家在对人和物的兴趣上存在明显差异，对人有强烈兴趣的个体会选择人际定向的职业环境，诸如一般文化、艺术、娱乐、服务及商业接触等职业；而对物有强烈兴趣的个体会选择诸如科学研究、户外及技术等非人际定向的职业。罗把职业兴趣分为艺术与娱乐类、服务类、商业接触类、组织类、技术类、户外类、科学类、一般文化类等8种类型。在研究的基础上，罗把她的职业兴趣理论扩展为一个三维圆锥体模型(three-dimensional conical model)。第一和第二维度是水平维度，第一个维度从左到右表示从人际关系取向到自然现象取向；第二个维度由近及远表示从资源利用取向到目的性沟通取向；第三个维度是垂直维度，从下到上表示职业所需的技术水平从低到高分，可为3种，即非技术性、技术性和专业性。罗认为，前两个维度在技术性高的职业中可变性较大，在技术性较低的职业中变化较小。

罗的职业兴趣理论对职业兴趣的研究及职业兴趣量表的编制有较大的影响，一些职业兴趣问卷诸如加利福尼亚职业偏好系统兴趣问卷(California Occupational Preference System Interest Inventory)、霍尔职业定向问卷(Hall Occupational Orientation Inventory)、职业兴趣调查表(Vocational Interest Inventory)均是根据罗的理论编制而成的。

(2) 霍兰德(Holland J)的职业兴趣理论：霍兰德的职业兴趣理论是目前国外职业兴趣研究领域中影响力最大的一种理论。霍兰德在其长期的职业指导和咨询实践的基础上提出：个体的职业兴趣就是个体的人格体现，兴趣是人和职业匹配过程中最重要的人格因素。人格类型和环境的相互匹配决定了个体在此环境中的行为，如果个体在环境中得到强化和满足，则个体将倾向于保持在此环境中，也就是说人们倾向于选择与自己人格特点相匹配的环境，在匹配环境下人们更满意、更快乐、工作效率更高。反之个体将会改变环境，或者将改变自己。霍兰德(Holland J)的职业兴趣理论可以说是一种职业人格理论，是一种职业人格与工作环境相互关系理论。

霍兰德(Holland J)认为，大多数人的职业兴趣(人格类型)可以归纳为现实型、研究型、艺术型、社会型等6种类型。每一种职业兴趣类型均有其不同的特点。人们将其简称为RIASEC理论。

1) 现实型(Realistic，R)：现实型的人往往表现出看重具体事物的价值观。喜欢技术性和体力性的工作，偏好摆弄和操作工具、机械、电子设备等具体有形的实物，以及各种修理工作，喜欢户外与动物和植物有关的工作。不善于交际，不喜欢从事和人打交道的活动，不喜欢从事教育性、服务性和说服性的职业。

2) 研究型(Investigative，I)：研究型的人多体现出看重科学研究的价值观。偏好对各种现象进行观察、分析和推理，并进行系统地和创造性地探究，以求能够把握这些现象，并发现新的现象和提出新的理论。他们喜欢独立工作而不喜欢有组织、被领导的活动。不喜欢说服性的活动和机械重复等缺乏挑战性和创新性的活动。

3) 艺术型(Artistic，A)：艺术型的人具有丰富的想象力，看中美的品质。喜欢模糊、自由和非系统化的活动，并在这样的活动中创造出艺术作品，完成自我表现。不喜欢明确、秩序和系统化的活动。他们具有自主性、非传统性强及情绪敏感等特点。

4) 社会型(Social，S)：社会型的人表现出重视社会和伦理道德问题的价值观。善于与人相处和处理人际关系中的问题，喜欢对他人进行传授、培训、教导、治疗、咨询等与人打交道的社会服务活动。不喜欢与材料、工具、机械等实物打交道的工作。

5) 企业型(Enterprising，E)：企业型的人看重政治和经济方面的成就。对扮演领导角色

笔记

和从事冒险活动非常感兴趣，喜欢从事领导团队实现组织目标或获取经济利益的活动。他们自信、精力充沛、支配欲强，对精细的工作缺乏耐心。

6）常规型（Conventional，C）：常规型的人看重商业和经济方面的具体成就。喜欢对数据资料进行明确、有序和常规化的整理工作，如按既定的计划规程保管记录，填写整理文字和数字资料，使用文字和数据处理设备等协助实现组织目标或获取经济利益。不喜欢模糊、不规范、非程序化或探究型的活动。他们可靠、服从、自控能力强且比较保守。

与6种职业兴趣类型相匹配，霍兰德（Holland J）将工作环境也划分为现实型、研究型、艺术性、社会型、企业型和常规型6种模式，工作环境提供了相应人格类型的个体发挥其兴趣和才能的机会，并强化相应的人格特质。例如，常规型环境模式要求个体对数据或文字资料进行明确的、有序的和常规化的整理，工作环境和处在其中的人们共同创造出一种氛围，使常规型的人格特质受到鼓励和强化。其他5种工作环境同理。所以人们倾向于寻求和选择与其人格类型相匹配的工作环境，若如此，个体就会感到快乐、满足、富有成效。

霍兰德（Holland J）用等距等边的正六边形结构模型进一步阐述了6种职业兴趣类型之间内在的结构关系，见图7-1。六边形结构模型认为，R、I、A、S、E、C 6种类型成固定的顺序排列，相邻类型间相关最大，相隔类型间相关次之，相对类型间相关最小。职业兴趣各类型间的相关与他们在六边形上的相隔距离成反比（图7-1）。

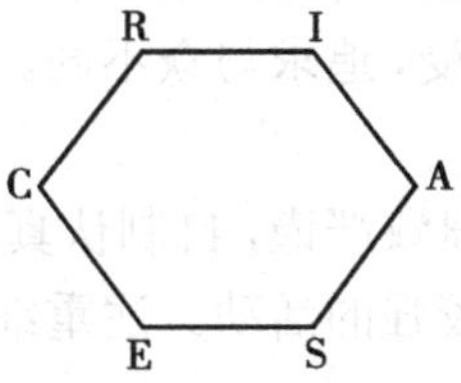

图7-1　霍兰德职业兴趣类型的六边形结构模型

由六边形结构模型，霍兰德（Holland J）推论出亚类型、分化程度、一致性和渐进性等几个重要的概念。

1）亚类型：亚类型是指6种职业兴趣类型的组合体。霍兰德（Holland J）认为：个体可能同时具备两种或以上类型的职业兴趣，RIASEC理论不是一定要把个体归为6种职业兴趣类型中的某一种，而是试图找出最能代表其兴趣特点的组合模式。一般用最占优势的2个或3个兴趣类型来代表个体的亚类型，例如RI或RIC。

2）分化程度：分化程度是指各种兴趣类型成分或各种环境模式在真实的个体或工作环境中所占比例的大小。霍兰德（Holland J）认为：每个个体都具备6种职业兴趣类型的成分，每个工作环境也包含了多种环境模式的特点。对于个体，6种职业兴趣类型所占比例的差别越大，表明个体6种职业兴趣类型的分化程度越高，其职业兴趣类型的特点越明显，可以明确确定其类型属性。对于工作环境，分化程度越高的工作环境类型特点越明确。无论对个体或是对工作环境，分化程度越高，据此所做出的预测就越准确。

3）一致性：一致性是指不同兴趣类型间、不同工作环境模式间的亲疏关系。在六边形模型中，相邻的兴趣类型间相关最大，相似性最高，它们所组成的亚类型一致性最好，例如RI；相隔兴趣类型组成的亚类型的一致性次之，例如RA；相对兴趣类型组成的亚类型的一致性最差，例如RS。一致性高的亚类型反映了个体兴趣和能力等方面的相似和统一。以上的解释同样适用于工作环境模式。

4）对等性：对等性是指个体的兴趣类型和工作环境模式是否相同。特定兴趣类型的个体在相同类型的工作环境中最对等；在相隔类型的工作环境中对等性次之；在相对类型的工作环境中对等性最低。对等性的高低可以预测职业的稳定性、满意度以及工作绩效。

笔记

霍兰德（Holland J）的职业兴趣理论明确提出了职业兴趣的人格观，而且充分体现了人格和环境相互作用的观点，他的理论将职业兴趣的个体差异与职业环境两者密切联系起来。所以无论是对职业兴趣的研究，还是对职业兴趣量表的编制均有非常重要的影响。他提出的职业兴趣类型的六边形结构模型在以不同国家被试为样本的研究中均得到了验证，在一定程度上说明了该模型的代表性和普遍性。但也有研究者在对霍兰德（Holland J）的六边形模型验证的过程中提出了新的改进模型。最有代表性的观点是盖蒂（Gati I，1979，1991）的层级模型（hierarchical model）以及普瑞蒂格（Prediger D，1976，1982）的维度模型（dimensional model）。在盖蒂的层级模型中，兴趣的分类是按几个层级水平排列的，他把霍兰德的六边形模型改为层级模型，R 与 I、A 与 S、E 与 C 分别构成层级结构最低层的 3 个组，这 3 组又共同组合成一个组，构成层级结构的第二层。普瑞蒂格的维度模型认为，霍兰德的六边形模型中的 6 种类型间的关系可用两个基本维度即人物 - 事物维度和资料 - 观念维度来说明，并对数据任务、观念任务、事物任务、人物任务等 4 种具体的工作任务进行了定义。

（3）我国中学生的职业兴趣类型：张厚粲等通过研究提出了我国当代高中生的职业兴趣类型，他们认为，我国当代高中生的职业兴趣类型可以分为 7 种，分别为艺术型、事务型、经营型、研究型、社会型、技术型、自然型，并详细描述了每种类型的特点。

1）艺术型（aristic，A）：敏感深刻，自由奔放、喜欢在宽松自由的环境中，借助音乐、文字、形体、色彩等形式表达自己的感受，追求与众不同。情感丰富，做事凭直觉，厌恶常规性的工作。

2）事务型（conventional，C）：细致严谨，自制认真，喜欢规范明确、秩序井然的工作环境，偏爱系统性、条理性、规范性比较强的活动。注重细节，追求精确，不喜欢变化过多或冒险活动。

3）经营型（enterprising，E）：精明自信、乐观进取，对商业信息比较敏感，善于说服别人接受自己的观点，喜欢追求经济效益和个人成就，具有一定的组织和计划能力。工作时精力旺盛，喜欢冒险竞争，不喜欢讨论学术性问题。

4）研究型（investigative，I）：严谨缜密、勤学好问，善于观察分析、逻辑推理，喜欢以理性思考的方式探究事物。对事物总是充满了好奇心，富有批判精神，喜欢独立的工作氛围，重视知识在个人发展中的作用。

5）社会型（social，S）：热情友善、容易相处，在人与事物之间，偏爱与人打交道。善于表达，喜欢倾听和了解他人，关心社会问题，乐于助人。交友广泛，亲和力强，有较强的合作精神，但缺少竞争意识。

6）技术型（technological，T）：稳重踏实、崇尚实干，在人与事物之间，偏爱与具体有形的事物打交道，不善交际。喜欢在需要动手的环境中，通过使用各种工具、设备，按照一定的工作程序，制造出具有使用价值的产品。

7）自然型（natural，N）：喜欢户外活动，对大自然中的事物充满浓厚的兴趣。喜欢探索生命现象，了解各种动植物的生活习性和生长发育规律，不喜欢受约束，实干意识比较强。

张厚粲认为，前 6 种职业兴趣类型与霍兰德职业兴趣理论的 6 种兴趣类型有一定的相似性，与之有较大区别的是自然型职业兴趣类型的提出。自然型职业兴趣类型在诸如吉尔福特、库德等人的职业兴趣分类中也有体现。另外，在我国高中生中出现自然型职业兴趣类型，在一定程度受我国的职业构成的影响，我国职业人口中属于自然型的职业人口占总职业人口的 23.1%。因此，我国高中生的职业兴趣可以分为 7 种类型的结果是合理的。

（三）兴趣评估的方法

收集个体兴趣的有关信息，对个体的兴趣进行评估，主要有以下 3 种方法：

笔记

1. **兴趣表达** 这是收集个体兴趣信息的最简单、最直接的方法，即直接询问被试对什么事物、活动、职业等感兴趣，用语言表达出他对什么感兴趣，对什么不感兴趣，对被试表达的兴趣进行评估。这一方法直接指向评估目标，对收集被试有关喜欢或不喜欢的信息是有效的。在霍兰德编制的兴趣量表中，第一部分就是采用了兴趣表达的方法，让被试列出他喜欢并憧憬的职业。

2. **行为观察** 这是一种对被试在活动中表现出来的兴趣进行评估的方法，即通过观察个体在不同情境中的行为，来推测其兴趣。这种方法的假设是，个体倾向于参加或从事他喜欢并能为他带来满足的活动或职业。

3. **兴趣量表** 这是以标准化的兴趣量表来评估兴趣的方法。国际上有许多标准化的兴趣量表可供使用，兴趣量表是一种比较科学、使用最广泛的兴趣评估方法。

（四）兴趣量表的编制策略

1. **经验效标法** 以经验效标法编制兴趣量表，测验项目的选择是以经验效标为标准，而不是理论基础。也就是说，测验项目的选择是以实证资料为依据，重视项目的区分度，即只保留那些能够将效标组与控制组区分开的项目来构成量表。以经验效标法建构的量表可能具有较高的效标效度，但量表内部项目的一致性可能较差，所以量表的同质性会较低，影响对从事某种职业的群体的兴趣特点做出清楚的解释。

经验效标法最早是由斯特朗（Strong E）在 1927 年编制斯特朗职业兴趣调查表（Strong Vocational Interest Blank，SVIB）时使用的编制策略。斯特朗搜集大量反映职业、学科、活动、娱乐等方面兴趣的题目，然后取两组被试，一组由专门从事某种工作的标准职业者构成，作为效标组，另一组由一般人群构成，作为对照组，比较两组被试在题目上的反应，选择出两组反应差异明显的题目构成特定的职业量表。

2. **同质性方法** 以同质性方法编制兴趣量表，注重对职业兴趣间的同质性分析，强调量表的同质性。将测验项目施测于一组被试，将那些相关高的项目组织在一起，构成一个具有某种共同特性的同质性量表，量表中的所有题目在内容上有很高的一致性。以同质性方法建构的量表施测的结果易于解释。这种方法最先是由克拉克（Clark K）于 1961 年提出的，坎贝尔（Campbell D）于 1969 年成功地将这种方法用于 SVIB 的修订中，编制了同质性量表，与 SVIB 的经验性量表合并使用。

3. **理论法** 以理论法编制兴趣量表，是以某种兴趣理论为基础，严格按照理论构想来确定量表的结构，编写和安排量表的项目。这种方法重视兴趣量表的理论基础。以理论法编制兴趣量表的典型代表就是霍兰德（Hollad J）编制的自我指导探索量表（Self-Directed Search，SDS），该量表就是以霍兰德的职业兴趣理论为基础建构而成的。

兴趣量表的 3 种编制策略各有其特点，近年来，有些量表更倾向于将 3 种方法综合起来编制兴趣量表，即用理论法结合同质性方法建构职业兴趣量表的类型量表，用经验效标法建构各种具体职业分量表。1985 年版的斯特朗兴趣量表（Strong Interests Inventory，SII）就是采用综合法建构的兴趣量表。

二、态度与态度测验的理论基础

一个人的态度和兴趣的性质和强度是体现其人格的一个重要方面。这些特征在很大程度上影响着一个人在教育和职业方面所取得的成就，甚至影响生活的方方面面。尽管测验一般是针对某个变量的测量而设计的，但现有的工具不能完全分成彼此分离的兴趣类和态度类，而是相互重叠和交叉的。因此，一个旨在评定对探究性、艺术性或传统性职业的兴趣问卷，也可以用于测定一个人对纯自然科学、纯艺术、实际任务及其他方面的态度。对观点和态度的评定原本主要是社会心理学的问题，例如，对不同团体的态度显然会影响团体之

笔记

间的关系。同样，对各种各样的问题、机构、活动的公众意见（态度）的测量和预测，与社会心理学工作者、商务人员、从政者和其他应用领域的从业人员都有非常密切的关系。对态度和观点的测量在其他领域，如消费领域也取得了显著的进展。这里主要就态度及态度测量的概念及态度量表的几种编制方法加以介绍。

（一）态度的概念

态度（attitude）是个体对某一客体、情境、机构或人物做出习得性正面（积极的）或负面（消极的）反应的倾向，是用以解释和预测各种社会行为的社会心理学中的一个重要概念。态度是由认知（知识的或智力的）、情感（情绪的或动机的）与意向（行为的或动作的）三因素构成的比较持久、稳定的个体内在结构，是调节外界刺激与个体反应之间的中介因素。态度三因素的具体含义为：①认知因素，指个体对态度对象，包括某一特殊事物、情境、机构或人的思想、信念与认识的认知成分，尤其是伴有评价性信念的认知成分。尽管态度与兴趣、观点、信念或价值观在某些方面有相似之处，但是这些术语在使用方式上还是有一定的区别。兴趣是与个体活动有关的感觉或偏爱，对某事感兴趣仅意味着个体会花多少时间去考虑某事或有所行动，不管这些想法和行为是积极的还是消极的。而态度与兴趣不同的是它具有好坏的评价与意义的叙述成分，包含着个体对某个态度对象的认识、理解以及赞成或反对等。观点与信念相类似，都是对某一命题的判断或接受，对某事或情境的具体反映，而态度则是对范围更大的人或事的更一般性的反映。价值观是指对特殊事物或活动做出的实用性、重要性或价值的评估，通常是有目的的。②情感因素，指个体对于态度对象的好意或恶意等情感与情绪成分。它是个体对某个态度对象特有的喜好与厌恶的情感，是一种较为持久的内心体验。③意向因素，指个体对态度对象的接受或拒绝、接近或回避及其程度等，是由个体的情感、情绪或动机所引起的行为反应成分。它代表着个体对态度对象的一种反应倾向，即行为的准备状态，行为前的思想倾向，准备对态度对象做出一定的反应等，因而是一种行为倾向，或称为意图、意动。意向成分受认知及情感成分的影响。

态度有肯定或否定、积极与消极之分，它与个体的立场、需要有关，是在日常生活中由具体的情境性的强烈刺激或刺激多次强化所形成。态度的种类很多，如社会态度、工作态度、学习态度、政治态度等。态度与我们的日常生活密切相关，已在多个领域中受到重视，早期社会心理学工作者把社会心理学称为“研究社会态度的科学”。因此，对于态度的评估显得十分重要，但要对态度进行客观的测量却是一件复杂而又艰难的事情。

（二）态度的理论

态度的理论有很多，我们着重介绍以下三种：

1. 一致性理论 Osgood CE 和 Tennenboum GPH 等于 1955 年提出，人对周围各种人和事物由于不同评价而有相同或不同的态度。态度对象中的一方发出有关另一方的信息，前者成为信息源，后者成为信息对象，两者以及有关两者的态度之间就有了关联。如果人对两件事都持有相同的态度，而信息源发出的信息表明它和信息对象之间也存在肯定关系，两者完全一致，人会感到愉快，就无需改变原态度。假如信息表明它们之间存在否定关系，这时信息所表达的关系和人的原有态度的情况存在不一致，人就会体验到冲突或不愉快。为达到心理上的一致，人便会从内部产生动力，驱使他去调整对两件事的态度，或把对后者的肯定转为否定，或把对前者的肯定转为否定，或者不作方向上的改变而仅仅降低程度。人调整自己态度的过程是迅速完成的，自己并不能明确意识到。一致性理论提出 3 个变量：①个人对信息源的态度；②个人对信息源所评价的事件的态度；③信息源就该事所作论断的性质。这种调整的结果，不仅取决于三种变量因素的方向，而且也涉及它们的强度。一致性理论假定，在调整中各个因素都可能发生变化，其变化的总量与其相对的强度成反比。因此在调整时，虽然各种评价都有所改变，但一般不会去改变评价最强的因素。

笔记

2. 平衡理论 由 Heide F 于 1958 年提出，人们普遍地有一种平衡、和谐的需要。一旦人们在认识上有了不平衡和不和谐性，就会在心理上产生焦虑，从而促使人们趋向于调整自己和他人的关系使得自己的内心感到平衡。平衡的概念适用于两人、三人或者任意多人的社会关系。例如，如果大学同宿舍的男生都喜欢打篮球，他们的关系是平衡的；如果只有一个人喜欢打篮球，他们的关系就不平衡。因为不平衡的关系让人不愉快，它促使人们改变态度和行为去重建平衡状态。在这种情况下，一个人改变了他对打篮球的态度或者一个人改变他对另一个人的态度，就可能重建平衡。至于采用什么方式改变，平衡理论提出最少用力原则来预测改变的方向。

3. 归因理论 归因理论认为态度的改变主要来源于对行为的理性解释。在对他人行为的归因上，人们通常倾向于高估性格特点的作用，而低估情境的作用，这一现象也被称为基本归因错误。有时，人们倾向于把自己的失败归因于特殊的情境，而把他人的失败归因于性格和态度，这样的错误并不少见，它可能发生在行为标准没有被确定的情境下。另外，人们倾向于将行为发生的原因归结到促进它发生的潜在因素，而不是其他抑制它发生的因素上，这一现象被称为增加理论。当某种行为反应能被多种原因解释时，其中每一种解释的合理性都会被削弱，这一现象被称为减少理论。

（三）态度测量的方法

Lindgren HC 认为态度测量（attitude measurement）主要是测量态度的方向和强度。方向反映个体对客观内容的好、恶及肯定或否定的态度；强度反映个体对客体的感觉强度的力量或深度。态度测量是与社会心理学紧密相关的，早期社会心理学工作者就把社会心理学定义为态度的科学。而且他们认为，如果要研究态度，就必须发展一些测验来测量它们。因此，社会心理学工作者编制了一些量表用于测量个体对不同社会现象的态度。随后在其他心理学领域工作的心理学工作者也先后发展了一些态度量表，例如，发展心理学工作者编制的“对父母权力的态度量表”、教育心理学工作者编制的“对学校纪律的态度量表”、临床心理学工作者发展了“寻找专家帮助的态度量表”以及工业/组织心理学工作者发展的“谋求工作的态度量表”等。

测定一个人对某一客体的态度可采用不同的方法，现在通用的测量态度的方法主要有行为观察法（直接观察法）、自由反应法、生理反应法及自我评定法。

1. 行为观察法 是观察人们在遇到某事物时所表现出来的行为方式，即观察与态度相关的某事物或事件出现时人们实际上做了些什么或说了些什么，以此来评估人们对某事物的态度。其优点是被观察的个体没有察觉到自己在被测量，因而，可获得比较可靠的材料，尤其是对某些群体如幼儿有它的独特之处。其缺点是行为和态度并非是一对一的简单关系，故不宜单以观察行为来确定一个人的态度，应和其他测量态度的方法结合使用。而且，要获得一个有代表性的行为样本必须在不同的时间里和不同的情境中进行观察，这非常耗时耗力。

2. 自由反应法 主要是测定态度的认知成分，要求被试做出自由反应，主要有问卷法、投射法、语句完成法、语词联想法等。如投射法让被试观察一套模棱两可的图片，看完每张图片后，让他们就每一幅图片编一个短故事。由于图片可解释的方式很多，不同的被试有不同的观点，会用不同的方式来解释这些图片而编出不同的故事，这些故事可反映出他们对图片中的人物、场景或情境、特征的态度。语句完成法，是让被试完成特别准备的不完整的句子，是一种灵活、便于操作的投射技术，由 Payne AF. 首先提出。编制者可以创建大量的与情绪唤醒或与心理冲突有关的一个句子片段，如“我最大的担心是……”，被试会把他的愿望、需求、恐惧和态度通过完成句子的方式表达出来。语词联想法，是由 Galton F 发明的，使用时将一系列词语大声读给被试听，要求被试在听到每个词语后，对进入脑海的第一

笔记

个词语做出反映，这在一定程度上能反映个体对词所代表的事物或客体的态度。

3. **生理反应法** 是通过测量被试的生理状况来测定其态度，主要测定个体态度的情感因素的强度。例如，当一个与态度有关的刺激作用于个体时，测量个体对刺激词语作反应时的皮肤电、肌肉紧张度、呼吸频率、血压、脉搏、瞳孔直径的变化。如要测量个体对某一种族的偏见，可以通过呈现这些群体的人的照片，同时测查被试瞳孔直径的变化。

4. **自我评定法** 是最精练的态度测量方法，也是目前最常用的方法，是被试对一定项目的自我评定，即对某一客体作一系列的正面或负面的描述。自我评定法主要测定态度的情感成分，经常用数字来表示所获结果，主要有总和等级评定法与社会距离量表法。第一个态度量表是波加杜斯（Bogardus E）创立的“社会距离量表”（social distance scale），在这一量表中要求被试对不同种族、宗教等接纳的程度作一个等级排列，来测量人们对某个事物（种族、宗教等）的态度。具体方法是让被试根据自己的实际看法在相应的意见项目上打上记号，再把一个群体的所有成员的态度距离加以统计制成曲线图。曲线图反映的是一个群体对某个对象所持态度的好感与厌恶、接受与拒绝的距离分布。波加杜斯所编制的量表项目通常是按心理距离的远近依次排列的，例如：根据我最初的情感反应，我愿意承认黑人属于以下身份中的一种或多种：①结亲；②作为朋友；③作为邻居；④同行业共事；⑤作为公民共处；⑥作为外国移民；⑦被驱逐出境。括号内的数字为得分值，其大小表示心理距离的远近，测得的分数越大表示社会距离越大，在种族态度上也越怀有偏见，得分越小表示社会距离越小，没有或较少有种族歧视的态度。Likert R. 创用的“总加评定法”（summated rating method）由若干问题组成总加量表，每一种态度使用一个态度量表，根据被试对各个问题所作的反应打分，以表示被试对某个事物所持态度的强弱。经过 Thurstone LL、Guttman L 以及其他心理测量学家的努力，一些更精确的态度测量量表相继问世，如 Thurstone LL 所创立的“等距法”，Thurstone LL 及其同事采用这种方法在 20 世纪 30 年代发展了 30 多种态度量表，分别用来测量人们对战争、死刑、多种审查制度、各种不同的机构以及不同种族的态度。Guttman L（1944）随后创立了“量表分析法”与“强度分析法”，Edwards AL（1957）创立了“量表判别法”等。

（四）态度量表的编制策略

1. **态度对象的界定** 在编制态度量表时，非常重要的是对态度的对象要有清楚的界定。态度对象在有的情况下是比较清楚的，很容易界定，比如要了解公众对某公司某新产品的态度，这就很容易确定“新产品”就是态度测量的对象。但在有些情况下态度对象可能包含的面较广，而且不是很清楚。例如，要编制一个量表来测量人们“对教育的态度”，这一态度对象就很难精确地确定。因为教育包括的范围较广，可能涉及以下几个方面：①在整个社会中人们的总体教育水平；②作为一种职业的选择；③公共教育的质量；④个体受教育的程度等。在这一量表编制中，如果总量表包含了上述 4 个分量表，而每个分量表都是包含一些独立的项目分别来测量这 4 个方面中的每一个方面，那么总量表就没有多大的意义了。因此，在编制态度量表时，态度的对象应具体而且包含的范围不能太广，以便量表中的所有条目都能反映一个单一的态度特征。

2. **条目库的建立** 在界定了态度对象后，接下来就是要产生或收集一个能针对特定对象反映其意见或信念的条目库。这些条目能反映与态度对象有关的较宽广的方面。收集条目库的方法之一是要求那些对态度对象了解较多的人就他们的信念和观点作出一些描述，描述包括正性的和负性的语气，这些描述能提供一些有用的条目。由于态度包含了认知、情感和行为要素，因此在编制量表时应包含这 3 个方面的条目，而且 3 个方面的条目比例要相近。这里，我们以测量人们对电动汽车的态度为例做一简单的解释。在我们编制电动汽车态度量表时，应考虑到条目必须包含以下几个方面的内容：①有这样一种信念“电动汽车

笔记

有利于环境保护”，这一条目反映了态度的认知成分；②“我认为电动汽车是一种很好的想法”，这一条目反映了情感成分；③“如果价格合适我会买一辆电动汽车”，这一条目即反映了态度的行为成分。正性和负性语气的条目应平衡，而且每一条目都应该表达一种清楚的意思，让被试容易理解并能作出清楚的回答，如“我相信电动汽车是不适用的”这一条目表达意思很清楚，而像“我想电动汽车是不适用的而且太昂贵了”，这样的条目应该避免出现，因为它表述出双层意思，被试可能认为电动汽车既太贵了也不适用，而可能有的人只认为其中之一（或者是不适用或者是太贵了）适合自己的观点，因此，被试对这样的条目不易回答。

3. **条目反应形式** 前面章节中所述的各种条目反应形式都可用于态度量表。态度量表的项目反应形式包括是非项（true-false items）、最同意到最不同意的等级回答项目（likert-type items）以及迫选项目（forced-choice items）。同人格量表一样，一旦条目的反应形式确定后，就应做条目分析，检验条目与总量表的相关性，删除不合适的条目，并进行重测、内部一致性检验等，来确定量表的信度和效度。一般来说，一个态度量表最好含有20～30个条目。为了达到项目的单维性、同质性、量表单位的等距性以及量表之间分数的可比性，研究者们需要对量表的编制进行精心的设计。

第二节 常用的兴趣量表

一、斯特朗兴趣量表

斯特朗兴趣量表（Strong Interests Inventory，SII）是在斯特朗职业兴趣调查表和坎贝尔一般兴趣量表（Basic Interest Scale）的基础上修订而发展起来的，该量表是目前国外最流行的职业兴趣测验之一，广泛应用于升学就业指导和职业咨询之中。

（一）SII的发展过程

斯特朗（Strong E）早在1919—1920年参加卡耐基科技学院举办的关于兴趣测量的研讨班时，就产生了编制一个职业兴趣量表的想法。他通过大量的调查研究发现，职业选择和人格类型有关，从事相同职业的人具有一些共同的兴趣特点，使他们区别于其他职业的人。这些共同的兴趣特点不仅表现在与工作有关的活动中，而且他们也表现在业余爱好、娱乐方式、喜欢的杂志类型等方面。斯特朗搜集了大量反映职业、学科、活动、娱乐等方面兴趣的题目，分别施测于代表专门从事某种职业并喜欢该职业的所谓标准职业者和一般人，比较两组人对题目的反应，挑选出两组反应存在显著差异的题目，构成代表该种职业兴趣的题目集合。1927年，斯特朗正式发表了他的职业兴趣调查表（SVIB），SVIB共有420个题目，对10种职业兴趣进行评价。由于SVIB是通过经验效标法编制的问卷，缺乏理论基础和统计支持，代表某种职业兴趣的题目之间缺乏同质性，所以无法对从事某种职业的群体的兴趣特点进行清楚地解释。

60年代，坎贝尔（Campbell D）在研究和修订SVIB的过程中，注重职业兴趣间的同质性分析，通过聚类的统计方法，将具有高相关的题目归在一起，编制了同质性量表，与SVIB的经验性量表合并使用。

1972年，坎贝尔根据霍兰德（Hollad J）的职业兴趣类型理论，建立了6个一般职业主题量表（General Occupational Themes，GOT），研究结果表明，一般职业量表与经验性量表和同质性量表有很高的一致性。于是坎贝尔将霍兰德的职业兴趣类型理论应用到对SCII的结果解释中。

1974年，坎贝尔将SVIB更名为斯特朗-坎贝尔兴趣问卷（Strong-Campbell Interest Inventory，SCII）。SCII又于1981，1985，1994年被修订，而且再次更名为斯特朗兴趣量表。

笔记

目前使用的SII的最新版本是由哈蒙(Harmon R)等人1994年修订的版本。

(二) SII的内容、结构及计分

1994年版的SII共有317个题目，分为8个部分，前5个部分共包括269个题目，涉及职业(135)、学校科目(39)、职业活动(46)、休闲活动(29)、不同类型的人(20)等范畴，要求被试对这些题目进行“喜欢”“无所谓”“不喜欢”的回答，用以反映被试对不同的事物、活动以及不同类型的人的兴趣和态度。另外2个部分要求被试在30组成对的2种职业活动中选择自己更偏好的一种，在工作环境的4要素(思想、数据、事物和人)的6组可能的匹配中选择自己偏好的一种。最后一部分包括12个特征描述的题目，要求被试按照是否符合自己做出“是”“否”或“?”的回答。

SII共包括4类量表：第一类是一般职业主题量表，根据霍兰德的职业兴趣理论，将职业兴趣分为现实型、研究型、艺术型、社会型、企业型、常规型，从而构成相应的6个分量表。现实主题包括农业、自然、军事活动、体育活动、机械兴趣；研究主题包括科学、数学、医学；艺术主题包括音乐戏剧、艺术、应用艺术、写作、烹调艺术；社会主题包括教学、社会服务、医疗服务、宗教活动；企业主题包括公共演讲、法律政治、商贸、销售、组织管理；常规主题包括数据管理、计算机活动、办公室服务。第二类是基本兴趣量表，用来评价被试在科学、农业、教育、音乐、戏剧等25个特定领域上的兴趣强度和持久性。第三类是职业量表，共包括211个分量表。第四类是个人风格量表，包括4个分量表，分别用来评价被试在工作类型、学习环境、领导风格以及承担风险/冒险精神方面的偏好。

SII可以从5个方面计分，除了得出上述4类量表的分数外，还提供一套判断测验是否有效的实施指标，包括被试回答或遗漏的题目总数，罕见或不寻常的回答数目，以及量表每个部分中3种选择的选答率等。目前SII的计分只能在出版商指定的计分中心，或通过向出版商购买软件，电脑计分。常模分数采用50为平均数，10为标准差的T分数，可根据被试的T分描绘出被试的分数剖面图。

(三) SII的心理测量学的评价

1994年版的SII共测试55 000人以上，约近4万人符合量表编制所规定的要求。其中标准职业组被试的年龄在25～60岁之间，从事该职业3年以上，并正在从事该职业的典型工作，对工作满意。一般参照样本包括9484个男性和9467个女性的两个样本。所有这些人的测试均是在20世纪90年代进行的。自斯特朗问卷问世以来，使用者和研究者对它进行了大量的信度和效度研究，哈蒙等人1994年以191名成人为被试，间隔3～6个月对SII的重测信度进行检验，结果表明职业量表的重测信度中位数为0.90，基本兴趣量表为0.86，基本职业主题量表为0.89。结构效度研究表明，该量表与霍兰德提出的RIASEC六边形模型有很好的拟合性。

二、库德兴趣量表(Kuder interest survey)

库德(Kuder G)是一位长期致力于兴趣评估的著名学者，他编制的第一个兴趣量表是在1939年出版的，名叫“库德偏好记录-职业版”(Kuder Preference record-Vocational)，库德在此量表的基础上，后又编制出版了“库德一般兴趣量表”(Kuder General Interest Survey，KGIS)和“库德职业兴趣量表”(Kuder Occupational Interest Survey，KOIS)。

(一)库德偏好记录-职业版

库德偏好记录-职业版量表的题目是这样产生的：库德向一组大学生施测描述各种活动的陈述句，对被试反映的结果进行分析，每一题目都是根据内容效度进行阐述和分组的，题目的最后选择是按照题目与所属分量表内部高相关以及与其他分量表间低相关的标准进行的。最后该量表由168个题目组成，共分10个分量表，代表了10个广泛的兴趣领域，分

笔记

别是：户外的（outdoor）、机械的（mechanic）、计算的（computational）、科学的（scientific）、劝说的（persuasive）、艺术的（artistic）、文学的（Literary）、音乐的（musical）、社会服务的（social service）、文书的（clerical）。

与斯特朗兴趣量表不同的是，库德兴趣量表不是要求被试对每一题目所描述的事物或活动做出“喜欢”或“不喜欢”的选择，而是对每一题目采用了3项迫选法作答。每一题目均列出3种不同的活动，要求被试必须从中选出哪种活动是他最喜欢的，哪种活动是他最不喜欢的。例如，要求被试在“参观美术馆、图书馆浏览杂志、参观博物馆”3种活动中选出最喜欢的活动和最不喜欢的活动。

采用迫选法能控制和减少社会赞许性等反应定势对测验结果的影响，但是同时也可能产生另外一个问题：由于各活动选项在不同的分量表都出现，这样被试在一个量表上的得分就会受到他在其他量表上得分的影响，这可能就会造成各量表的得分不独立。

（二）库德一般兴趣量表（KGIS）

KGIS是作为库德偏好记录 - 职业版的修订版以及适用年龄向下延伸而发展起来的，1963年出版，后几经修订。KGIS适用于六至十二年级的学生。该量表有168个题目，除包括10个兴趣领域量表外，KGIS加了一个验证量表（verification scale）。验证性量表用来评估被试的作答是否真实坦诚以及是否符合测验要求。10个兴趣量表的分数可用百分等级来表达。KGIS考虑了地域、年级和性别等因素，分别提供了六至八年级的男生和女生及九至十二年级的男生和女生的4组被试的常模。KGIS的常模分数显示出性别差异，男生在机械的、计算的、科学的、劝说的量表上得分高，女生在艺术的、文学的、音乐的、社会服务的、文书的量表上得分高。

KGIS可评估中学生广泛的职业兴趣领域，更适合作为学生综合职业探索程序中的一个部分来使用，而不适合把它当作单独的职业兴趣测量工具。

（三）库德职业兴趣量表（KOIS）

库德从SVIB中吸收了职业量表的思想，将库德偏好记录 - 职业版进行修订和扩充，于1966年出版了库德职业兴趣量表，用于高中生及以上的成人。既可用于高中生升学指导，也可用于成人的职业咨询。被咨询心理学家列为使用最为广泛的职业兴趣量表之一。

KOIS由100多个题目组成，主要包括3类量表：10个传统的兴趣领域量表、119个职业量表和48个大学主修专业量表（Vocational Major Scale），所有题目依然全部采用3项迫选法。

KOIS最后可以提供3个水平的分数：首先，可以提供10个职业领域量表的分数，称为职业兴趣估计（Vocational Interest Estimate，VIE），反映被试对传统的10个兴趣领域的偏好程度。这10个职业兴趣领域的百分位数可以转换成霍兰德的R-I-A-S-E-C主题代码。其次，可以提供119个职业量表的得分，KOIS的119个职业量表与SII中的职业量表大多是重叠的，但与SII相比，KOIS对技能性职业（如机械工等）提供了更多的信息。第三，可以提供48个大学主修专业量表的分数，这也是KOIS的独特之处。在职业量表和大学主修专业量表的计分上，KOIS是直接把被试的得分与标准职业组或标准大学主修专业组的得分相比较，分数越接近，表示被试与该标准职业组或标准大学主修专业组的兴趣越一致。这种一致性是通过计算修正的双列相关系数（lambda系数），即被试对题目的反应与某一标准职业组或标准大学主修专业组对题目反应的人数百分比的相关来表示的。相关系数越高，表明被试的兴趣与这一标准职业组或标准大学主修专业组的兴趣的一致性程度越高。

（四）库德兴趣量表的心理测量学的评价

吉托斯基（Zytowski D）对KGIS和KOIS的短程重测信度的研究结果表明，它们的重测信度分别为0.80和0.90，而且表明相隔10年间隔，测验分数仍具有相当的稳定性。关于

笔记

KOIS的预测效度，吉托斯基和莱因对1000多名施测过KOIS的被试进行了12～19年的追踪，发现43%～51%的被试从事着与当初他们的KOIS中得分最高的5种职业兴趣相一致的职业，说明KOIS有较好的预测效度。

三、霍兰德的自我指导探索量表

霍兰德（Hollad J）根据他的职业兴趣理论共编制了两个职业兴趣量表，最先编制的量表叫做职业偏好量表（Vocational Preference Inventory，VPI），该量表形式比较简单，共由160个题目组成，题目完全是由职业名称构成的，要求被试对160个职业做出“喜欢”或“不喜欢”的回答。该量表可以从11个维度计分，分别为：现实（realistic）、研究（investigative）、艺术（artistic）、社会（social）、企业（enterprising）、传统（conventional）、自我控制（self-control）、社会地位（status）、男子气 - 女子气（masculinity-femininity）、罕见性（infrequency）、顺从性（acquiescence）。前6个维度的分数可以帮助被试进行职业选择。霍兰德在VPI的基础上，于1971年编制了自我指导探索量表（self-directed search，SDS）。

自我指导探索量表是一个被试自己施测、自己计分和解释测验结果的职业兴趣量表，可为人们的职业选择提供决策依据。霍兰德认为，职业兴趣类型（人格类型）与职业之间有着内在的联系，编制SDS的基本思路是先评定被试的职业兴趣类型和特点，然后根据个人的职业兴趣类型查找自己适合的职业，所以SDS主要包括两部分：职业兴趣类型测验和职业探索表。

SDS的职业兴趣类型测验由228个题目组成，包括以下3个部分：

第一部分列出理想职业。要求被试根据自己的经历和感觉，列出自己感兴趣的理想的职业。这一部分主要是为了和后面的测验结果作比较用。

第二部分是职业兴趣测量。这一部分包括对活动（activity）（个体喜欢从事的活动）、潜能（competence）（个体在6个维度上能干什么）、职业（occupation）（个体喜欢6个维度上的哪些职业）、自我评价（self-estimate）（个体对6个维度的能力高低自评）4个方面的评定。活动部分共有66个题，要求被试对这66种职业活动做出喜欢或不喜欢的回答；潜能部分共有66个题，要求被试根据自己的能力状况对66种有关能力的陈述做出符合或不符合的回答；职业部分共有84题，要求被试对84种职业做出喜欢或不喜欢的回答；自我评价部分包括12题，要求被试对12种活动能力水平进行等级评定。

活动、潜能、职业和自我评价这4个方面的题目都是测量霍兰德的6种职业兴趣，而且题目的排列不是随机的，都是按R-I-A-S-E-C的顺序排列的，每个方面的6种类型的题目数量是相等的（自我评价部分例外，因为它主要是12种活动能力进行等级评定）。例如：活动部分共有66个题，包含了6类职业的活动，每一类都是用11个题目来测。

第三部分确定职业码。具体方法如下：把被试在活动、潜能、职业和自我评价4个方面的测试上所有作肯定回答的题目按6种类型统计总分，分数最高的类型，表示被试具有该类型的典型职业兴趣特征。取分数较高的3个类型由高到低、把代表它们的字母依次排列，便构成三字母职业码。例如，被试的6种类型总分最高的3个依次是艺术、社会和企业，那么该被试的三字母职业码就是ASE。

霍兰德认为，虽然把人的职业兴趣分为6种典型的类型，但大多数人职业兴趣并不属于单一的类型，而属于2种或3种职业兴趣类型的组合体，霍兰德称之为亚类型或人格模式，不同的职业需要不同的亚类型。通过兴趣量表测量兴趣并不是非要把一个人硬性地划分为RIASEC中的某一种，而是要找出最能代表其兴趣特色的组合形式，这样才能更好地了解职业兴趣在个体间的差异，更好地帮助个体进行职业探索。所以在SDS中，便用三字母职业码代表个体职业兴趣的亚类型。

笔记

SDS 的职业探索表包括 1156 个职业，几乎涵盖了美国所有常见的职业。每种职业都标有职业码和所要求的受教育水平，被试可根据在职业兴趣类型测验部分中所得到的三字母职业码，在职业探索表中搜寻对应的职业，如果搜寻不到，还可改变职业码中三字母的排列顺序再去寻找职业。

SDS 的编制有很好的理论做基础，许多研究也表明该测验具有良好的信度和效度。更有特色的是，SDS 可以自己施测、自己计分和解释结果，可以说 SDS 为职业兴趣评估提供了一种简单、价廉和可行的方法，正因如此，SDS 被广泛应用于职业探索的各种情境中。

案例分析

自我指导探索量表（SDS）结果报告

姓名：王某某　性别：男

出生日期：1988 年 4 月 23 日 年龄：23 岁

年级：大学四年级 评估日期：2011 年 9 月 20 日

测验：自我指导探索量表（Self-Directed Search，SDS）常规版 Form R

报告日期：2011 年 9 月 21 日　报告人：姜某某

1. 背景资料：王某某，男性，本市某高校应用心理学专业的大四学生，该生在校期间学习成绩较优秀，独生子女，居住于城镇，家庭经济情况尚可，父母为中学文化，均是某工厂的退休工人。最近一段时间内个人生理健康状况好，睡眠尚可，有时心情较压抑和烦躁。

2. 申请理由：被试今年即将毕业，正面临找工作的巨大压力。面对竞争激烈的就业市场，感觉很茫然。虽然他学的是应用心理学专业咨询和治疗方向，但并没有想好是否在心理咨询和治疗领域发展，他个人觉得在咨询和治疗方面不是很得心应手，在实习医院的心理科每次一面对病人就感觉非常紧张，不知道如何和病人交谈。他一直在准备考研，但是又感觉自己准备得不是很充分。他希望通过职业咨询，帮助他做出比较好的选择。

3. 行为观察：王某某对测验表现出较大兴趣，愿意配合检测。除在个别试题的选择上，被试有一定的思考和犹豫，在测验整个过程中表现得轻松而投入。测验条件良好，没有发生干扰和其他意外分心情况。

4. 测验结果：

自我职业选择量表 SDS 结果报告

	现实型	研究型	艺术型	社会型	企业型	常规型
分测验 1	7	9	8	6	5	5
分测验 2	8	7	7	6	4	5
分测验 3	7	8	7	4	4	5
分测验 4	9	8	7	5	5	6

5. 结果讨论与分析：根据被试的测评分数，我们可以看到在职业行为测验中得分最高的是 IAR；在职业能力测验中得分最高的是 RIA；在职业喜好测验中得分最高的是 I 量表，AR 并列；在能力自评中的得分排列是 RIACSE。据此我们可以推测被试的职业兴趣偏好于对各种现象进行观察、分析和推理，并进行系统地和创造性地探究，以能够把握这些现象，并发现新的现象和提出新的理论，喜欢技术性和体力性的工作。不善于交际，不喜欢从事和人打交道的活动，不喜欢从事教育性、服务性和说服性的职业。但是我们也要看到个体职业的选择是包括职业兴趣在内多因素交互所决定的，其中真正决定个体职业成功的多是职业能力。有研究表明人们喜欢的职业并不一定是自己有能力的职业，而人们有能力的职业不一定是自己喜欢的职业。所以做职业咨询应该把人格、能力及价值观等多个测验相结合，才可能做出较合理的解释与决策。

笔记

四、生涯评估量表

生涯评估量表（Career Assessment Inventory，CAI）是由琼汉森（Johasson C）于 20 世纪 70 年代开始编制的。目前 CAI 包括 2 个版本：生涯评估量表 - 职业版（Career Ssessment Inventory-the Vocational Version，CAI-VV）和生涯评估量表 - 提高版（Career Assessment Inventory-the Enhanced Version，CAI-EV）。

（一）CAI-VV 的结构和内容

CAI-VV 的第 1 版发表于 1975 年，后经修订。虽然它的编制程序和形式与斯特朗量表相似，但与斯特朗等兴趣量表不同的是，CAI-VV 专门为寻找不需要高级职业训练或不要求四年大学学历的职业人群设计的。具有六年级阅读水平的人就可以完成该测验，当然也适用于成年人，尤其是阅读水平不高的成年人。

CAI-VV 由 135 个题目组成，测量内容包括活动、学校科目和职业 3 方面，要求被试对每个题目做出“非常喜欢”、“有些喜欢”、“无所谓”、“有些不喜欢”或“非常不喜欢”的 5 择 1 的回答。

与斯特朗量表相似，CAI-VV 提供 3 类主要量表的分数：包括 6 个霍兰德一般职业主题量表、22 个基本兴趣领域量表和 91 个职业量表。计分采用标准 T 分数，一般来讲，T 分在 45 分以上，表明个体的职业兴趣与标准职业组有较高的相似，44 分以下，表明个体的职业兴趣与标准职业组相似性较低。

除以上 3 类量表的分数外，CAI-VV 还可提供施测指标分数，这些施测指标分数也为被试的职业兴趣评估提供了非常重要的信息。CAI-VV 共有 5 个施测指标：①整体反应和罕见反应指标（total response and infrequent response index），这是反映被试作答效度的指标；②完美艺术 - 机械指标（fine arts-mechanical index），表明被试偏好机械活动、技术技能性工作还是偏好创造性的工作或社会服务性工作；③职业内外向指标（occupational extroversion-introversion index），表明被试喜欢单独工作还是喜欢与他人一起工作；④教育定向指标（educational orientation index），表明被试是否喜欢学校提供的学习科目；⑤兴趣的变化性指标（the variability of interest index），表明被试感兴趣的活动的范围宽窄。

CAI-VV 对作为比较标准的标准职业组的建立条件是非常严格的。标准职业组的个体需要满足 5 个条件：正在从事该职业；至少有两年以上的工作经历；喜欢所从事的职业；年龄 60 岁以下；具有该职业要求的标准的资质和学历。这样建立起来的标准职业组每组大约 150 人左右，大部分组的平均年龄在 30 岁或 40 岁左右，工作经验平均 10～15 年，平均受教育水平是 2～3 年的中学后教育，通常是在社区大学、职业技术学校和商业学校。

（二）CAI-EV 的结构和内容

为了扩宽 CAI 的应用范围，琼汉森（Johasson C）于 1986 年编制了生涯评估量表 - 提高版（CAI-EV）。虽然 CAI-EV 在结构上和形式上与 CAI-VV 非常相似，但它是一个完全独立的工具。与 CAI-VV 相比，CAI-EV 的题目数量大大增加，由 370 个题目组成，基本兴趣领域量表增加至 25 个，职业量表增加至 111 个，另外还增加一个施测指标。CAI-EV 扩大了职业范围，增加了许多要求有四年大学学历的职业。CAI-EV 对被试的阅读水平的要求提高了，被试需具有八年级以上阅读水平才能完成。总之，CAI-EV 扩大了 CAI 的应用范围，使它可以适用于更多数量和范围的职业兴趣评估。

五、杰克逊职业兴趣调查表

杰克逊职业兴趣调查表（Jackson Vocational Interest Survey，JVIS）是由杰克逊（Jackson D）于 1977 年编制的。与斯特朗 1927 年正式发表的职业兴趣调查表（SVIB）整整相隔了 50

笔记

年。从编制策略上讲，如果说斯特朗的SVIB是经验法编制兴趣量表的典范，那么杰克逊编制JVIS则更加注重了量表的构想效度。

编制JVIS的第一步是确定和定义欲要测量的维度，杰克逊参考了职业心理学、职业项目的合理分类与因素分析等方面的研究结果，确定JVIS的两个大的维度：工作角色和工作风格。工作角色是指个体在其职业中的工作活动内容。例如工程、法律、教学、人际关系处理、专业指导等。有的工作角色是与某一种或某一类职业密切相关的，如工程、法律、教学等，有的工作角色则与多种职业有关，如人际关系处理、专业指导等。工作风格不是指与职业直接相关的工作活动，它指的是一种工作环境，在这种工作环境中可以预期或助长某些行为方式的产生，例如有计划性的、支配领导的、持久顽强的等。工作角色和工作风格的分类及描述和定义都是参考了《职业名称大字典》做出的，然后根据这些分类和描述编写题目。

接下来重要而繁琐的工作便是对题目的分析和筛选，杰克逊通过对最初的3000多个题目的若干次因素分析来对题目进行筛选，选择题目的标准主要是根据题目的内部一致性，即选择那些与所属量表总分相关高，同时与其他量表总分相关低的题目。JVIS的题目形式采用二合一的迫选式，即把代表不同的工作角色或工作风格的题目配对（配对的题目在各自单独呈现时具有相似的选择认可度）呈现。

JVIS最终版本共包括34个基本兴趣量表，代表了26种工作角色和8种工作风格。8个工作风格量表分别是：支配领导的（dominant leadership）、工作安全的（job security）、持久顽强的（stamina）、负责任的（accountability）、学术成就的（academic achievement）、独立的（independence）、有计划的（planfulness）、人际信任的（interpersonal confidence）。

JVIS可以手工记分，也可电脑计分。常模大样本来自美国和加拿大的大学生和中学生。在34个基本兴趣量表中的任何一个量表上得高分，均表明被试对该职业领域的工作活动感兴趣，并对该工作环境中预期的行为方式感兴趣。

JVIS除了提供34个基本兴趣量表的分数外，还可提供10个一般职业主题分数。这10个一般职业主题的确定是根据霍兰德的职业兴趣类型理论以及对34个基本职业兴趣量表的因素分析结果。10个一般职业主题分别是：表达的（expressive）、逻辑的（logical）、探索的（inquiring）、实践的（practical）、独断的（assertive）、社会化的（socialized）、助人的（helping）、传统的（conventional）、企业的（enterprising）、交际的（communication）。

有研究表明JVIS10个一般职业主题量表的重测信度在0.82～0.92之间，34个基本兴趣量表的重测信度的中位数为0.84。

六、我国职业兴趣量表的研制

随着我国社会经济的发展，人们越来越重视个体差异和个体发展的研究。升学和就业选择、人员的合理流动和配置等一系列问题都需要对职业兴趣进行评估和研究。但相对而言，我国对职业兴趣的研究和评估与西方国家相比起步较晚，开始阶段以引进和修订西方职业兴趣量表为主，在此过程中，我国的研究者认识到，职业兴趣与智力、能力等特质比较起来，更易受国情和文化的影响，由于职业兴趣同人们的日常生活、工作和学习关系密切，因此职业兴趣的评估必须结合本国国情、文化以及职业分类体系的特点。鉴于此，我国学者开始编制适用于我国文化的职业兴趣评估工具。下面对我国研究者修订和编制的几种有代表性的量表做一简介。

（一）自我指导探索量表的修订及我国大学专业搜寻表的初步建立

由于霍兰德的自我指导探索量表（SDS）扎实的理论基础和广泛的应用性，所以被许多国家修订使用。龙立荣等人于1996年对1985年版的SDS进行了修订，先是以853名中学生为样本进行了适用性研究，为了控制被试反应偏差带来的结果偏差，研究者采用了用标

笔记

准分数的大小排序来确定三字母职业码（在霍兰德的SDS中是用原始分数大小来排列三字母职业码的）。结果表明，测验题目具有良好的通俗性和区分度，同质性信度、结构效度以及效标关联效度均达到心理测量学要求，研究者认为该量表可以作为中学生职业辅导的选用工具。为了扩大自我指导探索量表修订版的应用范围，龙立荣等于2000年以1227名大学生为样本进行研究，表明该量表在大学生中也是基本适用的。更值得一提的是，研究者以我国大学专业作为"环境"，确定了大学部分专业的专业码，编制了我国大学专业搜寻表，其作用相当于霍兰德的SDS中的职业搜寻表。这个大学专业码是以727名大学生为样本编制的，入选的被试均满足对所学专业有一定的兴趣，并且在专业学习上基本没有困难这两个条件。每一个专业的三字母码均以该专业中所有参与测试的被试6项得分的平均分来确定，取得分最高的前三码作为专业码，按这种方法，确定了22个大学专业的专业码。对22个专业进行聚类分析，结果22个专业基本聚成4类：工程类（从电子工程到工业电气化，以建筑学最后聚合结束）；经济类（从工程测量、会计学到农业对外贸易）；社会科学类（从市场营销、国际经济法到英语）；最后是音乐。通过与霍兰德的职业搜寻表的一致性研究，结果表明了大学专业搜寻表与霍兰德的职业搜寻表具有中等一致性。

自我指导探索量表修订版大学专业搜寻表的建立，将职业兴趣类型与大学专业联系起来，可以更为具体地为高中生高考、升学选择专业以及大学生再度选修辅修专业提供指导，同时，专业搜寻表的初步研制过程也可为以后编制适合我国大学所有专业的专业搜寻表，以及适合我国具体职业的职业辅导过程的职业搜寻表提供理论与实践指导。

（二）Holland式中国职业兴趣量表

该量表是由方俐洛、白利刚、凌文辁于1996年编制的。该量表是以霍兰德的职业兴趣理论为依据，结合我国国情和职业分类体系的特点建构而成的。355个原始量表条目一部分来自霍兰德的自我导向搜寻表，一部分按照Holland职业兴趣理论模式的定义和我国实际的职业分类体系自行编制。以北京地区6所大学8个科系的408名学生为施测对象，采用因素分析的方法对原始量表的因素结构和条目质量进行检验，最后确定的量表由138个条目组成，包括活动、潜能、职业和自我评判4个形式的分量表，每个分量表均包含6个因素，分别为现实型（R）、研究型（I）、艺术型（A）、社会型（S）、企业型（E）和常规型（C）。该量表的同质性信度为0.89，重测信度在0.77～0.88，该量表特质因素的汇聚效度和区分效度良好，所体现的理论构想形式与霍兰德的6种职业兴趣类型的理论构想基本一致。以所学专业是否满意、对所学专业的投入程度和对所学专业的认同等为效标的效标效度检验表明：该量表在评价被试职业兴趣类型方面有良好的效标效度。

该量表主要用于大中学生的升学和就业选择咨询。编制者认为，假如一种职业兴趣量表仅能评定出个体的职业兴趣类型，其实际意义是不大的，只有将个体的职业兴趣类型与相应的环境类型匹配起来，才能体现它的应用价值。正是出于这样的考虑，编制者于1998年选取16所大学31个科系共1943名大学生作为研究样本，以大学科系作为"环境"，建构了大学科系的职业兴趣类型图，31个科系大致分成了自然科学、社会科学和艺术3大类，与我国现行的传统科系划分相一致。将个体的职业兴趣类型与大学科系直接联系起来，大大增强了Holland式中国职业兴趣量表在指导升学与就业方面的实用性。

（三）升学与就业指导测验

对于高中生，高考志愿的填报是学生时代最具挑战性的一次选择，如何选择适合自身特点的专业，关系到学生未来职业生涯的发展以及国家教育资源的有效利用。为帮助中学生合理规划自己的职业生涯，北京师范大学张厚粲教授等人与国家教育部考试中心合作，于2000年编制了一套适合我国高中生的职业兴趣测验，为了突出其职业指导作用，并使其成为具有开放性的测评系统，命名为"升学与就业指导测验"。

笔记

升学与就业指导测验的题目是在参考SDS、爱丁堡职业问卷、库德职业兴趣量表、中国台湾省的大学入学考试中心兴趣量表等兴趣测验，以及对中国高中生职业喜好程度调查的基础上编制的，初拟题目200个，采用Liket六点量表，要求被试对每道题目的描述进行从“非常不喜欢”到“非常喜欢”的喜好程度判断。

初拟题本在全国6个省、市、自治区进行2次施测，根据测试结果筛选题目和确定量表维度。经过相关分析和因素分析，随后确定的正式题本共140个题目，抽取出7个因子，分别命名为：艺术型、事务型、经营型、研究型、自然型、社会型和技术型，代表职业兴趣的7种类型。

采用正式版本再次对全国5个省及直辖市的12 032名高三学生进行施测，因素分析结果表明量表的结构效度比较理想，7个因素的解释方差达到45.35%。间隔2个月的重测信度为0.72～0.83，内部一致性信度在0.89～0.92。研究者2001年进行的测验使用反馈调查结果表明，662名被调查的同学中，76.9%的同学认为测验结果符合或比较符合自身的特点，54.4%的同学认为测验结果对他们选报专业非常或比较有帮助。由此可见，该测验对高中生选报大学专业有比较大的帮助，大部分使用者对该测验的作用持肯定态度。

（四）职业兴趣调查表

职业兴趣调查表是由刘少文和龚耀先于1999年编制的。该量表以霍兰德职业兴趣理论为理论基础，结合我国文化特点和职业分类情况建构而成。量表的正式版本由154个题目组成，包括18个分量表，涉及职业、工作活动和自我评价3个方面的内容。所有题目要求被试做出喜欢、比较喜欢、不太喜欢或不喜欢的回答。以长沙5所大学17个系，28个专业的1270个学生为样本，对量表进行信度和效度研究。各量表的内部一致性信度在0.81～0.90，间隔2个月的重测信度在0.61～0.80。对18个分量表进行因素分析得到6个因子，共解释总变异的63%，量表6因子结构与霍兰德的RIASEC的理论模式是吻合的。通过对中学教师、工程师、技术工人、会计和医师5种职业人群职业兴趣的评估，结果显示不同职业人群有着不同的职业兴趣特点，表明职业兴趣调查表具有良好的效标效度。此外，该量表还建立了长沙地区大学男生和女生的均数常模和T分常模。

第三节　常用的态度量表

一、Thurstone态度量表

Thurstone LL被称为态度量表之父，他在20世纪30年代晚期开始使用“成对比较法”和“间隔相等法”来测量人们对某事的态度水平，并发表了一系列的文章来描述他的“间隔相等”这一测量方法。他总共编制了30多个量表来测量人们对战争、死刑、宗教、爱国主义、国家政策或民族群体等的态度。其中最早和最具代表性的是1929年编制的对教会态度的量表，即Thurstone态度量表（Thurstone Attitude Scale）。Thurstone LL编制量表的理论假设是：他把态度看作一个可评价的连续体，是一种移行的过程，从最赞同移行到最不赞同。项目之间的距离大致相等，各项目之间没有相关性，每个项目与其他项目之间相互独立，也就是说，个体接受其中的一个项目并不代表接受其他的项目。Thurstone量表的编制分为以下几个步骤。

（一）条目的收集

Thurstone量表的条目收集过程又分成3步：第一步，收集大量的条目，根据要测量的态度对象，大量收集有关对态度对象的看法及观点的一些陈述句，包括正性的和负性的。这些陈述可以通过询问相关人士，也可以从文献中采集，把收集起来的所有陈述仔细编辑

笔记

整理成表达清楚的陈述句。第二步，条目评审，请一些专家作为评判员，要求他们将所收集的陈述句等距离地分配到不同的等级中，以表示不同的赞成程度。赞成程度一般分为11个等级，也可分为9个等级。以11个等级的分级方法为例，其中1级表示对态度对象的最大赞成态度，6级为中立态度，表示既不赞成也不反对，而11级为最小赞成（或最大反对）的态度，其他等级分别表示不同程度的赞成态度。评判员不表示他们自己的态度，只是将已收集起来的陈述按等级分类。第三步，计算量表值，统计评判员对每个陈述所作判断的等级平均值，根据累计百分比分布图，找出每一陈述所作判断的中位数就是该陈述句的量表值。

（二）条目筛选

评判员把陈述判断的变异作为意义不明确的指标，原因是不同的评判员将陈述归为不同的等级。条目的选择要使变异尽可能的小，并且有较广的量表值范围以及使11级量表中的两点间隔尽量相等。在最后完成的量表中，陈述以随机顺序出现，将变异大或者量表值相等或相近的条目淘汰，留下条目的量表值间隔接近相等，这就是Thurstone LL的“间隔相等法”。

（三）量表结果分析

Thurstone LL与同事一起用“间隔相等法”编制的态度量表很多，表7-1是Thurstone LL及其同事编制的一个态度量表的一部分，该量表用于测量人们对死刑的态度。量表按11级评定，量表值范围为0.1～11.0。0.1为最高负性态度，即最不赞成死刑，11.0为最高正性态度，即最赞成死刑，对每个个体来说，7分或7分以上的归入正性的态度，而5分或5分以下的归入负性态度，6分为中立态度。完整的量表包含24个条目，表7-1中仅选择了其中的12个条目来作为样例。左列为相应条目的量表值，条目的排列未按原量表顺序排列，而是按量表值的大小进行了重新排列，在正式测查时量表值是不列出的。被试表示赞同的条目的量表值的中位数即为被试的量表分。

表7-1　对死刑的态度评定量表

指导语：这是一个对死刑态度的调查，在表中你将发现有表达对死刑不同的态度的陈述。请在你同意的陈述条目上打上“√”，在不同意的陈述条目上打上“×”。请尽量弄清楚你对每个陈述条目是同意还是不同意，如果你确实不能作出决定的话就用“？”标出来。

这不是考试，对这些陈述的回答没有正确与错误之分，仅仅是为了调查人们对死刑的态度，请根据你自己的观点来回答。

量表值	条目号	陈述内容
(0.1)	12	在任何情况下我都不信奉死刑
(0.9)	16	对犯罪分子处以死刑是文明社会的一大耻辱
(2.0)	21	用毁灭生命这种方式不能让人们认识到人类生命的神圣
(2.7)	8	死刑不是预防犯罪的一种有效手段
(3.4)	9	我不信奉死刑，但也不完全确定它没有必要
(3.9)	11	我认为惩罚比死刑更有效
(5.8)	18	我不信奉死刑，但废除死刑也不很圣明
(6.2)	6	死刑是不好的，但对于我们这种不完善的文明社会也是必需的
(7.6)	23	死刑只对蓄意谋杀犯来说是合理的
(9.4)	20	死刑是对罪犯应有的惩罚
(9.6)	17	死刑是合理的也是必不可少的
(11.0)	7	每一个罪犯都应处以死刑

（四）量表的特点

Thurstone态度量表编制的优点之一是考虑到了对量表分的“绝对的”解释。进行量表

笔记

评定后，根据被试对各条目的回答能得出一个量表得分，而被试所得的分数能清楚地反映他们对态度对象的态度是正性的还是负性的以及其强度。如上面的例子中，如果被试的量表分≥7 分表示他对死刑的态度是正性的，即赞成死刑的存在；而如果量表分≤5 分则表示被试对死刑的态度是负性的，不赞成死刑的存在；Thurstone 态度量表有较高的信度，大多数量表的信度在 0.8 左右。

尽管经过这种程序编制出来的量表（工具）具有相当高的信度且结果易于解释，但这种编制方法遭到了较多的批评，其中的主要批评意见为：①用这一方法编制一个量表，其工作量相当大；②被试的量表分不是独一无二的；③评判员本身的态度会影响每一陈述的量表值。使用计算机技术可解决工作量的问题，所以第一种批评已不再存在。第二种批评指的是所测得的量表分数不能代表态度的特异性，因为相同的分数可由不同的条目内容构成，也就是说，在量表测定中，获得相同分数的人，他们所赞成的条目并不相同，所以分数虽然相同，但意义却不相同。在这一点上，许多记分都难以完全解决。第三种批评指的是在评判过程中，不是每个评判员都能保持中立的态度。研究发现，几乎 50% 的大学生在依据个人对项目同意与否的判断中偏向了共同态度。另外，对正在做判断的个体做细致的指导可以减少判断偏差，并达到不会严重影响这些量表评分等距性质的程度。而通过统一评判原则可以减少评判员的偏见，使之在作等级评判时不至于出现明显的偏差，而达到近似“间隔相等”的目的。此外，还可以用减去最高分和最低分，然后取其平均值，来减少评判者的评分偏差问题。

二、Likert 态度量表

Likert R（1932）提出了一种有别于 Thurstone 态度量表的量表编制方法，被称为“总加评定法”，这是编制态度量表的主要方法之一，因为它的简洁和多功能性而被普遍应用于实践中。Likert R 选择了 5 个态度范畴，包括人际关系、种族关系、经济冲突、政治冲突和宗教，分别设计了 5 个特殊的由一系列陈述问题组成的问卷。Likert R 假定每个用在量表中的项目在相同态度范围内是一种线性关系，可以通过累积的方法来进行评价。量表中的项目必定与最终结果有高度的相关，项目与项目之间也有很高的相关。这与 Thurstone 态度量表中的项目之间相互独立是截然相反的。而且，他并不认为量表值是等距离的。因此，该类量表只能反映个体在态度维度上的顺序，而不能显示出不同态度之间的距离有多大。

Likert R 的总加评定法的态度量表编制过程像间隔相等法一样，首先是收集大量的陈述句，这些陈述句表达了对某一对象或事件的不同的态度，包括正性的和负性的态度，构成这些陈述题目的建议（表 7-2）。

表 7-2 Likert 态度量表项目构成的建议

1. 陈述应该是指当前而不是过去
2. 陈述不应该是事实的或可解释为事实的
3. 陈述不应该有多种解释
4. 陈述应该与潜意识的心理概念有关
5. 陈述应该是只包含一种思想的简单句，而不是复合句或复杂的句子
6. 避免使用双重否定句、受测者可能不理解的词、一词多义、非特指形容词或副词（例如，许多、有时）或绝对化（如一直、没有、从未）
7. 避免使用俚语和俗语，以免造成陈述句的模糊不清

在收集到陈述句后，每一陈述句根据同意的程度来分成多个等级的回答，一般分成 4～7 个等级，典型的是 5 级评分量表。然后选择 100～200 人，这些人不一定是专家评判员，让他们根据各自对陈述项目同意或不同意的程度对各项目作出回答。在正性语气陈述的项目

笔记

中，0 分表示非常不同意，1 分为不同意，2 分为不确定，3 分为同意，4 分为非常同意。对负性语气陈述的项目则相反，4 分为非常不同意，3 分为不同意，2 分为不确定，1 分为同意，0 分为非常同意。被试在原始态度题目上的总分（量表粗分）是通过其在单个条目上的得分之和计算出来的。得到所有被试原始题目的总分后，每个题目要进行统计学的分析，用 t 检验或题目区分度指数的方法来计算每一项目的鉴别指数。按总分高低将所有被试按顺序排列，将态度总分最高的 27% 被试归为一组，总分最低的 27% 被试归为一组，然后计算两组被试在每一项目上的平均得分的差异，即为鉴别指数。根据鉴别指数的差异性来选择量表项目，差异有显著性的项目被保留下来。被试对量表项目逐一回答后，计算得分总数，即为被试的态度分。用这一方法编制的一个对数学的态度量表（表 7-3），被试对各个项目回答的分数（0，1，2，3，4）相加即是该被试的量表总分。

表 7-3　对数学的态度量表

指导语：请在答卷的右上方写上你的名字，下面的陈述表达了一个人对数学的感受或态度。列在右边的 5 个被选项分别表示你对数学的态度或感受的程度。这 5 个被选项代表的意义分别为：非常不同意（SD）、不同意（D）、不确定（U）、同意（A）、非常同意（SA）。请根据你自己的感受在符合你的字母上打圈。					
1. 数学不是一门很有趣的学科	SD	D	U	A	SA
2. 我想提高我的数学技能并且花更多的精力去学这门课	SD	D	U	A	SA
3. 数学是一门值得花时间的而且必须花时间的科目	SD	D	U	A	SA
4. 数学使我感到紧张不安	SD	D	U	A	SA
5. 在学校里我常常觉得学数学是一种乐趣	SD	D	U	A	SA
6. 我不想花任何更多的时间去学数学	SD	D	U	A	SA
7. 对人们来说其他的科目比数学更重要	SD	D	U	A	SA
8. 对学数学，我是十分冷静且毫不畏惧	SD	D	U	A	SA
9. 我几乎不喜欢学数学	SD	D	U	A	SA
10. 我对进一步获得数学知识感兴趣	SD	D	U	A	SA
11. 数学有助于智力的发展并且使人们学会思考	SD	D	U	A	SA
12. 数学使我烦躁不安	SD	D	U	A	SA
13. 对我来说数学是有趣而富有刺激的	SD	D	U	A	SA
14. 我不愿意花多于规定的时间去学数学	SD	D	U	A	SA
15. 在日常生活中数学不是特别的重要	SD	D	U	A	SA
16. 试图去掌握数学不会使我焦虑	SD	D	U	A	SA
17. 数学是单调而乏味的	SD	D	U	A	SA
18. 我计划在我的学习期间尽可能多的花时间学数学	SD	D	U	A	SA
19. 数学对文明的进步作出了大的贡献	SD	D	U	A	SA
20. 数学是我最喜欢的学科之一	SD	D	U	A	SA
21. 我喜欢尝试用数学来解决新的问题	SD	D	U	A	SA
22. 我没有努力去解决数学问题的动机	SD	D	U	A	SA
23. 对人们来说数学不是一门最重要的科目	SD	D	U	A	SA
24. 当努力解决数学问题时我不感到烦恼	SD	D	U	A	SA

在实践工作中，Likert 态度量表有时被滥用，不是所有出版了的、按照 Likert 量表设计的态度量表都采用了条目分析程序。在许多情况下，仅仅根据同意或不同意分成 5 个等级选择回答，把一系列的陈述句放在一起作为一个态度量表，在其量表的编制过程中既没有具体的理论建构，也没有按照 Likert 态度量表的编制程序进行。因此，在实际工作中，人们很难确定那些看起来像 Likert 量表的问卷是否真正是按照 Likert 量表编制程序来编制的。在 Likert 量表评定中，像 Thurstone 量表一样，不同的回答模式，不同的人可能获得同样的

笔记

量表分。而且，Likert 量表充其量也只能算是一个等级测量量表。

尽管 Likert R 的总加评定法存在一些缺点，但与“间隔相等”方法比较起来也还有它的优点：①编制过程中不需要专家评判员的参与，因而不会有评判偏差的可能性，量表编制起来较容易；②尽管量表的各条目分与量表总分显著相关，但各条目并不一定与被试的态度有很密切的关系；③同样条目数的量表，Likert 量表的信度系数可能要高些。

三、Guttman 态度量表

Guttman L 提出了第 3 种态度测量的方法，称之为“强度分析法”(scalogram analysis)，其普及性仅次于 Likert 量表和 Thurstone 量表。Guttman 态度量表的最初目的是为了确定测量某一态度所选择的项目，是一种单维的技术。在 Guttman L. 看来，当项目构成一个真正的、单一维度的 Guttman 量表时，被试同意某一特定项目时，他也会同意比该项目量表值稍低的其他项目，这样的量表即是一个完善的量表。换句话说，这样的态度量表项目能按强度的连续体或接受的难度来排列。因此，每个人在量表上的位置将完全决定他(她)的回答。如果我们知道一个人会接受的最极端陈述，我们就可以重复他(她)的所有回答。与态度陈述或其他情感项目相比，这一条件更可能满足认知测试。比如下面几个项目是按照态度的强度连续体的方式进行排列的，用来测量人们对流产这一事件的态度。

1. 在任何情况下流产是可以接受的。
2. 为了计划生育流产是可以接受的。
3. 由于强奸造成的妊娠，流产是可以接受的。
4. 如果发现胎儿有严重的畸形，流产是可以接受的。
5. 如果危及母亲的生活质量，流产是可以接受。

强度分析法的目标是要生成一个累积的顺序量表。Guttman L 认识到用态度项目构建一个真正的距离量表是很难的，但感觉仍然可以很接近目标。一个理想的 Guttman 态度量表应该是不论是谁，只要他(她)同意了第 1 条，那么他(她)一定也会同意第 2、3、4、5 条。同样地，如果同意了第 2 条，那么他(她)也会同意第 3、4、5 条，Guttman L 把这种情况叫做繁殖(reproducibility)或重复。但实际上，由于每一个回答中测量的误差，这种重复不可能完全达到，它只能在一定的限度内接近重复。为了确定量表的重复性的程度是否满足了量表编制的要求，Guttman L 发展了一种统计方法被称为“重复性系数”，用以反映获得真正量表的程度，可计算出实际反应落入真正 Guttman 量表的理想模式的比例。那么，被试同意特殊项目的数量在所有项目数量中占到什么样的比例才符合标准呢？可接受的复制系数值约为 0.90。

表 7-4 是一个计算复制系数的反应矩阵的例子，表中包含了 7 个量表项目，记录了 10 个被试的反应结果。被试所在行按“+”反应的总数排列，“+”指的是被试对特定的陈述所表达的态度表示同意，“−”指的是被试对某一特定的陈述所表达的态度表示不同意。计算每一个陈述的“+”反应数(p)，并根据“+”反应数在相应的横排下划一条分割线。如，在陈述 5 这一列里有 9 个“+”反应，就在该列的第 9 个反应下画一条横线。在累积的 Guttman 量表中，在这条线之上的所有反应都应该是“+”，线下的所有反应都应是“−”。由于第 5 列 F 行的“−”反应与 G 行的“+”反应不符合理想模式，所以计为错误，因此在陈述 5 的反应中有两个错误反应。接下来通过陈述的个数乘以反应的个数得出反应总数，N= 行数 × 列数 = 10×7=70。最后，通过如下公式计算复制系数：

R=1−E/N，即 R=1−8/70=0.886　E：总错误数

由于 Guttman 量表的最低可接受值 R 为 0.90，因此上述包含 7 个项目的量表的复制系数不支持其成为一个 Guttman 量表。

笔记

表 7-4　计算复制系数反应矩阵 7 项目 Guttman 量表举例

被试	陈述							和(+)
	3	1	7	6	5	4	2	
I	+	+	+	+	+	+	+	7
B	+	+	+	+ –	+	– –	+	6
A	– –	+	+	–	+	–	+	4
E	–	+	+	–	+	–	+	4
H	–	+	+	–	+	+	– –	4
J	–	+	+	–	+	–	+	4
D	–	+ –	+	–	+	–	–	3
C	–	–	+ –	–	+	–	–	2
F	+	–	–	–	– –	–	–	1
G	–	–	–	–	+	–	–	1
和(+)	3	7	8	2	9	2	5	
错误数	2	0	0	0	2	2	2	

与其他态度量表编制方法相比较，采用 Guttman L. 的“强度分析法”编制的态度量表其特点是能更有效地测量单一态度或单位的变量。这可以说是它的优点，也可以认为是它的缺点，依具体情况而定。一方面，由于 Guttman 量表是单维建构，因此，我们能根据量表分来判断被试对某一客体的实际态度，并且可以确定两个量表分相等的被试对同一客体的态度是相同的。另一方面，由于态度对象被如此狭隘地定义，因此，需要多个量表才能完整地测出人们对某一感兴趣现象的全方位的态度。如表 7-5 是根据 Guttman 量表编制方法编制的一种态度量表，该量表能了解哪种大学生应该具有统计学的知识，却不能进一步了解大学生本身对统计学的态度。

表 7-5　大学生对统计学知识的态度测量

条目	态度	
1. 所有的大学生都应有统计学知识	同意	不同意
2. 所有心理学专业的大学生都应有统计学知识	同意	不同意
3. 所有计划读研究生的心理学专业的学生都应有统计学知识	同意	不同意
4. 所有计划将来从事心理评估工作的心理专业的学生都应有统计学知识	同意	不同意
5. 所有计划将来从事研究工作的心理专业的学生都应有统计学知识	同意	不同意

四、其他态度测量技术

许多其他量表编制技术和程序已应用于态度量表的编制之中，其中包括语义区分技术（semantin differential technique）、Q 技术（Q-technique）以及层面分析（facet analysis）等。

（一）语义区分技术

在人格和社会心理学研究中，经常使用的一种数字评定量表，这就是语义区分量表

笔记

(表 7-6)。Osgood CE、Suci GJ 和 Tannenbaum RH(1957)首先设计了这种方法,量表是通过集中人们对一个词或概念所赋予的意义来了解人们对某一事物的态度。认为态度是由人们对所给概念的含义(语义)所组成,其含义可通过对关联词的反应来加以决定。用来测量"父亲"、"母亲"、"疾病"、"罪过"、"憎恨"和"爱"等这类的概念对于不同人的隐含意义,可能确定被试对某一事物的态度。如要测量个体对"父亲"的态度,不必要求被试直接回答对父亲的感觉,可提出"父亲"这个词,要求按语义区分量表中的规定来圈定,即可推断出其对"父亲"的态度。语义区分量表确定了 3 个不同的维度:评价维度、力度维度、活动维度。每一维度中都有几个有两极的形容词,3 个维度是不变的,维度中的项目是可变的。最常用的有:令人愉快的 / 令人可怕的、好的 / 坏的、公平的 / 不公平的、有价值的 / 无价值的等。使用语义区分工具时,首先向被试提出一个词(态度对象),要求被试在 7 点的两极形容词量表上对一系列概念打分。例如,对母亲这个概念的评定,要求被试在表 7-6 中的每一个项目上最适合的数字上打圈,当所有的概念都通过自评量表评定完后,在 3 个语义维度上按被试对每个概念的反映进行评分,并将被试对每个概念的反映与对其他概念的反映做比较。通过对一系列概念在许多形容词量表上的评定进行因素分析,分别从语义的 3 个维度即评价、强度及行为来确定其态度。

表 7-6　语义区分量表举例

评价	好	7	6	5	4	3	2	1	坏
	美	7	6	5	4	3	2	1	丑
	聪明	7	6	5	4	3	2	1	愚蠢
强度	大	7	6	5	4	3	2	1	小
	强壮	7	6	5	4	3	2	1	虚弱
	重	7	6	5	4	3	2	1	轻
行为	快	7	6	5	4	3	2	1	慢
	主动	7	6	5	4	3	2	1	被动
	敏锐	7	6	5	4	3	2	1	迟钝

语义区分量表不需要为每个研究的态度编制题目,只需要用几个有两极的形容词就可以较为可信地测量被试的态度。但也有其缺点,尽管这种方法能提供关于某种观念的大量信息,但不能完全清楚地告诉我们被试理解的这个观念的意义和态度之间有何种关系。

(二) Q 分类技术

Q 分类技术是由 Stephenson W(1953)发明的,它要求被试把一系列描述性的陈述分配到不同的类别组里,这些类别组所代表的意义,从"最能代表评定者自己或熟人的特征"到"最不能代表评定者自己或熟人的特征",程度依次递减。被试要根据实际情况分配这些描述,以便每个类别组都有一个具体的数目,所有组构成一个正态分布。例如,精神分析疗法或其他干预手段可能使来访者的自我概念发生变化,若对这一变化做调查,可以要求来访者对一系列描述他们感受和态度的陈述作出反应,在干预治疗之前和之后都要做 Q 分类。当真实自我和理想自我的分类在干预之后比在干预之前更相似时,就说明这种干预手段是有效的。

(三) 层面分析

无论是采用等距法、累积评分法还是强度分析法,都可能受到两方面的批评:第一,态度是复杂的、多维的,很难用一个简单的分数所代表;第二,态度量表的维度可能随着被试样本的改变而改变。对于项目分析来说,层面分析是一个复杂的、重要的并且多维度的条目结构与分析程序,可用于任何的态度对象或情境。层面分析程序已被用于编制态

笔记

度量表，这些量表涉及心身疾病、心理社会等方面，如对精神发育迟滞、种族歧视的看法。现在发现态度测量是一个多维的而不是单维的测量，要比 Thurstone LL 以及 Likert R 等所构想的程序更复杂，多种统计学的方法已被广泛用于态度量表的编制中，如因素分析、二值概率展开模型、双重态度模型等。

五、态度测验在我国的发展

近年来我国的许多学者开始修订、编制适用于我国国情的态度测验。

（一）性态度量表中文版

性态度量表包括与性价值观、性道德观、生育观和社会家庭影响等相关的问题，用来测查12～20岁的青少年的性态度特征。性态度量表中文版共有13个条目，采用Likert式5分结构，包括强烈不同意（1分）、有些不同意（2分）、中立（3分），有点同意（4分）、强烈同意（5分）5个层次，有7个反向计分题。总分从13至65分，得分越高反映青少年对性的态度更为开放，得分越低反映青少年对性的态度越保守。研究结果证明性态度量表中文版具有良好的实证效度等测量学指标。是深入探讨中国青少年的性态度与性行为、性健康之间关系的有效工具。

（二）青春期性心理健康量表

青春期性心理健康量表由我国学者骆一、郑涌等自主编制。共46个条目（包括4对测谎题），包括性认知、性价值观和性适应3个分量表，性认知包括生理知识和性知识2个因素，性价值观包括性观念和性态度2个因素，性适应包括社会适应、性控制力和自身适应3个因素。每个条目按1～5计分，除测谎题外的38个条目（包含17个反向计分题目）得分之和越高，性心理健康水平越高。表7-7中列举了青春期性心理健康量表中的10个条目来作为样例。左列为该条目属于哪个分量表，在正式测验时是不列出的，条目的排列未按原量表顺序排列。姚树桥等心理学工作者的进一步研究证明，青春期性心理健康量表在中学生人群中信度、效度达到测量学要求，可用来评估中学生性心理健康水平。

表7-7　青春期性心理健康量表项目举例

分量表	陈述内容
性认知因素	我了解什么是月经和遗精
性认知因素	我了解生殖器官的构造和功能
性认知因素	我了解性病的各种知识
性认知因素	我了解什么是性骚扰和性伤害
性价值观因素	我认为性是肮脏的、羞耻的，是见不得人的事
性价值观因素	我认为手淫是病态的、下流的
性价值观因素	我认为周围的人都谈恋爱了，而自己没有谈恋爱就很没有面子
性适应因素	我能通过恰当的方式排解性欲望、性冲动
性适应因素	我总是抑制不住地陷入到有关性的幻想中去
性适应因素	我能和谐自然地与异性相处

（三）其他态度测验

1. 计算机厌恶、态度、熟悉度问卷中文版　计算机厌恶、态度、熟悉度问卷中文版由张馨予等编制。包含30个条目和3个因子：计算机厌恶，计算机态度和计算机熟悉度。用于评估计算机的焦虑、态度等方面的问题。

2. 临床医生精神疾病态度量表中文版　临床医生精神疾病态度量表中文版由李洁等编制，测量的内容包括与精神疾病有关的病耻感即对精神疾病的偏见、消极态度与歧视行为，对精神疾病病人的病情、社会功能恢复、经济收入、生活质量与健康照管产生不利影响

笔记

等态度。该量表用于评估中国社区精神卫生工作者对待精神疾病的态度。

3. **中学生学习态度测验** 中学生学习态度测验由范晓玲等编制。量表包括情感体验、行为倾向、认知水平3个分量表，共包括10个分测验和155个项目。用于评估中学生的学习态度现状，同时可为教育和心理咨询等研究提供标准化的测评工具。

4. **医学生沟通技能态度量表中文版** 医学生沟通技能态度量表中文版由田冬霞等编制，采用Likert法。包括五个因子：①沟通意义：测量医学生学习沟通技能对建立良好医患关系、同事关系的作用及重大意义；②负面信念：测量医学生对医学教育中是否应该学习沟通技能的态度；③动机：测量学习沟通技能的意愿；④评估：测量对沟通技能评估的负面态度；⑤自负：测量学生是否认为沟通太简单以至于不用学习，或认为自身沟通能力强、不存在问题。该量表可用于监测医学院校医学生们对于沟通技能学习的态度变化，比较不同医学院校医学生对医患沟通学习的态度差异等。

第四节 兴趣与态度测验的应用

一、职业兴趣测验的应用

在个体对职业的选择以及用人单位对员工的选拔和安置等职业决策中，心理测验作为辅助决策工具被广泛应用。当心理测验应用于职业指导以及人员的选拔和安置时，便可以称为职业测验。随着职业指导和咨询在许多发达国家的发展和普及，职业测验已成为心理测验中非常重要的一个领域。无论是在为人择职的职业指导中，还是在为职择人的职业选拔和安置中，职业测验都是不可或缺的工具。职业兴趣测验是专门为职业决策的需要而发展起来的一类测验，所以它在职业决策中起着重要的作用。

专栏7-1

社会经济地位对职业选择的影响

一个与职业兴趣测验的反应有关，进而与测验的效度有显著相关的变量是被试的社会经济地位。在工人阶层中，人们通常没有或很少有机会去培养自己的兴趣，对这些人来说，在职业决策中经济保障是比满足自己兴趣更为重要的影响因素。社会经济地位比较高的富裕家庭的孩子，这些孩子可能有自己强烈的职业兴趣，但在做职业选择时，家庭和社会的期望及传统往往比个人的兴趣更为重要，富裕家庭的孩子可能不被准许做他们想做的职业，原因可能是他们感兴趣的职业没有很高的社会地位和足够的经济报酬，也可能是父母希望孩子子承父业，甚至取得超过他们的成就。另一方面，处于向上发展的中产阶级家庭的年轻人则更有可能试图进入他们感兴趣的职业以增加成功的概率，即便有可能他们中的部分人并不具备相关职业所需的能力。

很多时候，现代的很多职业并不能满足从事该职业的人们的兴趣。那么当人们发现自己想做的事和必须做的事之间有很大差距时，他们该怎么办？大多数情况下，人们不会固执地为了满足自己的职业兴趣而不顾自己或家庭的生活保障，而是会调整自己的期望，以便与自己实际可能实现的目标更为接近。

由于上述原因，职业兴趣测验得分对预测中产阶级的职业选择比预测其他阶层的职业选择更为有效。

（一）职业兴趣测验在职业选择中的应用

随着社会的发展，职业分工越来越细化，专业训练和职业选择成为每个人都要遇到

笔记

的现实问题。众多的因素影响着个体的职业选择，这些影响因素可概括为以下 3 个方面：①生理因素，例如个体的性别、年龄、外貌、身高、感官技能、身体力量等；②心理因素，例如个体的兴趣、能力、气质、性格等；③社会因素，例如社会职业价值观、父母的职业态度、就业机会等。心理学家十分注重个体的心理因素以及个体的心理特点与职业的匹配。职业指导的先驱人物帕森斯（Parsons F）就特别注重职业兴趣、能力以及性格特点等个人特质和职业的匹配关系。他在 1909 年出版的《职业选择》一书中指出，职业指导遵循 3 个步骤：首先是研究个人的特质，其次是了解职业，最后是将个人和职业匹配。而且他提倡在职业指导过程中，注重运用理性、科学的方法对个体的特点（如兴趣、能力倾向、态度、家庭背景、受教育程度及社会经济地位等）进行全面的评估。心理学家发展了许多评估兴趣、能力、人格的心理测量工具。个体要完成某种工作必须具备相应的能力，或者说只有具备工作所要求的能力的个体在该工作中才有成功的可能性。这样的观点使一些研究者在职业选择中十分注重对个体能力的评估，诸如美国劳工部编制的一般能力倾向成套测验（GATB）、区分能力测验（DAT）以及许多单项特殊能力测验，如文书能力测验、机械能力测验等就是为了该目的而编制的。而有的研究者则重视和强调对人格的评估，研究个体的兴趣、气质和性格与职业的关系，认为人们倾向于选择自己感兴趣的，而且与自己的气质性格相适应的职业。人们感兴趣的、喜欢的职业并非一定是具备能力的职业，而具备能力的职业也并非一定是个体感兴趣的职业，所以在职业选择中，选择那些既感兴趣，适合自己性格，又具备能力的职业，才更有职业成功的可能。所以能力测验、职业兴趣测验、人格测验是职业指导和咨询中最常用的 3 类测验。

职业兴趣作为职业满意度和维持职业稳定性的一个重要指标，在个体的职业活动中起着重要作用。首先，职业兴趣影响个体的职业定向和职业选择。在职业选择的过程中，个体越来越重视自己对所选职业的心理感受，要考虑诸如是不是喜欢这个职业，能不能在工作中感受到快乐，得到提高，实现自我价值等问题。个体总是倾向于选择其感兴趣的职业。第二，职业兴趣有助于个体更快地适应职业角色和职业环境。当做自己感兴趣的事时，心情愉悦，较少感到疲劳，当做自己不喜欢的事就像服苦役一般。第三，职业兴趣能激发个体职业活动的潜力和创造性，使个体在工作中多产且高效。第四，职业兴趣可以增强职业的稳定性。总之个体的职业兴趣与职业相匹配，就会产生满意的职业决策、职业投入、职业成就和职业稳定。反之，就会产生不满意的职业决策，缺乏职业成就感以及职业的变动。有关资料表明，如果一个人从事的职业与其职业兴趣相匹配，就能发挥其全部才能的 80%～90%，并且能较长时间保持高效率而不感疲劳，而对职业不感兴趣的个体，只能发挥其全部才能的 20%～30%，也容易疲劳厌倦。

鉴于此，在职业选择中，了解和认识自己的职业兴趣是非常必要的；尤其是，随着职业指导强调职业指导的综合计划和职业自我探索等，对个体的职业兴趣的评估越来越受到重视。

（二）职业兴趣测验在人员的选拔和安置中的应用

人力资源管理的一项重要工作就是挖掘员工的工作潜能，提高员工的工作绩效，同时让员工工作内容更加丰富，从更适合自己、更具挑战性的工作中获益，用人单位和员工达到双赢。为此，用人单位在选择员工时，就需要考虑应聘者的职业兴趣、性格特点以及能力倾向等与工作的匹配关系，这样才能招聘到合适的敬业的员工。在对员工的发展进行规划时，也要考虑到员工的职业兴趣等与工作岗位的匹配，帮助员工制订合理的职业发展规划，让每个员工从事适合的工作，只有这样，才能发挥员工的最大的潜能，实现自己的价值，也为用人单位创造更大的价值。可见，职业兴趣测验对用人单位人力资源的开发利用、工作绩效的提高都具有重要意义。

笔记

二、态度测验的应用

一般来说，态度量表都是为特定的研究目的而发展起来的。有用来测量宣传工具影响人们态度的效度，也有用于评估教育和训练的成果，或者用于评估社会态度。在市场调查以及经济、宗教、消费者偏好、政治态度、对不同职业的态度等方面的研究中也常应用态度量表。从现有的态度测量工具来看，态度测量的范围已涉及各个方面。在社会和人们日常生活中，受到心理学和社会学家深入研究的态度对象有：老年人、艾滋病、计算机、托儿所的日托、饮酒、环境、性别角色、天才儿童、残疾人、同性恋、教学、政治人物、婚前性行为、总统、种族、学校、科学、性、吸烟、教师、考试、妇女、工作和心理健康行为等。

（一）态度测验在教育系统中的应用

态度测量可用于评估儿童或学生对学校教学计划中各门课程的态度，对学习习惯及学习态度进行评估。例如，Holtzman WH 等所编制的学习习惯和学习态度的测查，就能评估学生的学习目的、学习习惯和学习态度。

态度评估的方法有多种，各有利弊。如量表法（表 7-8）使用起来较为方便，一次可以收集较多的资料，但其缺点是真实性不够理想。投射法可以反映被试的真实情况，有较高的可信度，但结果分析复杂，受主试的主观影响较大。行为反应观察法虽然真实，但行为的观察受到多种观察条件的限制，且观察的结果与被试内在态度的关系不太明确，所以行为反应观察法只能为态度测量提供参考。

（二）态度测验在了解健康行为中的应用

态度量表可用于评估人们对某些与健康有关的行为的态度，包括对生活方式（吸烟、饮酒、锻炼等）、对某些危险行为等的态度。例如，我国肖水源等 1999 年编制的自杀态度问卷（Suicide Attitude Questionnaire，QSA），就被用于评价个人对自杀行为的态度与看法。下面是该量表部分条目的举例：

1. 自杀是一种疯狂的行为。
2. 一般情况下，我不愿意和有过自杀行为的人深交。
3. 在整个自杀事件中，最痛苦的是自杀者的家属。
4. 不应该为自杀死亡者开追悼会。
5. 如果我的朋友自杀未遂，我会比以前更关心他。
6. 如果我的邻居家里有人自杀，我会逐渐疏远和他们的关系。
7. 假如我自己身患绝症又处于极度痛苦之中，我希望医务人员能帮助我结束自己的生命。
8. 个体为某种伟大的、超过人生命价值的目的而自杀是值得赞许的。
9. 自杀未遂者不值得同情。
10. 假如我自己已患绝症又处于极度的痛苦之中，我不愿再接受维持生命的治疗。

（三）态度测验在民意调查中的应用

在政治生活和社会生活中，民意调查可能是人们最为熟悉的态度测量。民意调查是政治、管理、经济决策等方面工作的重要信息来源。一般民意调查所使用的问题有开放式的也有封闭式的。开放式问题对被试回答问题的方式及内容不加限制，封闭式问题则要求被试在已经设定的答案中选择一个。前者可获得更多的信息，但结果的判断分析更为主观和困难，后者比较客观。

（四）态度测验在管理调查中的应用

态度测量可用于调查对各种管理活动的态度和意见，如 File QW 和 Remme HH 编制了“怎样管理”态度量表（见表 7-8）。该量表用以测量管理活动、同事政策和管理者意见。测

笔记

量的对象包括高级管理人员，也有管理候选人，能够区分不同水平的管理者和评估管理训练的效果。

表 7-8 “怎样管理”态度量表举例

指出你对下列活动在本单位实施的看法，在最能表达你看法的答案上画圈			
管理活动			
1. 在做一个重要计划之前，请员工提出建议	同意	不定	不同意
2. 当你作出一个错误决策时，向员工承认错误	同意	不定	不同意
3. 无论员工们是否听从，总是给他们以坦率的说明	同意	不定	不同意
同事政策			
指出你对下列建立良好雇佣关系方法的看法			
4. 在具体工作问题上询问工作领导者的意见	同意	不定	不同意
5. 劝阻下属不要参加工会	同意	不定	不同意
6. 依据对管理工作的了解程度选择管理人员	同意	不定	不同意
管理者意见			
7. 管理和劳动的目标是直接对立的，而且是互相冲突的	同意	不定	不同意
8. 大多数员工能够合作以解决工厂的生产问题	同意	不定	不同意
9. 所谓“心理疲劳”纯粹是懒惰	同意	不定	不同意

（曹运华　苏俊鹏）

思考题

1. 简述霍兰德 RIASEC 模型。
2. 为什么在职业兴趣测验中尤其要考虑反应定势的影响及如何平衡？
3. Thurstone 态度量表的理论假设及评价。
4. Likert 态度量表的理论假设及评价。

笔记

第八章　成就测验

第一节　成就测验的理论基础

一、成就测验的概述

（一）成就的概念

成就（achievement），据朱智贤主编的《心理学大词典》解释，是指个人通过学习和训练所获得的知识、学识和技能。郑日昌在其主编的《心理测量》中指出学业成就指的是经过一定的教学或训练所学到的东西，是在一个比较明确的、相对限定的范围内的学习效果。Nietzel MT 等人则认为成就就是通过学习和训练所习得的知识和技能。由此，成就可概括为经过一定的学习和训练后所获得的知识和技能，首先成就是明确的、已获得的知识和技能；其次成就具有相对具体的指向性和限定范围，需经过特定的学习和训练。

成就与能力、能力倾向密切相关，都属于人的认知能力的组成部分。能力（ability）是一种心理特征，是顺利实现某种活动的心理条件，指在某项任务或活动上现有的成就水平。能力倾向（aptitude）是指一个人经过适当训练或置于适当的环境下完成某项任务的可能性，是指个体具有的潜力和可能性。成就则是在能力及能力倾向的基础上，经过后天教学或训练后，所获得的知识和技能。三者既有联系又有区别，能力、能力倾向是取得成就的前提和条件，成就是能力、能力倾向的具体表现。

（二）成就测验的概念

成就测验（achievement test）又称学业成就测验，主要用于测量个人经过某种正式教育或训练之后对知识和技能的掌握程度，主要测量与教育相关的成就，是当今世界上应用最广泛、最为频繁的心理与教育测验。在50个最常用的心理测验中，成套成就测验就有6个：广泛成就测验（Wide Range Achievement Test，WRAT），皮博迪个别成就测验（Peabody Individual Achievement Test，PIAT），大都会成就测验（Metropolitan Achievement Test，MAT），综合基本技能测验（Comprehensive Test of Basic Skills，CTBS），艾奥瓦基本技能测验（Iowa Test of Basic Skills，ITBS），美国大学生入学测评程序（American College Test Assessment Program，ACTAP），另外日常教学中教师自编课程测验、地区性期中期末课程考试也都属于成就测验。

成就测验由于其测量目标与能力、能力倾向关系密切，常常与能力测验、能力倾向测验相混淆，其区别主要表现在以下3个方面：首先，测验目的不同。成就测验测量的是一些特定的、限定于某一范围的能力和知识，是对学习和训练效果的测量，如某一课程或学习经历对个人知识或技能的影响。这类测验涉及的是相对限定的学习经验，以过去或当前为参照标准；能力与能力倾向的测验目的则为一般性的、较为广泛的能力。能力测验涉及广泛的学习经验并以现在为参照标准；能力倾向测验涉及广泛的学习经验但以未来为参照标准。

笔记

其次，功能不同。成就测验和能力测验都是描述现状，指明一个人已经学会了什么和能做什么；而能力倾向测验是用来预测将来学会什么和能做什么。再次，测量方法不同。成就测验与其他两种测验的区别还在于，它是一种相对直接的测量，而智力或其他心理特质只能通过间接方法测量，以及通过对被试的某种表现或成绩来进行推测。

需要说明的是三者的区别是相对的：首先，在测验目的上，成就测验、智力测验和能力倾向测验都测量人的最高作为，属于最高作为测验。其次，在测验内容上，三者存在彼此的交叉和重叠，能力倾向测验和能力测验的成绩不能排除学业成就、正规学习训练和特殊知识经验的影响，而成就测验的成绩也包括与课堂学习或正式教育经历无关的经验，即包含能力和能力倾向的项目。再次，在测验功能上，三者都可用来做显示性测验和预测性测验，均可作为将来工作或成就的预测源。因此许多心理学家都认为智力测验、能力倾向测验和成就测验的相似多于区别。

二、成就测验的简史

（一）中国成就测验的历史和现状

中国是最早使用纸笔考试的国家，我国自西周时，就初步建立了学校教育制度，其国学中的大学就已设置了定期的学业考试。延续了1300年之久的科举考试，是当时世界上规模最大、影响最大、由国家组织的成就测验。目前西方的填字和类比测验，实际上就是我国科举考试中的帖经和对偶的变式，可以说西方成就测验起源于中国。

清朝末年西方现代的测量理论和技术传到我国。1905年，清廷出于发展新教育、培养实用人才的需要，废除了科举制度，转而引进西方的学校考试制度。1918年俞子夷编制的小学生国文毛笔书法量表是我国标准化成就测验的开端。1923年，在教育改进社的主持下，进行了全国小学生教育调查，调查范围包括22个城市和11个乡镇，测试了9.2万名儿童。随后，艾伟和其他人士编制过一些小学各科测验和诊断测验，到抗日战争前夕，我国心理学工作者编制和修订的教育测验50多种，出版心理与教育测验方面的书籍20多部。

1952年，中国建立起了全国统一高等学校招生制度(即高考)，1977年恢复高考后，成就测验有了较快的发展，其中最突出的就是高考，国家每年都要投入大量的人、财、物力促进高考的标准化。除了高考以外，我国学者也新编制了一些成套成就测验，如简茂发等人1998年编制的九年一贯制课程的基本学力测验和龚耀先先生2003年指导编制的多重成就测验。此外，全国性单科成就测验也有发展，比较普及的有1987年开始的全国大学英语等级考试(CET)、1991开始的专业英语考试和学位英语考试、1994年开始的全国计算机等级考试(NCRE)。除了全国性单科成就测验，80年代以后我国学者也编制了很多小范围内的单科成就测验：上海市1983年编制的初中平面几何标准测验、1986年郑冠平和陈孝禅编制的小学钢笔正书书法量表、1987年赵裕春等人的小学生数学能力测验、王孝玲1997年编制的1～5年级小学生识字量测验以及减铁军的4～6年级小学生阅读能力测验、唐细容与姚树桥2003年编制的成人词汇测验以及在范晓玲教授指导下编制的语文成就测验(1～2和7～9年级)、数学学业能力倾向测验(3～4年级)、小学六年级学习困难儿童学业成就筛查测验等。

心理测验工作在我国迅速开展，但标准化成就测验的发展速度缓慢，虽然80年代以后国内学者编制了很多成就测验，但在应用和推广上均受到了限制和制约。在基础教育领域，从小学至中学大规模的标准化学业成就测验较为少见。尤其是小学标准化学业成就测验更为罕见。教师自编学绩测验或地区性的学绩测验虽然标准化水平较低，但由于其诸多优点，目前广泛使用于学业成就评估中，其编制方法和标准化水平也在逐步提高。随着新课程的

笔记

推广和基础教育质量检测工作的开展，成就测验在基础教育乃至现在教育体系中将会越来越重要，标准化程度良好、信效度可靠的新型成就测验在教育实践中将会迎来新的机遇与挑战。

（二）西方成就测验的发展

19世纪中叶以前，西方国家评价学生成就的唯一方法是口试。在19世纪中叶，口试仍然是测量学业成就的主要方法。随着美国波士顿的教育家Mann H提出，应采用统一实施和评分的笔试来更客观的进行成就测量，笔试才成为一种辅助方法被用来评价学业成就。第一个客观的成就测验是1864年由Fisher G编制的书法量表（Handwriting Scale），之后标准化成就测验的先驱者Rice JM于1895年首次基于标准化样本编制了一个客观的拼写测验（有复本）用于调查学生拼写能力，测验内容包含50个词，测试了33 000名儿童。后来，他又编制客观性测验测评了8000名儿童的语言技能和6000名儿童的算术技能。

20世纪早期，在教育测验运动之父桑代克（Thorndike EL）的指导和推动下，许多标准化成就测验问世。1923年第一个标准化的成套成就测验《斯坦福成就测验》出版，到20世纪30年代末，已有大量的标准化成就测验发表，包括艾奥瓦高中内容考核（Iowa high school content examination）、艾奥瓦基本技能测验、大都会成就测验等，这些经典成套测验现今仍在不断被修订、使用。1935年开始，美国定期出版《心理测验年鉴》（mental measurement yearbook，MMY），见证了成就测验的发展与繁荣。截至2017年7月已出版第20版，在MMY-9收录的1409种测验中，成套成就测验68种，64.7%是新增的；语言测验134种，81.8%是新增的；阅读测验97种，66.0%是新增的；数学测验46种，73.9%是新增的；自然科学知识测验26种，34.6%是新增的；社会学知识测验5种，40.0%是新增的。在MMY-10中又新增了成套成就测验12种，语言测验26种，阅读测验24种，数学测验9种，社会学知识测验3种。在第15版中包括成套测验、语言、外语、数学、阅读、社会、自然等多种成就测验共计606种，占所有18类心理测验总数的18.39%。

21世纪之初，美国总统布什提出有教无类法案，要求所有学生在各州的考试均达到精熟水平，全国所有3～8年级学生每年必须接受各州政府的阅读和数学统考，各州学业评估系统必须提供诊断报告给家长和老师，这就为成就测验在美国的普及和发展起到了非常重要的促进作用。

20世纪30年代至今，经典成就测验不断修订新的版本、新编的成就测验不断增多、新的测评技术不断在成就测验领域应用和推广。当前成就测验发展的新挑战在于如何发展测量更高级教学目标的成就测验，如应用、分析和评价；如何进一步提高成就测验的预测效度；如何编制有别于传统成就测验过分重视知识考察特征的新测验，在成就测验中更加重视技能和学习能力的考察；如何基于项目反应理论编制区别于传统测验理论体系下的成就测验；如何结合人工智能的发展开展计算机自适应的成就测验。

三、成就测验的分类

按照不同的分类标准，成就测验可分为不同的种类。

（一）按测量学特征分类

成就测验可分为标准化成就测验和非标准化测验。标准化成就测验是指在心理与教育测量学原理指导下，根据测验编制的规范化程序编制的、符合心理测量学要求的、对测量误差做了严格控制的学业成就测验，如韦氏个别成就测验、大都会成就测验、斯坦福成就测验。其测验内容和常模样本具有广泛的代表性，实施和解释标准化程度高，既可用于不同学校和地区之间的横向比较，也可以用于过去和当前的教学评价以及未来学业成就预测。由于标准化测验编制要求很高，费时费力，且在日常教学中的灵活性和针对性不强，因而标

笔记

准化成就测验在日常教学评价中使用不多。

非标准化成就测验是指没有进行标准化的学业成就测验，其编制程序、误差控制、评分与解释往往没有严格按照心理测量学要求执行。教师自编学绩测验和一些未经标准化的区域性学业成就测验都属于非标准化成就测验。虽然测验内容和评分系统未经过严格的标准化，较易受误差影响，但此类测验根据教学评价要求自行编制，具有相对具体的评价目标，既可以是班级随堂考试，也可以是某一学校或某一地区的期末考试；既可以用于评价学生对某一学科知识的掌握程度，也可以用来检查教师教学质量。虽然标准化水平较低，易受编制者主观因素的影响，所得的分数也只用作即时的教学过程评价，不能用于横向比较，但在实际使用中具有较高的实效性。教师自编学绩测验和标准化成就测验可以相互补充，但不能相互替代，实际工作中测验工具的选择没有绝对优劣而应取决于测量目的。

（二）按测验内容分类

成就测验可分为两大类：一是对各种科目的知识和技能的“学习程度”的测量，也叫普通成就测验、综合成就测验或成套成就测验，如斯坦福成就测验、大都会成就测验、皮博迪个人成就测验等，每个分测验包括某种学科的知识，各分测验得分可互相比较；另一类是特殊成就测验，也叫单科成就测验，包括特殊领域的知识，适合于确定被试在该领域的成就大小，这种测验按其功能又分两种：第一种只用于评定某一成就的高低，类似于学期末或入学的考卷，只要标准化的即可，如 TOEFL 考试；第二种是诊断测验，其功能主要是测量出个人在某学科方面的优点和弱点，用以判定其学习困难所在，以作为干预之依据。如关键数学算术诊断测验（key math diagnostic arithmetic test）、伍德库克阅读掌握测验（Woodcock reading mastery test）等。

（三）按施测人数分类

成就测验按其内容和施测人数又可分为团体成就测验、个人成就测验和可团体或可个别施测的成就测验。如大都会成就测验等属于团体成就测验；皮博迪个人成就测验属于个人成就测验；而诊断性阅读量表（diagnostic reading scales）、关键数学算术诊断测验既可用于团体施测也可用于个别施测。

（四）按反应方式分类

成就测验可分为操作测验和纸笔测验。操作测验需要具体操作，如表演体操等。纸笔测验又可分为再认式和回忆式两类。

（五）按分数解释的方法分类

成就测验可分为常模参照测验和标准参照测验。常模参照成就测验指已经建立了常模，可以根据常模解释测验结果的成就测验。这类测验往往具有标准化测验的特征，涵盖比较广泛的内容，重视将受测者与常模团体中的其他人比较，往往用于学习障碍儿童的鉴别和教育安置。

标准参照成就测验是指根据特定的教学目标解释测验结果的测验，用于诊断受测者在学习中存在的问题，为制订个别化教育计划、评价教学效果提供依据。标准参照测验的比较标准是事先确定的，可以是国家或省教育部门制定的教学大纲，也可以是学校自己制定的教学目标。

尽管常模参照测验和标准参照测验存在分数解释系统上的差异，然而有很多测验既有常模参照测验的功能，又有标准参照测验的功能。如果是考查学生对学科知识的掌握程度，它就发挥标准参照测验的作用；如果是考查学生对学科知识掌握程度的差异，它就起着常模参照测验的作用。在教育中经常使用的学期末和学期中的考试，要考查学生对某阶段的学科内容掌握情况，常采用标准参照测验。如果要通过测验来考察被试在某一团体中的地位，则常采用常模参照测验。

笔记

（六）按测验的功能分类

成就测验可分为调查测验、水平测验、预测性测验、诊断性测验和准备性测验。

调查测验主要是用来调查被试对某种知识、技能等的总体掌握情况，而不是被试所具有的长处和不足。

水平测验是一种标准参照测验，是用来考查学生是否达到某种要求的能力水平的一种测验。它不是用来确定被试在人群中的位置，而是用来对被试达标情况进行判断。这种测验又可称为基本技能最低限度测验。

预测性测验通常用来预测被试未来的学习成就。一般来说，它所包含的题目比相同学科的一般成就测验复杂，在预测今后是否成功方面，其作用与能力倾向测验相类似。常见的预测性测验有阅读测验、算术测验和外语测验等。

诊断性测验能鉴别被试在学习功课方面的困难。编制这种测验必须把被试在各个学科上的成就分解成在各种技能上的成绩，再分别设计出测量题目。一般成就测验只可用于比较被试在人群中的相对位置，却不知道对具体技能的掌握情况，而诊断性测验可以了解被试在几个基本技能上的优劣，从而提出改进的依据。诊断性测验包括的题目差别很大，施测时间一般比相同学科调查测验要长。

准备性测验主要考查学生在一个特定的教育任务上是否做好了准备，其效度由对有关领域的教学做好准备的学生同没有做好准备的学生之间的有效区分来决定。

（七）按测验的用途分类

按照测验的用途，成就测验可分为总结性测验和形成性测验。成就测验的传统用途是在学习单元或全部课程结束后实施测验，来测量学生是否已达到教学目标。从技术上讲，这种用途称为总结性评估。它以测量成绩作为最终产物，目的是对学生的学习作出总结性的评价，如好与坏、过关还是不过关。而形成性测验，是把教育过程和评估结合起来，在教学进行过程中测量学生的进步情况。形成性测验是教学活动的一个有机组成部分，通过对学习者在学习过程中的表现进行评估，可以指导学生决定是进行复习或是继续学习下一个单元。

（八）按适用年龄分类

成就测验还可按其内容和适用年龄分为一般成就测验和广泛成就测验。一般成就测验往往规定了其适用的年龄范围。大部分的成就测验适用于学龄儿童，如皮博迪个人成就测验、斯坦福成就测验等。但有些测验适用的年龄范围广，甚至包括人的一生，如广泛成就测验、伍德科克 - 约翰逊心理教育成套测验，5～75 岁的人都适用。那么，对于学龄儿童来说，成就测验的结果反映其学习知识和技能的效果；对于其他年龄段，成就测验所起的作用就可能属于准备性、预测性测验，或者作为人才考察和临床诊断的辅助测验。

四、成就测验的编制

成就测验与其他心理测验编制都包括确定测验目的、编制试题、测验编排与预测、标准化、编写测验手册等几个方面（参见第二章第五节内容）。

（一）确定测验目的

成就测验的目的为测量经过学习或培训后的学业成就。其测验对象一般为学生或准备入学学生；测验用途和功能主要用于教育评价；测验的目标即经过学习后应该具有的学业成就水平，包括识记、领会、运用、分析、综合、评价六个层次，往往根据教学大纲进行确定。通常成就测验的测验内容大致涉及以下领域：①基本技能领域。词汇：测量对词义的掌握程度；阅读：测量解码（视觉鉴别，语音 / 符号关系）和理解能力（语句和段落的阅读理解）；拼写：测量单词的拼写能力（错拼单词的再认）；语言：测量口头和书面表达的能力；数学：

笔记

测量计算（基本的四则运算）、概念（数和符号的意义、数学术语的理解）和数学知识的应用（应用题的解决和数学资料的阅读）。②附加技能领域。理解技能：测量对口语的听觉理解；学习技能：测量对图书馆和参考资料的使用能力；地图和图表的应用：测量阅读、理解地图和图表所表达的信息的能力；社会学知识：测量对社会学知识的掌握程度；自然科学知识：测量对自然科学知识的掌握程度。

（二）编制试题

好的试题是保证测验质量的关键，试题编制的第一步是要拟定项目编制计划，列出双向细目表。第二步根据命题的一般原则在编制计划和双向细目表的框架下编写试题，确定项目内容、选择题型、提供标准答案与评分细则。成就测验的测题项目可以来源于已有成就测验和学绩测验、题库集、教育专家和心理测量专家编制的题目以及结合实际教学评价需要而产生的题目。需要指出的是，试题的编制不仅需要确定项目内容，还需根据不同题型的特征和项目考核目标来选择适合的题型，同时编写详细的标准答案和评分细则。

（三）测验编排与预测

测验的编排与合成需要充分审定试题，考虑题目内容对测验目标的拟合程度，充分考虑题量、难度、题型特征与考核目标。测验合成后需要进行预测及项目分析，主要考察测题的内容和形式与测量对象、测量用途和测量目标的符合程度。如果编制标准化成就测验，还需要进行必要的项目复核。常模参照成就测验的编制需要参考测验分数在全体样本中的分布情况，充分考虑试题的难度和区分度资料；标准参照测验和教师自编学绩测验由于不必严格参照测验对象总体的分数分布，可以适当参考项目的难度和区分度信息，主要复核试题的形式和内容与教学目标的符合程度。

（四）标准化

测验标准化的工作包括试题内容标准化、测验实施标准化、客观计分标准化、提供测验的信效度资料以及建立常模等。标准化成就测验应确保每一个受测者在同样的情境和施测过程中接受同样的测验题目（或等值题目），并接受统一标准的客观评分。标准化成就测验的信度一般要求在0.80～0.90之间，信度资料的收集应充分考虑评估方法对误差来源的反映，在多种信度估计方法中，重测复本信度由于能同时反映来自时间和练习的影响，因此是较严格可靠的信度检验。在效度上，评价一个成就测验是否有效的最重要指标是内容效度，成就测验的编制应尤其注重内容效度资料的搜集，同时效标效度资料在成就测验用于预测或诊断时也十分重要，结构效度由于较难取得良好指标，在以往的成就测验编制中往往被忽视，但其对于相关知识的结构理论的验证具有重要意义。在常模上，标准化程度较好的成就测验往往具有全国常模。由于成就测验在考虑代表性的同时兼顾适用性，因此往往结合地区常模来解释测验分数，如高考。如果只是在校内或当地几所学校做比较，那么当地测验分数的分布特征更有意义。此外，非标准化成就测验虽然不要求提供信效度资料和常模，其标准化程度也较低，然而在测量的编制中还是应尽量确保编制过程的规范。

（五）编写测验手册

测验编制的最后一步是编制测验指导手册，其主要目的是向测验使用者说明测验的全面情况和实施方法等，以保证测量结果的信度和效度。指导手册的内容包括测验目的与功用、选材依据、测验的基本特征、实施方法、标准答案和评分以及常模资料等。

第二节　常用的成就测验

按照心理测量学标准，成就测验分为标准化的和非标准化的成就测验。一般来说，标准化成就测验是国内外较为广泛使用的成就测验，常用的有以下几种。

笔记

一、韦氏个别成就测验

韦氏个别成就测验（Wechsler Individual Achievement Test，WIAT）是一套个别实施的综合成就测验，用于评估儿童和青少年的学识增长和学习技能的发展。WIAT与韦氏系列智力测验WPPSI-R、WISC-Ⅲ和WAIS-R有共同常模，该测验可用于学习障碍的诊断，进行教育计划和安置。WIAT的使用年龄范围为5～19岁，即幼儿园至高中三年级的学生。全套测验在儿童中实施约需30～50分钟，对青少年约需55分钟，简式筛选量表仅需10～15分钟。

（一）WIAT的结构和内容

1. **WIAT的结构** WIAT涵盖了4个领域（阅读、数学、语言和写作）和8个分测验（基本阅读、阅读理解、数学推理、数据运算、听觉理解、口语表达、字词拼写和书面表达），其中基本阅读、数学推理和字词拼写3个分测验独立构成简式筛查工具。

2. **WIAT的分测验** WIAT有8个分测验，即基本阅读技能、阅读理解、数学推理、数学计算、听力理解、口头表达、书面表达和字词拼写，与美国公众法律中有关学习无能的7个领域相平行并涵盖了这些领域。其中基本阅读、数学推理和拼写3个分测验可以独立作为简式筛查工具。这里分别对每个分测验的内容和主要功能做简要的描述。

（1）基本阅读（basic reading）：由55个项目组成。前7个项目分别由一幅图和4个单词构成，要求儿童指出与图画字音相同的单词或代表图画名称的单词，测量字词的解码能力。从第8个项目到第55个项目，每个项目为一个单词，要求儿童朗读每个单词，测量单词阅读能力。每个项目正确反应记1分，错误反应记0分，最高分为55分。

（2）数学推理（mathematic reasoning）：含50个项目，测量儿童的数学推理能力。有许多项目是视觉的刺激物如图画，有些项目是纯文字性的。少部分题目口头呈现，绝大多数印在刺激卡上，每个问题都由主试读给被试听，同时被试也可以看刺激卡。每个项目正确反应记1分，错误反应或没有反应记0分，最高分为50分。

（3）字词拼写（spelling）：有50个项目，前6个项目测量对口述字母的书写能力和对口述语音的编码能力，第7～50个项目测量对口述单词的拼写能力。主试每次读一个字母或单词，要求被试把听到的字母或单词写在答卷纸上。每个正确的字母或单词记1分，错误反应或没有反应记0分，最高分为50分。

（4）阅读理解（reading comprehension）：共有38个项目，测量儿童的阅读理解能力。前8个项目为一句话，并配有一幅图，其他项目为2句或2句以上的短文，不配图。被试阅读短文后，听主试提问题，然后口头回答主试的问题。每个正确反应记1分，错误反应或没有反应记0分，最高分为38分。

（5）数字运算（numerical operations）：包含10组，每组4个项目，第一组项目为数字听写，其他项目内容涉及加减乘除基本运算和简单代数问题。每次向儿童呈现一个问题（口头和书面），要求儿童把答案写在答卷纸上，可以心算或笔算，如果看不清，可要求儿童读出答案。测量儿童数字书写能力，四则运算的能力和解决简单代数的能力。每个正确反应记1分，错误反应或没有反应记0分，最高分为40分。

（6）听觉理解（listening comprehension）：有36个项目，前9个项目，主试先呈现含有4个图的刺激卡，再读一个词，要求被试指出与词相匹配的图；其他项目先呈现一幅相关图，读一段短文，然后问一个或几个问题（项目），要求被试口头回答。测量儿童对词、句或短文的听觉理解能力。每个正确反应记1分，错误反应或没有反应记0分，最高分为36分。

（7）口语表达（oral expression）：共有16个项目，第1～10个项目，主试呈现代表某个词的图，口头描述这个词的定义，要被试讲出这个词；第11～12个项目，主试呈现一幅情景

笔记

图，要被试描述这幅图表达的意思；第13～14个项目，主试呈现一幅地图，要求被试指出到达某一地点的路线；第15～16个项目，主试呈现一幅描述某一过程的步骤的图，要求被试解释这些步骤。测量儿童应用词汇、描述情景、指路和解释步骤的能力，即口头表达能力。第1～10个项目采用0、1计分，第11～16个项目有几个计分要点，每答中一个要点记1分，最高分为40分。

（8）书面表达（written expression）：这是一个速度分测验，要求儿童在15分钟内，按要求写一篇短文，这些要求印在刺激卡上，主试也读出来，但不能给暗示性解释。评分比较复杂，分整体评分（6分）和要素得分（24分），共计30分。要素有6个：构思和发展（ideas and development），组织、单元和连贯性（organization，unite，and coherence），词汇量（vocabulary），句子结构和变异（sentence structure and variety），语法和习惯用语（grammer and usage），大小写和标点符号（capitalization and punctuation），每个要素按5级计分（0，1，2，3，4）。

（二）WIAT标准化

WIAT分数有多种形式：粗分是各项目得分直接相加；标准分把分测验和组合分的粗分转换成均数为100、标准差为15的离差分；百分位常模按常模样本计算出各粗分对应的百分位；年级等值分（class equivalents）是把粗分转换成年级当量（几年级几个月），如数学推理粗分30分相当于4年级2个月（简写为4∶2级）；年龄等值分（age equivalents）把粗分转换成年龄当量（几岁几个月），如数学推理粗分31分相当于10岁3个月（简写为10∶3岁）；还有正态曲线等值分和标准九分等。

WIAT的每一个分量表和组合分都可以有5个类型的计分办法：标准分、百分等级、年龄当量、常模曲线当量和标准九分。阅读、数学、语言和写作4个组合分，都分别有2个分量表构成。3个筛选组合分和总量表分都可以由它们所涵盖的分量表分计算而获得。年龄或年级的标准分的计算，平均分为100，标准差为15。手册中也提供了建立在WIAT和WPPSI-R，WISC-Ⅲ和WAIS-R任意一个基础上的能力-成就差异分。并且，测验编制者还提供了2种计算能力-成就差异的计算办法，即简单差异和预测成就法。

（三）WIAT的信度

信度指测验结果的一致性和时间稳定性，反映测验信度的统计指标有重测信度、内部一致性、测量标准误、测验分数的可信区间和评分者一致性。WIAT手册中提供了许多信度资料，以年龄和年级为基础的分半信度超过0.80。

（四）WIAT的效度

成就测验最重要的效度指标是内容效度，WIAT在这方面做了大量的工作，如根据美国公众法律94～142条确定的课程领域制定分测验，根据课程内容和教学目标，以及专家考查和评价，来进行测验内容筛选，并通过预试结果的项目分析对项目进行了反复修改等，保证了测验的内容效度。结构效度方面做了多方法的考证，如分测验之间的相关，与韦氏智力量表的相关，组间差异的比较研究等。从这些研究结果来看，WIAT有较好的结构效度。效标效度的研究很多，包括与多种成就测验的相关。例如，与Kaufman教育成就测验（K-TEA）等呈中度相关。

二、大都会成就测验

大都会成就测验（Metropolitan Achievement Test，MAT）是一套在美国广泛使用的成套成就测验。它首次发表于1931年，当时的目的是测量纽约公立学校学生的学业成就，以后不断地改版，以保证其内容和常模的时效性。MAT是一个多水平、多领域的调查和诊断性

笔记

成套测验。所谓多水平是可用于测评多个年级（幼儿园至十二年级）的学业成就；所谓多领域是指它的内容包括多个学科的知识和技能，如词汇、阅读、数学、拼写、语言、自然科学、社会研究、写作、研究技能和思维技能等内容。另外，它包括调查成套、诊断成套和一个附加的写作测验，所以可用于调查学生的教育成长，评估课程和教学方法的有效性，以及不同学校教学质量的比较，也可以用于诊断学生不同学科的强项和弱项以及某些特殊的学习技能缺陷。

1992 年，Prescott G、Balow LH、Hogan TP 和 Farr R 等发表了基于当时学校新改进课程的修订版 MAT7。MAT7 是一个标准化的团体成就测验，包括 5 大内容领域，即阅读、语言、数学、科学和社会研究。编制者根据当时的主要教材、课程指南和要旨的分析制作了测验规范和蓝图。MAT7 包括从幼儿园到十二年级共 14 个水平。幼儿园有两个水平，其余年级每一个年级一个水平。根据测验水平完成成套测验的时间为 1 小时 35 分钟到 4 小时 10 分钟。

（一）MAT7 的内容与结构

MAT7 的分量表内容如下：

1. **字的再认**（word recognition） 测量辨认元音、辅音和词组成部分的技能。

2. **词汇阅读**（reading vocabulary） 这是一个必须由学生阅读的分测验，评估从上下文中获得词汇意义的技能。

3. **阅读理解**（reading comprehension） 评估学生的再认细节和顺序能力，推断意义、判断因果关系、抓住中心思想和特点的分析能力；以及得出结论的技能。

4. **前阅读**（prereading） 这一分测验仅出现在学龄前和学龄初水平。这是一个听觉辨别、视觉辨别和字母再认测验。

5. **概念和问题解决**（concepts and problem solving） 这个分测验评估学生选择和使用何种问题 - 解决策略的能力。项目要求学生仔细分析问题、综合信息并注意细节。

6. **程序**（procedures） 这个分测验是备选的，学前儿童和一、二年级都不使用。这一测验包括传统的计算和字词问题。

7. **数学**（mathematics） 仅在学前和一年级的水平中有。评估儿童关于数和单位、形状和钱币的计算。

8. **构思 / 组合 / 编辑**（prewriting/composing/editing） 这些分测验用多选的形式仿效写作的过程。学生必须评价部分课文，回答与 3 段写作内容有关的问题。拼写的题目也包括在这些分测验中。

9. **语言**（language） 单独的语言组合测验。用于学前至小学二年级水平的学生。测量较低水平的听力理解中的技能发展和基本构思技能。

10. **科学**（science） 这一分测验评估学生关于基本科学事实的知识和来自于物理、地球和宇宙以及生命科学的一些概念。也评估他们调查的技能和批评分析的技能。

11. **社会研究**（social studies） 这一测验评估来自于一些学科领域，包含对于地理、历史、经济学、政治学、社会学、人类学和心理学的一些事实和概念的知识和理解。

12. **研究技能 / 思维技能**（research skill/thinking skill） 这些测验用于三年级以上文化水平，测量运用图书资料的技能、收集数据以及在各种背景下恰当地分析和应用信息的方法。

（二）MAT7 的常模形式

MAT7 有粗分、分测验与组合的几种形式的导出分。导出分包括量表分、百分位、年级等值分、正态曲线等值分、功能性阅读水平、内容聚类的成绩分类、水平陈述，以及预测学业

笔记

能力倾向测验和美国大学测验的成绩范围。

三、斯坦福成就测验

斯坦福成就测验（Stanford Achievement Test）一般称为SAT，适用于团体的成就测验。这是最早的综合成就测验，于1923年出版。以后经过数次修订，编制者为Gardner EF等人。其编制的目的是测量“中、小学课程所达到的结果”，即那些重要的知识和技能。该测验包括斯坦福学习技能测验（SESAT，第2版）、斯坦福成就测验（第7版）和斯坦福学习技能测验（TASK，第2版），测量阅读、语言、数学等领域的基本技能，年龄范围从幼儿园到高中毕业生。SESAT有两个水平，适用于不同年龄的幼儿园儿童。斯坦福成就测验有六个水平，分为初级1型（1.5～2.9年级）、初级2型（2.5～3.9年级）、初级3型（3.5～4.9年级）、中级1型（4.5～5.9年级）、中级2型（5.5～7.9年级）和高级型（7.0～9.9年级）。TASK有两个水平，分别为8.0～12.9年级（TASK1）和9.0～13年级（TASK2）。由此可见，该测验适合于任何年级的被试，即使学校教学计划难度高于或低于平均水平时，也有相应的测验内容。在不同水平，分测验的数目从5到11不等。大多数水平包含的分测验有学习技能、阅读理解、词汇、听力理解、拼读、语言、数概念、数学运算和数学应用等。施测时间为2～5学时。

四、单项成就测验

成套成就测验内容全面，但不深入，单项测验能弥补成套测验的不足，可对某一学科的情况做深入的了解。首先，单项成就测验可以调查和显示学龄学生在某一科课程上所获得的成就，辅助教学过程。其次，可用于鉴别和筛查学习困难学生。再次，单项成就测验可以为教育与发展心理学研究提供必要的测评工具，了解学生学习规律和发展特点，为教育实验效果和儿童学业发展提供必要评估。目前单项成就测验主要有语文学科测验、数学学科测验、外语学科测验、艺术学科测验等，在此主要介绍常用的语文学科测验和数学学科测验。

（一）语文学科测验

语文测验是综合的学科测验，它可以细分为阅读测验、词汇测验、语句测验、语法测验、书面语言测验、书法测验。前3种考查学生的阅读能力，后3种考查学生的表达能力。儿童在学校学科的学习中经历的很多困难都与语文和阅读问题有关，因而语文学科测验是评估儿童学业表现、筛查学习困难儿童、预测学业发展的重要工具。常用的语文学习困难相关诊断测验有：斯坦福诊断性阅读测验、加州诊断性阅读测验、阅读诊断筛查测验第3版、加利福尼亚诊断性测验、MAT6诊断性阅读测验、伍德库克阅读掌握性测验和书面语言测验。本部分主要介绍国外常用语文单科诊断测验和国内现有量表。

1. **斯坦福诊断性阅读测验**（Stanford Diagnostic Reading Test） 斯坦福诊断性阅读测验由Karlsen B、Madden R和Gardner EM 1966年编制出版，目前常用的第4版为1996年编制。该测验既是常模参照测验也是标准参照测验，既可做个别施测，也可以团体施测。其主要测量阅读中词汇、语音分析、理解和浏览四种成分，分为六级水平，适用于1～12年级。测验内容包括：词汇听觉辨别、字音听觉辨别、语音分析、结构分析、字词阅读、阅读理解和速度。内部一致性信度在0.80以上，一些分测验在0.9以上，复本信度在0.62～0.88之间。常模样本包含6万名学生，原始分数可以转换为百分等级、标准九分、年级当量和量表分数。

2. **书面语言测验**（Test of Written Language） 书面语言测验由Hammill D和Larsen S 1983年编制出版，2008年修订至第4版，主要用于确定受测者书面语言的强项和弱项，诊

笔记

断在书面表达方面的问题。第4版的适用年龄为9～17岁11月，有A、B两个复本。测验包括两个领域：有意写作和自然写作，有意写作包括5个分测验，分别是词汇、拼写、标点符号、逻辑性句子、合并句子，要求受测者使用特定的词语或语法来完成写作；自然写作包括两个分测验，上下文的惯用法和故事创作，用于评估受测者的自由写作能力，在测验中受测者要求按照刺激图片看图写故事。测验可用于团体施测也可用于个体施测，施测时间一般为60～90分钟。常模团体由977名受测者和1229名志愿者组成，各分测验内部一致性系数有80%在0.80以上，其中有意性写作和整体书写能力的一致性系数超过0.95，自然写作一致性系数介于0.70～0.80。重测信度同样有80%超过0.80，几乎所有评分者一致性系数均超过0.90。每个分测验分数可以转化为标准分数（平均数=10，标准差=3）和百分等级，两大领域和全量表得分可以转化为平均数为100，标准差为15的标准分和百分等级。

3. 国内语文单科测验

（1）阅读测验：可以分为朗读测验和默读测验。朗读测验多用于小学低年级，用来了解学生的识字能力、诊断阅读障碍以及考查儿童对词汇的掌握情况。

艾伟和王金桂编制的小学国语默读测验：分为低、中、高3个版本。低级版适用于二年级至三年级上学期，中级版适用于三年级下学期至四年级，高级版适用于五年级至六年级，每个版本都有3～4个副本。它的测验材料有如下特点：A. 测验材料包括故事、时事、通讯以及各种叙事的文章，不包括诗歌等韵文；B. 文字逐渐加长，低级版从十几个字至五十几个字，中级版从七十余字到二百多字，高级版从二百多字到四百多字；C. 每段文章，自成一段，有头有尾；D. 不适合小学生阅读的材料，均设法避免；E. 测试题的格式为4择1选择题。每类测验有10～20段，每段后面有3～5个问题，每类测验共有50个问题，测验时间为35分钟。

艾伟、杨清编的小学国语诊断测验：分为4种，每一种代表一种默读能力。测验1：测量学生迅速浏览以获得大意的能力。测验2：测量学生细心阅读并记住细节的能力，即精读能力。测验3：测量学生纵览全章提纲挈领的能力，即学生能从错综复杂的文章里找出要领或因果关系的能力。测验4：测量学生推敲文字、了解寓意的能力。该测验可适用于四至六年级学生。通过使用该测验，教师可以发现学生阅读能力的缺陷在何处。每个测验有12篇短文，每篇短文后有1～4个测试题，皆采用选择题。

（2）语句测验：主要测量小学生的语句组织能力和理解能力，其中较有名的是艾伟所编的2个测验。

艾伟、丁祖荫合编的语顺测验：该测验测量小学生的语句组织能力。它分3种程度：低组（二年级上学期至三年级上学期）、中组（三年级下学期至四年级下学期）、高组（五年级上学期至六年级下学期）。每组有3～4类难度大致相等的测试题，以便交替使用。每类测验中有50个句子，每句中的字的排列是散乱的，读起来不成句。例如：想可简法无直（排序后，应为：简直无法可想），要求学生在35分钟内做完。

艾伟编的四言辞句测验：主要测量学生对成语和语句的意义了解的程度。用4选1的格式，要学生找出正确的语句。共有3类：第一类适合五年级；第二类适合六年级；第三类适合初中一年级。

（3）语法测验：主要测量学生在文字和语言组织上辨别错误的能力。以陈鹤琴小学语法测验为例，该测验共有50个题目，每个题目里有一个字是不符合语法的，需要改正。测验时间为20分钟。语法测验是每题1分，算出总分后，再从测验说明书的转换表查出T分数。

（4）其他测验：除了阅读、语句、语法测验，语文单科测验中还有单字测验、词汇测验、

笔记

书法测验、语文学科学习技能测验等，如陈鹤琴编制的小学默字测验、小学钢笔正书书法量表，汉语沟通发展量表等。由于单科测验的使用和推广往往受到地域和教育环境分布的限制，因而其使用受到一定的限制。

值得提出的是，随着阅读障碍的研究的深入，国内阅读障碍诊断测验得到了一定的发展，除了引进国外常用量表外，国内也编制了一批适合于国内学生的诊断量表。1997 年由杨志伟、龚耀先根据认知心理语言学与神经语言学理论，结合阅读障碍的症状学编制了汉语阅读技能诊断测验，包括 9 个项目：汉字形——音识别、汉字形——义识别、校对准确度、词语匹配、读音准确性、朗读流畅性、朗读速度、阅读理解，以及组句成文。2002 年刘翔平等人编制了儿童语言学习困难诊断测验适用于二至四年级学生，包括 8 个分测验：听觉分辨、听觉记忆、听音选字、听觉理解、视觉分辨、视觉记忆、选字填空、阅读理解。2006 年盖笑松、杨芳编制了适用于小学三到五年级学生的汉语阅读障碍儿童识字状况测验。包含三个分测验：基础识字量测验、生字学习手册、生字学习量测验，从而动态地反映儿童的识字情况。此外国内近几年编制的语言单科成就测验还有唐细容与姚树桥 2003 年编制的成人词汇测验以及范晓玲教授指导下编制的 1～2 年级语文成就测验（2008 年）和 7～9 年级语文成就测验（2005 年）。

（二）数学学科测验

数字的计算和应用是学业成就中一项重要的能力。国际上比较常见的数学单科成就测验有：关键数学算术诊断测验（Key Math Diagnostic Arithmetic Test）、早期数学测验（Early Mathematics Test）、早期数学能力诊断（Early Mathematics Diagnostic Assessment）、现代数学理解测验（Modern Mathematics Understand Test，MMUT）、数学渐进成就测验（Progressive Achievement Tests In Mathematics）、斯坦福数学诊断测验（Stanford Diagnostic Mathematics Test）、加州数学诊断测验（California Diagnostic Mathematics Tests）。

1. 关键数学算术诊断测验 关键数学算术诊断测验是目前国外使用的鉴定数学学习障碍的常用量表之一，1988 年修订版测验分为数学概念、运算和应用三个部分。数学概念部分有 4 个分测验：整数、分数、几何和符号，主要测量基本的数学概念和知识。运算部分有 6 个分测验：加法、减法、乘法、除法、心算和数字推理。应用部分有 5 个分测验：文字题、补充、金钱、测量和时间。目前修订至第 3 版，内容包括基本概念、操作、应用三个部分 10 个分测验：基本概念计算、代数、几何、计量、数字分析和概率运算、心算与计算、笔算、乘除应用、基础问题解决、应用问题解决。适合 4～21 岁儿童，测验通常 30～90 分钟可以完成。测验报告包括标准分、量表分、百分位数和年级当量。该测验的内部一致性和复本信度在 0.95 左右，与考夫曼教育成就测验、艾奥瓦基本能力测验等成就测验有较好的相容效度。

2. 早期数学能力诊断测验 早期数学能力诊断测验由 Ginsburg HP 和 Broody AJ 2003 年编制，主要测试 3～8 岁 11 个月儿童的数学能力，预测数学学业一般能力，可用于早期数学学习困难的筛查和评估。包括非正式数学能力和正式数学能力两个部分，八个分量表，72 个项目，非正式数学能力包括：数数能力、数字比较、简单运算数字、数字概念的掌握；正式数学能力包括：数字读写能力、掌握数字事实、运算技能、理解数字概念。内部一致性达到 0.94，重测信度为 0.82，效标效度为 0.55～0.91。测验答对 1 题记 1 分，连续 5 题不通过则测验结束。总分为分量表相加分数，得分越高数学能力越强。2014 年经原版作者同意康丹、周欣将该量表第 3 版汉化，引入国内，并做了中国化。早期数学能力诊断测验（中文版），包含非正式数数能力、正式数字事实、正式数字运算、非正式数字比较、正式数字读写、非正式运算、正式数字概念、非正式数学概念 8 个分量表，共计 52 个项目，施测时间 25～30 分钟。早期数学能力诊断测验（中文版）信度指标良好，重测信度 0.845，内部一致性系数

笔记

0.932，分半信度 0.747。需要指出的是，目前该量表中文版在国内的适用性研究只有上海市 5～6 岁的儿童被试，与原量表 3～8 岁 11 个月还有差距，因而国外量表引进还需要做大量的本土化工作。

3. **国内其他数学学科测验** 国内在 80 年代后也编制了一些数学学科测验用于教学评价和数学学习困难的筛查。从 1980 年开始，历经 7 年，小学数学能力研究协作组编制了小学生数学能力测验，项目包括三个方面：数的概念、数字推理和空间关系三方面的内容。该测验共有 6 套测题，分别适用于不同年级的小学生，测验利用多种题目形式，透过学生知识掌握的深度、广度和在变化的形式中发现不变性的概括化程度的迁移效果，综合地说明学生数学的能力。1983 年初中平面几何学业成绩评定研究协作组根据初中平面几何学知识与布鲁姆的学习水平分类系统相结合形成双向细目表，编制测验，测验共有 32 个题目，合计 50 个考查点，包括选择、填空、作图、简答、连缀、改错等六种题型。2003 年刘经兰和戴海琦依据国家教育部颁发的小学数学课程标准和数学教材编制小学四年级数学诊断性测验。用于分析四年级学生基础知识和基本技能掌握情况。2004～2005 年湖南师范大学范晓玲教授指导魏勇、刘丽娟、柴彩霞分别编制了小学三年级数学成就测验、小学低年级数学成就测验和 7～9 年级数学成就测验。

综上所述，随着新课程和国家对基础教育质量检测工作的推进，成就测验将会越来越重要和普及。认知诊断测验模型在成就测验中的应用也使单科成就测验的发展也有了新的转机。认知诊断测验模型（Cognitive Diagnosis Assessment，CDA）指对个体知识结构、加工技能或认知过程（均简称为属性，attribute）的诊断评估。以该模型为基础编制的测验往往通过描述学生的属性掌握情况与其题目反应之间的关系实现认知诊断，弥补了传统成就测验中仅考察单一知识点的缺陷，能够在更高的测量目标下评估学生的认知过程。近几年国内学者编制了一些以认知诊断为模型的单科成就测验，如 2009 年李凌艳、谢敏和辛涛编制了小学生数学成就测验，李峰、余娜和辛涛编制了小学四、五年级数学诊断性测验，湖南师范大学范晓玲教授指导学生刘芳、王珺分别编制了汉语阅读障碍认知诊断测验与语素意识阅读障碍诊断测验。

第三节 成就测验的应用

标准化成就测验的应用很广，不同成就测验在应用上有不同的规定。这里只介绍几个主要方面的用途。

一、在教育上的应用

成就测验主要用于教育领域。概括地说，成就测验在教育上的用途分为三种，即反馈、评价、区分与诊断。

（一）反馈

成就测验的得分可以作为反馈信息，调节教师的教学活动。在某一教学阶段开始前的成就测验，能使教师了解学生对完成本阶段学习任务的智力、知识和技能的准备情况，为调整教育目标和教学计划提供依据。在教学过程中的检查测验，能使教师了解学生对有关知识、技能的掌握情况，发现学生的学习具体困难，以便及时发现教和学中的问题，从而调整教学内容，改进教学方法。在某一教学阶段终了后的总结测验，能使教师了解教育目标是否达到，了解学生综合应用和迁移知识、技能的能力，同时为制定新的教育目标提供依据。测试者将成就测验结果反馈给学生，便于学生了解自己对各门课程的掌握程度，改进自己的学习方法和学习计划；将测查结果提供给教师，可以反映教师教学的效果，作为改

笔记

进教学和教材的参考。同时，成就测验的结果也可以为教学主管部门制定教育方针、政策提供参考。

测验的反馈信息还可促进学生的学习活动。考试结果能使学生明了自己的学习情况，作出自我评价，找出薄弱环节，调整自己的学习方法，并确定新的努力目标；考试的气氛及对分数的正负强化，在一定程度上具有动机激发的作用，能引起或满足学生渴望成功、得到社会承认的需要，从而提高学习活动的积极性。

（二）评价

成就测验不仅可以用于评价学生，还可以作为教学评价的辅助工具，反映教师教学的效果，学校可以应用成就测验辅助教学管理。成就测验还可以用于评价一所学校或一个地区的教学质量，可作跨区域的横向比较，可也以作跨年代的纵向比较。

成就测验的评价功能主要可表现为三个方面：第一，摸清学生的学习和发展状况，这是因材施教的前提。任何一种成功的教育，都是建立在对学生已有的学习和发展状况了解基础之上的。第二，在教育过程中的不同阶段进行评价与检验。比如在单元、期中、期末学习后，为了检验教育工作的好坏，可以通过成就测验对教育过程中的每一环节进行检验。第三，对教育思想、教育理念、新的教育技术等效果进行评价。教育需要不断地创新、不断地改革才有生命力，为了不断地提高教育工作水平，进行各种教育研究是必不可少的，通过成就测验来对学生的学习进行检验，从而检验新的理念、新的技术是否真正具有良好的效果。

（三）区分与诊断功能

成就测验可用于区别学生之间、学生群体之间的成就水平差异，还可以描述或诊断出某一学生在不同学科发展上的优势和弱势，以便因材施教。

成就测验与其他测验的结合可用于对儿童的学习及其相关问题的评估和研究。如用儿童的学校成绩与成就测验结果相比较，假如一个儿童的学校成绩低于期望值，而在以课程为基础、结构良好的成就测验上表现成绩良好，这种情况可用于区分学习动机和学习问题。智力测验分数与成就测验分数相比较，智力测验的高分数和成就测验的低分数，可以区分学习能力与学习或教学方法问题。这都有助于确定儿童在学校中所存在问题的性质和种类，并在对教师、父母咨询时有重要的参考作用。

二、临床上的应用

成就测验在临床中有两个重要的用途：学习障碍的诊断和神经心理功能评定。

（一）学习障碍的诊断

学习障碍在学龄儿童中发生率较高，这种儿童的智力在正常范围，但在与学业有关的基本技能的某一方面存在明显的缺陷，如听、说、读、写、计算或理解，导致某门学科成绩明显低于智力的期望水平。在美国精神疾病诊断与统计手册第5版（DSM-5）中提到4种类型的学习障碍：阅读障碍、拼写障碍、数学障碍和写作障碍，在诊断时必须同时用智力测验和成就测验，了解能力 - 成就差异的程度，也就是说成就明显低于能力的期望水平意味着存在学习障碍。在脑损害病人中，最易受损害的是流体智力，而与学业有关的知识较少受到损害，尤其在脑损害的早期，也就是说成就测验成绩明显高于智力测验成绩。所以成就 - 能力差异分析在临床中具有重要的意义。

（二）神经心理功能评定

一些临床研究也为成就测验的应用提供了其他的用途。如：成就测验可作为智力发育迟滞儿童的教育分班问题的依据；可以帮助探讨青少年违法犯罪的原因，Famularo R 用 WISC-R、WRAT-R 和图片记忆测验研究 216 名 13～15 岁有违法行为的青少年，结果认为，

笔记

就整体而言，其结果不支持以往认为的低智力是违法行为的一个独立危险因素的假说；可用于研究临床各科疾病对患儿学业成就的影响，如脆性X染色体综合征、Sickle病、儿童脑外伤、血友病等疾病对儿童学习成就的影响。

三、人才选拔上的应用

成就测验经常被用来作为选拔人才的工具。随着心理测量学的发展，在人才的选拔中，人事测评已经成为了一种重要且必备的高效方法。人事测评是指根据职业或工作的要求，通过各种测量手段，对人的素质适合从事某事的程度进行评价，其目的是实现人与事的最佳匹配。几乎任何一种成就测验都可用来作为选拔人才的工具，如我国的高考、国外的心理教育成套测验等。最为典型的应用比如飞行员选拔。因为飞行员职业的特殊性，对飞行员的身心各方面素质有着很高的要求。培养造就一名优秀的飞行员，必须经过严格的选拔。由民航总局航空医学研究室与空军航空医学研究所共同研制开发的飞行员综合心理品质测试系统是一套很好的评估飞行员的测评系统，其中就包含了成就测验相关的内容。

在我国，随着社会的发展，成就测验在人才选拔方面的用途将逐渐显现。

四、成就测验应用中应注意的问题

（一）成就测验的选择

在成就测验的选择上要有针对性。无论是哪类成就测验的选择，都要考虑与测验目的和实际条件相匹配的问题。我们必须根据自己的测验目的，合理选用不同的成就测验。

标准化的成就测验，在选用某个测验前要注意以下几个方面的问题：首先，要认真阅读测验手册，看测验的目的是否符合自己的要求；其次，还需要了解测验的测量学指标。对于成就测验来说，一般信度系数应在0.80～0.90之间，复本信度应比内部一致性信度高。内容效度一般最为重要，但如果是预测性测验，还需提供预测效度的证据。常模资料也应满足测验的目的。还要看施测条件是否满足等。

如要决定对哪些儿童实施教学补救计划和实施什么样的补救计划时，要使用单项成就测验或多水平单项成就测验，还要使用特殊领域的诊断测验，进行详细评估和分析。对于全国性的成就测验，如果与地方课程差异较大，那么不能利用全国性测验的结果进行年级水平的安置。

应用成就测验的测查者必须弄清每种成就测验的内容和局限。例如，PIAT是一个较好的个人成就测验，但它只局限于描述学生在筛选方法上的相对位置，而且其数学分测验不能作任何计算技能的直接评估。同时，拼写分测验也只是一个再认测验，低分数并不表明数学和拼写问题的性质。

（二）成就测验的结果解释

在测验结果的解释上还要注意，许多成就测验都没有显示预测效度，尤其是某些教师自编的成就测验，测验信度和效度尚未达到测量学的要求。因此，以这些测验为主要依据，说明一个儿童将来表现如何是不合适的。例如，按规定，初中阶段不能分重点班，但目前仍有部分初中或明或暗存在“重点班”、“实验班”等。不少学校采取一次性“摸底考”来了解学生的实际成绩，并根据学生的考试成绩进行分班。这样一次考试就决定了学生命运的做法是有欠妥当的，更不利于学生的成长。此外，成就测验只是一个信息源，要全面评估一个学生的成绩，还要有其他的信息源，如过去的成绩、访谈、智力测验、教师报告、父母报告等。

（麻丽丽　杜夏华）

笔记

思考题

1. 简述成就测验的概念。
2. 简述成就测验的类型。
3. 简述成就测验的编制过程。
4. 简述韦氏个别成就测验。
5. 简述成就测验的主要应用领域。

笔记

09章

第九章　心理健康评定量表

第一节　心理健康评定量表概述

一、评定量表的定义与性质

在心理测量学中，评定量表（rating scale）是用来量化观察中所得印象的一种测量工具，也是在心理健康评估中收集资料的重要手段之一。在心理健康理论研究和临床实践中，常常需要对群体或个体的心理和社会现象进行观察，并对所观察的结果以数量化方式进行评价和解释，这一过程称为评定（rating）。而评定需要按照标准化程序来进行，这样的程序便是量表（scales）。评定量表中量表一词的原文是"scale"，这个词可以解释为"尺度""标度""刻度""等级"和"比例尺"等，表示了数量的概念。量表应用于心理健康领域，对心理健康的某些方面进行评定时，便成为心理健康评定量表（Rating Scales in Mental Health），例如90项症状清单（SCL-90）、汉密顿焦虑量表（Hamilton Anxiety Scale，HAMA）等。

评定量表不仅被广泛应用于心理健康的评估，在心理学、社会学、医学、教育、工业、商业、行政管理等领域应用也很广泛。心理健康评定量表涉及范围极广，要准确界定有困难。有些心理学、社会学及精神病学评定量表与心理健康评估关系密切，因此这些量表也属于心理健康评定量表的范畴。评定量表的使用，使心理健康临床工作和理论研究更加快速和简便，研究结论更具科学性。

二、心理健康评定量表的形式和分类

（一）形式

心理健康评定量表形式多种多样，除具有他评量表性质的主观评定量表外，常见的形式还有自陈量表（Self-Report Scales）、问卷（Questionnaire）、调查表（Inventories）和检核表（Checklists）等，这类量表均有评定量表的性质，但其内容、结构及功用稍有不同。

1. 主观评定量表　过去在心理学和教育学中使用这种形式的评定量表较多，其特点是结构明确，量表各项目描述精细。此类量表通过知情人对受评者心理特点、行为等项目的观察印象逐项判断，不仅要判断每一项目在受评者身上是否出现，而且要按照量表项目程度等级标准作出程度估计。虽然评定者的评价是主观的，但评定依据来源却是客观的，故具有相当的真实性。

2. 自陈量表　较早用于人格测量，后来发展起来用于调查个体情感、兴趣及行为的各种问卷、调查表等均属同一性质，总称为自评量表（Self-Rating Scales）。此类量表均是让受评者自己按照量表内容要求提供关于自己心理（内隐行为）、行为及个人社会经济背景材料的报告。量表的内容通常为一系列陈述句或问题，每个句子或问题描述一种行为特征或现象，要求受试者作出是否符合自己情况的回答。量表的项目以"是"或"否"的回答方式最常

笔记

见，也有折中是非式（是、否、不一定）、二择一式、多项数字选择式、文字量表式等方式。自陈量表主要特点为其项目数量多，项目描述清晰，内容较全面，了解的信息量大，而且可以团体实施。但隐蔽性较差，受评者报告自己行为时常常会带有某些偏向。

3. 检核表 常作为了解个体行为特征，尤其是异常行为的调查工具。在性质上通常属于他评量表，也有少数属自评量表。量表项目具体，通常包含一系列行为描述语句。量表操作简便，评定者只需确定各行为项目是否在受评者身上出现即可。

4. 单极或双极量表 数字评定量表和其他类型的量表可能是单极的，也可能是双极的。在单极量表中，被评定的特质被看成是单一维度的，如UCLA孤独量表。在双极量表中，被评定者的特质被认为是有两个方向的，如生活满意度量表。

5. 语义区分量表 用于研究诸如“父亲”“母亲”“疾病”“爱”等这样的概念对于不同个体的意义。使用语义区分工具时要求受测者在7点的双极形容词量表上对一系列概念打分。例如对于“母亲”这个词，在“好”和“坏”之间给予评定。

6. 迫选量表 给评定者两个或更多的描述，然后让评定者选出最符合受评者的特征描述。虽然评定者在进行迫选时会遇到困难，但迫选量表能够控制某些系统误差，如恒定误差、晕轮效应和近因效应等。

7. Q分类技术 研究者在测量中要求受测者把一系列描述性陈述分配到几个类别组中，这些类别组是从“最能代表受评者或他人的特征”到“最不能代表受评者或他人的特征”，如加利福尼亚Q分类量表。

（二）分类

心理健康评定量表的分类可按量表项目编排方式，也可按评定者性质进行，而最常见的是按量表内容进行分类。此外，也有按量表功能来分类的，可分为特征描述性量表和诊断性量表。由于心理健康评定量表主要是对心理健康状态各个侧面作出评定，所以即使是诊断性量表，也主要是指“心理特点诊断”，如对受评者人格结构、尚保存的和受损的能力或心理功能加以评估，而不是临床医学的疾病诊断。

1. 按量表项目编排方式分类 按量表项目编排的方式可以分为数字评定量表、图解评定量表、标准评定量表和强迫选择评定表量。数字评定量表是指在量表的每个条目后均呈现按大小排列的数字，这些数字分别代表项目中所描述内容的程度和频率等，评定者根据实际情况选择相应的数字；图解评定量表是把待评定的每一行为列成从左到右一线条或其他示意图，评定者根据情况在相应位置上作出选择；标准评定量表为列出一套行为标准（如各具风格的5人），评定者从中选定与受评者最相近的；强迫选择评定量表指提供一些描述词或者以多项选择问题的形式，让评定者从中选择出一个最能描述受评者行为的选项。

2. 按评定者性质分类 按照评定者的性质可将量表分为自评量表和他评量表。

（1）自评量表：是由被试本人对自己的行为、态度或症状表现，按照自己的意见进行评定的一种方法。自评量表的主要特点是：高度结构化；项目形式多为是非题或选择题；一般都建立了标准化常模或划界分；题目数量可多可少（一般人格问卷题目都比较多，症状评定问卷题目比较少）。自评量表的使用，对被试的认知水平、受教育程度和精神状态等都有明确的要求。

（2）他评量表：是评定者通过对个体或群体的行为和社会行为进行观察，并对观察结果以数量化方式进行评价和解释的过程，这一过程称为他评。和自评量表一样，他评量表一般都具有高度的结构化；项目形式多为是非题或选择题；一般都建立了标准化常模或划界分；但题目数量都不太多（多数都在50个以内）。他评量表的使用，对主试的专业水平、对被试的了解程度等都有明确的要求。

笔记

3. 按量表内容分类 按照量表所测查的内容，心理健康评定量表可以分成很多的种类，如常用的有：心理健康综合评定量表，生活质量和幸福度评定量表，抑郁评定量表，焦虑评定量表，自尊与自信评定量表，人际关系与人际态度评定量表，家庭功能与家庭关系评定量表等。常用的各类心理评定量表见表9-1。

表9-1　常用的各类心理评定量表

1. 心理健康综合评定量表	康奈尔医学指数（CMI）、症状自评量表（SCL-90）、自测健康评定级表（SRHMS）、Achenbach 儿童行为量表（CBCL）、Rutter 儿童行为问卷
2. 生活质量和幸福度评定量表	生活满意度量表、情感量表（正性情感、负性情感）、情感平衡、幸福感指数、总体情感指数、总体幸福感量表（GWB）
3. 应激及相关问题评定	生活事件量表（LES）、应付方式问卷、防御方式问卷（DSQ）、社会支持评定量表、领悟社会支持量表（PSSS）
4. 抑郁与焦虑类量表	自评抑郁焦虑量表（SDS、SAS）、Beck 抑郁问卷（BDI）、汉密顿抑郁量表（HAMD）、汉密顿抑郁量表（HAMA）、状态一特质焦虑问卷、交往焦虑量表（IAS）
5. 精神障碍评定量表	简明精神病评定量表（BPRS）、Young 氏躁狂量表（YMRS）、阳性与阴性症状量表
6. 自尊与自信评定量表	儿童自我意识量表（PHCSS）、自我描述问卷（SDQ）、自尊量表（SES）、个人评价问卷
7. 人际关系与人际态度量表	马基雅维里主义量表、人际信任量表、信赖他人量表、容纳他人量表
8. 家庭功能与家庭关系评定量表	家庭环境量表中文版（FES-CV）、家庭亲密度和适应性量表中文版（FACES-CV）、家庭功能评定（FAD）、Olson 婚姻质量问卷、父母教养方式评定量表
9. 孤独感量表	UCLA 孤独量表、状态与特质性孤独量表、孤独量表、Rasch 型孤独量表、儿童孤独量表
10. 烟草与酒精依赖量表	酒精依赖疾患识别测验（AUDIT）、密西根酒精依赖调查表（MAST）、饮酒问卷（ADS）、Russell 吸烟原因问卷（RRSQ）
11. 其他的评定量表	自杀态度问卷（QSA）、儿童感觉统合能力发展评定量表、匹兹堡睡眠质量指数（PSQI）

三、评定量表内容

量表种类繁多，不同种类和功能的量表，其内容各不相同。但总体而言，评定量表都包含了以下几个方面的内容。

1. **名称**　量表名称可以是仅指明量表的种类，例如简明精神病量表（BPRS），紧张性生活事件评定量表（SLERS）等，也可以是既说明量表的类型又指明量表的编制者或编制单位，如汉密顿抑郁量表（HAMD），康奈尔健康指数（CMI）等。在研究或者临床报告中，要写明所应用的量表名称。

2. **项目**　每一量表中均包括若干项目。每一项目都是描述一种心理特质、行为、症状或现象的陈述句，例如 BPRS 包括18项症状，HAMD 中包括24项（也有17项或21项者）。这些项目，都是量表编制者根据他们的理论和经验并参考其他量表加以设定。以症状量表为例，包括的项目应该是该类疾病的主要和重要症状，特别是常见的症状。这样量表的得分，才能反映病情的严重程度。由于实用的原因，项目不能太多，一般以20项左右为宜。过少则不能充分反映病情，过多则检查及评定的时间太长，不符合经济原则。项目的内容，应该是能反映疾病的特征。但又不能过于绝对，因为每一个病人的疾病，都是由特异性症状和非特异性症状组成，而且非特异性症状在疾病中占有相当重要的地位。如果某一量表，

笔记

只包括非常特异或者十分罕见的症状，那就不能良好地反映多数病人的病情。项目描述应尽量简明，每一个用词描述一个特别的意思，尽可能少用一般性词语，如“平均”、“很好”、“很差”等。

3. **项目定义** 一般来说，对于他评量表，要求对每一个项目的内容作出比较严格的定义，如说明这一项目是评定何种病理心理现象。例如汉密顿焦虑量表（HAMA）将第2项“紧张”，定义为紧张感、容易疲倦、易于惊吓、易动感情、易于哭泣、肢体颤抖、坐立不安或不能放松。而在BPRS的第6项，项目名称也是“紧张”，但它的定义则并不完全相同，而是被定义为紧张的运动表现，不包括紧张的主观体验。在具体应用时，必须注意不能混淆。

4. **项目分级** 量表中的每一项目均分成若干等级。有的采用二分法（即用“是”、“否”来回答项目），如艾森克人格问卷（EPQ）。而大多数心理健康评定量表的项目是采用多级评分的，例如BPRS为1～7的7级评分；HAMD为0～4的5级评分；SDS为1～4的4级评分。一般而言，分级以5～7级最为合适。如果分级太少，量表的敏感性便降低；如果分级太多，分级标准不易掌握，影响评定者间的一致性。分级的多少，还取决于是自评还是他评量表，以及选用什么样的评定者。自评量表的分级不宜过多，一般为3～5级。如果是由精神科医生或者有经验的人员或事先受过良好训练的人员担任评定者，分级便可细些。研究表明，只有受过严格训练的人才能区别11个等级，大多数人对7级已不能作出有效的区分了。通常等级划分在3至7级之间，以5级最为常见。

5. **评分标准** 评分的标准一般来说有两种：一种是项目内容的严重程度；另一种是项目内容在某一段时间内出现的频率，也可以是两者的结合。例如HAMD主要是根据严重程度来评定，而SDS则根据症状在最近一周内出现的频率来评分。他评量表一般对每个项目的评分标准都有特殊的规定。最好有评定的操作性评分标准或“工作用评定标准”，便于评定者掌握，也较为准确。例如HAMD的第一项——心境抑郁，当只有在问及时才诉述抑郁，评1分；主动报告的抑郁，评2分；不用询问也能觉察到病人的抑郁，评3分；整个检查过程中，病人一直处明显的抑郁状态，评4分。这样的标准十分明确，评分不会有过多偏差，一致性较好。然而，有些量表应用的是非操作性标准。例如HAMA，症状不存在评0分；轻度为1分；中度为2分；重度为3分；严重为4分。评定时是与一般的病人相比，对具体病人的症状严重程度加以判断，这就要求评定者有一定的临床经验。

此外，量表的种类很多，有的较好，有的较差。评定量表的质量主要是从信度及效度两个方面来衡量（详见第二章）。

四、心理健康评定量表的新进展

虽然心理学研究越来越向更为精细客观的认知神经科学发展，但无论是在心理学研究还是心理咨询与临床诊断中，心理测验具有其他心理学研究方法所无可替代的作用。大量的新测验不断涌现，每年都会有数百种新测验出版发行，而其中为数众多的当属心理健康评定量表。

个体心理健康状况往往是动态的，因此针对状态评定的心理健康评定量表较多，但由于状态性问题往往由个体特质引发，很多特质性问卷也同样用于心理健康评估，例如传统的MMPI量表在临床上有广泛应用。积极情感与消极情感也是心理健康评定量表所关注的重要特质，传统量表中针对消极情感的居多。近年来，随着积极心理学的发展，心理健康评定量表中涌现了大量的针对积极情感和积极心理品质的健康评定量表。例如自我效能感量表（General Self-Efficacy Scale，GSES），自我弹性量表（ER98）、希望量表、生活满意度量表等。

传统心理健康评定量表多针对心理健康的一般状态或针对某一症状如抑郁或焦虑程度等。而近些年随着心理学研究的进一步深入，很多临床的亚症状被进一步细化，因此涌现

笔记

了大量的亚量表。如抑郁症中的快感缺失研究，大量的快感缺失量表不断涌现，甚至将快感缺失进一步细化成躯体性快感缺失和社会性快感缺失，或期待性快感缺失和消费性快感缺失。而这些更具针对性的亚量表对心理诊断和有针对性的治疗具有更为重要的意义。

随着计算机的普遍应用，在心理健康评估中，计算机化评估、诊断和结果报告更为普遍，如根据DSM-IV诊断标准编制出的计算机软件已广泛应用于精神机能障碍的筛查，在诊断中起到了重要的支持性作用，有效降低了评分者偏差。其他研究表明计算机可以有效地诊断出抑郁的严重程度、自杀念头和特定的恐惧。另外研究者充分利用了计算机的优势，将认知行为评估与治疗相结合，将便携式的电脑程序用于广泛性焦虑的评价和治疗，大大提高了传统技术的质量和疗效，缩短了行为模式改变所需要的时间。

心理健康评估另一个重要的变革将来自于互联网。部分国家的测评公司已将心理健康评估放在互联网上进行，并可以立刻把结果传送给医师，提升了心理健康评估的速率，降低了成本。更为重要的是迅速扩大了评定量表的样本量，使量表的准确性进一步提升。但对于量表使用的限制和伦理问题也不得不令人担忧。

第二节　常用的心理健康评定量表

目前，评定量表已在心理健康研究和临床实践中发挥了重要作用，并在心理健康评估工作中占有重要地位。在欧美很少发表不应用评定量表的研究性论文。我国近年来已引进国外很多常用量表，有些进行了修订，同时也编制了一些适合于我国文化背景的评定量表，为我国心理健康研究提供了一批可靠工具。本节仅介绍国内外心理健康评估中一些常用的评定量表。

一、一般自我效能量表

美国心理学家班杜拉1977年提出了自我效能感理论。自我效能感（sense of efficacy）是人们自身对将要完成行为目标所需的组织和执行能力的判断。一般自我效能感量表（General Self-Efficacy Scale，GSES）由Jerusalem M和Schwarzer R编制而成，用于测量个体是否拥有有效地应对各种应激性情境的一种概括、稳定的自我效能感。我国学者张建新于1997年修订成中文版本，见表9-2。

1. 项目和评定标准　该量表最初由20个项目组成，后来缩减至10个项目。中文修订版共10个项目，旨在评定受试者对自我持正向或负向的感受。采用四点量表的形式，依序为“完全不正确”“有点正确”“多数正确”和“完全正确”，并依顺序给1～4分，总分愈高者，表示一般自我效能感愈高。

表9-2　一般自我效能量表项目举例

1. 如果我尽力去做的话，我总是能够解决难题的。
2. 即使别人反对我，我仍有办法取得我所要的。
3. 对我来说，坚持理想和达成目标是轻而易举的。
4. 我自信能有效地应付任何突如其来的事情。
5. 以我的才智，我一定能应付意料之外的情况。
6. 如果我付出必要的努力，我一定能解决大多数的难题。
7. 我能冷静地面对困难，因为我可信赖自己处理问题的能力。
8. 面对一个难题时，我通常能找到几个解决方法。
9. 有麻烦的时候，我通常能想到一些应付的方法。
10. 无论什么事在我身上发生，我都能够应付自如。

笔记

2. **应用评价** 量表简洁、可信，在许多研究中该量表的内部一致性α系数在0.75～0.91之间，且有良好的聚合效度和区分效度。目前该量表已被翻译成多种语言并进行跨文化研究，结果均表明该量表是单维度、同质的，说明一般自我效能感量表的结构具有普遍性。该量表是相关研究中常用的测评工具——我国学者张建新、王才康将其中文译本用于我国大学生群体，也获得了较满意的测量学指标。

二、心理幸福感量表

心理幸福感（psychological well-being，PWB）反映个体由自我完善或成长而生的积极体验。而传统研究中的主观幸福感（subjective well-being，SWB）被定义为高正性情绪，低负性情绪和高生活满意度。两者有着不同的哲学取向。心理幸福感量表（Psychological Well-Being Scale）由Ryff CD等人于20世纪80年代末期编制。Ryff心理幸福感量表所包含的维度涉及有关人的自我实现的6个明显方面：自主（autonomy）、环境驾驭（environmental mastery）、个人成长（personal growth）、积极的人际关系（positive relations with others）、生活目的（purpose in life）和自我接受（self-acceptance）。我国学者邢占军等人和王欣等人分别于2004年和2005年对该量表进行过修订，见表9-3。

1. **项目和评定标准** 该量表共有3个版本，分别包含了84、54、18个项目，在每个维度上分别包含14、9、3个项目。该量表要求被测者依据自己的体验在这些项目上做出6级选择：很不同意、不同意、有点不同意、有点同意、同意、非常同意。各个维度所反映的心理特征可表述如下。

2. **各维度心理特征** 自主。高分者：自我决定、独立；从一定程度上看能够克服社会压力去思考和行为；能够对个人的行为进行自我调整；能够依据自己的标准对自我加以判断。低分者：受社会期望和权威人物决定的影响；屈从于社会压力和他人的标准去思考和行为；一定程度上要依赖他人去做出决定。

环境驾驭。高分者：具有驾驭环境的意识并能够很好地驾驭环境；对复杂的环境和外部活动能够加以控制；能够有效地利用环境所提供的各种机遇；能够选择和创造与个人需要和价值相适应的环境条件。低分者：在处理日常事物方面比较吃力；感到无力改变不良的环境；抓不住机遇；对外部环境缺乏驾驭意识。

个人成长。高分者：具备一种不断发展的意识；认为自我处于不断成长与提高的过程中；喜欢尝试新事物；希望实现自身的潜能；能够看到自身随时间推移而出现的进步；希望自身在知识和效能方面有新的提高。低分者：感到自身处于停滞状态；不能看到自身随时间推移而出现的进步；对生活感到无聊和没有兴趣；感到自身在心理和行为方面不能有新的发展。

积极的人际关系。高分者：拥有融洽、真诚的人际关系；关心他人的福利；拥有志同道合、紧密无间的朋友关系；能够相互理解、互谅互让。低分者：缺乏亲密、真诚的人际关系；与他人之间相处很难做到开诚布公、轻松自如；在人际交往中感到孤独、有挫折感；不愿意为维持与他人的重要联系而进行妥协。

生活目的。高分者：有生活目标和方向感；能够感受到以往和当前生活的意义；对人生持有信念。低分者：不理解生活的意义；做事缺乏目标和方向。

自我接受。高分者：对自我持有肯定的态度；承认和容忍自身在很多方面的优缺点；对过去的生活持肯定的态度。低分者：对自我不满意；对过去的生活感到失望；对自身的一些不足感到烦恼；希望完全改变自己。

3. **应用评价** 该量表在我国被广泛应用在对城市居民、大学生、各职业人群幸福感的调查研究中。邢占军等人将心理幸福感量表运用于我国城市居民时同质信度较好，全量表

笔记

的内在一致性系数为0.94，各分量表内在一致性系数也在0.67以上，效标效度尚可，但构想效度不理想。王欣等人对大学生的研究表明总量表的α系数为0.93，各个维度的信度系数均高于0.7。

表9-3　Ryff心理幸福感量表项目举例

1. 很多人都认为我是个既亲切又有爱心的人。
2. 有时候，我会改变自己的行为或思想方式去迎合周围的人。
3. 总的来说，我认为我能够把握自己的生活。
4. 对那些能扩展自己眼界的活动，我都不感兴趣。
5. 每当我想到我过去所做的事情和将来希望做的事情时，我都感觉良好。

三、生活满意度量表

生活满意度量表（Life Satisfaction Scales）由Neugarten BL，Havighurst RJ和Tobin S于1981年编制。包括三个独立的分量表，其一是他评量表，即生活满意度评定量表（Life Satisfaction Rating Scale，LSR），包含有五个子量表，分别是热情与冷漠、决心与不屈服、愿望与已实现目标的统一、自我评价；另两个分量表是自评量表，分别为生活满意度指数A（Life Satisfaction Index A）和生活满意度指数B（Life Satisfaction Index B），简称LSIA和LSIB，见表9-4。

表9-4　生活满意度量表项目举例

LSR表A热情与冷漠
5. 充满热情地谈到若干项活动及交往。感觉"当前"是一生中最美好的时光。喜爱做事情，甚至待在家里也感到愉快。乐于结交朋友，追求自我完善。对生活的多个领域表现出热情。
4. 有热情，但仅限于一、二项特殊的兴趣，或仅限于某个阶段。当事情出现差错并可能妨碍其积极享受生活时可表现出失望或生气。即使是很短的时间也要预先做出计划。
3. 对生活淡泊，似乎从所从事的活动中得不到什么乐趣。追求轻松和有限度的参与。可能与许多活动、事物或人完全隔离。
2. 认为生活的大部分是单调的，可能会抱怨感到疲乏。对许多事感到厌烦。即使参与某项活动也几乎体会不到意义或乐趣。
1. 生活就像例行公事，认为没有任何事情值得去做。
LSIA
*1. 当我老了以后发现事情似乎要比原先想象得好。
*2. 与我所认识的多数人相比，我更好地把握了生活中的机遇。
*3. 现在是我一生中最沉闷的时期。
*4. 我现在和年轻时一样幸福。
5. 我的生活原本应该是更好的时光。
LSIB
1. 你这个年纪最大的好处是什么？ 1……积极的答案 0……没有任何好处
2. 今后五年你打算做什么？你估计今后的生活会有什么变化？ 2……变好，或无变化 1……无法预料，"各种可能性都有" 0……变坏

1. 项目和评定标准　LSIA由与LSR相关程度最高的20项"同意——不同意式"条目组成，而LSIB则由12项与LSR高度相关的开放式、清单式条目组成。LSR得分在5（满意度最低）和25（满意度最高）之间；LSIA得分从0（满意度最低）到20（满意度最高）；LSIB

笔记

得分从0（满意度最低）到22（满意度最高）。

2. **应用评价** 两位评分者评定LSR的一致性为0.78。LSR得分与临床心理学家和受试者充分面谈后所得结果的一致性为0.64。LSIA和LSIB与LSR的一致性分别为0.55和0.58；它们与临床心理学家评定的一致性分别为0.39和0.47。LSIA与LSIB的一致性为0.73。

四、人生意义问卷

人生意义是人们领会、理解自己生命的含义，并意识到自己生命中的目标、任务或使命。人生意义更多的是作为哲学命题来探讨，首次将其纳入心理学范畴的是心理治疗大师弗兰克尔，在其看来追寻意义（seeking for meaning）是人类的基本动机之一。人生意义被认为是心理幸福感的重要成分或来源。人生意义问卷（Meaning in Life Questionaire，MLQ）由美国学者Steger MF等于2006年编制，用于测量人生意义的两个因子：人生意义体验和人生意义寻求。中国学者王孟成、戴晓阳等于2008年将该问卷进行了中文版修订，见表9-5。

表9-5 人生意义量表项目举例

1. 我很了解自己的人生意义。
2. 我正在寻找某种使我的生活有意义的东西。
3. 我总是在寻找自己的人生目标。
4. 我的生活有很明确的目标感。
5. 我很清楚是什么使我的人生变得有意义。
6. 我已经发现了一个令人满意的生活目标。
7. 我一直在寻找某样能使我的生活感觉起来是重要的东西。
8. 我正在寻找自己人生的目标和“使命”。
9. 我的生活没有很明确的目标。
10. 我正在寻找自己人生的意义。

1. **项目和评定标准** MLQ共10个项目，包括人生意义体验和人生意义寻求两维度，每个维度包括5个项目。该量表采用Likert 7点记分，从1（非常不符合）到7（非常符合）。

2. **应用评价** 该问卷在美国和日本大学生样本中表现出良好的信效度。中文修订版具有较好的内部一致性和跨时间的稳定性，体验和追寻分问卷的内部一致性α系数分别为0.85、0.82，间隔2周的重测相关系数分别为0.74和0.76。目前该量表在国内多用于大学生的研究。

五、生活事件量表

生活事件量表（Life Event Scale，LES）用来对精神刺激进行定性和定量的评估。许多研究报告了生活事件与某些疾病的发生、发展或转归存在相关关系。在研究生活事件评定的初级阶段，人们只注重那些较重大的生活事件，因而只统计某一段时期内较大事件发生的次数。次数越多，表示遭受的精神刺激越强。这种评定方法非常简单，不足之处也是显而易见的——不同的生活事件引起的精神刺激可能大小不一。于是，人们相信，每种生活事件理应具有其“客观”的刺激强度。从20世纪60年代起，“客观定量”最有代表性的人物是美国的Holmes TH，他和Rahe于1967年编制了著名的“社会重新适应量表”（Social Readjustment Scale，SRRS）。SRRS的理论假定，任何形式的生活变化都需要个体动员机体的应激资源去作新的适应，因而产生紧张。SRRS的计算方法是在累计生活事件次数的基础上进行加权计分，即对不同的生活事件给予不同的评分，然后累加得其总值。SRRS加权的依据来自一个5000人的常模。在制定常模时，Holmes等事先规定“丧偶事件”为1000

笔记

分，“结婚事件”为500分，让被调查者以上述两事件的评分标准，按自己直接或间接的经验去评估其他各种生活事件的分数。然后求得每种事件（5000人）的平均值，将均值除以10，再取其整数作为该事件的标准化计分。SRRS选用了调查中发生频率较高的43项生活事件。SRRS在一定程度上反映了美国当时社会生活的实际情况，是科学地、客观地评定生活事件的开端。SRRS被推广到许多国家，再研究的结果显示相关系数多在0.85～0.99，被公认为评定生活事件的有效工具，甚至有人认为可以作为“金标准”以检测其他生活事件量表的效度。

我国于20世纪80年代初引进SRRS，使用者们根据我国的实际情况对生活事件的某些条目进行了修订或删增，编制了“生活事件量表”，见表9-6。LES适用于16岁以上的正常人、神经症、心身疾病、各种躯体疾病病人以及自知力恢复的重性精神病病人。LES是一个自评量表，填写者须仔细阅读和理解指导语，然后逐条过目。根据调查者的要求，将某一时间范围内（通常为一年内）的事件记录下来。有的事件虽然发生在该时间范围之前，如果影响深远并延续至今，可作为长期性事件记录。对于表上已列出但并未经历的事件应一一注明“未经历”，不留空白，以防遗漏。

1. 项目和评定标准 LES是自评量表，含有48条我国常见的生活事件，包括3个方面的问题：家庭生活方面（28条）、工作学习方面（13条）、社交及其他方面（7条），另设有2条空白项目，供填写当事者已经经历但并未列出的某些事件。对每一经历的生活事件询问的提纲为：①是否发生和事件发生的时间，分为未发生、一年前、一年内、长期性4个选项。一过性的事件如流产、失窃等记录其发生次数，长期性事件如夫妻分居、住房拥挤等不到半年记为1次，超过半年记为2次。②事件的性质，是好事还是坏事。③事件对精神影响程度，分为无影响、轻度、中度、重度、极重度5级，分别记为0、1、2、3、4分。④影响持续时间，是3月内、半年内、1年内、1年以上4个时间段，分别记为1、2、3、4分。

2. 统计指标及结果分析 生活事件刺激量的计算方法：

某事件刺激量＝该事件影响程度分×该事件持续时间分×该事件发生次数

正性事件刺激量＝全部好事刺激量之和

负性事件刺激量＝全部坏事刺激量之和

生活事件总刺激量＝正性事件刺激量＋负性事件刺激量

此外，也可根据研究的需要，按家庭生活问题、工作学习问题、社交及其他问题进行分类统计。

LES总分越高反映个体承受的精神压力越大。负性事件的分值越高则表示对心身健康的影响越大，正性事件分值的意义尚待进一步研究。95%的人一年内的LES总分不超过20分，99%的人不超过32分。

3. 应用评价 LES在信度方面，对153名正常人、107名神经症病人、165名慢性疼痛病人和44名缓解期的精神分裂症病人在间隔2～3周后重测，相关系数在0.742～0.611之间，P值均小于0.01。而在效度方面，100名离婚诉讼者的精神紧张总值、负性事件值高于按年龄、性别、民族、学历、职业及婚龄配对的五好家庭成员（$P<0.01$），而正性事件评分两组无差异。

LES所具有的应用价值包括：①用于神经症、心身疾病、各种躯体疾病及重性精神疾病的病因学研究，可确定心理因素在这些疾病发生、发展和转归中的作用；②用于指导心理治疗、危机干预，使心理治疗和医疗干预更具针对性；③甄别高危人群，预防心理障碍和心身疾病，对LES分值较高者加强预防工作；④指导正常人了解自己的精神负荷，维护自己的心身健康，提高生活质量。

笔记

表 9-6 生活事件量表(LES)项目举例

与家庭有关问题	(31)高考失败
(1)恋爱或订婚	(32)扣发奖金或罚款
(2)恋爱失败、破裂	(33)突出的个人成就
(3)结婚	社会及其他问题
(4)自己(爱人)怀孕	(42)好友重病或重伤
(5)自己(爱人)流产	(43)好友死亡
工作学习中的问题	(44)被人误会、错怪、诬告、议论
(29)待业、无业	(45)介入民事法律纠纷
(30)开始就业	(46)被拘留、受审

六、社会支持评定量表

社会支持评定量表(Social Support Rating Scale,SSRS)由我国学者肖水源(1986)开发,1990 年又进行了修订,成为国内有自主知识产权的用于评定社会支持的工具之一。SSRS 适用于 14 岁以上的各类人群(尤其是普通人群)的健康测量。测验结果还可以作为影响因素用于心理障碍和疾病的成因研究。该量表包括客观支持(3 条)、主观支持(4 条)和对社会支持的利用度(3 条)3 个维度,其计分包括两大步骤:

1. 项目计分方法

(1) 第 1~4、8~10 条:每条只选 1 项,选择 1、2、3、4 项分别记 1、2、3、4 分。

(2) 第 5 条分 A、B、C、D 4 项计总分,每项从无到全力支持分别记 1~4 分。

(3) 第 6、7 条如回答“无任何来源”记 0 分,回答“下列来源”者,有几个来源就记几分。

2. 总分及信度计分

(1) 总分:即 10 个条目记分之和。

(2) 客观支持分:2、6、7 条评分之和。

(3) 主观支持分:1、3、4、5 条评分之和。

(4) 对支持的利用度:第 8、9、10 条。

该问卷设计基本合理,条目易于理解无歧义,具有较好的信度和效度。肖水源等(1987)曾用《社会支持评定量表》对 128 名二年级大学生进行测试,量表总分为 34.56±3.73 分,2 个月重测总分一致性(reliability)r=0.92(P<0.01),各条目一致性在 0.89~0.94 之间,表明该问卷具有较好的重测信度。

国外研究表明,社会支持的多少可以预测个体心理健康水平。从已有的研究结果看,《社会支持评定量表》的测定结果与身心健康结果具有中等程度的相关性,故该量表具有较好的预测效度(predictive validity)。汪向东等(1988)将该量表应用于深圳移民的心理健康研究中,发现本地组社会支持总分高于迁居组,两组比较 P<0.01,SCL-90 代表的心理健康水平与迁居组社会支持总分呈显著负相关;多元回归分析发现迁居组的心理健康水平主要与在深圳居住时间、迁居态度和社会支持状态有关。解亚林等(1993)分析社会和心理因素与少数民族大学生心理健康水平的关系,发现《社会支持评定量表》(表 9-7)的 3 个维度都与 SCL-90 症状呈负相关,其中主观支持和支持利用度与症状显著相关,对社会支持的利用度也与精神健康相关,是社会支持的一个重要组成部分。肖水源等(1991)应用病例配对方法研究应激、社会支持等社会心理因素对消化性溃疡的影响,发现病人的社会支持总分低于配对的正常组(P<0.01),表明社会支持水平与消化性溃疡的发生与复发可能有一定的关系。该量表分析了 100 例消化性溃疡病人社会支持水平与心理健康水平的关系,发现社会

笔记

支持总分与SCL-90评分呈负相关，相关系数为-0.185。

表 9-7 SSRS 部分项目举例

1. 您有多少关系密切、可以得到支持和帮助的朋友？（只选一项）

A. 一个没有　B. 1～2个　C. 3～5个　D. 6个或6个以上

2. 近一年来您（只选一项）

A. 远离家人，且独居一室　B. 住处经常变动，多数时间和陌生人住在一起

C. 和同学、同事或朋友住在一起　D. 和家人住在一起

3. 你与邻居（只选一项）

A. 相互之间从不关心，只是点头之交　B. 遇到困难可能稍微关心

C. 有些邻居都很关心您　D. 大多数邻居都很关心您

4. 您与同事（只选一项）

A. 相互之间从不关心，只是点头之交　B. 遇到困难可能稍微关心

C. 有些同事都很关心您　D. 大多数同事都很关心您

5. 从家庭成员得到的支持和照顾（在合适的框内划"√"）

	无	极少	一般	全力支持
夫妻（恋人）				
父母				
儿女				
兄弟姊妹				
其他成员（如嫂子）				

七、认知情绪调节问卷

认知情绪调节问卷（Cognitive Emotion Regulation Questionnaire，CERQ）基于从纯认知角度来考察认知情绪调节策略的个体差异这样一个理论构想，Garnefski N 在综合以往情绪应对理论的相关文献后，编制了认知情绪调节问卷，见表 9-8。在制定认知情绪调节问卷时，把个体在遭遇负性生活事件后使用的认知情绪调节策略分为 9 类：自我责难，责难他人，沉思，灾难化，接受，积极重新关注，重新关注计划，积极重新评价，理性分析。系列研究表明，CERQ 是一个测量认知情绪调节的可靠而有效的问卷，且能很好评估 12 岁以上的个体在遭遇负性生活事件后使用的情绪调节认知策略。

认知情绪调节问卷共 36 个条目，包括 9 个分量表：自我责难、接受、沉思、积极重新关注、重新关注计划、积极重新评价、理性分析、灾难化、责难他人。每个分量表包含 4 个条目。在某个分量表上得分越高，被试在面临负性事件时就越有可能使用这个特定的认知策略。

表 9-8 CERQ 项目举例

1. 我感到我应该被责备	33. 我感到别人应该为此被责备
2. 我感到我是一个对发生过的事负责任的人	34. 我感到别人应对发生的事情负责任
3. 我想我在这种情况下的错误是我造成	35. 我想这些错误是别人造成的
4. 我想事情的基本的原因在我自己	36. 我感到事情发生的根本原因在别人身上

八、90 项症状清单

90 项症状清单（Symptom Check List-90，SCL-90），又称症状自评量表，由 Derogatis LR 编制（1975），20 世纪 80 年代引入我国，随即被广泛应用于心理卫生工作领域。近年 Derogatis 又编制了一个 51 项的版本，称为"简易症状问卷"（Brief Symptom Inventory）。

笔记

SCL-90适用广泛，主要为成年人的神经症、适应障碍及其他轻性精神障碍病人，但不适用于儿童病人、躁狂症和精神分裂症。使用SCL-90，心理卫生工作者能在15～20分钟内对心理疾病病人做出评估，鉴别病人心理问题的内容和严重程度；还可以用于监控心理治疗过程中病人症状的进展和变化，对治疗后的结果做出评定。

1. 项目及评定方法 SCL-90包括90个项目，通常评定"现在"或"最近一周"的症状，涉及广泛的精神病症状学内容，如思维、情感、行为、人际关系、生活习惯等，见表9-9。其评定方法：让被试阅读题目，之后先判断是否有此症状，如果无此症状，选择(0)，表示无此症状；如果有，让被试在选项中，根据自己的主观感受，选择一个最符合自己感受的选项。SCL-90的每一个项目均采取5级评分制(0～4级)，0表示无、1表示轻度、2表示中度、3表示相当重、4表示严重；有的也用1～5级评分制。SCL-90除了自评外，也可以作为他评问卷，由医师评定被试症状的内容和严重程度。

表9-9 SCL-90项目举例

1. 头痛	没有	很轻	中等	偏重	严重
2. 神经过敏，心中不踏实。	没有	很轻	中等	偏重	严重
3. 头脑中有不必要的想法或字句盘旋。	没有	很轻	中等	偏重	严重
4. 头昏或昏倒	没有	很轻	中等	偏重	严重
5. 对异性的兴趣减退	没有	很轻	中等	偏重	严重
6. 对旁人责备求全	没有	很轻	中等	偏重	严重
7. 感到别人能控制你的思想	没有	很轻	中等	偏重	严重
8. 责怪别人制造麻烦	没有	很轻	中等	偏重	严重
9. 忘记性大	没有	很轻	中等	偏重	严重

2. 统计指标 SCL-90的统计指标有单项分、总分、总均分、阳性项目数、阴性项目数、阳性症状均分和因子分，其中最常用的是总分与因子分。

(1) 单项分：即90个项目的个别评分值。

(2) 总分：即90个项目单项分相加之和。

(3) 总均分：即总症状指数(general symptomatic index)，是将总分除以90(总分÷90)。

(4) 阳性项目数：指单项分≥2的项目数，表示病人"有症状"的项目个数。

(5) 阴性项目数：指阴性项目的项目数，表示病人"无症状"的项目个数。

(6) 阳性症状均分：指阳性项目总分除以阳性项目个数，反映该被试自我感觉不佳的项目其严重程度，又称阳性症状痛苦水平(positive symptom distress level)。

(7) 因子分：是该因子包含项目得分之和除以该因子项目数。SCL-90包括9个因子，每一个因子反映出病人某方面症状的痛苦情况，通过因子分可了解症状分布特点。9个因子含义及所包含项目为：

1) 躯体化(somatization)：包括1、4、12、27、40、42、48、49、52、53、56、58共12项。该因子主要反映身体不适感，包括心血管、胃肠道、呼吸和其他系统的主诉不适，和头痛、背痛、肌肉酸痛，以及焦虑的其他躯体表现。

2) 强迫症状(obsessive-compulsive)：包括了3、9、10、28、38、45、46、51、55、65共10项。主要指那些明知没有必要，但又无法摆脱的无意义的思想、冲动和行为，还有一些比较一般的认知障碍的行为征象。

3) 人际关系敏感(interpersonal sensitivity)：包括6、21、34、36、37、41、61、69、73共9项。主要指某些个人不自在与自卑感，特别是与其他人相比较时更加突出。在人际交往中的自卑感、心神不安、明显不自在以及人际交流中的自我意识。消极的期待是这方面症状

笔记

的典型原因。

4）抑郁（depression）：包括5、14、15、20、22、26、29、30、31、32、54、71、79共13项。以苦闷的情感与心境为代表性症状，还以生活兴趣减退，动力缺乏，活力丧失等为特征。此因子以反映失望、悲观以及与抑郁相联系的认知和躯体方面的感受，还包括有关死亡的思想和自杀观念。

5）焦虑（anxiety）：包括2、17、23、33、39、57、72、78、80、86共10项。一般指烦躁、坐立不安、神经过敏、紧张以及由此产生的躯体征象，如震颤等。测定游离不定的焦虑及惊恐发作是本因子的主要内容，还包括一项解体感受的项目。

6）敌对（hostility）：包括11、24、63、73、74、81共6项。主要从3个方面来反映敌对的表现：思想、感情及行为。其项目包括厌烦的感觉、摔物、争论直到不可控制的脾气暴发等方面。

7）恐惧（phobic anxiety）：包括13、25、47、50、70、75、82共7项。恐惧的对象包括出门旅行、空旷场地、人群或公共场所和交通工具。此外，还有反映社交恐惧的一些项目。

8）偏执（paranoid ideation）：包括8、18、43、68、76、83共6项。本因子是围绕偏执性思维的基本特征而制订，主要指投射性思维、敌对、猜疑、牵连观念、妄想、被动体验和夸大等。

9）精神病性（psychoticism）：包括8、16、35、62、77、84、85、87、88、90共10项。反映各式各样的急性症状和行为，以及有代表的、限定不严的精神病性过程的指征。也可以反映精神病性行为的继发征兆和分裂性生活方式的指征。

还有19、44、59、60、64、66、89共7个项目未归入任何因子，分析时将7项作为附加项目（additional items）或其他作为第10个因子来处理，以便使各因子分之和等于总分。此外，当得到因子分后，便可以用轮廓图（profiles）分析方法，了解各因子的分布趋势和评定结果的特征。

3. 结果分析

（1）总分能反映病情严重程度，总分的变化则反映其病情演变。此外，反映自我感觉不佳的项目范围及其程度的阳性项目及阳性均分，也可在一定程度上反映出疾病的严重性。

（2）因子分可反映症状群特点及靶症状群的治疗效果。

4. 应用评价 此量表在国外已广泛应用，在国内也已应用于临床研究，特别是精神卫生领域。如对医学生考试应激的心身影响研究中，SCL-90总分由考试前24.05±20.62增加到考试后42.80±31.27（$P<0.01$），各因子分均值亦皆有不同程度升高。除人际关系敏感及恐惧两个因子外，其余因子在考试前后均有显著差异（$P<0.001$～0.05）。考试前后SCL-90总分与生活事件总分、人格部分均呈显著正相关。与应对方式相关分析，发现消极的应对方式，如自闭自责、听天由命等，与考试后SCL-90总分呈显著正相关；而与积极的应对方式，如寻求社会支持，着重争取有利方面等则呈显著负相关（$P<0.01$～0.05）。用于痴呆病人照顾者的研究发现，SCL-90评分均高于对照组，其中症状指数（GSI）、阳性症状痛苦水平（PSDL）的均分以及抑郁、焦虑、敌对、偏执、精神病性等因子的痛苦水平与对照组相比，差异有显著性（$P<0.01$～0.05）。SCL-90与亲属应激量表（RSS）评分之间有显著正相关。

九、汉密顿抑郁量表

汉密顿抑郁量表（Hamilton Depression Scale，HAMD）由Hamilton M于1960年编制，是临床上评定抑郁状态时应用最普遍的量表，见表9-10。本量表有17项、21项和24项3种版本。利用HAMD作一次评定大约需15～20分钟，这主要取决于病人的病情严重程度及其合作情况，如病人伴有严重阻滞时所需时间将更长。

笔记

表 9-10　HAMD 条目及具体的评分标准举例

1. 抑郁情绪：①只在问到时才诉述；②在访谈中自发地表达；③不用言语也可以从表情，姿势，声音或欲哭中流露出这情绪；④病人的自发言语和非语言表达（表情，动作）几乎完全表现为这种情绪。
2. 有罪恶感：①责备自己，感到自己已连累他人；②认为自己犯了罪，或反复思考以往的过失和错误；③认为目前的疾病，是对自己错误的惩罚，或有罪恶妄想；④罪恶妄想伴有指责或威胁性幻觉。
3. 自杀：①觉得活着没有意义；②希望自己已经死去，或常想到与死有关的事；③消极观念（自杀念头）。
4. 入睡困难（初段失眠）：①主诉有入睡困难，上床半小时后仍不能入睡（要注意平时病人入睡的时间）；②主诉每晚均有入睡困难。
5. 睡眠不深（中段失眠）：①睡眠浅、多噩梦；②半夜（晚 12 点钟以前）曾醒来（不包括上厕所）。

1. 项目和评分标准　HAMD 大部分项目采用 0～4 分的 5 级评分法，各级的标准为：0 无；1 轻度；2 中度；3 重度；4 极重度。少数项目采用 0～2 分的 3 级评分法，分级的标准为：0 无；1 轻～中度；2 重度。

2. 评定注意事项

（1）适用于具有抑郁症状的成年病人。

（2）应由经过培训的两名评定者对病人进行 HAMD 联合检查。

（3）一般采用交谈与观察的方式。检查结束后，两名评定者分别独立评分。

（4）评定的时间范围：入组时，评定当时或入组前一周的情况；治疗后 2～6 周，以同样方式对入组病人再次评定，比较治疗前后症状和病情的变化。

（5）HAMD 中，有的项目依据对病人的观察进行评定；有的项目则根据病人自己的口头叙述评分；有的项目尚需向病人家属或病房工作人员收集资料。

3. 结果分析

（1）总分：能较好地反映病情严重程度的指标，是一项十分重要的一般资料，病情越轻总分越低，病情愈重总分愈高。在具体研究中，应把量表总分作为一项入组标准。我国 14 个协作单位提供 115 例确诊为抑郁症住院病人，HAMD 总分（17 项版本）为 28.45±7.16，表明研究对象为一组病情程度偏重的抑郁症，这样就便于研究结果的类比和重复。

（2）用总分变化评估病情演变：治疗前后总分的变化情况可用来评估病人病情的变化情况。上述 115 例抑郁症病人的抑郁症状，经治疗 4 周后被再次评定，HAMD 总分下降至 12.68±8.75，显示病情显著好转，这一结果与临床经验和印象相吻合。

（3）因子分：HAMD 可归纳为 7 类因子结构：焦虑 / 躯体化，由精神性焦虑、躯体性焦虑、胃肠道症状、疑病和自知力等 5 项组成；体重，即体重减轻一项；认识障碍，由自罪感、自杀、激越、人格解体和现实解体、偏执症状、强迫症状等 6 项组成；日夜变化，即日夜变化一项；阻滞，由忧郁情绪、工作和兴趣、阻滞、性症状等 4 项组成；睡眠障碍，由入睡困难、睡眠不深和早醒等 3 项组成；绝望感，由能力减退感、绝望感和自卑感等 3 项组成。因子分析不仅可以具体反映病人的心理病理学特点，也可反映靶症状群的临床结果。

（4）按照 Davis JM 的划界分，24 项版本总分超过 35 分，可能为严重抑郁；超过 20 分，可能是轻或中度的抑郁；如小于 8 分，病人就没有抑郁症状。一般的划界分，HAMD 17 项版本的严重、轻中度与无抑郁症状分别为 24 分、17 分和 7 分。

4. 应用评价

（1）信度：评定者经严格训练后，可取得相当高的一致性。Hamilton 本人报告，对 70 例抑郁病人的评定结果，评定员间的信度为 0.90。我国 14 个协作单位，各协作组联合检查，评定员间的一致性相当好，其总分评定的信度系数 r 为 0.88～0.99，P 值均小于 0.01。

（2）效度：HAMD 总分能较好地反映疾病严重程度。国外报告，与 GAS 的相关 r 为

笔记

0.84 以上。国内资料报道，对抑郁症的评定，在反映临床症状严重程度上的经验真实性系数为 0.92。

（3）实用性：HAMD 评定方法简便，标准明确，便于掌握，可用于抑郁症、躁郁症、神经症等多种疾病的抑郁症状评定，尤其适用于抑郁症。HAMD 在抑郁量表中，往往为标准者之一，如果要发展新的抑郁量表，往往应以 HAMD 作平行效度检验的工具。

十、汉密顿焦虑量表

汉密顿焦虑量表（Hamilton Anxiety Scale，HAMA）由 Hamilton M 于 1959 年编制，是精神科临床中常用量表之一。本量表包括 14 个项目，见表 9-11，所有项目采用 0～4 分的 5 级评分法：0 无症状；1 轻；2 中；3 重；4 极重。

表 9-11 HAMA 部分项目举例

1. 焦虑心境	担心、担忧，感到有最坏的事情将要发生，容易激惹。
2. 紧张	紧张感，易疲劳，不能放松，情绪反应，易哭、颤抖、感到不安。
3. 害怕	害怕黑暗，陌生人，一人独处，动物，乘车或旅行及人多的场合。
4. 失眠	难以入睡，易醒，睡得不深、多梦，夜惊、醒后感疲倦。
5. 认知功能或称记忆、注意障碍	注意力不能集中，记忆力差。
6. 抑郁心境	丧失兴趣，对以往爱好缺乏快感，忧郁、早醒，昼重夜轻。

1. 评定注意事项

（1）应由经过培训的两名评定者对病人进行联合检查——一般采用交谈与观察的方式。检查结束后，两名评定者分别独立评分。做一次评定约需 10～15 分钟。

（2）评定的时间范围：入组时，评定当时或入组前一周的情况；治疗后 2～6 周，以同样方式对入组病人再次评定，用以比较治疗前后症状和病情的变化。

（3）主要用于评定神经症及其他病人的焦虑症状及严重程度。

（4）HAMA 中，除第 14 项需结合观察外，所有项目都根据病人的口头叙述进行评分，同时特别强调受检者的主观体验，这也是 HAMA 编制者的医疗观点。因为病人仅仅在有病的主观感觉时，方来就诊并接受治疗，故此可作为病情进步与否的标准。

（5）HAMA 无工作用的评分标准，但一般可以这样评分：①症状轻微；②有肯定的症状，但不影响生活与活动；③症状重，需加处理，或已影响生活活动；④症状极重，严重影响其生活。

2. 结果分析

（1）总分：能较好地反映病情严重程度。量表协作组曾对 230 例不同亚型的神经症病人的 HAMA 总分进行比较，神经衰弱总分为 21.00，焦虑症为 29.25，抑郁性神经症为 23.87。因此，焦虑症状是焦虑症病人中的突出表现。该组病人为一组病情程度偏重的焦虑症。

（2）因子分析：HAMA 仅分为躯体性和精神性两大类因子结构。躯体性焦虑：由①躯体性焦虑：肌肉系统；②躯体性焦虑：感觉系统；③心血管系统症状；④呼吸症状；⑤胃肠道症状；⑥生殖泌尿系症状；⑦自主神经系统症状等 7 项组成。因子分析不仅可以具体反映病人的心理病理学特点，也可反映靶症状群的治疗结果。

（3）按照全国量表协作组提供的资料，总分超过 29 分可能为严重焦虑；超过 21 分肯定有明显焦虑，超过 14 分肯定有焦虑，超过 7 分可能有焦虑，如小于 6 分病人就没有焦虑症状。HAMA 14 项分界值为 14 分。

笔记

3. **应用评价**

（1）信度：评定者若经10次以上的系统训练后，可取得极好的一致性。联合检查时两评定员间的一致性相当好，其总分评定的信度系数r为0.93，各单项症状评分的信度系数在0.83～1.00之间，*P*值小于0.01。

（2）效度：HAMA总分能很好地反映焦虑状态的严重程度。有人研究过36例焦虑神经症的病情，严重程度系数为0.36（$P<0.05$）。

（3）实用性：本量表评定方法简便易行，可用于焦虑症，但不大适宜于评估各种精神病发作时的焦虑状态。

十一、7项广泛性焦虑障碍量表

7项广泛性焦虑障碍量表（Generalized Anxiexy Disorder-7，GAD-7）由Spitzer RL等于2006年编制，属于病人自评问卷。GAD-7用于广泛性焦虑的筛查及症状严重度的评估，是病人健康问卷（Patient Health Questionair，PHQ）的一个组成部分。国外已有研究对GAD-7的心理测量学特性进行过检验，并以其简便、可靠的优势广泛应用于临床实践。

1. **项目和评定标准** GAD-7由7个项目组成，具体项目见表9-12。采用0～3的4等级评估，各级的标准为：0完全不会；1几天；2一半以上的日子；3几乎每天。评定时间范围为过去两周内。

表9-12 GAD-7量表

在过去的两周内，有多少时候您收到以下任何问题困扰？（在您的选择下打“√”）	完全不会	几天	一半以上的日子	几乎每天
1. 感觉紧张、焦虑或烦躁	0	1	2	3
2. 不能停止或控制担忧	0	1	2	3
3. 对各种各样的事情担忧过多	0	1	2	3
4. 很难放松下来	0	1	2	3
5. 由于不安而无法静坐	0	1	2	3
6. 变得容易烦恼或急躁	0	1	2	3
7. 害怕将有可怕的事情发生	0	1	2	3

2. **结果分析** 总分（0～21分）：反映焦虑的严重程度，总分越高，病情越重。0～4分为正常范围，表示无焦虑表现；5～9分为轻度焦虑；10～14分为中度焦虑；15分以上为重度焦虑。国外大规模样本研究显示，当分界值取10分时，GAD-7的敏感度和特异度最佳。

3. **应用评价** 根据国内学者何筱衍等人的研究，GAD-7的α系数是0.898，提示该量表具有良好的内部一致性。重测信度为0.856，各条目的重测相关系数为0.608～0.898，提示GAD-7具有较好的跨时间稳定性。量表内项目分析发现各条目与量表总分的相关系数为0.556～0.904，各条目间的相关系数为0.320～0.801，均具有显著的统计学意义，说明GAD-7的内部同质性较好。因此，GAD-7具有良好的信度。研究显示GAD-7与作为效标的HAMA及有相同特质的HADS之间具有较高的相关性，因此，GAD-7和HADS、HAMA具有较好的同时效度和相容效度。

研究证明GAD-7不仅可用于广泛性焦虑障碍，而且对社交恐惧症、惊恐障碍、创伤后应激障碍等也有较好的筛查评估作用。总之，GAD-7是一个快速、简便、可靠、有效的广泛性焦虑障碍筛查工具，可在综合性医疗机构临床工作和流行病学调查等研究中进行推广应用。

笔记

十二、9项病人健康问卷

病人健康问卷(Patient Health Questionnaire-9 items，PHQ-9)是一个简明的自我评定工具。Robort Spitzer 等于 1999 年根据 DSM-Ⅳ的诊断标准而修订 PHQ，主要包括抑郁、焦虑、物质滥用、饮食障碍及躯体化障碍五大部分，见表 9-13。PHQ-9 是关于抑郁的一个量表，经反复实践与应用，现已被翻译成好几种语言，广泛应用于基层医疗单位作为一种筛查工具。

1. 项目和评定标准 PHQ-9 由 9 个项目组成，具体项目见表 9-13，采用 0～3 的 4 等级评估，各级的标准为：0 完全不会；1 几天；2 一半以上的日子；3 几乎每天。评定时间范围为过去两周内。

表 9-13 PHQ-9 量表

在过去的两周内，以下情况烦扰您有多频繁？(在您的选择下打"√")	完全不会	几天	一半以上的日子	几乎每天
1. 做什么事都提不起劲或没有兴趣	0	1	2	3
2. 感到心情低落，沮丧或绝望	0	1	2	3
3. 入睡困难，很难熟睡或睡眠过多	0	1	2	3
4. 感觉疲倦或无精打采	0	1	2	3
5. 胃口不好或吃太多	0	1	2	3
6. 觉得自己很糟，或很失败，或让自己或家人失望	0	1	2	3
7. 注意很难集中，例如阅读报纸或看电视时	0	1	2	3
8. 动作或说话速度缓慢到别人已经察觉的程度，或正好相反——烦躁或坐立不安、动来动去的情况比平常更严重	0	1	2	3
9. 有不如死掉或用某种方式伤害自己的念头	0	1	2	3

2. 结果分析 总分(0～27 分)：反映抑郁的严重程度，总分越高，病情越重。0～4 分为正常范围，表示无抑郁表现；5～9 分为轻度抑郁；10～14 分为中度抑郁；15～19 分为中重度抑郁；20 分以上为重度抑郁。

3. 应用评价 PHQ-9 是 PHQ 中应用最广泛的量表之一，在不同研究中均显示了良好的心理测量学特性。卞崔冬等人的研究表明 PHQ-9 的 α 系数为 0.857，提示 PHQ 具有良好的内部一致性。2 周内 PHQ-9 两次测定总分相关系数为 0.947，提示 PHQ 具有较好的跨时间稳定性。量表内项目分析发现各条目与量表总分的相关系数为 0.588～0.784，各条目间的相关系数为 0.236～0.718，说明 PHQ-9 的内部同质性较好。

多项研究证实 PHQ-9 抑郁量表具有很好的结构效度，与 HAMD 及有相同特质的 HADS 之间具有较高的相关性，故 PHQ 和 HADS、HAMD 具有较好的同时效度和相容效度。

国外有研究显示 PHQ-9 在诊断抑郁障碍方面显著优于其他抑郁筛查工具。目前 PHQ-9 在我国已被广泛应用于各类躯体疾病病人抑郁症状的诊断评估，以及社区老年人、青少年群体及其他健康人群的抑郁症状评估。

十三、Young躁狂评定量表

Young 躁狂评定量表(Young Mania Rating Scale，YMRS)由 Young RC 等于 1978 年编制，主要用于评定躁狂发作的病人。由于躁狂症状相对集中，主要为精神运动性兴奋的情感、思维、言语或行为表现，YMRS 量表与其他用于评估躁狂的量表亦是大同小异。因其应用数据较为丰富，YMRS 量表较多用于临床观察和疗效评估，并可作为新编躁狂量表平行效度的参照标准。

1. 项目和评定标准 YMRS 由 11 个项目组成，具体项目见表 9-14。多数采用 0～4 分

笔记

的5等级评分，但其中第5、6、8、9项的5级则分别评为0、2、4、6、8分。评定时间范围一般定位48小时，也可根据实际情况扩展评定时间范围。但需注明，如果扩展也仅为1周。评定应结合2天内所观察到的情况和检查当时的情况，特别要重视检查当时的情况。

表9-14 YMRS条目及具体的评分标准举例

1. 心境高涨	0无 1问及时有轻度或可能的心境高涨 2主观感到有肯定的心境高涨；乐观；自信；愉悦；与内容相称 3心境高涨，与内容不相称；滑稽可笑 4欣快；不适当地发笑；唱歌
2. 活动/精力增加	0无 1主观感觉增加 2活跃；手势增多 3精力过剩；时有活动过多；不安宁（尚可安静下来） 4运动性兴奋；持续活动过多（无法安静下来）
5. 易激惹	0无 2主观感到易激惹 4检查中有时易激惹；近期在病房中有愤怒或恼怒发作 6检查中经常不耐烦；自始至终回答简短、生硬 8敌意；不合作；检查无法进行

2. **结果分析** 主要统计指标为总分，得分范围为0～44分。总分为0～5分为无明显躁狂症状；6～10分为有肯定的躁狂症状；22分以上有严重躁狂症状。

3. **应用评价** YMRS还可用于青少年人群，是精神科应用最广泛的评定量表之一，常作为验证新的躁狂症状评定量表的参照工具。据原作者报告，YMRS两评定员评出总分的相关系数为0.93，各条目的相关系数在0.66～0.92。

十四、简明精神病量表

简明精神病量表（Brief Psychiatric Rating Scale，BPRS）是由Overall JE和Gorham DR于1962年编制，是一个评定精神病性症状严重程度的他评量表。BPRS适用于具有精神病性症状的大多数重性精神病病人，尤其适用于精神分裂症病人。由评定人员对病人做精神检查时，分别根据病人的口头表述和对病人的观察情况，依据症状定义和临床经验进行评分。一次评定大约需20分钟。评定的时间范围一般定为评定前1周的情况。评定员须由经过训练的精神科专业人员担任。

1. **项目和评定标准** BPRS最常用的为18项版本。所有项目均采用1～7分的7级评分法，各级的标准为：1无症状；2可疑或很轻；3轻度；4中度；5偏重；6重度；7极重。如果未测则记0分，统计时应剔除。

各项目的名称和定义如下：

（1）关心身体健康：指对自身健康过分关心，不考虑其主诉有无客观基础；

（2）焦虑：指精神性焦虑，即对当前未来情况的担心、恐惧或过分关注；

（3）情感交流障碍：指与检查者之间如同存在无形隔膜，无法实现正常的情感交流；

（4）概念紊乱：指联想散漫、零乱和解体的程度；

（5）罪恶观念：指对以往言行的过分关心、内疚和悔恨；

（6）紧张：指焦虑性运动表现；

（7）装相和作态：指不寻常的或不自然的运动性行为；

（8）夸大：即过分自负，确信具有不寻常的才能和权力等；

笔记

(9) 心境抑郁：即心境不佳、悲伤、沮丧或情绪低落的程度；

(10) 敌对性：指对他人（包括检查者）的仇恨、敌对和蔑视；

(11) 猜疑：指检查当时认为有人正在或曾经恶意地对待他；

(12) 幻觉：指没有相应外界刺激的感知；

(13) 动作迟缓：指言语、动作和行为的减少和缓慢；

(14) 不合作：指会谈时对检查者的对立、不友好、不满意或不合作；

(15) 不寻常的思维内容：即荒谬古怪的思维内容；

(16) 情感平淡：指情感基调低，明显缺乏相应的正常情感反应；

(17) 兴奋：指情感基调增高、激动，对外界反应增强；

(18) 定向障碍：指对人物、地点或时间分辨不清。

其中 1、2、4、5、8、9、10、11、12、15 和 18 项，根据检查时病人的回答评分；而 3、6、7、13、14、16、17 项，则依据对病人的观察评定。

2. 结果分析

(1) 总分（18～126 分）：反映疾病严重性，总分越高，病情越重。治疗前后总分值的变化反映疗效的好坏，差值越大疗效越好。一般，研究入组标准可定为 >35 分。

(2) 单项分（0～7 分）：反映症状的分布和靶症状的严重度。治疗前后的变化可以反映治疗的靶症状变化。因 BPRS 为分级量表，所以能够比较细致地反映疗效。

(3) 因子分（0～7 分）：反映症状群的分布和疾病的临床特点，并可据此画出症状群廓图。一般归纳为 5 个因子：焦虑忧郁、缺乏活力、思维障碍、激活性、敌对猜疑。

3. 应用评价 经广泛应用，BPRS 具有良好的信度和效度，应用于精神分裂症病人，其联合检查一致性 r =0.787～0.97。重测（test-retest）的单项评定一致性 r = 0.11～0.77，除焦虑、紧张、奇特行为姿势外，P 均小于 0.05。各单项症状的量表评定和临床记录的阳性阴性符合率，Kappa=0.37～0.82。除猜疑一项外，均有显著性意义。其总分与临床严重度的等级相关性 r=0.84；与临床疗效判断的相关性 r=0.60。

BPRS 是精神科应用最广泛的评定量表之一。量表长度适中，症状项目合理，既能比较全面地反映病人的精神状况，又比较简便，容易掌握，为大多数精神科工作者接受。适宜于临床常规应用和协作研究应用。国内外多年的临床实践证明其有良好的真实性和可靠性。

BPRS 没有操作性评分标准，准确把握评分标准有一定困难，尤其是对初学者，可能影响评分者之间的一致性。量表协作组制定的工作用评定标准可做使用时的参考，见表 9-15。此外，BPRS 项目设置中，反映阴性症状的项目不足，不能区别不同性质的兴奋状态，此是其弱点。

表 9-15 BPRS 部分项目评分标准举例

1. 关心身体健康 ①无；②多少提到自身健康情况，但临床意义不肯定；③过分关心自身健康的情况虽轻，但临床意义已可肯定；④显然对自身健康过分关心或有疑病观念；⑤明显突出的疑病观念或部分性疑病妄想；⑥疑病妄想；⑦疑病妄想明显影响行为。
2. 焦虑 ①无；②多少有些精神性焦虑体验，但临床意义不肯定；③精神性焦虑虽轻，但临床意义已可肯定；④显然有精神性焦虑，但不很突出；⑤明显突出的精神性焦虑，如大部分时间存在精神性焦虑或有时存在明显的精神性焦虑，因此感到痛苦；⑥比⑤更严重持久，如大部分时间存在精神性焦虑；⑦几乎所有时间都存在精神性焦虑。
3. 情感交流障碍 ①无；②多少观察到一点情感交流障碍，但临床意义不肯定；③情感交流障碍虽轻，但临床意义已可肯定；④显然观察到受检者缺乏情感交流和感受到相互间的隔膜感，但情感交流无明显困难；⑤明显突出的情感交流障碍，例如交流中应答基本切题，但很少眼神交流，受检者眼睛往往看着地板或面向一侧；⑥（比⑤更严重持久）几乎使交谈难以进行；⑦情感交流的麻痹状态，例如表现得对交谈漠不关心或不参与交谈，有时“两眼凝视不动”。

续表

4. 概念紊乱　①无；②似乎有一点联想障碍，但不能肯定其临床意义；③联想障碍虽轻，但临床意义已可肯定；④显然有联想松弛，但不很突出；⑤明显突出的联想松弛或可以查出并有临床意义的思维破裂；⑥典型的思维破裂；⑦思维破裂导致交谈很困难或言语不连贯。
5. 罪恶观念　①无；②似乎有点自责自罪，但临床意义不肯定；③自责自罪虽轻，但临床意义已可肯定；④显然有自责自罪观念，但不很突出；⑤明显突出的自责自罪观念或罪恶妄想为部分妄想；⑥典型的罪恶妄想；⑦极重：罪恶妄想明显影响行为，如引起绝食等。

十五、创伤后应激障碍诊断量表

创伤后应激障碍诊断量表（Clinician-Adminitstered Post-Traumatic Stress Disorder Scale，CAPS），又称PTSD诊断量表，是美国国立PTSD研究中心于1990年开发的用于评估PTSD症状严重性和诊断状态的一种结构式晤谈工具。CAPS最初是基于DSM-Ⅲ-R（diagnostic and Statistical Manual of Mental Disorders-Ⅲ-revised）PTSD诊断标准制定而成。目前所用的CAPS是随着诊断标准的改变以及使用者的反馈信息做了几次修订后的版本，有成人版及儿童青少年版（CAPS-CA）。中南大学湘雅二医院精神卫生研究所1998年将最后一次修订的CAPS英文版本翻译成中文，CAPS汉化版本完全按照英文版本进行翻译，没有增减条目和修订条目。CAPS最初应用于战斗老兵，现在已经在不同的创伤群体中成功应用，如强奸受害者、犯罪、交通事故、矿难、大地震、大屠杀和癌症后的人群。

1. 项目和评定标准　CAPS为定性访谈，集诊断量表和症状量表于一体。该访谈共有30个项目，对应DSM-Ⅳ中PTSD诊断标准，分成A-F及附加症状7个部分。A为创伤性事件评估（未计入项目总数），作者另设了一个生活事件清单（LEC），列举了常见的自然灾害、火灾/爆炸、车祸、性侵害、亲人意外死亡等17类可能会导致PTSD的应激源。B～D为症状量表的核心，B为再体验症状，包括闯入性回忆、（事件）相关噩梦、闪回、提醒的心理痛苦和提醒的生理反应5项；C为回避和麻木症状，包括思考感受回避、活动回避、创伤部分失忆、活动兴趣减退、分离/疏远感、情感范围受限和未来计划缺失7项；D为高警觉症状，包括入睡或睡眠维持困难、易激惹/易怒、注意力不能集中、高警觉和夸大的惊跳反应5项。F节以后，还有3个部分：①PTSD诊断（第18、19项）；②总体评定，包括对访谈有效性（第23项）、症状严重度总评（第24项）和症状与开始时（如治疗基线）相比的总体进步（第25项）；③附加症状，包括内疚感、幸存内疚感（多受难者事件）、对环境察觉的清晰度降低、现实解体和人格解体5项，见表9-16。其评定标准如下：

（1）核心症状（B～D）及附加症状部分，按发生频率和严重度（强度）分别评分，均为0～4分5级评分。其中频率的评分标准为：0表示从未发生；1表示发生过1～2次；2表示1周内1～2次；3表示1周几次；4分表示几乎每天发生。强度的评分标准为：0表示无；1表示轻度；2表示中度；3表示重度；4表示极重度。

（2）E（病程），为是、否二级评定。

（3）F（痛苦/功能损害）及整体评定部分，按严重度评分，均为0～4分。

CAPS的特点：①可以对PTSD症状严重性进行持续测量。②按照5分（0～4）等级评定法，评估单一PTSD症状的频率和强度。在评定的过程中有很大的弹性，CAPS使用者可以集中评定单一PTSD症状或者PTSD症状群（再体验、回避和麻木、过度警觉），也可以整体评定PTSD的频率、强度或者严重度。③CAPS问题的提问措辞严谨、提示明确，使得量表评定统一。问题提问明确针对每一条症状，还有备选问题有助于评定者进一步明确所问问题。这些特征提高了评定者之间的标准化，确保在不同情况、不同评定者和不同创伤群体之间分值的可比性。④CAPS覆盖了PTSD的所有症状。最初的CAPS包括DSM-Ⅲ-R有关PTSD

笔记

表 9-16 CAPS 部分项目举例

B. 再体验症状	过去1周			过去1月			终生		
	F	I	F+I	F	I	F+I	F	I	F+I
(1)闯入性回忆									
(2)相关噩梦									
(3)闪回									
(4)提醒的心理痛苦									
(5)提醒的生理反应									
B 症状总分									
标准 B 症状的数目(需要 1 条)									

F,I 和严重程度(F+I)总分	过去1周			过去1月			终生		
	F	I	F+I	F	I	F+I	F	I	F+I

注:F 为频率,I 为严重度

E. 疾病病程	当前的	终生
(19)持续时间至少 1 个月	否 是	否 是
量表总分(B+C+D)		

F. 显著的痛苦和功能损害	过去1周	过去1月	终生
(20)主观痛苦			

的 17 项症状、8 项伴随症状(如内疚、无助、记忆损害等),以及评定反应有效性、整体严重性、整体改善和社交和职业损害等 5 项。目前的 CAPS 版本评定 DSM-IV 有关 PTSD 诊断标准的所有条目,包括标准 A(暴露于创伤性事件)、标准 B～D(核心症状群:再体验、麻木和回避、过度警觉)、标准 E(病期)、标准 F(功能损害)以及伴随症状(如内疚和分离)。

2. 结果分析

(1)本量表有诊断和症状严重程度两项主要结果。前者指是否符合 PTSD 诊断及其亚型:急性、慢性、延迟性等。

(2)症状严重程度,一般取 B～D 部分 17 项核心症状的频率分和强度分的总和。总分的范围为 0～136 分。如果将附加症状分也纳入,应予注明。

(3)因子总分:按量表设计,可计算 B、C、D 各部分的单项频率、强度分的总和,作为再体验、回避、高警觉症状群的总分。

(4)PTSD 病人 17 项核心症状的总分≤19 分为无症状(缓解);20～39 分为轻度(阈下);40～59 分为中度;60～79 分为严重;≥80 分为极重。上述 CAPS 总分的改变≥15,认为有临床意义。

3. 应用评价 CAPS 有很好的心理测量学特性,在不同的临床研究设置和创伤群体中,评定者之间的信度一贯在 0.90 的水平或者更高,有时诊断一致性达到 100%。重测信度几乎也是同样的,尽管它仅在少数几项研究中评估,还需要重复。这些发现提示利用 CAPS 诊断 PTSD 和评定 PTSD 症状的严重性,训练有素的评定者可以获得较高的一致性。除此之外,对于三个 PTSD 核心症状或者整体综合征,内部一致性通常也比较高,α 系数在 0.8～

笔记

0.9的范围。效度的证据也是强有力的，满意的效度证据首先来自于和PTSD诊断标准直接相关的研究，以及许多临床工作者和调查者对于CAPS的修改和发展。CAPS会聚效度通常在0.70的水平，可以达到0.80～0.90的范围，高于PTSD自评量表，如密西西比量表、事件影响量表(IES)、PTSD清单(PCL)和戴维森创伤量表(DTS)。到目前为止，有关CAPS区别效度心理测量学的研究还很少。PTSD个体尤其是慢性PTSD病人，经常经历很大的悲痛并有共病障碍，所以获得明确的区别效度可能比较困难，尤其共存焦虑和抑郁，因为它们与PTSD在定义上有交迭。治疗效果研究提供的大量证据表明CAPS对于临床改变的灵敏性较好。病例对照设计的信度证据为CAPS是一种有效的PTSD诊断和症状严重性测量工具提供了额外的证据。

十六、自杀评定量表

自杀行为作为一种非常复杂的现象，涉及生物学、心理学和社会学等诸多方面。国内外对自杀现象的研究已经有相当长的一段历史，众多学者研制了大量的自杀相关量表，并对一些量表进行了验证性分析。由于自杀行为涉及自杀意念、自杀企图、自杀未遂诸多方面，因而自杀风险是一个渐进的过程，在研制的过程中，不同的量表研究者侧重点亦有所不同。本节简要介绍几种常用的自杀量表。

1. **自杀意念量表** 贝克自杀意念量表(Beck Scale for Suicide Ideation，SSI)是Beck AT等编制，用于测量自杀意念的严重程度，最初由北京回龙观医院北京心理危机研究与干预中心进行了翻译、回译和修订。SSI由19个项目构成，每个项目选项为3个，从左至右对应得分为1、2、3，得分越高，求死的愿望越强烈。量表分成3个因子：积极自杀意愿(10项)、消极自杀意愿(6项)、自杀准备(3项)。所有被试都首先进行前5项的作答，若第4、5项的回答都是“没有”，则视为没有自杀意念，可结束测试；若第4或第5项任意1个选择是“弱”或者“中等到强烈”，即可认定为有自杀意念，需继续完成后面的14项。对后14项修订时，为了方便评估，对个别项目(如6、7、11、13和19)的答案增加了1个“近1周无自杀想法”的选项，其对应得分为“0”。量表1～5项主要用于评估自杀意念的强度，分数越高，自杀意念的强度越大。量表6～19项则用来评估自杀危险性，即有自杀意念的被试真正实施自杀的可能性的大小，总分的计算公式是[(条目6～19的得分之和-9)÷33]×100，得分在0～100变化，分数越高，自杀危险性越大。Katarina Skogman等研究表明，SSI量表鉴别女性的自杀风险较为理想。

2. **自杀可能性量表** 自杀可能性量表(Suicidal Possibility Scale，SPS)常用于检测14岁以上青少年的自杀危险。SPS主要由4个维度构成：绝望感、自杀意念、消极自我评价、敌对。SPS总量表和各分量表的一致性程度较高，重测信度和分半信度也比较理想。在效度方面，SPS能很好地区分有自杀企图的青少年、精神病青少年和正常青少年。SPS也被应用于成人和大学生群体，但其因素结构还有待于进一步的研究。

3. **成人自杀意念问卷** 成人自杀意念问卷(adult suicidal ideation questionnaire，ASIQ)是测量大学生自杀意念的一种可靠的量表，其Cronbach系数为0.60～0.80。ASIQ是由25个条目组成的自评问卷，每一个条目从0(从来没有这种想法)到6(几乎每天都有这种想法)共6个等级，它要求被试根据过去1个月里关于自杀和自我伤害的想法进行判断。Peter M研究报道ASIQ与常用的抑郁量表、绝望量表和焦虑量表之间的相关性在0.30～0.60，因此ASIQ具有良好的效度。

4. **自杀行为的态度语义区分量表** 自杀行为的态度语义区分量表(Semantic Differential Scale Attitudes Towards Suicidal Behavior，SEDAS)是由Jenner JA等编制，用于调查被试对自杀行为的态度量表。SEDAS一个主要优势在于它能有针对性地测量特殊人群或情境中的态

笔记

度，并对自杀可能的态度进行深度分析，但不能明确日益增长的自杀耐受性是否为自杀行为的风险因素。SEDAS 由 15 个条目构成，采用 7 点量表，调查在 7 个自杀个体或情境下被试对自杀行为的态度，包括我、14 岁的孩子、81 岁的老人、34 岁的成瘾者、不治之症的肿瘤病人、有过自杀未遂史的人以及和我关系亲密的人。每个条目由一对语义相对的形容词组成，对 15 个条目进行统计处理后得到 2 个因子："健康 / 疾病"以及"接受 / 拒绝"，前者可被看作是"评估"因子，而后者则被认为"活动"和"效能"因子。研究表明，SEDAS 具有良好的内部一致性和区分效度，以及良好的重测信度。我国应用较为广泛的自杀态度问卷是肖水源等 1999 年编制的"自杀态度问卷"（Suicide Attitude Questionnaire，QSA）。该问卷包括 29 个条目，采用 5 级评分（完全赞同、赞同、中立、不赞同、完全不赞同），进行四个维度的测定，即对自杀行为性质的态度（9 项）、对自杀者的态度（10 项）、对自杀者家属的态度（5 项）、对安乐死的态度（5 项）。QSA 经研究者使用，亦具有良好的内部一致性和信效度。

5. **自杀状况表格** 自杀状况表格（Suicide Status Form，SSF）是由以 Beck A，Roy Baumeister R，Linehan MM，Jobes DA 的理论为依据、以病人为专家、以医患真诚合作的方式、采取量化和质化并举的思路设计的一种自杀评估方式。SSF 包括五部分：①以 Edwin S. Shneidman 的理论为基础，对心理痛苦、心理压力、心理混乱（愤怒、绝望、自我憎恨）的现况进行测量，并按对影响自杀的重要程度进行排序；②判断以上五个方面与别人及自己的相关程度，即哪些是自己引起的，哪些是别人引起的；③请他们分别列出生和死的理由，并请他们根据重要性排序。然后请他们从心理痛苦、心理压力等五个方面评估自己求生和求死的程度，之后分别排序。最后让他们回答一个开放性的问题：有一个什么东西可以让他们不再想去自杀。虽然评估的完成有赖于医患合作，但是前三部分主要还是由病人来完成，后两部分更多的工作由治疗师完成；④直接评估病人的自杀史、物质滥用、自杀计划、手段的致命性等；⑤在医患双方都对病人的自杀有了深刻而丰富的了解的基础上，制定一个解决问题的方案。

6. **护士用自杀风险评估量表** 护士用自杀风险评估量表（Nurses' Global Assessment of Suicide Risk，NGASR）是英国学者在精神科临床实践中建立的自杀风险综合评估护理量表。NGASR 包括 15 个条目（赋分）：绝望感（+3 分）、近期负性生活事件（+1 分）、被害妄想或有被害内容幻听（+1）、情绪低落 / 兴趣丧失或愉快感缺乏（+3）、人际和社会功能退缩（+1）、言语流露自杀意图（+1）、计划采取自杀行动（+3 分）、自杀家族史（+1 分）、近期亲人死亡或重要的亲密关系丧失（+3 分）、精神病史（+1 分）、鳏夫 / 寡妇（+1 分）、自杀未遂史（+3）、社会经济地位低下（+1 分）、饮酒史或酒精滥用（+1 分）和罹患晚期疾病（+1 分）。上述 15 个条目由经过培训的护士进行评定，根据加分规则得出总分，分数越高代表自杀的风险越高：≤5 分为低自杀风险；6～8 分为中自杀风险；9～11 分为高自杀风险；≥12 分为极高自杀风险。由于该量表包含 15 项自杀风险预测因子，只要个体存在预测因子就给予表格中的相应得分，根据总分评估自杀风险的严重程度以及应采取的相应护理等级，因此有较好的效度和信度。NGASR 在精神科临床中易为经过培训的护理人员掌握使用，较易达到良好的一致性，量表的 Cronbach 系数大于 0.70，达到了较为满意的心理测量学量表品质要求。

第三节　评定量表的应用

一、量表的用途

诊断量表主要用来帮助建立诊断或为诊断提供参考，其他量表则各有其特殊用途。以

笔记

症状量表为例，其主要用途有3个方面：

1. **作为病例的一般资料** 例如报告一组抑郁病人的HAMD平均总分为31±3.5，表明这是一组较为严重的抑郁病人。

2. **作为科研被试的入组标准** 例如一般关于抑郁症研究的入组标准之一，为HAMD总分为16分以上，这样可增加样本的同源性。

3. **疗效评定参考依据** 这是最通常的用途之一。

二、量表应用的注意事项

1. **对象** 不同的量表适合于不同的对象，除了病种以外，还有年龄或住院和门诊的限制。例如HAMD适用于有抑郁症状的成人。

2. **评定的时间范围** 按量表手册规定或临床/研究方案的要求，如症状量表多数为评定检查当时或过去1周或2周内的情况。

3. **评定员** 各量表对评定员的要求不一，多数要求为精神科医师和临床心理工作者，有些量表也可由精神科护士及其他研究人员执行。评定员一定要受过有关量表评定的训练。

三、量表结果的分析

量表结果的意义及分析方法因量表种类、性质及其具体应用而异。此处主要介绍最常用的症状量表的结果分析，并举一些实例加以说明。症状量表的常用统计量为总分、单项分和因子分。

1. **总分的分析**

（1）以总分反映病情的严重程度：量表总分能较好地反映病情严重程度，也就是说，病情愈轻，总分越低，病情愈重，总分愈高，这是设计评定量表的最基本假设。一个较好的症状量表，应该能正确地反映病情严重程度。两者的相关程度，可以作为检验量表效度的重要标准。由于总分是反映病情严重程度的指标，因而是一项十分重要的一般资料。在具体研究中，或者把量表总分作为一项入组标准，如规定符合某种诊断标准的抑郁症病人，同时HAMD总分在16分以上者方可入组；或者是在一般资料中写明本研究（或各组）病人的量表总分范围和均值，例如某项研究的病例HAMD总分（17项版本）为21.5±2.3（16～25），那么，也就是说研究对象为一组中等偏重的抑郁症病人。这样就便于研究结果的比较和重复。总分还可作为代表病情严重程度的研究变量，例如某研究把重性精神分裂症分为两组，一组有家族史，BPRS总分为45.3±5.6；而另一组为无家族史，BPRS总分为56.5±7.3，假如t检验$P<0.001$，那就提示无家族史者的病情比有家族史者严重。

（2）以总分变化反映病情演变：以治疗前后量表总分的改变反映疗效，是量表总分最主要的用途之一。就具体病人而言，其疗效判断可以用总分的减分率评估。减分率=（治疗前总分－治疗后总分）/治疗前总分。一般认为减分率≥25%为有效，>50%为显效。如某例抑郁症病人，治疗前HAMD总分25，疗程结束时为11分，减分率=（25−11）/25=56%，属显效。

2. **单项分的分析**

（1）以单项分反映具体症状的分布：症状评定量表是评定临床症状的工具，量表的单项分能反映具体临床症状的分布。

（2）以单项分变化反映靶症状的治疗效果：量表中各项症状治疗前后评分的变化，还能反映各靶症状的改善状况。可对各单项分的治疗前后的改变，分别作t检验分析，以单项分的变化来表明靶症状的治疗效果。

3. **因子分析和廓图**

（1）因子分的计算：在用量表分析不同精神疾患的症状分布特点，或者比较治疗前后的

笔记

症状变化时，量表的编制者们常用量表的因子分析方法。因子分析法的基本原理就是以数理统计（多元分析）法将同类的或意义相近的项目归纳在一起，以便得出综合的、简明扼要的，同时又能反映受检者特点的结论。例如，HAMD 的因子分析，便把 24 项症状归纳成：焦虑 / 躯体化、体重、认知障碍、日夜变化、阻滞、睡眠障碍及绝望感 7 个因子，这样更为简捷清晰地反映病人的实际特点。如某抑郁症病人作 HAMD 检查，因子 1 包括 5 个项目，各单项分如下：第（10）项为 3 分，（11）2 分，（12）0 分，（15）2 分，（17）1 分。则因子分的计算法为，组成该因子的单项评分的总和除以组成该因子的项目数，即 3+2+0+2+1/5=1.6（分）。因子 2～7 的因子分计算，依此类推。然后，计算一组病人的各个因子分的平均值与标准差，进而可作治疗前后或与其他组病人作比较。

（2）用因子分析和廓图反映具体病人的心理病理学特点：如表 9-17 和图 9-1 分别为两名来访者的 SCL-90 的因子分与廓图。从来访者甲的因子分及廓图我们可以获得这样的信息：该名来访者目前的主要症状是焦虑，同时伴有一定程度的抑郁症状，这与临床诊断“焦虑障碍”相符。而来访者乙则为一名强迫症病人，该病人的 SCL-90 因子得分及廓图支持了强迫症的诊断。此外，SCL-90 因子得分及廓图提示该来访者也表现出一定程度的焦虑和抑郁症状，其焦虑、抑郁症状很可能是强迫症的伴随症状。

表 9-17　甲乙两名来访者 SCL-90 的因子得分

	躯体化	强迫	人际关系	抑郁	焦虑	敌对	恐惧	偏执	精神病性
来访者甲	2.1	2.4	1.6	3.1	3.8	2.1	2.5	1.5	0.9
来访者乙	1.3	3.7	1.2	2.4	2.5	1.6	1.4	1.9	1.1

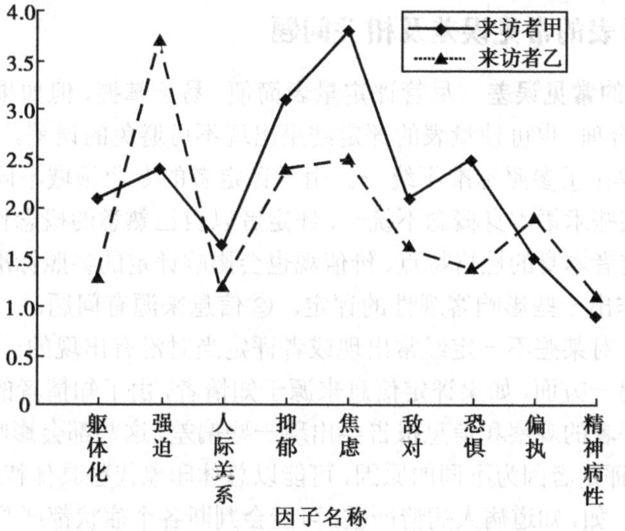

图 9-1　甲乙两名来访者 SCL-90 的因子廓图

4. 以因子分析反映靶症状群的治疗结果　疗效评定也是健康评定量表的主要用途。采用因子分析，可反映靶症状群的治疗结果。例如，一名焦虑症病人治疗 3 个月后，其焦虑和躯体化因子的得分显著下降，提示其焦虑症状得到了明显的改善。

四、评定量表在心理卫生评估中的价值

评定量表之所以广泛应用于心理卫生的评估领域中，主要在于其如下几个特点：

1. 客观　通常每个评定量表都有一定的客观标准。不论是何人、在何时、何条件下来评定受评者，均应根据这个标准来收集资料，作出等级评定，因此所得结果比较客观。

笔记

2. **数量化** 评定量表使观察结果数量化。用数字语言代替文字描述，是研究样本较理想的入组指标和研究因素的变量形式。这有助于分类研究，便于将观察结果作统计学处理，更有利于计算机分析。研究的结果表达更符合科学要求。

3. **全面** 评定量表的内容全面而系统，等级清楚。用它来观察受评者，收集个体一般资料，评价心理卫生各个方面，估计防治效果，一般不会遗漏重要内容。其功能相当于一份详尽的观察和晤谈大纲，并能协助评定者发现其他评估方法如观察、晤谈等所遗漏的内容，并弥补心理测验等方法的不足。

4. **经济方便** 评定量表能够广泛运用，一个重要原因在于各类人员较易学会操作方法。完成每一份量表评定通常只需10～30分钟，省时、省力、省钱。

五、评定量表的选择和评价方法

一般而言，作为量表的使用者，首先根据自己的研究目的来选择。选择和评价量表常用的原则如下：

1. **功效**(resolution) 指所使用的量表能否全面、清晰地反映所要评定的内容特征，真实性如何。质量好的量表应该项目描述清晰，等级划分合理，定义明确，能反映出行为的细微变化。

2. **敏感性**(sensitivity) 指选择的量表应该对所评定的内容敏感，即能测出受评者某特质、行为或程度上的有意义的变化。

3. **简便性**(simplicity) 指所选择的量表简明、省时和方便实施。

4. **可分析性**(analysis) 量表应有其比较标准，或者是常模，或者是描述性标准。

六、评定量表的常见误差及相关问题

1. **评定结果的常见误差** 尽管评定量表简便，易于掌握，但如果量表选择不当，或者量表本身编制不合理，也可使量表的评定结果出现不可避免的误差。这里列举几个与评定者有关的常见误差：①参照标准不统一。由于评定者的专业领域不同，对一些专业名词的理解不同，或者某些术语本身概念不统一，评定者以自己熟悉的概念作为参照，因而导致评定结果不一；评定者本身的性格特点、价值观也会影响评定的参照标准；评定者可能会以自己为参照标准，作出一些影响客观性的评定。②信息来源有问题。一方面，评定者可能对受评者了解不够，对某些不一定经常出现或者评定当时没有出现的一些症状或行为不能作出如实的判断；另一方面，如果评定信息来源于知情者，由于知情者的角色、与受评者的关系的不同，对受评者的观察和信息报告会出现一些偏差，这些都会影响评定结果的可靠性。③“光环”效应。评定者因为不同的原因，可能以总体印象代替具体特征，或者以偏概全，以致评定结果错误。如，知道病人病情严重，可能会判断各个症状都严重。

2. **提高评定量表使用效用的措施** 评定量表的应用效果，与评定人员的选择是否适当，以及评定者是否受过良好训练关系密切。要提高评定量表的效用，下面几个方面十分重要：

(1) 评定者要有好的素质：要提高评定量表的使用效用，对评定者有较高要求。评定者必须有健康的人格和较为全面的专业知识。通常评定者作评定之前要接受训练，切实把握评定目标、彻底了解所要评定的各种行为及症状的含义、充分掌握评定量表的使用方法。受过训练的评定者，其评定结果经一致性检验，应符合要求。

(2) 建立友好信任的关系：在进行量表评定时，评定者与受评者之间，一定要保持友好和信任的关系，而在这种关系的建立过程中，评定者起着主导的作用。评定者应根据受评者的具体情况，如受评者的年龄、性别、性格、经历及其疾病的性质采取不同的交往方式，否

笔记

则受评者不合作，将导致结果不准，甚至无法进行评定。

（3）提高评定者动机：当评定者不是主要研究者或其专业知识有限，如普通护士、护理员等，应让他／她们有机会直接观察被评者的被评行为，多与主要研究者讨论量表的内容和评定结果，并调动其积极参与意识，提高其评定动机，以提高评定结果的可靠性。

（4）正确掌握评定方法：评定结果要有效，就要严格按照量表使用手册规定方法进行评定。

（5）正确和合理使用评定量表：评定量表的作用并未达到"尽善尽美"的程度，所以在认识其作用的同时，还要认识它的局限性。评定量表和其他检测手段一样，应用要合理，要注意防止滥用评定量表，还应注意量表的社会文化经济背景对量表使用效用的影响。如近年引进了一些国外编制的评定量表，如果内容与我国文化背景不符合，应修订后方能使用。即使这样，在使用这些量表时还应充分估计文化差异所致的误差，尽量选用适合我国文化背景的量表。

3. **评定者掌握评定方法的评价**　了解评定者是否掌握了评定方法及其掌握的程度，一般都需要进行一致性检验。评定者的一致性是指初学评定者在使用同一量表过程中其观察、记录和评分方面与熟练掌握者之间的一致性程度，或者为不同评定者相互间在这些方面的一致性程度，即评定结果的一致性。一致性程度越高，则评定结果越可靠。一致性检验是评价一致性程度的统计学方法，计算方法很多，这里介绍2种主要的方法：

（1）符合率（percent of agreement，PA）：两个或两个以上评定者检查同一批受评者，计算评定结果完全一致的人数占所评定人数的比例。这种方法是一种较简单的统计方法，一般符合率达75%即可，达90%就理想。如果符合率较高，评定者之间统计学差异又无显著性，则表示评定结果较可靠。

（2）相关分析法（correlation analyses）：两名或两名以上评定者独立评定一批受评者，然后计算他们评定结果之间的相关程度。相关程度大小用相关系数表示，一般认为相关系数在0.7以上即可以接受，大于0.9则认为评定结果可靠。但相关系数仅表示评定结果之间的相关关系，并不表示真正的一致。当评定者结果存在明显系统误差时，相关系数也可以很高，这种情况会导致评定者间结果一致性很高的错误印象。最好的解决办法是结合其他检验方法来进行考虑。

（王　昭　张　东　王再超）

思考题

1. 简述评定量表的分类以及选择和评价原则。
2. 量表结果分析常用的统计量是什么？
3. 评定量表的常见误差有哪些？如何提高评定量表的使用效用？

笔记

第十章 神经心理评估

第一节 概 述

一、神经心理评估的概念及目的

神经心理学(neuropsychology)是从研究脑损伤病人的功能损害或行为表现的角度，探索脑结构和功能关系的一门学科。神经心理评估(neuropsychological assessment)是神经心理学研究与临床实践的重要手段，主要是对大脑功能受损者的心理行为进行测查和评价。在临床工作中，常常需要对脑损伤病人进行评估或判断其康复程度，如临床医生需要借助心理评估来协助诊断，评价疗效。心理学家则需要鉴别病人是否存在神经心理功能的损害。此外，对精神发育迟滞、学习障碍、发育相关障碍儿童的研究，也推动了神经心理评估的发展。近年来，神经心理评估发展迅速，大大加深了人们对大脑及其功能的认识。

作为心理测量的一个分支，神经心理评估具有心理测量的主要特点，同时又具有自身的典型特征。神经心理评估的重点是测量行为的变化情况，其主要目的包括以下几个方面：

（一）诊断

神经心理评估最初的应用目的主要是诊断，即根据脑损伤后行为的改变来推断病变部位。随着影像学技术的发展，神经心理评估在定位诊断方面的作用有所减弱。然而，对于某些疾病，如 Alzheimer、中毒性脑病、轻度脑外伤，即使是敏感性很高的实验室检查也不能明确诊断，神经心理评估却有重要的诊断价值，成为神经诊断系统的一个重要部分。另外，对于鉴别精神和神经症状，评价非精神病病人的神经系统功能等，神经心理评估也具有重要的指导价值。

（二）制订治疗和康复计划

很多接受神经心理评估的病人都有脑外伤、感染、中毒等病史，因此需要借助神经心理评估来描述病人心理功能的损害程度、尚保留的心理功能、病人的态度及需求等，从而揭示行为障碍的本质和严重程度。对病人的智力和情绪状态的准确描述，也是神经系统疾病治疗所必需的。只有全面了解病人的功能损害程度、心理行为改变的性质和类别，以及这些变化对病人的自身体验及行为的影响程度，医生才能制订出合理的治疗方案。

神经心理评估的敏感性和精确性，使其在疾病的整个病程中都适合进行评定。定期进行评估，可以为神经系统的恢复情况、速度及方式提供有效的心理学依据，也可用于评价治疗和再训练的效果。此外，评估也可为病人及其家属提供所需信息，以利于制订客观现实的治疗目标。

（三）研究

目前，人们对脑功能的认知才刚刚起步，有关记忆、注意、情绪、意识的神经机制也越来越受到重视，研究者可以通过研究脑损伤病人出现的认知功能损害，推断脑结构和功能之

笔记

间的关系。神经心理评估可以对特定部位脑损伤病人的各种认知功能进行科学测查，发现不同认知功能间的分离（双分离或单分离），研究大脑活动对行为的影响，分析脑部损害与行为障碍的相互关系，从而探索脑结构和功能之间的关系。

（四）预测

无论是已经确诊还是需要进一步明确诊断的病人，神经心理评估对预测其病情的转归都有很大帮助。例如，对昏迷的脑外伤病人恢复意识后进行的早期检查，可以帮助判断其预后。对退行性病变病人进行神经心理评估，也有助于预测其功能减退的程度和质量。

二、神经心理测验的应用

在实际应用过程中，神经心理测验有两种不同的结构方式：一种是根据不同病人的病变性质和部位，采取各种不同的测验；另一种是所有的病人都采用统一标准化的测验量表。这两种方式各有利弊，前一种方法可以去掉一些与诊断无关的测验项目，减轻病人的负担，便于在有限时间内有重点地测查被试某方面的障碍，但有时也不能发现某些功能的异常，影响其治疗和恢复。成套测试则较全面，可以防止遗漏一些重要的表现，而且操作统一，评分客观。其缺点是耗时太多，病人要承受较大的负荷。此外，标准化量表有时也不一定适合一切脑损伤病人，对标准化测验的解释同样要具备相当的技巧、知识和经验。

选用测验的原则是尽可能地暴露病人的脑功能缺陷，能提供有助于探讨大脑认知研究和疾病诊断的可靠信息。一般可以根据病史、神经病学检查和神经心理学知识来选择恰当的测验方法。

（一）一般性检查

主要目的是获得对大脑功能状态的总的了解（如智力、记忆力、理解力、注意力等）。使用的测验有：测量智力的各种智力量表，如成人和儿童智力测验；各种记忆量表，如韦氏记忆量表和临床记忆量表；各种注意测验，如连线测验和符号-数字模式测验。

（二）提供定侧信息的测验

大脑有偏侧化功能，即某些功能偏重左半球，另一些功能则主要由右半球负责。目前认为，左侧半球参与语言功能和抽象思维，而右半球则主要参与时间与空间的定向和知觉、非言语材料，如形象、图画、颜色和音乐旋律的感知、记忆和思维等。

因此，可以根据测验的性质和两半球的主要功能来选出适合的测验项目。有关左半球功能的测验可选用各种类型的言语测验和语文作业以及抽象思维的测验，如算术运算和威斯康星卡片分类测验等。而右半球功能的测验可选用那些与空间知觉、空间定位、具体思维有关的测验，如本顿视觉保持测验、触摸操作测验、无意义图形再认、迷津测验、人面认知测验等。

（三）提供定位信息的测验

1. **额叶功能测验** 包括威斯康星卡片分类测验、Halstead类属测验、Semmes自身部位测验、词语流畅性测验、表计测验、手指轻拍测验、Porteus迷津测验等。

2. **颞叶功能测验** 包括记忆相关测验、本顿视觉保持测验、人面再认测验、词语配对测验、音乐节律测验、语音知觉测验等。

3. **顶叶功能测验** 包括两点辨认测验、本顿视觉保持测验、韦氏智力量表中的积木测验、HR中的触摸操作测验，小木棒测验，逻辑-语法的测验等。

4. **枕叶功能测验** 包括线段等分测验、颜色命名测验、面孔再认测验等。

三、影响神经心理学测验结果的因素

神经心理学测验是在一定的人为环境下通过标准化及可重复的方法进行检测的，每个

笔记

被试都是在一致的环境下接受测试，因而主试可以更好地比较不同人群、不同时间和各被试成绩间的差别。其优势在于即使大脑病变范围较小，影响的心理功能比较特定，也可以用神经心理学测验测试出。值得注意的是，脑损伤所造成的心理行为异常改变通常不是单一的测验就能完全概括，因此必须完成全面的测验来准确判断病变的范围和性质。此外，病人也可能由于其他因素的交互作用而影响测验的结果。因此，在解释结果时，必须充分考虑以下因素。

（一）年龄

40～45岁以后，正常人在神经心理测验中的表现就开始有衰退的趋势。很多测验均按不同的年龄分组制定常模，这也表明年龄与神经心理功能是有关的。因此，需要辨明测验结果受年龄的影响程度。

（二）智力与受教育程度

智力与受教育程度关系密切，而它们对神经心理测验的完成水平均有显著影响。在很多神经心理测试中，如简易智力状况测验、记忆测验、语言测验等，其结果是否提示脑功能损害，必须同时考虑智力和文化程度的影响。

（三）测验动机

神经心理评估与其他影像学或电生理学检测不同，它要求被试主动配合，完成测试时必须尽力而为，以便准确地反映其功能水平。如果被试因为疲劳、身体不适、睡眠不足等原因导致测验动机不足时，其结果会受到影响。有时，被试因为其他原因如获取赔偿、提前退休等故意不配合，其结果常常更不能反映其真实水平。

（四）其他

由于脑功能的可塑性，某些心理测验任务，可采用不同策略或通过多种渠道来完成。因此对被试的成绩，不能仅进行量的评定，还应从其完成任务所采取的策略和方法上作质的分析，以便从本质上揭露其神经功能障碍的实质。此外，其他一些影响测验表现的变量，如指导语、暗示、评分等的差异，都可能使测验结果不准确，也必须尽量注意。

四、心理测验结果的解释

（一）划界分

划界分是根据被试在测验中的作业水平，判断脑功能是否损害的一种常用方法。由此，可以较准确地区分出病人和正常人。然而，不是所有病人的得分均在划界分以下，有些正常人的得分也可能处于异常水平。因此，应用划界分不能仅限于一项测验，应尽可能采用多项测验，全面了解脑功能的变化。

（二）模式分析

一般认为，正常人的各种认知功能之间具有高度的一致性。当脑损伤后，会出现局限性功能缺损，与其他认知功能的情况不平衡或失去一致性。因此，只要分析被试在各项测验中的得分模式，检查其不一致的方面，即可判断是否有器质性损伤。

在进行分析时，应首先确定被试病前智能的大致水平。若其在某项测验中的成绩与病前智力水平有显著差别，则说明很可能是脑损伤引起的功能减退。若该被试在多项测验中都有显著异常，则应分析这些异常是否有共同的特征，在神经解剖学、神经心理学上是否相互吻合。理论上，可以根据很多不同的测验结果进行模式分析（pattern analysis）。模式分析不仅可推测脑功能缺损的性质和程度，也可全面反映脑功能的整体水平，并有助于制订康复方案。

（三）表征法

笔记

根据病人的一些表征，推测其是否有器质性脑损伤的方法称表征法。例如，发现病人有失语症状，则表明其优势半球受损。单侧空间忽视、视野缺损、失读症等，均是脑损伤的表征。当然，在评估时，还应详细了解其他资料，以免发生假阳性失误。

此外，还可通过双分离、左右比较等方法进行解释。临床神经心理评估依赖多项测验的应用，要从多个角度对的脑功能进行全面的了解和分析，从而得出正确的解释。

第二节　神经心理评估的常用测验

随着神经心理评估的不断发展，各种心理测验也日益增多。常用的神经心理测验可分为两类：成套测验和单项测验。成套测验包括多项测验，可以全面检测被试脑功能损害的程度和范围，同时评估各方面的心理功能。这种测验可以避免遗漏一些心理功能损害，但操作时间较长，被试不易接受。单项测验主要是针对某一种功能进行测查，较局限，操作简便，易为病人接受。下面主要介绍在临床上广为应用的单项及成套测验。

一、单项测验

（一）记忆功能测试

对记忆功能的测验种类较多。根据记忆的内容，可分为语言记忆和非语言记忆。前者包括对数字、字、词语、句子、短文和逻辑等的记忆。后者则包括对图形、面孔等的记忆。

1. **数字广度记忆**（Digit Spans）　测验包括顺背和倒背数字两种。测试顺背数字时，主试用口语依次呈现一组数字，数字数目由少到多，要求被试者在听完数字后立即复述，完全正确者得分，以能正确顺背的最高数字位数记分。倒背数字则要求被试在听完一组数字后，将其顺序颠倒过来复述，直到不能正确复述为止，如 1-3-5 背为 5-3-1，依此类推，也以正确复述的最高位数记分。该测试可反映注意和短时记忆功能。

2. **Rey 听觉 - 词汇学习测试**（Rey Auditory-Verbal Learning Test）　测试者先读出 A 组共 15 个词语，每个词语 1 秒，读完后要求被试立刻复述出词语，不须按原顺序。共进行 5 次。然后测试者读 B 组共 15 个词语，读完后按上述要求复述。接着，要求被试再次回忆 A 组的词语。每一次正确回忆得 1 分。主要采用自由回忆（recall）和再认（recognition）任务检测词汇记忆和短时记忆广度（immediate memory span）的成绩。

3. **本顿视觉保持测验**（Benton Visual Retention Test，BVRT）　由 Benton AL 编制。该测验共有 3 种形式，各 10 张卡片。每种形式又有 4 种测试方法。测试 A：每张图片呈现 10 秒后，被试立即回忆画图；测试 B：每张图片呈现 5 秒后，被试立即回忆画图；测试 C：被试临摹图形；测试 D：每张图片呈现 10 秒后，延迟 15 秒，被试回忆画图。

评分方式为记录正确数和错误数。每画出一张正确卡片得 1 分。共有 6 种错误类型：遗漏、变形、持续、旋转、移位（图形间相对位置错误）以及大小错误。该测验有助于发现视觉忽视和视觉记忆广度损害。而画图中多个图形的空间组合关系及大小可以反映空间组织能力。另外测试 A 评分时应考虑被试的年龄和智力水平。

（二）注意功能测试

1. **符号 - 数字模式测验**（Symbol-Digit Modalities Test，SDMT）　这个测试呈现一组共 9 个不同符号，各自对应不同的数字。然后将上述符号随机排列，要求被试在 90 秒之内将不同符号所对应的数字写出，最后计算正确数。也可以口头说出数字，便于对脑损伤及偏瘫病人的检测。当被试成绩低于常模 1.0～1.5 个标准差，提示存在脑功能损害。年龄、视知觉、视觉扫描、运动等异常可影响成绩。

2. **连线测试**（Trail Making Test）　该测试最早源于军人成组测试（Army Individual Test Battery）的一部分。包括 A 和 B 两部分。A 部分要求被试将一张纸上散在的 25 个阿拉伯

笔记

数字（1～25）按顺序连接。B部分除数字（1～13）外还有A-L共12个英文字母，要求被试按数字及字母的顺序交替连接数字和字母（1-A-2-B等）。记录完成时间和连接错误数。该测验主要测查空间知觉、眼手协调和注意转换等功能。

3. **划消测验**（Cancellation Test） 划消测验有各种不同的类型，如数字、字母、符号的划消等。被试按照要求正确而快速地划去字母或数字等，记录完成时间、错误数和遗漏数。该测试评价选择注意、抑制反应和视觉扫描等功能。

4. **持续操作测验**（Continue Performance Test） 该测验共分为3个部分：第一部分，不同的数字连续在屏幕中依次出现，当出现4时，要求被试按鼠标；第二部分，8个数字在屏幕上同时出现，其中有4时，要求按鼠标；第三部分，8个数字在屏幕上同时出现，其中有7时，要求按鼠标。根据反应时间和准确率来判断测验结果。该测试主要评估注意分配和维持注意功能。

5. **倒行掩蔽测验**（Backward Masking） 屏幕上呈现2个数字，持续17毫秒后消失，要求被试正确辨认屏幕上的数字。该测验共3种实验条件：只呈现靶刺激；靶刺激呈现后30毫秒出现掩蔽刺激"XX"；靶刺激呈现50毫秒后呈现掩蔽刺激。每个条件各测验10次，记录辨认正确数。该测试主要评定注意功能。

（三）执行功能测试

1. **威斯康星卡片分类测验**（Wisconsin Card Sorting Test，WCST） 这一测验首先由Berg于1948年应用，经过Heaton等的发展，目前已经成为广泛使用的执行功能评价工具，主要检测抽象能力、任务转换和自我调节行为的灵活性。共4张模板（1个红三角、2个绿五角星、3个黄十字、4个蓝圆形）和若干张卡片，按照不同颜色（红、黄、绿、蓝）、形状（三角形、十字形、圆形、五角星形）和数量（1、2、3、4）的原则组合绘制。被试根据模板对卡片进行分类，操作时不把分类的原则告诉被试者，只告诉其每一个选择是正确的或错误的。如果被试连续N次正确分类，主试就要改变分类原则。完成3种分类原则后，再将3种分类原则重复一遍；当完成6次分类或将所有卡片分类完毕，测查结束。WCST包括128张、64张或48张版本。

评定指标包括总正确数、总错误数、持续错误数、非持续错误数、完成分类数等。持续错误是指在分类原则已经改变后，被试不放弃旧的分类原则，仍然继续按原来的原则分类。该指标对额叶背外侧病变较敏感。

2. **Stroop色字干扰测验**（Stroop Test） 共包括3张卡片。卡片A为用红、绿、黄、蓝4种颜色印刷的圆点，卡片B为用红、绿、黄、蓝4种颜色印刷的汉字（无色彩含意），卡片C则是用与字的含义不同的红、绿、黄、蓝4种颜色印刷的上述4个字。要求被试尽快读出卡片上点或字的颜色，而忽略字的意思。分析指标包括完成每类卡片的耗时数、正确阅读数、错误数等。Stroop干扰效应（Stroop Interference Effects，SIE）：SIE反应时＝卡片C的反应时－卡片B的反应时；SIE正确数＝卡片C的正确数－卡片B的正确数。SIE愈大，干扰抑制效能愈低。该测验反映选择性抑制和冲动控制能力。

3. **词汇流畅性测验**（Verbal Fluency Test，VFT） 要求被试在1分钟内尽量多地说出某一类属的词，如水果、动物、蔬菜的名称或某字母开头（中文版采用某字开头或包含某偏旁的汉字）。记录正确词语数、错误数和重复数。额叶损伤病人在该测试中多有异常。

（四）知觉功能测试

1. **线方向判定测验**（Judgment of Line Orientation Test，JLOT） 该测验由Benton于1975年编制。共30张图片。图片上有两条呈一定角度的线段（刺激线）和一组标准线段。标准线段共11条，每条线方向不同，并标上了数字记号，1～11。被试指出刺激线与哪两条标准线段方向一致，并说出线条标号。两条线段方向都正确得1分，错1条得0.5分。

笔记

2. **Hooper 视觉组织测验**（Hooper Visual Organization Test，HVOT） 该测验共 30 张图片，要求被试在心里将每张图片中分离的片段组织起来，然后说出图上所画东西的名称。记录正确数。

二、常用的神经心理成套测验

（一）Halstead-Reitan 成套测验（HRB）

Halstead-Reitan 成套测验于 1947 年在 Halstead WC 的名著——《脑与智力：额叶的计量研究》（*Brain and Intelligence：A quantitative study of the frontal lobe*）中首先得以介绍。最初是生物性智力的研究工具，后来才成为评估脑功能的测验。我国于近年引进了此测验，由龚耀先等人主持全国协作，根据我国的文化和社会实际情况作了修订。成人版的 HR 神经心理测验由 10 个部分组成，包括 6 项分测验和 4 个检查。与智力和记忆测验等联用可更全面地反映被试的神经心理功能。

1. **范畴测验**（Category Test） 要求被试发现一系列图片（156 张）中隐含的数字规律，并在键盘上按下代表答案的数字。主要测量概念形成以及抽象和综合能力，有助于反映额叶功能。

2. **触觉操作测验**（Tactual Performance Test，TPT） 采用修订后的 Seguin-Goddard 形板，要求被试蒙眼后分别用利手、非利手和双手将小形板放入相应形状的槽板中，然后回忆各形板的形状和在板上的位置。计算受试所需时间、正确回忆的形状数和位置数。TPT 主要测量触觉、运动觉、上肢运动协调能力、手部技巧动作、空间结构能力和触觉定位能力。

3. **音乐节律测验**（Seashore Rhythm Test） Seashore 音乐性向测验中的一个分测验。测验由 30 对节律相同和不同的声音组成，逐对呈现。要求被试辨别每对节律是否相同，记录正确辨别数。主要测量警觉性，持久注意，分辨听知觉和不同节律顺序的能力。

4. **语音知觉测验**（Speech Sound Perception Test，SSPT） 用磁带播放一个词音后，要求被试从类似的 4 个 / 对词音中选出与之相符合的词音。测量持久注意、听与视觉综合、听觉分辨的能力。主要反映颞叶的功能。

5. **手指敲击测验**（Finger Oscillation Test） 要求被试分别用左右食指敲击计算器的按键，测量单位时间内左右食指敲击动作的速度。比较左右侧的差别可反映左右半球的精细运动控制功能。

6. **连线测验**（Trail Making Test） 见本章相关内容。

7. **握力检查** 要求被试分别用利手和非利手紧握握力器，测量握力。有助于反映左右半球功能和运动功能的差别。

8. **感知觉检查** 包括单侧刺激和双侧同时刺激，共有听觉检查、视觉检查、脸手触觉辨认、辨别所触手指、指尖识数、手指触形辨认等 6 个方面，主要测量左右大脑半球的功能差异。

9. **失语甄别测验** 测验要求包括命名、阅读、听辨、书写、心算、临摹、指点身体部位等，主要是对失语的性质作甄别。

10. **侧性优势检查** 通过被试在一些操作，如写字、投球、拿东西等过程中所惯用的手、眼、脚等，来辨别大脑半球的优势侧。

HR 测验的结果评定采用的是划界分。所谓划界分是划分正常与异常的临界分。凡划入异常者计 1 分。通过划入异常的测验数与测验总数之比，计算出损伤指数（impairment index）：损伤指数 0～0.14 为正常；0.15～0.29 为边缘状态；0.30～0.43 提示轻度脑损伤；0.44～0.57 提示中度脑损伤；0.58 以上提示重度脑损伤。

（二）幼儿版 HR 成套神经心理测验

Reitan RM 于 1951—1953 年间，将成人版的 HR 成套神经心理测验用于 15 岁以下的被

笔记

试，发现只要将有些分测验作一些改变，测验使用可延伸至9岁儿童，于是在1954年制订出少儿版的HR测验（9～14岁），基本上是成人测验的简化。1955年Reitan RM在Indiana大学医学中心将儿童用的成套测验用于9岁以下儿童时发现，将部分分测验加以修改后，此测验仍有效，于是又制成一套可用于5～8岁儿童的测验，称为幼儿版HR成套神经心理测验。

幼儿版与成人版有一些不同，将连线测验改为色形和渐进图形测验，增加了图片配对测验，V形配对和图形配对测验及靶测验（target test）。此外，手指敲击、前进测验、握力测验、侧性优势测验、感知觉检查、失语甄别检查等测验均是从成人测验修改而成。

幼儿神经心理成套测验的常模，一般不采用划界分和损伤指数的方式，而是采用正常组及脑病组各项分测验的均数及标准差。

（三）Luria-Nebraska成套测验（LNB）

这是前苏联心理学家鲁利亚（Luria AR）制定的测验，在其著作《人类的高级皮层功能》（*Higher Cortical Function in Man*）和《工作的大脑》（*the Working Brain*）中均有详细的描述。该测验是在对大量脑损伤病人定位、定性诊断的临床实践中总结而成的一套神经心理检测技术，其测验结果直接表明了特定的神经功能水平，而且测验程序较简单，时间不长。最初由于缺乏标准化程序和记分方法，测验内容变化不定，不易推广和应用。1975年，戈尔登（Golden CJ）教授对鲁利亚的方法进行修订和标准化，并配有详细的指导语，以能有效区分脑损伤病人与正常人作为测验标准。后来戈尔登教授转往Nebraska大学，这套测试故而被命名为Luria-Nebraska成套测验。我国由龚耀先教授于1986年主持修订，已制定了一套地方性常模。成人版测验由以下11个分量表，共269个项目组成。

1. **运动测验** 共51个项目，包括左右手运动速度，双手运动速度及协调能力，动作的模仿，执行口语指令，口、舌的简单和系列动作，简单画图作业。

2. **节律测验** 共12个项目，分为两个基本部分，即感知和表达部分。感知部分要求对难度递增的音调和节律进行辨认；表达部分则要求重复节律，有变化的音调组合和唱歌。

3. **触觉测验** 共22个项目。包括触觉的定位，对触觉轻、重、尖、钝和运动方向的确定，两点觉的辨别，数字、字词及物体等形状的触觉辨认，一手放成一定形状并要求另一只手模仿等。这些项目是检查复杂的皮肤触觉功能、肌肉和关节感觉及实体觉。

4. **视觉测验** 共14个项目。主要测评视知觉和视空间能力，包括实物和实物图片的命名、模糊图片的辨认，说出图片中轮廓相互重叠的物体名称，读出和标明无数字钟面上的时间，辨别方向，三维空间木块堆积、图案的空间智力性运算、二维空间的旋转配对。

5. **言语感知测验** 共33个项目，分3个部分：①基本音素的辨别；②简单字、词及口语指令的理解；③各种语法结构，如介词、复杂语句、被动语句、倒置性句法结构、逻辑联系等的理解。

6. **表达性言语测验** 共42个项目。包括复述字、词组、句子，物品名称的表达，回答常识性问题，自由描述画片、故事、话题，填充句子，造句，重新排列词序混乱的句子。

7. **书写测验** 共13个项目。要求被试在口授的情况下写出复杂程度不同的字、词组、短语及句子。

8. **阅读测验** 共13个项目。测定将词分解成字母，从字母或声音组成词，诵读字母、词和短文的能力。

9. **算术测验** 共22个项目。要求朗读和书写单个数字和多位数，进行简单计算，填充简单代数等式中遗漏的数字符号和数字，完成连续递减运算（如100连续减7）。

10. **记忆测验** 共13个项目，测查包括对非言语和言语材料在无干扰或干扰下的短时记忆。非言语记忆包括有或无干扰情况下的图片记忆、节律记忆、手势记忆以及词-图记

笔记

忆。言语记忆包括词的重复学习，同源或异源干扰下的无关词和句子的记忆。

11. **智力测验** 共34个项目。测量智力的各个方面，包括图片和短文的主题理解、词汇解释、概念形成、物体分类、类比和反义词等。

从11个分测验的项目中，又派生出3个附加量表：①定性量表（Pathognomonic Scale）或称疾病特有病征量表，是用来判别有无器质性大脑病变的量表，由从269个项目中筛选出的能鉴别大脑损伤与情绪障碍的34个项目组合而成，器质性和急性大脑损伤时得分升高；②左半球定侧量表；③右半球定侧量表。这2个定侧量表是用来鉴别损伤发生于哪侧大脑半球，由测定左手或右手运动和感觉的21个项目组成，它们大多取自运动和触觉量表。

LNB各量表的题目在内容和性质上有较大的差别。LNB评定方法是根据各项测验项目操作的正确性、流畅性、时间、速度、质量而定。为了便于比较，采用0、1、2三级记分。0分表示正常；1代表脑损伤病人或正常者可能取得的分数；2代表脑损伤病人的得分。将各量表得分累加为该量表的原始分，得分越多，表明损伤可能越严重。如果将原始分换算成T分，则可进行各量表间的比较，以进一步作临床分析。

（四）精神分裂症认知功能成套测验

2004年，美国国立精神卫生研究所联合美国食品与药品管理局（FDA）发起了改善精神分裂症认知功能的评估和治疗研究（Measurement and Treatment Research to Improve Cognition in Schizophrenia，MATRICS），以形成精神分裂症认知功能成套测验共识版（MATRICS Consensus Cognitive Battery，MCCB），用于评估精神分裂症病人治疗前后认知功能的变化。2008年9月23日，中国《MATRICS公认认知成套测验》常模筹备会议召开。目前对MCCB中文修订版的信度、效度指标系统的测评工作已经进行，该测试已作为精神分裂症治疗中认知功能评估的一项重要指标。MCCB测验共包括10个分量表，从7个心理维度来检测病人的认知功能。

1. 处理速度

（1）连线测验：要求被试按照从小到大的顺序画线，将答题卡上的数字连接起来。记录完成时间和错误次数，限时300秒。

（2）符号编码测验：即简明精神分裂症认知评估测验（Brief Assessment of Cognition in Schizophrenia，BACS）中的符号编码测验。要求被试在90秒时间内，对照标准模板，将与不同符号配对的数字选出并填入空格。记录正确数及错误数。

（3）语义流畅性：要求被试在规定类别中说出尽可能多的词汇（动物类），限时60秒。

2. **注意/警觉** 持续操作测验：显示屏上按随机顺序多次呈现不同的数字，要求被试识别连续出现的同一数字，并按键作出反应。记录反应时间，遗漏数及错误数。

3. 工作记忆

（1）字母-数字序列：主试用口语依次呈现一组数字和字母，要求被试者必须先将听到的数字按从小到大的顺序背出，再将听到的字母按英文字母顺序背出。

（2）空间广度测验（韦克斯勒记忆量表第3版）：10个立方体不规则放置在图板中，主试按一定顺序敲击立方体后，要求被试按照相同或相反的顺序依次敲击。

4. **言语学习和记忆** 霍普金斯词语学习测验修订版的即刻回忆测验：给被试读一组12个词的清单，即刻让被试尽可能多地回忆，连续3次。

5. **视觉学习和记忆** 呈现一张图片，其中包括6个几何图形。观察10秒后，被试按记忆在空白答题卡上把它们画出来。按照图形的准确性及所在位置为评分标准。

6. **推理与问题解决能力** 迷宫：要求被试画出迷宫中从入口到出口的通路。所画的线不能与迷宫的原有线段交叉，也不能在拐角抄近路。

7. **社会认知** Mayer-Salovey-Caruso情绪管理测验：考察被试将自身情绪融入问题解

笔记

决的能力。给定某个问题情境，需要被试调整情绪来达到目的。要求其设身处地考虑，对给定行为的有效性加以评估。

（五）国内成套神经心理学测验

香港大学临床心理研究所和安徽医科大学认知神经实验室联合编制了神经心理学成套测验（HKU-AHMU BATTORY）。该测验共由12个分测验组成，通过测查注意、记忆、执行功能、视空间能力等，综合反映大脑功能。

1. 注意测验

（1）数字广度测验（Digital Span，DS）：见本章相关内容。主要检测集中注意能力、瞬时记忆力以及抗信息干扰等能力。

（2）气球叉掉测验（Balloons Tests，BT）：包括两个部分，相对简单的叉气球和较为复杂的叉圆圈测试。气球叉掉测验（Part A）：纸上呈现圆圈（较多）以及气球（较少），要求被试用3分钟时间，找出气球并叉掉，越快越好。让被试在此期间换不同颜色的笔（每60秒换笔，按红、蓝、绿顺序，分段计时），换笔后继续做。如果在3分钟内，被试叉完所有目标，记录测验用时。如果在3分钟内，被试在没有叉掉全部气球情况下就停止，提示其继续找，直至3分钟结束。圆圈叉掉测验（Part B）：纸上呈现圆圈（较少）以及气球（较多），要求被试找出圆圈，并叉掉。其余同上。该测试反映注意能力。

（3）数字警觉测试（Digit Vigilance Test，DVT）：将要划消的数字随机分散在每行数字中，要求被试尽可能快的把目标数字划掉。根据速度、错误数和漏划数评分。本测验的完成需要集中注意、视觉扫描、迅速协调运动和抑制反应等多种能力。

（4）数字符号测验（Symbol Digit Modalities Test，SDMT）：见本章相关内容。本测验成绩受到视知觉、视觉扫描、眼球运动、记忆等方面水平的影响。

（5）数字颜色连线测验（Color Trail，CT）：包括两种类型：Ⅰ型，纸上印有25个不同颜色的圆圈（红色和黄色），每个圆圈中有一个数字，共1～25。要求按数字顺序将圆圈连接起来，直到终点（数字25）。Ⅱ型，纸上印有49个不同颜色的圆圈（红色和黄色），每个红色圆圈中有一个数字，共1～25。每个黄色圆圈中有一个数字，共2～25。被试按照数字的顺序，将这些圆圈横穿连起来。由红1连到黄2，再连到红3，再连到黄4，以此类推，直到终点。以被试完成时间评分。一般认为，Ⅰ型反映右侧大脑半球功能，如较为原始的知觉运动效率，Ⅱ型反映左侧半球的功能，即包含除知觉运动效率外的注意转换的效应。

（6）Stroop测验（Stroop Test，ST）中文版：见本章相关内容。本测验可以测查注意集中能力、选择性注意、反应抑制和执行功能的能力。

2. 记忆测验

（1）中文听觉词汇学习测验（Chinese Auditory Learning Test）：本测验以词作为识记材料。主试念15个常用词：鼓、窗帘、铃铛、茶叶、学校、父亲、月亮、花园、帽、农民、耳朵、天鹅、颜色、房屋、河流（Part A），以1秒1个词的速度念出，要求被试在听完后立即复述，记得越多越好，可不必按照原来的顺序说出。念完一遍，被试回忆一遍，连续进行5次。然后，再念出另外一组词（Part B）：桌子、骑兵、小鸟、鞋子、火炉、山、眼镜、毛巾、白云、船、羊、手枪、铅笔、教堂、鱼，念完后要求被试复述。在对Part B回忆后，要求被试在对Part A再次回忆，用以测试学习Part B而对Part A产生的干扰。30分钟后，再次要求被试回忆Part A中的词汇；而主试读出一些字词，有些是先前记过5遍的字词，有些是全新的字词，要求其对Part A的词汇进行再认。该测试可以测查被试的短时记忆、长时记忆和再认等多方面记忆功能。

（2）Ruff路线学习测验（Ruff-Light Trail Learning Test，RLLT-Nonverbal）：卡片上有许多线条相连的圆圈，圆圈好比是站点，线条好比是路线相连，有表示起点和终点的圆圈。从起

笔记

点至终点，其中有很多路线可以走。让被试学习一条曲折的路线，主试知道这条路线怎么走，但被试看不到。被试试着一步一步走，正确告知“对”，继续向前走；不正确告知其“不对”或“回头”，被试回到前一步，选择另外一条路线试试。被试在测试中尽量记住刚刚学会的路线，直到连续正确走出两次（总练习次数 <10 次）。60 分钟后再次回忆练习过的路线。记录总步骤正确数、总步骤错误数、记忆练习次数，以及立即回忆和延迟回忆的正确和错误步骤数。Ruff 路线学习测验主要测查视觉空间的短时和长时记忆。

3. 视觉空间觉功能

（1）Hooper 视觉组织测验（Hooper Visual Organization Test，HVOT），见本章第二节。

（2）线方向判定测验（Judgment of Line Orientation Test，JLOT），见本章第二节。

4. 额叶流畅性测验

（1）词汇流畅性测验（Verbal Fluency Test，VFT）：要求被试在 1 分钟内尽快讲出“蔬菜和水果”的名字（Part1），以及“动物”的名字（Part2），录音并记录被试说出的名称的正确数、重复数和错误数。主要测试额叶的执行功能、思维组织和构思的流畅性。

（2）图形流畅性测验（Figure Fluency Test，FFT）：纸中有很多方格，每个方格有 5 个点。要求被试将 2 个点或 2 个以上的点用直线相连，组成不同的图案（2 个点或者 2 个以上的点连起来都是一个图案），在 1 分钟内尽快做出最多的图案，并且不要重复。共分为 5 个部分（Part Ⅰ～Ⅴ），每部分方格中点的位置不同。记录独特图形数和重复数。

（六）韦氏记忆量表

韦氏记忆量表（Wechsler Memory Scale，WMS）共有甲乙两式，Wechsler D（1945）编甲式，Stone CP（1948）编乙式，各含 7 个分测验：个人经历、时间和空间的定向、数定顺序关系、逻辑（理解）记忆、顺背和倒背数目、视觉再生和联想学习。国外对该量表进行了两次修订，目前中国最新的修订版本为韦氏记忆量表（第 4 版，WMS-IV），正在临床推广中。前一版 WMS-III 在临床上应用甚广，HRB 用其作为主要联用测验之一。以 1945 年和 1946 年的原量表以及 1972 年的新版为蓝本，龚耀先等于 1980－1989 年两次修订了本测验，增加和修订了测验内容，改变了记分系统，并建立了全国常模，具有良好的信度和效度。该版本分甲乙平行本，主要测查被试的长时记忆、短时记忆和瞬时记忆。以下介绍龚耀先修订的韦氏记忆量表。

1. 长时记忆 包括 3 个分测验：

（1）个人经历：包括 5 个关于被试本人经历的问题，最高分 5 分。例：你今年多大年纪？

（2）时间空间记忆（定向）：共 5 问，最高分 5 分。例：你知道今年是何年吗？

（3）数字顺序关系：分 3 项操作任务：从 1 到 100 顺数、从 100 到 1 倒数，以及从 1 累加到 49（如 1，4，7，10，…，49）。记时、记错，并按公式计算粗分。

2. 短时记忆 包括 6 个分测验：

（1）视觉再认：分甲、乙两套识记图卡，每套图有 8 个内容，再认图卡有 28 个内容。甲套有碗、马、田等；乙套有桌子、树叶、杯子等。最高分 16 分。

（2）图片回忆：包括两套图片，每套 20 个图。甲套有猫、汽车、剪刀等，乙套有牛、马、飞机等。最高分 20 分。

（3）视觉再生：包括两套图卡，每套各 3 张，即 a、b、c。其中 a、b 两卡各有一图，c 有两图。看 10 秒后在记录纸上默画出来。最高分 14 分。

（4）联想学习：分甲、乙两套，供甲、乙两套测验使用。每套测验各有 10 对词读给被试听。因为我国的方言多，恐怕有些被试听不懂，所以将这两词写在一张卡上同时呈现给被式，每次 2 秒。依次换第 2 对，10 对完成后，停 5 秒钟，再读每一词的前一词，让被试者说出

笔记

后一词。最高分21分。举例：水果-梨子，回答：水果-？。

（5）触摸测验：一副形板，共9个图形，横竖各3个图形。测验分两个步骤，第一步是蒙住被试的眼睛，被试用摸着将木块摆在木槽里，先用利手（如右利手便先用右手）摆放3个木块，第2次用非利手摆3个木块，第3次用双手摆放3个木块，3次做完，移开形板，拆除蒙眼物。第二步是让被试用铅笔将刚才摸过的木块图画出来，先画所记忆的，然后画各图的位置。记时，计算正确形状回忆和位置回忆数目并按公式计算粗分。

（6）理解记忆：有2套故事，每套有甲、乙、丙3个故事。甲有14个内容，乙有20个内容，丙有30个内容。最高分：用甲、乙故事者17分，用乙、丙故事者25分。

3. **瞬时记忆** 包括顺背和倒背数目（同数字广度记忆）。韦氏记忆量表的记分系统采用Wechsler的离差智商计算方法，是将各分测验的原始分换算成量表分（均数为10，标准差为3），再将各分测验的量表分换算成离差记忆商（MQ，均数为100，标准差为15）。

WMS-Ⅲ主要集中在即刻、延迟和工作记忆3个领域，每个领域都进行两种模式（听觉和视觉）的测试和2种形式（回忆和再认）的任务。而新的内容，例如不熟悉的面孔再认以及家庭图片再认增加了新的相关维度，使原版WMS侧重言语记忆而忽视非言语记忆的情况得到修订。为了增加所有分测验的敏感度，地板效应和天花板效应也得到了进一步的克服。全套测验共有11个分测验，其中包括6个主要测验和5个可选测验。主要测验有逻辑记忆（logical memory）、人面记忆（faces）、词语配对相关（verbal paired associates）、家庭图片（family pictures）、字母数字排序（letter-number sequencing）和空间广度（spatial span）；可选测验有知识和定向（information and orientation）、词语清单（word lists）、视觉再生（visual reproduction）、心理控制（mental control）和数字广度（digit span）。主要测验的时间大约需要30～35分钟，年龄常模为16～89岁。国内尚未翻译、修订该版本。

（七）临床记忆量表

该量表是由中国科学院心理研究所许淑莲教授于20世纪80年代主持编制。全量表共包括5项分测验。

1. **指向记忆** 有2组内容，每组24个词，其中一组12个词是属于同一类别的词，要求被试记住，另一组为混入词，与需要记忆的词接近。录音机播放后，要求被试说出要记住的词。记录指向记忆刺激词的正确回忆数。

2. **联想学习** 12对词，每个词均为2个字。由6对意义关联词和6对无意义关联词组成。录音机播放后，被试根据前一个词联想后一个词。学习3次。容易的词每个0.5分，难的词每个1分。

3. **图像自由回忆** 两组各15张黑白图片，均为常见的，熟悉的和易于辨认的东西，随机排列。每组呈现完毕后，被试立即回忆图片内容。记录正确回忆数和添加错误数。

4. **无意义图形再认** 包括目标刺激和混入刺激各20个无意义图形。先随机呈现目标刺激，让被试记忆。然后将40个图形随机呈现，要求被试辨认目标刺激和混入刺激。评分方法为正确再认的目标刺激数减去错认的混入刺激数，再乘以2。

5. **人像特点联系回忆** 6张人像随机呈现，并介绍人像的姓名、职业和爱好共2遍。然后将人像再次随机呈现，要求被试回忆其姓名、职业和爱好。姓名为2分，职业和爱好各1分。

将5项分测验的所得原始分分别查“等值量表分表”换算成量表分，相加为总分，然后，按照不同年龄组总量表分的等值记忆商换算表得出记忆商（MQ）。

第三节　失语症的神经心理学测量

笔记

语言是人们日常交流的重要工具，大脑加工处理的信息中最多的就是语言符号信息，对言语行为的研究已经成为神经心理学的一个重要内容，并逐渐成为一个专门的分支——神经语言学。对语言功能的测量是进行语言学研究的基本手段，国外在这方面已做了很多工作，也制订了许多言语临床测定方法。而由于汉语言文化的特殊性，很多国外的测试并不适合中国人群，我国的学者们根据实践，编制了一些符合汉语认知特点的临床汉语功能测量方法，现介绍几种较为常用的方法。

一、汉语失语症检查

（一）汉语失语症检查法

1988 年中华神经精神病学分会神经心理学组的一些专家根据波士顿诊断性失语症测验（BDAE）和西部失语成套测验（WAB），结合中国国情制定了汉语失语症检查法。北京医院王新德教授 1996 年进行了修改，主要包括以下几个分测验：

1. **口语表达** 主要检测自发语言、系列语言、复述、命名及说出颜色等。其中自发语言分为刻板重复、非流利型口语、流利型口语以及中间型口语几类。其余每项 10 分。

2. **听理解** 包括听名指物、指图、执行指令和短句理解，每项 10 分。

3. **阅读** 包括字词阅读、语句阅读、短文阅读、图形视觉感知辨认，每项 10 分。

4. **书写** 包括抄写、听写、看图书写、自发书写和系列书写。其中抄写每 3 个字计 1 分，共 10 分；听写数字和单字为 1 分，词组为 3 分，短句为 5 分；自发书写姓名为 1 分，地址 2 分，造句 7 分；看图书写和系列书写各 10 分。

（二）汉语失语成套测验

汉语失语成套测验（Aphasia Battery of Chinese，ABC）是国内常用的失语症检查方法，其按照失语检查的基本原则，参考了西方失语成套测验（WAB），结合我国国情和临床经验而修订的。临床检验结果显示，91% 以上的不同文化水平者可完成其口语理解和听理解项目。ABC 可有效区别语言正常和失语症；对脑血管病语言正常者，也可查出某些语言功能的轻度缺陷，通过 ABC 不同亚项测试可做出失语症分类诊断。因其具备较好的信效度，在临床评估及相关科研工作中应用广泛。ABC 主要包括以下 6 个方面的评估：

1. **口语表达** 包括问答和系列语言表达两部分。前者通过简单的对话和叙述，判断被检查者语言使用的准确性及流利性。常用的问答语句包括“你家住在什么地方？”、“您简单说说您的病是怎么得来的？”等。此部分分别从语量、语调、发音、词语长度、用力程度、强迫语言、用词、语法及回答是否有错误等子项目对被检查者进行评估。每个子项目进行 1、2、3 级评分，各项目得分相加累计为总得分，总得分 9～13 分为非流利型，14～20 分为中间型，21～27 分为流利型。系列语言表达如“从 1 数到 21”、“按次序说出十二生肖”等。

2. **复述** 包括词复述和句复述。词复述如“门”、“窗户”、“拖拉机”，每正确一字得一分，错误不得分。句复述包括“吃完饭就去散步”、“他出去以后还没有回来”等，同样是每正确一字得一分。

3. **命名** 包括词命名、列名、颜色命名及反应命名。

（1）词命名：按次序出示实物问被检查者“这是什么”或图片“这个人在干什么”。正确回答得 2 分，触摸后才正确回答得 1 分。如果触摸后 5 秒内仍不能说出正确答案，则提示 3 个名词其中包括正确答案，让被检查者选择。选对则得 0.5 分，若仍说不出则提示正确答案的第一个音，能正确回答得 0.5 分，否则得 0 分。

（2）列名：如尽可能多的说出蔬菜的名称，记录前半分钟和后半分钟各说出多少种蔬菜。其次，尽可能多的说出以“大”字开头的词语，如大海、大学等，记前半分钟和后半分钟各说出多少个词。

（3）颜色命名：回答相关事物的颜色，如“牛奶是什么颜色”、“春天的草是什么颜色”、

笔记

"成熟的稻谷是什么颜色"等。每回答正确一题得一分。

(4) 反应命名：如"您切菜用什么?"、"到哪儿能买到药?"，每一正确反应得2分。

4. **理解** 包括是非题，听辨认和口头指令。

(1) 是非题：如"您是张晓红吗"、"我是医生吗"等，共22小题，1～14题每正确回答给2分，15～22题每正确回答给4分。

(2) 听辨认：将实物和图片不规则地放在被检查者面前，被检查者对听到的事物进行辨认。

(3) 口头指令：被检查者根据检查者的指令执行相关动作，如"闭上眼睛"、"把门打开"等。

5. **阅读** 包括视读、听字—辨认、字—画匹配、朗读指令并执行和选词填空等内容。

6. **书写** 包括个人信息书写、抄写、系列书写、听写、看图写字及写病情等内容。

(三) 汉语标准失语症检查

汉语标准失语症检查（China Rehabilitation Research Center Aphasia Examination，CRRCAE）由中国康复研究中心在1990年编制。主要包括两部分内容，第一部分是通过病人回答12个问题，了解其言语的一般情况。第二部分是由9个分测验组成，即听理解、复述、说、朗读、阅读、抄写、描写、听写和计算能力。每个测验又分为3～4个亚项，共有30个亚项。

(四) 基于计算机辅助的语言障碍诊断

陈卓铭等研发的语言障碍诊治仪ZM2.1是一种计算机辅助的诊断筛选系统。其诊断过程是建立在心理语言学基础上的宏观功能模拟，主要应用验前概率计算出验后概率。

语言障碍诊治仪ZM2.1共设计65道检测题，包含：听检查、视检查、语音检查、口语表达4部分，每一部分又分为若干亚项。其中听检查（1.1～1.32）通过听指令匹配、听指图、听指数字、听指计算、听指字、听指是否；视检查（2.1～2.8）通过视图匹配、视执行；语音检查（3.1～3.3）测量清浊音、音量；口语表达（4.1～4.22）通过跟读、记忆、看图讲名、朗读、自己讲，实现自动计算分析。病人仅需触摸或发音。系统会自动播放引导语（声音），如无应答反馈重复播放1次2若仍不应答，自动进入下一题。

二、国外失语症检查

(一) Halstead-Wepman失语症筛选测验

该测验选自Halstead-Reitan成套神经心理测验，是判断有无失语障碍的快速筛选测验方法。测验内容都较简单，但涉及的内容较全面，除包括对言语理解接收表述过程中各功能环节的评价（如呼名、听指、拼读、书写）外，还包括对不识症、口吃和言语错乱的检查，可用于各种智力水平、多种不同文化程度和经济状况的被试，较迅速地对有无言语障碍做出初步判断。

(二) 明尼苏达失语症测验

明尼苏达失语症测验（Minnesota Aphasia Examination）是由测定听、说、读、写口头言语和书面言语失调和数关系运算过程障碍的47个分测验组成的失语测验。它的解释是以Schuell根据障碍的性质和严重程度所作的分类法为基础。该测验的应用虽较普遍，但因与临床神经病学家所了解和熟悉的按照神经解剖所作的失语症分类方法不一致，使用受到一定限制。

(三) 波士顿诊断性失语症测验

波士顿诊断性失语症测验（Boston Diagnostic Aphasia Examination，BDAE）由Gooldglass H和Kaplan E在1972年提出，是目前美国较为广泛使用的一种失语症诊断性测验。它由5个大项，22分测验所组成，可以检查语言功能和非语言功能，对病人的语言交流

笔记

水平进行定量分析，并对语言特征进行定性分析，从而确定失语症的严重程度和分类。每一个大项针对言语行为的一个主要功能侧面，分别是：①会话性交谈和阐述性言语，检查综合性的言语交往能力；②听理解，检查口语的表达功能；③口头表达，检查口语的表达功能；④书面语理解，检查书面语言的接收功能；⑤书写，检查书面言语的表达功能。

（四）西部失语成套测验

西部失语成套测验（the Western Aphasia Battery，WAB）是由KerteszA于1982年根据波士顿诊断性失语症测验修改的简化版。该测验的优点是，可以根据检测结果计算出失语指数、操作指数和大脑皮质指数。失语指数可反映出失语症的严重程度，操作性指数可反映大脑的非口语性功能，而大脑皮质指数可表示大脑认知功能的全貌。

（五）标记测验

标记测验（the Token Test）是一个失语症的筛选性测验，最先由Renzi和Vignolo在1962年提出，后由Spellacy和Spreen简化。主要是针对在正常交谈中言语障碍较轻或不明显的病人，是检查听觉理解力较敏感的测试。

测验时使用5种不同颜色（红、黄、蓝、黑、白），2种形状（圆形和正方形），以及2种大小（半径为15mm和25mm）的标记物，向被试给出一系列难度渐增的指令，要求病人指出、触摸和挑出相应的标记物，以此有效地鉴别失语症与非失语症。

（六）Head失语检查法

Head失语检查法（Henry Head’s Test）由Head于1926年编制。包括对6种日常用品（铅笔、钥匙、小刀、硬币、剪刀、火柴盒）和8种颜色（红、橙、黄、绿、黑、蓝、紫、白）进行命名，以及人、猫、狗测验，钟表测验，手、眼、耳定位测验和饭碗测验。

（七）Spreen-Benton失语症测验

Spreen-Benton失语症测验（Spreen-Benton Aphasia Examination）主要检查视觉命名、触觉命名、数字复述、词语流畅性、句子复述、名称的识别、物体用途描述，还包括修订标记测验、阅读测验以及写和说的测验。

案例一

运动性失语（Broca失语）

男性，63岁，右利手，左侧大脑梗死。

ABC法评估显示：病人理解能力保留，可以以头、手的表达方式正确回答是/否问题，可以正确完成口头指令。但无法进行语言表达，无法进行复述或命名，只能发出简单的“啊、嗯”的声音。进行阅读时可以理解词句的意思，如要求病人“读出句子然后照着做，如果读不出，仍照着句子意思做”，呈现句子“摸右耳”，病人无法读出句子，但可以理解并完成摸右耳的动作。临床诊断为运动性失语，即对语言的理解能力保留，语言的表达受损。

案例二

感觉性失语（Wernicke失语）

男性，66岁，左利手，右侧颞叶梗死。

ABC法评估显示：病人无法理解别人的言语，但自发言语能力保留。在进行理解任务时，病人无法理解问题，如问他：“你的名字是张大军吗？”，病人会回答：“我家哦，楼下那个拐弯的地方有个红色的牌子。”无法完成口头指令，由于不能理解任务的要求，无法进行复述和命名。阅读时不能理解词句的含义。但病人口语语量，语音及语调均呈现正常，无明显受损。临床诊断为感觉性失语，即对语言的理解能力受损，表达能力保留。

笔记

案例三

命名性失语

女性，59岁，右利手，多发性脑梗。

ABC法评估显示：病人理解、复述及表达能力均保留，但呈现出命名不能，如指着钢笔问他："这是什么？"，病人回答："这个我知道，但是说不出来，是用来写字的那个。"同时会伴随写字的动作。对于无法命名的物体或图片，病人会在一定提示下回答出其名称，如提示病人："钢……"，病人会立即回答："钢笔"。但是重新提问后，病人仍无法进行命名。临床诊断为命名性失语，即对语言的理解和表达能力保留，对物体的命名能力受损。

第四节　痴呆的神经心理学测量

痴呆是一种以持续性获得性认知功能障碍为核心并导致日常活动能力、社会生活能力和工作能力减退的临床综合征。正常脑老化到痴呆是一个连续性的过程，在二者之间的状态称为轻度认知功能障碍（Mild Cognitive Impairment，MCI）。2013年美国精神病学会制定的精神障碍诊断和统计手册第5版（Diagnostic and Statistical Manual of Mental Disorders，Fifth Edition DSM-5）将痴呆描述为"神经认知障碍"，强调有客观证据表明学习与记忆能力、语言能力、执行能力、注意、运动 - 感知功能、社会认知能力中至少有一个领域受损，并且是后天获得的持续进行性的足以影响到日常生活能力的损伤，在此过程中可伴有非精神疾病或情感性疾病所致的精神行为异常。因此认知评估对于痴呆的早期诊断、病情严重度判断以及疗效评定具有重要意义。

常见痴呆类型包括阿尔茨海默病（AD）、血管性痴呆、路易体痴呆、额颞叶痴呆等。目前针对痴呆的认知评估可以分为临床筛查和临床诊断两部分。临床筛查中常用的测验有：简明精神状态量表（MMSE）、蒙特利尔认知评估量表（MoCA）中文版、Mini-Cog、长谷川痴呆量表（HDS）等。临床诊断常用的测验有：阿尔茨海默病评估量表（ADAS）、阿尔茨海默病登记建立协议（CERAD）成套神经心理测验、认知能力筛查量表（CASI）和痴呆严重度分级量表（CDR）等。同时针对痴呆病人尚需评估其行为症状和日常生活能力，常用量表分别为神经精神量表（NPI）和日常生活能力量表（ADL）。

一、常用痴呆量表

（一）简明精神状态量表

简明精神状态量表（Mini-Mental State Examination，MMSE）由Folstein MF等人在1975年编制，其方法简单，应用广泛。该表由20道题组成，共30项，每项1分，包括以下5个方面的检测：定向力、记忆力、注意及计算力、回忆和语言。原作者提出的划界分为24分，我国根据被试不同的文化水平，将划界分修订为：文盲≤17分；小学文化者≤20分；初中文化及以上者≤24分。

（二）Mini-Cog

Mini-Cog（三次词回忆＋画钟测验），是一种临床中极为方便、常用的认知筛查量表，能够较为有效的筛查出认知障碍的高危人群。测验主要由即刻回忆、短延迟回忆和画钟测验三部分组成，耗时约3～5分钟即可完成，且Mini-Cog不受教育水平的影响，主要评估病人的记忆力、视空间和执行功能。计分根据短延迟回忆正确个数进行，同时观察被试画钟是否准确，对于得分为0分及画钟测验不正常的1～2分被试需进行进一步认知测查。

（三）长谷川痴呆量表

长谷川痴呆量表（Hasegawa Dementia Scale，HDS）由日本学者长谷川和夫于1974年编

笔记

制，测试包括定向、记忆、常识、计算、数字铭记和物体命名这几个方面，但多项研究表明，该测验对早期痴呆不够敏感。在1994年长谷川和夫对测验进行了修改，称为改良长谷川痴呆量表（HDS-R）。修订后的量表具有评分简单，不受文化程度影响，敏感性和特异性较高的特点，是筛选老年性痴呆较理想的工具。HDS-R总分为30分，划界分为24分。

（四）阿尔茨海默病评估量表

阿尔茨海默病评估量表（Alzheimer's disease assessment scale，ADAS）由Rosen WG等于1984年编制，量表共分为两部分包括认知功能（ADAS-cog）与非认知功能量（ADAS-noncog）。认知功能包括词语回忆、物品及手指命名、指令、结构性运用、观念性运用、定向力、言语能力、语言理解、找词困难，以及记忆再现等，共11题，限时15～30分钟，满分70分。非认知功能包括情感、激惹、幻觉、妄想、震颤、自主神经功能（食欲、运动量、猝倒）等10项，每项5分，满分50分。该量表主要是针对阿尔茨海默病病人的神经精神症状的量表。

（五）Mattis痴呆评定量表

Mattis痴呆评定量表（Dementia Rating Scale，DRS）是一套标准化的临床精神状态检测工具，是Mattis S于1976年编制的。DRS是美国最常用的神经心理测验之一，用于协助痴呆识别和认知损害严重度判断。包括注意、起始与保持、概念形成、结构和记忆等5个因子。其中注意37分，包括数字广度、执行比较复杂的口头指令、数出随机排列的7个数、读一组词语和图片匹配；起始与保持37分，包括言语流畅性、语言重复、两手交替运动和书写运动；概念形成39分，包括词语归类、图片相似性和自发语言；结构6分；记忆25分，包括定向、句子延迟回忆、词语即刻再认、无意义图案即刻再认等。总分144分。

（六）临床痴呆评定量表（CDR）

临床痴呆评定量表（Clinical Dementia Rating Scale，CDR），包括记忆、定向、判断和解决问题、工作及社交能力、家庭生活和爱好、独立生活能力6个项目，是临床中常用于痴呆程度分级的认知测查量表。评估时分别对被试及知情者询问，进而根据回答的情况对被试进行评估，最终对被试痴呆程度进行分级。其中记忆项目为主要依据，其余5项为次要依据；当其他3项及以上与记忆项得分相同时，CDR得分=记忆项得分；当3项及以上在记忆项一侧时，CDR=项目得分最多的分数；当记忆项两侧分布2项或3项时，CDR=记忆项得分。最终可作出5级评判：CDR=0正常、CDR=0.5可疑痴呆（MCI）、CDR=1轻度痴呆、CDR=2中度痴呆、CDR=3重度痴呆。

（七）蒙特利尔认知评估量表

蒙特利尔认知评估量表（Montreal Cognitive Assessment，MoCA）由加拿大学者Nasreddine ZS于2004年制定。该量表对轻度认知功能障碍（mild cognitive impairment，MCI）是一种简便、快捷的筛查工具。具有灵敏度高、涵盖的认知领域比较全面等优点，尤其是对早期发现MMSE测试结果为正常的MCI病人的早期干预、预防或延缓痴呆发展起着重要的作用。该测试包括8个认知领域，主要为：①短时记忆与延迟回忆：对5个词语进行2次学习记忆，5分钟后进行回忆（5分）；②视空间能力：包括画钟测试（3分）和复制三维立方体（1分）；③执行能力：通过连线测试（1分）、语言流畅性（1分）和两个词语相似性的抽象概括（2分）来评估；④注意力、计算力和工作记忆：包括目标字母的识别（1分）、100连续减7（3分）和数字的顺背与倒背（2分）；⑤语言：包括熟悉度较低的3种动物的命名（如：狮子、犀牛、骆驼，3分）、复述2个复杂句（2分）和上述的语言流畅性测试；⑥定向：包括时间和地点定向（6分）。分值共计30分，完成所需时间为10分钟左右，受教育年限≤12年时，给所得分数再加1分以修正文化程度引起的偏倚。目前蒙特利尔认知评估的官网（http://www.mocatest.org）上的大陆中文版本有：北京版和长沙版，二者大体框架一致，但在延迟回忆的词语选择上，长沙版的更为中国人熟悉。

笔记

二、其他单项测试

（一）California 词语学习测验

California 词语学习测验（California Verbal Learning Test，CVLT）以 4 种语义类别（如花朵类、国名类），每类 4 个名词（如牡丹、巴西等）共 16 个词语为材料，随机呈现于被试，要求被试听完后立即回忆，全部词语重复学习 5 次，而后给予另外 16 个词语，也要求立即回忆，再自由和以类别为线索回忆学习过 5 次的 16 个词语（称为“短延迟回忆”），与非言词测验间隔 20 分钟后，对第 1 组 16 个词语作自由和以类别为线索的回忆（称为“长延迟回忆”）及再认。分析指标包括：语义串连；首因和近因效应（primacy and recency effects）；学习速率；5 次学习重复词语数；前摄和倒摄干扰（proactive and retroactive interference）作用；短和长延迟记忆储存；插入错误和重复数；再认鉴别力等。有 26 个记忆变量的常模资料。其中对 AD 识别敏感的指标有：5 次学习的总回忆数；语义串连程度；长延迟回忆储存百分比；线索回忆错误数。CVLT 能有效区别 AD 与严重度匹配的亨廷顿病、柯萨可夫综合征所致认知减退。

（二）Boston 命名测验

Boston 命名测验（Boston Naming Test，BNT），于 1983 年编制，是目前最常用的检测命名障碍的方法之一。1986 年被分为难度相等的 2 个版本，每个版本有 30 幅图片，作为治疗前后随访比较。中文版 BNT 中，要求被试对 30 幅线条图形进行自发命名、语义线索提示命名和选择命名。如被试回答正确，接着做下一题，如果 20 秒内回答不正确或不能回答，就给予语义线索提示。如在语义线索提示后 20 秒内依然不能回答，则改为选择命名，要求在“正确名称、同类名称和形态相似名称”中选择一个答案。分析指标为：①自发命名正确数，满分 30 分；②提示命名正确百分比，即在不能自发命名的图形中，经过语义线索提示后正确命名数所占比例；③选择命名正确百分比，即在提示命名错误的图形中，正确选择命名数所占的百分比；④选择命名回答的错误类型。

（三）画钟测验

画钟测验（Clock Drawing）要求被试画出一个圆，标出 12 个数字，并用 2 个指针标出主试定出的时间。画钟测验的计分方法有多种，目前国际上普遍采用四分法计分：画出闭锁的圆（表盘），1 分；将数字安置在表盘上的正确位置，1 分；表盘上 12 个数字正确，1 分；将指针安置在正确的位置，1 分。画钟测验主要检测病人是否有结构性失用，也可以反映认知功能的一般状况。目前认为，该测验文化相关性小，操作简单，病人易于接受，对于痴呆诊断有良好的敏感性和特异性。

（四）Rey-Osterrieth 复杂图形测验

Rey-Osterrieth 复杂图形测验（Rey-Osterrieth Complex Figure Test，CFT）由 Rey 于 1944 年首创。CFT 测验材料包括几张空白纸、几只彩色铅笔及 CFT 图（甲式、乙式）。测验先请被试临摹图形，在事先提醒需要回忆的情况下根据记忆重新描绘；而后对 24 张局部图片（12 张来自甲式；12 张来自乙式）作再认。每次绘图时间不超过 10 分钟，延迟回忆的间隔时间为 20～25 分钟。CFT 是常用的评估视觉空间结构能力和视觉记忆能力的测验，也常作为 MCI 和 AD 测试的常规项目。

（五）神经精神量表（NPI）

神经精神量表（Neuropsychiatric Inventory Questionnaire，NPI）是 Cummings JL 等于 1994 年针对痴呆病人所呈现的精神病理改变而设计的。该量表将可能涉及到的症状分为四大综合征：情感症状、精神病性症状、脱抑制症状和活动过度症状。评测者主要是根据询问知情者或是家属等进行评估，每一类症状均询问是否存在及其频率（1～4）和严重程度（1～3），计分是频率及严重程度的乘积进行计分；同时可以给知情者的痛苦程度评分。

笔记

（六）日常生活能力量表（ADL）

日常生活能力量表（Activity of Daily Living Scale，ADL），最简单方便的是由Lawton和Brody在1969年制定的版本，国内常用的是张明园修订版。主要由躯体生活自理和工具性日常生活自理两方面组成，主要用以评定被试的日常生活能力。评分时每一项的标准为：1分为自己可以做，2分为有些困难，3分为需要帮助，4分为根本没法做。一般认为大于等于24分即可能存在日常生活能力受损，得分越高说明受损越严重。

案例一：许某，女，76岁，中专学历，退休教师，系因“家人发现记忆力下降2年余”就诊于记忆障碍门诊。家人发现近两年病人记忆力较前明显下降，逐渐加重，无明显波动，主要表现为想不起来东西放在哪，丢三落四，否认幻觉、行为及语言的改变；否认颅脑外伤、脑卒中及甲状腺功能异常病史；神经系统查体未见明显异常（不包括认知功能），相关辅助检查未见梅毒、维生素缺乏、甲状腺功能减退及系统性疾病等继发性痴呆高危因素。测查结果如下：可见病人整体认知功能下降，延迟记忆及再认受损明显，同时存在语言流畅性、执行功能及视空间能力轻度受损，日常生活能力下降，存在较为明显的焦虑症状。结合病人病史，诊断考虑为可能的阿尔茨海默病痴呆。

测查项目	得分	参考值	测查项目	得分	参考值
MMSE	25	26分	MoCA	20	25分
CAVLT（延迟）	0分	≥8分	CAVLT（再认）	9分	≥10分
DSF	6分	≥6分	DSB	3分	≥3分
Stroop Test	7.85s	≤7s	JLOT	20分	≥21分
BNT（30，中文版）	21分	中学≥21分	VFT（动物）	10分	≥13分
CDR	1分（轻度）	5级评分法	CDT	2分	4分法
HAMA（14项）	10分	<7分	HAMD（17项）	7分	<7分
NPI	4分	144分满分	ADL	28分	<23分

案例二：华某，男，66岁，初中学历，退休工人，因“自觉记忆力下降2年”就诊。自觉发现近两年记忆力逐渐下降，无波动，缓慢加重，主要表现为容易忘事，有时刚说过的事情就会忘记，后自己能想起来，否认幻觉、行为及语言的改变；既往无头颅外伤、脑卒中、甲状腺功能异常等病史；神经系统查体未见明显异常（不包括认知功能）；相关辅助检查未见梅毒、维生素缺乏、甲状腺功能减退及系统性疾病等继发性痴呆高危因素。测查结果如下：病人整体认知功能评估正常，但是延迟回忆得分明显下降、再认正常，额叶流畅性明显受损，余各认知维度相关测量未见明显受损，结合病人相关检查，考虑为遗忘型轻度认知功能障碍（MCI）。

测查项目	得分	参考值	测查项目	得分	参考值
MMSE	28	26分	MoCA	26	25分
CAVLT（延迟）	4分	≥8分	CAVLT（再认）	12分	≥10分
DSF	6分	≥6分	DSB	3分	≥3分
Stroop Test	12s	≤7s	JLOT	22分	≥21分
BNT（30，中文版）	22分	中学≥21分	VFT（动物）	12分	≥12分
CDR	0.5分（轻度）	5级评分法	CDT	4分	4分法
HAMA（14项）	0分	<7分	HAMD（17项）	1分	<7分
NPI	0分	144分满分	ADL	22分	<23分

其他单项测试，如词汇流畅性测验（VFT）、数字广度测验（DS）、线段方向判断测验（JOL）、Hooper视觉组织测验（HVOT）、连线测验、Stroop色词测验，详见本章节相关内容。

笔记

第五节 脑功能成像技术在神经心理评估中的应用

脑的神经过程与心理活动的关系是神经心理学研究的基本问题。近20多年来，脑成像技术弥补了过去神经心理评估手段的不足，广泛应用于人的高级认知活动研究，揭示了一些新的现象和规律。同时，脑成像技术为深入探讨异常脑功能机制也提供了强有力的工具。尽管脑成像的方法还有待于发展和完善，但是它已显示出旺盛的生命力。在21世纪的脑科学时代，它将发挥重要作用。

一、功能性磁共振成像

（一）功能性磁共振成像原理简介

功能性磁共振成像（function magnetic resonance imaging，fMRI）是以血流和人脑神经细胞活动的关系为依据而建立的一种脑功能成像技术。目前应用最多的方法是依靠血氧合水平磁共振成像法（blood oxygenation level-dependent MRI，BOLD-MRI）。其原理是利用磁共振造影来测量神经元活动所引发之血液动力的改变。人脑在内外刺激作用下神经活动兴奋性水平增强，局部脑组织血流、血容积及血氧消耗增加。这就导致脑激活区静脉中血氧浓度增高，脱氧血红蛋白相对减少。fMRI 可以显示大脑各个区域内由静脉毛细血管中血液氧合状态所引起的磁共振信号的微小变化。通过对这种变化的记录，可以反映相关脑区的激活状态。

（二）功能性磁共振成像应用要求

fMRI 作为研究脑功能的工具，包括事先的实验设计和事后的扫描数据处理。

1. **实验设计** 要做好认知加工过程的脑成像研究，在实验设计阶段需要几方面知识的结合，即认知心理学、脑神经活动生理学和解剖学以及扫描设备性能及各种参数的含义和使用。

fMRI 的实验设计主要有两种类型：组块设计（blocked design）和事件相关设计（event related design）。组块设计的特点是以组块的形式呈现刺激，在每一个组块内同一类型的刺激反复、连续呈现，这种设计常用于功能定位；事件相关设计的特点是随机化设计，该设计常用于对行为事件的研究。

在 fMRI 的应用中，只有了解和掌握成像设备的各项性能及参数含义，才能将实验及控制变量与扫描过程的各项参数很好的配合，以获取可靠的实验数据。因此，为了准确识别和区分参与功能活动的脑区位置，有关的生理学和解剖学知识是不可缺少的。

2. **技术处理** fMRI 扫描序列通常采用回波平面成像技术（echo planar imaging，EPI）、梯度回波脉冲序列或螺旋成像技术。目前 fMRI 研究中最常用、最快速的成像方法是回波平面成像技术，不仅可以在极短时间内完成脑皮层的功能性成像，还可用于多刺激、复杂运动的多功能区成像研究。但是由于需要梯度磁场的快速转换，回波平面成像技术可产生较大的噪声。螺旋成像技术对梯度切换速率要求较低，比回波平面成像技术的时间分辨率高。梯度回波脉冲序列的成像速度较慢，易受运动影响产生伪影，一般只用于单一刺激的简单运动研究。

对实验数据的后处理是一项较复杂的工作。它包括图像预处理如头动及伪影的消除、不同被试者图像的标准化等，还要对脑激活区做定量的分析处理，包括各种统计检验。Stimulate、AFNI 及 SPM 等是现在几种常用的脑功能成像分析处理软件。

（三）功能性磁共振成像应用范围

笔记

脑功能成像常具有无创性及高空间分辨率等优点。目前该技术不仅用于探索正常人脑的认知加工机制，还用于神经外科术前功能评估，从而减少术中神经功能损伤，同时也用于神经康复机制的研究。

1. fMRI在正常人脑功能基础研究中的应用 fMRI在正常人脑功能区（视觉、听觉、嗅觉、运动、情绪、感觉及语言等）的基础研究方面均取得了一定的进展。

视觉系统：由于视刺激条件易于控制，视皮层激活信号强度相对较大，因此视觉皮层是fMRI应用最早的领域。虽然有大量的动物研究为基础，但其理论还不能完全推断和解释人类复杂的视觉系统的神经机制。fMRI具有实时及高空间时间分辨率等特点，实现了对人类视觉系统相关脑皮层的功能定位、颜色识别、视觉加工等的研究，尤其在弱视神经机制的研究方面。由于在视觉发育期间各种原因造成视觉细胞的有效刺激不足，从而造成矫正视力低于同龄正常儿童，形成弱视。用fMRI对10例斜视性弱视的研究证实，选用不同空间频率光栅刺激时弱视眼对应的皮层激活区较正常眼的减少。

听觉系统：最初的fMRI对听觉的研究是用单音或单词作为听觉刺激，结果表现为位于颞上回的听觉皮层活化。在噪声环境下说单词和短文比单纯噪声环境，引起更多的显著激活区，尤其在颞上回及沿颞上沟附近。同时，可以利用对病人电子耳蜗的刺激能引起初级听觉皮层显著的激活这一特点，来评估听力丧失病人耳蜗植入术的疗效。因此，利用fMRI研究人类的听觉系统可信度非常高。

嗅觉系统：嗅觉刺激可引起多个脑区的激活。利用fMRI对嗅觉减退者的研究发现额叶下回、扣带回及海马区对嗅觉刺激的反应减低，而额叶皮层对于不同类型的气味刺激有特定的激活区域。

运动感觉系统：利用fMRI可以对简单的运动任务进行躯体拓扑图（somatotopy）的映射，发现了与脸部、手、手臂和脚相关的运动感觉皮层拓扑图以及与眼动、腕动等相关的小脑运动感觉拓扑图。此外，应用fMRI可以研究针灸刺激下的中枢神经通路，对进一步揭示针刺止痛的神经机制开辟了一条新的途径。

情绪认知：情绪认知在生物进化过程中及现实社会交往中至关重要。fMRI在了解人类的情绪认知中发挥了重要的作用。对正常人的情绪认知研究显示，在进行情绪面孔识别任务时，大脑双侧杏仁核显著激活，同时额叶内外侧血流量显著增加。除此之外，Wang等在对脑损伤病人的研究中发现，扣带前回损伤的病人对情绪面孔的识别能力降低，亨廷顿病（Huntington's disease）或威尔逊病（Wilson's disease）病人对厌恶情绪识别存在障碍。

言语系统：语言功能包括阅读、听、理解、书写和言语。利用fMRI发现正常人的语言功能活动区存在明显的左侧优势，并且无性别差异。

记忆系统：人类记忆系统按时间加工特点可分为瞬时记忆、短时记忆和长时记忆。瞬时和短时记忆与海马环路有关，而长时记忆与腹内侧前额叶有关。研究发现在长时记忆时双侧海马区信号明显升高；在语义记忆时信号从前到后呈递减状变化；在工作记忆时额叶背外侧区显著激活。

2. fMRI的临床应用

（1）神经外科应用：利用fMRI可以在脑肿瘤术前无创地进行脑皮质功能区的定位，能够优化手术方案，最大限度地切除病灶和减少并发症，并且能对手术的风险进行准确的评估。同时，fMRI在癫痫手术中的应用已十分广泛。它可准确定位癫痫病灶和周围的功能区皮层、指导癫痫手术方式及病灶的切除范围。此外，还常用于脑动静脉畸形、海绵状血管瘤等颅内血管畸形手术和脑炎、结节状硬化症等其他神经疾病手术。

（2）神经内科应用：AD是神经内科常见的退行性神经疾病，是引起老年痴呆最常见的病因，其特征是记忆障碍和认知障碍。fMRI扫描结果可作为早期诊断AD的依据之一。并

笔记

且，fMRI在多发性硬化（multiple sclerosis）、帕金森病（Parkinson's disease）及脑卒中（stroke）等多种脑部疾病治疗中的应用也十分常见。此外，fMRI可对疾病治疗前后的脑功能恢复、功能性重组进行对比研究，为临床诊断、治疗及预后评估提供新的依据。

（3）精神病学应用：fMRI具备的无创伤性和可重复性等特点使其在精神病学的研究方面有很大的潜力，它可以对精神疾病的发展动态及发病机制进行纵向地跟踪观察，如精神分裂症、抑郁障碍、孤独症、注意缺陷多动障碍等。

（四）功能性磁共振成像技术的发展

目前fMRI由于可以对脑功能激活区进行准确的定位，已被广泛应用于脑的基础研究和临床治疗中。静息态fMRI可以研究不同脑区之间的功能相关性，而事件相关功能性磁共振成像（event-related fMRI）的方法，可以描记从几秒到几百毫秒内的脑功能信号变化，适用于混合快速呈现的实验类型以及睡眠和学习等研究。除了BOLD-fMRI作为基本的fMRI技术外，Duyu等采用单发射脉冲式旋转标记法结合双倒置标记技术，大大降低了背景信号，增加时间分辨率近2倍。

正电子发射计算机断层扫描技术（positron emission tomography，PET）是除fMRI之外的又一种脑功能成像断层技术。它通过向被试的体内注射一定的放射性物质，然后再利用断层扫描技术测量大脑各个部位的放射性物质含量来计算各个部位的血流量，从而推测不同脑区的活动情况。PET技术的发展和成熟使我们能够安全准确地对某一心理活动的脑的部位进行定位和监视。

功能性磁共振成像技术今后的发展，有赖于将空间成像和时间成像的描记相结合，后者主要指事件相关电位（event-related potential，ERP）和脑磁图（magnetoencephalography，MEG）。因为只有脑成像的空间定位仍不能揭示出各脑区之间的动态关系，必须结合时间成像技术才能完整深入地揭示认知加工过程中大脑活动机制。

二、事件相关电位

当代科学技术的进步使人类对外在世界的认识已相当深刻，但对于自身的认识特别是脑的高级功能还很肤浅。心理活动是脑的产物，脑电的产生与变化是脑细胞活动的基本实时表现。因此，从脑电中提取心理活动的信息，从而揭示心理活动的脑机制历来是心理学研究的重要方向。脑电方法亦是心理学重要研究方法之一。

（一）事件相关电位的基本概念

20世纪60年代，Vauhan H提出了事件相关电位一词，即通过从头颅表面记录大脑诱发电位来反映认知过程中大脑的神经电生理改变，因为事件相关电位与认知过程有密切关系，故被认为是“窥视”心理活动的“窗口”。神经电生理技术的发展，为研究大脑认知活动过程提供了新的方法和途径。

事件相关电位（ERP）是一种特殊的脑诱发电位，凡是外加一种特定的刺激，作用于感觉系统或脑的某一部位，在给予刺激或撤销刺激时，或当某种心理因素出现时，在脑区引起的电位变化都可成为事件相关电位。

与刺激的物理属性相关的成分称为外源性成分，如脑干听觉诱发电位等。主要与心理因素相关的成分称为内源性成分，如N_{200}、P_{300}等。既与刺激的物理属性相关，又与心理因素相关的成分称为中源性成分，如N_{100}。不含刺激的物理因素的内源性成分称为纯心理波，主要有刺激遗漏成分，失匹配负波（mismatch negativity，MMN）等。

（二）事件相关电位（ERP）的基本成分

ERP的基本成分是出现条件比较明确、与心理因素的关系比较清楚且可以作为测量工具使用的成分。常见的有伴随性负波（contingent negative variation，CNV）、P_{300}、失匹配负波

笔记

(MMN)、N_{200}、N_{400}等。

1. CNV CNV在1964年为Walter和Cooper等所发现。在测量反应时，先给出一个预备信号(如一个短纯音或一个闪光)，使被试者做反应准备。然后给出命令信号(如一个短纯音或一个闪光)，令被试者听(或看)到命令信号后尽量快地按键，则可在预备信号和命令信号之间观察到脑电发生负向偏转，称为CNV。CNV的头皮分布以额部中央区部位Cz点波幅最大。

2. P_{300} P_{300}由Sutton等于1965年发现。P_{300}即为晚期成分的第3个正波P3，由于当初发现的P3是在300毫秒左右出现的正波，故称之为P_{300}。后来随着与P_{300}类似的成分的不断被发现，其潜伏期已经扩展到了800毫秒，使P_{300}形成了一个含有多个子成分的家族。P_{300}家族中最常见的另一个成员是P3a，目前认为P3a是朝向反应出现的标志。相应的，经典的P_{300}也就被称为P3b，见图10-1。大量实验证明，在一定程度上P_{300}的波幅与所投入的心理资源量呈正相关，并且与认知过程中的抑制成分高度相关。P3为ERPs中重要的内源性成分，目前对它的研究最为广泛。多为神经精神学科研究，如精神分裂症、脑血管疾病和痴呆症、智力低下等。通过研究P3的潜伏期、波幅、波形变化，可反映认知障碍或智能障碍及其程度，同时还应用于测谎研究。另有人将P3、CNV用做观察神经精神药物治疗效果的指标。有学者提出ERP的新旧效应：即随意重复的单词，或者先前学习过的单词比新单词引发了更大的正波，潜伏期开始于刺激后的300～500毫秒。ERP的新旧效应在测谎领域有较多应用(详见第十一章)。

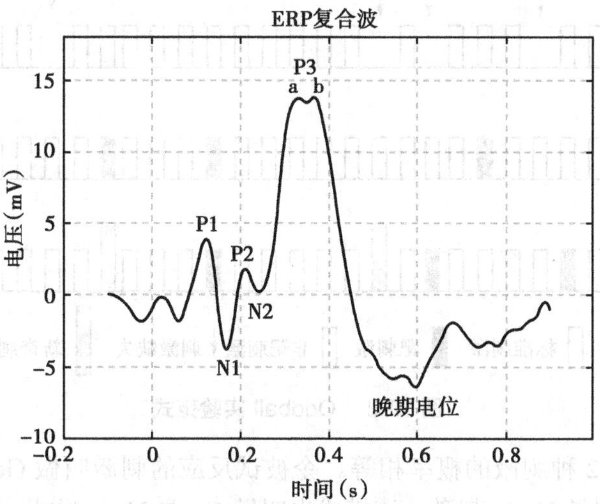

图10-1 ERP复合波

3. MMN 典型的实验是Oddball实验模式，标准刺激为1000Hz的短纯音，偏差刺激为800Hz的短纯音，分别在被试双耳中呈现。令被试者双耳分听，即注意一只耳的声音，并对偏差刺激进行反应，而不注意另一只耳的声音。结果无论注意与否，在约250毫秒内偏差刺激皆比标准刺激引起更高的负波。若以偏差刺激引起的ERP减标准刺激引起的ERP，则可见到在约100～250毫秒之间出现了一个明显的负波，此即失匹配负波(MMN)。而fMMN则反映前注意加工的心理成分。

4. N_{200} N_{200}为刺激以后200毫秒左右出现的负向波，反映大脑对刺激的初步加工。该波并非单一成分，而是复合波，由N2a、N2b和N2c三部分组成。N2a不受注意的影响，反映对刺激物理特性的初步加工。N2b和N2c则只有在注意条件下才产生。近年来人们发现N_{200}与认知控制有关，在认知控制任务中，N_{200}在额叶和中央部的波幅最大。

5. N_{400} N_{400}是研究脑的语言加工原理常用的成分。它首先由Kutas等于1980年报

笔记

道。他们让被试者对屏幕上呈现的句子进行认知反应，并故意将某些句子的最后一个词写为畸义词。当在屏幕上逐个呈现这句话的单词，并记录各个单词诱发的 ERP 时发现，该句尾畸义词诱发的 ERP 在 400 毫秒左右出现了一个新的负成分，以此命名为 N_{400}。研究发现，N_{400} 的波幅与语义的期待相关。

（三）事件相关电位的实验范式

事件相关电位属于长潜伏期诱发电位，测试时一般要求被试者清醒，并在一定程度上参与其中。引出 ERPs 的刺激是按研究目的不同编制而成的不同刺激序列，包括 2 种及 2 种以上的刺激，其中一个刺激与标准刺激产生偏离，以启动被试的认知活动过程。

1. **刺激模式** 刺激模式的设置是研究 ERPs 的关键，要求根据研究目的不同设计不同的刺激模式，包括两种及以上不同概率的刺激序列，并以特定或随机方式出现。包括视觉刺激模式、听觉刺激模式、躯体感觉刺激模式。

2. **实验模式** Oddball 实验模式：是指采用同一感觉通道的两种刺激持续交替呈现，oddball 实验范式见图 10-2。它们出现的概率显著不同，经常出现的刺激称为大概率或标准刺激（standard stimuli），偶然出现的称为小概率或偏差刺激（deviant stimuli）。实验中令被试对偏差刺激进行反应，因此该偏差刺激又称为靶刺激（target）或目标刺激。这是诱发 P_{300}、MMN 等与刺激概率有关的 ERP 成分时常用的经典实验模式。

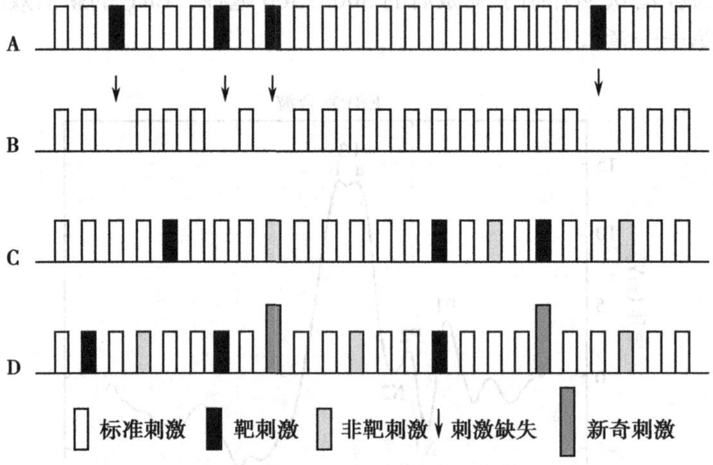

图 10-2 Oddball 实验范式

Go/Nogo 模式：2 种刺激的概率相等。令被试反应的刺激叫做 Go 刺激，即靶刺激；不需被试反应的刺激叫做 Nogo 刺激。该模式也叫做 Go 与 Nogo 作业，其特点是排除了刺激概率对 ERP 的影响；而且由于没有大小概率之分，大大节省了实验时间，这是它突出的优点，但也丢失了因大小概率差异而产生的 ERP 成分。

此外，还有跨通道研究模式、视觉注意的实验模式和记忆的经典实验模式等。

（四）影响事件相关电位的因素

1. **物理因素** 靶刺激概率越小，P3 的波幅越高，反之，波幅减小。一般靶刺激概率 <30%，标准刺激的概率 >70%。刺激的时间间隔越长，P3 波幅越高。听、视感觉通道皆可引出 ERPs，但其潜伏期及波幅不尽相同。

2. **心理因素** 被试者的觉醒状态、注意力是否集中均可影响实验结果。同时，任务难度对测试结果也有影响，难度加大时，波幅降低，潜伏期延长。

3. **生理因素** 不同年龄 P3 的波幅及潜伏期不同。潜伏期与年龄呈正相关，随年龄增加而延长，而波幅与年龄呈负相关，在儿童及青少年，波幅较高。并且 ERPs 各成分有不同的头皮分布。

笔记

三、其他方法

（一）正电子发射计算机断层扫描技术

正电子发射计算机断层扫描技术（positron emission tomography，PET）是一种非创伤性的用于探测体内放射性核素分布的影像技术。PET 是利用发射正电子的同位素作为标记物，将其引入脑内某一局部地区参与已知的生化代谢过程，利用现代化计算机断层扫描技术将标记物所参与的特定代谢过程的代谢率以立体成像的形式表达出来，可测定到组织对葡萄糖的利用状况和脑的局部血流量（灵敏度高达皮摩尔）。PET 技术是目前唯一的用解剖形态方式进行功能、代谢和受体显像的技术，具有无创伤性的特点，是目前临床上用以诊断和指导治疗肿瘤最佳手段之一。

（二）脑磁图

脑磁图（magnetoencephalography，MEG）是一种应用脑功能图像检测技术对人体实施完全无侵袭、无损伤的大脑研究和临床应用设备。其主要反映神经细胞在不同功能状态下所产生磁场的变化，因此能相对直接反映神经元的活动状态，为了解脑功能瞬时情况提供信息。并且，MEG 还可将采集到的脑磁信号分析结果叠加到 MRI 图像上，从而将生理功能和解剖结构融合在一起，这一技术又称为磁源成像（magnetic source imaging，MSI）。MSI 不但给出了脑功能的即时信息，而且能够进行功能区的定位。脑磁图对脑部损伤的定位诊断比脑电图更为准确，由于脑磁图不受颅骨的影响，图像清晰易辨，是一种崭新的研究脑部疾病的手段。

（三）经颅磁刺激技术

经颅磁刺激技术（transcranial magnetic stimulation，TMS）是一种利用脉冲磁场作用于中枢神经系统（主要是大脑），改变皮层神经细胞的膜电位，使之产生感应电流，影响脑内代谢和神经电活动，从而引起一系列生理生化反应的磁刺激技术（图 10-3）。它是一种无痛、无创的治疗方法和心理学研究方法。随着技术的发展，具有连续可调重复刺激的经颅磁刺激（rTMS）已出现，并在临床精神病、神经疾病及康复领域获得越来越多的认可。因其无痛、非创伤的物理特性，且能实现虚拟地损毁大脑以探索脑功能及高级认知功能，已与 PET、fMRI、MEG 并称为“21 世纪四大脑科学技术”。

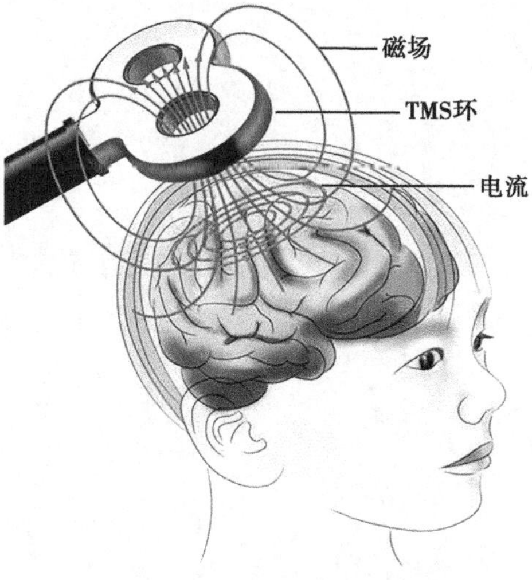

图 10-3　经颅磁刺激技术

（张　蕾）

笔记

思考题

1. 简述神经心理测验在临床中的应用。
2. 简述神经心理学测验常用的分析方法。
3. 简述常用痴呆筛查量表。
4. 事件相关电位的主要成分有哪些?

笔记

第十一章　心理生理评估

11章

心理生理评估(psychophysiological assessment)是心理生理学研究的主要内容之一。Stetn(1964)曾将心理生理学定义为生理学测量评估方法在心理评估过程中的应用,这一定义虽然有些偏颇,但也显示了心理生理学测量在心理生理学中的重要地位。

心理生理评估是通过生理学的测量技术,探索机体在理化环境及社会环境中的行为与体验等相关心理现象,从而力求从生理学测量的结果去透视心理学本质。它不像单纯生理学测量那样主要研究躯体本身的结构与功能,也不像心理评估那样停留在思维、情绪、行为等外显现象的表面。心理生理评估将两者有机地结合在一起,通过对与心理现象有关的各系统、各器官生理反应的测量,来更深入地解读心理学问题。

第一节　心理生理评估概述

心理生理学(psychophysiology)是介于心理学与生理学之间的一门学科。1960年美国心理学家戴维斯(Davis RC)等发起成立心理生理研究会(The Society for Psychophysiological Research,SPR),标志着这门学科的独立。其中,心理生理评估既是一个研究领域,也是媒介心理学的一种研究方法。

一、心理生理评估的历史发展

尽管以仪器测量为基本特征的现代心理生理评估技术仅有100多年的历史,但通过生理现象观测、识别心理状态的科学思想和实践由来已久。例如古代中国审案的“五声听讼”法,就是对心理与生理互为表里关系的更为全面的总结和运用。《周礼•秋官•小司寇》中说:“以五声听狱讼,求民情。一曰辞听,二曰色听,三曰气听,四曰耳听,五曰目听。”五听的具体内容,东汉郑玄注解为:“观其出言,不直则烦;观其颜色,不直则变;观其气息,不直则喘;观其听聆,不直则惑;观其眸子视,不直则瞻视。”其中除了辞听,其余四听都是观察当事人体表的异常表现。

科学的心理生理评估技术起源于19世纪末的欧洲大陆。1895年意大利犯罪学家朗卜罗梭(Lombroso C)首先使用水力脉搏记录仪对被讯问的犯罪嫌疑人进行测试,被公认为近代心理生理测试技术产生的标志性事件。1878年,意大利生理学家莫索研究人在恐惧时的心跳和呼吸变化,设计了记录肌肉收缩的肌肉功能描记器,以及记录血容量和脉容量变化的各种血管容积描记器。1884年,詹姆士和兰格阐明了引起情绪记忆的刺激、人体心理生理反应和个体情绪体验三者之间的关系。1888年,费利等人发明的皮电计陆续用于测试犯罪嫌疑人的情绪变化。1897年,斯蒂克运用一种未加工的心理检流计作为心理生理测试的仪器。1904年,心理学家荣格创立了“联想-反应时”测试法。1914年,奥地利心理物理学家贝努西使用呼吸记录仪测谎成功。1917年,美国人马斯顿用非连续性的血压打气后测量

笔记

血压的变化。1921年，芝加哥Rush医学院的拉森研制了第一台多参数生理测试仪，此后多次改进，直到20世纪80年代在美国问世。

随着心理生理评估技术的不断发展，基于检测生理学指标，尤其是对大脑活动测量的各种新技术不断应运而生，该项技术也被应用到更多的领域，常用的测量方法及应用将会在下述章节具体介绍。

二、心理生理评估的基础

（一）心理生理评估的心理学基础

在众多的心理学门派和分支学科中，认知心理学为现代心理生理评估技术提供了充分的理论说明，它是心理生理评估技术原理的理论基础。认知心理学的突出特点就在于以信息加工的观点来研究认知过程，即运用信息论和计算机的类比、模拟、验证等方法来研究如何获得、存储、交换、提取以及使用知识，因而认知心理学又被称为信息加工心理学。

（二）心理生理评估的生理学基础

传统的生理心理学主要测量自主神经系统支配的生理反应和器官系统，认为自主神经系统（Autonomic Nerve System，ANS）的激活与情绪反应有关。自主神经系统与躯体神经系统共同组成脊椎动物的周围神经系统，支配重要的生理功能，如心脏搏动，呼吸，血压，消化和新陈代谢。自主神经系统进一步分为交感神经和副交感神经系统，前者通常在个体紧张和警觉时发挥作用，是机体应激反应的主要产生部门。后者则在个体放松状态下发挥作用，抑制各器官的过度兴奋，使它们获得必要的休息。例如，当个体面对精神上或者躯体上的危险、威胁或疼痛等刺激时，就会由于激素的突然释放而产生急性应激反应，为个体应对或逃避威胁做好身体上的准备（比如肌肉活动的增强）。人体的交感神经系统被激活，交感神经系统又会刺激肾上腺释放儿茶酚胺，包括肾上腺素和去甲肾上腺素，最终导致心脏速率、血压及呼吸速率的上升，而随之提升的摄氧量和氧传输量则为增强肌肉活动提供了必要条件。因此，心率（HR），心率变异性（HRV），皮肤电反应（GSR）和肌电图（EMG）等生理指标常被用来评估自主神经系统的功能和激活程度。

近年来，大量的神经生物学、实验心理学和功能成像实验结果表明：大脑是一个异常复杂的系统，大脑是心理活动的物质基础，心理和大脑构成统一的协调工作系统。心理活动是大脑皮层、边缘系统及脑干区域神经元活动的表现，并对自主神经系统、神经内分泌及免疫活动产生影响。比如，众多大脑皮层（例如：额叶、颞叶和顶叶）和皮层下核团（例如：基底节、丘脑、杏仁核和海马）的活动都与情感体验相关，而每一个区域对于外部刺激的加工都有其特定的作用和功能。随着科学技术的进步，心理生理评估技术从深度和广度上都发生了巨大的发展。过去由于技术设备的局限，心理生理评估往往仅能对心、肺、脑等器官功能的一般指标，如心率、呼吸频率、血压、脑电等进行简单测量，对心理生理学研究的帮助非常有限。历经几十年的发展，目前心理生理评估的内容几乎涉及各个重要系统以及相关器官，测量仪器也实现了计算机化和自动化，可以精确采集、处理极微小的生理学信号，从而大大促进了整个心理生理学的发展。

第二节 心理生理评估的常用方法

心理生理学通过生理学的测量将躯体的生理过程与心理学现象联系起来。它所研究的对象是有血有肉、有情有欲的人，因而任何心理生理评估方法都要既得到完整、准确的生理学数据，又要确保被试的安全无损伤。目前得到应用的评估方法有很多，按测量所用的技术方法可划分为物理生化测量、电生理学测量和影像学测量三大类。也可以按被测量的器官

笔记

系统分为心血管系统指标测量、呼吸系统指标测量、消化系统指标测量、生殖系统指标测量、内分泌系统指标测量和免疫系统指标测量等。上述各器官系统生理功能的检测多数属于基础生理指标测量。在这里我们将心理生理评估常用方法按基础生理指标测量方法和电生理指标测量方法分类描述。

一、基础生理指标测量

心血管、呼吸、消化和生殖系统是维持人生命的基本生理系统，它们的生理功能调节与心理状态密切相关，以下是上述系统基础生理指标测量的简要介绍。

（一）心血管系统常用指标的测量

心血管功能变化作为心理活动的重要整合部分已为人们所熟知，如情绪激动时心率加快、血压增高等，其相关指标的测量一直是心理生理学研究的焦点。在科学研究中，心理活动对心血管系统的生理学效应常用以下指标来测量。

1. 心率 心率与情绪等心理状态密切相关，通常可采用心电图仪、心动仪等来测定。研究者多认为，低频心率主要代表心交感传出活动的指标，而高频心率主要代表心迷走传出活动的指标。

（1）心电图仪是用来描记心脏电变化的临床常用仪器。这里我们借助心电图的 R-R 间隔来计算心率：心率 =1/（R-R 间隔）×K，其中 K 为量度常数。心率的常用单位是“次 / 分”，如果 R-R 间隔以毫秒为单位，则 K=1 分钟 =（60×1000）毫秒。例如，当 R-R 间隔 =1000 毫秒（即 1 秒）时，心率 =1/1000×（60×1000）=60 次 / 分。

（2）心动仪用来记录有效心脏搏动，并显示在监视器上。由于在任何瞬间，心动仪的信号都记录了两个不同心动周期之间的时间信息，所以由它反映出来的心率是动态变化着的。

（3）此外，心率亦可以通过简单的人工计数方法加以粗略测量，即用听诊器人工记录心跳次数或通过手摸桡动脉计数脉搏频率加以测量。

2. 心脏收缩能力 人的心理状态发生变化时可通过交感神经系统引发相应的生理变化。心室主要受交感神经支配，心室收缩强度可以很好地反映交感神经的兴奋状态。衡量心脏收缩能力的常用指标有 dp/dt、收缩时间间隔、心阻抗图、T 波振幅等。

（1）dp/dt：是指从颈总动脉记录到脉搏波形的上升率，即在颈总动脉记录脉搏压并从脉搏波形求出其一阶导数（即斜率）。之所以以此作为心脏收缩能力的指标是由于心动周期的机械变化可以在邻近心脏的动脉的脉搏波上得到较为确切的反映。但同时由于 dp/dt 的量度受心脏前负荷、后负荷及心率变化的影响较明显，因此用以评定心脏收缩能力时，其效度有限。

（2）收缩时间间隔：是通过同步记录心电图 Q 波、心音及外周的动脉波来获得的。通常可测定 3 种收缩时间间隔：即射血前期、左室射血时间及电机械收缩期。过去通过多导仪显示收缩时间间隔，再进行手工计分，但由于数据变化幅度较小（毫秒级），在收缩时间间隔变化较大时会引起明显测量误差，现在已多用电脑进行处理。

（3）心阻抗图：这是一种对心脏动力学功能的无创伤性测定。它通过测量胸部对低能、高频交变电流的电阻抗的脉冲式变化来进行评估，其依据是这种脉冲式变化是由心动周期有关的机械事件所引起的。心阻抗图测得的心脏收缩能力指标与由创伤性方法测得的指标相比，两者之间有较为固定的差异，因此可通过恰当的换算就可使用心阻抗图对被试进行无创性心脏动力学功能测定。

（4）T 波振幅：心电图中的 T 波代表左右心室复极过程的电位变化，在临床心电图中它与 ST 段同样具有重要的诊断意义。T 波振幅容易记录，可作为心肌收缩能力的指标，但是 T 波振幅变化幅度极小，可测量到的差异只有 20μV -30μV，因此其敏感性较差，应用受到限制。

笔记

3. **心排血量** 心排血量是心血管系统评定常用参数之一。早期的心排血量测定方法称为心导管法，是用染料稀释法快速注射一定量的指示剂到血液中，再用光敏检测器来测定指示剂的浓度，从而获得心排血量的值。该方法因其具有创伤性目前很少应用，已被安全有效的超声心动仪所取代。

超声心动仪通过探头发射出超声声束到胸腔内，由于胸腔内各种结构或物质（如血液）具有不同的声学阻抗，所以反射回来的超声波也因不同的结构或物质而不相同，返回的超声波经过声电换能放大，最终呈现出图像。分析图像可以获得心脏的结构、运动及维度的信息，进而分析获得心排血量大小等信息。

4. **血流动力学** 血流在各脏器中的重新分配是心理生理功能调节的一个重要方面，外周血流量、血压、血流速率、血流阻抗是值得关注的主要指标，其中前两者的测量方法安全易行，被广泛应用。

（1）外周血流量：主要采用两种无创性方法测量外周血流量的时间性和紧张性变化。一种方法是皮肤毛细血管床的血流量测定，检测部位是手指或耳朵；另一种方法是骨骼肌血流量测定，检测部位常常是前臂。最常使用的技术是“容积描记法”。早期使用空气容积描记，经换能器由记录仪显示；现代容积描记技术主要发展为光容积描记技术、阻抗容积描记技术、应变仪容积描记技术以及多普勒流量测定技术，其中光容积描记技术是目前应用最为广泛的外周血流量测量技术。

光容积描记技术根据组织与血液的不同光吸收特征来获得血流量的数据，即活组织对红外光范围（7000Å-9000Å）容易透过，而血液对这一频率范围的光线不易透过。其操作方法是将所测量节段（如指尖）夹在光源和光电池之间，光源发射红外光束透过手指到达对侧光电池，由于血液消散了红外线范围内的光线，所以到达光电池的光量是流经手指的血量的反函数。当血管收缩时，血流量减少，则到达光电池的光线多，而当血管扩张时到达光电池的光线就少。过去通过感光技术直接测量光线量来获得数据，称为透光法。目前多应用光电换能器将上述光能转换为电能并显示在记录仪或由计算机计数，这样测得的血流量称为脉搏容积，可以提供血流量每搏间的变化信息，称为光电池法。

（2）血压：血液流经循环系统最大的影响因素之一是血压，它的常用测量指标有收缩压、舒张压、脉压和平均动脉压。收缩压指心室收缩时的最高压；舒张压指心室舒张时的最低压；脉压指收缩压与舒张压之差；平均动脉压指心动周期内的平均血压，平均动脉压 =1/3（收缩压 – 舒张压）+ 舒张压。血压的标准计量单位是千帕（kPa），实际应用中多以毫米汞柱（mmHg）表示。正常成年人在静息状态下的平均收缩及舒张压约在 90～140mmHg/60～90mmHg 范围内。同其他生理参数一样，血压也存在着很大的个体差异，同一个体在不同时间的量度也有很大变异，年龄、性别、体重、种族等都可影响正常血压的范围。

心理生理学实验研究中，对人体动脉血压的测量主要采用无创伤性的间接测量法。其中最常用的是听诊技术，即向缚在上臂的袖带充气，使肱动脉血液断流，再以固定速率减压，当袖带内压降至略低于收缩压水平时，肱动脉内血液以湍流形式通过狭窄区并产生与心脏搏动同步的振动声（Korotkoff 声，简称科氏声），随着压力进一步下降科氏声经历由弱到强再由强转弱的变化，最终消失。科氏声将其分为 5 个时相：Ⅰ相：第一次出现的声音；Ⅱ相：声音变响、变浊；Ⅲ相：声音更响、清脆；Ⅳ相：声音突然变小，短促、低沉；Ⅴ相：声音消失。将听诊器胸件置于袖带下缘的肱动脉远端即可听到这些声音变化。Ⅰ相声音出现时的压力值为收缩压，Ⅳ相（儿童）及Ⅴ相（成人）的压力值为舒张压。

尽管听诊法被视为标准的血压测定方法，但由于存在人工操作的误差，并不适用于所有的心理 - 生理学研究。Tursky 发明了一种可以避免听诊技术有关问题的记录血压的方法，叫做恒定袖带技术。这是一种自动的血压记录技术，其特点是用晶体微音器来代替听

笔记

诊器，即用电子学方法检出有无科氏声音的存在，它可以在较长一段时期内通过一次又一次的袖带充气来跟踪平均收缩压与舒张压。其他测定血压的方法还有心搏跟踪技术，通过脉搏传导时间检测血压的无袖带式动态血压仪，以及经动脉测量血压技术等。

5. **心率变异性**（heart rate variability，HRV） 心率变异性是指每次心搏间期的微小差异。心率变异性的大小实质上是神经体液因素对窦房结的调节作用的反映，即自主神经系统交感神经活性与迷走神经活性及其两者之间平衡协调的关系。迷走神经活性增高或交感神经活性减低时，心率变异性增高，反之相反。

心率变异性的分析指标主要有时域指标和频域指标，时域分析指标主要包括：① SD：正常 R-R 间期标准差（毫秒）；② ASD：连续 5 分钟正常 R-R 间期标准差均值（毫秒）；③ SDA：连续 5 分钟正常 R-R 间期均值的标准差（毫秒）；④ RMSSD：相邻正常 R-R 间期差值均方根（毫秒）；⑤ PNN50：相邻正常 R-R 间期超过 50 毫秒的百分比。前 4 个指标分别被正常 R-R 间期均数（秒）除，得如下各心率校正值：⑥ SDC：SD 的心率校正值；⑦ ASDC：ASD 的心率校正值；⑧ SDAC：SDA 的心率校正值；⑨ RMSDC：RMSSD 的心率校正值。频域分析指标主要包括：① ULF：超低频成分，频谱范围 0～0.0033Hz；② VLF：极低频成分，频谱范围 0.0033～0.04Hz；③ LF：低频成分，频谱范围 0.04～0.15Hz；④ HF：高频成分，频谱范围 0.15～0.40Hz；⑤ LH：LF/HF 低频与高频成分之比；⑥ TOT：总成分，频谱范围 0Hz～0.5Hz。

近年来有大量学者研究 HRV 与心理活动的关系，结果显示心率变异性与情绪变化等心理活动相关。对于判断自主神经活动在正常人中所起的作用，HRV 是一项十分有价值的手段，通过 HRV 研究有助于提高对一些生理现象的了解。但是这一领域在心理生理评估的应用，仍需更深一步的探索。

（二）呼吸系统常用指标的测量

呼吸系统与情绪状态存在着密切的关联。在心理生理评估研究中，用以评价心理学参数变化对呼吸活动影响的常用指标有以下几个。

1. **呼吸率** 这是一项最直接的分析指标，计算比较简单，只要计算某一时程的呼吸周期数，取其均值（如每分钟呼吸次数）即为呼吸率。此值可供不同时段比较，但应注意记录时的人为误差或伪迹。

2. **通气量** 是肺功能测量的常用指标。最常用的肺通气量分析技术是呼吸量测定法，其基本原理是浮筒升降，最简单的技术是被试通过塑料管向浸在水中的浮筒下部吹气，由于呼出的气量不同浮筒会上升不同的高度，从而显示这次呼气的通气量。它还可以按呼吸曲线分别计算呼吸频率及通气量，或由积分面积求出每分通气量或最大通气量。

3. **吸气分数** 它是将吸气时限除以呼气时限，再去除吸气时间所得。Feleky 认为该指标可以用来分辨情绪，且信度较高，是心理生理学研究中一项有用的指标。

（三）消化系统常用指标的测量

实际生活中，消化系统功能最易受情绪影响，如焦虑、愤怒、悲伤等情绪均可引起胃分泌及胃肠运动的增强或减弱。心理生理学实验中，催眠造成的不同情绪状态可引起不同的胃分泌效应：愤怒时，胃分泌的平均速率最高；焦虑和满足时为中速反应；抑郁、无助及绝望时胃分泌率最低。因而对消化系统的测量是心理生理评估的重要工作之一。

1. **胃排空** 胃排空检查所显示的结果，实际上是胃容纳食物、推送食物、碾磨食物直至排出食糜的综合结果。因而直接测定胃排空是第一线诊断方法。其方法有核素法、超声法、不透 X 线标志物法以及吸收法等。其指标主要有：① T50%：指排出 50% 所需要的时间；②排出 %：指在某一时间排出的百分比；③排空曲线的形态和延迟相的时限：胃固体排空在进餐后并非立即开始，排空曲线的开始部分有一段平台，为排空启动的延迟相（lag phase），这一段时间正是固体食物从胃近端移向远端，并在胃窦反复碾磨的过程。目前认为放射性

笔记

核素法是一种灵敏的、无创的、符合生理过程的检测方法，其测定的胃半排空时间被认为是胃排空定量分析的“金标准”。

2. **胃压** 胃收缩和舒张运动可直接影响胃内压变化，因此测定胃内压也是研究胃运动的主要方法之一。将胃肠测压管经鼻腔插入胃、十二指肠，通过胃测压仪检测压力波变化，同时观察胃十二指肠的运动指数，收缩频率及平均振幅等胃动力学指标。胃内压测定法获得的胃动力学结果可靠，但属于侵入性检查，不易被病人接受。

3. **胃张力** 进餐时胃的近端舒张，以容纳食物，继而胃张力恢复。胃张力记录可以发现胃的储存功能是否正常。其测定需要电子恒压器（electric barostat），该装置能向与之相连的置于胃底的气囊注气或吸气，以保持气囊内压的恒定，从而定量测定胃底运动（收缩和舒张）的变化，还可以观察在不同水平气囊内压时气囊容积的变化。

（四）生殖系统常用指标的测量

性心理生理学通过对性兴奋时外生殖器反应的测量来评价人的性兴奋过程和性反应模式，从中我们可以看到人类的认知、情感、行为与生殖系统之间的密切关系。这里我们简单介绍一下两性生殖器的常用指标测量。

1. **男性生殖器常用指标的测量** 心理生理学测量中，男性生殖器测量主要包括勃起时阴茎周径测量、阴茎温度测量和阴茎动脉血流测量3个方面。

最早研究者是测量阴茎勃起时的周径，所用的仪器是Ohlmeyer设计的机械电传感器，通过一个与受试者阴茎相匹配的环接受阴茎勃起信息，勃起时，随着阴茎周径的增加而触发电路，发出信号，由此测量阴茎勃起时体积的变化来研究性兴奋的过程。

随后人们发现，阴茎周径与其温度变化之间有很高的相关性，相应的温度测量仪器也就应运而生。它利用吸附于阴茎表面的温度传感器感受和记录阴茎勃起时的温度变化，该方法比较简单易行，在性心理学研究中受到广泛应用。

近年来，人们增加了对男性性兴奋时阴茎动脉血流变化的研究。目前，超声多普勒技术被用来测量阴茎动脉是否有血流通过及血流量的大小。彩色多普勒超声技术是一种集高分辨实时B超、脉冲多普勒测定、彩色显像、电子计算机数据处理及频谱分析等高技术于一体的无损伤检查新技术，也是临床上最有应用价值的仪器之一。它能客观、直接地反映出阴茎勃起时阴茎海绵体内压及静脉回流阻力的情况，不但可以反映阴茎的部分解剖结构的情况，而且能反映出被试受到性刺激时阴茎勃起的功能状况。因此，超声多普勒技术对研究各种心理状态下阴茎动脉功能状态变化具有重要意义。

2. **女性生殖器常用指标的测量** 20世纪60年代，有研究发现女性性兴奋时伴有阴道血管扩张，这一发现促进了人们从测量阴道血管扩张和阴道血流量的角度研制女性生殖器测量仪器，不久便发明了用安放于阴道隔膜环中的传感器测量阴道血流量的方法，但是这种传感器比较纤细，使用操作时有一定的难度。随后有研究者将加热的氧电极吸附固定在阴道壁上，通过氧电极测定氧的扩散程度来反映阴道局部组织的血流变化。其测量结果不受电极安放位置的影响，但其价格昂贵，推广应用非常困难。之后又出现了一种形状如月经塞的阴道光度计，用来测量阴道血流变化。通过这些仪器，研究者发现在觉醒状态下阴道血流的改变对性刺激是敏感的，女性被试观看色情照片时阴道血流量明显增加。

近年有人首次通过多普勒超声探头测定了性刺激对阴蒂动脉血流量的影响。研究者用多普勒超声探头监测刺激之前、中和后的阴蒂动脉血流量和速度的变化，结果发现随着阴道外1/3部压力刺激的增加，多普勒频率也增加，即阴蒂动脉血流量增大。这一反应还伴有多普勒反应曲线基值幅度的增加，这表明血管阻力亦随之减小。

对于阴道温度变化是否反映性兴奋程度这一问题一直存在争议。持怀疑态度的学者认为阴道温度反映的是机体深层的温度，并非性兴奋的敏感指标，进而又有学者使用一种由3

笔记

个表面温度探头组成的测量阴唇温度的传感器测量观看色情影片时女性阴唇温度的变化，这种名为阴唇热敏电阻夹的仪器有望成为测量女性性反应的另一种方法。

（五）其他系统常用指标的测量

其他系统在生理心理评估中的应用也很多，在这里重点介绍眼球的运动（眼动）。俗话说“眼睛是心灵的窗户”，眼睛作为面部的主要器官，也是反映人心理活动的主要窗口，来自外界的信息约有80%～90%是通过眼睛获得的，通过对人眼注视点的跟踪可以获得人类的视觉感知信息，而眼动的研究被认为是视觉信息加工研究中最有效的手段。注视、眼跳和追随运动是眼动的三种基本类型，不同类型的眼球运动受到自上而下和自下而上的信息的驱动。因此，研究者可以借助眼动仪来记录认知过程中人们的眼动特征，从而推测和判断心理加工过程。

二、电生理指标测量

人体的生物电活动随着机体心理、生理状态变化而不断调整着自己的步伐，它在人体各个器官都扮演着重要角色，因而测量人体的生物电活动也就成为生理心理学研究中不可缺少的重要方面。在心理生理学测量研究中应用广泛的主要是肌电图、皮肤电传导、胃电图、脑电图、脑诱发电位、多导睡眠图、脑电地形图等。本节重点介绍肌电图、皮肤电传导、胃电图、脑电图和脑诱发电位。

（一）肌电图

肌电图描记术是用金属电极、放大器和示波器记录沿肌膜传导的肌肉动作电位的技术。这种肌肉动作电位是由神经系统内自发的、随意的反射性活动或电刺激活动而产生的。肌电图描记术分为针肌电图描记术和表面肌电图描记术。针肌电图描记术是将电极置于肌肉纤维之间，可在仔细确定的肌肉内记录单肌纤维或单运动的肌电活动；表面肌电图则将电极置于覆盖肌肉的皮肤上，因而只能提供不太精确的，较为整合的肌电活动图像。

1. 肌电图与面部表情 常用的面部肌肉是皱眉肌、眼轮匝肌及颧大肌等。人们发现，从皮肤表面肌肉点记录到的电压幅度，能够可靠的代表肌肉收缩的力量。需要强调的是，记录下来的面部肌电图信号代表的是肌肉收缩的电活动，而不是实际上的肌肉运动。这让面部肌电图成为一种非常敏锐的情绪加工测量方式，因为代表着有意义的情绪体验的面部肌肉中的电活动能够被记录下来，而无需观察到可见的用于表达情绪的面部肌肉动作。

研究者发现，受试产生愉快的或忧愁的想象时，面部的某些局部会表现出特定形式的肌电图改变，如前额皱眉肌的肌电图能够区别愉快和不愉快的思想内容。抑郁症病人对愉快意象的肌电图是异常的，并且抑郁心境评定与皱眉肌的肌电图相关性达到0.70。而颧大肌和眼轮匝肌的激活则表示愉快的情绪体验。

2. 肌电图的应用 肌电图还是当今心理生理学研究紧张状态的最普遍的技术方法之一。焦虑病人有肌肉紧张的表现，如姿态僵硬、动作呆板等。这些受试者在即将扳动一个开关时，会表现出更多的提早运动倾向，并且在停止扳动这个开关之后，仍有比正常人更高的肌电图残存活动。再次尝试该动作时，正常人肌电图活动迅速下降，但焦虑病人保持不变。肌电图还可用于研究焦虑的症状机制，记录他们的症状、感觉和一些由于肌肉过度活动而造成的痛苦（如头痛、背痛等）。肌电图虽然不是测量肌紧张的唯一方法，但比其他方法更为方便易测，所以被更多的心理生理学研究所选用。

（二）皮肤电传导

皮肤电传导是通过皮肤电传导耦合器记录皮肤表层电属性发生变化所需要的电信号。目前有两种不同的记录系统来测量皮肤表面的电活动变化，一个系统是让一股低电流通过两个电极之间——记录和储存电阻；另一个系统是在两极之间加上一个低电压——直接记

笔记

录皮肤电传导。目前，直接记录皮肤电传导在心理生理学领域应用更广。

皮肤电传导是对情绪加工的一种心理生理评估，它在概念上与操作上都与皮肤电活动联系在一起。在心理生理学中，测量皮肤电活动已经有很长的历史，它操作轻松，可量化，对与心理状态变化有关的皮肤电活动具有可识别的敏感度。法国著名神经学家查尔斯•费力是最早的系统观察皮肤中电活动变化的人之一，他不仅识别出普遍的皮肤电导率，他还发现了当个体暴露在物理的或者情绪的刺激情况下，电导率的数量上的不同。皮肤电传导反映出对新奇的或者环境中信号刺激的注意的自动增加，而交感神经系统激活和皮肤电传导之间有一种强有力的且高度可靠的联系，因此，皮肤电传导成为情绪加工的心理生理评估指标之一。

利用皮肤电传导作为心理生理学测量指标时，手掌和脚底的外泌汗腺是测量对象，因为在极端温度条件下，手掌和脚掌的区域代表特殊形态的汗液分泌，可以参与体温的调节，而在正常温度范围内则是和情绪的波动密切相关的，所以通过测量人手心发汗的程度来了解被测试者的心理紧张程度的方法也被广泛应用。皮肤电还是大脑皮质功能和自主神经系统活动的指标，可以反映基本神经活动过程的动力特征。如大脑指挥汗水产生信号，都伴随着能够测量到的皮肤外层电属性的变化，这是测量皮肤电活动的生物学基础。并且，在外周生理指标反应紧张程度上，皮肤电比额部肌电值更为敏感。正是因为反应幅度大，灵敏度高，不易受大脑皮质意识直接抑制等特点，皮肤电活动已成为国际上应用最广泛并得到普遍承认的心理生理学测量指标。这些生理功能由中枢和周围神经系统之间广泛的联系支持。

（三）胃电图

胃电图采用表面电极经人体腹壁表面记录胃的电变化，它是评价胃功能活动重要的客观电生理指标。通过对胃电图的研究人们发现，胃的基本电节律来自大弯上部，胃底与胃体交界处是起步点（主要是纵形肌，但环形肌的外层也可能参与），每分钟3次的整齐而规则的慢波，经胃体、胃窦向幽门方向扩布，愈近幽门其传播速度愈快。慢波并不到达贲门部，因此这里成为电沉默区。近代学者研究认为，频率为每分钟3次的胃电图反映了发生于胃的起步点电位，多数情况下胃电图振幅的增加表示胃收缩活动的增加，充分了解胃电图与胃的电活动及机械活动的关系，有助于胃电图在胃运动的心理生理学研究中的应用。

（四）脑电图

人脑是全身各器官的司令部，人脑的各种复杂功能同样以生物电活动为基础。中枢神经系统生理活动的基础是神经元的电活动，因此神经元的电位变化可以反映中枢神经系统的功能状态和生理病理变化。1924年德国精神病学医师贝格尔（Berger H）通过在他儿子头皮上安放电极获得了世界上第一份人类脑电活动的记录，从此脑电图开始了其在生理学、神经病学、精神病学等各个领域的广泛应用。脑电图通过在头皮表面放置适当的电极，将神经元综合电位变化放大，描记于纸上或显示、记录、存储在计算机上。它反映“活”的脑组织功能状态，是目前监测脑功能较为敏感的无创性检测方法。

1. 脑电图波形分类　健康人除个体差异外，在一生不同的年龄阶段，脑电图都各有其特点，但就正常成人脑电图来讲，其波形、波幅、频率和位相等都具有一定的特点。临床上根据其频率的高低将波形分成以下4种：

α波：频率在8～13Hz，波幅25～75μV，以顶枕部最明显，双侧大致同步，通常与机体相当彻底的放松相关。

β波：频率在13Hz以上，波幅约为δ波的一半，额部及中央区最明显，通常与警觉性有关。

θ波：频率为4～7Hz，波幅20～40μV，是儿童的正常脑电活动，两侧对称，颞区多见。

笔记

δ波：频率为4Hz以下，δ节律主要在额区，是正常儿童的主要波率，也与人类的健康睡眠有关，单个的和非局限性的小于20μV的δ波是正常的，局灶性的δ波则为异常。

2. 脑电图的影响因素 脑电图主要受年龄、个体差异、意识状态、外界刺激、精神活动、药物和脑部疾病等因素影响。其中年龄和个体差异与脑本身的生物学特点及个体遗传心理因素有关，外界刺激与精神活动引起的脑波改变属于脑功能活动的正常生理性变化，药物影响和脑部疾病所产生的脑波变化往往是病理性的，但也可以是一过性和可逆性的。

3. 脑电图与意识觉醒水平的关系 正常成人觉醒时的脑电图是以α波为基本波，间有少量散在快波和慢波；成人若在觉醒状态出现困倦时，脑电图就由α波占优势的图形渐出现振幅降低频率下降的θ波，并很快转入θ波状态；入睡后脑波变化将进一步明显，并与睡眠深度大致平行。在病理状态下，脑电图波形的异常又与病因及病情严重程度有关，除大多数表现为广泛性或弥漫性波外，还可见到一些特殊的异常波型。临床上常根据这些异常波型来推断意识障碍的病因、程度，还可推测病变脑区。

随后的研究逐渐发现，脑波节律易受精神活动的影响。当被试者将注意力集中在某一事物或做心算时，α节律即被抑制，转为低幅β波，而且精神活动越强烈，α波抑制效应就越明显。外界刺激也同样会引起α节律的变化。情绪变化程度过强或频率过高时，大脑电活动可出现大脑兴奋和抑制过程均衡性失调，导致焦虑和抑郁等负情绪增长，从而产生多种精神疾病，如焦虑症、抑郁症等。临床医学也发现抑郁症和焦虑症病人的脑电图存在异常，主要特征为α波能量相对减少。

4. 脑电图与心理的联系 心理学家依据最近的研究成果，将脑电图的波形、波幅、节律的绝对值和相对值与人的多种心理特点进行对照后发现，脑电图指数与人的心理特点具有某种联系。为了探究这种联系，科研人员进行了一系列实验。结果显示：利用分析脑电图预测的心理特点与利用心理问卷调查的结果70%～80%相符合，心理失常越严重的学生，其脑电图预测的结果越准确。实验还发现，在各项检测内容中，焦虑心理对脑部生物电的影响最明显，如某人脑电波的低频α节律强度大，同时高频β节律波动频繁，则说明该人的焦虑程度深。

此外，在现代的运动心理学应用研究中，使用脑电图来研究大脑的功能状态和运动成绩之间的关系亦具有一定的发展前景。但同时脑电图在运动心理学应用研究中有很大的局限性，如不能从脑电图中分离出思维的信息，因而尚不能将具有良好运动天赋和竞技潜力的儿童青少年或后备人才挑选出来，并在训练中不断检测筛选等。

5. 脑电图描记技术 现今脑电图分为常规脑电图（Regular Electroencephalogram，REEG）、便携式与动态脑电图（Ambulatory Electroencephalogram，AEEG）以及视频脑电图（Vidco-EEG）。常规脑电图（REEG）一般指在病人安静、闭日、觉醒状态下记录下来的脑电波的形态，包括睁闭眼、过度换气实验，还可做闪光刺激以及睡眠等特殊诱发，记录时间为20～30分钟。临床使用普及，适应证广。便携式脑电图是指利用便携式脑电图仪对脑电波进行记录、显示、分析及存贮，常用于不宜搬动的危重病人的床旁检查和监护，依病情需要，时间短至数十分钟，长达24小时或以上。动态脑电图（AEEG）是指能作24小时或更长时间的长期描记，其实质上是延长脑电图描记时间，以便对各个状态下的脑电活动进行监测，尤其对睡眠期和自由活动状态下的监测是常规脑电图无法达到的。视频脑电图（Video-EEG）指在脑电图检查的同时进行录像，监测时间不少于3～4小时，可直接观察症状发作时的临床表现与脑电图的关系。

目前脑电图的描记技术正向数字化发展，从而更简便、客观、实用。近代遥测脑电图的出现为全面观测人类活动与脑电变化的关系提供了进一步的可能，其特点是利用无线电发射和计算机技术使被试者不再受连接线的限制，活动范围大大增加。

笔记

总之，脑电图反映的是大脑皮质在无外界刺激时产生的电活动的总和，所含内容纷繁复杂，从中分析某一心理因素的变化非常困难。因此，它在心理生理学领域的应用仍然十分受限，后文所述的脑诱发电位在很大程度上弥补了这一不足。

（五）脑诱发电位

脑诱发电位（brain evoked potential）将单一心理活动的脑电变化从大量的脑电活动背景中分离出来，使通过脑电生理技术研究细微的心理变化成为可能，这被认为是继脑电图和肌电图之后的神经电生理的第三次飞跃。在计算机技术迅速发展的带动下，目前脑诱发电位已发展到不仅能对体感、视觉、脑干听觉等感觉通路和运动通路进行检测，还能对大脑高级神经活动，包括认知、语言等事件相关电位（常见检测成份包含 P_{300}、N_{270}、N_{300}、N_{400}、N_{200}、失匹配负波、关联性负波）等进行检测。脑诱发电位的影响因素多种多样，个体差异、年龄、性别、意识状态、注意现象、体内生理条件、优势眼、眼球运动、烟酒及药物因素都会对脑诱发电位的波形产生影响。下面主要对听觉、视觉、体感以及事件相关电位 P_{300} 进行介绍。

1. **听觉诱发电位**（auditory evoked potential） 听觉诱发电位是研究和应用较多的感觉诱发电位之一。一般按潜伏期将其分为早、中、晚成分。早成分（潜伏期在 10 毫秒以内）代表耳蜗和脑干听神经核的激活，也称脑干电位，它是一个生理声音尺度，深睡对早成分没有影响；中成分（包括潜伏期为 12～50 毫秒的几个波）代表皮质和丘脑听觉投射系统的激活，但受头皮肌肉同时发生的反射性电位的严重干扰；晚成分（潜伏期约 100 毫秒的负波 N_1、约 160 毫秒的正波 P_2 及其后的负波）产生于听觉通路投射的皮层结构，是反映大脑皮质投射区神经活动的电位，它不是进入耳的声音的物理特性的反映，而是受试者对于刺激的意义和重要性的反映，更容易受觉醒和注意力的影响。

听觉诱发电位异常在精神疾病人群中已有广泛研究。精神分裂症病人的听觉诱发电位呈现 N_1、P_2 波幅波降低，N_2 潜伏期缩短。抑郁症病人的听觉诱发电位晚成分波幅较正常人有明显差异，其中有自杀企图的病人 N_1、P_2 波幅明显减小，强迫症病人也显示特征性的波幅下降和（或）潜伏期的缩短。

2. **视觉诱发电位**（visual evoked potential） 视觉诱发电位的研究最多，根据视觉通路的不同水平，可分为视网膜诱发电位、皮层下视觉诱发电位和皮层视觉诱发电位。皮层视觉诱发电位在心理生理学研究中应用最广，通常简称为视觉诱发电位，采用闪光或图形变化等光刺激获得。皮层视觉诱发电位波幅较大，容易记录，但它的波形、潜伏期、波幅容易受刺激参数，受试者的生理状态的影响，因而其正常变异及个体间的差异都较大。

因为闪光刺激无需病人的通力配合，所以它对精神疾病、小儿癔症、诈病、智能低下者仍是有用的。通过视觉诱发电位测定，研究者发现精神分裂症病人的精神症状和大脑皮质的异常区域分布有密切关系，即典型的精神分裂症病人多为左侧颞叶区异常，而伴有轻躁狂和焦虑症状的精神分裂症病人多为左侧枕区异常。有研究表明，视觉诱发电位潜伏期缩短与“阳性”症状有关，而潜伏期的延迟与情感淡漠等“阴性”症状有关；孤独症患儿存在视觉诱发电位的波幅下降，潜伏期缩短，峰电位减少的倾向；而儿童的左顶部导出的视觉诱发电位 N_2 波幅的降低，与阅读能力的局限性功能低下有关，并且与病情严重程度之间有显著相关性。

3. **体感诱发电位**（somatosensory evoked potential） 人的皮肤感受器在接受微弱电流等特定的诱发刺激后，循其特有的神经通路将所感受的信息向中枢传递，其信息内容在通路的各个水平不断组合最后到达皮层引起一连串电活动，用电流脉冲刺激指、趾皮神经或肢体大的混合神经干中的感觉纤维，在肢体神经、脊椎的皮肤表面和感觉投射区相应的头皮上记录到的电位变化，即为躯体感觉诱发电位。短潜伏期体感诱发电位较为恒定，可以推导其可能的神经发生源；长潜伏期体感诱发电位与皮层的功能状态及复杂的心理生理因素

笔记

有关。研究发现，抑郁症的体感诱发电位晚成分活动性低，且在100～200毫秒潜伏期的体感诱发电位波幅下降，且反复不定。精神分裂症病人体感刺激诱发电位的异常主要出现在100毫秒以后，表现为N_{130}、P_{180}、P_{280}波幅降低。

4. **事件相关电位** P_{300}（event-related potential P_{300}） 事件相关电位拥有一个由P_{300}和N_{400}、P_{250}、N_{200}等组成的家族，研究者可以设计通过各种感觉器官的不同刺激模式引出以上不同形式的事件相关电位。其中P_{300}是指当一个刺激的出现对于被试者来说具有重要信息意义时，在潜伏期平均300毫秒（200～700毫秒）处会出现一个“正相诱发电位”。最初被称为“晚发性正相成分”和“联系皮层电位”，它与“认识过程有关”，并且是由“有意义的事件”引起的，能综合反映不同的智力活动过程。

P_{300}是用至少两种或两种以上的刺激编制成刺激序列（一般由靶刺激和非靶刺激组成纯音oddall模式）诱发而获得。其电活动以顶中央处最大，额叶较小，特点是除了包括易受刺激物理特性影响的外源性成分外，还有不受刺激物理特性影响的内源性成分，如P_{300}或称P_3即内源性成分。内源性成分和认知过程密切相关，是窥视心理活动的一个窗口，它是联合皮层活动的结果，主要决定于被试者的主观心理状态和对刺激意义的理解，与识别、发现和感知环境变化及复杂的多层次心理因素（认知过程）相联系，是感觉、知觉、记忆、理解、学习、判断、推理、及智能等心理过程的电位变化的综合反映，代表人对客观事物的反应过程。P_{300}现已作为判断大脑高级功能的一个电生理指标，广泛应用于精神科临床和心理研究。

脑诱发电位能无创伤性地检测人体接受刺激后的大脑活动，对神经活动传递的检测有定量和定位的功能，目前在临床医学、心理学及相关学科的应用不断拓展，主要应用在以下几个方面：①判断是否患有精神疾病：脑诱发电位对精神分裂症、抑郁症、反应性精神病、人格改变的诊断很有帮助；②脑部疾病的临床诊断：对脑血管病、癫痫、颅脑外伤、多发性硬化、肝脑变性、帕金森病、不明原因昏迷等疾病，可通过脑诱发电位进行无创伤性检测，脑诱发电位还可监测大脑组织的病理改变，对变性性疾病进行动态监测；③测谎；④裁定死亡。

（六）多导睡眠监测

多导睡眠监测是对受试者整夜睡眠进行的多参数监测分析。自20世纪70年代被首次提出后，历经近半个世纪的发展演变，已由原先传统的走纸技术转变为功能更加丰富的数字化技术，并且给睡眠相关领域的研究带来了突破性的进展。下面对多导睡眠监测中几项主要指标进行介绍。

1. **睡眠情况** 人类的脑活动分为3种状态，即清醒状态（wake）、非快动眼睡眠状态（non rapid eye movement sleep，NREM sleep）和快动眼睡眠状态（rapid eye movement sleep，REM Sleep）。其中NREM睡眠又可分为1～4期。NREM睡眠的3期和4期合称慢波睡眠（slow wave sleep，SWS）或δ睡眠。

根据标准睡眠分期方法，区分清醒期和睡眠各期主要依据脑电、眼电和（下）颏肌电三个导联的信息，通常会将这三种信息均分成两部分进行分析，即背景波形和特征性波形。从清醒期到入睡期进而到睡眠各期中，脑电、眼电和肌电的变化呈动态性变化过程，以此进行睡眠分期，需充分掌握基础的睡眠生理知识。以下简单描述各睡眠分期中波形的特征：

（1）清醒期：脑电的背景波形有两种，即α波（安静清醒期、闭眼状态下）和低电压混合频率波（含β波）。特征性波形为α波。眼电可出现眨眼、快速眼球运动及缓慢眼球运动。肌电为高度紧张性活动。

（2）NREM1期睡眠：脑电图背景波形为相对低电压混合频率波。特征性脑电波包括颅顶部锐波、θ波及未成熟的睡眠梭形波和未成熟的K复合波。眼电图背景波形和特征均为

笔记

缓慢眼球运动。颏肌肌电活动无明显特征，个体差异较大。

(3) NREM2 期睡眠：该期的背景脑电波为相对低电压混合频率波，特征波形为睡眠梭形波和K复合波。眼电活动和颏肌肌电活动一般较1期减弱。

(4) NREM3 期、4 期睡眠：NREM3 期睡眠的标准为一帧睡眠脑电记录中 δ 波的比例达 20%～50%，4 期睡眠的标准为一帧睡眠脑电记录中 δ 波的比例达 50% 以上。NREM3 期睡眠中可出现睡眠梭形波。NREM3 期和 4 期睡眠合称为慢波睡眠，进入慢波睡眠后，眼球运动和颏肌肌电活动一般显著减少。

(5) REM 期：REM 睡眠期的脑电图背景波形与 NREM1 期睡眠相同，为相对低电压混合频率波。在此基础上，间断出现 α 波和锯齿波。REM 期又可分为时相性 REM 睡眠和紧张性 REM 睡眠两种状态。时相性 REM 睡眠期可见快速眼球运动，紧张性 REM 睡眠期眼球运动呈静止状态。颏肌肌电活动消失或处于整夜记录的最低状态。

2. **呼吸情况** 人体进入睡眠状态后，呼吸发生明显变化，这些变化可能表现在呼吸频率、潮气量、吸/呼比、上气道阻力、动脉血气以及胸腹运动成分等方面。

用于测定呼吸气流的装置有呼吸流速仪、经鼻气流压力、热敏感应器、热敏耦合感应器等。通过对温度敏感的热敏电阻感知呼出气及吸入气的温差变化，以了解气流的有或无，判断是否发生了睡眠呼吸暂停。

测定呼吸运动的装置有应力计、呼吸感应式体积描记仪、肺阻抗仪、呼吸肌电活动测定等。可通过胸腹带中的电阻或其他导电物质感受胸腹部活动的存在或消失，来区分中枢或阻塞性睡眠呼吸暂停。进入睡眠状态后，呼吸潮气量中的胸、腹运动成分立即发生变化，胸廓运动成分加大，膈肌活动轻度增加，但当二氧化碳分压维持到稳定水平后，膈肌活动减弱。进入 NREM 期后，即使膈肌总体活动水平不变，因其肋部肌纤维活动水平高于腹部，所以从收缩效应看，胸廓运动大于腹部运动。

多导睡眠监测同时应用脉搏氧记录装置、传导性氧饱和度仪等记录动脉血氧饱和度。通过夹在手指上的传感器持续不断地采集血氧饱和度，可以了解整个睡眠过程中缺氧的时间和程度，呼吸事件同时伴有动脉血氧饱和度不同程度的降低。血氧饱和度作为事件判定时一般至少需要降低 2%、3% 或者 4%，对判断睡眠呼吸暂停综合征病情的轻重、估计治疗效果很有帮助。

3. **心脏情况** 多导睡眠监测同时通过心电图了解整个睡眠过程中心率及心电图波形的改变，分析各种心律失常及其他异常波形和呼吸暂停的关系，评估治疗效果。

4. **其他** 以上三方面已基本可以了解个体的睡眠相关情况，但有的多导仪也记录鼾声，以了解鼾声的性质，和睡眠呼吸暂停的关系及其频率谱；还有的带有体位传感器，可以记录病人睡眠过程中体位的变化，详细了解呼吸暂停与睡觉姿势的关系，以免漏诊一些只在仰卧位才出现的睡眠事件。

三、神经影像学测量

（一）磁共振成像

磁共振成像（magnetic resonance imaging，MRI）是继 CT 后利用形态学诊断疾病的一项新技术，从 20 世纪 70 年代末应用于临床医学诊断以来发展异常迅速。进入 20 世纪 90 年代，MRI 技术被有效地用来研究人脑的功能。广义的脑功能成像包括脑灌注 MRI、脑扩散 MRI、磁共振波谱分析、功能性 MRI 以及近年来发展迅速的多模态磁共振成像技术。其中功能性磁共振成像和多模态磁共振成像在心理学领域应用广泛。

1. **功能性磁共振成像** 功能性 MRI（functional MRI，fMRI）是一种以脱氧血红蛋白的磁敏感效应为基础的血氧水平依赖性成像技术，最常用的方法是利用各种刺激诱导局部脑

笔记

组织血氧水平依赖（blood oxygenation level dependent，BOLD）变化，通过对这种变化的记录，反映相关脑区的功能状态。其基本原理为：当神经元兴奋时，电活动引起脑血流量显著增加，同时耗氧量也增加，但增加幅度较低，其综合效应是局部血液氧含量增加，去氧血红蛋白的含量相对减低，后者是顺磁性物质，可产生横向磁化弛豫时间（T_2）缩短效应。其含量降低引起 T_2 加权像信号增强，即神经元兴奋能引起局部 T_2 加权像信号增强。反之，T_2 加权像信号能反映局部神经元活动。

fMRI 对认知心理学的研究的贡献可归纳为：①证实精神活动的可定位性；②辨别单独的脑控制系（注意网络）；③发现在同一脑区内感觉输入及和精神意象的会聚现象，进行局部脑功能和认知之间关系的研究。由于具有无创、时间分辨率高，空间分辨率高等特点，使得功能磁共振研究影响心理、情绪的特定脑区成为可能。fMRI 根据其具体操作方法不同可分为任务态和静息态 fMRI。

（1）任务态 fMRI：基于任务的模块设计是 fMRI 研究中最经典和常用的研究方法。任务态是利用各种刺激诱导局部脑组织 BOLD 信号发生变化，不同的任务刺激可激活不同的脑区，从而间接反映神经元的活动。任务态中的任务包括组块设计、事件相关设计和混合设计。组块设计包括工作记忆任务、面部表情刺激、记忆再认、Stroop 范式任务等；事件相关设计包括金钱刺激、延迟任务、奖赏决策任务、赌博任务等奖赏刺激范式。任务态 fMRI 一般采用广义线性模式分析方法，可定位任务的相关激活脑区，探索感兴趣脑区。

（2）静息态 fMRI：静息态 fMRI 是指在进行核磁扫描过程中，要求受试者清醒、静息平卧于检查床，闭眼、平静呼吸，固定头部并最大限度地减少头部及其他部位的主动与被动运动，同时要求尽量不要做任何思维活动，从而得出的 fMRI 图像。1953 年 Sokoloff L 研究发现大脑在休息时仍需消耗大量能量，提示即使在没有明确的外部或内部刺激条件下，大脑仍以特定的方式维持其自身的活动，存在静息态网络（默认网络）。因此，静息态 fMRI 的 BOLD 信号可能反映了神经元的自发活动，其信号除了受局部脑活动的影响外，还受呼吸、心跳等生理波动的影响。

静息态 fMRI 的优势在于：①它的实验成本低，且无创、无辐射，是一种安全的研究；②它无需实验任务，无需对病人进行配合训练，尤其适合临床上病人不能参与或无需病人主动参与的疾病的研究，如阿尔茨海默病、癫痫、精神分裂症以及注意缺陷多动症等；③与基于任务状态的研究相比，基于静息状态的研究可以避开由于任务设计和受试者执行情况的差异而导致的实验结果的误差；④静息态 fMRI 更重视人脑神经网络的并行性以及不同脑区之间的相互联系，从而更加全面深入的探索大脑的运行机制。作为一种基线状态下的测量，只有对静息态 fMRI 有更深入的理解，才能对任务态 fMRI 结果做出更合理的分析。

2. 多模态磁共振成像　多模态磁共振成像技术近年来发展迅速，其综合了结构 MRI、功能 MRI、MR 波谱成像、扩散张量成像、扩散峰度成像、磁敏感加权成像、动脉自旋标记示踪法灌注成像等成像方法，对同一生物现象产生多个参数，综合各个成像模态的优点，也使各单一模态 MRI 成像技术达到结果互补，避免了不同技术单独应用的偏差，得到更为精准和信息量更大的影像学图像，从而提高了疾病在影像学上的认识，极具应用前景。多模态在神经精神领域应用广泛，多用于阿尔茨海默病、癫痫、儿童注意缺陷多动症以及精神分裂症等的发病机制的研究。

总之，磁共振成像是当代医学成像技术用于神经科学研究发展最迅速的领域之一，也是目前唯一无创伤、无侵入性并有较高时间和空间分辨率的高级脑功能研究手段，它将功能、影像和解剖 3 个学科完美结合在一起，因此成为神经、精神和心理领域关注的热点。

笔记

（二）正电子发射计算机断层扫描技术

20世纪70年代，正电子发射计算机断层扫描技术（positron emission tomography，PET）仪被研制成功并逐渐投入到临床，最终得到广泛的应用，这使得影像诊断设备有了革命性的进展。作为当时最先进的分子影像设备，PET仪实现了活体分子功能代谢显像，为肿瘤等疾病的早期诊断提供了非常有效的手段。PET利用正电子标记的葡萄糖等人体代谢所必需的物质为示踪剂，以解剖图像方式从分子水平显示机体及病灶组织细胞的代谢情况，为临床提供更多的诊断信息，因此，又称之为分子显像或生物化学显像。PET仪的应用，使核医学迈入了分子医学的时代。

1. PET/CT　正电子发射断层显像/X线计算机体层成像（PET/CT）仪，是一种将PET（功能代谢显像）和CT（computed tomography）（解剖结构显像）两种先进的影像技术有机的结合在一起的新型影像设备，它是将微量的正电子核素示踪剂注射到人体内，然后采用特殊的体外探测仪（PET）探测这些正电子核素在人体内各脏器的分布情况，通过计算机断层显像的方法显示人体的主要器官生理代谢功能，从分子水平上反映人体组织的生理、病理、生化及代谢等改变，尤其适合人体生理功能方面的研究，但图像解剖结构不清楚。应用CT技术为这些核素的分布情况进行精确定位，提高图像分辨率，使这台机器同时具有PET和CT的优点，发挥出各自最大的优势，使核医学图像真正达到定量的目的，并且提高疾病诊断的准确性，实现了功能图像和解剖图像信息的互补。

PET/CT多用于肿瘤的诊断和临床分期，以及对大脑疾病的定性、定位诊断，了解其影响范围和程度等方面有着广泛的应用。

2. PET/MRI　PET-MRI是正电子发射断层显像（positron emission tomography，PET）与磁共振成像（magnetic resonance imaging，MRI）两者融合一体的新型大型影像诊断设备，是功能影像与分子影像学发展的最前沿技术之一，其具备MRI和PET的检查功能，可实现解剖与功能影像最大程度的优势互补。世界上第一幅人脑PET/MRI图像诞生于2006年10月，虽解剖显像效果不佳，功能显像的灵敏度低，无法满足临床全身显像的要求，但随着PET和MRI的技术继续完善，不断有PET/MRI的产品问世。

PET/MRI可以从分子水平上展示人脑生理、病理变化。目前PET/MRI的临床应用热点主要集中在肿瘤、脑占位性疾病良恶性的鉴别诊断、脑神经科学及心脏疾病等领域中，还可用于对认知损害疾病的早期诊断，并可对其病因进行鉴别诊断。PET/MRI可通过神经受体显像观测脑内多种受体的存在及其变化，研究发现5-羟色胺受体与焦虑、抑郁有关，通过观察抑郁症病人脑5-HT受体的密度和亲和力，可以判断抗抑郁药物的疗效。国外已使用11 C-DPN、11 C-CFN行脑阿片受体显像，用于吗啡类药物成瘾与依赖性以及药物戒断治疗的临床研究。

此外，相对于CT，MRI有其自身的优势：①不存在X射线辐射问题，适合于儿童及需要多次检查的病人；②具有良好的软组织分辨率；③能进行弥散加权成像（diffusion weighted imaging，DWI）、磁共振波谱（magnetic resonance spectroscopy，MRS）成像、血氧水平依赖功能磁共振成像（blood oxygenation level dependent functional MRI，BOLD-fMRI）等多种MRI功能与分子成像技术；④MRI对比剂更加安全等。此外，获得同等质量的PET图像，PET-MRI所需的药物剂量较PET-CT明显降低。由于MRI是多序列多参数成像，因而PET-MRI扫描时间要长于PET-CT，PET扫描结束时MRI仍在继续成像，这时PET可以相对延长扫描时间来进一步提高信噪比，从而降低PET前期药物注射剂量。因此，尽管存在许多技术性的难题，但可以预期，PET/MRI必将成为一种非常有价值的临床诊断方法，并对现代和未来医学模式产生革命性的影响。

（三）其他神经影像学测量

此外，用于神经影像学测量的还有脑磁图（magnetoeneephalography，MEG）以及功能红外

笔记

线成像（functional near-infrared imagine，fNIRI）等方法。脑磁图通过测量神经细胞在不同功能状态下所产生磁场的变化，能相对直接反映神经元的活动状态，可了解脑功能瞬时的功能情况。与MRI技术结合称为磁源成像（magnetic source imaging，MSI）。MSI不但反映脑功能的即时信息，同时能够进行功能定位，且不受颅骨的影响，因此图像清晰易辨，是一种较新的研究手段。红外脑功能成像技术（fNIRI）是90年代出现的一种以近红外线光为基础的脑功能成像技术，该技术主要通过检测脑功能活动过程中的脑皮层血氧代谢信息一含氧血红蛋白浓度变化研究脑功能。

第三节　心理生理评估的综合应用

心理生理评估主要是应用生理学测量方法研究个体的心理过程。它用来研究个体在不同意识状态（如清醒、睡眠或催眠等）、不同情绪状态（如正、负性情绪等）以及不同行为状态（如疼痛、说谎、疲劳、应激等）下各种生理指标（如心率、血压、皮电、肌电、脑电等）的变化，从而探讨心理过程发生、发展的机制。同时，心理生理评估也可用于临床，以达到治疗疾病的目的。本节因篇幅所限，主要介绍心理生理评估在疼痛、测谎以及生物反馈中的应用。

一、疼痛的测量与评估

疼痛是临床最常见的症状之一，也是一种疾病。国际疼痛学会对其概括为：疼痛是一种不愉快、不舒适的感觉，伴随着现有的或潜在的组织损伤。它是一种包括情绪、认知、动机及生理多种成分在内的复杂的生理心理过程。其表现有以下3个方面：①心理反应：主观上感觉到的一种难言的极不愉快的体验，可伴有烦躁、焦虑、恐惧、抑郁、失望等；②行为反应：如皱眉、咬牙、咧嘴、痛苦的面容，屈曲的躯干或肢体，强直的肌肉等；③生理反应：如散瞳、出汗、心跳加快、血压升高、呼吸急促、血糖增高等。

疼痛的评估有多种方法，通常按照观察或测量到的疼痛表现来分类，包括疼痛的心理反应评估，行为反应评估以及生理反应评估。疼痛的心理反应评估常用量表法，其中最常见的是McGill问卷；疼痛的行为反应评估：常用观察法，通过观察与疼痛过程相伴的主要客观行为，如反射性痛行为、自发反应、功能限制和功能障碍等；疼痛的生理反应评估则主要应用心理生理评估的各种技术，对疼痛时伴有的生理指标的变化进行评估。

（一）疼痛的心理反应评估

疼痛的心理反应评估主要是通过问诊、交谈或量表评估所获得的资料，对疼痛性质、疼痛强度等进行综合评定。其中最常用的量表有：

1. **McGill疼痛问卷**（McGill Pain Questionnaire，MPQ）　是1971年由Melzack R和Torgerson首先建立的一种说明疼痛性质及强度的评价工具，1975年由Melzack R做了进一步完善。该量表共含有4类20组疼痛描述词，每组词按疼痛程度递增的顺序排列，其中1～10组为感觉类，11～15组为情感类，16组为评价类，17～20组为其他相关类。MPQ已被广泛应用于急、慢性疼痛实验研究中。

2. **简化的McGill疼痛问卷表**（Short-Form of McGill Pain Questionnaire，SF-MPQ）　是在MPQ基础上简化而来，由11个感觉类与4个情感类对疼痛的描述词，以及现时疼痛强度和视觉模拟量表组成。SF-MPQ因其具有简便、快速等特点，在临床上广泛应用。

（二）疼痛的行为反应评估

疼痛的行为反应评估是一种系统化的行为观察，通过观察病人疼痛时的行为，以提供有关病人与功能直接相关的功能失调的量化数据。常采用录像观察或病人自评的方法，来评定标准活动（如坐、立、行、卧姿等）中一系列明显的、与疼痛直接相关的行为（如痛苦的

笔记

面部表情、支撑动作、保护性动作、抓擦、叹息等)。疼痛的行为反应评估主要适用于以下3种人:①婴儿、缺乏语言表达能力的儿童;②语言表达能力差的成年人;③意识不清、不能进行有目的交流的病人。在这些情况下,行为测定可提供重要信息。

(三)疼痛的生理反应评估

1. 一般生理反应评估 疼痛常常伴有明显的生理变化,尤其是在急性损伤或受到伤害性刺激的时候,因此可应用心理生理评估的各种技术,对疼痛时所伴有的生理指标的变化进行评估。疼痛时常测定的生理相关指标是心率、血压、肌电、皮肤电活动和皮层诱发电位等。

目前在临床上应用的主要仪器是疼痛监测仪。这是一种能够客观地表达疼痛反应的电子多图形微型计算机监测系统。组织损伤时伤害感受器发生感受器电位(局部电位),通过冲动传入(传递电位),进入中枢神经,产生疼痛,中枢神经疼痛冲动电位分别波及自主神经、躯体神经和大脑神经系统。自主神经影响循环动力,产生心胸部重要器官的电位图形和臂部血压图形;躯体运动神经产生体动电位,形成体动电位图形,包括头部、胸部和臂部电位;大脑神经系统受影响产生部分头部电位图形。该仪器根据以上原理连续显示疼痛反应时的头部电位、胸部电位、上臂压力;其中包括交感神经疼痛反应图形(心率、血压)和运动神经疼痛反应图形(肌电),并可存盘回放和打印。此仪器主要应用于临床麻醉学和科研工作。

尽管疼痛发作和这些生理指标的变化在疼痛发作之初有高度相关,但许多指标会随疼痛的持续而恢复,而且这些生理指标的变化对疼痛本身也不是特异的,在激动和应激状态时也可以出现,因此在应用上述测量结果时应慎重并加以具体分析。

2. 脑成像研究技术 近年来,在疼痛研究中脑成像研究技术尤其是功能磁共振(fMRI)的研究逐渐成为热点。人们发现痛性刺激能引发广泛的脑皮层及皮层下网络反应,其包括第一躯体感觉区(primary somatosensory cortex 1,S1)、第二躯体感觉区(second somatosensory cortex 2,S2)、岛叶皮层(insular cortex,IC)、前扣带回(anterior cingulated cortex,ACC)以及额叶、顶叶等。这些被认为参与疼痛产生的脑区称作为"疼痛矩阵(pain matrix)"。

不同类型疼痛时疼痛矩阵的激活区域不同。慢性痛时S1和S2变化不明显,对侧丘脑区域脑血流量(regional cerebral blood flow,rCBF)明显减低而IC和ACC活动增加,表明慢性痛主要与情感相关脑区有关。在急性疼痛中,丘脑、ACC和前额叶皮质(prefrontal cortex,PFC)等脑区活动异常亢进。IC的血流量还与急性疼痛强度相关,提示IC可能参与了疼痛强度的感知。心理因素与疼痛的调节有密切关联,然而,相关研究却不便通过动物实验进行。脑功能成像技术为研究疼痛相关心理调节的神经基础提供了一条重要的新途径。近年来,人们从注意力、情绪、预期疼痛和安慰剂效应等方面对疼痛相关心理调节机制有了较深的认识。如有研究者检测了1~5分钟时长的疼痛性刺激,发现前中扣带回(aMCC)血流量在升高后比IC更快地回到基线。由于aMCC在情感通路中发挥重要作用,因此这可能提示在疼痛刺激时情感反应下降比疼痛感知要快。

疼痛作为一种复杂的生理心理活动,受被试者当时的状态、生活经历、认知水平等影响较大,因此目前还缺乏一套有效的疼痛评估机制。脑成像研究技术可以直观地研究疼痛相关脑区活动变化以及神经递质变化,为疼痛研究提供了一个相对较为客观的指标。但是,如何整合脑功能成像研究结果和解剖生理以及社会心理研究结果,系统地解释不同疼痛的中枢通路并应用于临床实践仍然是一个难题。

二、测谎

笔记

说谎是人类的一种十分普遍的心理现象。4岁的儿童就可能是"老练的说谎者",或者说是“策略性说谎者”。尽管许多谎言并无恶意，但是确实也存在着大量危害人类社会的谎话，如在刑事或民事案件中，相当比例的嫌疑人为了逃避法律的惩罚，总是千方百计进行抵赖，否认犯罪或违法事实。因此古今中外，人们一直在与说谎进行着斗争，其重要形式之一就是测谎。

测谎是将心理学、生物医学、侦察讯问学及电子电路技术与基本的计算机知识等多种学科融为一体，对个人内心隐瞒意图和状态进行探测的一门科学。“测谎”并不是检测谎言本身，而是要检测个人说谎时的心理反应所引起的生理指标的变化。因此，科学地说，“测谎”其实就是一种“心理测试”。

用于测谎的技术虽然很多，但其基本原理大致相同，即依据说谎者在讲谎言和讲真话时许多生理反应的不同，编制一系列问题，然后检测被试者回答问题时的多种生理反应指标的变化，借此来判断被试者是否存在隐瞒内心意图的情形。

其中编制的测谎问题主要有以下两种：①准绳问题测验（Control Question Technique，CQT）：它的前身是相关 - 无关检测法，由于其虚报率高，不能判断被测者究竟有没有说谎，于是 Reid J（1947）在此基础上提出并开始使用 CQT。CQT 主要包含内容无关问题、内容相关问题以及与所要检测内容无关但要相似的准绳问题，由于其相对较高的效度，现已被广泛应用于国防、司法、保险等各个领域。②犯罪知识测验（Guilty Knowledge Test，GKT）：是 Lykken DT（1959）编制的一种替代 CQT 的测验方法。通过设置几个备选答案，让被测者挑选只有某些罪犯才知道的具体知识或信息，分析被测者在选择答案时对每一个备选答案所产生的生理反应，判断其是否知道犯罪信息。GKT 的基本要求是保证犯罪中的重要细节不让公众和各个特殊的嫌疑人知道。由于此点实际上很难做到，因此该测验信效度较低，其应用也因此受到很大限制。

检测被试者在回答问题时的各种生理反应指标变化的测谎仪器已经经历了百年的发展过程。由 19 世纪末仅能记录脉搏和血压变化的水力脉搏记录仪到 20 世纪 50 年代可同时检测血压、脉搏、呼吸、皮肤电阻以及肌肉活动的多参量电子心理测试仪；由传统的多参量心理测谎仪器到现代的脑电波心理测试技术，测谎技术的准确性越来越高，假阳性率则越来越低。以下重点介绍 3 个测试技术。

（一）多参量心理测谎仪测试技术

多参量心理测谎仪是一种综合性的测谎仪器，它能够测量多种生理参数，其中比较常用的是心率、脉搏、血压、呼吸、声音和皮肤电阻。

1. 多参量心理测谎仪测谎的原理 人在说谎时总会伴随一定程度的紧张（担心谎言被揭破），紧张情绪可通过自主神经引起身体的一些生理参数（如心率、血压、呼吸、声音、脑电波等）发生变化，可表现为呼吸会不自觉地加快或减慢，脉搏速度会加快、幅度会增大，血压会上升，汗腺分泌会导致皮肤电阻降低。通过测定这些生理参数的变化情况，可以判断受试者的心理变化。

2. 影响因素 虽然多参量心理测谎技术能够测量多种生理参数，但是这些生理参数容易受多种因素的影响，使多参量心理测谎技术的应用受到限制。首先，人的身体功能和心理状态影响其生理活动，所以多参量心理测试技术的测谎对象必须是身体和心理都健康的人，而不适宜对以下人员进行测谎：呼吸不规则的病人、心脏病病人、受伤的人、醉酒的人、有毒瘾或酒瘾的人、有严重过敏症的人、神经过敏的人、精神病病人、心理变态者、智力低下的人、孕妇、服用了镇静剂（在药力有效期间）的人等。第二，运用多参量心理测试技术进行测谎，还必须得到测谎对象的配合，否则，测谎对象可能会通过减少意识失控时间或是对测谎过程进行干扰，如故意扭动身体、咳嗽、吞咽、转移注意力、动脚趾、提肛等进行反测谎。第三，测谎员的素质、测谎的时机和测谎环境也会对测谎结果产生影响。第四，在运用多参

笔记

量心理测试技术进行测谎过程中，任务刺激强度不仅影响测试结果有效性，而且与被试的生理反应和说谎分数成正相关。

（二）事件相关电位测试技术

由于具有良好的时间分辨率，事件相关电位逐渐被应用到测谎研究中，目前得到最广泛研究和验证的是以 P_{300} 成分为指标的测谎。这是以反映大脑认知加工过程的 P_{300} 波为指标，属于直接测量，在理论和方法上有很大的进步，弥补了多参量心理测谎技术的不足与局限。

1. 犯罪调查中利用 P_{300} 测谎的原理 既然只有真正的罪犯才充分掌握有关的犯罪细节，那么与案件相关的实物或场景照片刺激就对罪犯蕴含有更多的信息，也就必然会引出 P_{300} 波幅高值。因此，可以将案情有关的和无关的事件编成一个刺激序列，根据两者引出的 P_{300} 波幅的高低来判定受试者是否为真正的罪犯。有研究显示，P_{300} 在处理图形刺激时的准确率更高。

2. ERP 的其余测谎指标 除 P_{300} 成分外，也有研究以其他 ERP 成分作为测谎指标。研究表明：关联性负变成分（contingent negative variant，CNV）与期待、准备状态、努力程度和动机等心理过程相关。说谎和诚实作为两种不同的决策加工过程，必然会带来动机的差异。在此基础上进行的研究表明，被试在执行延时的说谎反应时，CNV 有更加负向的偏移。

3. P_{300} 测谎的研究取向 近年来，关于 P_{300} 的测谎的研究取向主要集中在三个方面。一是关于反测谎对 P_{300} 的影响，二是探讨撒谎动机或意向对 P_{300} 的影响，还有一些研究则集中于将 P_{300} 与其他测谎电指标相结合。

4. 事件相关电位的测谎技术的弱点 事件相关电位的测谎技术还存在许多弱点。其一，脑电测谎相对于多导仪测谎对操作者的要求更高，对方法的推广将产生一定的阻力；其二，应用 ERP 技术测谎对有罪判断比较准确，而对无辜的判断则不十分可靠，因而需要进一步的探索；其三，目前脑电测谎大多局限于实验室研究，仍需要在实际案例的应用中进一步完善。

各 ERP 成分反映的是不同认知加工过程，而说谎这一行为本身也是由若干认知功能综合作用的结果。因此，多种 ERP 成分的结合或许可以更好地揭示说谎的认知加工过程，这也是今后研究中需要特别关注的地方。

（三）功能磁共振成像技术在测谎中的应用

宾夕法尼亚大学医学院的 Landeben D 和同事首先利用 fMRI 检测了 10 名自愿参加实验者的脑部活动。研究采用的是 GKT 范式，实验结果发现，整体而言，当这些被试说谎时，其“在人类注意、监测和控制错误上扮演重要角色”的脑部区域会比说实话时更为活跃。Langleben D 认为，若“说实话”是脑部正常的系统反应，是比较单纯的作业，而“说谎”时就会增加那些与抑制和控制有关的脑部区域的活动。天普大学麦迪逊分校的 Faro S 的一份研究指出：未来 fMRI 可能会是比现行的测谎仪更加精准的“测谎仪”。他们招募了 10 位健康的志愿者。6 名志愿者被要求用装有假子弹的玩具手枪进行射击，以模拟真实情境，然后撒谎说没有开过枪。没有参与射击的志愿者则说实话。在这项研究中，研究者不仅对被试进行了 fMRI 检测，而且还同时使用了传统的测谎仪来检测被试。传统测谎仪主要测量人体的 3 种生理反应：呼吸、血压和皮肤电阻。本研究采用了 CQT 范式，研究人员询问志愿者一些与场景相关的问题和一些无关的控制问题。在所有问题中，测谎仪和 fMRI 都准确地把真实回答从谎话中分辨了出来。另外，本研究的 fMRI 影像表明，说真话者的大脑额叶、颞叶的一部分和扣带回在活动。而说谎则导致大脑前部活动，主要是内侧下部和前中央区，以及海马回、颞中部区和颞部边缘区，大脑皮质的这些区域有一部分参与了情绪反应。很明显，这些活跃的区域不同，而且说谎比说真话激活的脑部区域更多。

（四）眼动追踪技术在测谎中的应用

笔记

基于眼动追踪技术的测谎方法具有较高的信度和效度。研究表明，瞳孔直径、首视点与首视时间、注视时间与注视次数、眼跳距离、注视中断与注视方向及眼动轨迹等眼动指标具有高度的测谎价值。

测谎作为心理测验技术的一种特殊形式，未来的研究工作可以从以下几方面进行尝试与探讨，争取有所突破。第一，现场研究与模拟研究的统一，特别注意实验情景的控制性和代表性。第二，促进测谎技术的系统化，标准化。努力排除测谎中的人为因素，特别是施测者与被测者之间的相互作用。第三，提高测谎技术的信度。适当考虑其特殊性，对行为观察进行深入的探讨。第四，着重于测谎技术的效度研究，特别是寻求能将生理激起水平的个体差异排除在测谎之外的方法。第五，努力加强识别和控制反测谎技术的研究。第六，加强对犯罪知识测验的研究与探索，增强其在实际情景中的实用性。

三、生物反馈疗法

生物反馈疗法是在行为疗法的基础上发展起来的一种治疗手段，创立于20世纪60年代，起初在一些发达国家被运用于临床，如在美国、加拿大等许多医院把生物反馈和自身调节列为一种常规治疗。自20世纪80年代起我国各地先后开展了这项治疗，并逐渐用于临床。其原理是利用仪器将与心理生理活动过程有关的体内信息（如肌电活动、皮肤温度、心率、血压、脑电波等）加以处理，以视觉或听觉的方式呈现于人（即信息反馈），训练人们通过对这些信息的认识，学会有意识地控制自身的心理生理活动，以达到调整机体功能、防病治病的目的。

（一）常用的生物反馈仪

生物反馈仪种类繁多，常用的生物反馈仪包括肌电反馈仪、脑电反馈仪、皮温反馈仪、心率反馈仪、血压反馈仪。随着电子技术的高速发展及计算机技术的广泛应用，目前有多种功能的多媒体生物反馈系统日趋增多。下面简单介绍几种常用的生物反馈仪的工作原理及应用。

1. **肌电反馈仪** 肌电反馈仪实际上就是一种肌肉活动记录和显示装置，测量身体表层肌电电压并作为反馈信号输入到反馈仪，经过放大，转换成声、光或数字等信号显示出来以便受试者能清楚地感觉得到。肌电的高低与肌肉紧张程度密切相关，当肌肉紧张时肌电升高，肌肉松弛时肌电降低。肌电反馈常用于松弛肌肉和加强肌肉收缩能力的训练，通过松弛来缓解紧张、焦虑，通过加强肌肉收缩的训练来恢复瘫痪肌肉的功能达到康复的目的。肌电反馈训练多用于焦虑症、抽动症等。

2. **脑电反馈仪** 脑电反馈仪能测量并记录不同部位的脑电活动（振幅和频率等），并能给出一个或多个反馈信号。它能将大脑皮质各区，如感觉区、运动区的脑电活动节律反馈出来，后者的节律及振幅与情绪、注意力等有密切的联系。脑电图有α、β、θ、δ 4种波形。其中α波是安静休息时出现的波形，β波在焦虑时出现，θ波与睡眠有关。另外，感觉运动节律（sensor motor rhythms，SMR）也是另一重要的脑波，与安静状态有关。目前常用α波反馈治疗抑郁障碍；β波反馈治疗神经衰弱、失眠等；用SMR波反馈治疗癫痫等。近来用脑电反馈仪治疗儿童轻微脑功能失调的报道也较多。

3. **皮电反馈仪** 皮电反馈仪是测量并记录皮电，并以皮电作为反馈信号的电子装置。皮电是表示皮肤上两个选定点之间的电流通过量及电阻值。当人处于情绪紧张、恐惧及焦虑情况下，汗腺分泌增加，皮肤表面汗液增多，引起导电增加而致皮电升高。反之，当情绪稳定时，汗腺分泌减少，皮电会降低。现有的研究发现，皮电是反映情绪变化的最有意义的生理指标，主要用于缓解紧张情绪，可用于治疗与焦虑情绪有关的多种障碍，如失眠、神经症及焦虑抑郁障碍等。

4. **皮温反馈仪** 皮温反馈仪是测量并记录局部皮肤温度变化的装置，以皮肤温度作为

笔记

反馈信号输入到反馈仪中并转换成视、听反馈信号，根据反馈信号训练病人学会调控皮肤温度。其基本原理是当交感神经兴奋时，皮下血管的平滑肌收缩，局部血流量减少，皮肤温度即下降；相反，当交感神经兴奋性降低时，皮下血管平滑肌松弛，局部血流量增加，皮温升高。而交感神经的兴奋性又与情绪密切相关，因此皮温的高低能反映情绪的变化。皮温反馈主要用于治疗与皮温有联系的病症，如偏头痛、焦虑症、雷诺症等。

5. **脉搏血压反馈仪** 脉搏血压反馈仪以脉搏、血压为反馈信号，能测量并随时记录脉搏、收缩压、舒张压的变化，并作为反馈信号显示出来。被试可根据反馈信号进行训练，学会调控血压、脉搏，主要用于治疗高血压、心动过速、心律不齐等。

6. **多媒体生物反馈系统** 随着电子技术的迅速发展，高科技的计算机已被应用于生物反馈仪，形成了多媒体生物反馈仪。这种多媒体生物反馈仪可同时拥有多种常规反馈仪的功能，不仅能根据需要进行不同的简便直观的反馈训练，更重要的是反馈信号也可根据不同情况作出调整和改变，使疗效更快更稳定，同时还能对全部数据信息进行保存，以便日后分析，在科研上有其独特的应用价值。

7. **团体生物反馈疗法** 近年来，新兴的团体生物反馈疗法越来越多被应用于临床。与传统的生物反馈疗法不同，团体生物反馈疗法是由1名治疗师带领10～20名病人在治疗室中进行治疗。除了一般的电子生物反馈疗法外，还加入了音乐治疗、暗示治疗、松弛治疗及心率变异性分析等项目。在治疗过程中，团体内的成员能够彼此交流、相互理解，这对于病人人际交往能力的重建和社会功能的康复有着重要的意义。

（二）生物反馈的应用

1. **在精神心理疾病中的应用** 生物反馈训练能缓解紧张焦虑状态，因而可用于治疗失眠，以情绪障碍为主的多种神经症以及儿童多动症等，也可用于精神分裂症的恢复期治疗，帮助慢性精神分裂症病人恢复社会功能。生物反馈训练作为一种放松训练的方法，常与其他心理治疗如系统脱敏治疗联合使用，以增加其他心理治疗的疗效。

（1）失眠的治疗：失眠是神经症和躯体疾病病人常见的临床表现。失眠常伴有不同的情绪反应，如焦虑、抑郁。焦虑的病人常表现为入睡困难，多梦，易惊醒；抑郁者则容易早醒，醒后难以入睡。不同类型的失眠其特征性表现有所不同。生物反馈已广泛地应用于治疗各类失眠，疗效较为肯定。大多数类型的生物反馈均可用于失眠的治疗，如脑电反馈、皮温反馈、肌电反馈，其中肌电反馈是最常用的，可通过放松额部肌肉而达到改善睡眠的作用。

（2）神经症的治疗：生物反馈能明显减轻焦虑，降低应激水平，可用于各种神经症的治疗，尤其是对以焦虑为主要表现的神经症，如恐惧症、强迫症、社交焦虑等有较好的疗效。例如在恐惧症的系统脱敏治疗中，常采用生物反馈的方法对病人进行放松训练，以提高脱敏治疗的效果，一方面通过生物反馈信号能使病人更快掌握放松技术；另一方面通过生物反馈仪的反馈信号更易确定病人的放松程度，有利于对焦虑的主观不适单位进行等级排列。在神经症治疗中，可以单独使用肌电或皮温作为反馈信号，也可同时使用两者作为反馈信号。目前也有采用脑电反馈进行训练的方法，如以α波作为反馈信号进行放松训练。

（3）控制癫痫发作：随着生物反馈在临床中的广泛应用，研究者开始运用生物反馈技术帮助控制发作性疾病。Sterman MB（1977）在研究中发现猫在安静时出现12～14Hz的脑电波节律，这种高频的脑电波来自大脑皮质的感觉区和运动区，被称为感觉运动节律。因此有研究者以来自于感觉运动皮层的SMR作为反馈信号，使癫痫病人学会增加SMR的出现，结果发现癫痫发作次数也明显减少。此研究成果目前已应用于癫痫病人的临床治疗中。

（4）对注意缺陷和多动障碍的治疗：生物反馈用于注意缺陷多动障碍（ADHD）的治疗是从治疗癫痫的研究中受启发得出的推论。大量针对ADHD的治疗研究发现神经反馈对ADHD的有效率达60%～70%，能改善核心症状和智商，使情绪、行为和学业产生持久稳定

笔记

的改善。提高病人的认知和日常生活功能。

(5) 对物质依赖的治疗：物质依赖不仅严重危害个体的心身健康，而且带来许多家庭和社会问题，生物反馈技术作为一种辅助治疗手段，结合传统的心理动力学治疗能有效的治疗成瘾行为。生物反馈技术还有助于缓解各种情绪障碍，如果配合以营养治疗、药物治疗等措施，生物反馈技术将为物质成瘾行为的临床治疗提供新的方向。

(6) 对应激障碍的治疗：现代心身医学理论认为，应激是影响疾病的发生、发展和预后的重要因素之一，应激对个体在生理、心理和社会文化等方面也都有严重的影响。生物反馈辅助的放松治疗通过调节自身的生理和心理功能，恢复内稳态的平衡，从而减轻应激反应，降低应激者的易病性，使应激者的生理、心理及社会各方面功能恢复正常。因此，生物反馈治疗已成为目前应激的最重要的处理方法之一，同时，生物反馈技术也是衡量应激反应程度的重要手段。

2. 在心身疾病中的应用 心身疾病是社会 - 心理 - 生理诸多因素共同作用的结果。其产生的基本原理是：应激源使个体处于长期的紧张性情绪反应中，这些情绪变化通过心理神经内分泌以及心理神经免疫学等多种途径使得某些脆弱的器官结构、功能发生改变。其主要治疗作用机理是利用生物反馈技术进行肌肉放松训练，以此缓解紧张性情绪反应，阻断不良情绪反应在心身疾病中的作用。

(1) 原发性高血压的治疗：原发性高血压病因不明，现有研究提示原发性高血压的发生、发展与应激及应激产生的情绪反应有明显的关系，紧张焦虑能使病人的血压明显增高。因此，生物反馈因其能够缓解紧张等情绪反应，已广泛地用于高血压的辅助治疗。上述的肌电、皮温、血压和心率生物反馈疗法都可用于治疗高血压病。

(2) 偏头痛的治疗：偏头痛是一种周期性发作的由血管舒缩运动障碍而引起的一侧性头痛，常伴有恶心、呕吐、视觉障碍，持续数小时至数天自行缓解，其病因到目前为止尚不十分清楚。在头痛出现之前可能有周期性的抑郁、焦虑、厌食等，头痛出现后这些表现即减轻或消失。尽管临床上已试用过多种治疗手段，如注射蛋白质、人工发热、饮食治疗等来降低偏头痛发作的频率，减轻头痛的症状，但没有一种方法是成功的。然而减轻紧张，解决生活中的心理冲突和困难似乎是一种有效的预防方法。

生物反馈较早用于治疗偏头痛，而且疗效较为肯定。在偏头痛的生物反馈训练中，主要采用皮温反馈训练法。其原理是让病人通过皮温训练学会控制血管舒张活动，通过舒张末梢血管增加手部温度来达到治疗的目的。但需要说明的是，皮温生物反馈仅在偏头痛发作之前能起到阻止、预防头痛发生的作用，一旦头痛已经开始，其效果甚微。

此外，生物反馈疗法还在治疗糖尿病、心律失常、消化性溃疡、癫痫、雷诺症等许多方面有成功的应用，本章因篇幅限制不在此一一介绍。

3. 在康复医学中的应用 生物反馈疗法在康复医学中的应用主要体现在瘫痪、大便失禁以及性功能障碍等方面。瘫痪的治疗一般采用肌电生物反馈疗法，通过对骨骼肌进行运动训练使肌电位增加，关节运动幅度加大，使症状改善。生物反馈对大便失禁的治疗主要用于外科手术导致的大便失禁的康复训练，用特殊装置模仿粪团进入直肠的刺激来训练内外括约肌，提高对直肠压力改变的敏感性，逐步建立直肠肛门括约肌反射，达到控制大便失禁的目的。对患有勃起功能障碍的病人进行生物反馈治疗，并辅之以骨盆肌肉锻炼和电刺激，超过半数的病人得到明显改善。

4. 在其他方面的应用 上面所列举的仅是生物反馈在临床上常见的几种用途。由于生物反馈的临床应用并不是对哪类疾病的特异性治疗，而主要是针对症状的改善，所以在临床上有着广泛的使用范围，如皮肤科的神经性皮炎、荨麻疹、眼科的青光眼，妇产科的痛经、早孕呕吐、不孕症、习惯性流产，儿科的遗尿、口吃等均可用生物反馈来辅助治疗。由于

笔记

生物反馈放松训练能明显减轻焦虑情绪，因此，已作为一种心理干预方法用于应激的管理，如飞行员的训练、运动员的训练，以改善他们在应激状态下的心理生理反应。总之，凡能找到反馈信号的功能失调，需进行矫正者均可试用生物反馈治疗。

另外，我们也需认识到生物反馈训练是一个学习过程，企图短时奏效是不现实的。对内脏活动的控制显然要比学骑自行车难得多，仪器可以提高训练效果，但不能代替训练。一旦受试者达到不使用仪器也能对自己心理生理活动控制自如的程度，那么他也就具有了对应激刺激更合理的应对方式，这对于受试者来说是受益无穷的，也正是生物反馈的价值所在。

四、多导睡眠监测

1929 年，Berger H 首次记录到人类头颅表面的脑电活动，并描述了清醒和安静闭眼状态下不同的 EEG 表现。1953 年 Aserinsky 和 Kleitman N 发现睡眠中缓慢眼球运动和快速眼球运动 Eye Movement，REM）的特点，并进一步推断出快速眼球运动睡眠与梦的关系。之后，Dement W 和 Kleitman N 发现了睡眠深度的周期性变化，为睡眠分期奠定了基础。1968 年，Rechtschaffen A 和 Kales A 提出了人类睡眠分期规则（即 R&K 分期规则），并且规范了睡眠相关术语和技术标准。1974 年，Holland J 在常规脑电、眼电和下颏肌电基础上添加了呼吸、心电，进行了整夜睡眠的多参数监测，并将此技术称为“多导睡眠监测（Polysomnography，PSG）”。随着多导睡眠监测的应用，人们得以更客观、更清晰地观察睡眠中各项生理指标的变化，并且在睡眠结构、睡眠相关病理生理、睡眠疾病诊断治疗等方面取得了突破性进展。20 世纪 90 年代后，计算机技术的发展使数字 PSG 开始逐渐代替了传统走纸 PSG 技术。如今，数字化 PSG 系统功能丰富，具备数据采集、转换、分析、存储、上传、云存储等多种功能。

标准多导睡眠监测可记录睡眠期间的多个生理信号，包括脑电图、眼动电图、肌电图（下颌和下肢）、鼻气流、口鼻热敏传感器、血氧、鼾声、心电图、胸腹呼吸运动、体位、血氧饱和度等。在监测过程中，设专业技术人员进行整夜监控，并对监测结果采用国际统一判读标准，完全采用手动分析，确保采集数据的准确、翔实。

（一）健康成人的睡眠特征

健康年轻人的睡眠具有以下特征：

1. 从清醒状态进入睡眠状态时，首先进入 NREM 睡眠。与之相对应，新生儿则直接进入 REM 睡眠，或称为活跃 -REM 睡眠。

2. 整夜睡眠中，NREM 睡眠和 REM 睡眠大致以 90 分钟的节律交替出现。

3. 若将整夜睡眠时间分为 3 等份，最初的 1/3 时间以 NREM 睡眠的 3 期和 4 期为主，后 1/3 以 REM 睡眠为主。

4. 整夜睡眠中觉醒时间应小于 5%。

5. NREM1 期睡眠时间约占 1%～5%。

6. NREM2 期睡眠时间约占 45%～55%。

7. NREM1 期睡眠时间约占 3%～8%。

8. NREM1 期睡眠时间约占 10%～15%。

总体而言，NREM 睡眠时间共占 75%～80%，REM 睡眠时间共占 20%～25%，整夜睡眠中 REM 睡眠出现 4～6 次。

（二）多导睡眠监测的应用

1. 记录和分析睡眠，正确评估和诊断失眠 多导睡眠监测仪是至今唯一可以客观地、科学地、量化地记录和分析睡眠的仪器，可以了解入睡潜伏期、觉醒次数和时间、两种睡眠

笔记

时相和各期睡眠比例、醒起时间和睡眠总时间等，国际上均有统一量化标准。因此可以正确评估失眠真相，并发现某些失眠的病因，如脑部病变、抑郁症、睡眠呼吸障碍、肢体异常活动等。可以用于诊断失眠类型（入睡困难型、维持困难型、早醒型、混合型与主观性/客观性失眠等）。

2. 甄别睡眠呼吸障碍 包括阻塞性和中枢性睡眠呼吸暂停综合征、良性鼾征、睡眠窒息感、睡眠呼吸急促等。临床上以习惯性响鼾伴频繁呼吸中断的阻塞性睡眠呼吸暂停综合征最为多见，可引起包括心脑血管病变在内的一系列疾病。

3. 确诊某些神经系统病变 包括发作性睡病、周期性肢动症、不宁腿综合征以及各种睡眠期行为障碍疾病，如夜游症、夜惊症、夜间惊恐发作、伴随梦境的粗暴动作等。

4. 监测夜间心脏病变活动 分析各种心律失常及其他异常波形和呼吸暂停的关系，评估治疗效果。

随着人类文明的发展和科学技术的进步，心理生理评估的手段不断丰富和发展，已经远远超越了传统的视野和方法，越来越多的表现出多学科交叉和联合的发展趋势。在未来探索和揭露人类大脑奥秘的进程中，这一学科的理论发展与应用前景将会愈加广阔，也会进一步受到前所未有的高度重视。

（刘志芬）

思考题

1. 心理生理学主要测量指标有几大类？各包括哪些指标？
2. 试述心理生理学主要应用于哪些方面，并举例。
3. 比较目前常用的几种神经影像学测量方法的优缺点。

笔记

第十二章　行 为 评 估

第一节　行为评估的概述

一、行为评估的概念

行为评估(behavioral assessment)是指通过访谈、观察、测验等方式收集来访者的信息,并运用分析、推论、假设等方式对个体的行为性质进行判定,并对需要矫正的问题行为的基本特点以及环境因素进行详细测量的过程(岑国桢,李正云,1999)。它是一种与智力和人格等传统心理评估不同的科学心理评估方法,集中研究情景和行为之间的相互作用,服务于行为的有效改变。行为评估是一个连续进行的过程,发生于行为自然变化或行为干预过程的任何时间(包括治疗前、治疗期间和治疗后),强调对问题行为、行为情境和行为结果(强化物)的直接评估(自然观察)。传统心理评估(特别是人格和智力评估),基于行为由相对稳定的心理特质来体现的假设,然而由于行为和特质之间关系复杂,因此传统心理测验也受到较多诟病。

与传统心理测验不同,行为评估不对特质、稳定特征及内部心理现象作任何假设,确切地说,行为评估只注重对行为样本的采集而不是对行为背后隐藏的特质的推断。在行为评估中,行为被视为是个体学习过程与维持(或阻止)行为发生的当前环境相结合的产物。相应的,行为评估主要关注可观察的行为以及行为发生的情境,也就是说,它关注行为发生前的事件以及行为的环境影响因素。

行为评估精确地涉及人们做了什么及行为的情境或背景决定因素。行为评估从行为主义学习理论演化而来。操作条件反射和经典条件反射理论研究与特定行为相连的环境条件,行为评估直接源于行为主义理论。例如,如果我们将焦虑视为个体对环境中特定刺激的经典条件反射,那么对焦虑的评估就是对构成焦虑的可观察行为(如颤动、出汗、呼吸急促、回避刺激源等)及环境中引发或增强焦虑反应的特定条件(如置身于高处、公开演讲等特定的刺激或情境下,通过避免特定情境所获得的强化)的评估。一个全面的行为评估结果可能比其他任何形式评估得到的信息都更丰富,它对于将来如何对来访者进行治疗有直接的参考价值。

行为评估有别于传统心理评估,还因其更加强调实证评价。与传统心理评估的概念化的特质相比,行为评估关注的特定行为和背景变量,更适合实证施测。行为评估的应用主要涉及特定行为的确定、背景变量的监控、系统观察和有效测量工具的使用。有关评价诊断、行为观察和自陈调查表的信度和效度研究也显示,对行为评估而言实证效度更为重要。具体行为评估和传统评估的比较见表12-1。

总之,行为评估是一种以理论、研究和实践为基础的心理评估。过去的几十年里,已有相当多的研究支持行为评估方法。行为评估是行为治疗中必要的第一步,且它在很多方面

笔记

都与行为治疗互为补充。在日常工作中，临床学家可以有多种治疗方法选择，但行为评估是确保治疗成功的关键步骤。在临床实践中，可以选择多种方法进行行为评估，包括行为访谈、行为观察、自陈量表、行为评定量表、自我监控、角色扮演。行为评估同其他评估方法一样，使用也有一定的限制，包括评估成本高、观察者偏倚、需要对观察者进行培训等。有些行为问题可通过心理生理评估，对直接的、可观察到的生理变化进行评估和记录。

表 12-1　行为评估和传统评估比较

	行为评估	传统评估
目的	为了确定目标行为 为了确定维持条件 为了选择合适治疗 为了评估和修正治疗	为了描述人格的功能性 为了确定病因（起源） 为了诊断或分类
假设		
1. 行为的作用	特定情境来访者典型行为取样	来访者人格的征象（如特质和内在心理动力）
2. 过去的作用	不重要（目前事件引起现在行为）	关键（过去事件引起现在行为）
3. 行为的一致性	相同情境中一致	不同情境中一致
解释		
1. 直接或间接	直接（取样）	间接（征象）
2. 推断的程度	低（行为对行为）	高（行为对人格）

二、行为评估发展简史

行为评估源自于20世纪20年代经典和操作性条件反射的早期研究，这些研究回答了人类是如何调节行为和情绪反应，以及人们如何进行有效学习的。随着学科发展，行为主义逐渐应用于临床实践中，为了矫正各种问题行为产生了基于行为学原理的治疗方法即行为治疗。尽管行为治疗在20世纪50年代后期就被广泛运用，但是行为评估直到20世纪60年代中期才开始在临床上被广泛运用。早期的行为评估注重行为模式的观察，特别是量化的频率、速度以及持续的时间，通过非常具体的描述，以提高可信度。《复杂的人类行为》(Kanferf &SaslowG，1965)和《行为分析》(KanferF &Saslow G，1965)两本书的出版，提升了人们对行为评估领域的兴趣。

20世纪70年代，由于对行为评估的关注，其应用获得了发展。情境变量影响行为的观念促使研究人员在更广泛的社会背景下（如家庭、学校和公司等）评估个人的行为。另外，行为评估也扩展至包括情感、感觉、想象、认知、人际关系以及心理生理功能等在内的诸多方面。为了对个体行为进行充分评估，间接测量法如自我报告和他人评定，也包括在行为评估之中。

20世纪80年代以来，行为评估与其他学科和传统评估方法相结合，呈现多样化发展的趋势。80年代早期，随着以观察作为评估模式的研究报告出现，人们对行为评估的研究兴趣逐渐增加，相关期刊发表的行为评估报告也不断增多。这些报告和研究不但包括传统的行为评估方法，也包括了其他学科内容如标准化问卷的使用。另外，在药物治疗的临床试验中，将客观行为测量（如尿液药物核查，检测药物的使用）与主观行为测量（如药物使用的满意度评定）相结合，取得了非常满意的效果。因此，行为评估虽然已经发展了数十年，但其还将继续结合传统的评估形式，被运用到不同领域中。

总之，虽然早期的行为评估仅关注可观察的外显行为，并对维持其行为的环境偶发因素进行评估，但近来行为评估模式的研究视野更为宽泛。目前的行为评估法除了对外显行

笔记

为进行观察之外，还包括自我报告法、知情人评估法、情感和思维日记法及对环境刺激的心理生理反应评估法等多种方法。

三、行为评估的目标

行为评估有4个主要的目标：①确认问题行为及控制或维持该行为的背景变量，并使之可操作化；②对问题行为与控制变量之间的关系进行评估；③根据行为评估结果，制定恰当的治疗方案；④评估治疗的有效性和进展监控。

1. 确认问题行为以及控制或维持该行为的背景变量 行为评估的首要目标是对来访者的问题行为及可能引发或强化这些行为的环境或背景变量进行详尽的评估，确认并测量来访者的问题行为及控制该行为的环境变量，亦即对问题行为和控制因素作"操作定义"(operational definitions)。行为评估过程中，临床心理学家试图从不同方面对行为和环境变量进行描述和测量，这些方面包括变量的大小、强度、频率、持续时间等。同时，也力求对环境中可能的控制变量加以评估。

2. 对问题行为与控制变量之间的关系进行评估 当第一个行为评估目标达到后，临床心理学家们就需要对这两类变量间关系的性质进行评估，确认和评价问题行为与控制变量间关系的性质。这种评估将提供下列有关信息：从背景变量来看，行为的目的是什么？环境变量是如何控制行为的？行为评估的目的是为了识别刺激条件变化与行为变化之间的协变量，从它获得的信息对随后的旨在改变问题行为出现频率的干预和治疗至关重要。

临床心理学家试图通过鉴别行为的前因和结果来理解行为，通常应用的方法是对行为功能及条件变量进行测评，即行为功能性分析(functional analysis of behavior)。功能性分析要求临床心理学家们识别在特定目标行为与情境特征间有意义的、可控的和具有因果效应的关系，可见行为的功能界定需要符合"重要的、可控制的、因果功能关系"三个特征。第一个特征是行为与功能的关系必须是重要的，对行为最重要的功能进行识别和干预才会带来更积极和更广泛的干预效果；第二个特征是可控制，这意味着通过干预行为功能来改变行为本身具有可能性和可操作性；第三个特征是行为功能和行为之间具备因果关系，目标行为和确定的决定因素之间必然存在因果关系，这种因果关系是行为功能的重要体现。功能性分析也指行为评估所建立的ABC，即前奏(A)、行为(B)和结果(C)。在评估目标行为时，临床心理学家往往首先确定行为的潜在决定因素。在情境特异性的假设下，对行为的潜在功能进行即时环境的检测，包括情境中与行为有关的正性强化、负性强化和回避，也有学者认为潜在的决定因素和功能评估应扩展至一些非情境性的相关因素如家庭功能问题、情感调节/情绪反应、认知歪曲、生理反应、沟通需求、敌对态度等因素。

3. 根据行为评估结果，制订治疗方案 行为评估的第三个目标是根据行为评估结果，制订恰当的治疗方案。该目标从行为主义角度强调了评估与治疗间的密切关系。正如Peterson L和Sobell LC(1994)指出行为学家认为行为评估是治疗的里程碑。从行为主义观点看，评估和治疗是相互联系的过程，评估是制订治疗方案的依据，它应作为治疗过程的一部分。与传统评估基于诊断制定治疗干预方案不同，行为评估是基于来访者个性化需求制定治疗干预方案。

4. 评估治疗的有效性和进展监控 行为评估是一种持续进行的历程。有些信息在治疗开始前是无法获得的，需要在治疗过程中进行评估。行为评估除了描述问题行为和行为的功能，关注目标行为的精准测量和制定干预计划之外，还可用于治疗干预效果的评估，以了解其有效性，即评估治疗的有效性。治疗的有效性评估是行为评估重要目标之一，而非唯一目标。行为评估强调对目标行为的直接观察，将其作为治疗干预反应监控程序具有独特的作用。因此，行为评估目标也可以包含治疗干预的动态监控进展。

笔记

第二节　常用行为评估的技术

一、概述

行为评估涉及广泛的评估方法和测量手段，应用范围包括从儿童到成人各个年龄段及不同的研究领域。行为评估信息来源各异，既有治疗者或其他训练有素的观察者的直接观察，也有来访者本人或知情人（如父母、配偶、老师）的报告，行为样本也常常取自不同的场景（如家中、学校、工作单位和社区）。不管用哪种方法，也不论评估的是哪个领域的行为，其关键是对特定情境下发生的行为或认知、心理样本的高度重视。行为评估可分为：①直接评估（direct assessment）：以直接的方式如看或听来测量真正的目标行为，如直接行为观察、自我监控、模拟评估等，包括定义目标行为、确定记录的细节、选择记录方法和选择记录工具；②间接评估（indirect assessment）：经过访谈或问卷获得的信息，如行为访谈、自陈量表、评定量表等。

国外研究认为，行为评估无论在研究还是实践中，都具有非常广泛的应用。有关评估方法临床实践调查显示，行为访谈是最常用的评估方法，其次是行为观察，随后是行为评定量表和自我监控，具体见表 12-2。学校心理学家针对学生社会、行为和情绪问题选择评估方法的调查显示，结构化访谈、直接观察、行为评定量表和校核表是最常用的评估方法。美国心理协会主办的《临床和咨询心理学杂志》发表的临床研究报告自陈问卷是最常选用的评估方法，多数用于特定目标行为（如抑郁、心境和焦虑）治疗结果的评定，而非心理动力特征或人格结构的评定，这种趋势与聚焦特定、可观察行为的行为评估方法一致；其他行为评估方法如行为观察和自我监控也常常用于临床结局评估研究，见表 12-3。

表 12-2　常用心理评估方法

评估方法	来访者选用情况（%）	
	O'Brien，等，2003	Elliot，等，1996
来访者访谈	92	93-94
直接行为观察	55	52
行为评定量表和问卷	49	44-67
自我监控	44	44-48
知情人访谈	42	42-46
其他职业访谈	37	38-42
精神状态检查	32	27-36
定式诊断访谈	31	23-29
人格调查表	16	15-20
角色扮演	15	19-25
智力评估	11	16-20
模拟功能分析	10	10-16
投射测验	3	3-5

表 12-3　临床研究选择心理评估方法的变化

出版年份	治疗结局研究（N）	自陈问卷（%）	行为观察（%）	自我监控（%）	心理生理评估（%）	投射测验（%）
1968	9	33	56	33	0	0
1972	23	48	35	22	0	0

笔记

续表

出版年份	治疗结局研究(N)	自陈问卷(%)	行为观察(%)	自我监控(%)	心理生理评估(%)	投射测验(%)
1976	34	50	44	9	18	4
1980	21	62	33	29	14	9
1984	37	51	16	32	16	0
1988	21	81	24	38	10	0
1992	21	81	33	14	9	0
1996	28	86	7	25	25	0
2000	42	98	17	17	33	0
2004	55	100	13	27	20	0
2007	53	100	4	2	9	0

在日常实践工作中，单一行为评估方法收集信息往往有限，为了更好地了解来访者，收集其更为全面的信息，往往需要多种方法综合使用，称之为多方法评估(multimethod assessment)，从不同评估方法获得支持性的证据增加评估的信度和效度。例如对抑郁症病人的评估可通过访谈、行为观察、自陈量表、心理生理测量等多种方法进行评估，以全面了解抑郁的全貌。

问题行为往往涉及多个维度或模式，在行为评估的过程中，需要对多种模式信息进行收集，称之为多模式评估(multimodal assessment)。例如对焦虑病人进行评估，由行为(如坐立不安、回避)、认知(如夸大危险)、情绪(如害怕)和生理(如心率加快)组成，需要对其行为、认知、情绪和生理反应进行多模式评估。

每种行为评估方法均有其优点和局限，某些评估方法是某个行为模式的最佳选择，而非适合所有行为模式，通常选择最高效和最经济的方法，如行为访谈和自陈量表。

下面我们将要考察几种行为评估方法，主要有行为访谈、行为观察、评定量表、自陈量表、自我监控和角色扮演。

二、行为访谈

(一)行为访谈的含义与特点

行为访谈(behavioral interviews)是一种临床访谈，其重点是运用学习原理(即经典和操作条件反射)获取信息，以便制订行为矫正计划。行为取向的访谈聚焦前奏事件(antecedents)、行为(behaviors)和行为结果(consequences)[ABC]的描述和理解，ABC格式是行为访谈的最简单形式，通过行为相关频率、强度、持续时间的系统性认识，建立基线和治疗前的行为测量，提供特定行为过度和不足的描述。行为访谈是确定问题行为、提出假设和收集信息的第一步，是行为评估过程的基础，为行为功能性分析提供信息。也就是说，行为访谈注重对ABC间关系的描述和理解。与传统访谈方法相比，行为访谈更加直接，它允许访谈者对来访者的问题行为和现有环境情况进行详细的描述，强调何事、何时与何地的问题，专注个案实际的行为与重要关系人对该行为的反应。

行为访谈是行为评估重要的组成部分，是最基本、最广泛的行为评估方法。其作用是促进沟通和交流，建立治疗联盟，促进行为观察，有助于形成诊断，确定维持问题行为的环境因素，有助于计划和评定治疗策略。访谈一直被视为一种非正式的评估方法，其主要原因是对传统访谈的非结构化形式和行为访谈的心理测量学品质的信息不足缺乏正式的认识，过分强调行为的直接观察和主观报告也是部分原因。行为访谈和其他行为评估方法相比较也有许多优点。首先，行为访谈为评估提供了一个灵活的调查范围，根据需要扩大或

笔记

缩小范围，允许收集关于总体功能的一般信息，以及特定区域较为详细的信息。其次，行为访谈还能收集来访者某些干预策略的信息，而其他评估方法往往难以捕获这些信息。此外，在访谈过程中，来访者对某些行为程序的接受能力的评估有助于计划的制订和实施。访谈的场所设置非常重要，以保证访谈内容的私密性。通常来访者可能更愿意口头交流，而对沟通技巧差的来访者也可借助如问卷和行为校核表获取信息。

尽管行为访谈强调治疗的效应，但访谈获得的广泛信息都非常重要。早在20世纪60、70年代，行为访谈聚焦较窄，仅对目标行为进行基本的描述，过于简单，没有考虑相互作用模式，而目前的行为评估强调更加广泛的环境。可见，完整的行为评估不仅要评估问题行为及其性质，还要评估问题行为及其相关因素和影响。

行为访谈目的是多方面的，包括帮助确认目标行为、选择其他行为评估程序、获得知情同意、了解问题历史、确定目前问题相关因果因素、行为问题功能分析、增强来访者动机、制定干预计划、评定干预措施的有效性。

（二）行为访谈的基本假设和目标

1. 行为访谈与传统访谈的区分 行为访谈是一种临床访谈，不同于日常访谈，也有别于传统的心理访谈，主要区别有：

（1）假设和目标不同：行为访谈的基本假设和目标的结构和格式有别于传统的心理访谈。传统的心理访谈基本假设是将目前行为问题视为早期环境原因和内部状态或特质的产物，关注来访者全局问题，聚焦历史信息的收集。相比之下，行为访谈聚焦"此时此地"（here and now），强调目前的环境变量，而对久远的环境事件或人格特质关注较少；而行为访谈的主要目标是获取问题行为的描述信息和环境维持条件。

（2）诊断的关注不同：传统心理访谈的主要目标通常等同于诊断性评估，而行为访谈的总体目标通常与治疗计划（即，设计、治疗策略和实施评定）有关。早期的行为理论学家倾向于将正式诊断的重要性最小化，将评估过程的焦点转移到更为客观的行为评估上，以区分行为访谈与传统动力取向模式的不同，但目前行为理论学家认为诊断性评估和治疗计划是相互关联的过程。具体讲，在评估过程中，临床学家通常通过收集问题或障碍的信息得出诊断，同时这个诊断往往也是进行功能评估和制订治疗计划的基础。

2. 行为访谈的基础 行为访谈的基础是条件作用和学习原理。其关键假设是行为通过个体与环境的相互作用而习得。来访者的困难视为对环境偶发事件维持和转化的适应不良反应倾向。基于这种观点，问题行为有多种决定因素，但最重要的因素通常被认为是与兴趣行为密切相关的。

在访谈过程中，行为临床学家试图获取必要的信息对问题进行功能分析。这就需要明确定义（操作化）问题行为，了解环境变量在功能上与来访者问题行为的关系。因此，需要评估一系列相互关联的变量，包括前奏事件（antecedents）、问题行为（behaviors）和行为的结果（consequences）。然后，收集到的关于问题的ABC信息用于制定治疗策略，评定治疗进展。

在行为访谈中，标准化的问题是：什么（what）、何时（when）、何地（where）、怎样（how）和多久一次（how often），这些问题提供有关特定问题性质及其维持条件的信息。传统评估过分注重用"为什么"的问题来收集来访者问题原因的信息，大多数来访者往往难以解释其行为的原因。根据行为模式，问题行为的原因往往是其行为维持的条件，在临床实践中行为维持的条件和问题行为的原因往往能够通过标准化行为访谈问题（什么、何时、何地、怎样和多久一次？）进行评估。

（三）怎样做行为访谈

1. 访谈的基本技巧和策略 行为访谈的主要目的是收集目前有关问题的信息，以便设计、实施和评定行为变化策略。在整个访谈过程中，强调获取有关目标行为和环境相关事

笔记

件有效和可靠的信息，这些信息的收集和合成不仅影响访谈的方向，还会影响治疗过程的后续步骤。尽管行为框架为访谈提供了访谈结构，但来访者 - 治疗师的关系变量影响治疗进程和治疗的依从性。对行为取向方法的常见批评是冷漠和超然的人类行为观点，较少关注治疗关系。因此，行为访谈的最初阶段包括了许多传统访谈的基本要素，如建立治疗联盟、了解来访者的相关历史，还有许多其他基本的访谈技术也非常必要，这些基本要素的加入可弥补行为访谈聚焦特定情境中的问题行为和忽视来访者等问题。有关具体的访谈技术可详见本书第三章临床访谈。

2. **行为访谈的类型** 一旦通过基本的访谈建立了良好的治疗关系，随后就需要选择访谈形式或类型。根据行为访谈的控制水平或标准化程度，可将行为访谈区分为非结构式、半结构式和结构式访谈。

（1）非结构式访谈：顾名思义，非结构式访谈（unstructured interview）又称为非标准化访谈，访谈的标准化程度要求较低，访谈的内容和组织取决于临床学家和访谈的目的，访谈保持开放的形式，允许来访者以最少的指导陈述问题。临床学家可根据需要进行访谈，通常情况下，访谈者从普通的问题开始提问，如“您今天到这儿来是做什么？”，然后允许来访者讨论问题状况，随着临床学家对问题的理解，提问更加有针对性。尽管本质上讲，访谈是非结构化的，但早期的行为理论学家提出了全面行为评估的总体指南。早期的模式与ABC格式一致，同时强调认知变量和获得历史数据。临床心理学家编制了许多非结构化访谈指南，旨在为临床学家获得可靠的数据提供总体框架。

Lazarus A（1973）提出了BASIC ID方法，评估访谈的范围，即行为（Behavior，B）、情感（Affect，A）、感觉（Sensation，S）、想象（Imagery，I）、认知（Cognitions，C）、人际关系（Interpersonal Relationships，I）、可能药物使用（Possible Drug Utilization，D）。这种访谈方法主要关注目前的问题行为、环境变量和治疗效应。它也会评估问题行为以往的情况，但重点是近期事件。由于药物干预会影响到问题行为，通常要评估药物治疗的情况。

Kratochwill TR（1985）认为行为访谈应遵循下列4步问题解决方式：

1）*问题确认*：识别和确认问题行为，选择测量目标行为的程序。

2）*问题分析*：分析和评估可能产生问题行为的原因与环境因素。

3）*评估计划*：访谈者与来访者制订可执行的评估计划，包括连续收集与评估、干预有关的信息。

4）*治疗评估*：提出评估治疗效果的策略，包括对治疗前、后过程的评估。

Witt JC和Elliott SN（1983）提出了行为访谈更加详细的思路：

1）访谈开始时，首先由临床学家介绍访谈安排，并说明问题的理由。

2）由临床学家和当事人一起确认并清晰界定问题行为。

3）通过评估问题行为的频率、持续时间和强度，进一步确定问题行为。

4）确定相关的前因和后果。

5）临床学家和当事人讨论现实治疗目标和治疗期限，并达成共识。

6）确定当事人的优势。

7）确定所有要记录的行为及记录方法。

8）讨论疗效的评估方式。

9）临床学家总结讨论过的信息，并获得当事人的同意。

（2）结构式和半结构式访谈：结构式访谈（structured interviews）又称为标准化访谈，有明确、清晰的访谈格式，访谈问题由临床学家逐字读出。按照访谈问题对当事人提问，不允许改变提问，或额外提问，受访者都接受一致的访谈程序。半结构式访谈（semistructured interviews）包括标准的问题和格式，允许临床心理学家就当事人的回答进行进一步提问

笔记

(follow-up question)或从设计清单问题中选择性提问，并允许特质性查询。值得注意的是，行为治疗师将精神障碍的症状或症状群视为需要干预的问题行为，选用结构式的诊断访谈也越来越多，主要结构式访谈工具有：DSM-Ⅳ焦虑障碍访谈提纲（Anxiety Disorders Interview Schedule for DSM-Ⅳ，ADIS-Ⅳ）、情感障碍和精神分裂症检查提纲（Schedule for Affective Disorders and Schizophrenia，SADS）、诊断访谈提纲（Diagnostic Interview Schedule，DIS）、复合性国际诊断访谈（Composite International Diagnostic Interview，CIDI）、简明国际神经精神访谈（Mini-International Neuropsychiatric Interview，MINI）、初级保健精神障碍评估（Primary Care Evaluation of Mental Disorders，PRIME-MD）、DSM-Ⅳ轴Ⅰ障碍用定式临床访谈（Structured Clinical Interview for DSM-Ⅳ Axis-Ⅰ Disorders，SCID）和神经精神病学临床评估提纲（Schedule for Clinical Assessment in Neuropsychiatry，SCAN），等。有关具体的访谈技术可详见本书第三章临床访谈。

不同的访谈技术在访谈结构化或标准化维度上有所不同，但高度结构化的访谈，需要在特定序列中提出预先确定的问题。相比之下，结构化不高的访谈在提问顺序或词汇使用方面有较多灵活性。可见，结构式访谈和半结构式访谈的灵活性较非结构式访谈低。尽管结构化访谈在一定程度上限制了访谈的流程和良好治疗关系建立的能力，但其优点是访谈信度较好。在临床环境中，临床心理学家往往首先对来访者进行非结构式访谈，通过非结构化的访谈，可清楚了解发生的问题行为，以及影响或维持行为的个人和环境变量。访谈的问题一般包括问题行为持续时间、频率、强度或严重性，以及其他关键领域（如发育史，家族史）相关问题。在非结构访谈之后，临床心理学家会根据非结构式的访谈情况选择最佳的结构化访谈量表进行客观准确的问题行为评估。在整个访谈过程中，临床学家将非结构化和结构化访谈格式结合使用，协助诊断和治疗计划制定。

由此可知，在访谈过程中，行为访谈并不只关心访谈过程内信息的获取，它也重视制订相应计划以获得访谈过程之外的行为及行为自然产生的环境信息。访谈者和来访者应共同努力，正确地描述和理解问题行为在何时何地发生，以及它们对治疗关系的影响。在行为访谈中，获得的信息对于治疗者是很有用处的，它帮助治疗者对作为干预目标的问题行为和情境因素做出假设，对进一步规划其他行为评估程序（如直接观察或自我监控）也有很大帮助。

有时无法直接访谈个案，也可以访谈个案生活中的重要他人（如家长、同事、配偶、教师等）来收集评估信息，确认目标行为，制订干预方案。重要他人也有助于协助个案改变对行为的态度，增强执行行为改变的意愿及程度，其实我们知道，没有家长、配偶、兄弟姐妹、老师等的协助，许多行为改变方案无法成功。

总之，行为访谈是对问题行为及可能控制这种行为的情境变量进行全面评估的第一步。行为访谈与非结构化的临床访谈相比，能更直接也更明确地关注某特定行为的发生与否。应该指出的是，行为访谈的关注面相对较窄，我们对它的信、效度的研究还很不够。事实上，有证据表明行为访谈只有中等程度的信度。很显然，我们需要更深入研究以了解和提高行为访谈的信、效度，但同时也应认识到，用其他的行为评估方法来支持从行为访谈中获得的信息也十分重要。有关具体的访谈技术可详见本书第三章临床访谈。

三、行为观察

（一）行为观察概述

行为观察（behavior observation）是指通过直接的（感官）或间接的（仪器设备）方式对来访者的行为进行有目的、有计划的观察，通常用于诊断或相关目的。它是心理研究中常用的基本方法，是最直接、最传统、最有效的评估方法之一，可与心理测验同时实施，

笔记

也可作为一种心理评估手段而独立使用。行为观察是基于这样的理论假设：个体的人格特质决定了个体的行为反应，由于人格是相对稳定的一个因素，个体在不同情境下会有大致相同的反应。故而通过观察个体的行为表现，专业人员可以推测被观察者的人格特质及可能存在的问题。当然，个体的行为表现除了受自身人格特质的影响外，还会受特定情境的影响，因此，在实施行为观察的过程中，专业人员还要综合考虑特定的情境对个体行为的影响作用。在各种行为评估技术和策略中，行为观察被认为是测量和记录行为的标志。

1. 行为观察分类 按照不同的标准，行为观察法可以划分成不同类型，主要有：

（1）直接观察与间接观察：以是否借助中介，可以区分出直接观察（direct observation）和间接观察（indirect observation）。前者指通过感官直接观察来访者的行为或活动；后者指通过某些仪器设备来观察来访者的行为活动。例如，观察社交焦虑病人的行为模式，观察者可以在诊室直接通过"望、闻、问、切"式进行观察评估；也可借助摄像设备对来访者日常社交活动进行录像，通过分析视频进行间接的行为观察。

（2）自然观察和控制观察：根据评估对象是否受到控制，可区分为自然观察（naturalistic observation）和控制观察（controlled observation）。

自然观察指在自然情境中、不加以控制的情境下对个体的行为表现进行观察。由于该法在现实情境中进行，所以有很强的真实性。自然观察又称无控制观察（uncontrolled observation），自然观察可在不同的场所，如学校、教室、操场、综合医院、精神卫生（中心）专科医院、家庭环境、特殊教育机构、门诊等场所进行。目前已编制了多种观察评估系统，并通过了广泛的研究，已用于临床实践。如家庭行为观察如用餐时间家庭交互编码系统（Mealtime Family Interaction Coding System，MICS）、学校行为观察如儿童行为校核表 - 阿肯巴克直接观察表格（Achenbach's revised Direct Observation Form，DOF）和医院行为观察如时间样本行为检查表（Time Sample Behavior Checklist，TSBC）等。

有时，临床学家关注的特定行为或情境并非经常出现，等待特定行为或情境的出现往往要浪费大量的时间和资源。观察者对所观察的事件进行某种程度有目的地控制和设计，将个体置于结构化的情境中，以观察某种特定的行为或反应的方法，称为控制观察，也称类比观察或模拟行为观察（analogue behavioral observation）。常见的模拟行为观察方法有：①角色扮演（role-plays）；②实验功能分析（experimental functional analysis）；③设计情境测验（contrived situation tests）；④思维发声程序（think-aloud procedures）；⑤制订模拟（enactment analog），如家庭、婚姻和同伴的互动任务；⑥反应生成的任务（response generation tasks）；⑦行为回避测验（behavioral avoidance test）。最适合在临床环境确定来访者行为问题功能关系的常用方法是角色扮演、制定模拟和实验功能分析。

（3）参与观察与非参与观察：根据观察者是否直接参与到来访者所从事的活动中，区分为参与观察（participant observation）与非参与观察（nonparticipant observation）。

参与观察是指观察者参与到来访者的实际环境中，并通过与来访者的共同活动从内部进行观察，又称之为局内观察。观察者扮演着双重角色，观察来访者行为的同时又积极参与到观察情境中去。观察者既可是研究者或临床心理学家等专业人员，也可是在实际环境中，与来访者有关系的人，即非专业人员。在临床行为评估工作中，参与观察者通常是与来访者有关系的人，在大多数情况下，参与者是家庭成员、老师、朋友或看护人。由于观察者是与来访者生活有关的人，能够多种情况下进行观察。然而，由于观察者并非专职人员，还有更多其他事务，仅有少量的目标行为和因果因素能够可靠和准确的观察。

笔记

在非参与观察中，观察者不参与，也不改变观察对象活动的自然状态，仅仅作为“局外人”，又被称为局外观察。非参与观察比较客观、公正，获得初步的事实和资料。在临床行为评估工作中，如果非参与观察者是训练有素的专业技术人员，那么他们就可系统记录复杂行为、因果关系和目标行为事件序列数据，但由于成本较高，临床环境中很少使用。

（4）结构式观察与非结构式观察：按照对目标行为观察的内容和方式是否有明确的形式结构，临床行为评估观察可分结构式观察（structured observation）与非结构式观察（unstructured observation）。

结构式观察是指观察者在观察期间事先对来访者设定统一的观察内容和项目，安排特定的事件或活动，观察过程中采用统一的记录方法（如特定格式的记录表）。而非结构式观察仅需大致明确观察目的，在观察期间不安排特定的事件或活动，不给予指导，允许观察者根据具体情境调整对来访者观察的内容和记录方法，有一定的开放性、变通性和灵活性。

（5）系统观察、取样观察和评定观察：根据观察内容是否连续完整及观察记录的方式不同，观察法可分为系统观察（systematic observation）、取样观察（sampling observation）和评定观察（rating observation）。

系统观察指观察者遵循标准化的程序详细观察和记录来访者连续、完整的心理活动事件和行为表现；取样观察指根据一定的标准，选取来访者的某些心理活动和行为表现进行观察或选择在特定的时间内进行观察记录，可见取样观察包括时间取样观察法和事件取样观察法；评定观察要求在观察的基础上，采用评定量表或行为校核表对来访者的某种行为或事件做出性质上的或数量上的判断，并进行等级评定，如对儿童的攻击行为的评定观察，不仅需要观察儿童的攻击行为，还要对攻击行为的性质、频率和程度等进行评价。

综上所述，行为观察的分类是相对的，不同的分类之间存在交叉和重叠，且在临床实践行为评估过程中，往往将多种观察方法综合选用。如系统直接观察（systematic direct observation）是选用多方法评估测量来访者的适应和适应不良行为，通常用于儿童和少年行为评估，该方法测量特定行为具有操作性定义，并遵循标准化的编码程序，提供来访者同步定量数据。目前已编制多种系统直接观察工具，如 ADHD 学校观察编码（ADHD School Observation Code，ADHD-SOC；Gadow KD，Sprafkin J，& Nolan EE，1996）和学校学生行为观察（Behavioral Observation of Students in Schools，BOSS；Shapiro ES，2004）。

2. 行为观察的特点与要求 行为观察的优点在于可以获得个体不愿意报告或无法清楚报告的行为数据。同时，通过观察个体的行为，可以对其行为进行即时的记录，所获数据也比较客观、准确、全面。此外，在观察个体行为表现的同时，评估者可以对影响被观察者行为的品质、特定的情境进行记录，因此，可以对心理活动的有关因果关系作出推论，而仅仅依靠心理测验是难以实现这一点的。

然而，虽然行为观察可以获取相对有效的数据，但其缺点在于具体实施上存在一定的困难。首先，行为观察的成本较高，由于行为观察的质量在很大程度上依赖于评估者的能力（观察力和判断力），所以只有经过严格培训的专业人员才具有实施行为观察的资格，而且如果评估者到被观察者的自然生活情境中对其进行观察，这必须耗费较大的时间和精力，就我国目前的卫生资源条件而言，比较难以达到这样的要求。其次，当被观察者意识到自己在被观察时，其行为表现会在一定程度上受到干扰，如可能存在故意装好或装坏的现象，因此，观察结果的真实性将受到质疑。假如为了避免这个问题，在不告知被观察者的情况下实施观察，则又可能违反一定的伦理道德和法规。通过在教室、某些

笔记

公共场所安装监控录像的手段对个体在自然情境下的行为进行观察，似乎可行性较高，但仍需谨慎实施。

根据伦理道德的原则要求，在对个体实施行为观察之前，必须获得被观察者的知情同意，除非被观察者有犯罪嫌疑或无自知能力（如重性精神病病人）。对于没有自知能力的被观察者则需获得其监护人或家属的知情同意。

（二）行为观察的具体内容及步骤

1. 行为观察的内容 行为观察的具体内容因目的而异，一般包括以下几个方面：①仪表：姿态、衣着穿戴是否整齐清洁，举止行为是否恰当，表情是否适切；②身体外观：高矮胖瘦、畸形及其他特殊体形；③人际沟通风格：大方或尴尬、主动或被动、易接触或不易接触；④言语和动作：语言表达能力强弱、流畅与否、中肯简洁或赘述；动作过少、适度、过度、怪异动作或刻板动作；⑤在交往中所表现的兴趣、爱好和对人对事对己的态度；⑥在困难情境中的应对方法等；⑦行为产生的情境条件：包括被观察者活动的自然环境和社会背景。

2. 行为观察的步骤 实施行为观察之前必须进行充分的准备，一般包括下列步骤：

（1）确定目标行为及其操作性定义：目标行为是指所要观察的行为。观察者根据访谈目的确定目标行为，如对较常出现攻击行为的儿童，所要观察的目标行为就是攻击行为。然而，如果不能对目标行为进行精确的定义，则不同的观察者得到的结果将存在很大的差异，观察结果也就难以解释，因此，还必须确定目标行为的操作性定义，也就是要对目标行为进行精确的定义。Hawkins RP 和 Dobes RW 认为在制定目标行为的操作性定义时应该遵循以下3条原则：

①定义应该是客观的，即仅仅涉及行为以及环境影响因素的可观察特征，不对被观察者的意图和心理活动进行推测，任何推断性的术语（如“他好像很愤怒”）应该转化为更加具体的、可观察的行为描述（如“他把同伴推倒在地”）。

②定义应该是清楚、容易理解、没有歧义的，有经验的观察者可以理解并容易地作清楚、准确的解释。也就是说，不同的观察者根据同一定义可以观察到相同的行为发生。

③定义应该是完整的，即可以清楚地描述行为的界限，如什么行为属于目标行为，而什么行为不在观察范围之内。比如，对于儿童抢夺玩具的操作性定义为：在没有获得同伴同意的情况下，非常粗鲁地抢过同伴手中的玩具。所记录的目标行为必须符合该定义，否则就不予记录。

（2）制定行为观察计划：根据确定的目标行为，选择观察策略，并确定观察记录的方法等制定行为观察计划。在实际行为观察过程中，不可能对所有情境下的一切行为都进行全程观察，必须采用恰当的策略，以最小的代价得到所需的信息，同时保证记录数据的代表性、敏感度和可信度。为了节省行为观察的时间，改善和提升观察的信度、效度和一致性，临床心理学家设计了标准化的行为观察系统如教室观察编码（Classroom Observation Code，COC；AbikoffHB &Gittelman R，1985）和学校观察编码系统修订版（Revised Edition of the School Observation Coding System，REDSOCS；Jacobs SR et al.，2000），对行为进系统观察。

在临床行为评估工作中，常用的行为观察策略有叙事观察、时间取样观察、事件取样观察和评定观察等。行为观察策略不同，行为记录的方法也不尽相同，主要记录方法有叙事记录（narrative recording）和实证记录（empirical recording）两类方法。叙事记录提供目标行为有意义的描述性记录，而实证记录提供更加精准的数据，将目标行为的频率、潜伏期、持续时间系统地记录。行为记录时的观察指标一般有目标行为的发生时间、持续时间、频率及强度等。

常见的行为观察记录方法有：间隔记录（interval recording）、事件记录（event recording）、频

笔记

率记录(frequency recording)、持续时间和潜伏期记录(duration and latency recording),还有评定记录(ratings recording)和叙事记录(narrative recording)方式。

1)间隔记录:间隔记录主要用于观察独立的、持续的、高频率的行为。在统一规定的时间内,按一定的时段观察预先确定的目标行为是否出现。比如,要对幼儿的攻击行为进行总时长为60分钟的观察,每个观察间隔为5分钟,观察者主要记录每个时间间隔内目标行为出现与否。间隔记录法可以只记录一个目标行为(表12-4),也可以同时记录多个目标行为(表12-5),或者同时记录几个被观察者的目标行为(表12-6)。采用间隔记录获得的数据相对比较客观,但如果观察时段太少,可能会造成高估或低估目标行为的发生频率。

表12-4 对某一目标行为的间隔记录

时间序号(刻)	时间间隔(分钟)				
	3	3	3	3	3
1	+	—	+	—	—
2	+	+	+	—	+
3	—	—	+	+	+
4	—	+	—	+	+

注:+:代表目标行为出现;—:代表目标行为未出现

表12-5 对同一个体多个目标行为的间隔记录

时间序号(刻)	时间间隔(分钟)				
	3	3	3	3	3
1	ABC	BC	ABC	AB	AC
2	BC	AB	BC	AC	ABC
3	BC	ABC	AC	BC	ABC
4	ABC	AB	BC	AB	AB

注:A:与同伴争吵;B:打同伴;C:抢玩具

表12-6 对多个个体某个目标行为的间隔记录

个体	时间间隔(分钟)				
	3	3	3	3	3
1	+	—	+	—	—
2	+	+	+	—	+
3	—	—	+	+	+
4	—	+	—	+	+

注:+:代表目标行为出现;—:代表目标行为未出现

2)事件记录:观察前要确定所要观察的目标行为(事件),在观察时段内(如2小时)只注意观察所选定的目标行为,当目标行为出现时即予以记录。观察者记录目标行为出现的情形,尽可能详细地从头到尾记下目标行为出现的整个过程,以作为日后作出推论的翔实资料。这种方法的记录内容较繁琐、记录较费时,也比较主观。

3)频率记录:指在特定的观察时段中,观察者对目标行为出现的次数进行记录。频率记录用于观察一定时间段内持续时间固定的、具有明确的开始和结束的目标行为出现的次数。并非所有的目标行为均适合采用频率记录法加以测量,使用频率记录法要求目标行为必须满足两个前提条件,首先,目标行为的每次出现要有类似的持续时间,如果目标行为的

笔记

持续时间差异很大，则需要采用对目标行为的时间维度敏感的测量手段，否则会遗漏时间维度的信息。其次，目标行为要具有明确的开始和结束（如主动与人打招呼、抢玩具），只有这样才能使观察者可以清楚地识别目标行为的每次出现，对于那些持续进行的行为（如看电视、写作业）则不适合采用频率记录法加以测量。由于频率记录只需对目标行为发生的次数进行记录，因此是一种相对容易实施的记录方法。同时，频率记录是对目标行为的次数的直接测量，所以对行为的变化非常敏感。

4）持续时间和潜伏期记录：持续时间和潜伏期记录是对目标行为的时间维度敏感的一种记录方法。对于持续存在的目标行为、每次持续时间差异较大的目标行为（如看电视、打电子游戏），采用持续时间记录法比较合适。持续时间的记录，既可记录每次行为的持续时间，也可以记录整个观察时段中目标行为出现的总的持续时间。在实际观察中，要综合考虑目标行为的属性和研究目的，从而具体选择合适的时间记录方式。潜伏期的记录主要关注的是从作出行为的时机出现到目标行为真正开始之间的时间间隔长度。例如，对于癔症病人，我们可以评估从诱发因素出现（如提出的要求受到父母的拒绝）到癔症发作的时间间隔。

5）评定记录表：一些临床问题行为由于已有标准化的直接观察工具，往往可以直接使用工具中的评定记录表进行观察记录，如 ADHD 学校观察编码。评定记录表中可评估特定行为出现的次数或等级，既可判断特定行为出现与否，又可判断行为表现的程度。评定量表使用方便，可节约时间，对资料的分析也很方便。值得注意的是，大多数的评定量表无法完全涵盖所有的有价值资料，单靠评定量表的内容对被观察者进行观察记录，可能会遗漏某些有价值的关键行为、某些特殊的行为，实际操作时可结合其他观察记录方法同时进行，以收集到较全面的资料。

6）叙事记录：要求观察者仅仅关注行为，简单地描述发生了什么，属于质性方法。通过在自然环境中观察并记录观察到的事件序列，对来访者的行为做出综合性的描述，包括整体描述、半整体描述和详细描述。当观察者将自己感兴趣的、且认为有价值的、有意义的任何事情，用叙事性的语言随时记录下来，称之为轶事记录法（anecdotal recordings），包括引起观察者注意的一切事情，不需要制定具体的时间框架、具体的代码和分类。叙事方式记录行为的主要目的：①确认存在的问题；②定义目标行为；③发展经典记录程序；④为未来的观察制定程序；⑤确定行为的前因和后果。除了心理学家和其他专业人士之外，父母、老师、亲属和儿童也能记录下对行为的描述。

（3）实施行为观察：在明确目标行为和选择合适的观察策略与记录方法后，必须明确观察者、实施的时机和地点、每次观察持续的时间长度。首先，观察者必须是经过培训的专业人员，如果由与被观察者有特定关系的、能够在目标行为出现时和被观察者接触的人（如家长或老师等）担任观察者，则必须对其进行培训，使其能够准确辨认、记录目标行为。其次，实施观察时必须确保可以获得行为的代表性样本。考虑到行为的波动性，最好每天都观察，观察的次数越多越好，连续观察 3～5 天。在每天实施观察时，每次的观察时间长度也不能太短。有时，目标行为可能在特定的地点出现，比如，某个儿童的大吵大闹、违拗等问题行为只出现在家里，而在学校情境下不会出现，因此，在实施正式观察之前，可以向相关人员先了解目标行为的发生规律，以明确最合适的观察地点。

实施行为观察包括观察者按照观察计划中制定的程序进入观察场所（如病房、诊室、自然场所），采用事先设定好的行为观察策略和技术进行观察，并将观察到的信息按照制定的观察记录方法记录下来；结束观察后对收集到的观察资料进行整理。为了保证行为观察实施的质量，需要对行为观察精心准备和设计或选择标准化的行为观察系统，保持行为观察的自然性和生态化，了解各种可能的误差来源，尽量避免或减少误差。

笔记

（三）行为观察的信度与效度

所有的心理评估都存在信度和效度的问题，行为观察作为心理评估的手段之一，也存在相同的问题。对行为观察而言，信度指的是观察者的信度，即当两个或两个以上的观察者同时对同一个被观察者的行为表现进行观察时，其观察结果的一致程度和准确程度。一般要求观察者信度在 0.80 以上。信度越高，则观察结果越能准确地反映被观察者的实际情况。相反，信度低则意味着观察结果不能准确地反映被观察者的实际情况，这种低信度可能是由观察者的主观因素和观察实施的具体情况所致，在临床实践中应特别注意。效度是指行为观察的有效性，即通过行为观察，能否获得原先期待的某些行为信息。目前，对行为观察的效度，研究者尚没有一致的结论。相对于自然观察法而言，控制观察法可能缺乏生态效度，即控制情境下观察到的行为表现无法精确地模拟自然情境中的行为表现。因此，如果可能，行为观察最好在自然情境中实施，或者采用自然情境中的材料来确保行为观察的外部效度。

在行为观察过程中，观察者起着相对主动的作用，因此行为观察的准确性和有效性在很大程度上与观察者的能力与业务知识相关。观察的效果有赖于观察者的观察力和判断力，观察是信息的收集，判断是对信息的加工。观察力的素质包括敏锐、全面、深入；判断力包括在大量信息中提取出与问题有关的部分，摒弃掉无关的部分。对信息的筛选能力取决于经验和有关的业务知识。就行为观察而言，通常要求观察者具备以下 3 方面的知识：①基础知识：包括心理学知识、一般医学知识、社会科学知识；②专业知识：教育与教育心理学、临床心理学评估、咨询和治疗、司法鉴定等；③有与各种年龄、性别、教育程度、职业以及各种心理问题的人沟通的经验。

尽管观察者可以通过努力提高自身的观察力、判断力和专业知识等途径来改善行为观察的信度和效度，但仍难以避免一定的误差，主要的误差来源包括以下几种：

1. **参照标准不同** 对被观察者的行为进行评定时，观察者采用的参照工具不同，得到的结果可能也不太一致。如果观察者采用的评定量表有客观的评分标准，那么可能不同观察者的评估一致性会较高。相反，如果采用的评定工具没有客观的评分标准，或者只有一些简单的词语描述，那么不同的观察者对这些描述性词语的理解标准不一，对被观察者进行评定时每个观察者各有自己的一套评分标准，最后可能导致不同观察者对同一被观察者会得到不同的评定结果。如对于能力这一指标的观察上，观察者可能不知不觉以自身的能力作为参照标准，最终导致高者低评，低者高评。

2. **偏倚倾向** 指对被观察者的评定存在偏高或偏低的倾向。偏倚倾向包括“光环效应”(halo effect)和“魔鬼效应”(devil effect)。“光环效应”是一种高评倾向，也就是当评定内容中的某一因素得分高时，观察者会认为被观察者的其他因素也很高，所以倾向于高评，即“一好百好”。“魔鬼效应”相对于“光环效应”，指评分者低评倾向，也就是在观察评分中的“一坏都坏”。

3. **期待效应** 对某些行为进行观察时，观察者有无期待或先验判断会影响其对某些行为现象的敏感度。如当研究者观察实验组和对照组出现某现象的差异时，当观察者了解被观察对象是属于实验组还是属于对照组时，其评定结果会不同于其对被观察对象归属于哪一组毫不知情时的评定结果。因此，在科学研究设计中，通常要使用双盲法观察方式来提高观察结果的客观性，尽可能地降低期待效应。

（四）行为观察的发展趋势：现代数据收集的趋势

由于计算机技术、人工智能、互联网迅速发展，行为观察技术呈现新的面貌。自 20 世纪 90 年代开始，计算机技术如个人电脑、笔记本电脑、个人数字助理（personal digital assistants，PDAs）、平板电脑和智能手机出现，为直接行为观察和记录提供了新的可能。应

笔记

用程序(applications，APP)的手持设备可用于在线或定制收集单个或多个来访者的直接观测行为数据，提供实时的自我监控数据，数据直接转移到电脑进行分析。APP用于自我监控、记录惊恐和焦虑、睡眠和日常运动，进食行为和面部运动等。主要设备包括生物传感器、自动记录设备、全球定位设备(如美国GPS和中国DBS)和活动监视器等。可见行为评估充分利用未来人工智能技术的发展，不断提升行为评估水平。

生态瞬时评估(Ecological Momentary Assessment，EMA)是指对来访者真实时间和真实生活环境中的经验、行为和心境的评估，是过去10多年发展的全新的评估方法，评价个体详细感觉的金标准。EMA采用多通道瞬时监测(multimodal ambulatory monitoring)，记录多种观察指标的变化，阐明时间关系，具有捕捉"过程变量"的能力，能够获取一段时间内和一定背景下个体行为动力学方面的特征。EMA是一种在"自然"环境或现实生活中进行的非单一模式和方法的评估方法，涵盖了多种评估手段(包括自陈、观察、生物、生理和行为的评估和记录)。与传统评估比较，具有真实性、动态性的特点，能更好地反映个体心理和行为的变化，促进人们对个体与环境动态交互作用的理解。EMA能减少回忆偏见和误差，具有较好的生态学效度。近年来，由于无线移动设备和可穿戴传感器技术的发展与普及，在"自然"环境选用EMA方法进行评估日益增多，如物质滥用、焦虑障碍、心境障碍与心境调节、边缘性人格、精神病、戒烟、慢性疼痛、躯体活动、进食行为等。

四、行为评定量表

从观察和访谈中获得的信息，不管是正式的还是非正式的都可以用各种方式记录下来。由于从观察和访谈得到的资料数量很大，需要对其用某种形式进行总结和概括。且不论观察者是他人还是来访者本人，直接的行为观察都代表了行为评估的一个重要取向，但正如本章前面所讨论的，仅凭直接观察不能得到足够广泛的行为样本。为克服它的局限性，临床心理学家编制了大量的评定量表和行为测查表，这些量表提供了直接观察无法提供的重要信息，它们的测评时间跨度更长、范围也更广。评定量表通过特定评定者提供个体行为有效的总结信息，通常行为评定量表(behavior rating scales)分为：宽频带量表(broadband scales)和窄频带量表(narrowband scales)。宽频带量表通常评定多个症状群或特征，且同时对多种行为进行评估，如，阿肯巴克实证评估系统(Achenbach System of Empirically Based Assessment，ASEBA)和儿童行为评估系统-2(behavior assessment system for children-2，BASC-2)；而窄频带行为评定量表聚焦单一或特定结构的行为评定，聚焦对特定障碍分类亚型和精准特质的评估，如用于评价社交和人际关系的社交技术评估系统(Social Skills Rating System，SSRS)、评价自我概念的多维自我概念量表(Multidimensional Self Concept Scale，MSCS)、评价儿童社交焦虑的儿童社交焦虑量表修订版(Social Anxiety Scale for Children-Revised，SASC-R)、评价儿童抑郁的儿童抑郁调查表(Children's Depression Inventory，CDI)和评价注意缺陷多动障碍的ADHD评定量表(ADHD Rating Scale–Ⅳ)等。在通常情况下，对来访者问题的评估，首先选用宽频带量表，进行广泛性和综合性评估，获得初步结果，随后再选择窄频带行为评定量。

评定量表是一种简便、经济、适用性很强的心理测量工具，广泛用于测评儿童、青少年及成人的问题行为。有关具体的量表可详见本书第九章心理健康评定量表。

五、自陈量表

自陈量表(self-report scales)是行为评估的另外一种方法，根据个体标准化问卷进行评定。我们通常通过访谈收集包括认知、态度、情感、行为的信息，对个体问题行为进行评定。在大多数情况下，当事人内心体验信息只有个体自己进行收集。自陈量表在关注内心体验

笔记

的焦虑及其他障碍的诊断中非常重要。行为评估早期主要通过客观观察，由于人们对情感、思维等活动关注，及自陈量表工具的不断发展，目前自陈量表在行为评估中已获得了广泛的应用。

由于自陈评估（self-report assessment）的信息直接从当事人那里获得，因此，这种评估方法成本效益好、容易管理，且对运动、生理、认知过程的评估易于控制。与其他形式的评估（如行为观察）相比，自陈评估节省时间和资源，但由于自陈评估往往假设来访者能够完全的了解自己并能够如实回答，因此当评估的对象和内容不满足自陈评估假设的情况下，评估结果会存在准确性问题，如来访者提供信息不准确或来访者自知力有限。

过去30多年里，随着认知心理学的发展，人们对行为障碍的认知过程进行了大量研究，主要领域有：抑郁、恐惧和焦虑、自我效能、想象、社交技能（特别是自信）、进食障碍和婚姻问题等的认知过程研究，这些研究影响和改变了行为评估的性质。认知自陈测量工具的编制数量也获得了快速发展，使用频率不断提升，有研究显示，认知自陈调查表同行为访谈一样常用，使用频率是直接行为观察的两倍。常见认知自陈测量见表12-7。

表12-7　常见认知自陈测量

主要内容	工具
抑郁	功能失调态度量表（Dysfunctional Attitudes Scale）
	认知偏差问卷（儿童和成年版）[Cognitive Bias Questionnaire]
	自动思维问卷（Automatic Thoughts Questionnaire）
	贝克抑郁调查表（Beck Depression Inventory）
	归因方式问卷（Attributional Styles Questionnaire）
恐惧和焦虑	社交回避及苦恼量表（Social Avoidance and Distress Scale）
	负性评价恐惧量表（Fear of Negative Evaluation Scale）
	社交自陈测验（Social Interaction Self-statement Test）
	激惹信念测验（Irrational Beliefs Test）
	理性行为调查表（Rational Behavior Inventory）
	恐惧调查提纲（Fear Survey Schedule）
进食障碍	进食态度测验（Eating Attitudes Test）
	贪食测验-修订版（Bulimia Test-Revised）
	认知误差问卷（进食障碍修订版）[Cognitive Error Questionnaire]
社交技能	拉瑟斯自信调查表（Rathus Assertiveness Inventory）
	沃尔普-拉扎勒斯自信调查表（Wolpe-Lazarus Assertion Inventory）
	Gambrill自信调查表（Gambrill Assertion Inventory）
	巴克-自信提纲（Bakker-Assertiveness Schedule）
	冲突解决调查表（Conflict Resolution Inventory）
	异性交往调查（Survey of Hetereosexual Interactions）
	斯坦福害羞量表（Stanford Shyness Scale）
婚姻关系	关系归因测量（Relationship Attribution Measure）
	关系信念调查表（Relationships Beliefs Inventory）
	二元归因调查表（Dyadic Attribution Inventory）
	婚姻态度调查（Marital Attitude Survey）
	特定关系标准（Specific Relationship Standards）

笔记

六、自我监控

临床心理学家观察当事人在某种场合下的行为相当费时，有时甚至是不可能的。如果无法进行直接观察，可要求被试对自己的行为进行自我观察和记录，即自我监控，又称自我记录或自我观察。自我监控（self-monitoring）是指个体有系统地观察、记录自己的行为及自己与周围环境相互作用的过程，是问题行为（如吸烟、咬指甲等）评估的非常重要的工具和手段。自我监控要求当事人将观察结果作出书面记录，可以是日记或日志表格，随着计算机技术的发展和应用，也可用便携式电脑、智能手机等收集自我监控资料。由于评估的性质和目的不同，自我监控方法选择也不尽相同。

自我监控的目的：①获取当事人在现实环境中问题行为的信息；②问题情境和问题行为的自我监控，可以提高访谈中讨论信息的准确性和具体性；③自我监控也是评价目标和治疗结果十分有用的手段。可见，自我监控不仅有助于收集资料，而且能够促进个体行为的改变，可作为行为评估方法，也可作为干预治疗策略。

自我监控在临床、教育、心理实践和科学研究中作为主要评估方法和治疗策略具有广泛的应用。主要适用情境有问题性饮酒、焦虑障碍、孤独症、血糖控制、冲动控制、强迫症、疼痛控制、学习困难、精神分裂症幻觉控制、自杀行为、进食和体重控制、压力管理、健康促进、自我效能、跨文化适应、问题解决、学习、学生课堂行为管理、人际关系、亲子关系等疾病和问题方面的应用。同时自我监控技术还适合于许多不同的人群如残障人士、心理疾病和躯体疾病病人、儿童、老年人、来访者或病人的家属与照料者等。

七、角色扮演

当治疗师难以观察实际情境中的问题行为时，治疗师可就来访者某些关键方面问题重新创建或模拟现实情境，相关的环境条件是想象的，来访者表现得就好像他们在问题情境中一样，不需要特别的物理布置。来访者通过在问题情境中的表演，来向治疗师提供他们在那些环境中典型表现的例子。角色扮演（role-playing）的基本原理是治疗师和来访者再现或模拟来访者在特定情境中问题行为的人际互动。来访者在角色扮演中的表现接近他们真实情境，治疗师就越能观察到来访者典型性的问题行为。例如，来访者求职面试有困难，模拟求职面试情境，由来访者扮演求职者，而治疗师扮演面试主考官，模拟面试访谈过程。角色扮演是常用问题行为评估和治疗方法之一。

第三节　行为分析

行为分析（behavior analysis）是一门科学，由3个主要分支组成：①行为主义（behaviorism）：是行为科学的哲学思维，关注行为分析的世界观或哲学问题；②行为的实验分析（Experimental Analysis of Behavior，EAB）：是指行为的基础研究，聚焦解释行为的基本原理和过程的识别和分析；③应用行为分析（Applied Behavior Analysis，ABA）：关注发展技术并改善行为，用行为分析的原理和程序解决社会重要性问题。下面分别介绍行为的实验分析和应用行为分析。

一、行为的实验性分析

1938年Skinner BF的《有机体的行为》（*The behavior of organisms*）一书的出版，标志着行为的实验性分析的开始。行为的实验性分析（Experimental Analysis of Behavior，EAB）是一种理解行为调节的自然科学的方法，它是分析行为 - 环境关系的一种方法，这种方法称功

笔记

能分析（functional analysis）。实验行为分析关注影响人类和动物行为的因素的控制和变化，是行为科学的基本方法。

行为评估可追溯到 Skinner BF（1953）的功能分析的概念，这意味需要对在行为之前的刺激和随之而来的结果作出精确的分析。评估行为变化相关刺激条件和结果变化的方式，才能更加准确理解行为的起因。其主要论点是行为因随之发生的后果而习得和维持，因此，为了改变不适应行为临床学家需要：①确定促成该行为的刺激条件；②决定随之出现的强化。一旦这两组因素被评估出来，临床学家就能操作刺激或强化矫正问题行为。

功能分析的关键是详细而精准描述。相关行为必须从可观察、可测量的角度加以描述，以便其发生率能够可靠记录。以同等的精准性，控制行为的各种条件也必须明确。因此，对前奏条件和结果事件都需要进行仔细的推敲。当行为发生时，像时间、地点、在场人物及相关行为的结果都需要翔实地记录。

多数行为治疗师拓宽了功能分析方法，包括机体变量（organismic variables），如个体的躯体、生理或认知特征等，这些对个案概念化和治疗干预都是非常重要的。如评估抑郁症病人的态度和信念，有助于个案概念化，并制定有效的认知行为干预方案。从行为认知的观点，一个有效的临床问题概念化模式是 SORC 模式（SORC model）（Kanfer FH& Phillips JS，1970）：

S= 引起问题行为的刺激（stimulus）或前奏条件

O= 问题行为相关机体变量（organismic variables）

R= 反应或问题行为（response）

C= 问题行为的结果（consequences）

二、应用行为分析

20 世纪 50 年代到 60 年代初期，许多研究者使用行为的实验分析，检验非人类行为原则能否在人类复制使用。如 Fuller（1949）首先报告了多重障碍的青少年研究，在操作条件下，产生举手反应。随后许多实验室行为原则在人类行为的研究中都取得了满意的效果，为应用行为分析的发展奠定了基础。Ayllon T 和 Michael J（1959）发表的“精神科的护理担任行为工程师”研究标志着应用行为分析时代的开始，现代应用行为分析始于 1968 年《应用行为分析期刊》的创刊。

应用行为分析（Applied Behavior Analysis，ABA）是一门科学，该科学系统地将行为原则推导出来，在非实验室的、日常生活情景中直接应用，改善社会重要行为。该方法关注行为科学原理、方法和程序在自然情景下的应用，且针对可测量、可观察的外显行为，着重丁环境变量对行为的影响。其目的是为了帮助人们理解、预防和改变个体的问题行为，同时促进个体学习。ABA 是行为矫正的新扩展，常常用来代替行为矫正。Baer DM 等（1968）认为 ABA 有 7 个必备的维度特征，它们是：

（1）应用性（applied）：应用性这一术语表明特定目标行为具有社会意义，且强调的社会意义与 ABA 的实验分析不同。具体地说，应用行为分析师选择具有社会意义的，且目前对个体非常重要的行为。在不同的情况下，应用行为分析师会处理个体大量的、非常重要的行为。ABA“应用性”维度具有广泛性，可用于不同人群、不同场所、不同领域。

（2）行为的（behavioral）：该术语表明，ABA 关注直接可观察性行为研究，其行为测量是有效和可信的。具体地说，尽管行为的间接测量如自陈报告、访谈或校核表经常使用，但应用行为分析师更强调直接观察和外显行为操作。ABA 不将行为作为非行为结构或内在品质（如人格特质）的特征，相反，ABA 强调环境变量的操作，及感兴趣行为与这些变量关

笔记

系的观察，其目的是为了证明功能关系（即行为的功能）。感兴趣行为的精准测量对ABA非常重要，反过来，允许对干预和重要目标行为的功能关系进行有效评估和论证，也允许对ABA解决目标行为的程度进行系统分析（即测量信度）。

（3）分析性（analytic）：该术语表明，ABA强调了感兴趣行为与环境变量、干预和治疗之间的可信关系。系统性行为分析独立变量（如干预和治疗）对依赖变量（如社会相关行为）作用的实验控制至关重要。

（4）技术性（technological）：该术语强调研究背景和行为干预应用程序的完整、准确描述，这意味着在进行实验和实施行为干预时，要完整而准确地描述其程序。这些信息要完整、准确地记录下来，包括书面程序、目标行为的操作性定义和程序完整性数据等。根据相关记录其他行为分析师能进行重复性研究和应用。

（5）概念系统化（conceptually systematic）：该术语是应用行为分析的特色之一，关注改善行为的干预类型。许多策略和特定程序可改善行为，但他们由少数行为原理中衍生和组合而来，因此，应用行为分析研究报告要具有"概念系统化"，即行为改变的程序及其有效性的解释，均需要描述其源自或修改自相关的原理。概念系统化将特定程序与基本原理相关联，有助于研究者从相同原理中衍生出其他类似程序；如果一套技术要发展为整合学科，概念系统化十分需要。

（6）有效性（effective）：一个行为改变技术的有效应用必须能对研究中的行为改善具有实用价值。许多实验研究设置对照组，通过统计学推断组间是否存在差异，进一步判断干预的有效性，而ABA通常通过视觉观察评定数据确定干预程序的有效性。也就是说，个体的行为是否发生了变化，通过临床学家及其家庭、照护者和朋友是否发现其行为发生了显著变化来确定，达到临床或社会上的显著性。可见，行为的变化仅仅有统计学意义，并非意味着其行为改变具有社会意义。

（7）类化性（generality）：该术语是指行为在不同场合、不同行为类化的程度。行为的改变在时间上具有持续性，也表现在其他环境中，且能延伸到其他行为上，才表明其有类化的作用。

应用行为分析常应用于精神发育迟滞、孤独症、情绪障碍、注意缺陷多动障碍等的管理训练，包括传统的行为矫正和认知行为矫正方法。此外，基于ABA原理的评估和干预实践已经在教育、临床、体育和商业环境中成功地实施，以解决广泛的行为问题。

第四节　行为评估的应用

行为评估在儿童、青少年、成年人和老年人人群各种问题中都有广泛的应用。如行为问题筛查、协助诊断、治疗干预（包括心理干预和药物干预）评估、问题行为原因界定、心理学研究等。下面主要介绍行为评估在心理治疗、行为矫正及其他心理领域的应用。

一、行为评估在心理治疗中的应用

行为评估在心理治疗，特别是认知治疗方面应用广泛。认知因素在行为的习得和改变过程中起着不可忽视的作用，20世纪60～70年代认知行为治疗理论被正式提出并运用到临床实践中，是目前有循证证据的心理治疗方法之一。其主要观点认为影响个体情感和行为的主要原因是个体歪曲的认知观点，因此可以通过改变个体的不良认知来改变个体的行为。在临床实践中，认知行为治疗包括多种指导策略和技术，主要有认知矫正（以艾里斯的理性情绪疗法和贝克认知理论为代表）和自我控制或自我管理方法。认知行为治疗的第一步就是认知-行为评估，其将解释心理障碍的行为、思维过程或生理反应视为真正的问题。

笔记

如对进食障碍病人而言，认知-行为评估关注的是进食行为，将进食行为视为治疗的直接目标，检测程序是评估进食行为，而非童年经历等潜在病因。可选用行为访谈、观察、标准化问卷、行为监控等多种方式进行全面评估。同时，在治疗过程中，对心理行为障碍发生前、过程的各种伴随因素也可进行评估。

二、行为评估在行为矫正中的应用

行为治疗（behavior therapy）又称行为矫正（behavior modification）通常是指依据学习原理处理行为问题，从而引起行为改变的一系列客观而系统的方法。行为矫正的假设主要有：行为是习得的、可以预测的、可以改变的。其技术主要源于经典条件反射、操作性条件反射、社会学习理论、认知行为矫正理论等。行为矫正通常包括4方面内容（Zirpoli TJ &Melloy KJ，1993）：①观察、测量和评估个体当前可观察到的行为模式；②确定环境中的先前事件和行为发生之后的结果；③建立新的行为目标；④通过控制所确定的先前事件和行为结果，促进新行为的学习或当前行为的改变。临床实践中，行为矫正通常需要经过3个阶段：①行为评估阶段，对需要矫正的问题行为进行仔细评估；②制订矫正计划阶段，根据行为评估获得的与行为有关的信息来制订行为矫正计划；③行为矫正实施阶段，根据制订的计划实施行为矫正。从行为矫正实施过程不难看出行为评估是行为矫正或行为治疗的重要组成部分，体现在矫正实施的所有阶段，具有着非常重要的作用，主要方法有：访谈、观察、自我监控、检核表和标准化测验等。

三、行为评估在心理生理测量中的应用

行为评估不仅包括外显行为的测量，也包括心理生理测量，即测量个体对情境要求的心理生理反应。心理生理学家研究身体的反应或反射活动，这些反应或反射活动是由自主神经系统（ANS）的交感和副交感神经控制的，包括心跳、血压、呼吸、皮肤电阻、肌肉紧张和皮层电活动。这些生理反应的变化提供了有关个体心理适应功能的重要信息。

心理生理学基本原则认为社会的、行为的、认知的和情绪的反应与生理过程密切相关。从这个意义上说，心理生理测量是对人心理方面功能测评的自然延伸。Ax（1953）的研究已率先证明了害怕和愤怒各有其特有的生理反应特征，他的研究使人们认识到对情绪状态的测评不仅可用问卷法，还可包含心理生理学方法。现在已经知道ANS对环境事件反应很灵敏，当个体被唤醒时，他们ANS的变化通过心跳、呼吸、皮肤电阻的变化得以反映。因而，心理生理测量能提供有关个体内部心理状态方面的重要信息。

心理学家对通过心理生理测量来了解不同类型心理障碍和行为问题显示出日益浓厚的兴趣，如生理测量已扩展至对性功能障碍的评估和治疗，还有人将其用于儿童和成年人焦虑及抑郁引起的情绪失调研究。也有学者将心理生理测量用于婚姻互动及离婚研究，Gottman JM等（1992，1994）研究发现，自述婚姻状态不如意的丈夫与其配偶相处时，其生理唤醒水平高于那些自认更满意的丈夫，虽然这种唤醒在他们的语言和行为上并不明显。Gottman JM还发现这种心理生理功能模式能有效地预测离婚，这进一步强调了心理生理测量对于理解人类行为的重要意义。

四、行为评估在认知-行为评鉴中的作用

早期的行为评估带有浓烈的激进行为主义色彩，这意味着它只对外显行为和可观察的外部事件感兴趣。在它看来内部事件包括思维和情绪都是不可观察的假想结构，并且认为它们与科学理解行为以及行为的改变没有关系。但随着学科的发展，传统行为理论逐渐认

笔记

识到个体功能其他方面的意义，特别是越来越多的研究也已证明在行为与认知间有着紧密的联系，这些研究结果促进了用行为方法评估认知功能的应用，进而发展出认知-行为评估法。

Linscott J和DiGiuseppe R（1998）列出了4类评估认知的方法：

1. **表达法**（expressive methods） 该方法要求来访者在执行某项任务（如想象正在出席某社交活动）时出声思维，心理学家试图借此直接评估来访者的内在思维。Davidson JE等（1995）发明的模拟情境范式下的清晰思维法在该类方法中应用前景十分看好。清晰思维法要求来访者听一段简短的与他们的问题有关的录音，并在录音机停止播放后即刻说出他们的想法。

2. **产生法**（production methods） 该方法要求来访者记录下他们对特定事件的想法，通过来访者对发生的事件以及对事件的认识的记录，以确定来访者对发生在他们生活中的事件是否存在认知功能障碍或适应不良，这被广泛运用于认知疗法。

3. **推论法**（inferential methods） 该方法最常用于认知研究而非临床实践。它试图对认知图式进行测评或期望引导来访者对他的经历进行释义。所谓认知图式，是假设的存在于个体意识之外的功能，因此对它们的测量特别困难。推论法如Stroop颜色命名任务、自我参照编码任务是测评抑郁、焦虑病人图式功能的方法，应用前景十分看好，但它们至今尚未运用于临床实践。

4. **批注法**（endorsement methods） 临床实践中应用最广泛的认知评估手段可能就是批注法了。该方法要求来访者对一套预先编制好的项目（即问卷项目）就每条项目的适切性进行评估。批注法已广泛应用于多种功能测评，这类评估方法就是通常所指的问卷或自陈量表测评。

认知问卷及自陈测评法区别于严格的“行为”评估法之处有二：首先，自陈量表法的研究范围通常更广泛，它不只关注特定的、外显的行为，它还可用于测评来访者的态度、情感；其次，行为评估通常是在行为发生的当时进行（如直接观察和自我监控），而认知的自陈测评是回顾性的，是对相对较长时间段内所发生的行为进行总结，这个时间段一般是数天或数周（如“我很容易就想到一些不好的事”）。

尽管与严格的行为评估法有如此大的分歧，但不断有自陈问卷编制问世并得到了广泛应用。Marnat G（1997）研究发现，有相当数量这类问卷其心理测量学属性很不理想，有些甚至根本达不到起码的心理测量学要求（如信度、效度），仅有少数提供了常模资料。不过，也有一些自陈问卷达到了心理测量学要求。有关具体的量表可详见本章第二节自陈量表。

五、行为评估在其他心理领域中的应用

行为评估还可用于心理学、教育学、生物学、人类学、医学及与行为科学密切相关的其他应用学科的科学研究和实践。根据对象不同，行为评估可用于个体、夫妻、家庭，也可用于健康人和病人等评估，如儿童和少年糖尿病，对接受糖尿病治疗，充分的代谢控制等方面行为问题的评估。在发展心理学领域，行为评估可用于新生儿、儿童、少年、成年人和老年人不同年龄阶段有关特征的评估，也可评估个体心理发育和认知能力，如精神发育迟滞病人适应能力的评估。在跨文化心理学和人类学领域，可用于不同文化和种族人群的评估。在医学领域，行为评估可用于躯体残疾的评估，也可用于急性或慢性疾病的评估，如对意识障碍病人，行为评估（Glasgow昏迷量表）是意识障碍诊断和预后判断的“金标准”。

（许明智）

笔记

思考题

1. 名词解释：行为评估、生态瞬时评估、应用行为分析。
2. 行为评估的目标有哪些？
3. 行为评估与传统评估区分有哪些？
4. 行为评估的应用主要有哪些方面？
5. 简述Linscott和DiGiuseppe列出的4类基于行为的评估认知的方法。

笔记

第十三章　心理评估报告

第一节　评估报告概述

通过观察、访谈及测试收集评估对象的相关资料后，评估者先要把所得资料进行整理、解释、构想好建议方案，然后与申请人或评估对象进行沟通。评估报告是传统的、最常用的沟通媒介，是心理评估活动的最终产品，是评估者对申请人的回答。作为一种信息传递工具，如果报告不对评估结果进行分析解释，或者分析解释缺乏针对性，内容不清晰，不能满足评估对象的临床需要，则评估就失去意义。心理评估报告在心理评估过程中的重要性不言而喻。

一、心理评估报告的用途

Sattler 在 1988 年提出心理评估报告有 4 个用途：①向申请人或申请单位或者其他有关单位提供与评估有关的正确信息，比如发展史、教育史、医学史、当前智能水平等；②为临床假说、干预计划的制订、疗效的评价与研究提供依据；③作为档案材料，为今后评估特别是临床效果评价提供比对的基线；④作为法律文件。

二、心理评估报告的种类

心理评估报告一般常用两种类型，即假设取向模式（hypothesis-oriented model）和领域取向模式（domain-oriental model）。

（一）假设取向模式

这类报告着重于回答申请人所提出的特殊问题，报告内容高度集中，避免超范围的描述。例如，申请人要求评估被试是否存在脑损伤，那么所有依据测验资料所作出的分析解释，都将紧紧地围绕该被试是否存在脑损伤的这一假设。显然，此类报告能帮助申请人解决主要的问题，但比较刻板，信息内容单一。

（二）领域取向模式

这类报告着重于描述评估对象某一特殊领域的功能状态，如认知能力、人际关系或性心理取向等，内容比较广泛，要求对评估对象某一心理领域的强项或弱项分析解释，通常将给阅读者留下对评估对象的整体印象。虽然也涉及了申请者所提出的问题，但报告内容涵盖了与此问题相关领域的全部内容。有人认为此类报告的优点是材料丰富、可读性强，缺点是信息量过多，增加阅读者的负荷。

有时，也存在仅用一个测验材料发一份报告的情况，如韦氏智力量表、MMPI 等，这种情况在我国临床心理评估中较为常见。此类报告材料来源清楚，阅读者较容易找到报告分析解释的依据。部分临床心理评估者认为这类报告易引起阅读者过分关心测验分数，而不关心测验结果所反映的心理功能。也有人鼓励进行测验操作的技术员使用此类报告，而临

笔记

床心理学家则要参考多种信息来源，针对申请人的需要，给予较全面地报告，以帮助申请人解决评估对象的问题。

三、心理评估报告的阅读者

评估申请者往往是报告的阅读者，他们有不同的背景。以所属机构而言，有学校、医院、诊所、司法部门、企业和人事部门；就专业而言，有心理学家、教辅人员、行政人员、医务人员和社会工作者；就申请解决的问题而言，有学习能力评估、心理功能评估、精神病理状态评估、责任能力评估等。申请者如果是心理学家，他们的理论取向又有不同，如精神动力的、行为主义的、认知的、现象学派的。背景不同，对报告的需求不同。例如，学校教辅人员关注学生的学习，他们希望了解学生胜任学习和适应学校生活的情况，是否需要特殊帮助等；而临床医务人员注重病理状况的诊断；司法人员希望评估报告措辞精确，不要有歧义。如果评估报告不符合申请者的要求，或报告内容与他的理论取向不同，都会被认为是不恰当的报告。因此，报告书写前应了解阅读者及其背景，这对完成一份高质量的、能获得认同的报告具有帮助。

四、评估报告的基本要求

1. 评估报告应精心组织，依据充分。一份好的报告不仅仅是呈现事实，还要整合测验结果、行为观察、访谈所得信息、相关个案史材料，陈述力求客观，解释、结论和建议有根有据。

2. 评估报告要有针对性，应了解什么人阅读报告、要回答什么问题，报告有针对性地提供信息。

3. 报告要清楚简洁，不管目标阅读者是专业人员还是非专业人士，都能读懂。

4. 报告要尊重评估对象。在整个评估过程中要将评估对象看成为其生活背景中的独特个体，在报告时更要以尊重方式呈现发现和对被评估者的认识。

5. 报告要书写及时。完成评估后要尽快地书写评估报告，以免遗忘重要的细节。另外申请人也希望得到及时回复。在有些机构，从申请到启动评估常常有些耽搁，因此不要再拖延提交报告，以免降低评估报告的时效。

五、评估报告的文字表达

为了准确有效传递信息，报告写作要做到语法规范、标点正确、避免错别字，此外，在遣词造句等方面注意以下方面：

1. **易懂** 报告写作前要根据资料分析成果，列出写作大纲，安排报告各部分的内容要点，在报告中按照内在逻辑安排材料的呈现顺序。报告每一段只表述一个主题，段内不要任意转换话题，每一段也不要太长。恰当应用关联词语和表示顺序的词语，如“首先……其次……然后……最后”等，让阅读者轻松跟随报告转承启合。恰当断句，避免太长的句子。不用卖弄学问使用生僻词语，少用专业术语。必须用到专业术语时，用评估对象的事例解释。总之，要在字词句篇各个层次降低阅读的难度。

2. **正规** 评估报告不要使用华丽辞藻，不要使用生动形象的比喻和夸张的描绘。报告行文中要使用标准词语，除非引用评估对象的原话，不要用口头语言、近似性的修饰词、词语的非正式意义，这些会降低报告的专业性。比如，实况为“班上30个学生中有5人离开座位，互相叫喊。”不要写为“班上少数人有些乱来。”

3. **简洁** 报告内容要清楚，表达方式要简洁。句子能短则短，如“他的体重超出同龄一般孩子的正常范围”改为“他体重超标”；“我注意到他用右手写字”改为“他用右手写字”。避免无谓的重复，如“这对双胞胎是完全同卵的”，去掉“完全”。

笔记

要写好心理评估报告，这一方面涉及对心理评估技术熟练掌握的程度，另一方面更要在专家的指导下，反复学习和练习书写报告，提高写作技能。

第二节　心理评估报告的内容

心理评估报告应足以描述评估的发现，回答申请者的问题，它的价值大小在于回答申请者问题的程度。每一份评估报告应是一份独立的文件，就是说它内容完整，可以单独存在，阅读者不须其他参考材料就能清楚明了。当然，有时可以提醒阅读者阅读以往报告，并与现在的报告进行比较。完整的心理评估报告通常包括以下基本内容并按以下顺序排列：

Ⅰ. 一般资料
Ⅱ. 申请评估的理由
Ⅲ. 背景资料
Ⅳ. 行为观察
Ⅴ. 测验结果描述
Ⅵ. 评估结果的解释
Ⅶ. 建议
Ⅷ. 小结
Ⅸ. 签名

一、一般资料

一般资料包括评估对象和评估过程的最基本情况，通常以表格的形式呈现。

评估对象的资料包括：姓名、性别、出生日期（年、月、日）、联系方式，有时还有年级或文化程度。智力评估时，评估对象的出生日期、评估日期不能遗漏，更不能弄错年龄。

评估过程的资料包括：评估日期、报告日期、评估者姓名及其所在机构、评估所用的技术和工具的名称等。这里一般只列出评估所用标准化测验和系统观察等技术的名称，测验的技术指标一般不在这里描述，必要时可附于报告后面。报告中第一次出现的测验名称要用全称，可在紧接其后的括号中附上缩写，再次出现可用缩写。

二、申请评估的理由

评估报告引用申请理由能说明开展心理评估的主要目的，在某种程度上说，也提示了评估报告的重点。这部分内容包括：申请人及其所属机构的名称（who）、申请评估的原因（why）、想要解决的具体问题（what）、可能采用的评估方法（how）。引用评估理由时要简单明了、重点突出，例如，“申请进行心理评估”“作为年级分班计划的依据”之类目的不明确，缺乏重点；较好的如：“要求对评估对象的智力水平（正常、低下或超常）作出诊断”“要求对评估对象接受心理治疗的适合性及可能遇到的困难进行评价”。下面是一个完整的例子：

×× 做事易分心、老拖欠作业、爱惹事、同伴关系差，×× 学校的心理辅导员申请对他进行心理评估，以明确该同学认知和行为方面的强项和缺点。

三、评估对象的背景资料

评估对象的背景资料主要通过访谈得到，内容十分繁杂，涉及早年生长发育和心理发展、家庭环境、学校学习或工作情况、个人兴趣与业余爱好、人际关系情况、重大生活事件、当前心理问题发生和演变情况、医学方面资料等。心理评估报告应选择哪些个人历史，尚

笔记

无统一规定。关键是有助于解释测验结果、解决申请者所提出问题、诊断评估对象的问题和提出处理意见。描述相关个人历史资料时，应尽可能地简明扼要，与评估无关的资料就无必要在报告中引用。评估对象的背景资料一般有以下内容：

（一）人口学统计资料

描述个人背景资料时，通常简要介绍评估对象的人口学资料，给阅读者整体印象。内容一般包括：年龄、性别、受教育程度、职业、婚姻状况等。

（二）心理问题的情况

涉及当前心理问题本身的描述，包括：症状开始时间、性质和可能的诱因；发生以后出现的频度和强度；问题的演变；过去诊疗经过和治疗效果。问题发生的有关诱因或说促发因素，涉及家庭和个人的遭遇即重大的生活事件。

（三）个人成长史

评估对象生理发育及心理发展情况均属本部分。心理评估报告较多引用心理发展证据，尤其是每个年龄阶段的关键期情况、重大疾病史、重大精神创伤史和受教育史。

1. **婴儿期** 主要涉及母孕期和生产过程有无异常，感官、动作和言语的发育，喂养方式和生活习惯的训练，与父母接触程度及家庭气氛等。

2. **儿童期** 重点关注幼儿园及学校适应能力和学习成绩，兴趣范围及课外活动，师生关系和伙伴关系情况，有无品行不良行为及叛逆行为，有无退学或留级现象、父母教养方式及其亲子关系等。

3. **青少年期** 主要关注中学适应能力、学习成绩，性成熟及异性伙伴关系，有无性角色取向困难，酗酒或药物滥用、对权威畏惧或敌意等情况。

4. **成人期** 成人个人史资料应围绕职业能力与职业适应，婚姻质量与家庭关系如何。对于青壮年评估对象，重点报告婚姻质量、职业目标及独立程度；中年人则重在人际关系、性生活质量、重大生活事件及业余活动方面；老年人应侧重报告如何应对心理和生理能力下降、退休后活动范围及个人价值感和社会生活的信念。

（四）家庭情况

主要描述相关的夫妻、父母、子女、兄弟姊妹及家庭的互动情况。如父母是否健在，与谁生活在一起，婚姻情况、健康状态、职业、社会经济地位，家庭氛围尤其家庭成员相互之间的感情，有无家庭冲突，家庭成员相关的重大疾病史。如父亲或母亲在评估对象年幼时已去逝，应报告对评估对象成长过程的影响。

四、行为观察

观察并报告评估对象在家庭、学校、职业场所、医院等自然场所和测验、访谈过程中的行为表现，有助于对评估对象的问题深入了解。

行为观察的报告内容包括评估对象外貌、对任务操作和对检查者的态度、合作程度等。外貌着重于面部表情、衣着、姿势、仪态、异常动作等描述，尤其是注意矛盾之处。如一个14岁男孩，言谈举止像一个25岁左右的成人；又如某人外表不整，但言语流畅，词汇丰富。在评估过程中评估对象是主动地、被动地还是顺从地参与，有助于帮助判断评估对象合作程度。同时，注意观察评估对象在完成任务时所采用的方式，是仔细、认真还是冲动、无序或随意操作，还应观察评估对象任务操作过程中自发性异常言语表现。合作性是反映测验结果有效性的重要因素之一，尤其在能力测验、人格测验中更是如此，因为此类测验的前提是被试在最佳状态下尽了最大努力完成测试任务。在司法鉴定等特殊评估中，准确描述评估过程十分重要。

报告时要将行为描述和行为解释、推断区分开来，“他言语缓慢，常常自责，总觉得自己

笔记

处处做得不好”、“测量中他的手有些发抖”是行为的描述，而“他处于抑郁状态”、“他显得焦虑”则是行为的解释推断。报告中既有行为描述，又有解释比较好，可以先进行描述随后解释，或相反，先提出观察印象，随后用具体描述来印证。

行为观察的报告应始终准确、有针对性。如果评估对象的行为与他（她）的特殊问题无关，就不报告；以肯定的句式报告已经出现并被观察到的行为，包括行为的发生时间、持续时间、频度及强度等；除非有重要的鉴别诊断意义，否则，不以否定的句式报告众多没有观察到的行为。比如可说“被试平静少动”，不说“被试没有多动”、“没有跑来跑去”。

五、测验结果描述

评估报告要列出哪些测验结果，这要根据具体情况来确定。有些报告的目标阅读者是对心理学及相关知识完全不了解的外行，不必列出原始测验数据，只报告结果分析及其意义；但另一些报告却要求列出详细的第一手测验数据，比如司法鉴定报告就要求原始测验结果要详细、全面；另外，阅读者如果是熟悉心理学及相关专业的专业人员，也常常希望直接看到测验数据。

一般而言，智力测验主要结果均要列出，如韦氏智力测验通常应列出言语智商、操作智商、全智商、各分测验量表分及相应的百分位。报告智商时最好提供可信区间和相应的概率水平，一般报告95%可信水平的可信区间。比如，“他智商的真实分数有95%的可能性在106～120。”人格测验结果形式不一，MMPI结果一般先列出效度量表分，再按量表分高低列出各临床量表分，也有的按剖图表上临床量表顺序依次列出量表分；EPQ结果则通常列出4个维度分数及人格特征分型；客观人格测验结果可直接列出，但投射测验不太容易恰当地描述，罗夏墨迹测验可列出总结表，画人测验、TAT结果常不直接列出，TAT结果常对评估对象最强烈的需求、压力及最常见的领域作出总结性简要描述。临床评定量表如症状量表则主要列出最突出的问题或症状。一般能力倾向、职业能力倾向及职业兴趣量表在人才选拔或职业咨询中应用时最好直接列出较详细的测查结果。

对报告所提供的数据要仔细计算和核查。报告中尽量少使用统计学、测量学术语。对必须使用的统计学概念，要使用恰当，依习惯方式准确描述。

六、评估结果的解释

分析与解释评估结果是针对申请理由，按一定程序对评估对象的资料展开讨论。内容涵盖评估发现、主要测验分数的可信区间、结果的信度效度和诊断印象。所讨论的评估发现，应有效地提示评估对象的心理问题或特点，否则这里不报告、不讨论。报告要分析可能影响评估结果的因素，如果一些因素使得评估结果可能不可信或无效，应清楚陈述。比如，“这个智力测验结果可能无效，因为测验时他正在发热”。评估结果的解释及其写作在第三节再详细介绍。

七、建议

建议部分是评估报告中最具实用价值的部分，它针对评估对象存在的问题提出解决措施，包括现实可行的、有针对性的干预目标和处理策略。

如果必要，书写建议可以引用测验数据和行为观察资料，以帮助阅读者理解建议，要突出重要发现及其对干预的意义，格式可为“鉴于……，因此建议……”。

有多条具体建议时要按主次排列。回答申请问题的建议往往是最重要的，应首先描述。然而，如果发现更紧迫的问题，并有解决这些问题的建议，也可将它放在建议部分的开头，以示重视，再紧接其后继续解答申请问题。

笔记

八、小结

小结部分回顾和总结报告前面部分所给信息。本来整个报告要求准确精练，小结更应精练，一般只用1~2个自然段，前面每部分只提一个关键的观念。小结可以重复前面部分的原话，但绝对不能出现新信息新观点。小结部分要体现主要的建议。

由于有些人只读或过分依赖小结，结果报告主体被忽视，就有可能造成一些有价值的信息被忽视。因此，有的报告人不写小结。

九、签名

报告的末尾要有报告人的姓名、专业头衔和学位。若是打印报告，报告人要用钢笔或签字笔在姓名处亲自签名。如果报告书写人没有执业资格，必须请有资格的督导人员签名。有时评估人员是一个团队，比如精神疾病的司法鉴定，报告签名部分除有团队名称印章外，每一位成员都要签名，执笔人应注明并签字。

签名表示签名人愿意为报告承担责任。只有签名的报告才有法律效应。

以上是完整报告的内容和格式，这些内容可以简短叙述，写成两页左右的简短报告，亦可详细阐述，写出长篇大论，临床心理学家多喜欢简短报告。另外，在实践中，还有两种特殊形式的报告，它们不包涵所有内容，其详略也不同。一是书信式报告，采用书信交流评估信息，简短简单。它常用于医学环境，因为医务人员往往很忙，且需要迅速知道评估结果。书信式报告的内容由书写者自己决定，常规写上一般资料、申请理由、诊断建议及其支持材料、签名。二是只有建议的报告，当不能确定报告阅读者时往往使用这种形式，或临床会诊讨论时散发给会诊人员。

第三节　评估结果的解释及其写作

心理评估结果的解释过程涉及评估资料的整合、判断资料的涵义、探索资料对诊断、安置和干预的意义。解释是评估活动中最具挑战性的一环，它要综合利用发展心理学、测验学、人格心理学、心理病理学和其他社会科学的知识。

一、评估结果的解释

（一）整合资料

整合资料涉及探索不同来源资料的异同，提取与评估对象有关的有效信息，并将他们整合，形成对评估对象整体的认识。资料整合做起来不容易，但它是必须的。

1. 寻找共同成分　整合资料的第一步是寻找在资料中的共同成分和趋势。回顾测验结果、访谈和观察记录、个案史和已有的其他信息等，分析不同知情人共同关心的问题和共同的看法，探索不同测验中错误或成功的共同模式，捕捉测验结果和访谈资料、行为观察结果中表现出来的共同趋势，提取个案史中资料如既往评估报告和目前发现的共性等。这些共同成分将助于形成假设和诊断印象。

2. 寻找资料间差异　与不同对象访谈所得资料可能出现差异。评估对象本人、父母、老师对评估对象及其问题看法可能不同。比如，他们可能对外显症状看法一致，但对内在问题和成因则看法不同。关于过去情况也可能有不同陈述。因为，历经岁月，无论是评估对象还是知情人难免记忆模糊，出现夸大、遗漏甚至杜撰；此外，有些知情人的陈述基于他人传说而非亲身经验，不同传说版本可能不同。

观察资料方面，评估对象在测验、访谈中的行为表现可能跟学习、职业等自然场合的表

笔记

现不同。这种不同与情境因素有关，也在某种程度体现了评估对象的特点，因为两种场合观察到的行为都是评估对象的行为。

测量分数之间常有差异，一是测量类似目标的不同测验分数不同，如同时使用斯坦福—比奈量表和韦氏智力量表评估智能，被试的结果可能有一定的差异。二是测验内部分数不同，比如如韦氏智力量表的言语智商和操作智商差异显著；又如记忆测验中语言材料的记忆得分高，非语言材料记忆得分低。

测验结果不一定和知情人报告、观察印象一致，甚至出现惊人的意外，比如某学习困难学生，瑞文推理测验的百分等级高达95%。

资料间存在重大差异一定要设法合理进行解释，解释有助于明确评估对象问题的性质、原因和提出解决方法。如果不能合理解释，应如实报告，不能用它们来诊断和决策。

（二）解释发现

评估资料中会有很多有关评估对象的具体发现，比如他的测验分数，要解释并报告重大发现的意义、原因和启示。某种程度上，解释评估发现是个循环过程：基于评估发现形成有关评估对象的假设、寻找证据支持或否定假设、再用有支持的假设解释评估发现。首先提出假设，如看到××在访谈中低头不语，还观察到他跟同学交流少，可以假设他性格内向。然后寻找是否有独立的、有力的证据支持或否定假设。要丢弃那些仅有单个不重要证据支持的假设，保留那些有多个证据的假设。如果几个不同来源的评估发现互相佐证，假设成立的可能性较大，就能较为自信地拿出来解释评估对象的行为并报告出来。当然，它们还是假设，是暂定的未被证实的资料的解释。如果发现相互矛盾的证据，解释要格外小心。解释评估发现要特别注意以下两个方面：

1. **解释要依据所有评估资料**　观察可能形成某种印象，但不要仅凭印象解释观察的行为。毕竟在一段短促的时间里进行的观察往往只产生一个小的行为样本，对潜在特质和过程做出推论要格外小心。比如，××拒绝访谈，生气地从办公室跑了，不要解释为“该被评估者喜欢拒绝，对想帮助他的人有敌意”。这种解释是过度概括，因为一个场合出现的行为不一定也会在另外一个场合出现。如果有其他信息，比如，老师、同学、家长的报告和测验结果支持，则可以这样解释。

解释访谈资料的重大差异同样需要其他信息。不同访谈对象陈述的看法及其侧重点不同，可能原因很多：①父母和老师的观察、评价和判断能力可能不同；②判断行为反常的标准或对行为问题的忍耐性不同，比如父母认为多动，老师可能认为正常，或恰恰相反；③可能父母和老师对评估对象的看法不同源于情境因素，比如父母比老师报告评估对象问题少，评估对象可能在家被溺爱，而在学校被正常对待，如果父母比老师报告的问题多，可能评估对象在家里遭遇应激性环境（如父母缺乏同情心，兄弟姐妹冲突等）而在学校环境正常，因此，评估对象可能真的在家和在学校行为不同；④可能因为评估结论与利益有关，导致有的访谈对象故意歪曲或隐藏信息，甚至提供误导信息。所以，确定访谈资料差异的真实原因还需使用其他信息。

测验分数的解释在前面章节有详细介绍，这里强调的是，解释测验分数不是简单地对照手册，把分数转换为文字，不能简单的依据测验分数下诊断。合适的做法是，要考虑测验本身、施测过程、被试状态对测验分数的影响，还要使用其他的信息资料。比如说，韦氏智力分量表的量表分特殊剖图，可能反映评估对象的认知类型，也可能是因为评估对象使用方言或是少数民族，还可能是动机、暂时性效能下降、或认知干扰等情境因素所导致。不要单用分数去判断，以为它们总揭示有诊断意义的东西，提示持续的欠缺或良好潜能。相反，要回顾整个测验表现、行为观察和背景信息为剖图寻找合适的解释。

笔记

有时，类似测验的分数不一致，比如，被试在两种数学测验中的百分位相差悬殊；或者，测验结果和被试的其他相关信息如教育程度、学习成绩、老师和父母的报告、职业水平不一致，比如被试学习成绩中下，智力测验得到智商135，被试的学业成绩就与智力水平不一致，解释类似棘手的问题，肯定要超出测验分数本身，从其他信息资料中去寻找答案。

2. **谨慎概括和推论** 对评估发现进行概括和推论要谨慎，不能仅仅依据测验分数，要使用与被试有关的所有信息资料，将结论和推论建立在几个因素的基础上，包括评估人员和评估对象的互动质量、目前的评估结果、个案史、医学史、既往评估结果。只有足够的、可信的数据支持才能得出结论，避免过度推论。比如，仅仅知道孩子言语智商高于操作智商，不要肯定推论他将来文科成绩会超出理科成绩。只有掌握清晰、稳定的行为模式才做概括，以免以偏概全，比如不要因为智力测验的过程中被试注意力不集中就断定孩子存在注意缺陷。只有评估信息确凿、清楚才描述因果关系。比如，学科成绩和学习动机，成绩好可能因为动机强，也可能成绩好导致了动机强烈，不要因为学科成绩好且动机强就将二者解释为因果关系，除非有其他证据。

解释评估结果若忽视上述两点，可能出现两种错误，一是过早形成假设，导致忽视与初始观念冲突的信息；二是基于有限发现过度概括，用有限的观察期间被评估者的行为去概括每天的日常行为，用评估环境中的行为去概括其他场合的行为。

（三）诊断和预后判断

1. **诊断** 在测验结果分析解释中是否要给评估对象标上一个医学式的诊断名称，去贴上“标签”，一直存在意见分歧。大多数非精神病学背景的临床心理学家一般不主张给评估对象下一个疾病的诊断，其理由有二：一是一些研究者发现目前心理障碍的诊断一直沿用精神病学的诊断术语，如美国精神障碍诊断与统计手册第4版（DSM-Ⅳ），中国精神障碍诊断标准第3版（CCMD-3），这些标准中的术语并非全都科学、有效。二是“贴标签”效应问题，及诱导评估对象产生先瞻性消极观念，导致评估对象放弃改变目前自己行为的责任。赞成给予诊断的通常是具有精神病学背景的临床心理学家，诊断被认为是他们的主要职责，即有了诊断才能顺理成章地产生相应的干预措施。

目前在我国，司法鉴定、计划生育鉴定等情况需要给出诊断。但是，给予诊断名称要慎重，诊断者应当全面、正确地了解目前精神病学诊断术语的含义和操作性诊断标准，并接受过严格的心理学临床工作培训且具有较丰富的临床实践经验。诊断前要充分搜集信息，对评估对象既往功能水平、障碍的严重程度及发生的频度做出评估。此外，对导致心理障碍的原因如始因、诱因及促发因素进行分析，这种分析不是简单的、单维的，而应从生物的、心理的及社会文化的多个维度进行多层次分析。

绝对不能依据测验分数诊断，应联合使用测验结果、访谈、观察、背景数据和其他信息资料，比如不能仅仅因为某儿童智商是68就诊断该儿童为精神发育迟滞，还应搜集其适应行为的资料。又如，“操作智商显著低于言语智商，提示右脑损伤”也是错误诊断。在任何个案中，若所得信息和评估发现中存在巨大差异，不要进行诊断。

2. **预后判断** 在对评估对象的心理障碍评估时，还要对其预后做出评估。无论是得到好的或差的预后结论，都要有明确的依据。例如，“评估对象可能对心理治疗反应较差，原因是其表现为典型的精神质，缺乏自制力和很高的阻抗水平”“评估对象心理成熟度较高，领悟力较强，有改变自己行为的动机和较广泛的社会支持”。此外，许多报告要求对评估对象的自杀、自伤、违法行为做出估计，这方面的评估需要借助其他资料。例如，预计自杀可能性通常要依据对评估对象既往自杀或疾病历史、目前环境、个人可利用的资源、自杀意愿程度做出评估后进行判断，某些临床量表如自杀态度量表、抑郁量表也许对自杀预测有所帮助。但是，做预测评估时，无论依据的资料多么全面、可靠，对某些行为如攻击行为的危险性评估往往难以准确，尤其是进行长期预后评估时，更难把握。因此，该项任务应十分慎

笔记

重，不能绝对化。

二、解释的呈现

（一）解释的组织形式

评估结果的解释可以基于测验一项一项的展开，亦可基于领域一个一个的展开，或联合使用测验方式和领域方式。究竟如何组织，取决于申请问题的性质和哪种方式更能清楚地向阅读者呈现评估结果。基于测验逐步展开的报告，比较常见组织形式是一个测验或一种方法的结果用一个段落来描述。如儿童心理发育评估的报告包括：智力测验结果、视觉一运动测验结果、成就测验结果、人格测验结果、适应行为问卷结果、系统行为观察结果等，最后可用阶段小结整合主要的发现。基于领域的报告，典型的组织形式是每个感兴趣的领域独立成段，如儿童心理发育评估报告包括：智力、操作能力、社会适应能力、人格等，每个段落可能包括多个相关测验和方法所得到的结果。如儿童成就领域之下包括成就测验结果、智力测验中词汇测验等与成就关系密切的分测验结果、父母的相关评价和学籍档案资料等信息。

（二）解释的肯定度及其表达

评估结果的解释按主观性的大小有 3 种水平：第一种水平是在表面价值层面应用评估信息，尽可能少的解释。比如："×× 在 C-WISC 上所得智商是 109±7，他的真实智商有 95% 的可能性在 102～116，他的智力水平在中等范围，等于或高于 73% 的同龄儿童。"第二种水平是列出评估发现，进行概括并提出行为的因果假设，比如："×× 的父母与老师报告她有情绪不稳定，与他人相处困难，在评估过程中看到几次发怒。她的情绪不稳定提示，她难以控制情绪，这可能是她人际困难的部分原因。"第三种水平是做最概括的解释，包括对被试行为做解释性推测。这种水平涉及临床预感、洞察、直觉。比如："在他人格定型的几年中，他惨遭多方拒绝，同时有自我怀疑的感受，提示可能有负性的自我概念，负性的自我概念可能是他在学校表现不好的部分原因。"报告中可以使用这 3 种水平的解释和推论，要注意的是推测成分越多，越要小心权衡评估信息，在报告中也要标明是主观的推测而不是客观的评估发现。

可以使用不同语气词来体现解释的主观性和肯定度。肯定度与信息的足够程度有关，获得信息的方法越可信、越有效、信息越完整、时间差距越近，肯定度就越高。肯定度还与所考虑的评估信息类型有关，已观察到的评估结果比预期的变化肯定度要高很多。比如，可以肯定被试"打扮得体、口齿清楚、所得智商是 110"，但仅能合理地肯定被试"能够从事大多数适合他那种年龄孩子的体育运动，他的真实智商在 105～115。"报告书写者对自己的结论、推论、预测没有把握时使用"很可能、看上去、也许、似乎"等，比如说，"测验结果看上去有效，因为他的动机和注意在整个测验中都是良好的"。解释是肯定的时候，要有信心把他们报告出来，比如"孩子目前智力属超常范围，他智商的真实值有 95% 的可能性在 130～144。"

（三）解释的其他注意事项

测验结果的解释应随阅读者不同而侧重点不同。比如，解释韦氏智力测验结果，通常要对 FIQ、VIQ、PIQ 及各分测验成绩进行分析，得到评估对象智力功能分级水平及其强项、弱点等，并对评估对象 VIQ 与 PIQ 差异（如果存在）原因和言语智力功能、记忆、注意、解决问题、抽象思维、信息加工过程等进行讨论。但是，如果报告阅读者非常熟悉测验理论和方法，可仅提供 IQ 值和各分测验量表分即可，而不必做过多的解释；如果阅读者对测验一点都不了解，此时可提供评估对象的智力分级，相应百分位，及其智力功能的强项和弱点。

解释若要引证专家权威性意见和文献资料，应引证在专业领域得到公认的意见，而且阅

笔记

读者对该意见的权威理论或研究结果背景情况有所了解，这样，引证才能起到真正的作用。

解释评估结果要兼顾评估对象的优势和潜能。在心理障碍评估中，常常对缺陷的心理品质（弱点）分析、解释详细、全面，而对评估对象相对较强的心理品质（强项）或保留的心理功能却常常忽视。应强调的是，了解评估对象这方面特点对制订整个干预计划非常重要，同时也是测验结果分析和解释的重点内容。

解释不要包涵种族、性别、社会经济地位等方面的偏见。

为了使读者了解报告的全貌，本章附录了3个心理评估报告样例，供参考。其中案例1是一个学习困难学生的评估报告，比较全面；案例2是一个自杀风险的评估报告，相对简短；案例3也较简短，是一例脑损伤病人智力水平的评估报告。

案例1

刘某某的心理评估报告——用于诊断、教育安置及康复训练的综合评估报告举例

心理评估报告

一、一般情况

姓名：刘某某	年龄：8岁1个月
性别：男	出生日期：1997年2月27日
年级：二年级	评估日期：2005年4月1日
测验：1. 韦氏儿童智力测验（C-WISC）	报告日期：2005年4月3日
2. 适应行为量表	报告人：李某某
3. 韦氏成就测验	
4. 画人测验	

二、申请理由

刘某某的老师认为他有学习问题，特别是在朗读、拼写和语言技巧方面困难突出。刘某某在发音方面有特殊困难，分辨不清相似的语音，如分不清拼音字母b-p，d-t。

三、背景资料

刘某某，男，8岁，本市某某小学二年级学生，最近父母离婚，祖父过世。他母亲每天忙于应对家庭内部的各种事物。刘某某有一个11岁的姐姐，与他很亲近。刘某某健康状况良好，没有重大躯体疾病历史和迹象，他母亲回忆他的说话和走路较其他孩子延迟。

四、行为观察

刘某某由母亲陪同前来评估。在开始阶段，在评估师面前显得较害羞，但还是愿意配合检测。刘某某言谈逻辑不是很好，多个辅音发音不对，或者语法错误，在词语提取方面有些困难，听觉分辨能力较低，短句复述困难。他做事显得警觉而缓慢，好像竭力回避一切错误。虽然能够合作，但是遇到困难时总想放弃，在评估师口头鼓励下能坚持下去。总之，他的行为与他的年龄相称，对测验成败的反应基本恰当。

五、测验结果

1. 韦氏儿童智力量表（C-WISC，城市版）

分测验	常识	相似性	算术	词汇	理解	数字广度	填图	编码	图片排列	积木设计	图形拼凑
量表分	4	7	6	3	8	7	13	6	9	12	13
智商	言语智商=71±9（95%可信水平）							操作智商=104±10（95%可信水平）			
	全量表智商=85±8（95%可信水平）										

笔记

2. 韦氏成就测验

分测验	基本朗读	阅读理解	听力理解	拼写	书面表达	算术	数学推理
标准分	67	71	83	74	76	88	94
百分位	1	3	13	4	5	21	34
阅读 =64±6（95% 可信水平）数学 =90±7（95% 可信水平）书写 =70±8（95% 可信水平）							

3. 儿童适应行为评定量表 ADQ= 76±11（95% 可信水平），百分位：5

4. 画人测验总分：99 分，百分位：47

六、评估结果解释

刘某某，实际年龄 8 岁 1 个月，在 C-WSIC 测验成绩上言语智商为 71，操作智商 104，总智商 85±8，总智商在中等偏低智商范围，他的智商等于或高于 16% 的同龄孩子智商。智力测验结果和其他测验结果一致，可信、有效。

言语智商低于操作智商 33 分，言语智力功能显著低于操作智力功能。他的语言能力显著低于平均水平，操作能力中等。刘某某在空间推理和知觉整合方面较强，但是加工速度较慢。进一步分析发现，对需要平行加工能力的任务完成较好，而有先后序列性质的任务完成得没那么好。刘某某言语功能有缺陷，很多语言回答混淆不清。如问他“一周有几天”，他答成了“一周有 8 斤”；问“衣服用什么做成”，回答“穿的”。他对理解测验题的回答显得结构松散，组织性很差。

画人测验是非文字的筛查测验，刘某某得分的百分位是 47，接近于他 C-WISC 的操作智商的百分位。支持该儿童操作智力功能在正常范围。

在韦氏成就测验中，刘某某的阅读能力（即认字和段落理解）和书写能力（写字和段落书写）的百分位都在 5 以下。虽然他知道拼写规则，但很难正确的应用。他的朗读技巧有明显的缺陷。

刘某某的数学技能的百分位在 37，表明他在数学课程学习上有一定困难。

儿童适应行为评定由刘某某的母亲提供信息。评定结果为适应能力商数在 76±11 之间，处于边界水平，表明该儿童在独立生活能力方面有轻度困难，需要家长照料。

刘某某被观察 90 分钟，时间 8 点半到 10 点（2005 年 4 月 2 日），地点学校，第一节是阅读课，第二节是算术课，课堂上他从来没有举手回答问题，但有其他的学生举手回答。他常常环顾四周或望向窗外，玩弄自己的铅笔，教室里仅仅一个孩子和他一样分心。当他老师问他问题时，不能很清晰地发音，不过他能够正确回答简单的数学问题，但表现出明显的阅读困难。课间他没有离开座位，也没有与同学说话。

综合刘某某的评估发现，认为他符合 DSM-5 中特殊学习障碍的诊断。

七、建议

鉴于刘某某因为言语加工问题而出现学习困难，并且适应技能差，现提以下建议：

1. 因为刘某某言语技能差，建议制订一个针对语言和语言相关的技巧的听计划，以改善他学习方面的缺陷。

2. 需要把言语治疗整合进教育课程。刘某某的听觉辨别缺陷可能是他口语、阅读和书写几方面困难的原因。建议言语专家对他进一步评估，并开展听觉辨别能力的训练。

3. 由于刘某某具有非言语空间知觉能力的强项，建议老师多用图、表等视觉辅助手段教学对他帮助会更大。

4. 建议刘某某的母亲加强他日常生活技能和社交的技能的训练。

八、小结

笔记

刘某某，8 岁，二年级男生，因学习困难被推荐进行心理评估。他无重大躯体疾病史，发育有点迟缓。测验合作，结果可信有效。他的言语智力功能接近缺陷水平，操作智力功能中等，总智商85±8，处在第16个百分位，属于中等偏低智力范围。在阅读、朗读及听觉辨别方面均有显著缺陷。建议进行特殊的个性化教育，重点是言语治疗，另外，建议家长加强生活技能和社会交往技能的训练。

九、签名

报告人：李某某

职称：主任评估师

案例 2

汪某的心理评估报告——用于风险防范的评估报告：临床评估举例

心理评估报告

一、一般资料

姓名：汪某	出生日期：1980年6月24日
性别：女	评估日期：2015年9月12日
年龄：35岁	报告日期：2015年9月13日
文化程度：大学	测验：明尼苏达多相人格问卷（MMPI） 汉密尔顿抑郁量表，汉密尔顿焦虑量表 护士用自杀风险评估量表
职业：文员	报告人：蔡某

二、申请理由

汪某于2015年9月7日与男友争吵中试图割腕自杀，并致使男友右手四个指头肌腱断裂，被XX市公安局押送前来评估自杀风险。

三、背景资料

汪某，女，35岁，XX市建筑公司办公室文员，3年前因夫妻间吵架频繁而离异，独生女儿8岁由汪某抚养。1年前结识现任男友，8个月前订婚并同居于汪某家。同居后男友几乎每晚要求喝酒，时常过量后乱发脾气，多次打汪某及其女儿，反复劝阻无效。汪某多次提出分手，男友不同意并威胁伤害她父母与女儿。近三月汪某越来越感到无可奈何，情绪低落，入睡困难，并四次在男友打斗后割腕自杀，第一次送医抢救后一直每晚服用米氮平30mg治疗至今。9月7日晚九点左右又与酒后男友争吵，被男友打伤右脸，约九点半再次用水果刀割腕，男友夺刀时右手手指被握住的刀刃割断。目前汪某拘留中。

四、行为观察

汪某穿着整齐，主动申诉现任男友流氓无赖，讲述遭遇时满脸气愤，声音显高，语速正常。汉密尔顿焦虑量表与抑郁量表评定检查中反应正常，对答切题，声音正常，不住摇头叹气，表示对处境深感无可奈何，心烦、绝望。完成MMPI等测验认真，用时约60分钟。

五、测验结果

MMPI采用399题版本，无空缺回答。临床量表采用K量表校正反应后计算量表分，结果如下：

量表	L	F	K	HS	D	HY	PD	MF	PA	PT	SC	MA	SI
量表分	51	47	58	42	69	54	67	58	47	62	52	49	53

（剖图略）

汉密尔顿焦虑量表评分20分，躯体性焦虑因子分0.9分，精神性焦虑因子分2分。

笔记

汉密尔顿抑郁量表(17项版)18分。

护士用自杀风险评估量表(NGASR)评分11分。

六、结果分析

结合测验观察和效度量表的分析，认为MMPI结果可信。MMPI量表分剖图呈24/42模式，提示评估对象人格不成熟，行为冲动，多具有被动—攻击性质。这种人格者遇到外部问题时常表现出情境性抑郁，或产生冲动攻击行为。

汉密尔顿焦虑量表评分显示评估对象目前肯定存在焦虑情绪，其中精神性焦虑严重。

汉密尔顿抑郁量表评分显示评估对象存在中度抑郁。

自杀风险评估量表评分说明评估对象有高度自杀风险。

评估对象人格不成熟，行为冲动，这与她第一次婚姻失败可能存在关联，也可能与她接二连三割腕行为相关。面对当下无力解脱的痛苦遭遇，评估对象已经有明显焦虑、抑郁，也能观察到愤怒表现，如果环境不能改变，再次出现自杀的可能性大。

七、建议

鉴于评估对象人格特质与高度的自杀风险，建议拘押期间尽量避免对评估对象负性精神刺激，增加社会支持，严密防范意外行为，并协助解决她与男友交往中的问题。

八、小结

汪某，因割腕自杀并致使男友受伤，XX市公安局申请评估自杀风险。MMPI提示评估对象人格不成熟，行为冲动，目前面临无力解脱困境。焦虑抑郁评估提示，存中度抑郁与明显精神性焦虑，具高度自杀风险。建议减少刺激，增加社会支持，严密防范意外行为，并协助解决相关问题。

九、签名

报告人：蔡某

职称：副主任评估师

案例3

李某的心理评估报告——用于司法鉴定的心理评估报告举例

心理评估报告

一、一般情况

姓名：李某	出生日期：1969年11月17日
性别：男	评估日期：2010年10月22日
年龄：40岁	报告日期：2010年10月23日
文化程度：高中	测验：中国修订的韦氏成人智力量表(WAIS-CR城市版)
职业：工人	报告人：刘某某

二、申请理由

李某10月前从高处摔落致使头部受伤，因为工伤鉴定需要XX司法鉴定所委托进行智力水平评估。

三、背景资料

李某，XX装修公司木工，工程包工头。2009年12月29日在室内装修时不慎从高处摔下，头部受伤，昏迷约80分钟后送到XX医院急诊。该院头颅CT检查示“右侧颞顶枕部硬膜下血肿，脑疝可能”。入院后急诊全麻下行开颅探查、颅内血肿清除、去颅骨瓣减压治疗，术后予对症支持治疗。1月22日出院，出院诊断为“右侧颞顶枕部硬膜下血肿伴脑疝形成”

笔记

等。4个月后再次住该院行颅骨修复术，头颅CT示“颅脑术后，右侧部分颅板缺如，右侧额颞枕叶脑挫伤后改变”。两天前头颅CT示“右侧颞顶术后伴颅骨修补术后，右侧额颞枕软化灶”。

评估对象妻子反映，评估对象目前经常有头痛、头晕，记忆力差，做过的事情一会儿就忘记，问其则会讲“我做过吗?”。以前的一些事情也不能回忆，至今不知道受伤经过；以前与人相处较好，现在性格变得急躁，有事没事就发脾气，到外面就想与人吵架，发脾气时会掐妻子。目前仍休息在家，不做家务，个人卫生需要家人提醒、帮助，对事故处理不关心。

四、行为观察

评估对象自行步入检查室，神志清楚，仪态尚整，接触被动，对答尚切题。其能讲出姓名、年龄、籍贯，不记得出生日期，知道陪同人为妻子及妻子姓名。自称在长沙干活时摔倒受伤，但讲不清受伤的时间及经过，亦讲不清在长沙从事何工作。言语表达能力尚好，问及生活称在家里“睡觉、看电视，不做家务，没力气。”问其赔偿要求，称:“补贴我生活费，(多少)由法院办。”评估过程中评估对象情绪平稳，反应稍慢。测验中多次抱怨头痛，时间长，问题多。

五、测验结果

各分测验得分

分测验	量表分	年龄量表分	分测验	量表分	年龄量表分
知识	7	6	数字符号	5	3
领悟	5	5	图画填充	7	5
算术	6	5	木块图案	4	4
相似性	5	4	图片排列	5	3
数字广度	4	1	物体拼凑	7	6
词汇	8	7			

智商及其百分位和可信区间

量表	量表分	智商	百分位	可信区间		
				90%	95%	99%
言语量表	35	67	3	61～72	70～73	58～75
操作量表	28	71	3	63～78	62～80	59～82
全量表	63	67	3	62～72	61～73	59～75

六、评估结果解释

李某全量表智商为67分，低于痴呆诊断的智商划界分数70，属于轻度智力低下范围。若重新进行类似测验，他的智商有95%的可能性在61～73之间。

从分测验年龄等值量表分看，即与同龄成人相比情况看，评估对象在数字广度、数字符号等对损伤敏感的分测验得分很低，在知识、词汇等对损伤保持的分测验分数相对较好，评估对象测验结果符合常见颅脑损伤病人智力改变的模式，提示评估对象的测验结果比较可信。

根据病史，李某颅脑外伤致使昏迷，颅内相继出现“右侧颞顶枕部硬膜下血肿”“右额颞枕脑挫裂伤后改变”和“右额颞枕软化灶”，李某原本能承包工程，而外伤后行为上表现出记忆下降、情绪不稳和意志减退，社会功能明显受损，可以合理推论，评估对象的智力低下由颅脑外伤导致。

七、建议

无

笔记

八、小结

李某，男，颅脑外伤后记忆减退，行为改变。由XX司法鉴定所委托进行智力评估，智力测验结果基本可信，提示被评估对象的智商属于轻度智力低下范围。

九、签名

报告人：刘某某

职称：副主任评估师

（姚树桥）

思考题

1. 心理评估报告的基本要求有哪些？
2. 简述完整心理评估的基本内容。
3. 如何解释心理测验结果？
4. 心理评估报告写作的基本要求有哪些？
5. 结合临床案例，练习心理评估并撰写评估报告。

笔记

推荐阅读

[1] Aiken LR. Psychological Testing and Assessment. 9th ed. Boston：Allyn and Bacon，1997.

[2] Aiken LR. Personality Assessment：Methods and Practices. 2nd ed.Seattle：Hogrefe& Huber Publishers，1996.

[3] Anastasi A，Urbina S. 心理测验．缪小春，竺培梁，译．杭州：浙江教育出版社，2001.

[4] Brandt J，Benedict RHB. Hopkins Verbal Learning Test-Revised. FL：Psychological assessment resources，2001.

[5] Cohen RJ，Swerdlik ME. Psychological Testing and Assessment：An Introduction to Tests and Measurement. 5th ed. New York：McGraw-Hill Companies，2002.

[6] Compas BE，Gotlib IH .Introduction to Clinical Psychology：Science and Practice. McGraw-Hill Education（Asia）Co. 2002.

[7] Cooper JO，Heron TE，Heward WL. 应用行为分析．美国展望教育中心，译．武汉：武汉大学出版社，2012.

[8] Cormier S，Cormier B. 心理咨询师的问诊策略．北京：中国轻工业出版社，2000.

[9] Fisher WW，Piazza CC，Roane HS. Handbook of applied behavior analysis. New York：The Guilford Press，2011.

[10] Gregory RJ. 心理测量：历史、原理及应用．施俊琦，译．北京：机械工业出版社，2013.

[11] Lewis R.Aiken，Gary Groth-Marnat. 孙健敏，改编．Psychological Testing and Assessment.12th ed. 北京：中国人民大学出版社，2013.

[12] Lewis R.Aiken. 心理测量与评估．张厚粲，赵守盈，译．北京：中国人民大学出版社，2011.

[13] McLeod BD，Doss AJ，Ollendick TH. Diagnostic and behavioral assessment in children and adolescents：a clinical guide. New York：The Guilford Press，2013.

[14] Miltenberger RG. 行为矫正的原理与方法．胡佩诚，译．北京：中国轻工业出版社，2000.

[15] Ramsay MC，Reynolds CR，Kamphaus RW. Essentials of behavioral assessment. New York：John Wiley & Sons，Inc，2002.

[16] Kaplan RM，Saccuzzo DP. Psychological Testing：principles，applications and issues.7th ed. 北京：机械工业出版社，2010.

[17] Saklofske DH，Reynolds CR，Schwean VL. The Oxford Handbook of ChildPsychological Assessment. Oxford：Oxford University Press，2013.

[18] Sax G，Newton JW. 教育和心理的测量与评价原理．王昌海，译．南京：江苏教育出版社，2002.

[19] Thomas JC，Hersen M.Handbook of Clinical Psychology Competencies. Springer Science +Business Media，LLC，2010.

[20] Trull TJ. Prinstein MJ. Clinical Psychology. 8th ed. Boston：Wadsworth，Cengage Learning，2013.

[21] 戴海琦，张锋，陈雪枫．心理与教育测量．广州：暨南大学出版社，2015.

[22] 顾海根．应用心理测量学．北京：北京大学出版社，2010.

[23] 黄光扬．教育测量学．上海：华东师范大学出版社，2012.

[24] 郭庆科．心理测验原理与应用．北京：人民军医出版社，2002.

[25] 金瑜．心理测量．上海：华东师范大学出版社，2005.

[26] 林崇德，杨治良，黄希庭．心理学大辞典．上海：上海教育出版，2003.

[27] 彭凯平．心理测验—原理与实践．北京：华夏出版社 .1990.

[28] 骆一，郑涌．青春期性心理健康的初步研究．心理科学，2006，29(3)：661-664.
[29] 汤慈美．神经心理学．北京：人民军医出版社，2002.
[30] 汪向东．心理卫生量表评定手册(增订版)．中国心理卫生杂志，1999.
[31] 叶重新．心理与教育测验．台北：心理出版社，2010.
[32] 昝飞．行为矫正技术．2 版．北京：中国轻工业出版社，2012.
[33] 张厚粲．黎坚．心理测量与评估．北京：北京师范大学出版社，2006.
[34] 郑日昌．心理与教育测量．3 版．北京：人民教育出版社，2015.
[35] 郑延平．生物反馈的临床实践．北京：高等教育出版社，2003.
[36] 张明圆．何燕玲．精神科评定量表手册．长沙：湖南科学技术出版社，2015.

中英文名词对照索引

J

M

N

P

Y

Z